Visual Components 4.6

實作教學

陳昱均、陳真蓉 編著

全華圖書股份有限公司

序言

近年來全球環境的快速變化，導致市場受疫情、貿易戰等議題衝擊，原本穩定的供應鏈體系逐漸出現中斷、停止、轉移等現象，進入後疫情時代，許多企業開始進行供應鏈重組，重新將製造體系進行規劃與設計，因此如何快速且有效率地完成供應鏈調整，則是目前最重要的課題。所幸電腦晶片、軟體、硬體等領域發展快速，工程人員已經可以透過電腦進入虛擬的3D世界，以高效率的方式預先規劃製程，藉此縮短流程及減少風險。

數位雙生（Digital Twin）已被全球知名的高德納顧問公司（Gartner）評選為10大策略科技應用，而VISUAL COMPONENTS為該類平台中最具效益的工具，這是因為VISUAL COMPONENTS的線上資料庫包含大量機器人、工具機、輸送帶、機構元件等模型，加上可參數化調整模型的功能，大幅縮短建構虛擬工廠的時間，同時VISUAL COMPONENTS在全球知名分析機構CIM DATA報告中，評為最佳的模擬軟體，使用介面操作簡易，已經獲得廣大用戶的支持與肯定。

工業4.0（Industry 4.0）的關鍵就是要考量「虛擬模型」與「實體系統」的融合程度，期望「虛擬模型」的模擬結果，可整合製造執行系統(MES)、企業資源規劃（ERP）等軟體系統，協助工程人員可即時取得相關數據，進行具體的分析後，進而形成決策及控制等改善活動。而VISUAL COMPONENTS可透過OPC UA與MES,ERP, PLC, ROBOT等軟硬體進行整合，不但可模擬機台與人員互動情境，更可直接與設備生產參數連線，進行生產系統的改善與優化。

以往評估或規劃生產線設備建置階段，無法有效評估「投資報酬率」與潛在問題，現在可透過VISUAL COMPONENTS應用於製程規劃、設計、生產及行銷，不論是外部行銷或是內部工程團隊的技術溝通都展現極大的效率，目前在下列領域中的應用成果特別顯著：

1.系統規劃：完整的工廠設備資料庫，可快速建模，進行製造生產線的規劃與模擬，特別是自動化工廠的設計與開發。

2.機構設計：事先確認機構基本尺寸、干涉分析、生產製程等等，大幅提升設計效率。

3.工業工程：可解析人員及設備的稼動率，藉此提升實際的生產效率。

4.離線編程：虛擬的模型可透過OPC UA與MES, ERP, PLC, ROBOT連線，進行虛實整合測試及監控。

5.人工智慧：開放性的開發平台，可自行編寫AI Python程式，輔助或減少工程師的工作量。

本書之架構與內容深入淺出，其中包含基礎觀念說明及實例演練，使讀者能在短時間內熟悉觀念及指令操作，適合一般大學、科技大學、技術學院及專科學校的機械、自動控制、工業工程等相關科系之「電腦輔助設計及製造」課程，而對於業界從業人士及對此軟體有興趣者，閱讀本書後更可協助提升工作效率。

最後感謝先構技術研發股份有限公司同仁、全華圖書股份有限公司、顧問及教授等給予的協助與建議。

陳昱均

Contents 目錄

Chapter 1 Visual Components 軟體介紹

Chapter 2 使用者介面介紹

Chapter 3 處理程序(PROCESS)

Chapter 4 元件設計(MODELING)

Chapter 5 機器人教導(PROGRAM)

Chapter 6 工程圖(DRAWING)

Chapter 7 通訊連線(CONNECTIVITY)

Chapter 8 右鍵快顯功能

Chapter 9 噴塗(Paint)

Contents 目錄

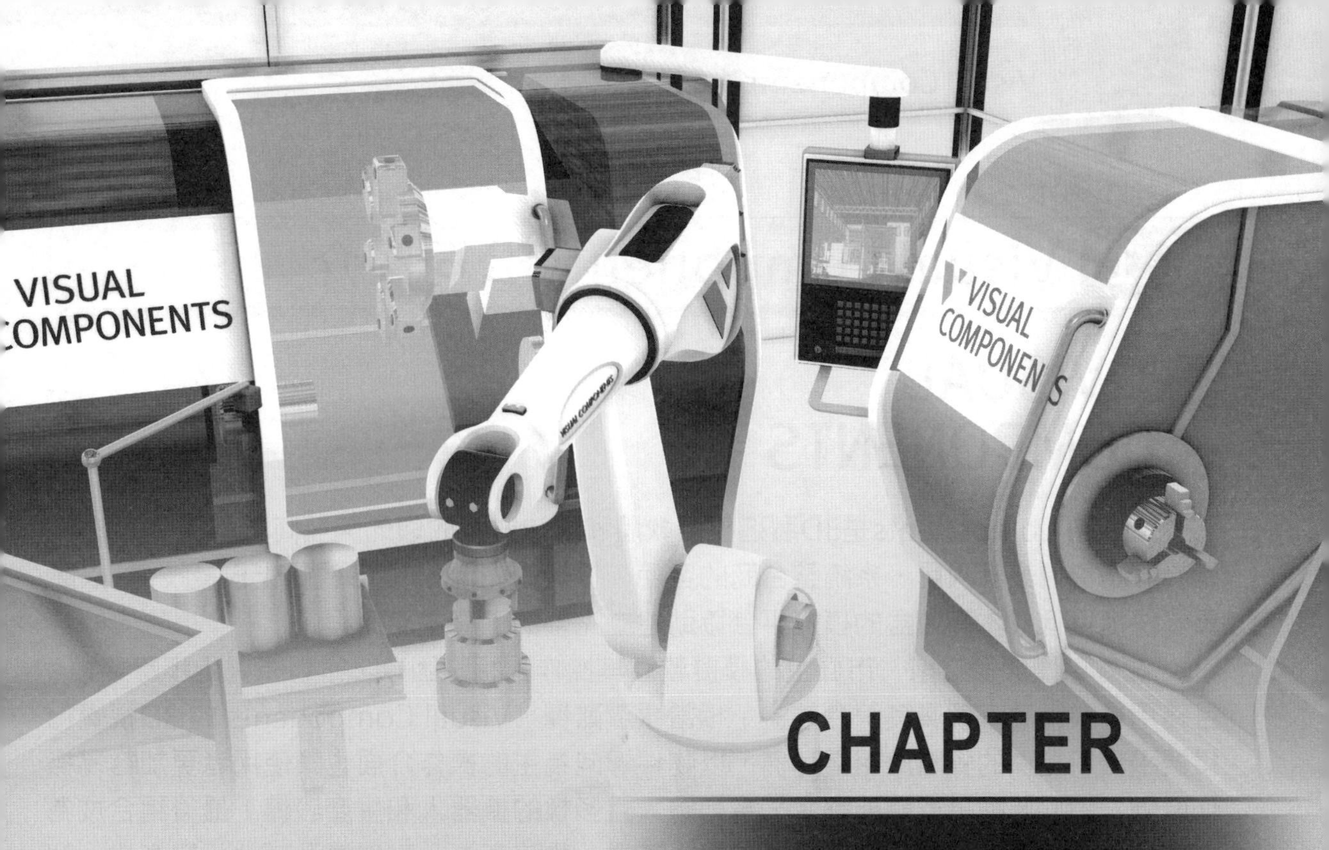

CHAPTER

1

Visual Components 4.6 軟體介紹

- 1.1 Visual Components 公司簡介
- 1.2 Visual Components 軟體架構
- 1.3 Visual Components 軟體安裝
- 1.4 Visual Components 相關資訊

1.1 Visual Components 公司簡介

VISUAL COMPONENTS

Visual Components是3D製造模擬軟體和解決方案的領先開發商，所開發的軟體是為服務機械設計人員、系統整合商的客戶，提供領先全球的3D視覺化模擬技術，以簡單、快捷且低成本高效益的模擬平台協助建立完整的工廠生產流程。

在本軟體開發之前，市面上的模擬軟體其操作都相當困難，不但視覺化步驟繁複，且使用專業術語來解釋其綜合效益，相當艱澀難懂，Visual Components 的 3D視覺化模擬平台所提供的資料庫相當完備，以物件導向為主的操作介面也讓使用者更加容易操作軟體，由於此模擬軟體能整合一系列龐大且多樣的機器人和生產設備，最後組合成為完整的生產線佈局，故特別適用於自動化產業、物流產業、製造業及其他相關產業，利用模擬來實現真實產線的生產狀況，透過視覺化的方式說明如何規劃、設計及整合相關設備，提出符合需求的解決方案。

Visual Components以低成本高效益的3D模擬平台協助將產線數位化，並將分析的模擬資料傳送到公司的各部門，達到協同作業，如此一來可快速的提升工作效率並提高工作品質。

1.2 Visual Components 軟體架構

芬蘭軟體開發商Visual Components為滿足不同需求之客戶，將其模擬平台發展出三大模組，分別為Premium、Professional、Essentials，各模組的功能將於下文詳細介紹，本書將以個人電腦搭配微軟Window10的64位元作業系統來介紹三種模組的各項功能及操作應用。

一 旗艦模組(Premium)

當已具有靜態3D CAD Model，該如何利用這些資源進一步快速規劃及分析整條生產線? Premium為Visual Components旗下模擬平台中的最高模組，此模組最大的特點為透過Premium將靜態的3D CAD Model製作成動態元件，利用特徵捕捉點位直接形成機器人軌跡，Premium也能透過Python指令碼及微軟COM介面的自由性，使軟體架構能夠達到各式各樣特殊的需求，其模組的功能如下所示：

1.建立動態客製化元件。
2.簡單且快速的建立產線佈局。
3.輸出佈局2D圖面。
4.設備與機器人動作教導及干涉確認。
5.輸出產線模擬的3D PDF動畫。
6.分析設備及人員的稼動率。
7.PLC離線編程邏輯驗證。
8.噴塗製程視覺化。
9.機器人軌跡自動生成。

專業模組(Professional)

當具有靜態3D CAD Model，亦可利用Professional模組建立動態元件，亦可協助進行產線的佈局、設備及機器人的教導模擬，其模組的功能如下所示：
1.建立動態客製化元件。
2.簡單且快速的建立產線佈局。
3.輸出佈局2D圖面。
4.設備與機器人動作教導及干涉確認。
5.輸出產線模擬的3D PDF動畫。
6.分析設備及人員的稼動率。
7.PLC離線編程邏輯驗證。

精華模組(Essentials)

當已具備了完整的設備資料庫，只需一個模擬平台來協助進行產線的佈局、設備及機器人的教導模擬時，Essentials模組即可達到需求，其模組的功能如下所示：
1.簡單且快速的建立產線佈局。
2.輸出佈局2D圖面的物料清單。
3.設備與機器人動作教導及干涉確認。
4.輸出產線模擬的3D PDF動畫。
5.分析設備及人員的稼動率。
6.PLC離線編程邏輯驗證。

1.3 Visual Components Premium 4.6序號申請

本節將以Premium模組為例，介紹Premium所需的系統規格、主程式的安裝與移除流程，以及軟體的序號註冊及停用流程。

系統需求

對於個人電腦的使用者，請參考以下的建議配備。

作業系統	1.Windows 8.1 64-bit version。 2.Windows 10 64-bit version。
處理器	最低需求為intel i5系列或等效能處理器，建議使用intel i7以上處理器。
記憶體	最低需求 8G，建議採用16G以上記憶體為佳。
顯示卡	最低需求為HD440內顯，建議採用Nvidia GeForce顯示卡，且包含4GB以上顯示卡記憶體。
螢幕解析度	螢幕建議解析度為 1280*1024以上，建議使用1920*1080 Full HD以上。
滑鼠	建議具備三鍵以上產品。
網路卡	建議採用100mb以上之產品。

Visual Components Premium 4.6序號申請

序號申請方式：

1.至先構技研網站，進入網頁後填寫申請資料即可，連結如下:
https://www.prefactortech.com/visual-components.html

2.掃描QR Code，進入網頁後填寫申請資料，官網收到申請資訊後，會以E-mail附上序號回信。

軟體安裝及序號啟動程序

本節將以Premium為例，介紹主程式安裝之流程以及主程式序號的啟動，可於先構技研網站(https://www.prefactortech.com/visual-components.html或掃描下方QR Code)
下載最新版軟體主程式安裝檔，在執行安裝檔前請注意以下事項：
A.主程式需使用管理員身份才可執行安裝。
B.電腦已連接外部網路，可直接使用自動安裝。
C.電腦無法連接外部網路，則必須使用手動安裝。
D.軟體安裝完成後，皆需至Visual Components用戶註冊網站(https://license.visualcomponents.net/Login.aspx或掃描下方QR Code)進行軟體序號註冊。

先構技研
官方網站

用戶註冊網站

1. 軟體安裝步驟

STEP ❶ 進入先構技研網站，選擇數位模擬，點選Visual Components，程式下載**旗艦版-Premium 4.6**安裝檔，如圖1.1。

圖1.1

STEP ❷ 下載完成後即可執行VisualComponentsPremiumSetup_64 安裝檔。

STEP ❸ 開始安裝時，會先出現歡迎畫面，如圖1.2，請直接點選Next進行下一步，建議不要變更主程式的安裝路徑，如圖1.3。

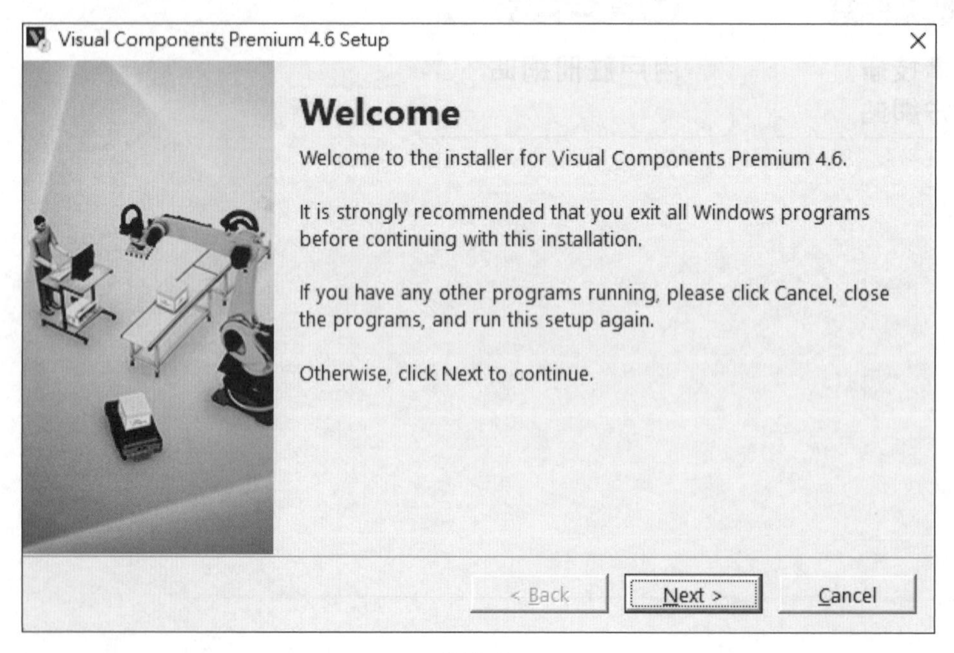

圖1.2

Visual Components Premium 4.6 Setup
Installation Folder
Where would you like Visual Components Premium 4.6 to be installed?
The software will be installed in the folder listed below. To select a different location, either type in a new path, or click Change to browse for an existing folder.
Install Visual Components Premium 4.6 to:
C:\Program Files\Visual Components\Visual Components Premium 4.6
Change...
Space required: 1.69 GB
Space available on selected drive: 250.29 GB
< Back
Next >
Cancel

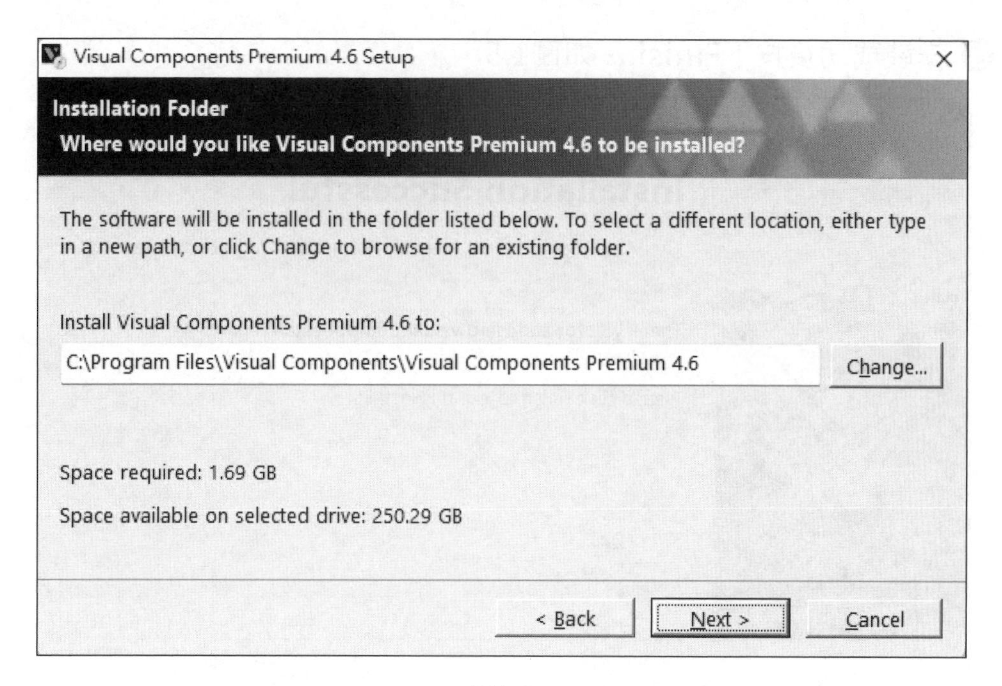

圖1.3

STEP ❹ 等待安裝，如圖1.4。

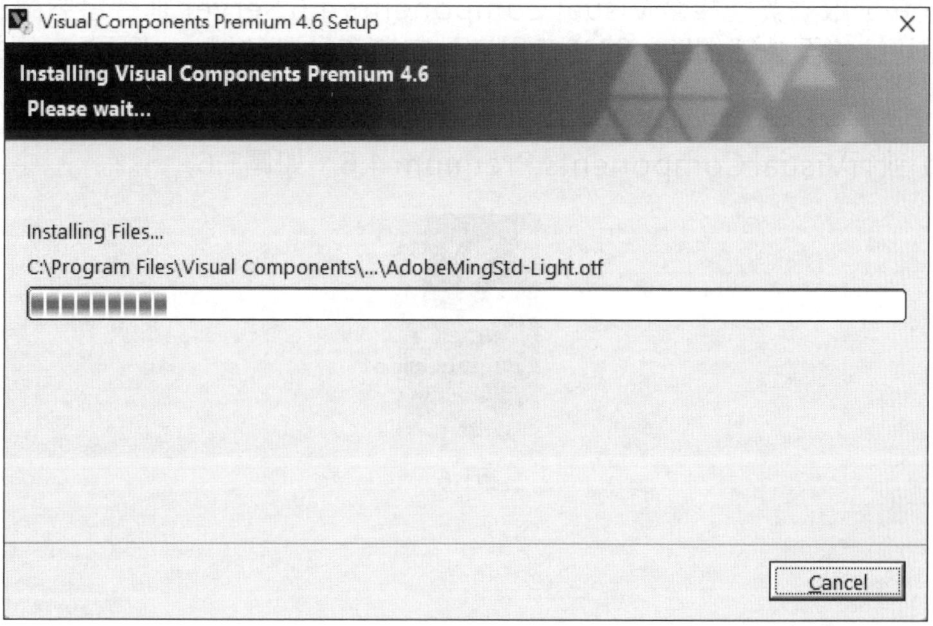

Visual Components Premium 4.6 Setup
Installing Visual Components Premium 4.6
Please wait...
Installing Files...
C:\Program Files\Visual Components\...\AdobeMingStd-Light.otf
Cancel

圖1.4

STEP ❺ 安裝成功後按下**Finish**，如圖1.5。

圖1.5

2.啟動軟體序號(自動認證)

由於序號啟動需連接至 Visual Components 4.6 Server 進行序號認證，若電腦已確認可連接至外部網路，建議使用自動安裝來啟動軟體，以下為詳細的自動安裝步驟。

STEP ❶ 執行Visual Components Premium 4.6，如圖1.6。

圖1.6

STEP ❷ 進入啟動序號畫面，請直接點選**下一步**，如圖1.7。

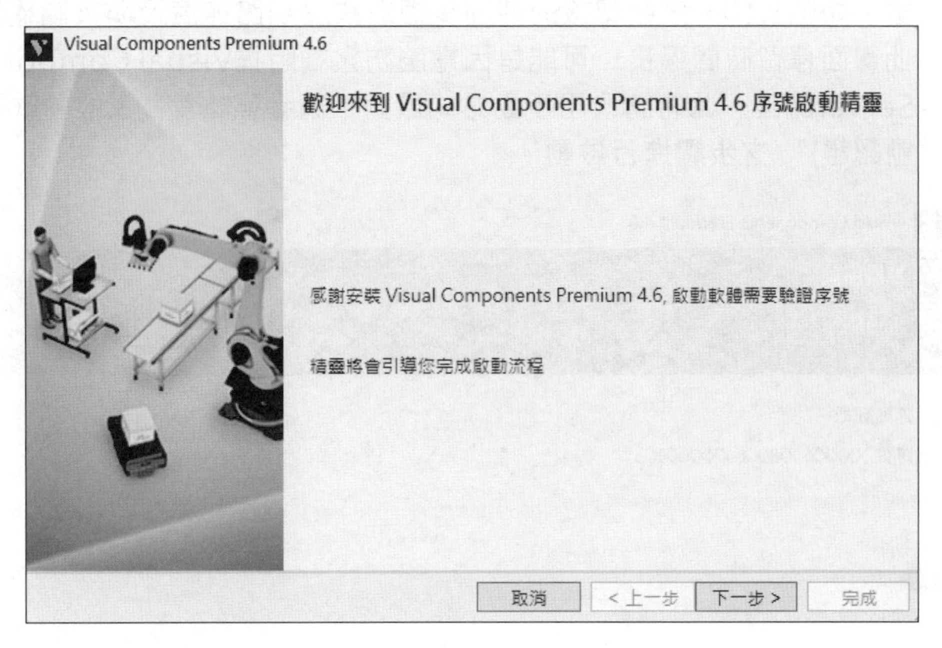

圖1.7

STEP ❸ 進入序號版本選擇畫面，請依序號版本進行安裝，本書將以單機版進行軟體安裝，請選擇**單機序號**並點選**下一步**，如圖1.8。

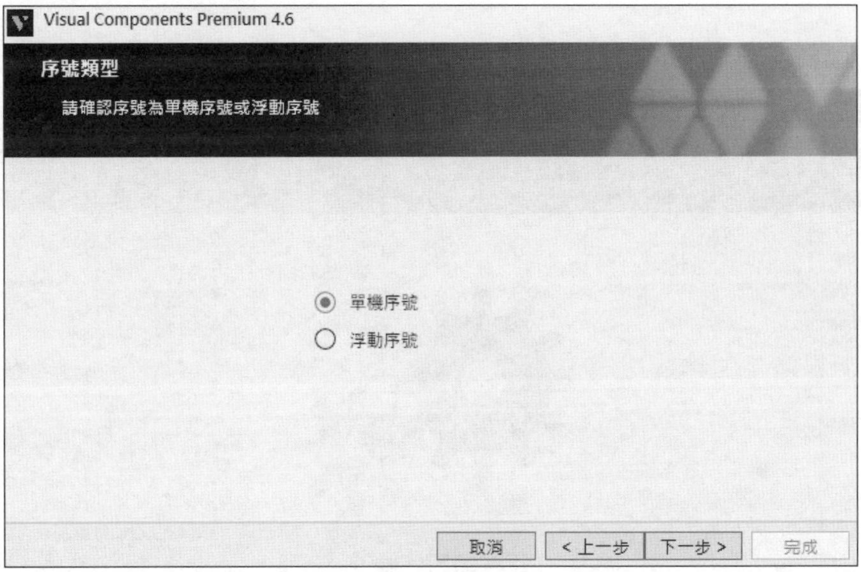

Visual Components Premium 4.6
序號類型
請確認序號為單機序號或浮動序號
單機序號
浮動序號
取消
< 上一步
下一步 >
完成

圖1.8

STEP ❹ 進入序號輸入畫面，請輸入軟體的序號並點選**下一步**，如圖1.9，認證序號，如圖1.10。序號認證的時間長短取決於網路速度及防火牆機制，若在此畫面停留時間過長，可能是因電腦防火牆阻擋Visual Components 4.6 Server認證，此時請改用手動方式啟動，請參照本節”3.啟動軟體序號(手動認證)” 之步驟進行啟動。

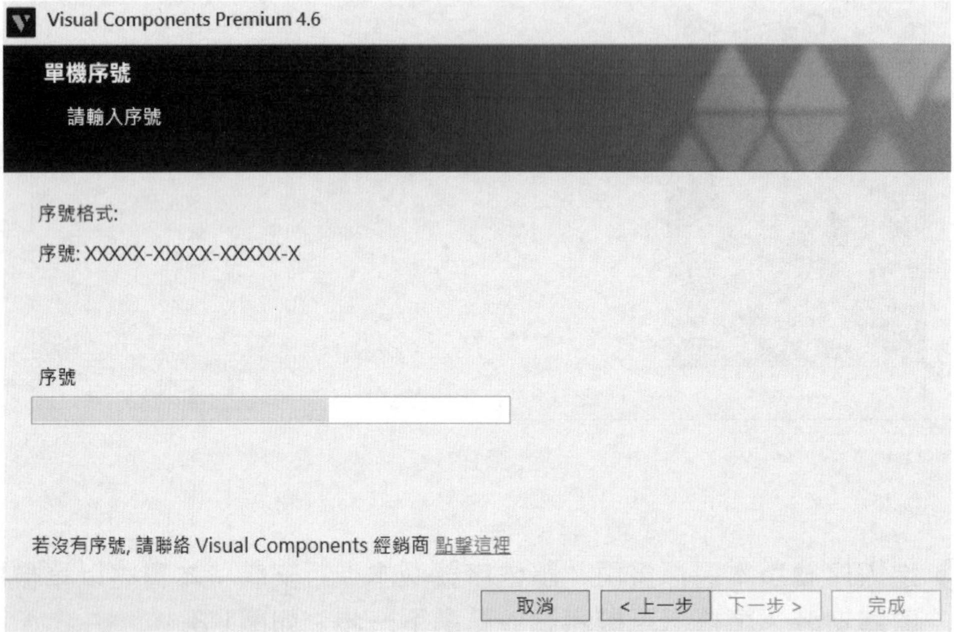

Visual Components Premium 4.6

單機序號

請輸入序號

序號格式:

序號: XXXXX-XXXXX-XXXXX-X

序號

若沒有序號, 請聯絡 Visual Components 經銷商 點擊這裡

取消 < 上一步 下一步 > 完成

圖1.9

Visual Components Premium 4.6

正在驗證序號 (1/2)

請稍等 ...

正在驗證序號 ...

取消 < 上一步 下一步 > 完成

圖1.10

STEP ❺ 進入註冊帳號的畫面，若尚未註冊Visual Components 4.6 帳號的用戶請在**新增帳號**填寫用戶基本資料並點選**註冊**，如圖1.11，軟體序號即會註冊至用戶帳號中，如圖1.12，確認無誤後進入註冊成功畫面，如圖1.13。如已申請過Visual Components 4.6 帳號的用戶請跳至STEP6。

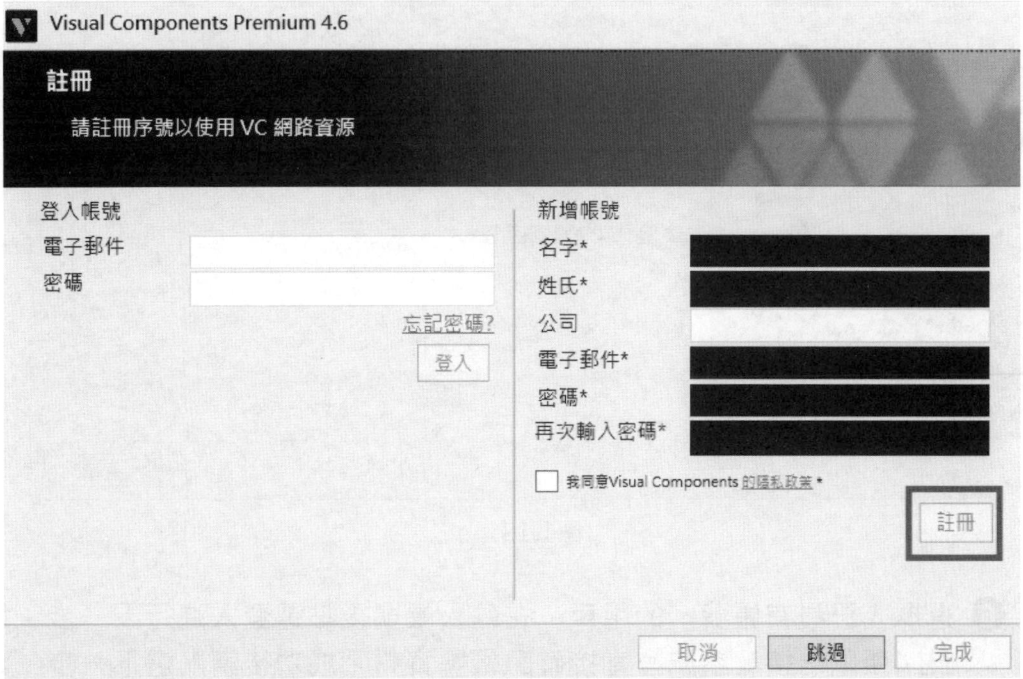

圖1.11

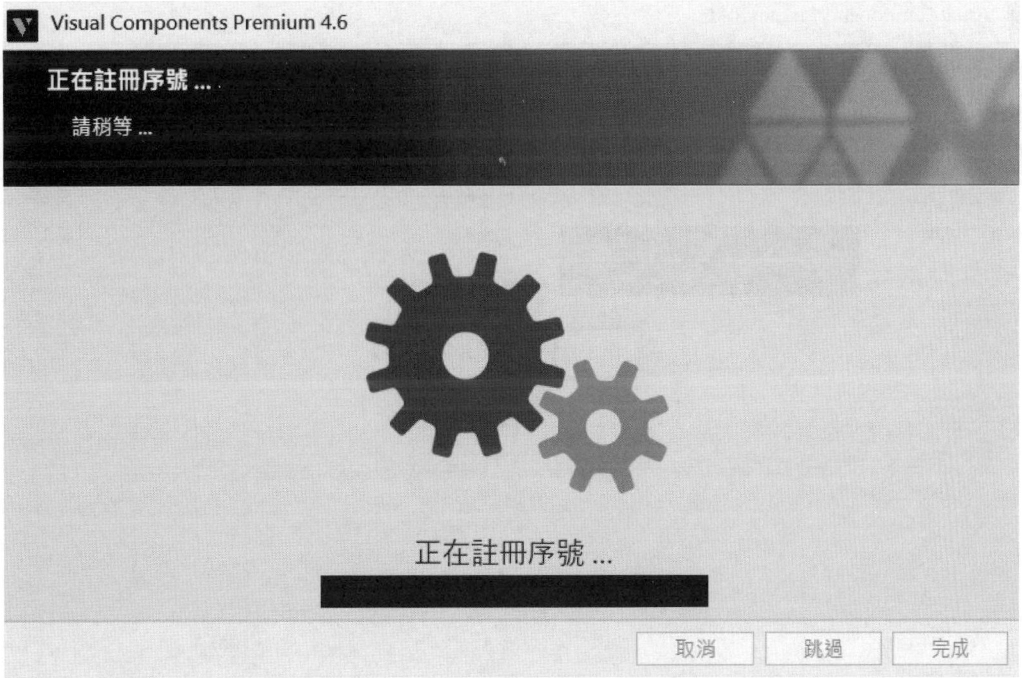

圖1.12

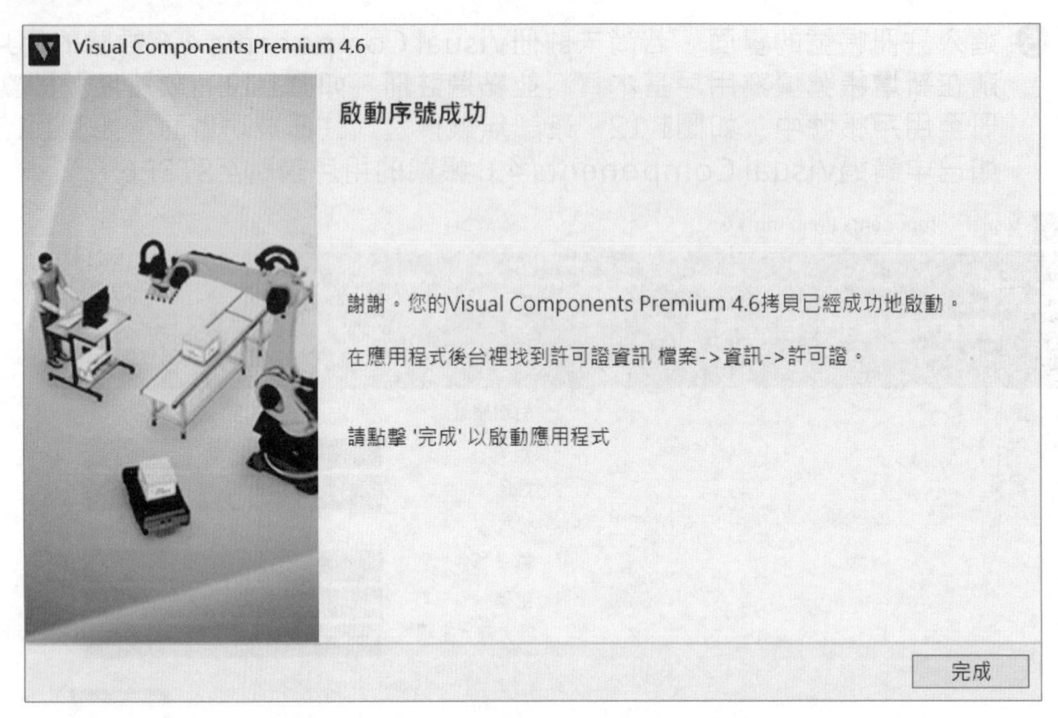

圖1.13

STEP ❻ 選擇「已具有帳號」的用戶，在輸入帳號後點選**登入**進行下一步，如圖1.14所示，接著系統會直接確認帳號資料，成功後請點選下一步，如圖1.15所示，軟體序號即會註冊至用戶帳號中。

Visual Components Premium 4.6
註冊
請註冊序號以使用 VC 網路資源
登入帳號
電子郵件
密碼
忘記密碼?
登入
新增帳號
名字*
姓氏*
公司
電子郵件*
密碼*
再次輸入密碼*
我同意Visual Components 的隱私政策 *
註冊
取消
跳過
完成

圖1.14

圖1.15

STEP ❼ 啟動序號程序完成後，請點選**完成**結束，如圖1.16所示，系統會直接啟動 Visual Components 4.6，如圖1.17、圖1.18。

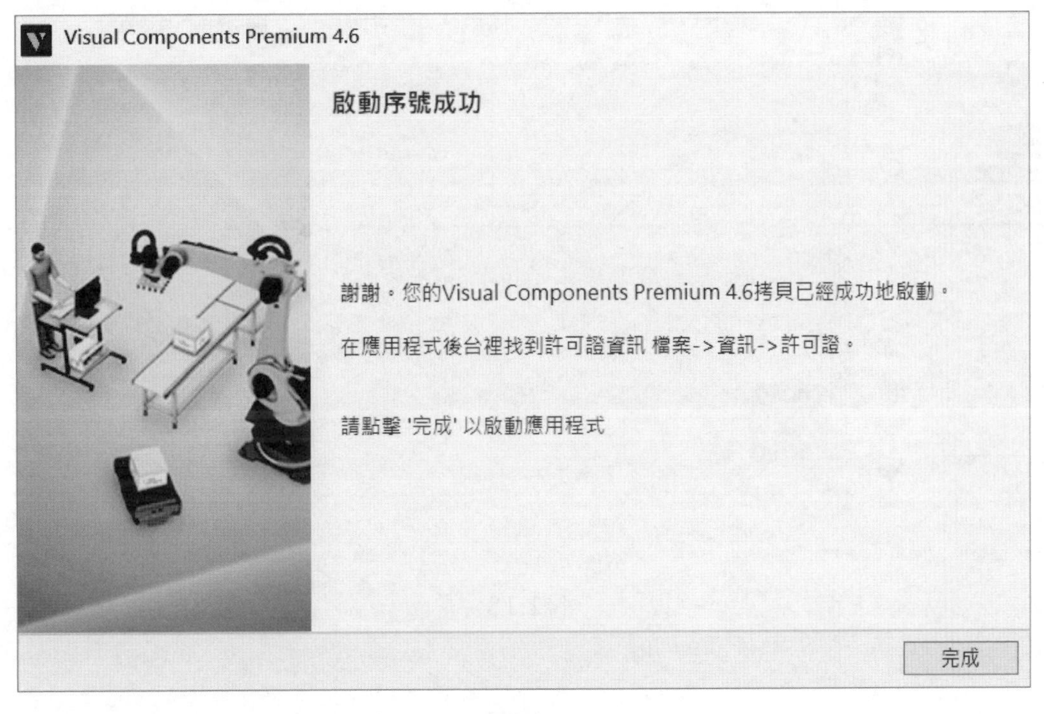

圖1.16

VISUAL COMPONENTS
VISUAL COMPONENTS
Premium 4.6
AUTODESK REALDWG I NVIDIA PhysX
Initializing .

圖1.17

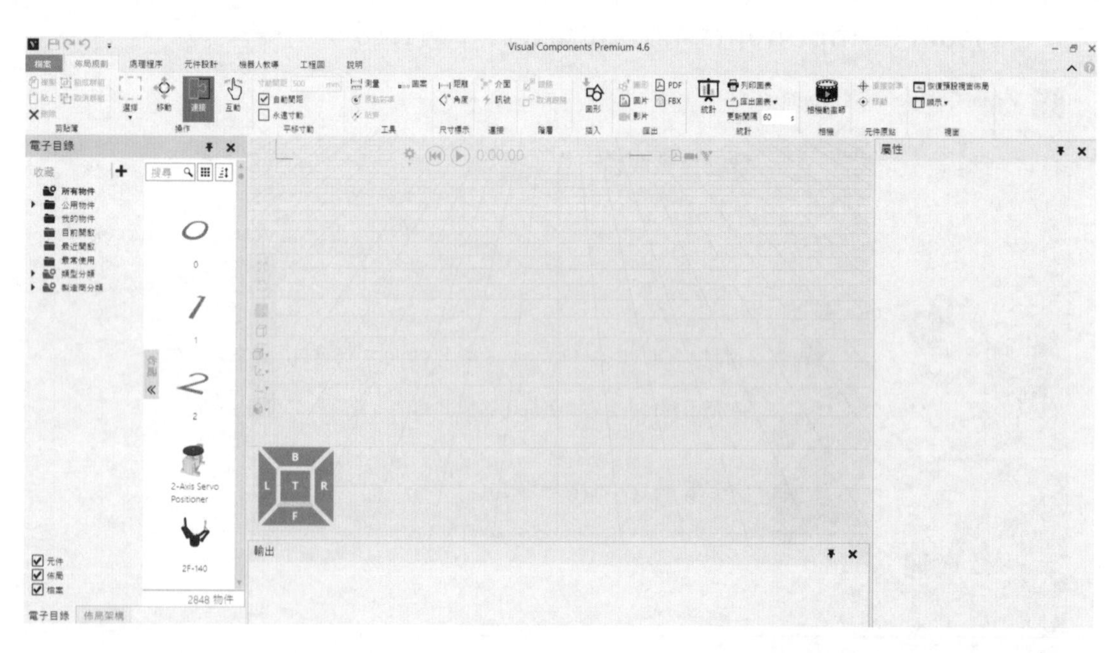

Visual Components Premium 4.6
電子目錄
屬性
輸出
2848 物件

圖1.18

3. 啟動軟體序號(手動認證)

由於序號啟動皆需連接至Visual Components 4.6 Server進行認證 ，若電腦無法連接至外部網路或因電腦防火牆功能而無法自動安裝軟體時，建議使用手動安裝來啟動軟體，以下為詳細的手動安裝步驟:

STEP ❶ 執行手動安裝前需先註冊Visual Components 4.6帳號以供序號啟動所使用，故請利用可連線的電腦至Visual Components 4.6用戶網站(https://license.visualcomponents.net/Login.aspx或掃描下方QR Code)點選**Register Now**註冊用戶帳號，如圖1.19。

VISUAL
COMPONENTS
Customer Portal
Log In
This license portal handles only licenses for Visual Components 4.0 onwards. If you already have an account log in with your account details to access the Visual Components Customer Portal. If you have no account register first via 'Register now'.
Manage licenses for older products
Manage licenses for versions 2010, 2012, 2014
Transfer licenses for versions 3.x, 2007, 2009

E-mail address:
Password:
Remember me
Log In
Register Now
Forgot password?
Copyright 2021 by Visual Components Oy | Privacy Policy | www.visualcomponents.com

圖1.19

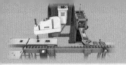

STEP ❷ 填寫帳號的基本資料，並點選**Create Account**進行下一步，如圖1.20。

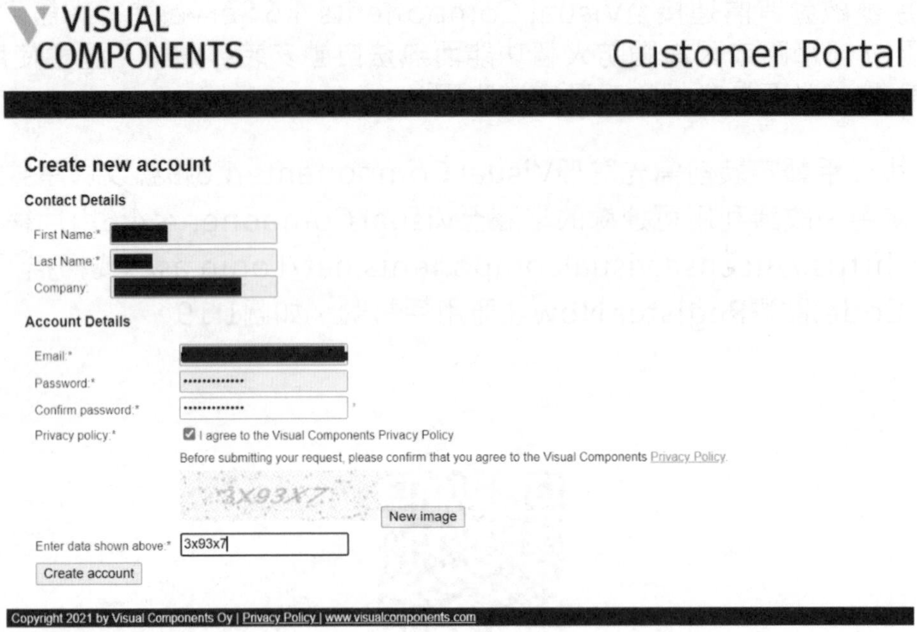

VISUAL COMPONENTS Customer Portal

Create new account

Contact Details

First Name:*
Last Name:*
Company:

Account Details

Email:*
Password:*
Confirm password:*
Privacy policy:* I agree to the Visual Components Privacy Policy

Before submitting your request, please confirm that you agree to the Visual Components Privacy Policy.

New image

Enter data shown above:* 3x93x7

Create account

Copyright 2021 by Visual Components Oy | Privacy Policy | www.visualcomponents.com

圖1.20

STEP ❸ 用戶帳號申請成功，如圖1.21。

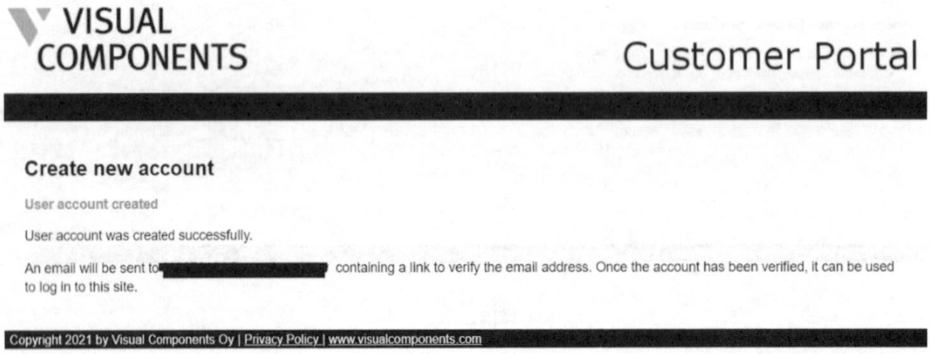

VISUAL COMPONENTS Customer Portal

Create new account

User account created

User account was created successfully.

An email will be sent to containing a link to verify the email address. Once the account has been verified, it can be used to log in to this site.

Copyright 2021 by Visual Components Oy | Privacy Policy | www.visualcomponents.com

圖1.21

STEP ❹ 進行用戶帳號認證，請先登入註冊帳號的信箱接收原廠認證信，點選信中的認證網址，如圖1.22。

圖1.22

STEP ❺ 帳號註冊成功後請再重新登入，如圖1.23。

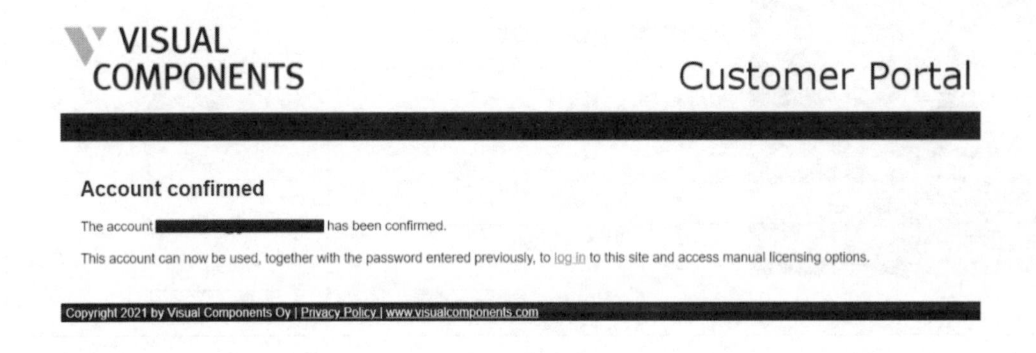

圖1.23

STEP ❻ 執行Visual Components Premium 4.6，如圖1.24。

圖1.24

STEP ❼ 進入啟動序號歡迎畫面，請直接點選**下一步**，如圖1.25。

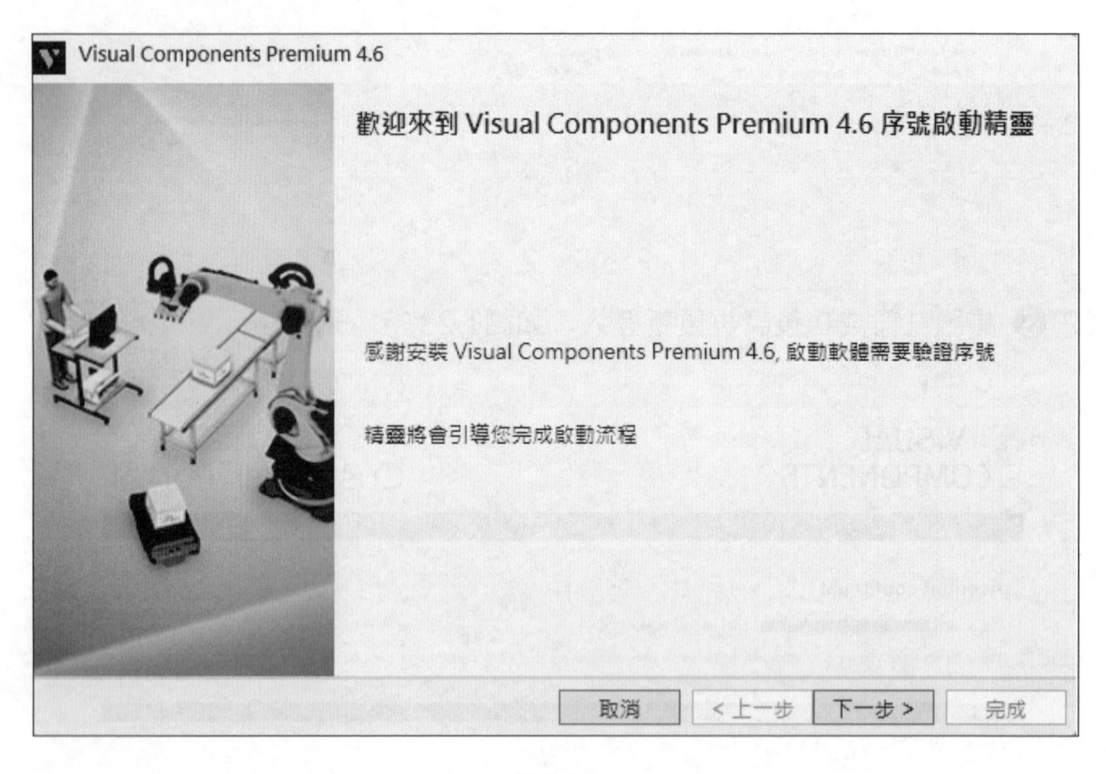

圖1.25

STEP ❽ 進入序號版本選擇畫面，請依序號版本進行安裝，本書將以單機版進行軟體安裝，請選擇**單機序號**並點選**下一步**，如圖1.26。

Visual Components Premium 4.6
序號類型
請確認序號為單機序號或浮動序號
單機序號
浮動序號
取消
< 上一步
下一步 >
完成

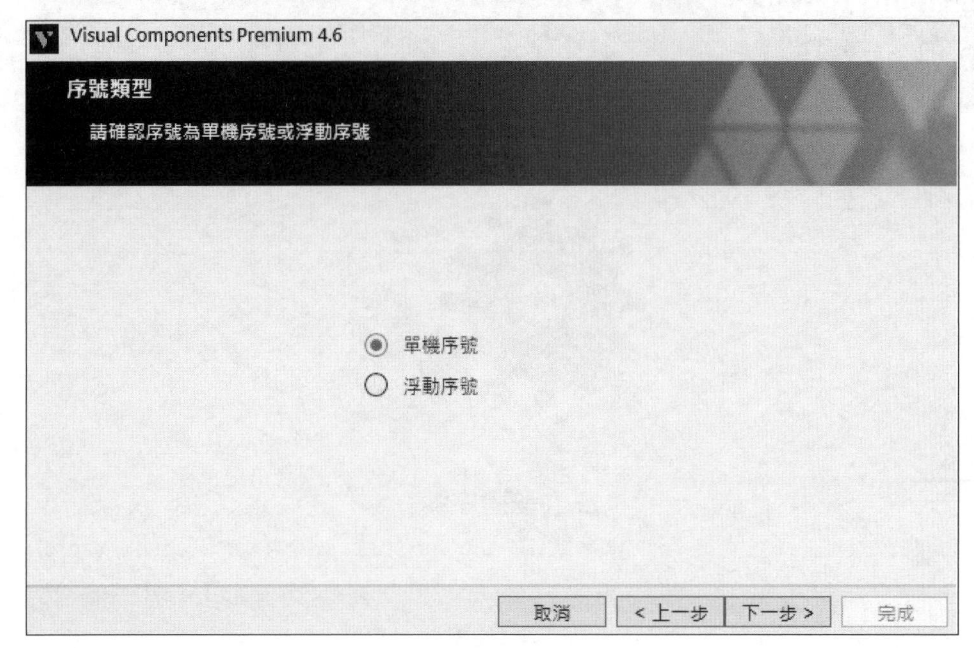

圖1.26

STEP ❾ 進入序號輸入畫面，請輸入軟體的序號並點選**下一步**，如圖1.27，接著認證序號，如圖1.28。

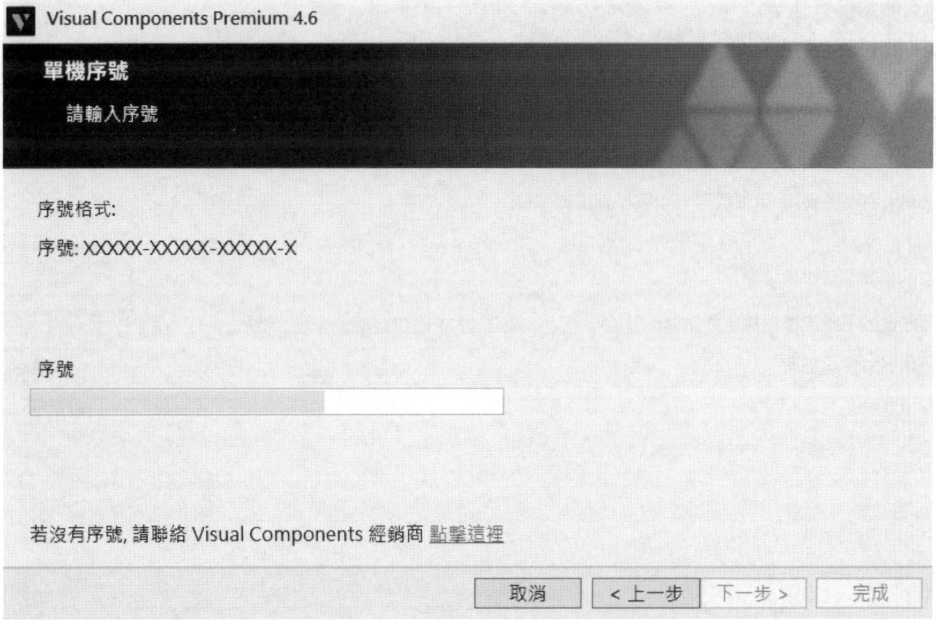

Visual Components Premium 4.6
單機序號
請輸入序號
序號格式:
序號: XXXXX-XXXXX-XXXXX-X
序號
若沒有序號, 請聯絡 Visual Components 經銷商 點擊這裡
取消
< 上一步
下一步 >
完成

圖1.27

圖1.28

STEP ⑩ 進入註冊用戶帳號的畫面，由於電腦處於無法連線狀態，故會直接跳到離線模式，點選**產生**，如圖1.29。

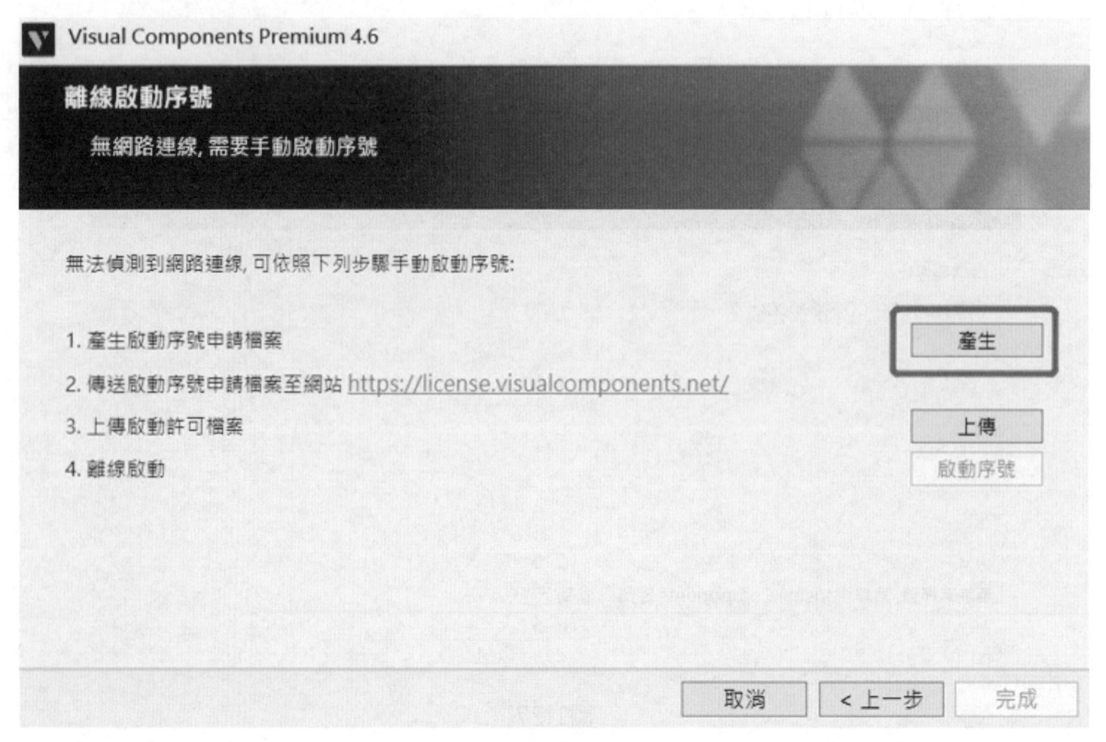

圖1.29

STEP ⓫ 安裝程式會先產生一份序號啟動申請文件，請先將此文件儲存於電腦桌面，如圖1.30。

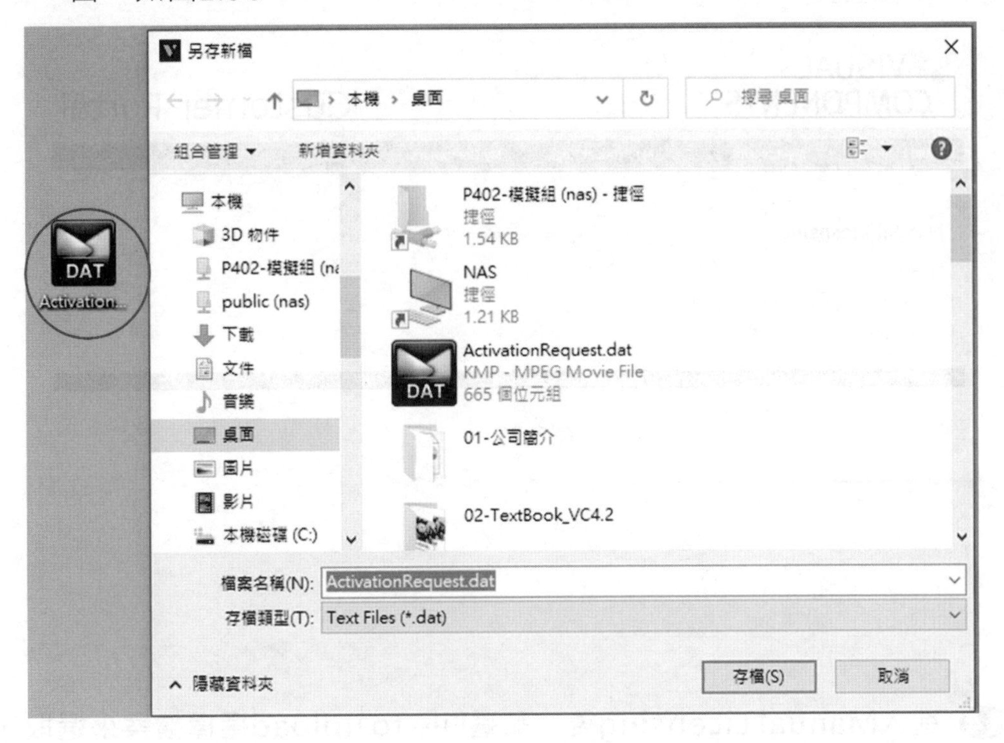

圖1.30

STEP ⓬ 接著必須將此序號啟動申請文件提交至用戶帳號進行申請，請先連線至Visual Components 4.6用戶網站並登入帳號https://license.visualcomponents.net/Login.aspx，如圖1.31。

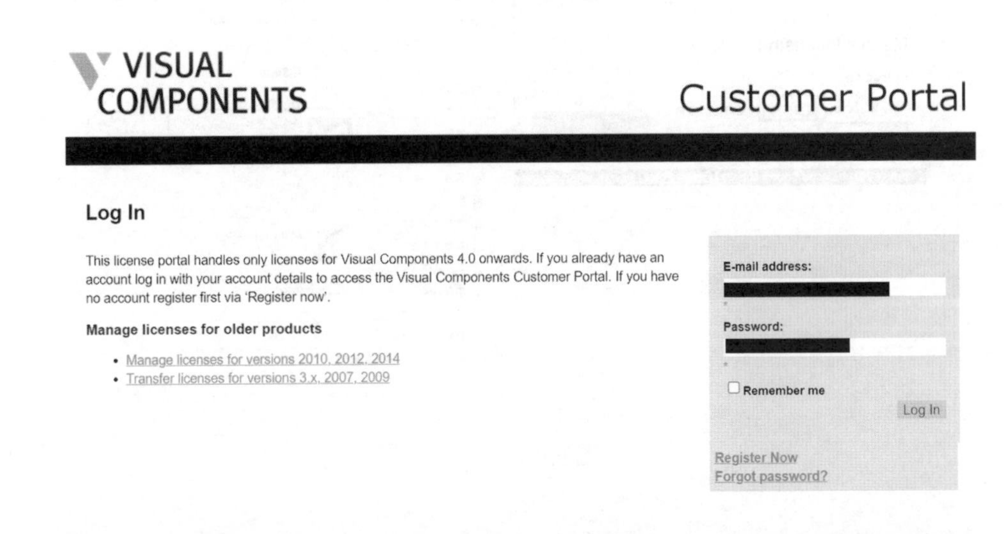

圖1.31

STEP ⓭ 登入用戶帳號後，點選**Manual Licensing**來提交序號啟動申請文件，如圖1.32。

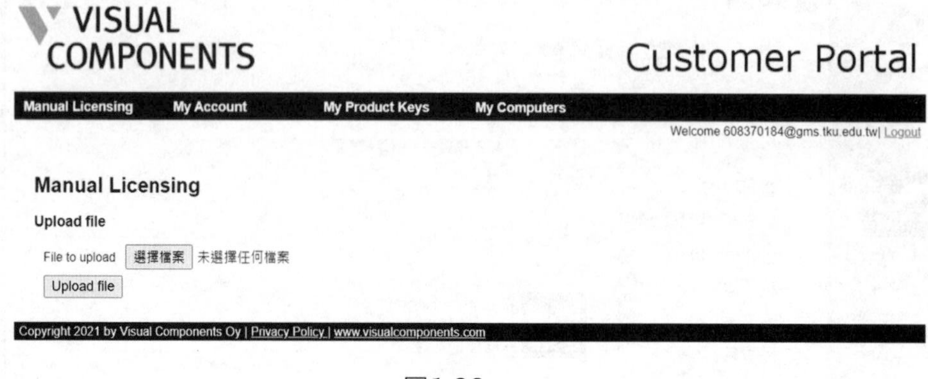

圖1.32

STEP ⓮ 進入Manual Licensing後，點選**File to upload選擇檔案**來選取序號啟動申請文件，接著點選**Upload file**上傳文件，如圖1.33。

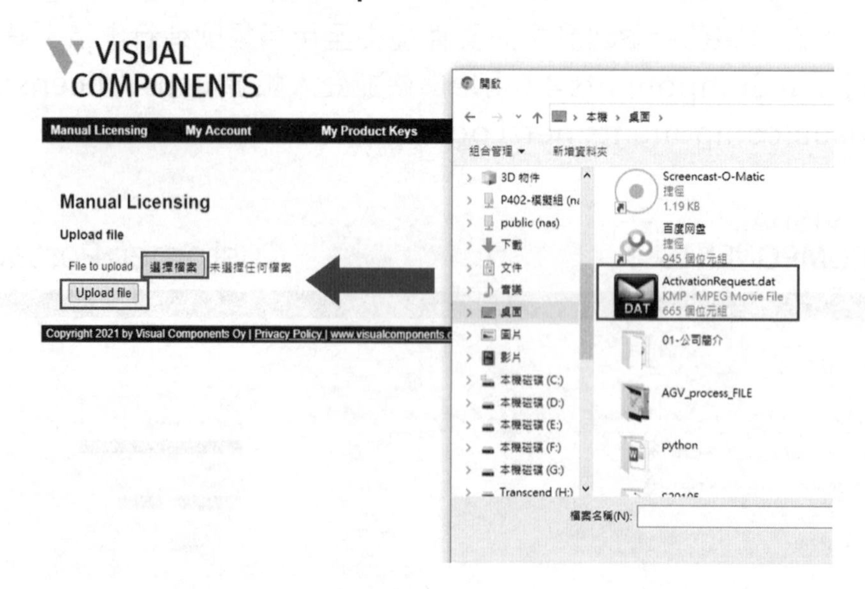

圖1.33

STEP ⓯ 序號啟動申請文件上傳後，請先確認軟體序號的相關資訊是否正確，如正確無誤即可點選**Confirm**進行下一步，如圖1.34

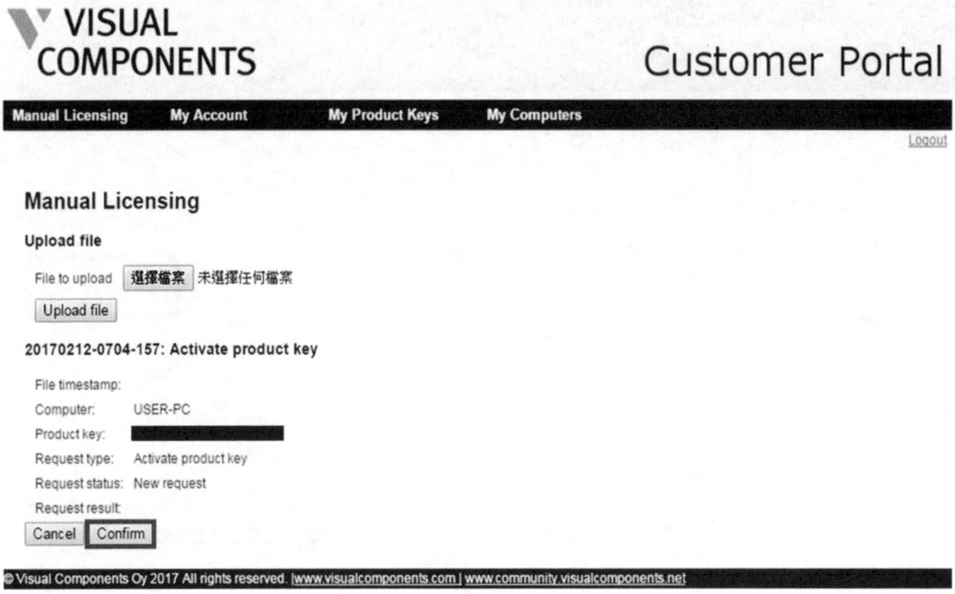

VISUAL COMPONENTS
Customer Portal

Manual Licensing My Account My Product Keys My Computers

Logout

Manual Licensing

Upload file

File to upload 選擇檔案 未選擇任何檔案

Upload file

20170212-0704-157: Activate product key

File timestamp:
Computer: USER-PC
Product key:
Request type: Activate product key
Request status: New request
Request result:

Cancel Confirm

© Visual Components Oy 2017 All rights reserved. |www.visualcomponents.com | www.community.visualcomponents.net

圖1.34

STEP ⓰ 序號啟動申請文件上傳Visual Components 4.6 Server後會產生一份序號啟動文件，點選**Download file**將此文件儲存至電腦桌面，如圖1.35。

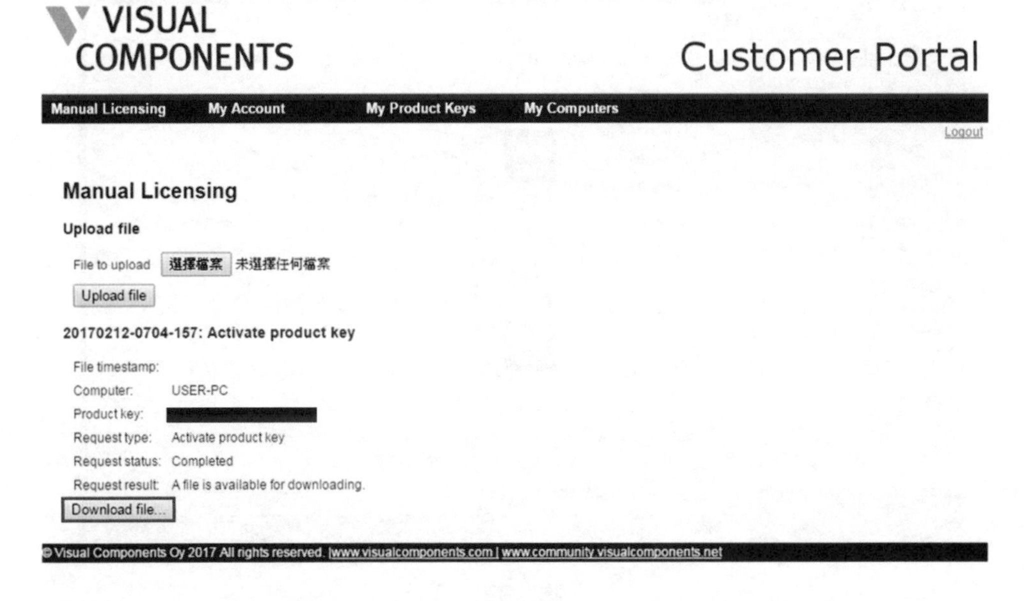

圖1.35

STEP 17 回到軟體離線模式啟動畫面，先點選**上傳**，如圖1.36。

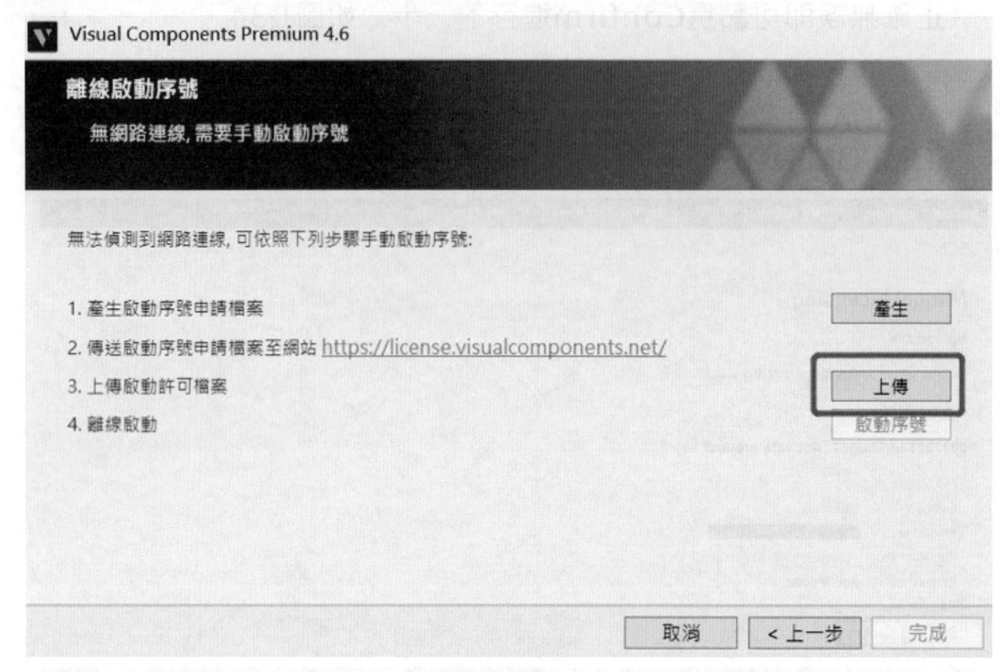

圖1.36

STEP 18 開啟軟體序號啟動文件，如圖1.37。匯入完畢後按下啟動序號，如圖1.38。

圖1.37

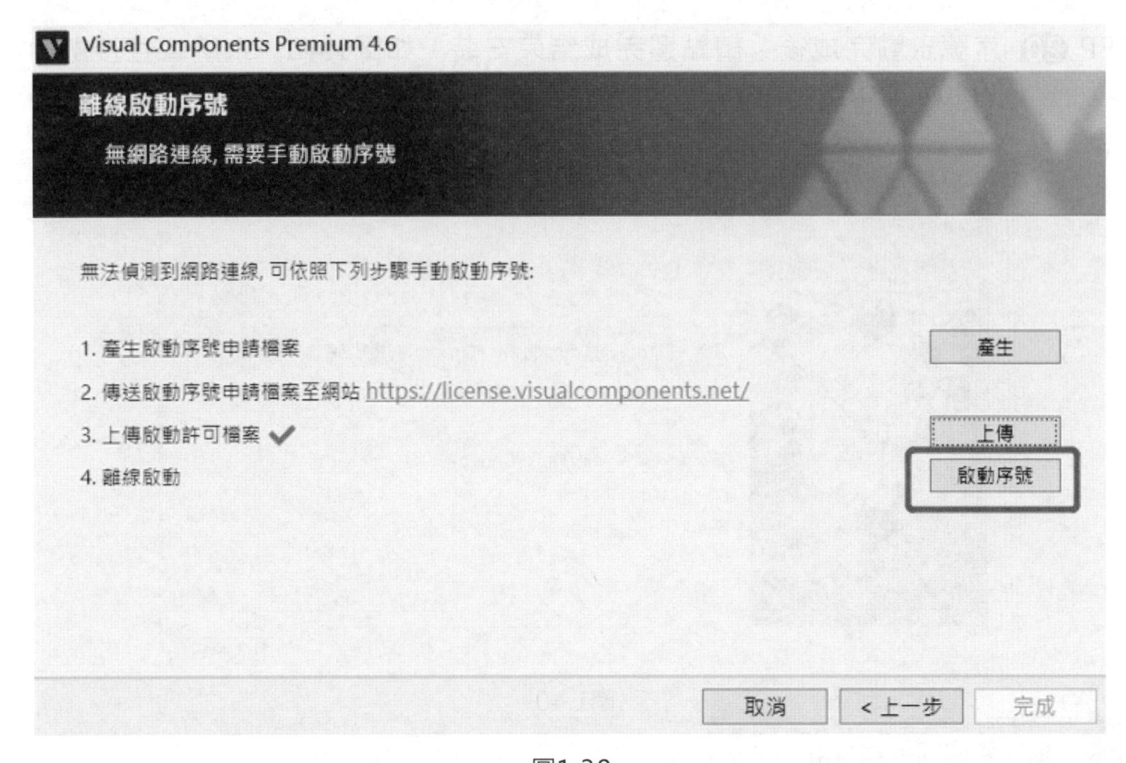

圖1.38

STEP ⓳ 進入序號啟動畫面，如圖1.39。

圖1.39

STEP ⑳ 序號啟動完成後，請點選**完成**結束安裝，如圖1.40，系統會直接啟動 Visual Components 4.6。

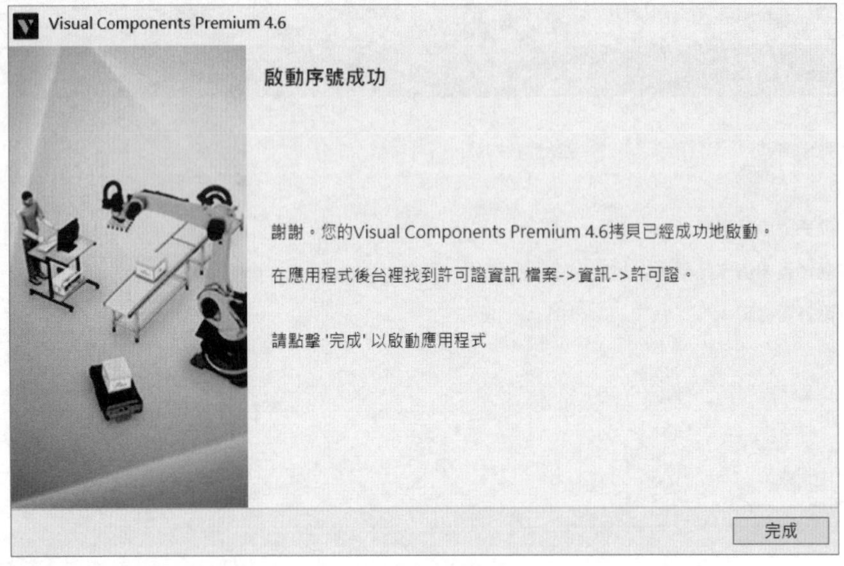

圖1.40

四 軟體序號註冊

本節將詳細介紹如何新增用戶帳號和註冊軟體的方法，由於註冊用戶帳號可方便使用者從網路上直接管理序號的啟動及停用狀態，以及取得進入 Visual Components 4.6論壇的權限，故建議正式版軟體用戶將軟體註冊至帳號中，若在安裝時已申請用戶帳號並將軟體註冊至帳號者，便不需再重複此動作。

STEP ❶ 請先連線至Visual Components 4.6用戶網站，點選**Register Now**註冊新帳號，如圖1.41。

圖1.41

STEP ❷ 填入帳號基本資料，填妥後點選**Create account**，如圖1.42。

VISUAL COMPONENTS Customer Portal

Create new account

Contact Details

First Name:*
Last Name:*
Company:

Account Details

Email:*
Password:*
Confirm password:*
Privacy policy:* I agree to the Visual Components Privacy Policy
Before submitting your request, please confirm that you agree to the Visual Components Privacy Policy.

3X93X7 New image

Enter data shown above:* 3x93x7

Create account

Copyright 2021 by Visual Components Oy | Privacy Policy | www.visualcomponents.com

圖1.42

STEP ❸ 用戶帳號申請成功，如圖1.43。

VISUAL COMPONENTS Customer Portal

Create new account

User account created

User account was created successfully.

An email will be sent to containing a link to verify the email address. Once the account has been verified, it can be used to log in to this site.

Copyright 2021 by Visual Components Oy | Privacy Policy | www.visualcomponents.com

圖1.43

STEP ❹ 進行用戶帳號認證，請先登入註冊帳號的信箱接收原廠認證信，點選信件中的認證網址，如圖1.44。

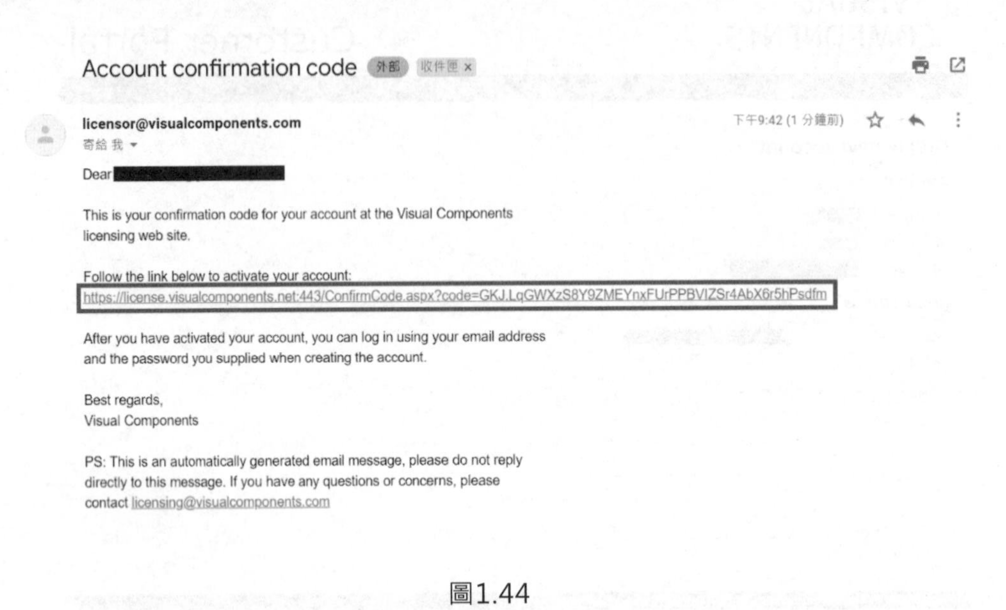

圖1.44

STEP ❺ 帳號註冊成功後請再重新登入，如圖1.45。

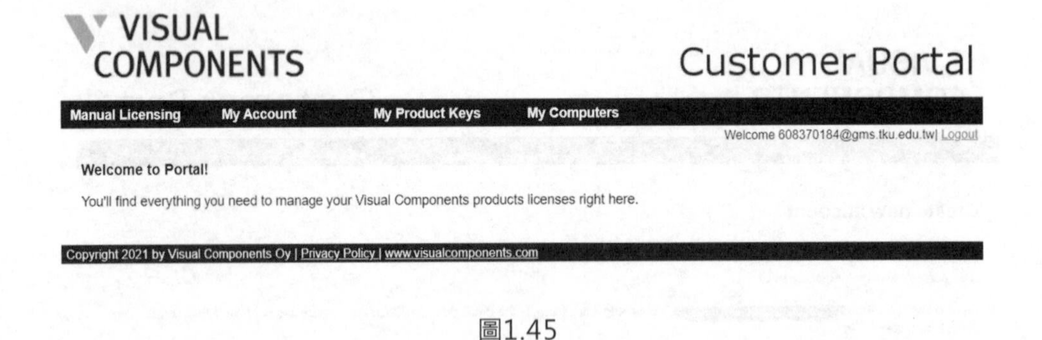

圖1.45

STEP ❻ 啟動軟體後點選分頁欄**檔案(File)**，如圖1.46。

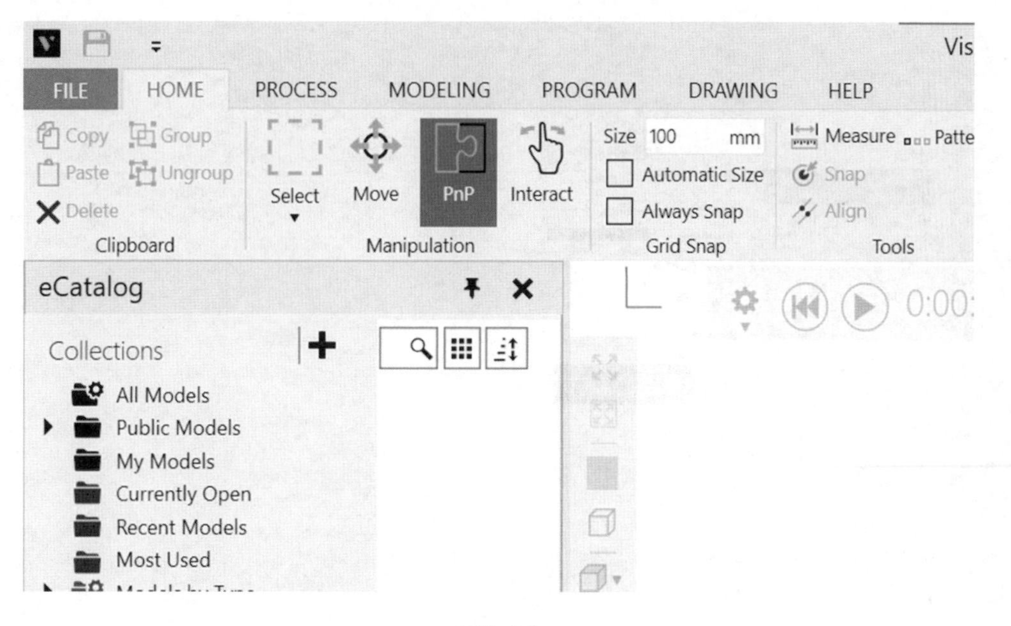

圖1.46

STEP ❼ 頁籤中點選**資訊(Info)**裡面的**序號(Liceense)**選項，並將用戶帳號密碼一併輸入後點選**登錄(Login)**進行登入，如圖1.47。

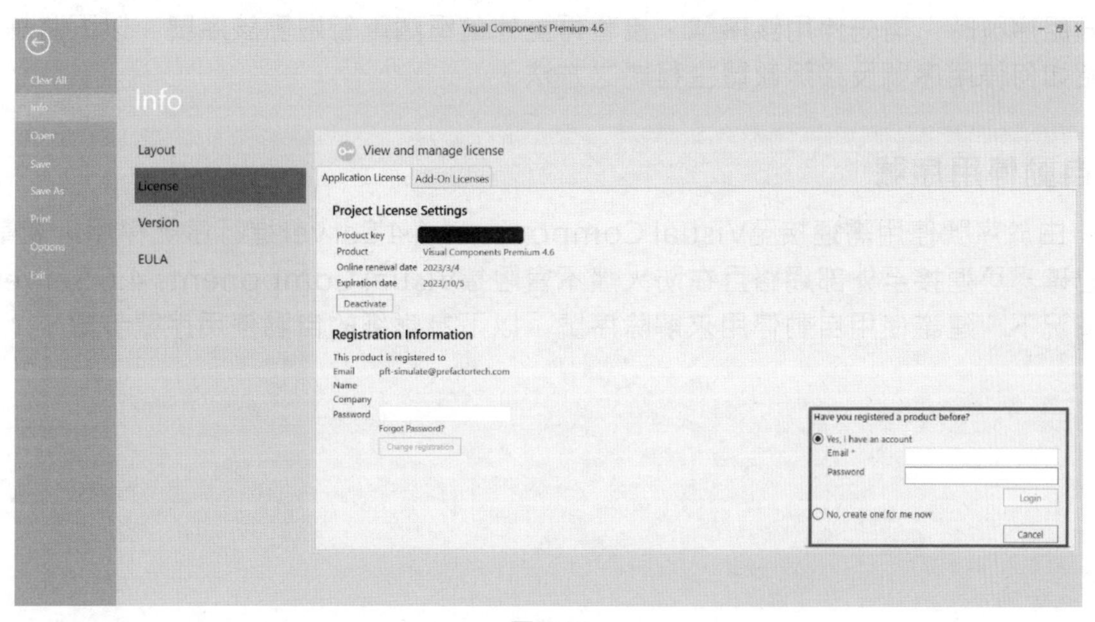

圖1.47

STEP ❽ 軟體註冊後，完成產品註冊流程，如圖1.48。

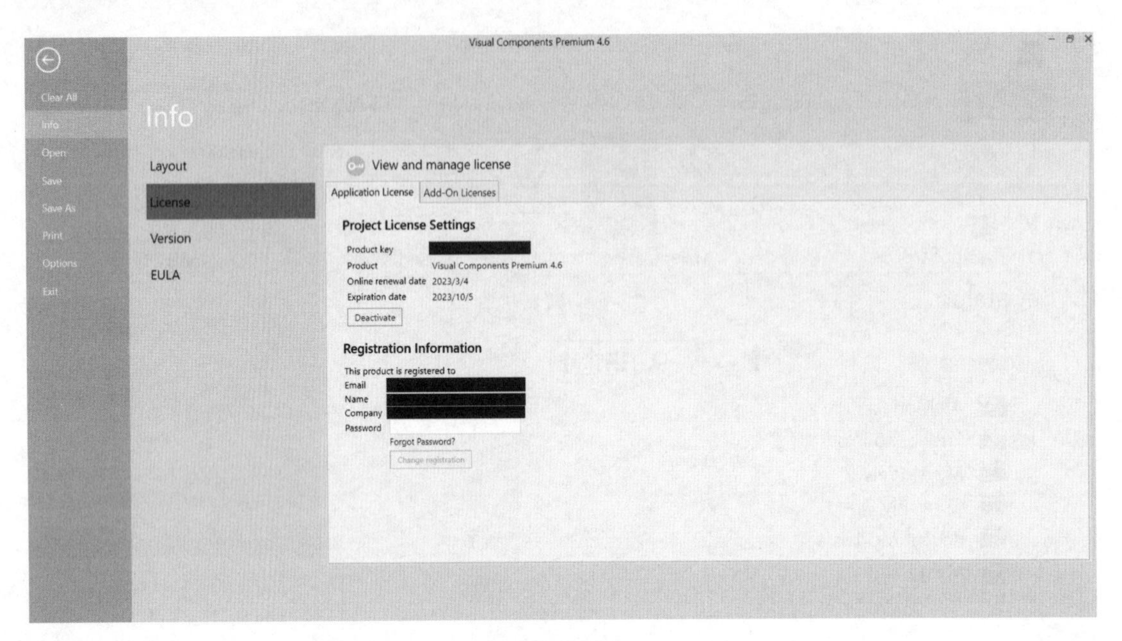

圖1.48

㊄ 軟體移除及序號停用程序

本節將介紹主程式序號的停用步驟以及主程式移除之流程，當欲於他台電腦啟動同組序號時，需先停用該序號，接著再至他台電腦重新啟動該序號，以下將詳細介紹如何停用序號及移除軟體主程式之方法。

1. 自動停用序號

由於序號停用需連接至Visual Components 4.4 Server進行序號停用，若電腦已確認可連接至外部網路且在防火牆不會阻擋Visual Components 4.6 Server的情況下，建議使用自動停用來解除序號，以下為詳細的自動停用序號步驟。

STEP ❶ 啟動軟體後點選分頁欄**檔案(File)**，如圖1.49。

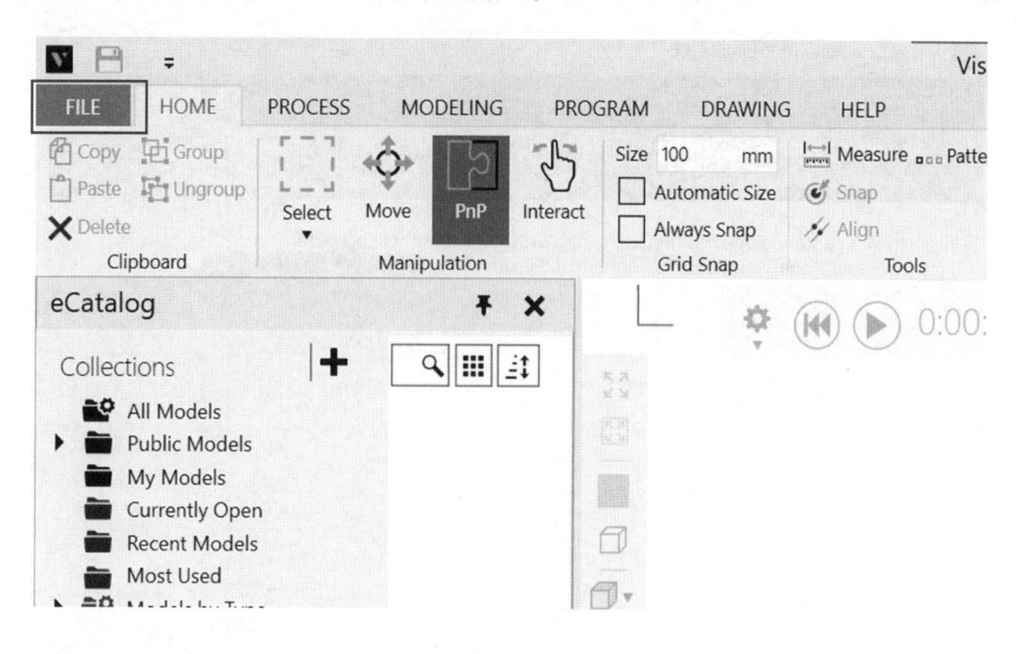

圖1.49

STEP ❷ 頁籤中點選**資訊(Info)**裡面的**序號(Liceense)**選項，視窗中會顯示所有在該電腦中的序號及其狀態，按下**停用序號(Deactivate)**進入下一步，如圖1.50。

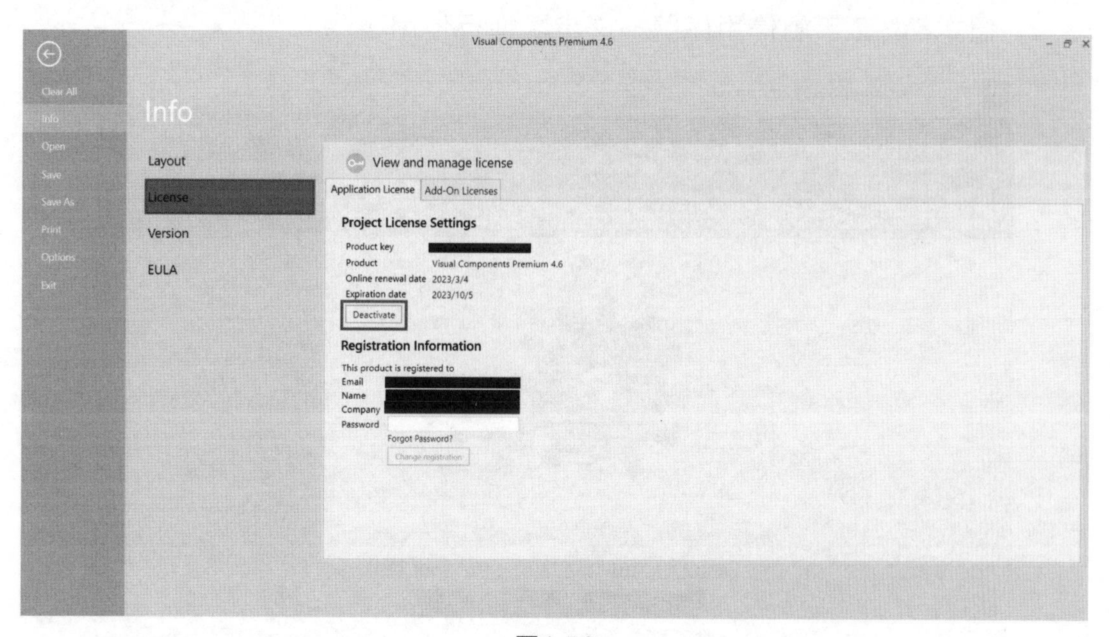

圖1.50

STEP ❸ 系統停用確認畫面點選**停用序號(Deactivate)**來停用序號，如圖1.51。

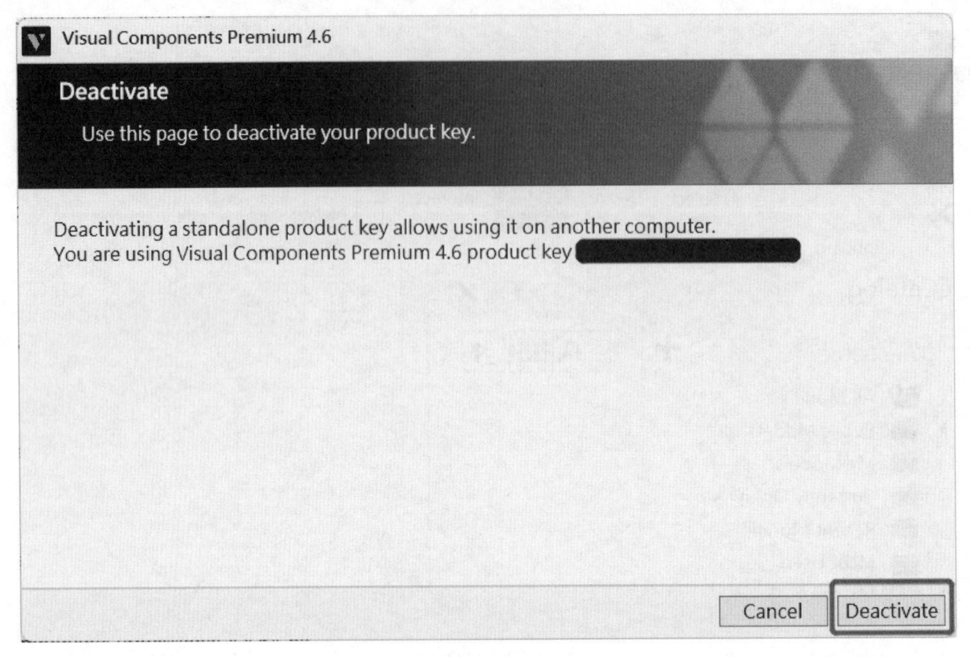

圖1.51

STEP ❹ 進入序號停用畫面，如圖1.52，序號停用的時間長短取決於網路速度及防火牆機制，若在此畫面停留時間過長，則可能是因電腦防火牆阻擋Visual Components 4.6 Server認證，此時請採取手動停用方式，請參照本節”2.手動停用序號”之步驟進行停用。

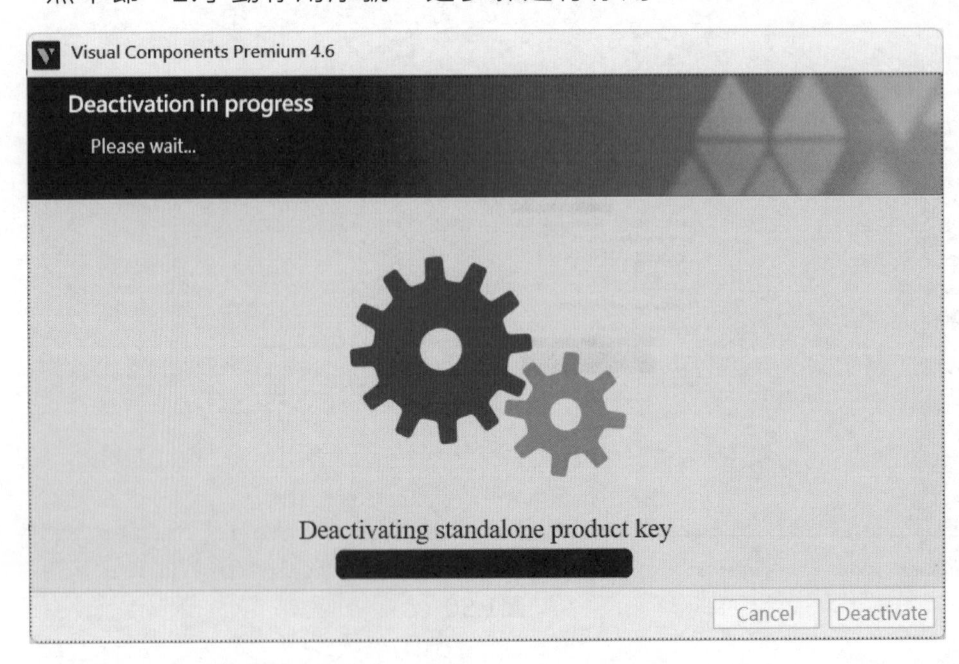

圖1.52

STEP ❺ 完成停用，點選**關閉(Close)**視窗，此序號即可至他台電腦使用，如圖1.53。

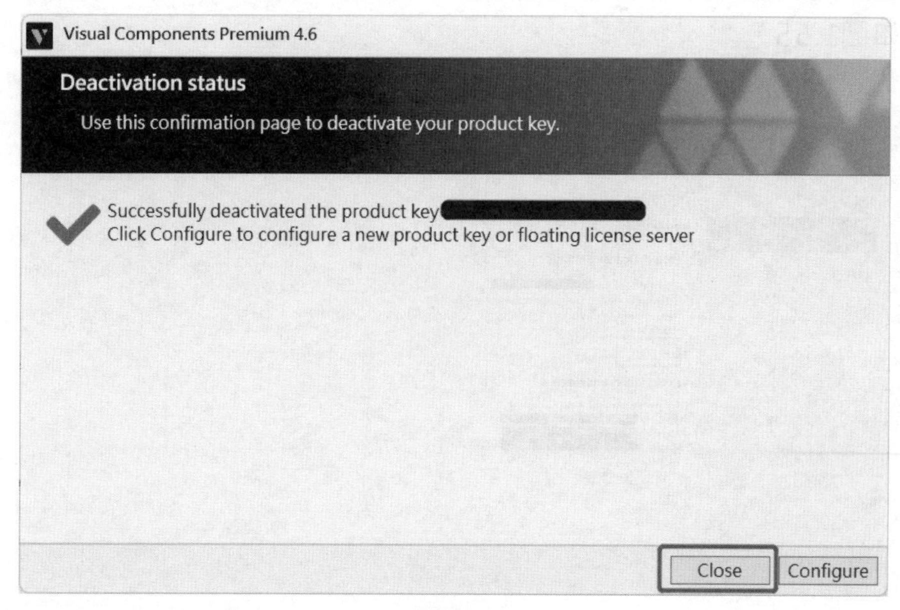

圖1.53

2. 手動停用序號

若電腦因防火牆或其他因素而導致無法直接使用自動停用序號的方式，那就必需使用手動的方式來停用序號，接下來將詳細介紹手動停用的步驟來停用序號，由於執行手動停用程序時需使用到用戶帳號，故需先確認是否已具有用戶帳號，用戶帳號的申請方式可參考本章節”(四)、軟體序號註冊”。

STEP ❶ 啟動軟體後點選分頁欄**檔案(File)**，如圖1.54。

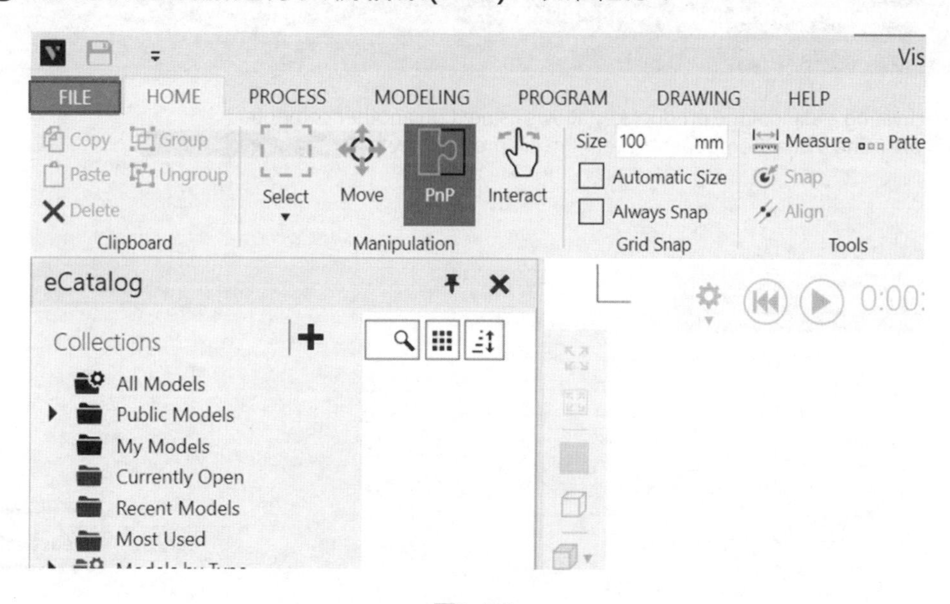

圖1.54

STEP ❷ 頁籤中點選**資訊(Info)**裡面的**序號(Liceense)**選項，視窗中會顯示所有在該電腦中的序號及其狀態，按下**停用序號(Deactivate)**進入下一步，如圖1.55。

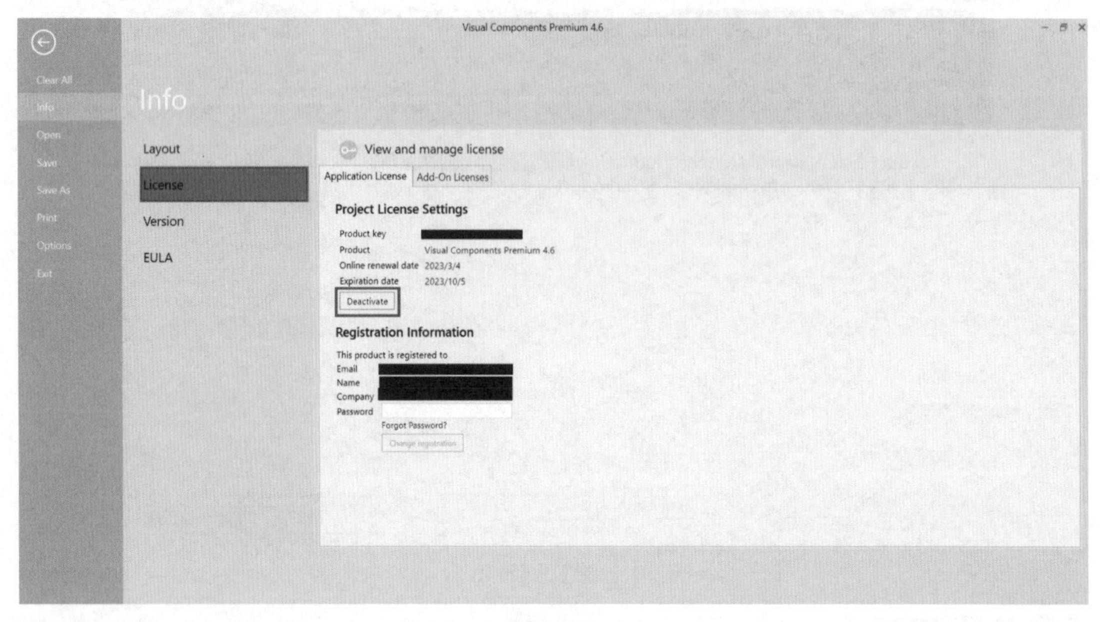

圖1.55

STEP ❸ 顯示系統停用確認畫面，點選**停用序號(Deactivate)**來停用序號，如圖1.56。

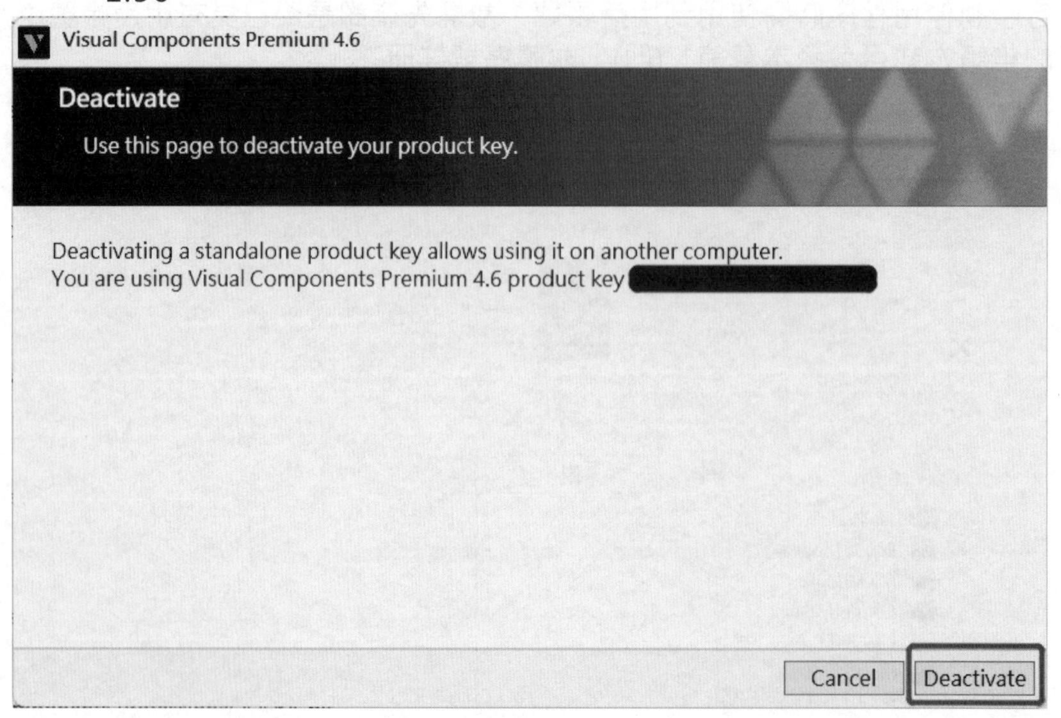

圖1.56

STEP ❹ 如電腦有防火牆會阻擋停用認證，或無網路情況，則系統會進入離線模式以手動方式來停用軟體序號之權限，接著請點選**Generate**進行下一步，如圖1.57。

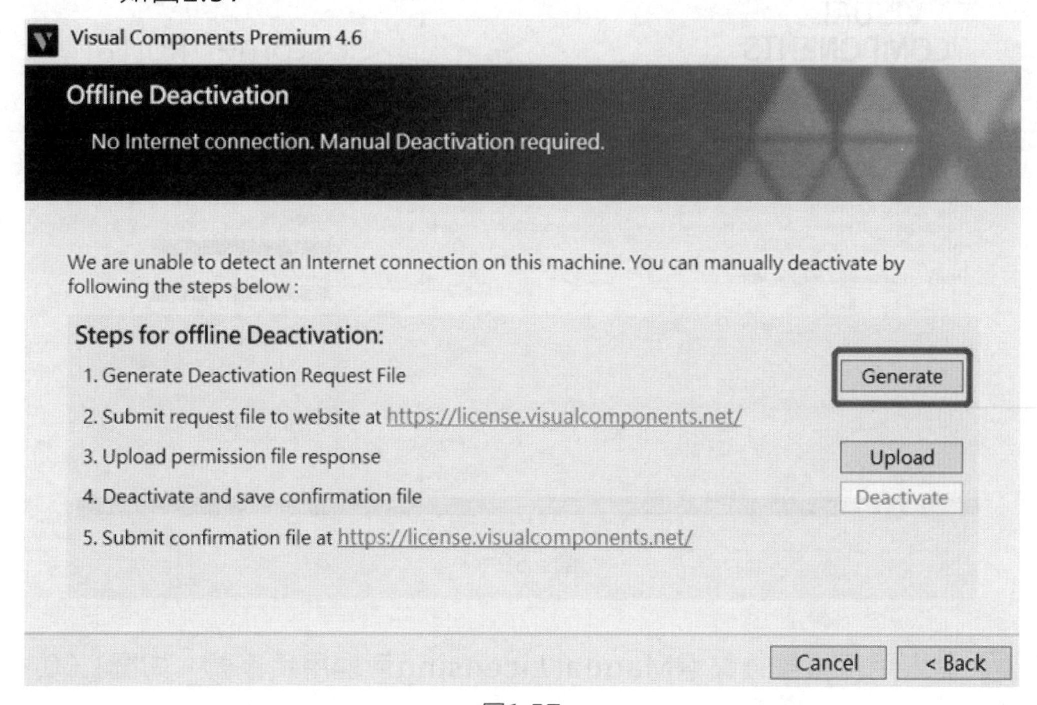

圖1.57

STEP ❺ 使用手動停用序號時，軟體將會先產生一份序號停用申請文件，請先將此文件存放在電腦桌面，如圖1.58。

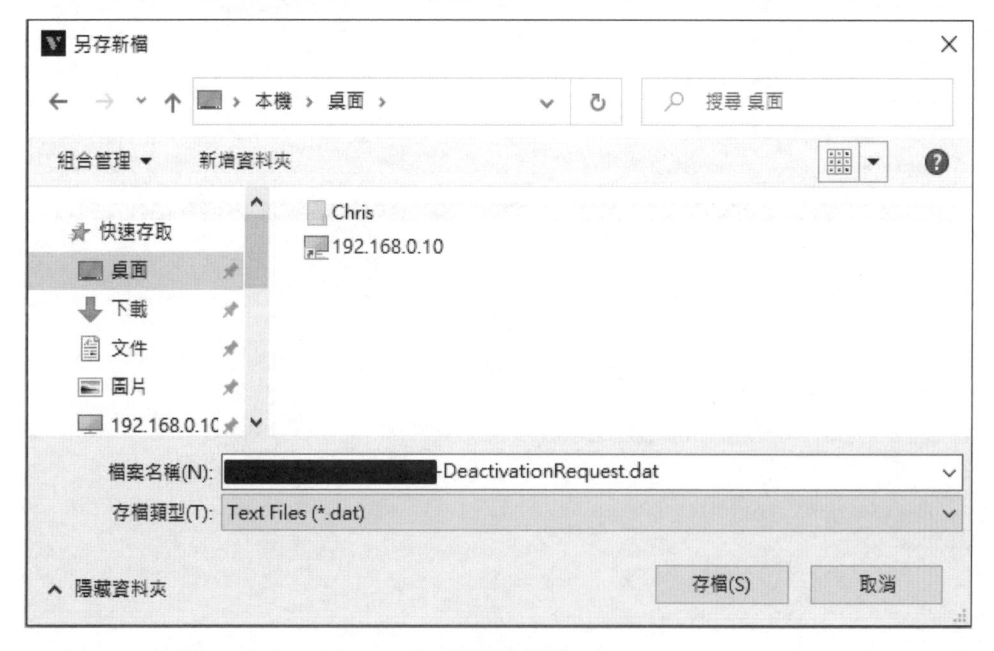

圖1.58

STEP ❻ 連線至Visual Components 4.6用戶網站(https://license.visualcomponents.net/Login.aspx)並登入用戶帳號，如圖1.59。

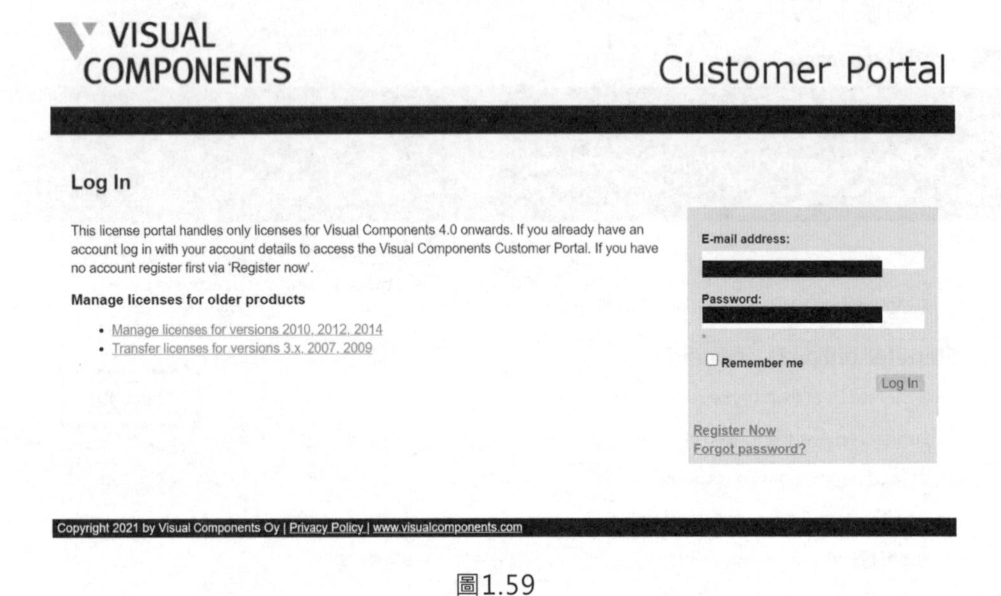
VISUAL
COMPONENTS
Customer Portal
Log In
This license portal handles only licenses for Visual Components 4.0 onwards. If you already have an account log in with your account details to access the Visual Components Customer Portal. If you have no account register first via 'Register now'.
Manage licenses for older products
Manage licenses for versions 2010, 2012, 2014
Transfer licenses for versions 3.x, 2007, 2009
E-mail address:
Password:
Remember me
Log In
Register Now
Forgot password?
Copyright 2021 by Visual Components Oy | Privacy Policy | www.visualcomponents.com

圖1.59

STEP ❼ 登入用戶帳號後點選**Manual Licensing**管理用戶序號，如圖1.60。

VISUAL
COMPONENTS
Customer Portal

Manual Licensing | My Account | My Product Keys | My Computers

Welcome 608370184@gms.tku.edu.tw| Logout

Manual Licensing

Upload file

File to upload 選擇檔案 未選擇任何檔案

Upload file

Copyright 2021 by Visual Components Oy | Privacy Policy | www.visualcomponents.com

圖1.60

STEP ❽ 進入Manual Licensing網頁後，點選**File to upload選擇擋案**開啟序號停用申請文件，再點選**Upload file**上傳文件，如圖1.61。

圖1.61

STEP ❾ 開啟序號停用申請文件後，需先核對文件內容是否正確，若內容正確無誤則可點選**Confirm**進行下一步，如圖1.62。

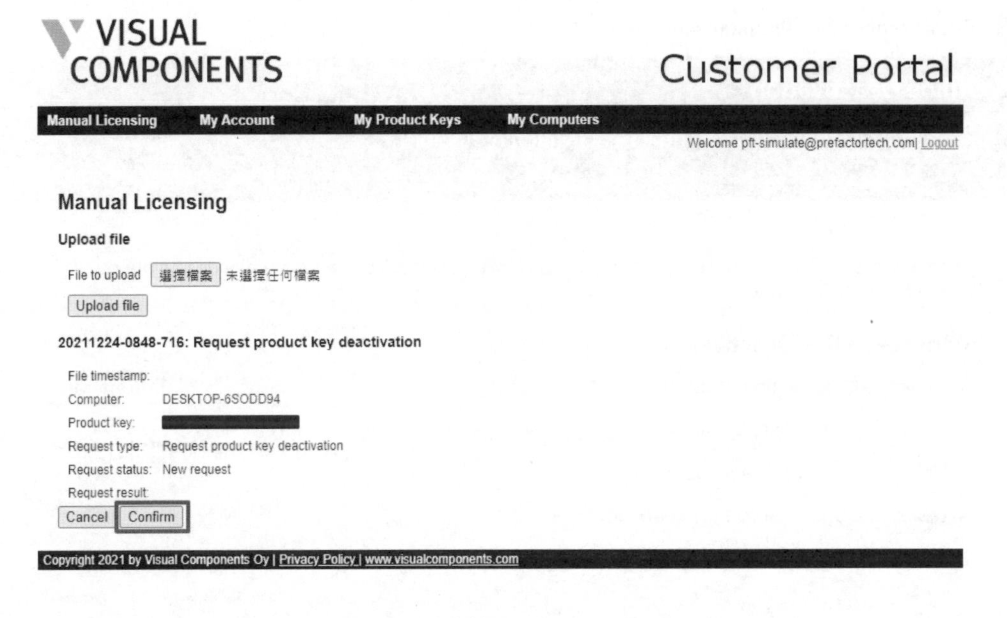

圖1.62

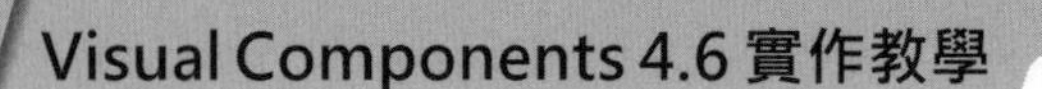

STEP 10 接著Visual Components 4.6 Server會產生一份停用序號許可文件，請先點選**Download Deactivation Permission File**下載此文件，如圖1.63。

圖1.63

STEP 11 回到**Deactivate Product Key**視窗，點選**Upload**，提交停用序號許可文件，如圖1.64。

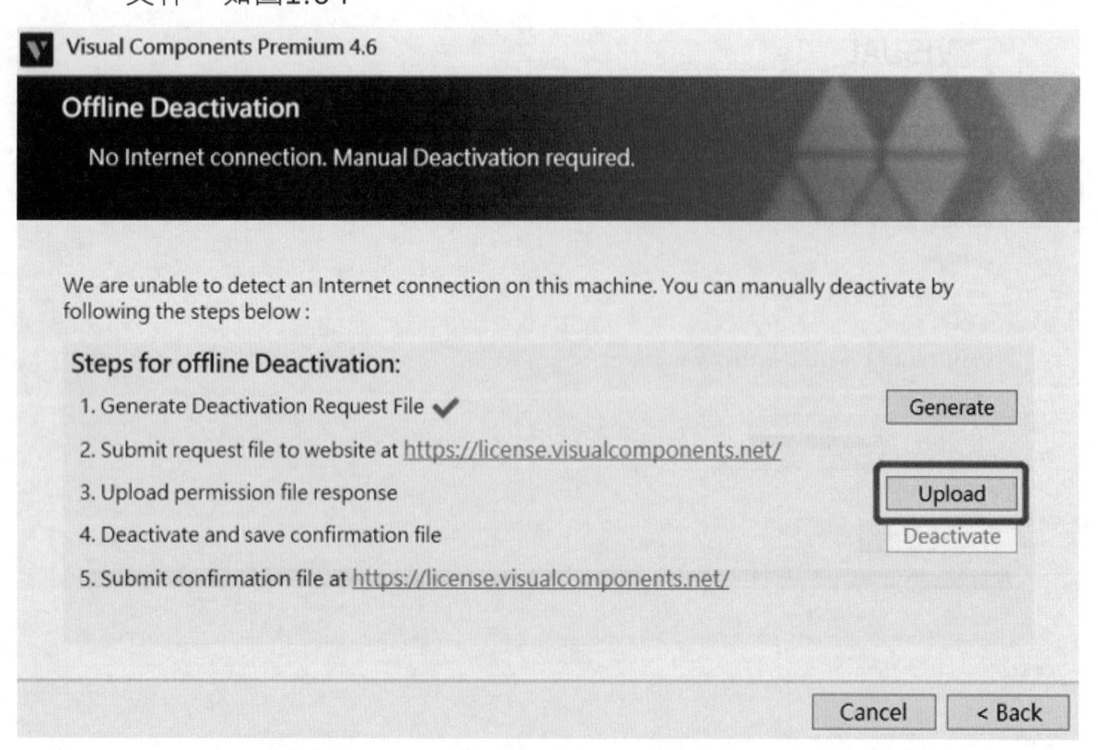

圖1.64

STEP ⓬ 提交停用序號許可文件後，請點選**Deactivate**停用序號，如圖1.65。

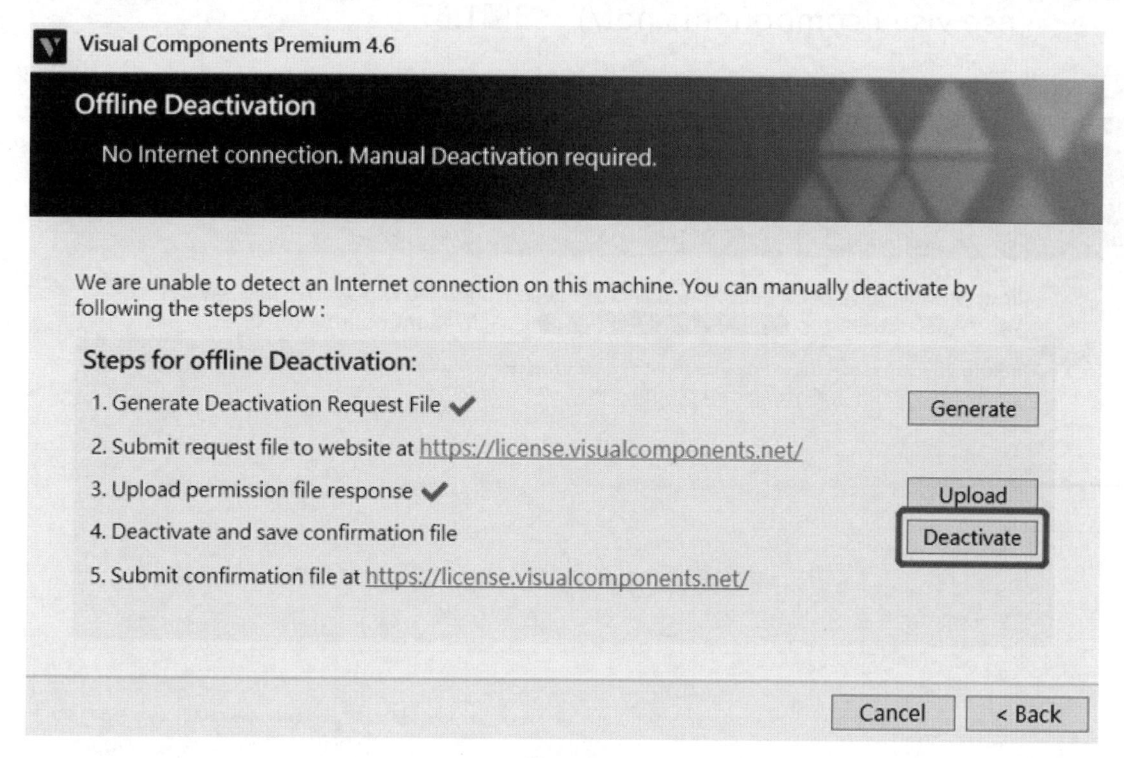

圖1.65

STEP ⓭ 儲存序號權限停用確認申請文件的檔案，如圖1.66。

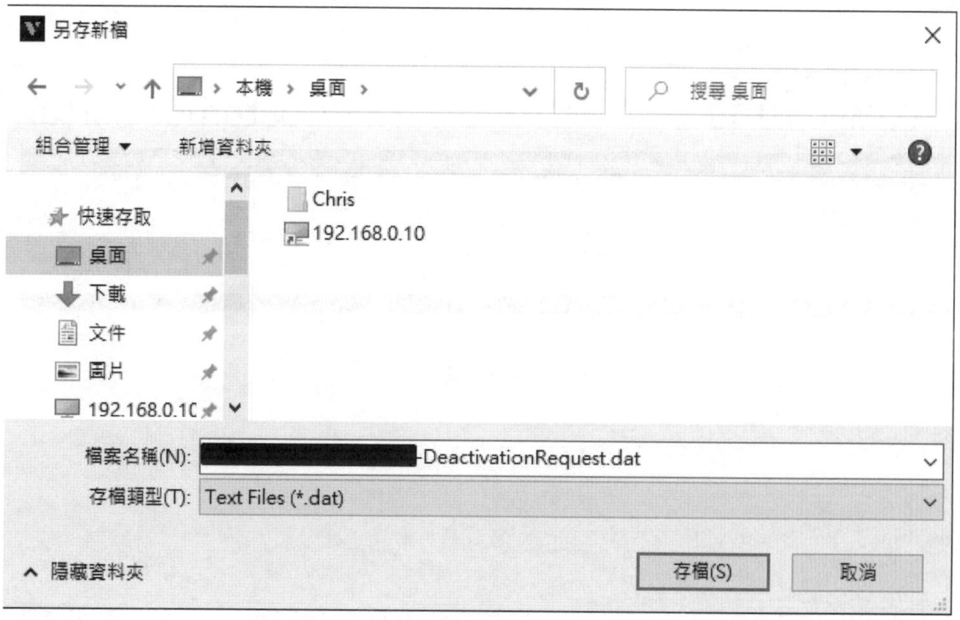

另存新檔
本機 › 桌面 ›
搜尋 桌面
組合管理 ▾ 新增資料夾
快速存取
桌面
下載
文件
圖片
192.168.0.10
Chris
192.168.0.10
檔案名稱(N): -DeactivationRequest.dat
存檔類型(T): Text Files (*.dat)
隱藏資料夾
存檔(S) 取消

圖1.66

STEP ⓮ 點選**Close**後，連線至Visual Components 4.6用戶網站(https://license.visualcomponents.net/)，如圖1.67。

Visual Components Premium 4.6

Offline Deactivation Confirmation

The application was successfully deactivated.

Your product have been deactivated and the deactivation file was successfully saved to: C:\Users\88698\Desktop\[redacted]-DeactivationConfirmation.dat

Before you can reuse these key you must register the deactivation with our server by uploading the file to: https://license.visualcomponents.net/

Close　Configure

圖1.67

STEP ⓯ 登入用戶帳號後點選**Manual Licensing**管理用戶序號，如圖1.68。

VISUAL COMPONENTS　Customer Portal

Manual Licensing　My Account　My Product Keys　My Computers

Welcome 608370184@gms.tku.edu.tw| Logout

Welcome to Portal!

You'll find everything you need to manage your Visual Components products licenses right here.

Copyright 2021 by Visual Components Oy | Privacy Policy | www.visualcomponents.com

圖1.68

STEP ⑯ 進入**Manual Licensing**網頁後，點選**File to upload選擇檔案**，選擇序號權限停用確認申請文件的檔案，再點選**Upload file**上傳文件，如圖1.69。

圖1.69

STEP ⑰ 完成後需再次核對文件內容是否正確，確認無誤則可點選**Confirm**進行下一步，如圖1.70。

VISUAL
COMPONENTS

Customer Portal

Manual Licensing　My Account　My Product Keys　My Computers

Welcome pft-simulate@prefactortech.com| Logout

Manual Licensing

Upload file

File to upload 選擇檔案 未選擇任何檔案

Upload file

20211224-0903-718: Confirm product key deactivation

File timestamp:
Computer: DESKTOP-6SODD94
Product key:
Request type: Confirm product key deactivation
Request status: New request
Request result:

Cancel　Confirm

Copyright 2021 by Visual Components Oy | Privacy Policy | www.visualcomponents.com

圖1.70

STEP ⓲ 確認**Request result**顯示**Deactivation confirmed**，完成手動停用序號程序，如圖1.71。

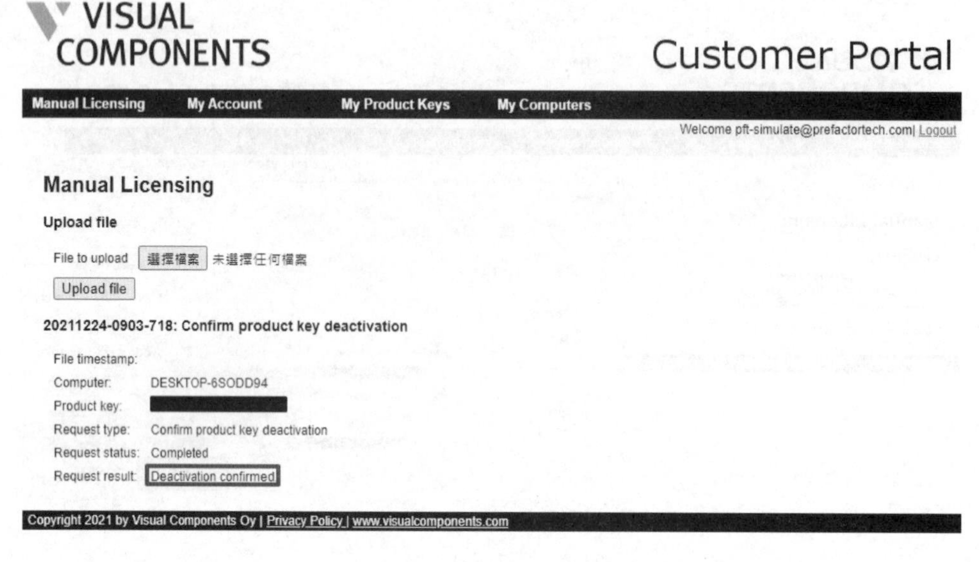

圖1.71

2. 移除軟體主程式

Visual Components 4.6可直接於程式集移除主程式安裝，其中還可選擇是否需於移除主程式時，同時將軟體序號停用，以下為詳細的軟體移除步驟。

STEP ❶ 點選**開始**，選擇**設定**，如圖1.72。

圖1.72

STEP ❷ 點選應用程式，如圖1.73，選擇欲移除的Visual Components軟體，如圖1.74。

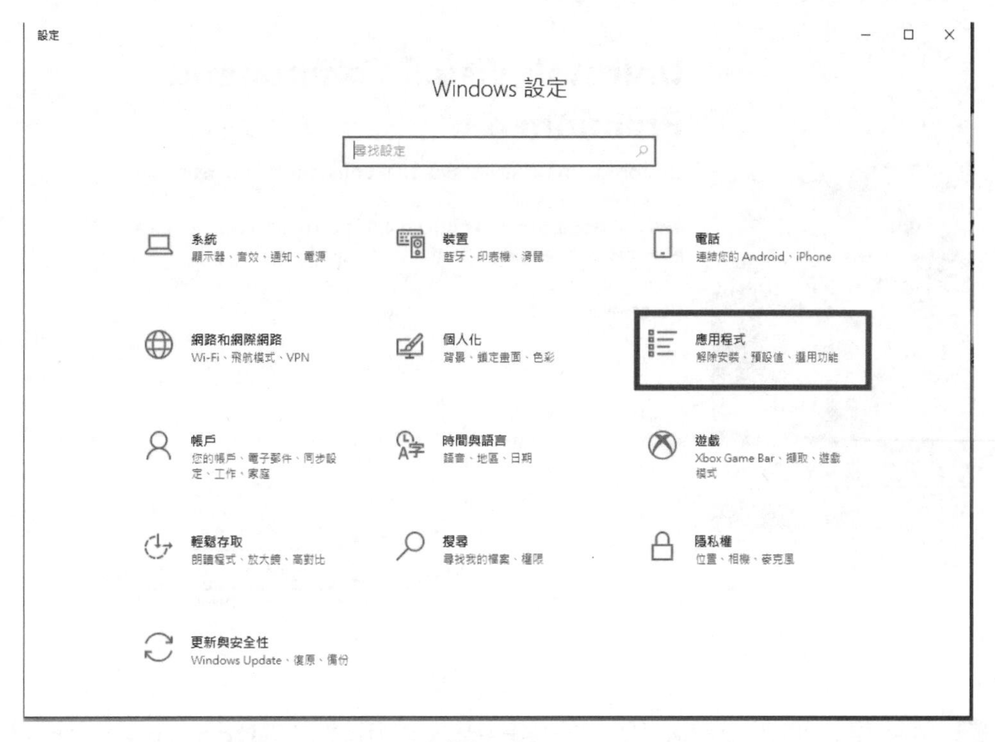

圖1.73

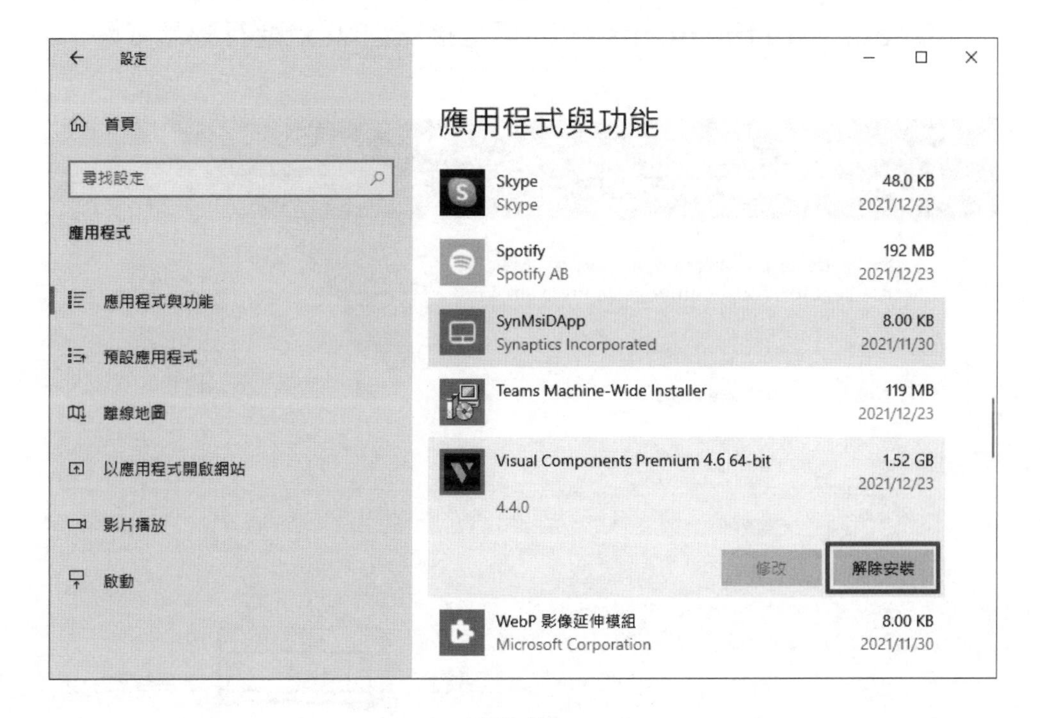

圖1.74

STEP ❸ 出現解除安裝視窗，點選Next進行軟體移除，如圖1.75。

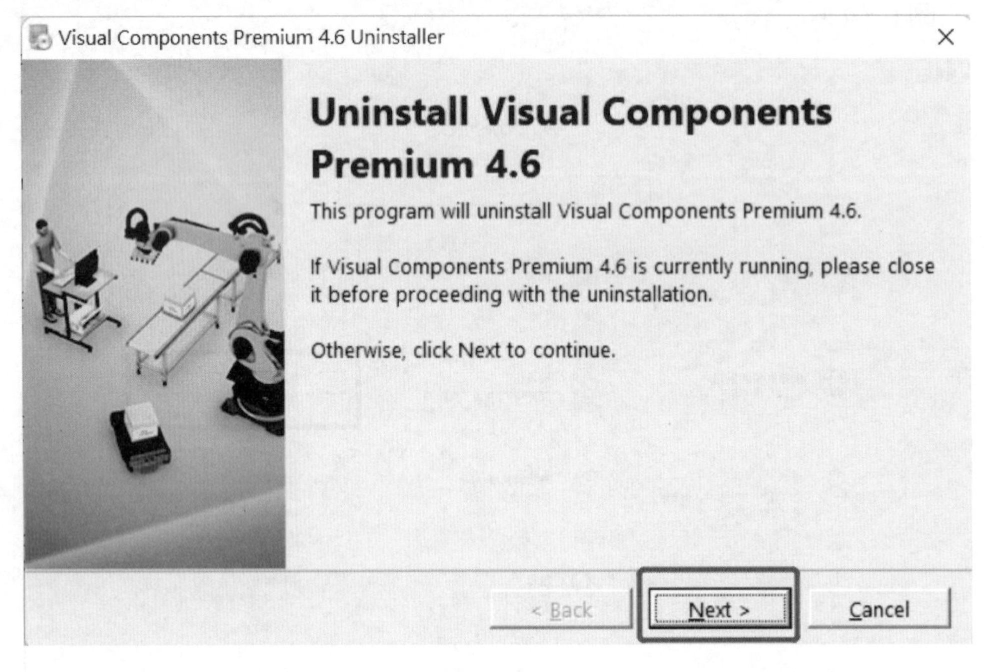

圖1.75

STEP ❹ 選擇是否停用序號權限，若序號尚未停用請勾選**Deactivate the license key**再點選**Next**進行下一步，如圖1.76所示，若序號已停用，則不需再勾選**Deactivate the license key**可直接點選**Next**進行軟體移除。

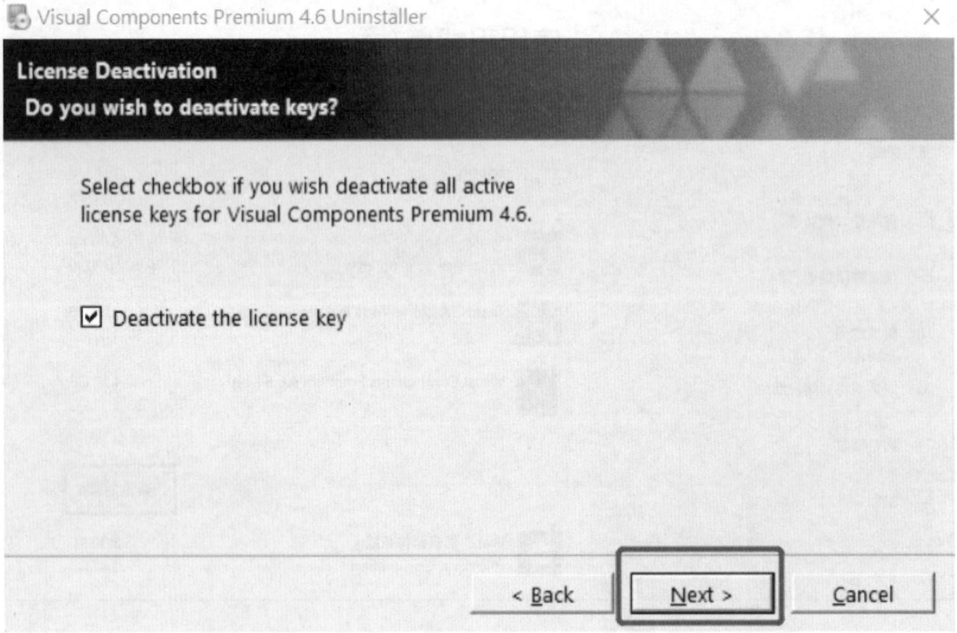

Visual Components Premium 4.6 Uninstaller
License Deactivation
Do you wish to deactivate keys?
Select checkbox if you wish deactivate all active license keys for Visual Components Premium 4.6.
☑ Deactivate the license key
< Back
Next >
Cancel

圖1.76

STEP ❺ 進行連線取消軟體序號權限與移除軟體，如圖1.77。(時間長短取決於網路速度及防火牆機制，若此步驟跳出 “Failed to connect Visual Components license server” ，其因素可能是防火牆將此認證擋住， 此時請採取手動停用方式，請參照” 2.手動停用序號”)。

Visual Components Premium 4.6 Uninstaller

Removing Visual Components Premium 4.6

Please wait...

Removing Files...

C:\Program Files\Visual Components\...\test_htmllib.py

Cancel

圖1.77

STEP ❻ 點選**Finish**，完成軟體移除，如圖1.78。

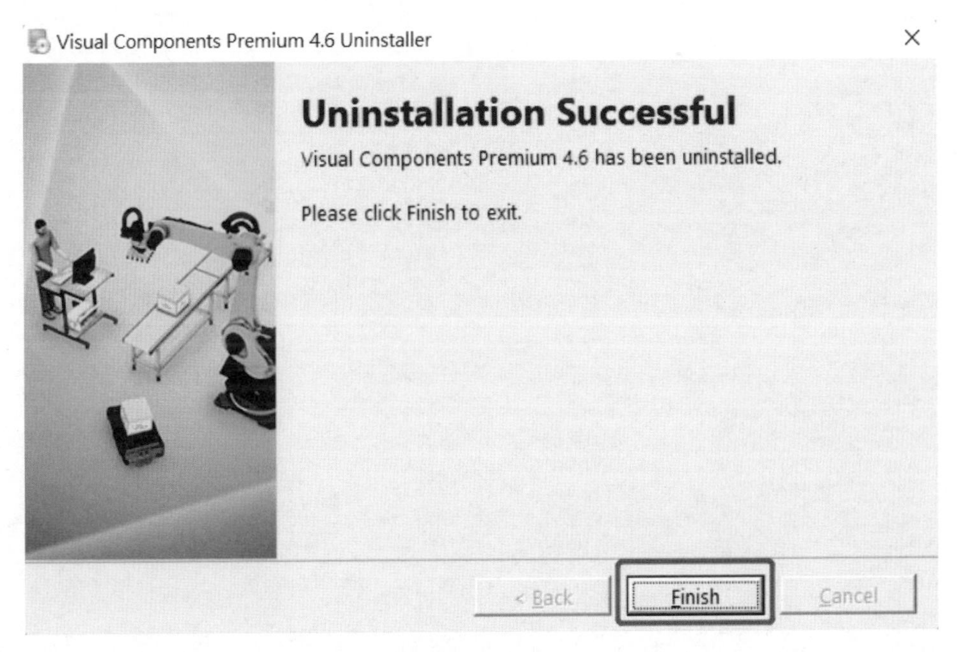

圖1.78

1.4 相關資訊

想瞭解更多數位工廠的相關資訊，可連結至Visual Components官方網站(http://www.visualcomponents.com或掃描下方QR Code)或先構技研官方網站(http://www.prefactortech.com或掃描下方QR Code)進行查詢，亦可連上先構技研官方YouTube (http://www.youtube.com/user/Prefactortech或掃描下方QR Code)觀看更多應用案例。

Visual Components 官方網站

先構技研 官方網站

先構技研 官方YouTube

CHAPTER 2 使用者介面

- 2.1 基礎概念
- 2.2 視窗說明
- 2.3 3D世界
- 2.4 佈局架構 (Cell Graph)
- 2.5 電子目錄 (eCatelog)
- 2.6 元件屬性 (Component Properties)
- 2.7 佈局規劃 (HOME)
- 2.8 模擬播放器 (Simulation Controls)
- 2.9 檔案 (FILE)

2.1 基礎概念

Visual Components是以物件導向為主的模擬軟體，其中的元件皆可自行定義參數和行為模式來完成模擬。本節將介紹模擬的基礎概念。

一 元件(Component)、幾何特徵(Features)、幾何外型最小單元(Geometry Set)

元件為模擬真實世界中的機器、產品或其他物品的形體及性能，可自行設定外型、行為、屬性或與其他元件的通訊方式等，元件組合架構如圖2.1所示。

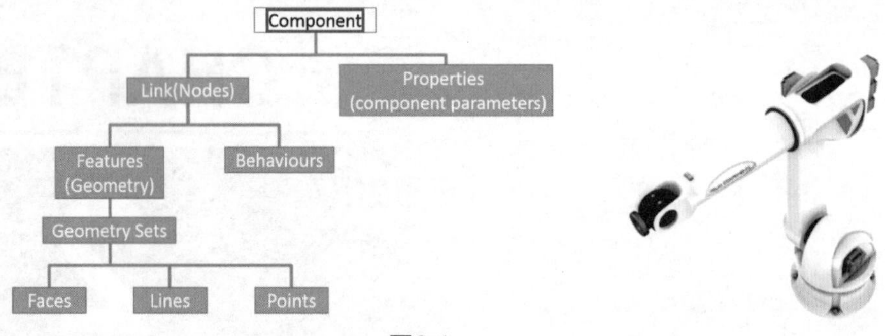

圖2.1

軟體會自行判定元件之最小單位，稱為幾何外型最小單元(Geometry Sets)，如圖2.2，而幾何特徵(Features)是由多個幾何外型最小單元組成，如圖2.3。

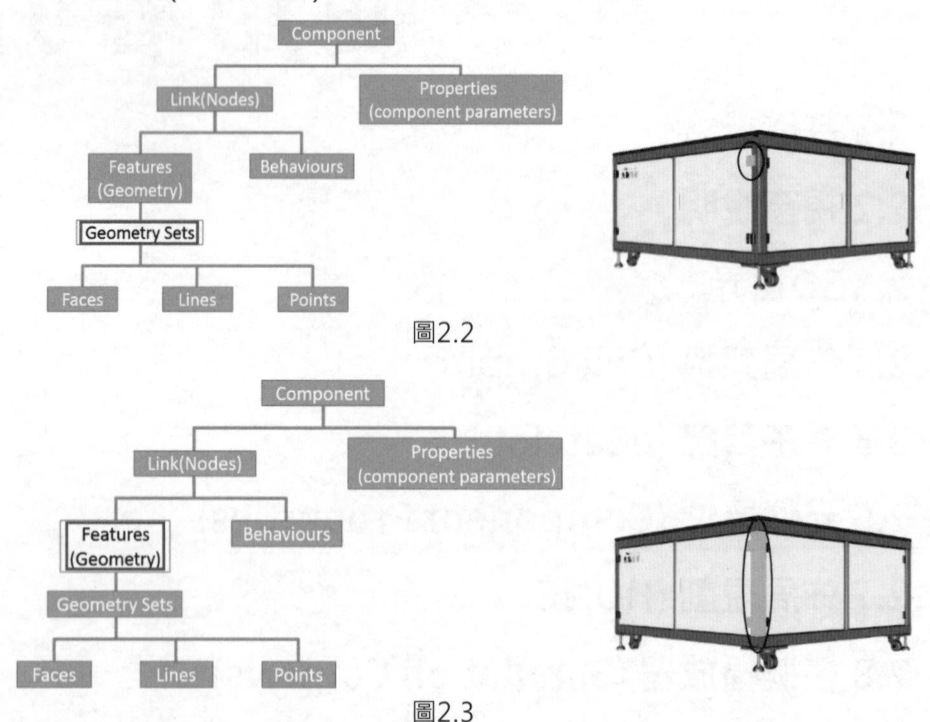

圖2.2

圖2.3

佈局(Layout)

佈局是由各個元件組成，包含元件間的相對關係及元件間的連結等，呈現所規劃的產線樣貌，如圖2.4。

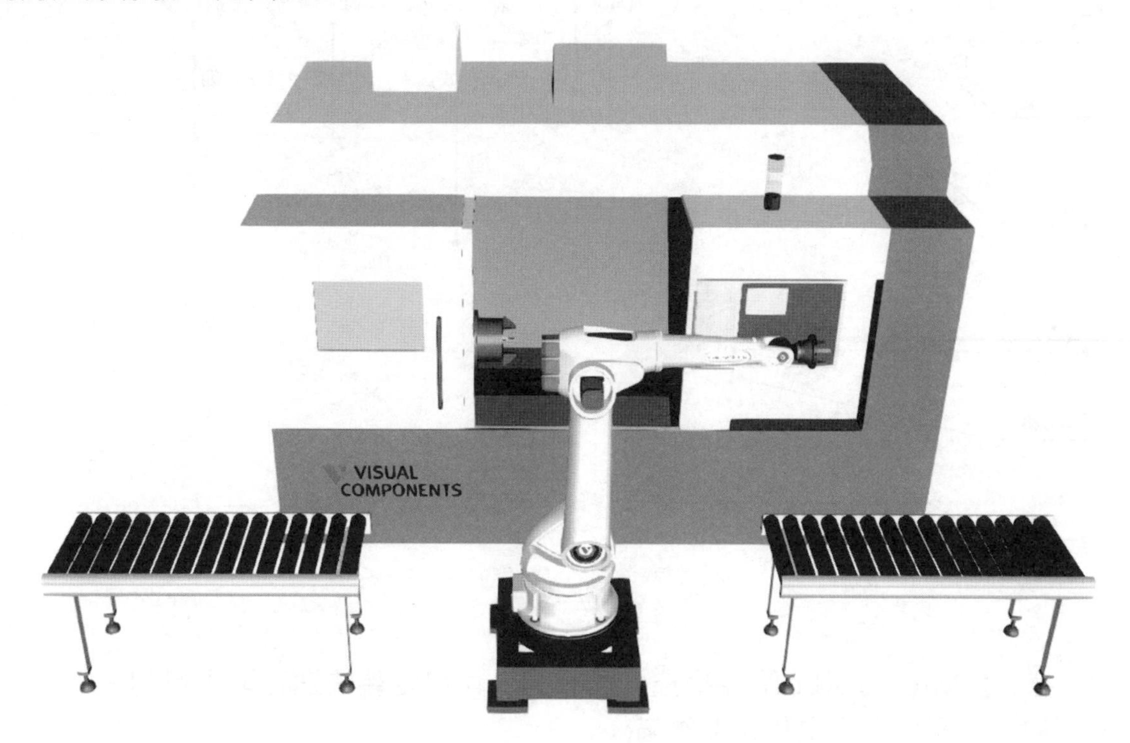

圖2.4

模擬(Simulation)

模擬是在3D世界中加入第四維度(時間)。使用者可依需求自行修改模擬的時間長度、間隔及速度。如需檢視生產線所發生的問題時，可將模擬時間調慢，方便使用者仔細觀察；當需要蒐集統計資料的時候，可將更新間隔以天計算、以禮拜計算，甚至以月計算。

四 模擬要點

模擬前需確認此次製作模擬專案之目的及作業流程。製作模擬專案時，需考量專案時程及人員技術含量，設定可完成的專案內容，並且不影響模擬專案目的之設定可省略，避免工時浪費導致專案無法如期完成，或無法順利導入實際的生產線。

2.2 視窗說明

本章節將介紹使用者介面，如圖2.5。

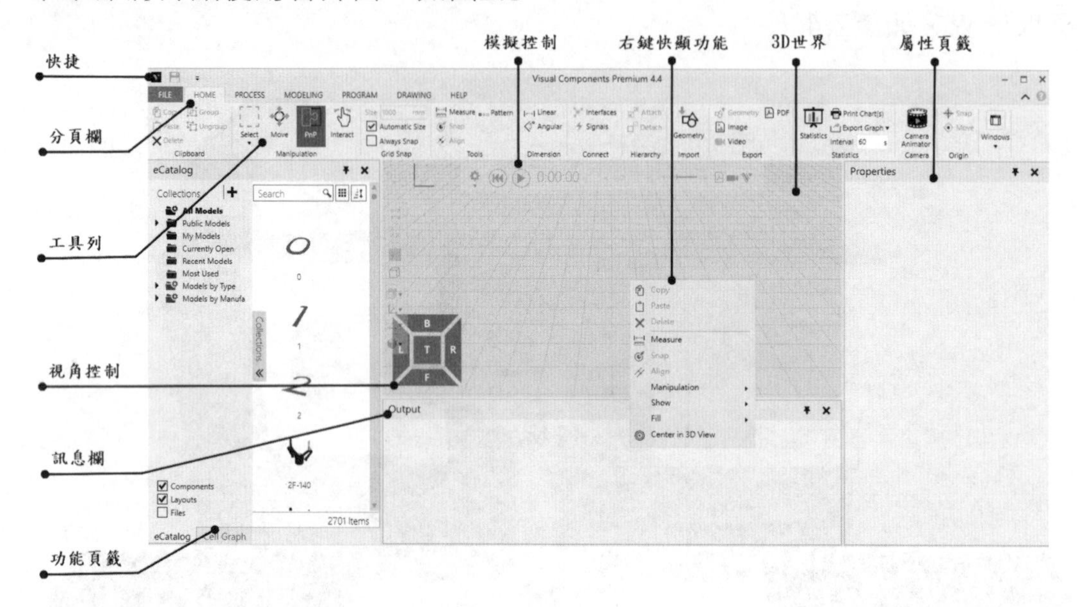

圖2.5

1. 快　捷：與Microsoft office操控介面相同，可自定義快速存取工具列。
2. 分頁欄：可切換不同操作功能視窗。
3. 工具列：為進行中的分頁欄提供輔助工具選項，不同分頁欄會有不同之選項。
4. 視角控制：切換畫面三視圖的顯示方式。
5. 訊息欄：顯示錯誤訊息或下一步指令。
6. 功能頁籤：切換進行中的分頁功能，不同分頁會有不同之功能頁籤。
7. 模擬控制：控制模擬時間、速度，介面類似一般CD播放機。
8. 右鍵快顯功能：在選取不同的物件狀態下提供指令操作，不同狀態會有不同的選項。
9. 3D 世界：3D 模型的操作畫面。
10. 屬性頁籤：修改元件屬性、參數的地方，不同分頁會有不同之屬性頁籤。

2.3 3D世界

3D世界為主要的模擬顯示區塊。在世界中顯示所有佈局中的元件和座標軸，並以各種不同的顯示畫面呈現被選取的物件。

座標軸

共有三個座標軸：X(紅色)、 Y(綠色)、 Z(藍色)，這三個座標軸定義出3D世界中的方向。座標軸顯示於3D世界的左上角與基準面中心上，點選左下角視角按鈕可快速旋轉標準視角，如圖2.6。

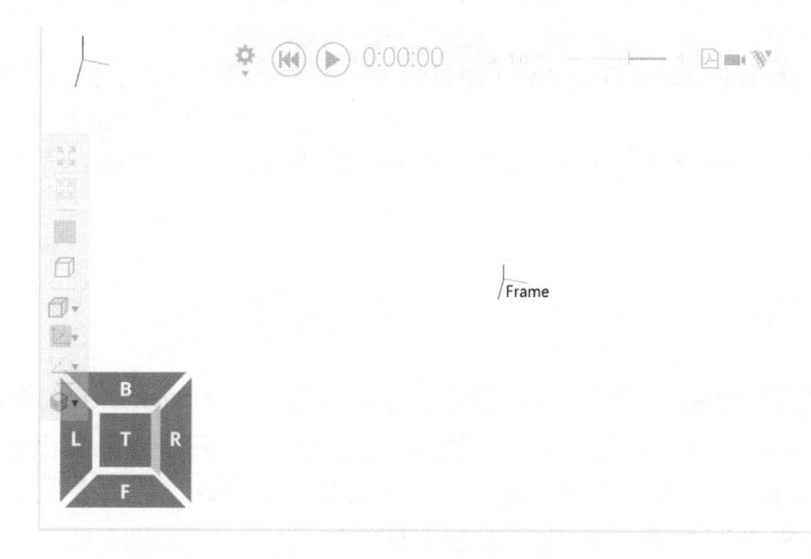

圖2.6

視角控制

滑鼠可控制視角，持續按著滑鼠右鍵移動，可旋轉視角，同時持續按著滑鼠左鍵與右鍵，可平移畫面視角，滾動滑鼠滾輪可放大或縮小畫面。

於3D世界左側進行視角切換，包括3D世界的顯示 、 元件外觀的顯示切換及座標框開啟，如圖2.7。

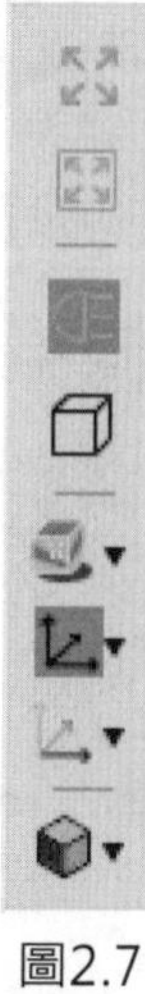

圖2.7

- 顯示所有元件(All) ：可將畫面顯示出所有元件。
- 顯示所選元件(Fill selected) ：可將所選的元件填滿畫面。
- 正向光源(Head Light) ：開啟頭燈功能。
- 正交投影(Orthographic) ：開啟正交視角。
- 渲染模式(Render Mode) ：切換畫面中元件外觀渲染顯示方式。
- 座標類型(Frame Types) ：隱藏/顯示全部坐標類型。
- 座標顯示選項(Position Frame Display Options) ：隱藏/顯示機器人教導點位顯示型式。
- 視角編輯器(View Editor) ：自定義視角功能，可將常用視角點選+號後記錄。

三 選取顯示

在**元件設計(MODELING)**頁籤中，若選取之物件為元件 (Component) 則會顯示藍色透明，其圍繞著選取的元件並標示出選取區塊之邊界 ， 如圖2.8；若選取之物件為幾何特徵(Features) 則會顯示綠色區塊，如圖2.9；若選取之物件為幾何外型最小單元 (Geometry Set)同樣顯示綠色，如圖2.10。

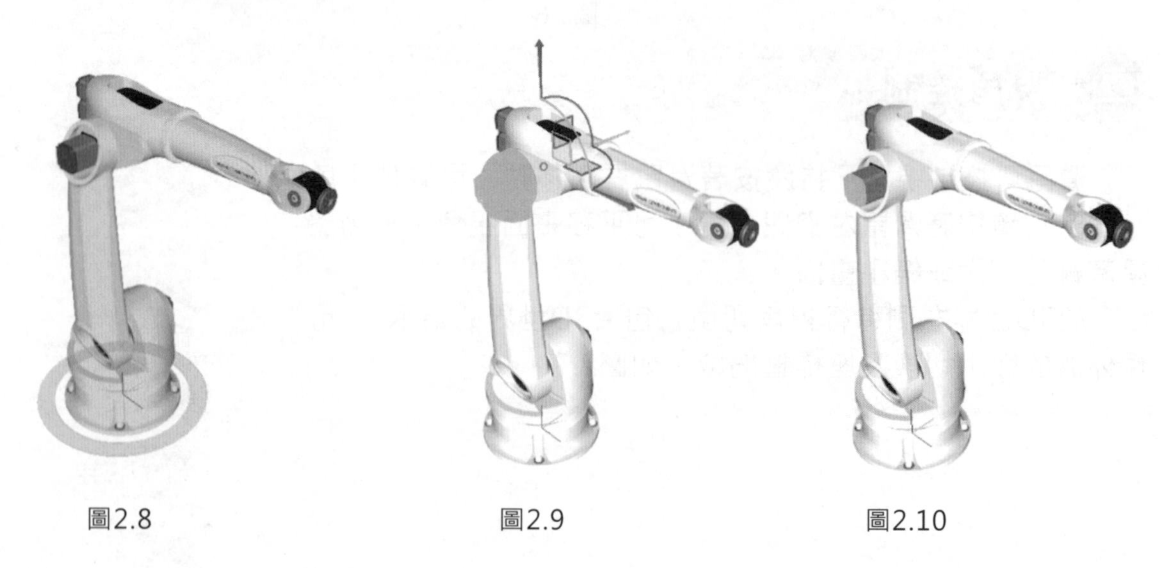

圖2.8　　圖2.9　　圖2.10

2.4 佈局架構(Cell Graph)

功能頁籤中的**佈局架構(Cell Graph)**可方便檢視目前Layout中的元件、清單將自動依照元件類別分類，分類項目點選按鈕可進行隱藏與鎖定 ，如圖2.11。

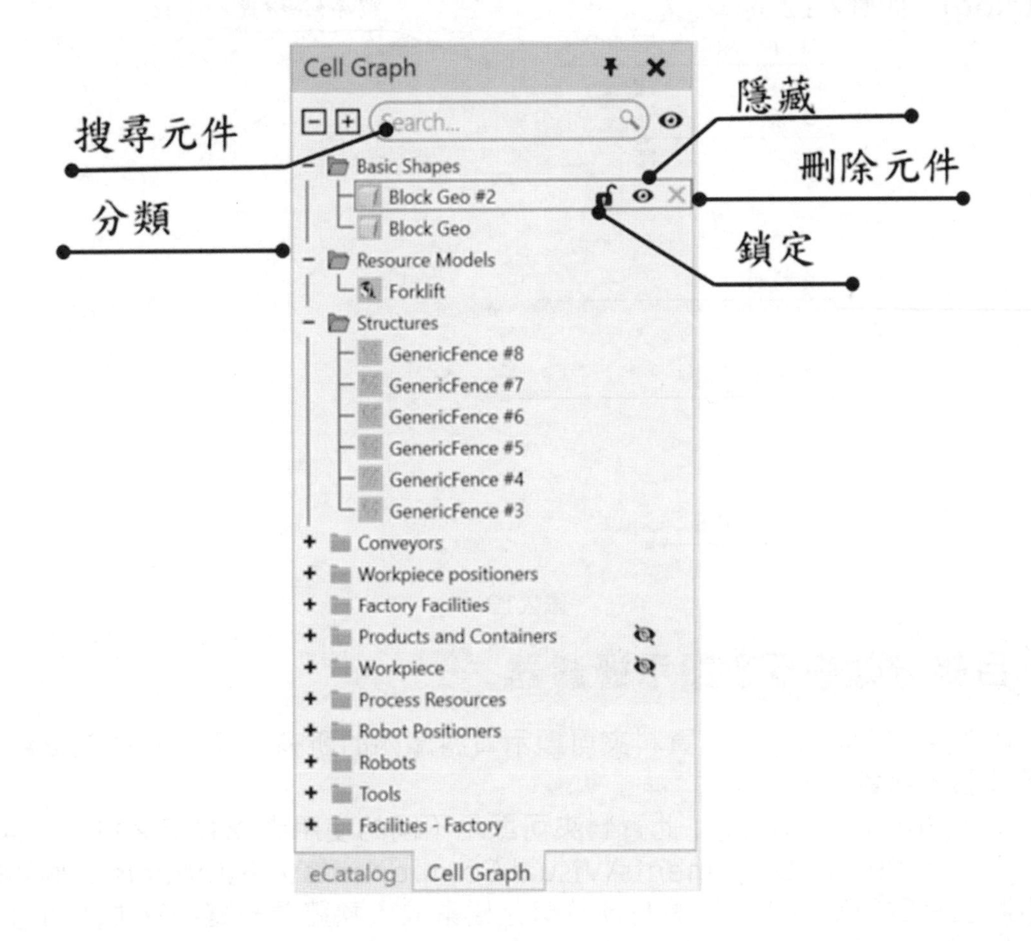

圖2.11

2.5 電子目錄(eCatalog)

功能頁籤中的**電子目錄(eCatalog)**可管理與編輯資料庫之路徑並顯示其路徑內之元件(Component)、佈局(Layout)與檔案(files)，本節將詳細介紹**電子目錄(eCatalog)**，如圖2.12。

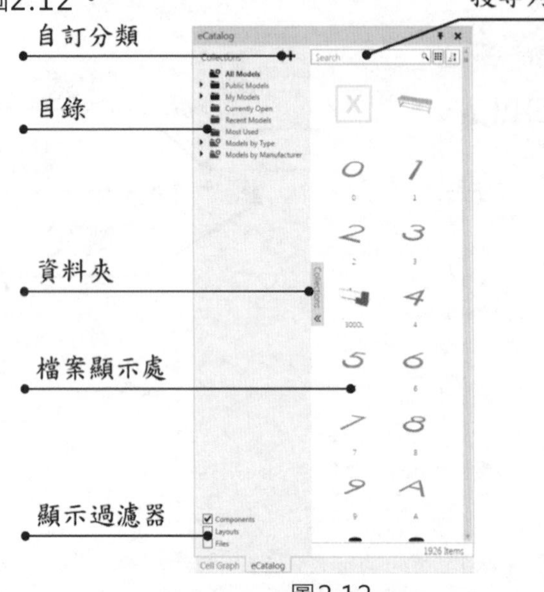

圖2.12

 目錄分類說明&顯示過濾器

1.所有物件(All Models)：此資料夾可顯示資料庫內的所有檔案，其中包含線上資料及電腦內部資料。

2.公用物件(Public Models)：此資料夾可顯示不同的使用者欲共享之物件，其路徑為C:\Users\Public\Documents\Visual Components\4.6\Models，例如在一台電腦上有多個使用者，只需將欲共享之檔案放入軟體預設資料夾中，即可與其他使用者共享。

3.我的物件(My Models)：此資料夾為軟體之預設資料夾，其路徑為C:\Users \用戶名\Documents\Visual Components\4.6\My Models，進行存檔或開啟舊檔時皆預設於此資料夾。

4.目前開啟(Currently Open)：此資料夾會顯示當前在3D世界中的所有元件。

5.最近開啟(Recent Models)：此資料夾會顯示最近所使用過的元件。

6.最常使用(Most Used)：此資料夾會顯示常使用的元件。

7.製造商分類(Models by manufacturer)：此資料夾會將資料庫中的元件依照廠商進行分類顯示。

8.類型分類(Models by type)：此資料夾會將資料庫中的元件依照種類進行分類顯示。

9.顯示過濾器：可選擇欲顯示之檔案類型。

 自訂分類

除了上一節所介紹的原廠預設資料夾外，亦可依照使用者喜好新增資料夾，本節將介紹如何自訂資料夾。

點選**電子目錄(eCatalog)**右上方+符號展開選單，其中有三種選項分別是**編輯來源 (Edit Source)**、**新增收藏(Add Collection)**、**新增收藏群組 (Add Collection Group)**、**新增進階收藏(Add Smart Collection)**，如圖2.13。

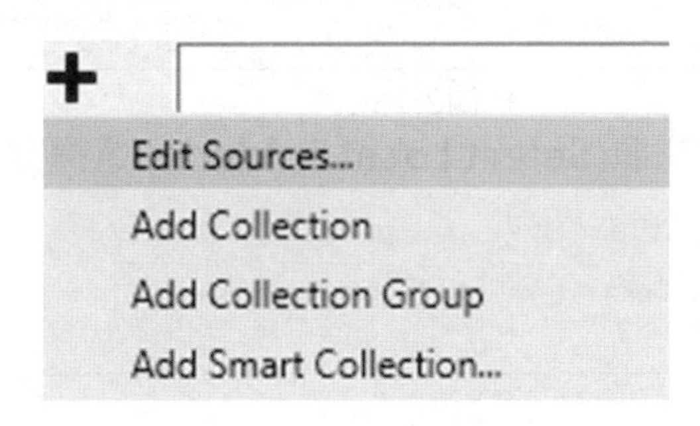

圖2.13

1.編輯來源(Edit Source)

此功能除了管理與編輯資料庫之路徑外，亦可選擇是否將線上資料庫之資料下載至個人電腦中，勾選**本地備份(Keep local copy)**後，線上資料庫檔案將下載至C:\Users\用戶名\Documents\Visual Components\4.6\Local Copies資料夾中。若勾選**可見(Visible)**，則此資料夾將會顯示於目錄中，若取消勾選，則不會顯示，如圖2.14。

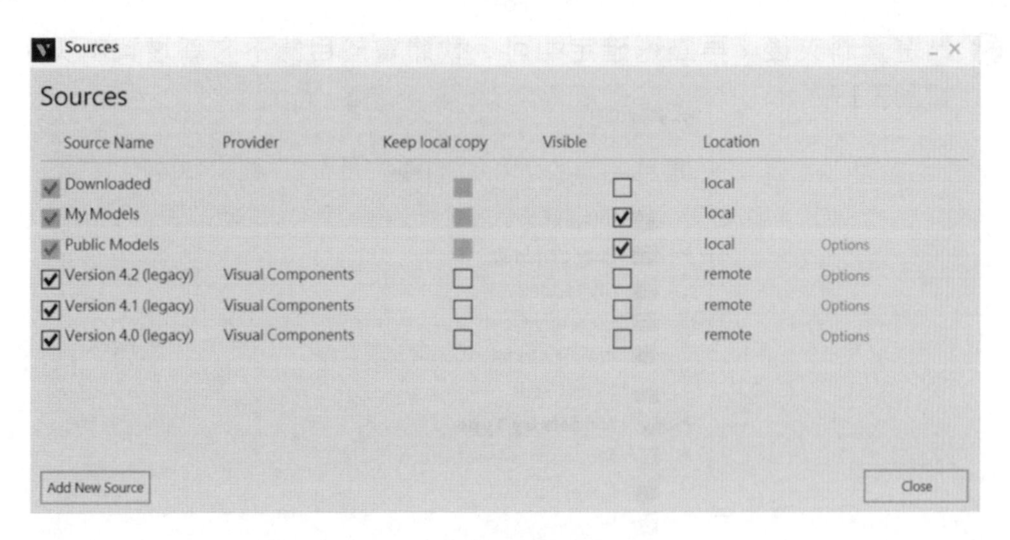

圖2.14

STEP ❶ 點選視窗左下角**新增來源(Add New Source)**會出現以下視窗，如圖2.15。

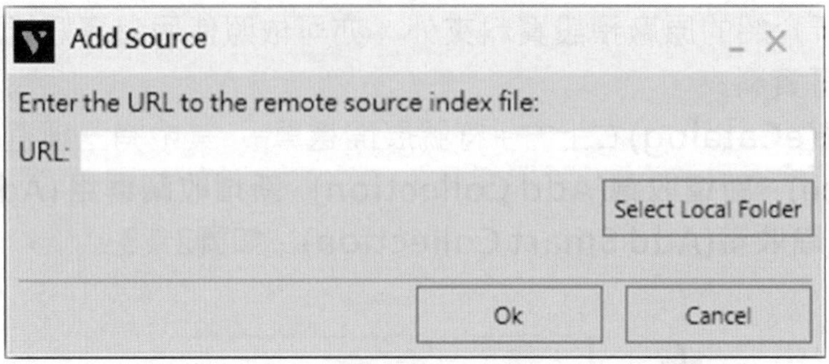

Add Source
Enter the URL to the remote source index file:
URL:
Select Local Folder
Ok
Cancel

圖2.15

STEP ❷ 點選**選擇本地來源(Select Local Folder)**，選擇欲增加的資料夾，如圖2.16。

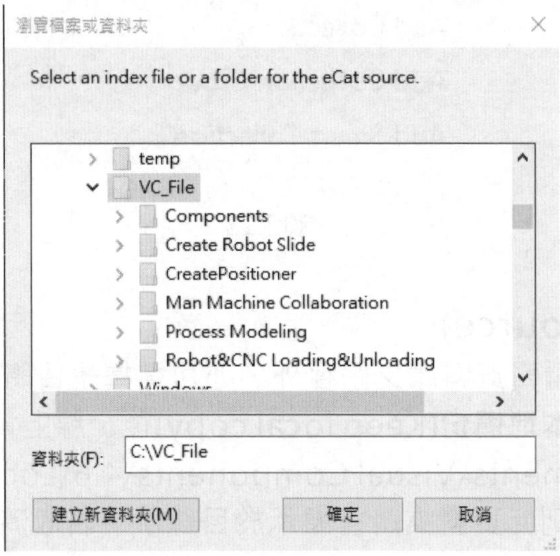

瀏覽檔案或資料夾
Select an index file or a folder for the eCat source.
temp
VC_File
Components
Create Robot Slide
CreatePositioner
Man Machine Collaboration
Process Modeling
Robot&CNC Loading&Unloading
資料夾(F):
C:\VC_File
建立新資料夾(M)
確定
取消

圖2.16

STEP ❸ 點選資料夾後，再點選**確定**即可，軟體會於目錄下方新增資料夾，如圖2.17。

eCatalog
Collections
All Models
Public Models
My Models
Currently Open
Recent Models
Most Used
Models by Type
Models by Manufacturer
Collection 001
VC_File

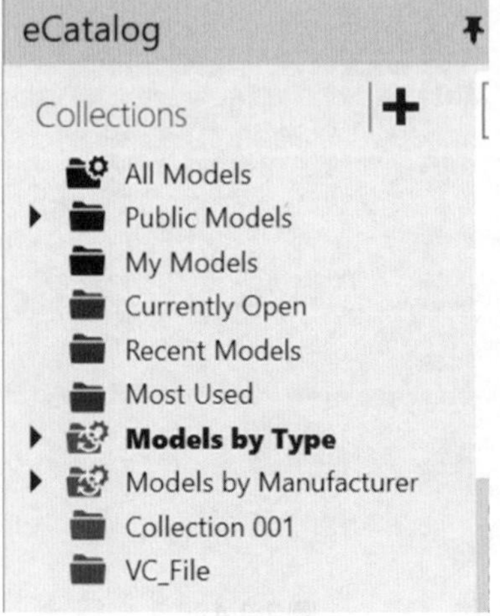

圖2.17

2.新增收藏(Add Collection)

點選此功能後，軟體會於目錄最下方新增資料夾，名稱為**收藏001(Collection001)**，如圖2.18，使用者可將名稱重新命名，並將欲收藏之檔案拖曳至此資料夾中，其路徑仍無更動，僅方便使用者快速尋找檔案之用途。

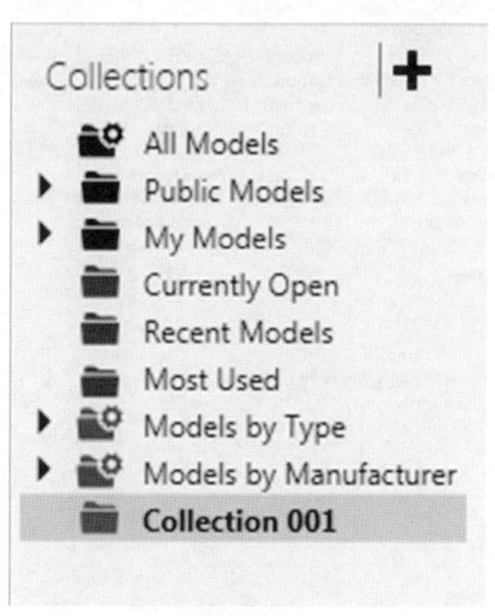

圖2.18

3.新增收藏群組(Add Collection Group)

點選此功能後，軟體會於目錄最下方新增一個資料夾，名稱為 **收藏群組001(Group001)**，如圖2.19，使用者可將名稱重新命名，並將欲**收藏(Collection)**資料夾拖曳至此資料夾中，方便分類使用

圖2.19

4.新增進階收藏(Add Smart Collection)

此功能可依照使用者的分類進行篩選並收藏於一個資料夾中，如圖2.20。

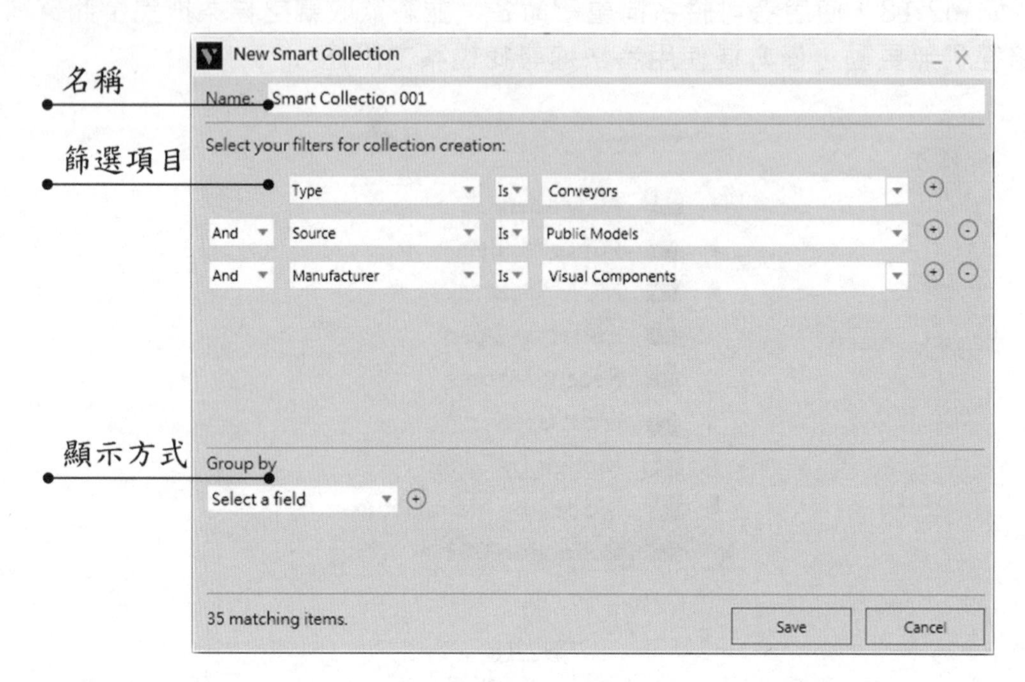

圖2.20

資料夾

點選目錄及檔案顯示器中間的**收藏(Collections)**功能，則可隱藏目錄，使其顯示於搜尋列下方，如圖2.21。

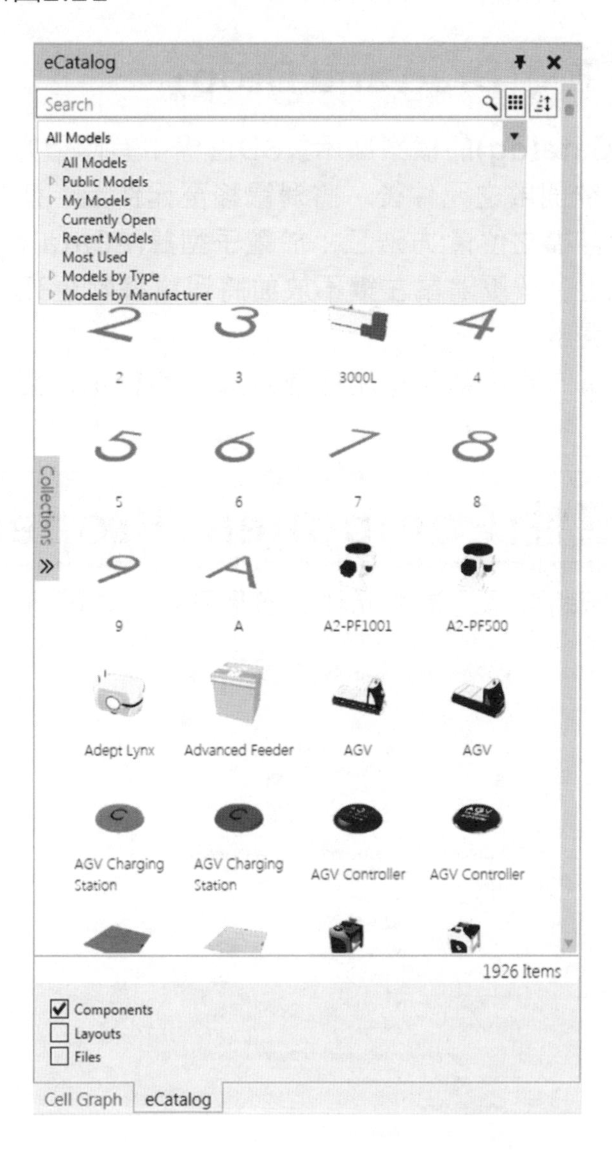

圖2.21

四 關鍵字搜尋/檢視/排序

可在搜尋欄輸入檔案名稱、廠牌或種類進行快速搜尋。檢視與Windows操作方式相同，使用者可選擇檔案顯示及排列的方式。

五 拖放元件/佈局(Drag and Drop)

欲將**電子型錄(eCatalog)**的檔案顯示於3D世界中有兩種方法。方法一：於**電子型錄(eCatalog)**搜尋欲開啟之元件後，將滑鼠移至元件上，連續按壓滑鼠左鍵兩下，將開啟元件於當初存檔之位置;方法二：於**電子型錄(eCatalog)**搜尋欲開啟之元件後，將滑鼠移至檔案上，按壓滑鼠左鍵不放並將滑鼠移動至3D世界中欲擺放之位置，則元件將於該位置開啟。

若欲開啟的檔案為佈局，無論使用何種方法，其顯示位置是根據布局存檔位置而定。

2.6 元件屬性(Component Properties)

元件屬性參數頁籤將顯示已選取元件的各種屬性。本節將詳細介紹元件屬性參數頁籤，如圖2.22。

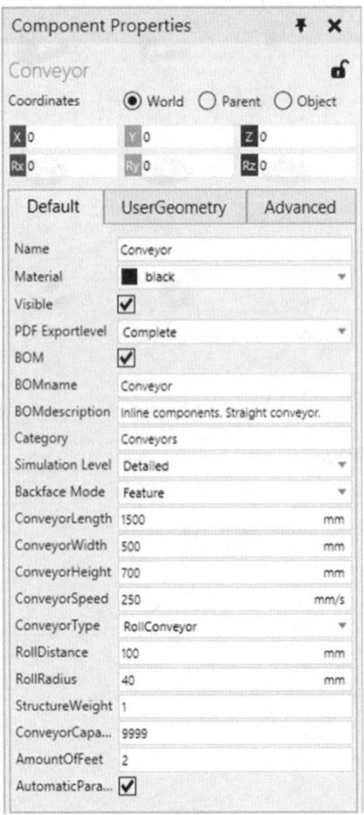

圖2.22

參數基本屬性

三色的X、Y、Z為此元件對於原點的距離，Rx、Ry、Rz為此元件的旋轉值，旋轉值與移動值會顯示於此，亦可直接輸入基本數學運算式進行元件之移動，點選前方顏色圖示鍵則可快速歸零，如圖2.23。

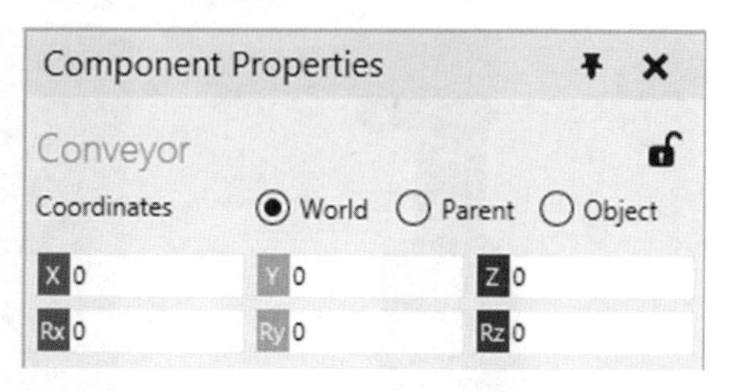

圖2.23

每個元件都具有十種基本參數：名稱 (Name)、材質(Material)、顯示 (Visible)、PDF顯示模式(PDF Export Level)、BOM、BOM名稱(BOM Name)、BOM描述(BOM Description)、元件分類(Category)、模擬等級(Simulation Level)、面向量(Backface Mode)。基本的參數皆顯示內定(Default)標籤上。

- Name：元件名稱，重複的元件名稱會自動在後方增加#2。
- Material：元件材質，當元件特徵(Feature)材質未被定義時，材質Material才會一併的使用在未定義的特徵(Feature)上，若使用者已定義某些特徵(Feature)材質，則再改變材質時就不會被影響。
- Visible：此選項可選擇元件是否顯示於3D World中，勾選擇元件會顯示，取消勾選則不會顯示。
- PDF Export Level：此選項可選擇元件於PDF錄製時之顯示模式，如圖2.24。

Complete
No export
Complete
Geometry bound
Node bound
Component bound

圖2.24

▶No export：不顯示。
▶Complete：完全顯示。
▶Geometry bound：將元件中的Geometry以方塊顯示，如圖2.25。
▶Node bound：元件中同一個Link以方塊顯示，如圖2.26。
▶Component bound：元件以方塊顯示，如圖2.27。

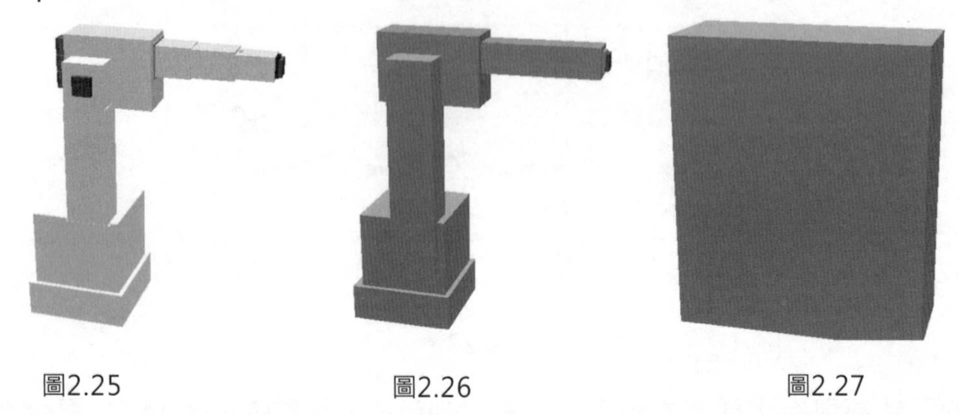

圖2.25　　圖2.26　　圖2.27

- BOM：BOM是指物料清單(Bill of Materials)，此選項可選擇元件是否於BOM表中顯示。
- BOM Name：輸出BOM表所顯示的名稱。
- BOM Description：定義在BOM表中的元件描述。
- Category：定義元件分類類別，於關鍵字搜尋中更方便。
- Simulation Level：定義元件動態模擬時的精緻度。

▶Detailed：盡可能精緻的關節模擬。
▶Balanced：普通的關節模擬，過於細節的部分將省略。
▶Fast：利用點到點的方式快速移動關節。

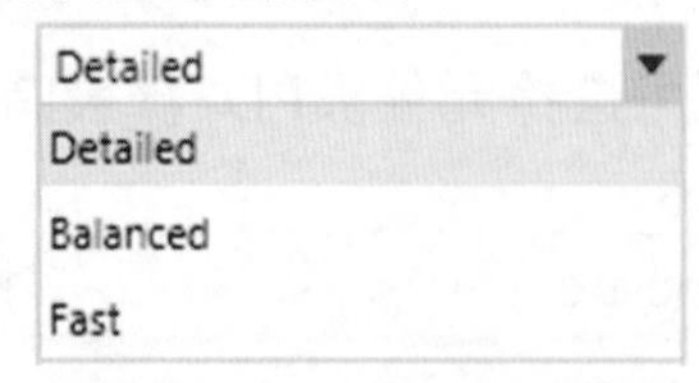

- Backface Mode：此選項可控制元件面向量之顯示方向。

二 參數變動屬性

根據使用者的參數要件，於建模時可自訂其他的參數，稱之為參數變動屬性，如：輸送帶的長度、寬度、高度、速度等。變動屬性皆顯示在元件各自的標籤上，而標籤則根據其行為命名，根據使用者對元件之設定，可在一般設定標籤或附加標籤上設定參數。參數是可被限制，如：運輸帶的長度有其極大值與極小值，此限制可在建模時設定，參數亦可開放使用者自由設定。（參數必須在模擬停止的狀態下才可進行設定）

2.7 佈局規劃(HOME)

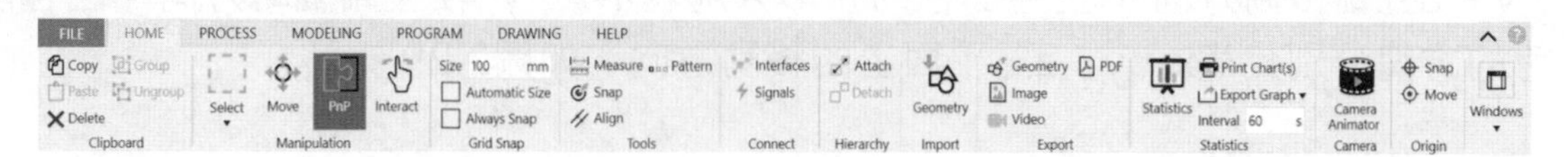

使用者可使用滑鼠左鍵來操作工具列上的分頁欄按鈕，來切換主要功能，分頁欄功能分為**佈局規劃(HOME)、處理程序(PROCESS) 、 元件設計(MODELING)、機器人教導(PROGRAM)、工程圖(DRAWING)、說明(HELP)**。

本章節將介紹平時最常使用的功能佈局規劃(HOME) 。 主要工具列分為幾個主要部分：**剪貼簿(Clipboard)、操作(Manipulation)、平移寸動(Grid Snap) 、工具(Tools) 、 尺寸標示(Dimension) 、 連接(Connect) 、階層(Hierarchy) 、插入(Import)、匯出(Export)、統計(Statistics)、相機(Camera)、元件原點(Origin)、視窗(Windows)**。

一 剪貼簿(Clipboard)

1. 複製(Copy)：複製選擇之物件(快捷鍵：Ctrl+ C)。
2. 貼上(Paste)：貼上剪下或複製之物件到3D世界中(快捷鍵：Ctrl+ V)。
3. 刪除(Delete)：刪除選擇之物件。
4. 組成群組(Group)：將所有複選物件群組起來。
5. 取消群組(Ungroup)：將群組解除。

二 操作(Manipulation)

1. 選擇(Select)：選取元件，當選取時，選取部位將以藍色透明標示，讓使用者能清楚看見選取的部位及其大小，欲複選或取消物件時，可同時按住鍵盤Ctrl，並使用滑鼠左鍵點選物件，或是按住滑鼠左鍵拖曳選取框來選取大範圍物件。
框選方式分為矩形選擇(Rectangular)、任意範圍選擇(Free-form selection)、全選(Select all)、反向選擇(Invert selection)四種框選方式，如圖2.28。

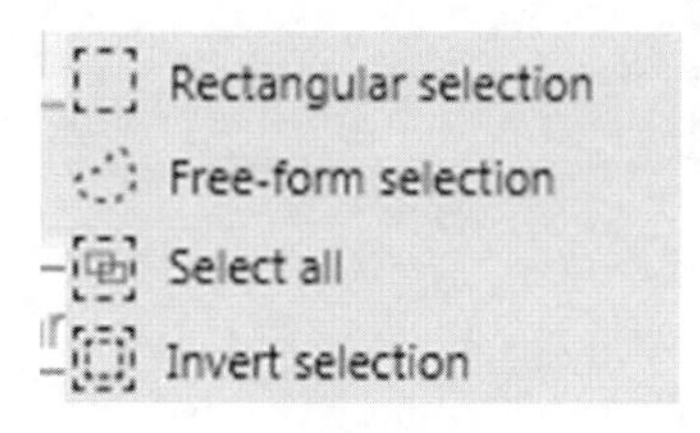

圖2.28

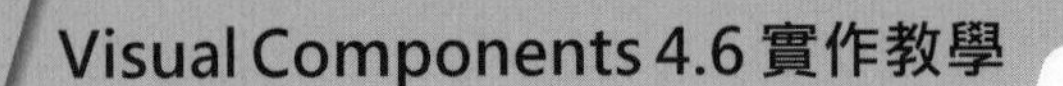

2. 移動(Move)：此功能可移動或旋轉已選取的部分，欲啟動此功能需選取一個或多個元件。啟動時，會顯示移動之方向軸，紅、綠、藍三種顏色的箭頭分別代表x、y、z三軸移動方向，三種顏色的弧形分別表示x、y、z三軸旋轉方向，三種顏色的方塊分別代表x、y、z三平面上的移動方向，如圖2.29。

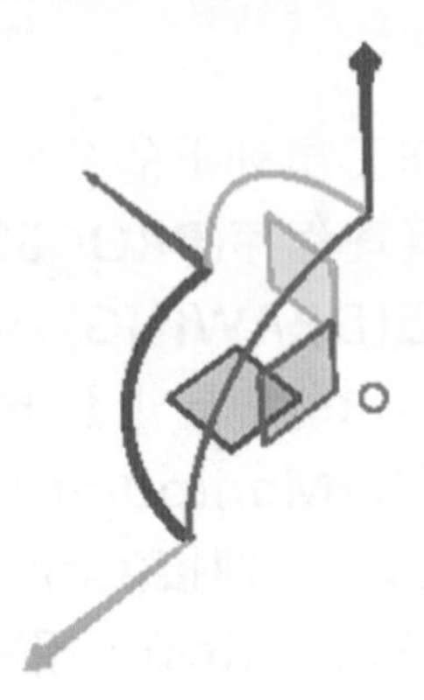

圖2.29

3. 連接(PnP)：連結兩元件的介面，且連結的元件其連接介面必須是相容的。
4. 互動(Interact)：可在有jog info行為的元件上使用本功能。當使用者將滑鼠移到可使用本功能的元件上時，滑鼠將會轉變為手掌的圖示即可直接拖曳元件機構。

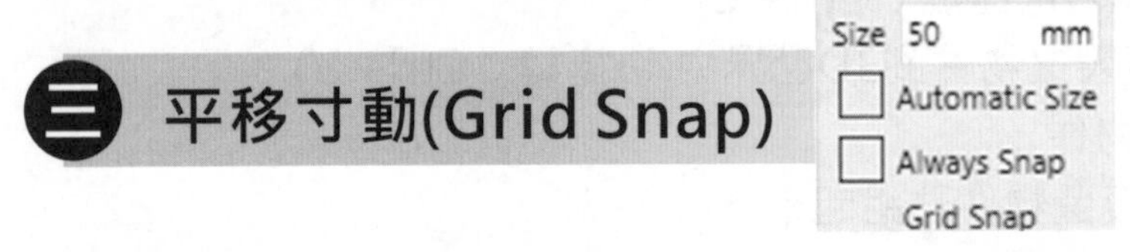

三 平移寸動(Grid Snap)

1. 寸動間距(Size)：網格寸動大小，可設定移動間距。
2. 自動間距(Automatic Size)：自動大小，依據元件縮放，將間距大小適當調整，圖2.30、圖2.31。

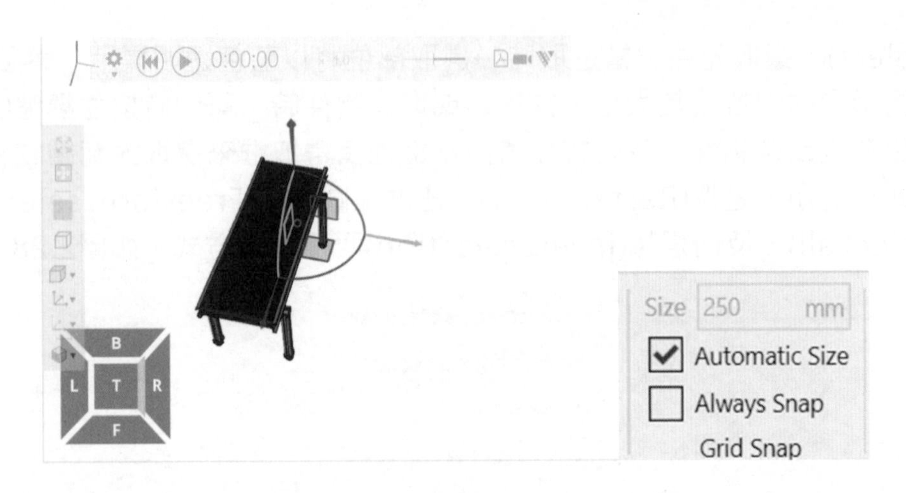

圖2.30

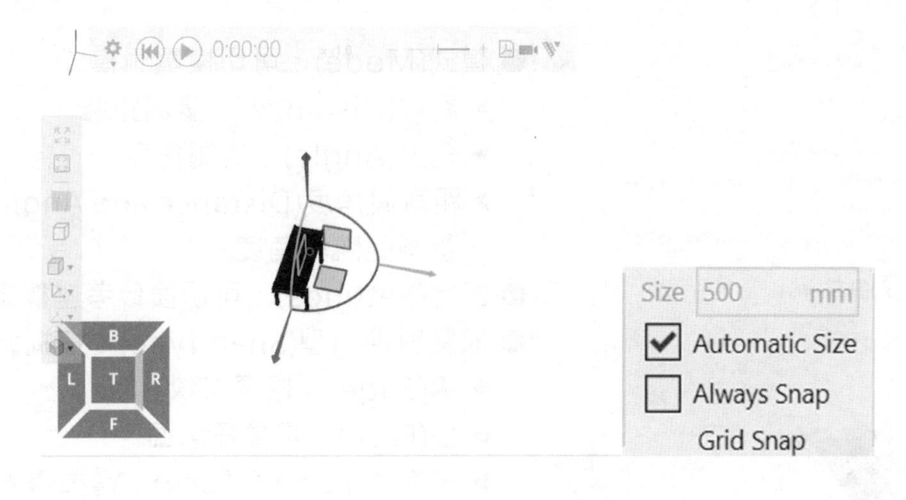

圖2.31

四 工具(Tools)

1. 測量(Measure)：量測工具可測量兩點之間的距離及角度。測量時使用工具列來幫助兩點的選取，再顯示兩點之間的X、Y、Z的數值及向量，如圖2.32。

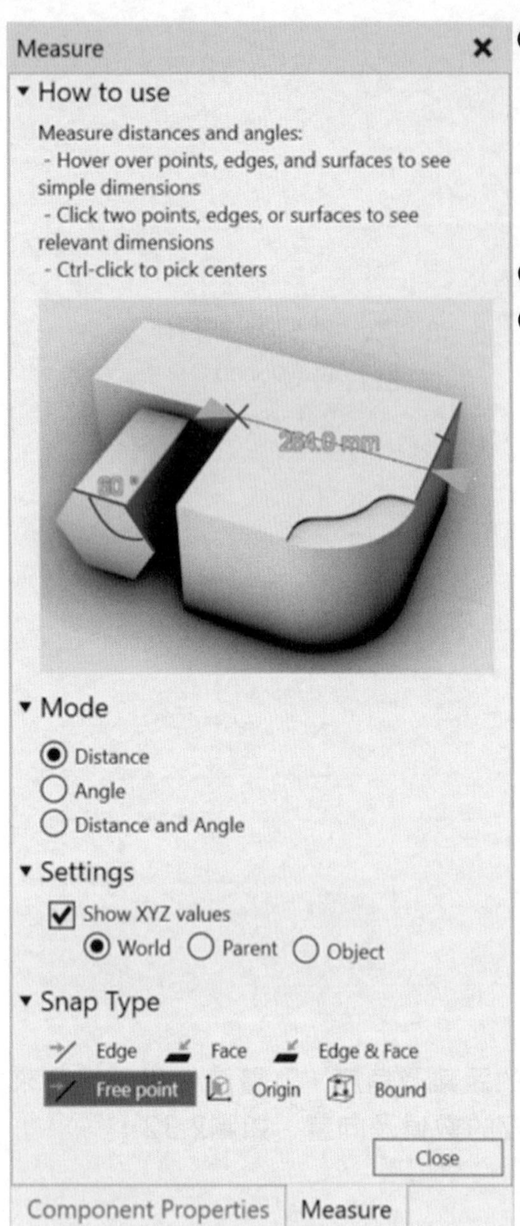

圖2.32

- 模式(Mode)：可切換量測模式。
  - ▶ 距離(Distance)：量測距離。
  - ▶ 角度(Angle)：量測角度。
  - ▶ 距離與角度(Distance and Angle)：量測距離與角度。
- 設定(Settings)：可切換參考座標系。
- 原點對準類型(Snap Type)：捕捉特徵型式。
  - ▶ 邊(Edge)：選擇邊線。
  - ▶ 面(Face)：選擇任意面。
  - ▶ 邊與面(Edge & Face)：選擇邊線及面。
  - ▶ 自由位置(Free Point)：任意特徵。
  - ▶ 原點(Origin)：元件的原點。
  - ▶ 邊界框(Bound)：元件的邊界。

2. 原點對準(Snap)：元件原點移動到選定的特徵上，如圖2.33。

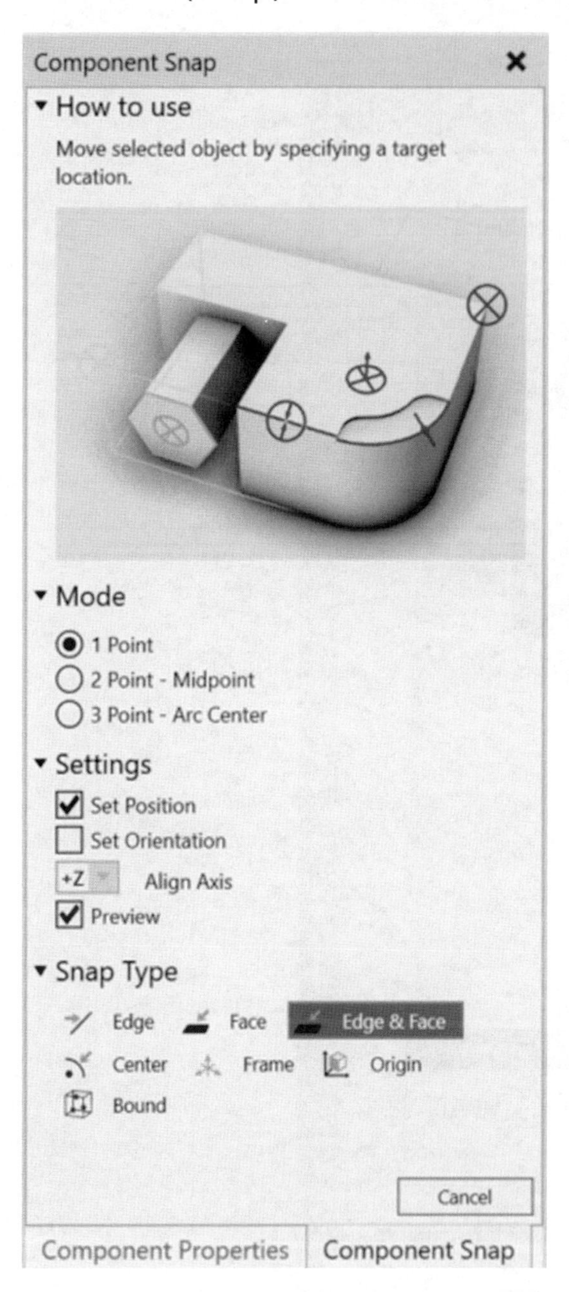

圖2.33

- 模式(Mode)：可切換捕捉模式。
  - ▶ 單一點(1 Point)：單一點。
  - ▶ 取兩點之中點(2 Point – Midpoint)：兩點定中點。
  - ▶ 取三點畫圓之中心(3 Point - Arc Center)：三點定中心。
- 設定(Settings)：可選擇位置 、旋轉方向對齊。
  - ▶ 設定方向(Set Position) ：移動到選擇的特徵位置。
  - ▶ 設置方向(Set Orientation)：旋轉方向與選擇的方向向量相同。
  - ▶ (Preview)：預覽移動結果。
- 原點對準類型(Snap Type) ：捕捉特徵型式。
  - ▶ 邊(Edge)：選擇邊線。
  - ▶ 面(Face)：選擇任意面。
  - ▶ 邊與面(Edge & Face)：選擇邊線及面。
  - ▶ 中心(Center)：圓中心。
  - ▶ 座標(Frame)：座標點。
  - ▶ 原點(Origin)：元件的原點。
  - ▶ 邊界框(Bound)：元件的邊界。

3. 貼齊(Align)：此功能可選擇兩元件任何位置進行對齊，但一次只能對齊單一方向，如圖2.34。

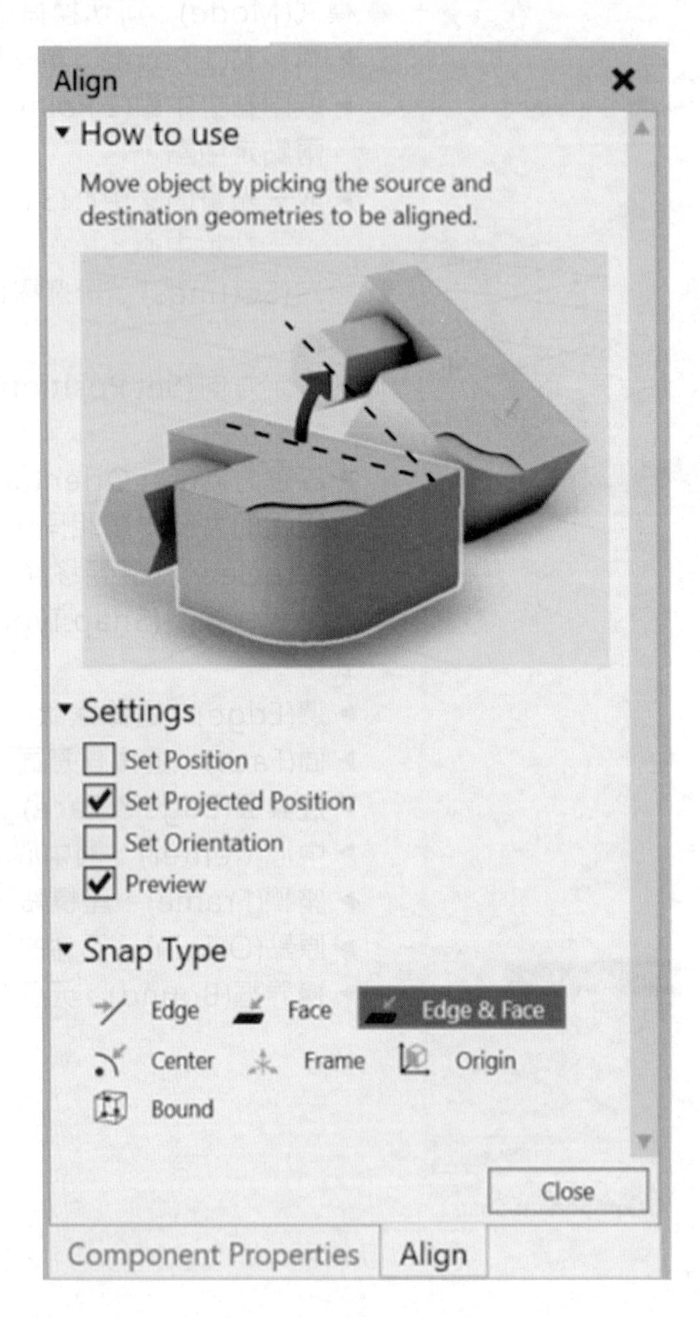

圖2.34

4. 圖案(Pattern)：此功能可以線性或環形陣列複製元件，且能預覽其生成位置。

- 線狀模式(Linear Pattern)：線性陣列複製，如圖2.35。
  - ▶座標系統(Coordinate System)：選擇元件座標系(世界、父子、物件)當陣列的座標基準。
  - ▶沿線圖案(Pattern Along)：選擇陣列方向(+X、-X、+Y、-Y、+Z、-Z)。
  - ▶線性步進(Linear Step)：設定陣列元件之間距。
  - ▶計算(Count)：陣列元件之數量。
  - ▶應用(Apply)：套用設定生成線性陣列。

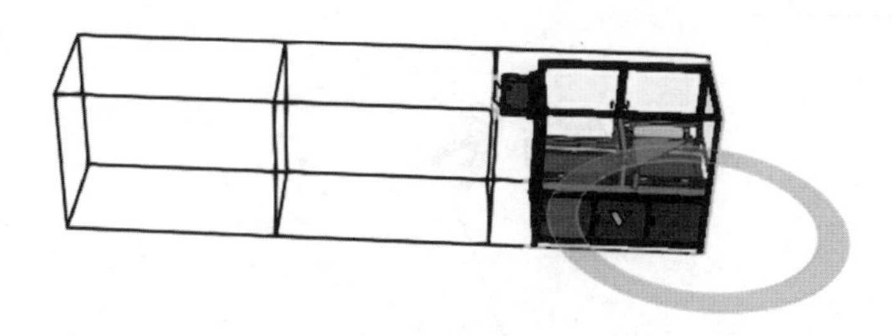

Pattern ✕

Mode	Linear Pattern ▼
Coordinate System	World ▼
Pattern Along	+X ▼
Linear Step	2525 mm
Count	3
	Apply

圖2.35

- 夾角模式(Angular Pattern)：環形陣列複製，如圖2.36。
  - ▶座標系統(Coordinate System)：選擇元件座標系(世界、父子、物件)當陣列的座標基準。
  - ▶周圍圖案(Pattern Around)：選擇陣列方向(+X、-X、+Y、-Y、+Z、-Z)。
  - ▶沿線偏移(Offset Along)：選擇座標偏移方式，可選擇+X、-X、+Y、-Y、+Z、-Z或Vector，也可使用None不要產生偏移。
  - ▶偏移距離(Offset Distance)：設定陣列偏移距離。
  - ▶角型步進(Angular Step)：設定環形陣列元件之角度。
  - ▶計算(Count)：陣列元件之數量。
  - ▶應用(Apply)：套用設定生成環形陣列。

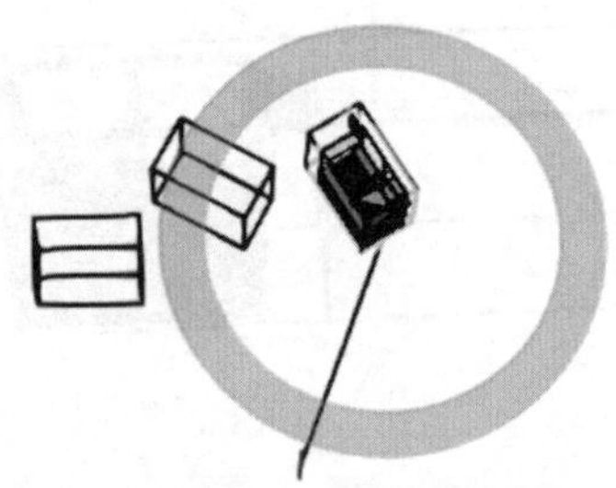

Pattern

Mode	Angular Pattern
Coordinate System	World
Pattern Around	+Z
Offset Along	None
Angular Step	30 °
Count	3
	Apply

圖2.36

五 連接(Connect)

Interfaces
Signals
Connect

1. 介面(Interface)：介面連接，常使用在Machine Tending相關元件，連接時滑鼠左鍵點選視窗中接口圓點，按著左鍵移動至欲連線的元件，放開滑鼠即可，如圖2.37。

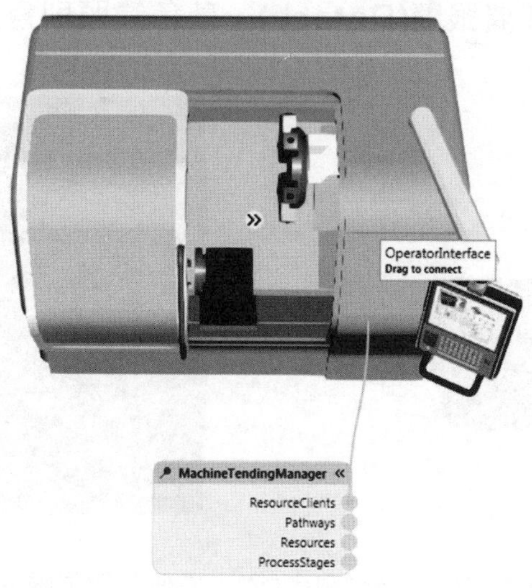

圖2.37

2. 訊號(Signals)：訊號連接，此功能為兩元件之訊號的連結，連結的元件需有I/O訊號。連結後可於Program教導時，使用I/O訊號進行溝通。開啟此功能後，會顯示元件I/O訊號視窗，將其他元件I/O視窗開啟後，即可用點到點連線方式連接訊號，點選訊號前按鈕即可修改訊號編號，如圖2.38。

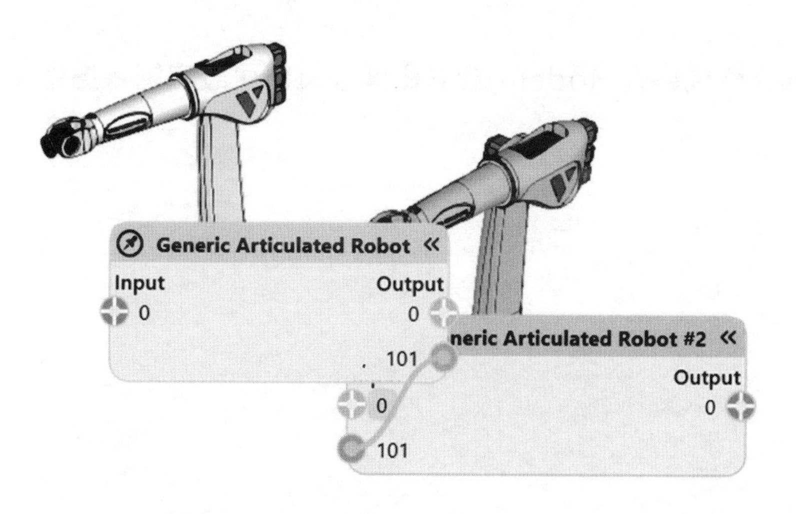

圖2.38

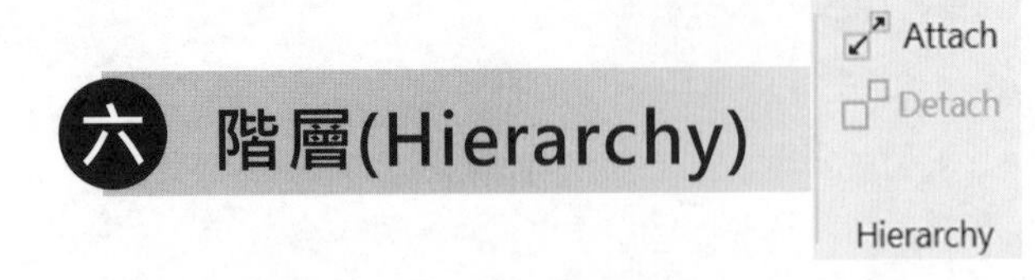

六 階層(Hierarchy)

跟隨(Attach)功能可使兩元件具有父子關係。選擇欲依附者並點選此功能後選擇被依附者，父子關係連結成功後會產生藍色箭頭指向被依附者，如圖2.39。若欲取消父子關係，則選擇**取消跟隨(Detach)**，藍色箭頭則會消失。

圖2.39 左側：被依附者(父)、右側：欲依附者(子)。

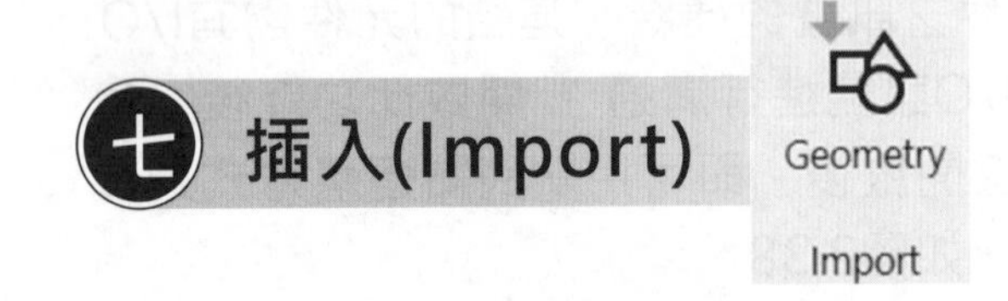

七 插入(Import)

匯入外部元件或幾何Model，於右側屬性頁籤可設定匯入屬性，如圖2.40。

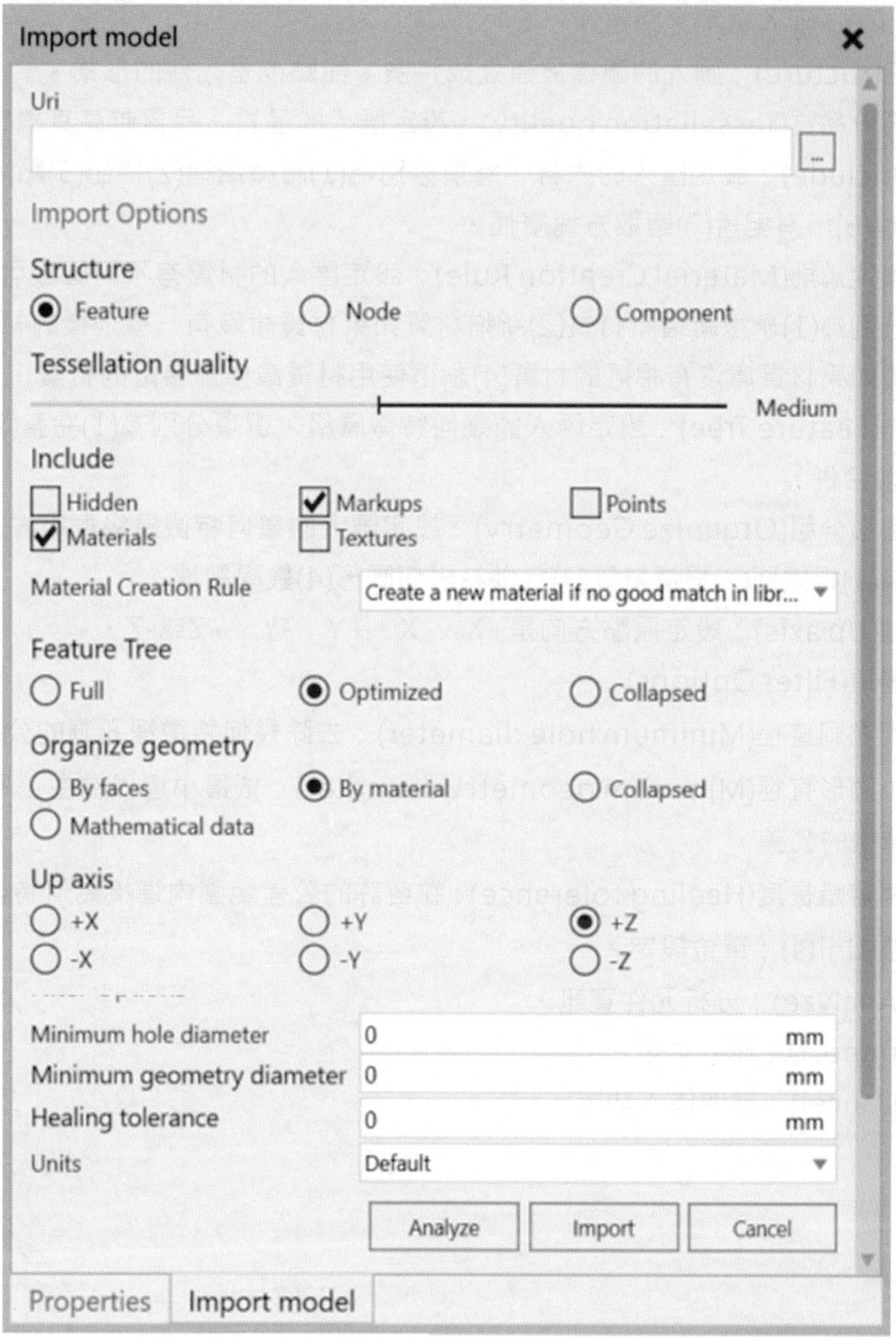

Import model ✕

Uri

...

Import Options

Structure

◉ Feature ○ Node ○ Component

Tessellation quality

Medium

Include

☐ Hidden ☑ Markups ☐ Points

☑ Materials ☐ Textures

Material Creation Rule — Create a new material if no good match in libr...

Feature Tree

○ Full ◉ Optimized ○ Collapsed

Organize geometry

○ By faces ◉ By material ○ Collapsed

○ Mathematical data

Up axis

○ +X ○ +Y ◉ +Z

○ -X ○ -Y ○ -Z

Minimum hole diameter	0 mm
Minimum geometry diameter	0 mm
Healing tolerance	0 mm
Units	Default

Analyze Import Cancel

Properties | Import model

圖2.40

- 位址(Uri)：匯入檔案之路徑。
- 架構(Structure)：匯入的圖檔被建立成特徵、節點或是元件的形式。
- 曲面細分品質(Tessellation quality)：設定匯入的品質，品質越高其檔案越大。
- 包含(Include)：設定匯入的內容，選項分別為(1)隱藏結構(2)標記(3)點(4)材質(5)紋理(6)所有配置(7)讀取方塊屬性。
- 材質處理規則(Material Creation Rule)：設定匯入的材質有不同層級可以選擇，選項分別為(1)永遠新增新材質(2)新增材質如果材質庫沒有一模一樣的材質(3)新增材質如果材質庫沒有相近的材質(4)永遠使用材質庫中最接近的材質。
- 特徵樹(Feature Tree)：設定匯入的幾何特徵層級，選項分別為(1)完整(2)最佳化(3)崩解合併。
- 幾何圖形分組(Organize Geometry)：設定匯入的幾何特徵層級群組方式，選項分別為(1)根據面(2)根據材質(3)合併為幾何圖形(4)數學數據。
- 向上軸(Up axis)：設定原點方向是+X、-X、+Y、-Y、+Z或-Z。
- 過濾選項(Filter Options)：
  - ▶最小孔洞直徑(Minimum hole diameter)：去除幾何特徵裡孔洞的公差。
  - ▶最小圖形直徑(Minimum geometry diameter)：依最小邊界為主，不導入幾何特徵的公差。
  - ▶修復容錯長度(Healing tolerance)：在容許的公差範圍內連接幾何特徵的點、線。
  - ▶單位(Units)：單位設定。
- 分析(Analyze)：分析元件資訊。
- 插入(Import)：匯入檔案。
- 取消(Cancel)：關閉匯入功能。

以Visual Components Premium4.6版本，可匯入檔案格式如下：

軟體名稱	版本	副檔名
3D Manufacturing Format	1.2.3	.3mf
3D Studio	All	.3ds
ACIS	Up to 2020	.sat、.sab
ASCII Point Cloud file	All	.xyz、.pts、.xyzrgb
Autodesk FBX	FBX ASCII: 7100 to 7400. Binary: all.	.fbx
Autodesk Inventor	Up to 2021	.ipt、.iam
Autodesk RealDWG	AutoCAD 2000-2019	.dwg、.dxf
Binary point cloud point	All	.bxyz
CATIA V4	Up to 4.2.5	.session、.dlv、.exp
CATIA V4	Up to V5-6 R2020	.CATDrawing、.CATProduct、.cgr、.CATPart、.CATShape
CATIA V6	2011 to 2013	.3dxml
Creo	Elements/Pro 19.0, Up to Parametric 7.0	.asm、.neu、.prt、.xas、.xpr
I-deas	Up to 13.x (NX5) and NX I-deas 6	.mf1、.arc、.unv、.pkg
IFC2x	2 to 4	.ifc、.iczip
IGES	5.1 to 5.3	.igs、.iges
Igrip/Quest/VNC	All	.pdb
JT	Up to 10.3	.jt

軟體名稱	版本	副檔名
Parasolid	Up to 32	.x_b、.x_t、.xmt、.xmt_txt
PRC	All	.prc
Robface	All	.rf
Rhino	Up to 6	.3dm
Solid Edge	19 to 20 and ST to ST10, 2020	.asm、.par、.pwd、.psm
SolidWorks	Up to 2021	.sldasm、.sldprt
STEP	Up to AP 203 E1/E2，AP 214 and AP 242	.stp、.step
Stereo Lithography (ASCII and Binary)	All	.stl
U3D	ECMA-363 1st，2nd and 3rd editions	.u3d
Unigraphics (Siemens PLM software NX)	11.0 up to NX 12 and 1926	.u3d
VDA-FS	1.0 and 2.0	.vda
VRML	1.0 and 2.0	.wrl、.vrml
Wavefront	All	.obj

八 匯出(Export)

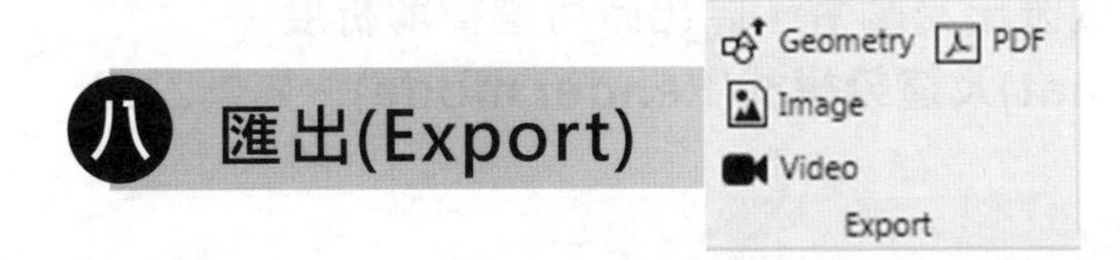

1. 圖形(Geometry)：輸出幾何圖形，可選擇要輸出的圖形或是全部輸出，輸出的檔案格式有PDF、JT、VRML、U3D、STEP、3ds、pdb、dwg、dxf、stl、obj，若圖檔越複雜，其輸出時間也越長，如圖2.41。

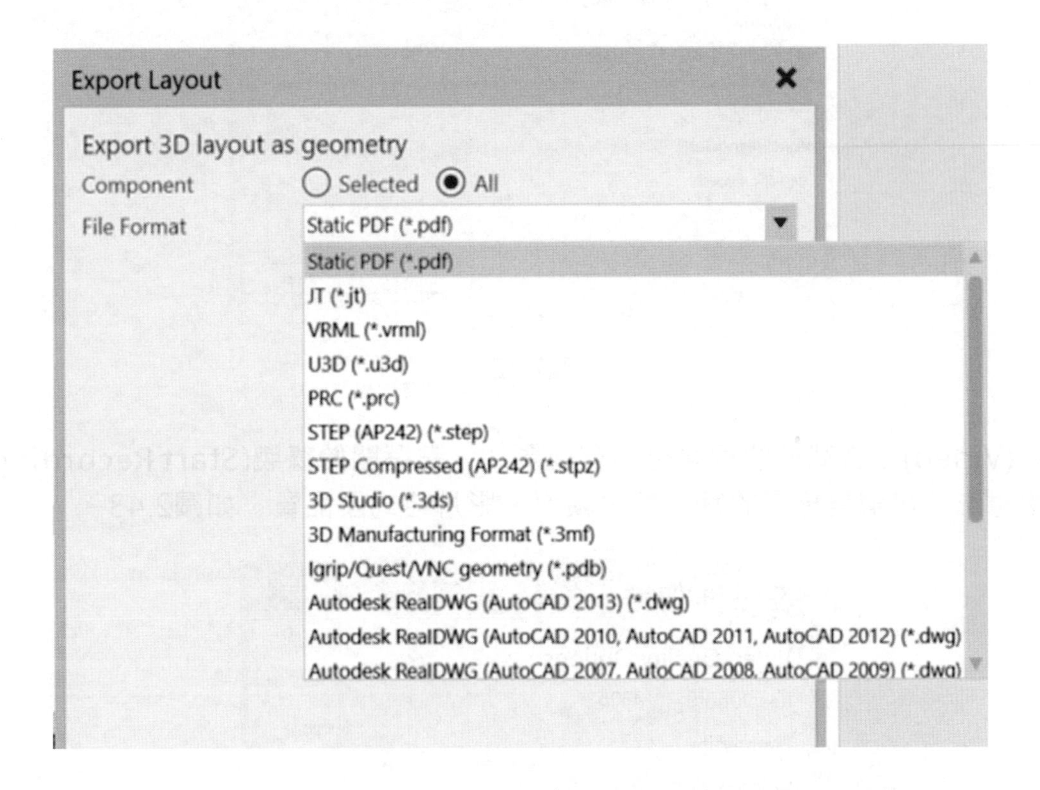

圖2.41

2. 圖片(Image)：將3D世界截取的區域匯出為圖片，匯出時可選擇**解析度(Resolution)**、**檔案格式(File Format)**及**渲染模式(Render mode)**，如圖2.42。

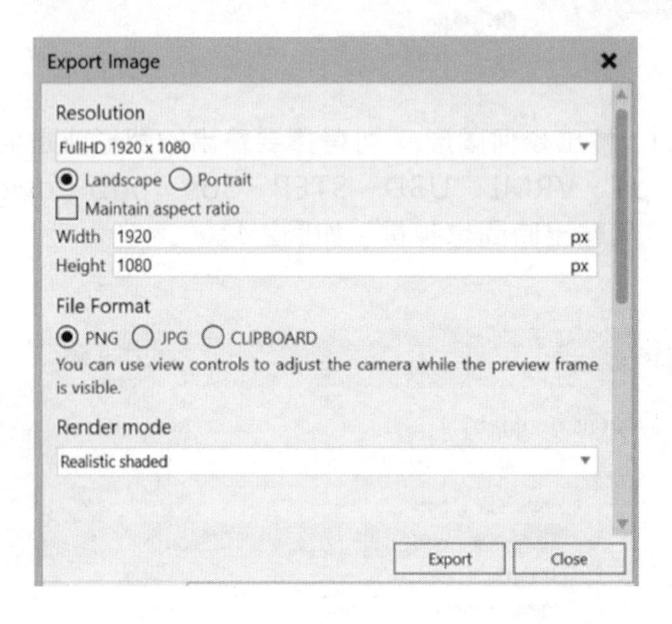

圖2.42

3. 影片(Video)：將截取的畫面錄影存成影片。點選**開始錄製(Start Recording)**後開始錄影，可調整錄影的解析度、幀率、影片格式及品質，如圖2.43。

圖2.43

4. PDF：錄製3D PDF，將動態佈局轉檔為pdf格式，利用Adobe Reader即可開啟動態3D檔案。點選**開始錄製(Start Recording)**後開始錄製，可調整檔案版型、幀率及標題，如圖2.44。

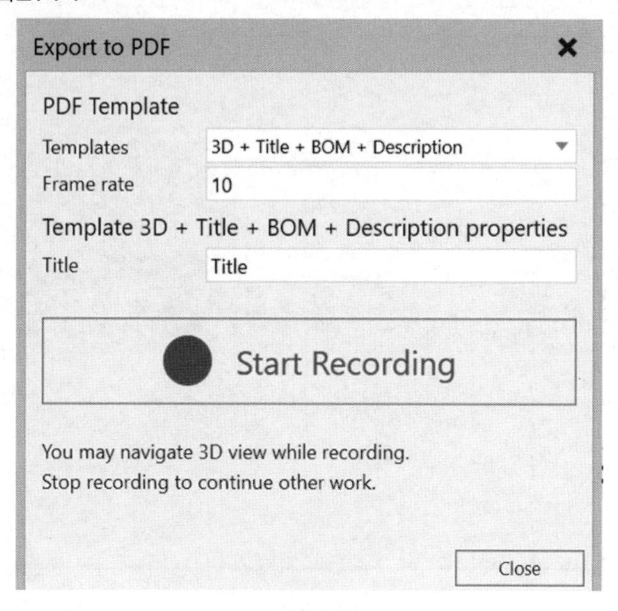

圖2.44

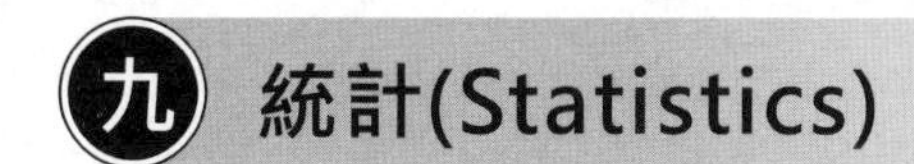

九 統計(Statistics)

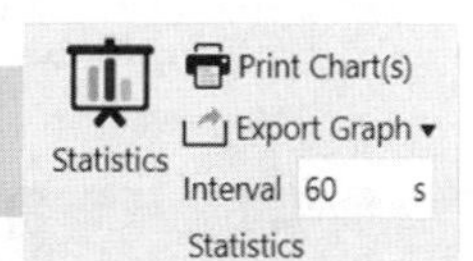

此功能可產生報表，可依照需求自訂報表內容，如圖2.45。

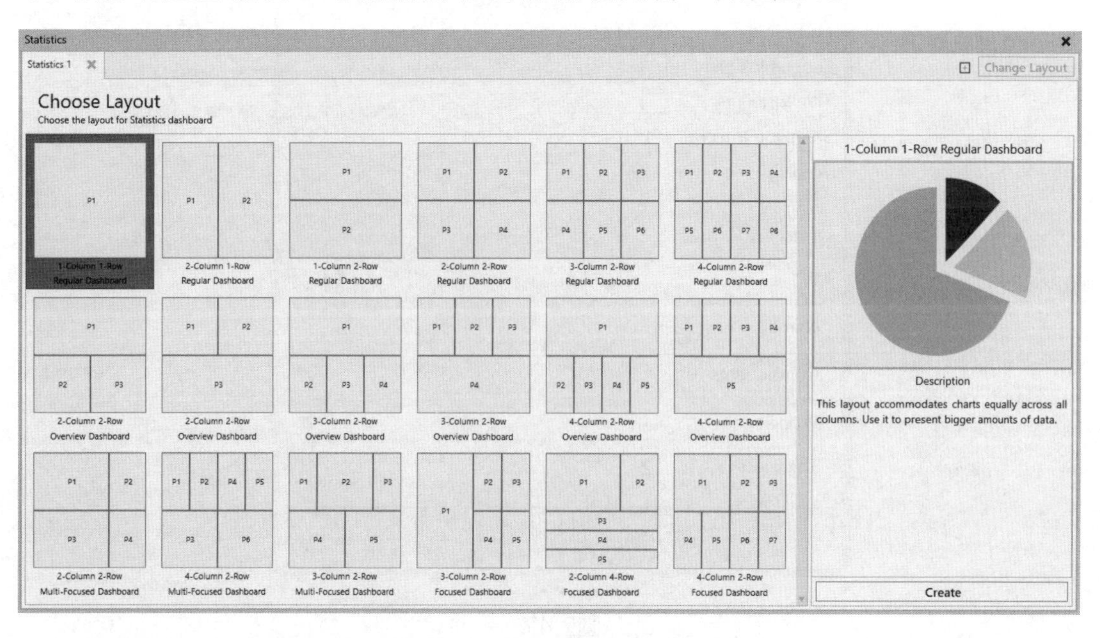

圖2.45

STEP ❶ 點選報表格式，可選擇**簡易圖表(Simple Charts)**或是**圖表範本(Template Charts)**建立報表，如圖2.46。

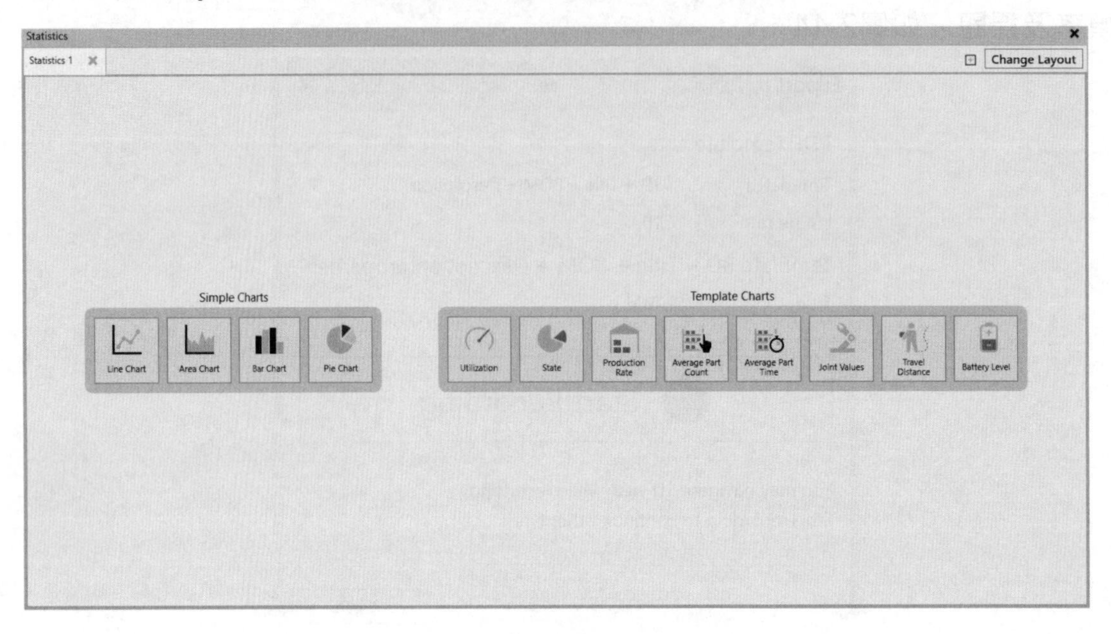

圖2.46

STEP ❷ 輸入報表屬性，如圖2.47。

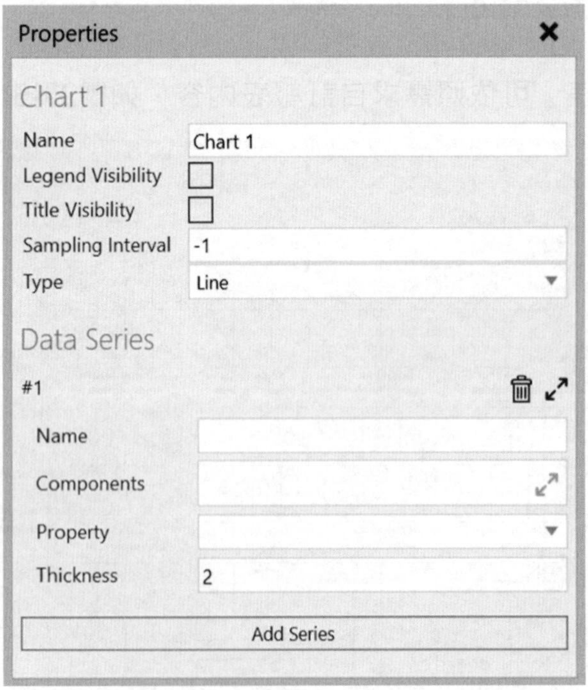

Properties
Chart 1
Name Chart 1
Legend Visibility
Title Visibility
Sampling Interval -1
Type Line
Data Series
#1
Name
Components
Property
Thickness 2
Add Series

圖2.47

- 名稱(Name)：定義表格的名稱。
- 圖例可視性(Legend Visibility)：顯示圖表及其數據。
- 標題可視性(Title Visibility)：顯示圖表的標題。
- 取樣間隔(Sampling Interval)：定義圖表的採樣間隔，-1表示使用全局採樣。
- 類型(Type)：定義表格的類型。
- 數據序列(Data Series):
  - ▶新增序列(Add Series)：新增一組數據。
  - ▶名稱(Name)：數據名稱。
  - ▶元件(Components)：數據引用3D世界中元件的名稱。
  - ▶屬性(Property)：引用元件的屬性值。
  - ▶厚度(Thickness)：報表中線條的粗細。

原點(Origin)

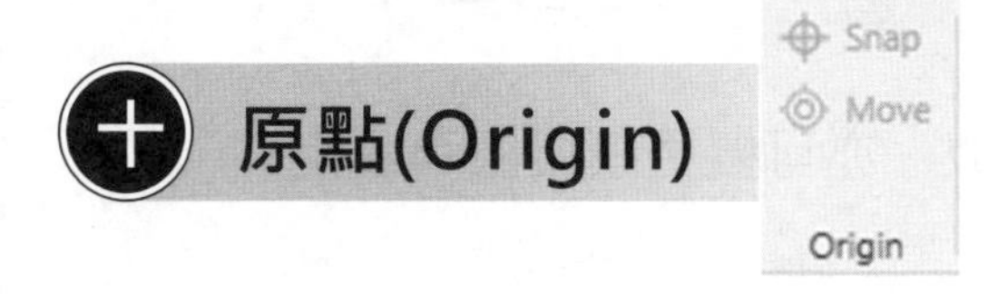

此功能可以修改元件元點，點選**原點對準(Snap)**可將元件原點移動到選擇的特徵上，或是點選**移動(Move)**直接調整原點位置，移動後點選**應用(Apply)**即可完成設定，如圖2.48。

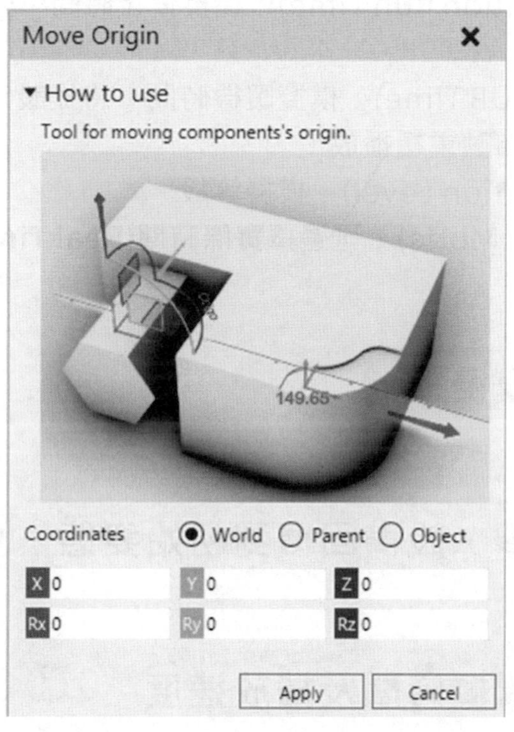

圖2.48

十 視窗(Windows)

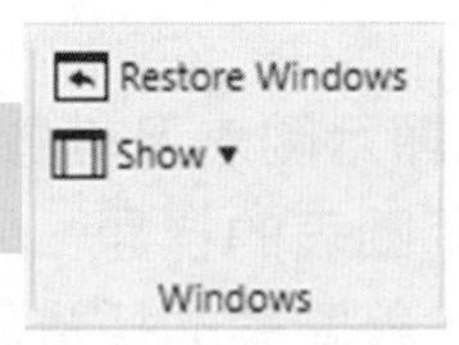

點選**恢復預設視窗佈局(Restroe Windows)**可將介面設定為預設模式，或是點選**顯示(Show)**可隱藏/顯示介面。

2.8 模擬播放器 (Simulation Controls)

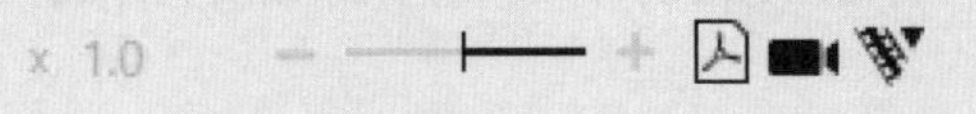

模擬撥放器的操作方式與一般CD撥放器相似，亦可變更模擬顯示設定。

一 變更模擬顯示設定

- 時間顯示模式(Clock Display Mode)：切換顯示時間單位。
- 模擬時間(Simulation Run Time)：模擬停止時間，先點選**自訂(Custom)**後設定時間。
- 暖機時間(Warm UP Time)：模擬暖機時間，將從設定的時間點開始模擬。
- 重複(Repeat)：自動重複播放。
- 模擬層級(Simulation Level)：模擬等級。
- 模式(Simulation Mode)：可選擇**實際時間(Real Time)**及**虛擬時間(Virtual Time)**。

二 播放或暫停模擬

三 模擬時間歸零，設備回復到初始姿態

四 顯示目前的模擬時間及播放速度

0:00:00 x 1.0

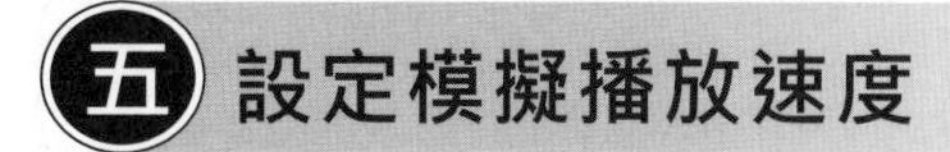

五 設定模擬播放速度

越靠近加號則模擬速度越快，點選中間拉桿兩下可回復正常速度

六 錄製3D PDF、影片、動畫檔

此動畫檔可利用電腦安裝Visual Components Experience免費軟體開啟或是利用智慧型手機下載APP後撥放所錄製的動畫，亦可利用VR觀看此檔案。

Visual Components Experience載點：

Android

iOS

2.9 檔案(FILE)

本節將詳細介紹**檔案(FILE)**選單中的所有功能，如圖2.49，需特別注意的是本軟體有分為佈局 (Layout) 與元件 (Component) 兩種不同的儲存檔案方式，元件(Component)的存檔會於本書Chapter 4詳細介紹，本章節只介紹佈局(Layout)的存檔方式。

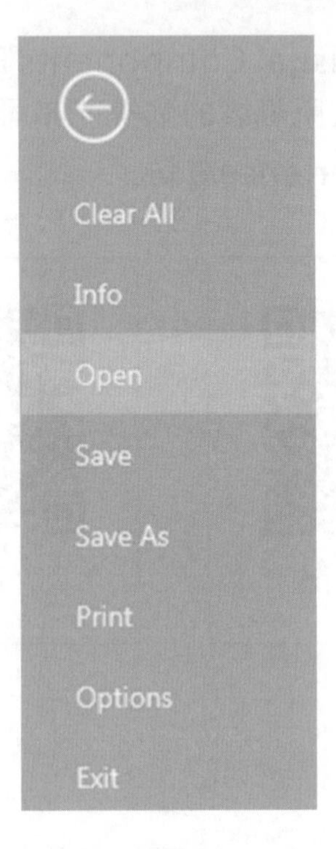

圖2.49

 清除佈局(Clear All)

清除目前正在製作的佈局。

資訊(Info)

Info

Layout
License
Version
EULA

View Layout Info
Include Components
Basic Info
Project Name
Description
Tags
Icon
Preview Image
Modified
Authoring
Author
Email
Website
Company Logo
Logo
Change
Version
Revision
0
Auto increment revi...

- 佈局(Layout)：顯示佈局資訊。
- 序號(Lincense)：顯示與管理序號。
- 版本(Version)：顯示版本資訊。
- EULA：最終用戶授權協定。

開啟舊檔(Open)

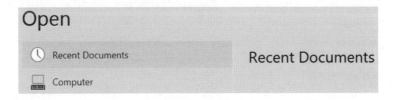

- 最近開啟的檔案(Recent Documents)。
- 從電腦路徑開啟檔案(Computer)。

四 儲存(Save)

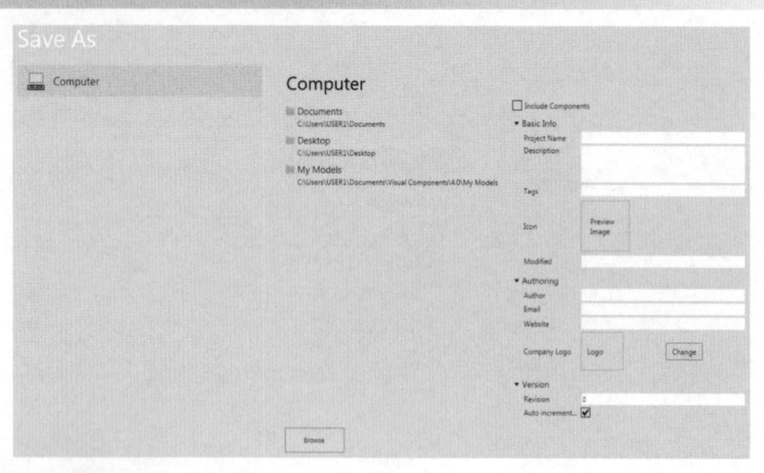

第一次存檔步驟如下：

STEP ❶ 勾選**同時儲存所有元件(Include Components)**將所有元件檔案打包於檔案中，若未勾選，將檔案提供給其他使用者時，則可能發生元件圖檔遺漏的問題。

STEP ❷ 於**專案名稱(Project Name)**欄位輸入檔案名稱，此名稱將顯示於**電子目錄(eCatalog)**中。

STEP ❸ **說明(Description)**、**作者(Authoring)**輸入檔案相關資訊。

STEP ❹ 點選**瀏覽(Browse)**指定電腦存檔路徑並確認檔案名稱是否與**專案名稱(Project Name)**相同，如圖2.50。

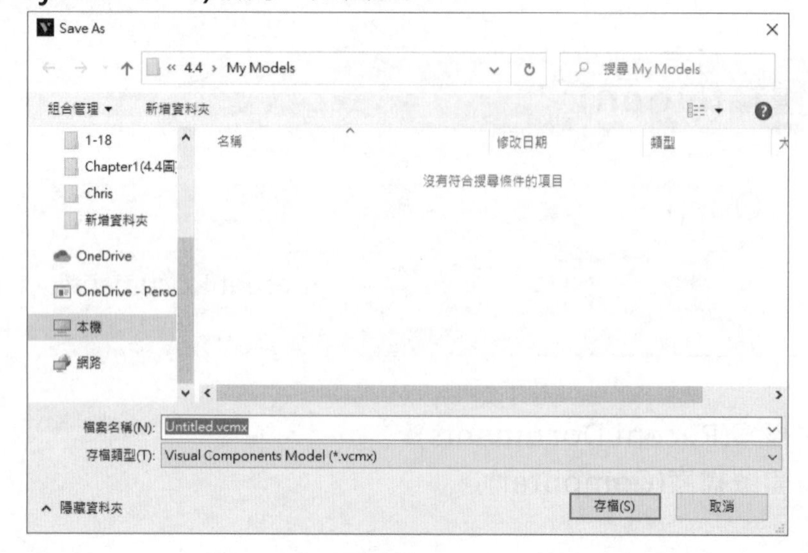

圖2.50

五 另存新檔(Save As)

操作同上述(四)、儲存(Save)的步驟。

六 列印(Print)

選擇列印的選項，有3D視圖、目前工程圖及統計圖表。

七 選項(Options)

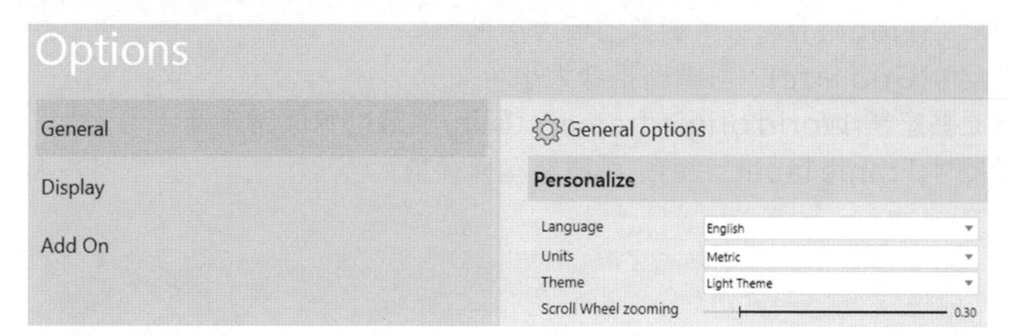

1. 一般(General)

- 語言(Language)：切換語系，支援英文、德文、日文、中文。
- 單位(Units)：切換公制、英制單位。
- 主題(Theme)：切換主題。
- 滑鼠滾輪靈敏度(Scroll Wheel zooming)：滑鼠滾輪縮放比例。

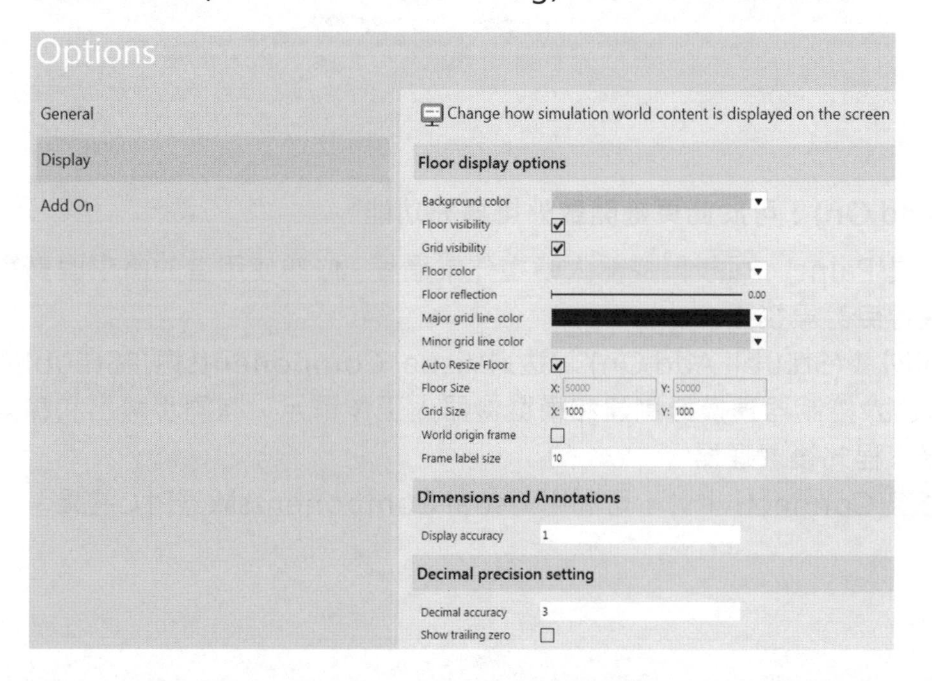

2. 顯示(Display)

- 背景顏色(Background color)：切換背景顏色。
- 地板可視(Floor visibility)：顯示/隱藏地板。
- 格線可視(Grid visibility)：顯示/隱藏格線。
- 地板顏色(Floor color)：切換地板顏色。
- 地板倒影(Floor reflection)：顯示/隱藏地板鏡射。
- 主要格線顏色(Major grid line color)：切換主要格線顏色。
- 次要格線顏色(Minor grid line color)：切換次要格線顏色。
- 自動調整地板尺寸(Auto Resize Floor)：隨著擺放的元件自動變更地板大小。
- 地板尺寸(Floor Size)：可調整地板大小。
- 隔線尺寸(Grid Size)：可調整格線大小。
- 世界原點座標(World origin frame)：顯示/隱藏世界原點座標。
- 座標尺寸(Frame label size)：可調整座標標籤大小。

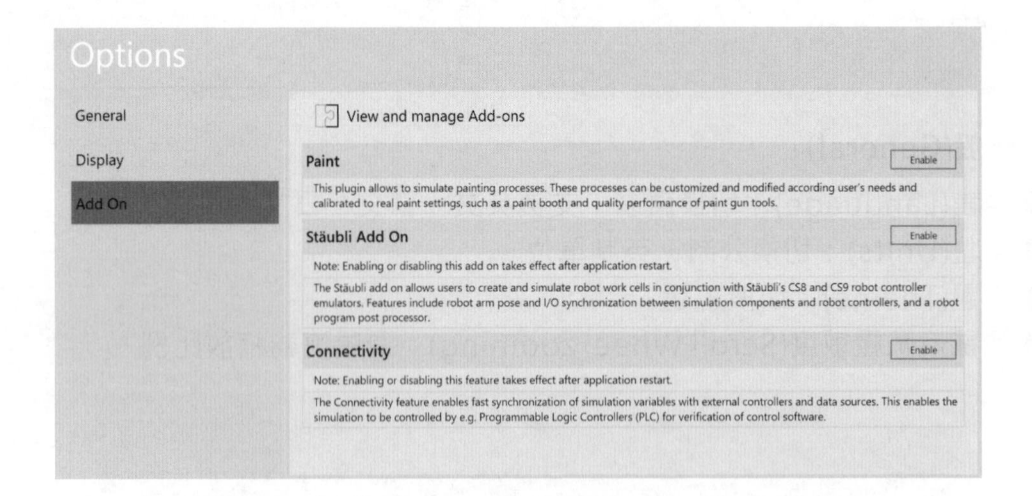

3. 外掛(Add On)：可於此頁籤開啟外掛擴充功能。

- 噴塗工具(Paint)：可模擬機器人噴塗作業過程，依據使用者的需求與真實的噴槍設定進行自訂與校正。
- Stäubli外掛(Stäubli Add On)：透過Visual Components連接Stäubli的CS8和CS9機器人控制器模擬器創建和模擬機器人工作單元，有同步輸出和輸入功能以及機器人程式後處理器。
- 通訊連線(Connectivity)：可利用Visual Components驗證PLC邏輯。

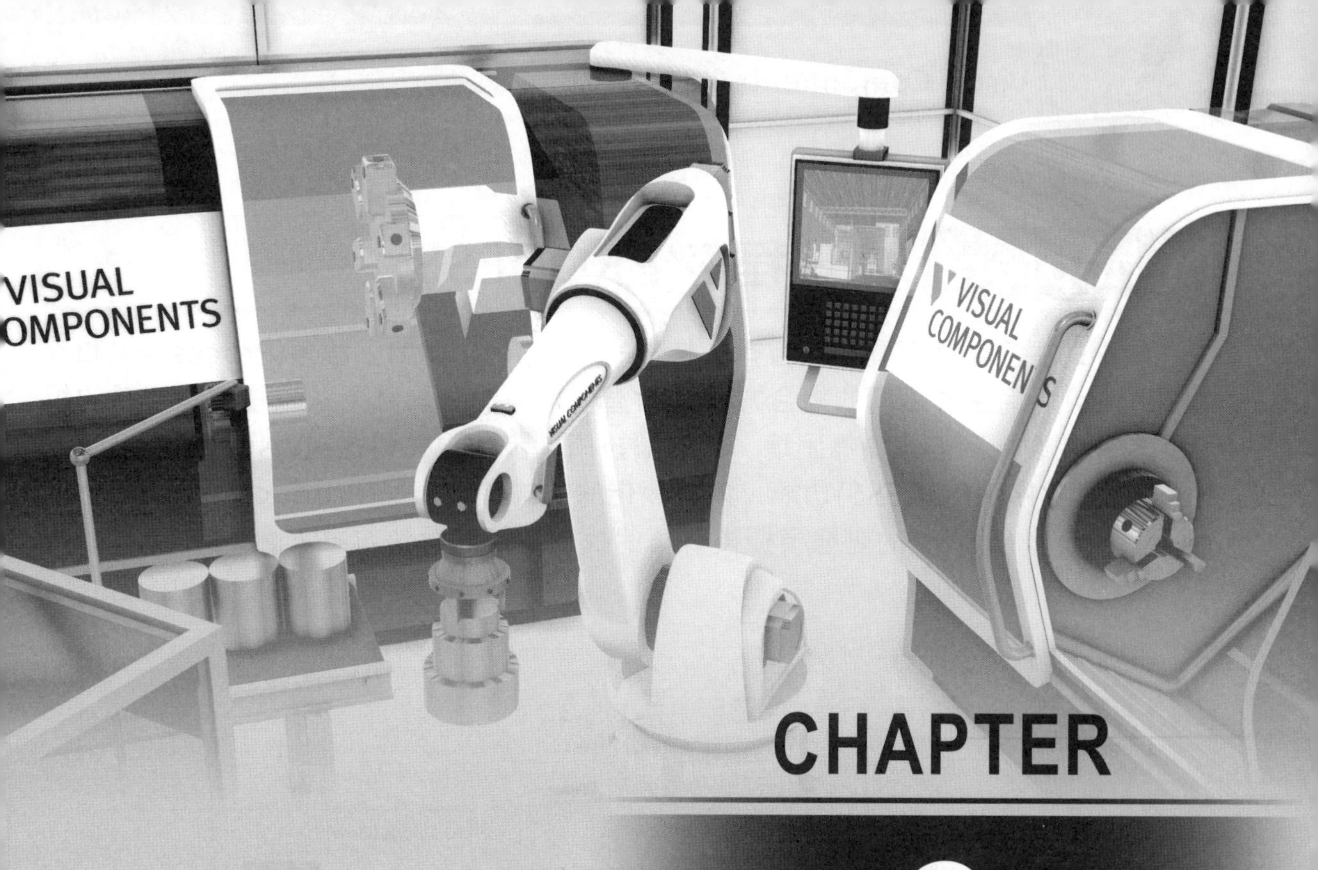

CHAPTER

3

處理程序(PROCESS)

- 3.1 處理程序分頁欄 (PROCESS)
- 3.2 產品編輯器 (Product Editor)
- 3.3 程序編輯器 (Process Editor)
- 3.4 流程編輯器 (Flow Editor)

Chapter3 處理程序(PROCESS)

實際的生產製造活動中，會有多樣化的產品(Product)、程序(Processes)和流程 (Flows)，而由於不同的組合方案，會產生巨大的差異結果，以往這些複雜的組合，常常使製造商陷入抉擇困境，因電腦技術進步，現在可透過Visual Components的**處理程序(PROCESS)**功能，以視覺化的方式進行產品(Product)、程序(Processes)和流程 (Flows)的動態模擬後，藉此找出較佳的解決方案，圖3.1。

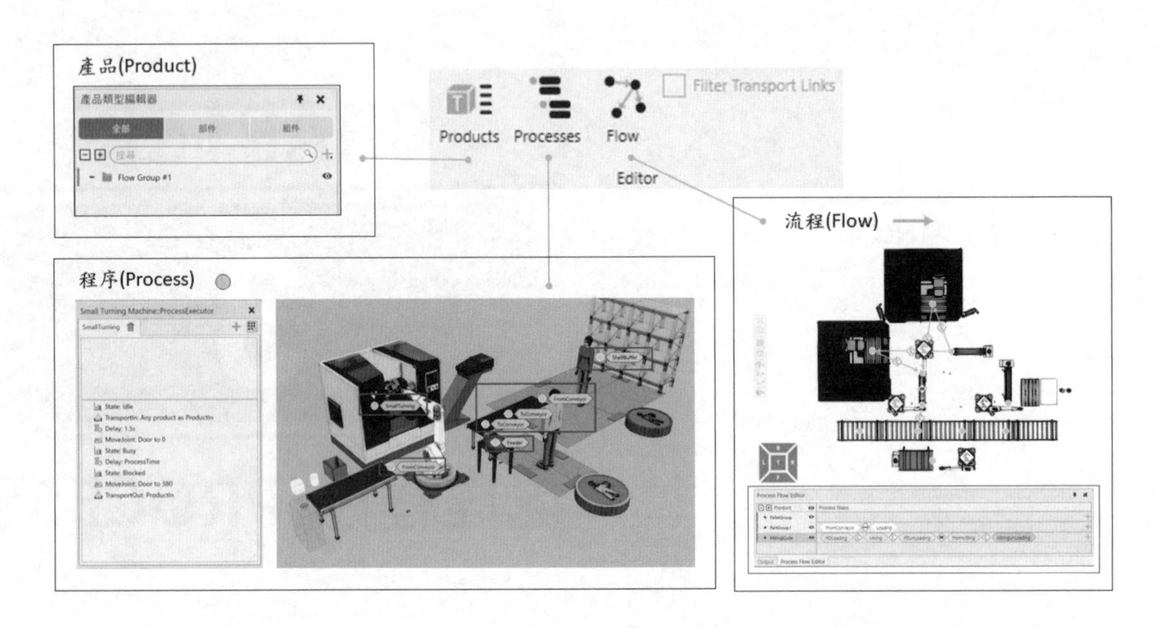

圖3.1

3.1 處理程序分頁欄(PROCESS)

於完成3D 模擬世界的佈局後，可於**處理程序 (PROCESS)**分頁欄中依序建立作業流程，如圖3.2。

- 新增和編輯**產品類型(Product Type)**。
- 建立**程序(Processes)**群組。
- 編輯生產流程 (Flow)及其移動方式。
- 預覽模擬結果，並進行**產品(Product)**、**程序(Processes)**和**流程(Flow)**調整。

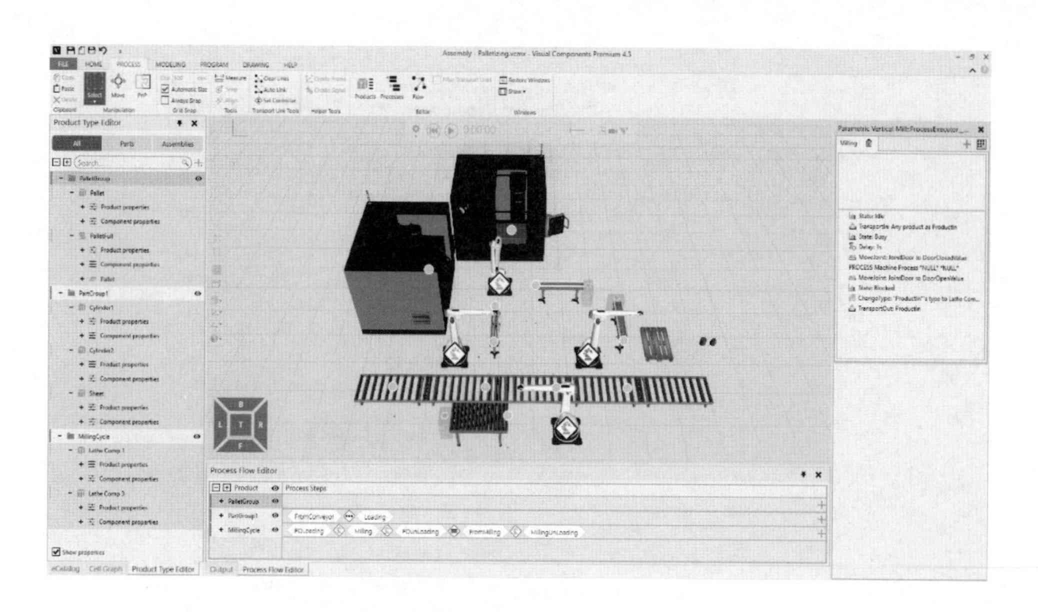

圖3.2

處理程序(PROCESS)分頁欄中共有三種編輯模式，分別為**產品(Product Editor)**、**程序(Processes Editor)**和**流程(Flow Editor)**等三大部分，使用者可使用滑鼠左鍵來切換編輯器及顯示過濾器，如圖3.3，接下來將詳細介紹此分頁欄中的功能及操作。

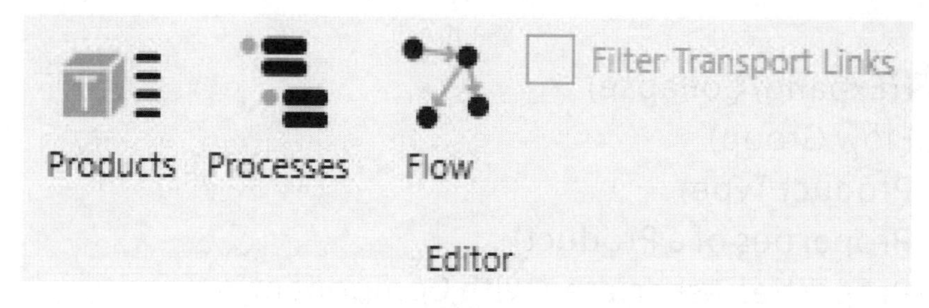

圖3.3

3.2 產品編輯器(Product Editor)

點選**產品編輯器(Products Editor)**開啟產品類型編輯視窗，透過此視窗可建立流程群組並新增及編輯元件類型，也可以設定其參數，如圖3.4。

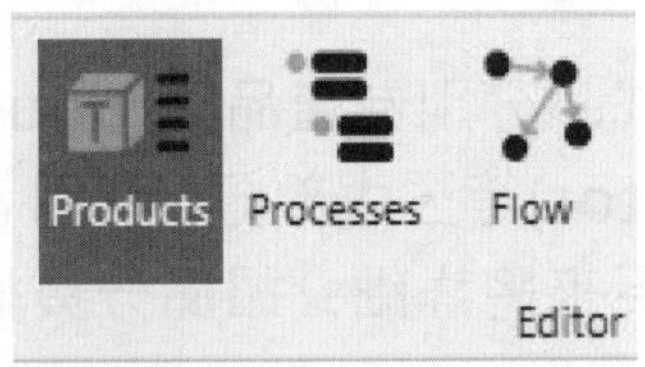

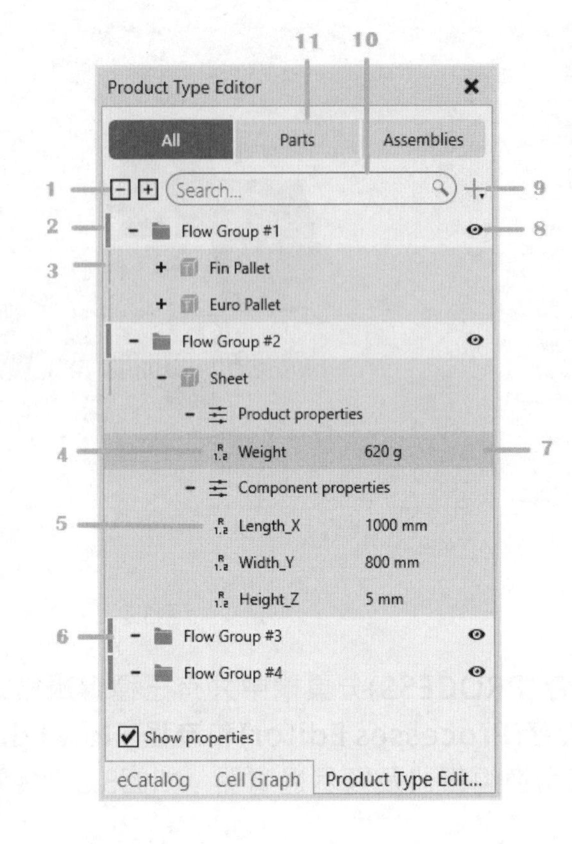

圖3.4

1.展開與摺疊(Expand/Collapse)
2. 流程群組(Flow Group)
3. 產品類型(Product Type)
4. 產品屬性(Properties of a Product)
5. 元件屬性(Properties Associated with Component)
6. 摺疊流程群組(Collapsed Flow Groups)
7. 選擇屬性(Selected Property)
8. 隱藏/可見(Visibility of Flow Group in Process Flow Editor Panel)
9. 新增產品類型與流程群組(Add Product Type or Flow Group)
10. 搜尋(Search Properties, Product Types and Flow Groups)
11. 選擇部件/組件(Select if Parts or Assemblies are shown)

點選**產品類型編輯器(Products Type Editor)**右上側+處，如圖3.5可以看到四個選項，分別為**添加流程群組 (Add Flow Group)**、添加產品類型**(Add Product Type)**、**添加組件(Add Assembly)**、**添加組裝步驟(Add Assembly Step)**，以下針對這四項進行說明。

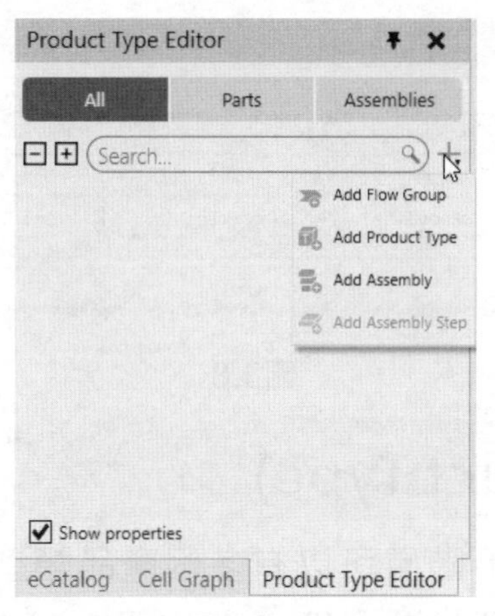

圖3.5

流程群組(Flow Group)

添加流程群組(Flow Group)後，可以設定**產品(Product)**在**程序(Processes)**間轉移的順序，如圖3.6。

圖3.6

以下於**部件(Part)**模式下新增三組**流程群組(Flow Group)**，分別為Fixture、TurnningCycle1及 TurnningCycle2，如圖3.7，則於**流程(Flow Editor)**會產生對應的**流程群組(Flow Group)**，如圖3.8。

圖3.7

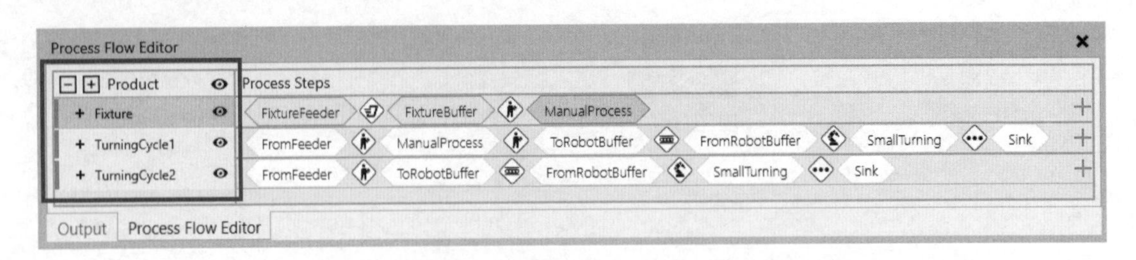

圖3.8

產品類型(Product Type)

流程群組(Flow Group)下階層可以有多個**產品類型(Product Type)**，如圖3.9。而於右側屬性頁籤則可設定**產品類型(Product Type)**中的**產品名稱(Name)**、**指定元件位置(ComponentUri)**、**原點座標(OriginFrame)**，如圖3.10。

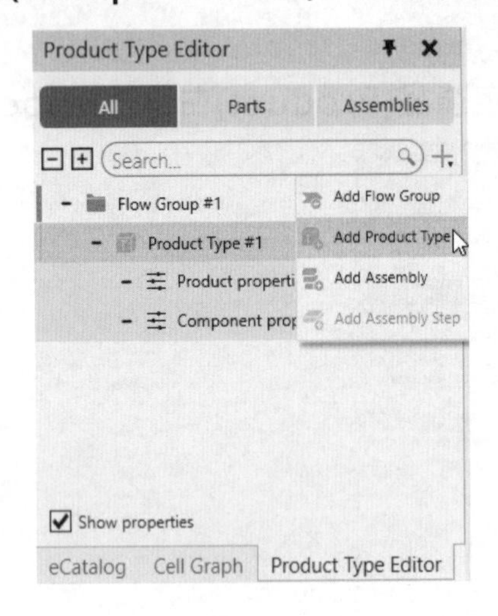

圖3.9

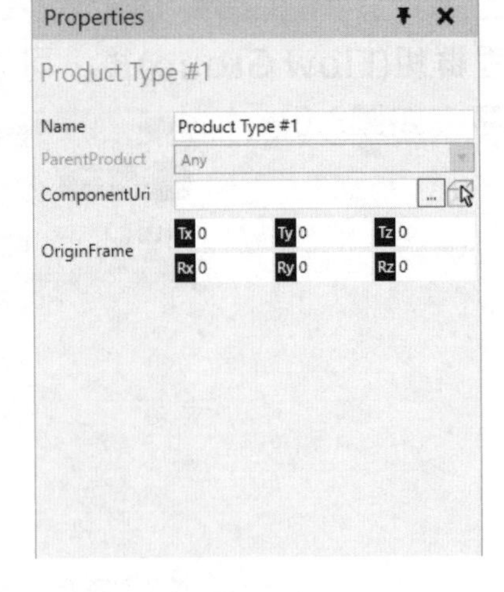

圖3.10

1.產品屬性(Product properties)

每一個產品皆有專屬參數，而由於動態模擬過中，會有部件/組件之更動變化，所以會需要**產品屬性(Product properties)**來新增或是更動名稱、3D模型、原點位置等等。

於**產品屬性(Product properties)**欄位點處 ， 選滑鼠右鍵則可**添加產品屬性(Add Product Property)**，如圖3.11。於右側參數頁籤可設定參數，參數包含以下類型：實數參數 (Double)、字串參數(String)、整數參數(Int32)、布林參數(Boolean value)、向量參數(Vector)、矩陣參數(Matrix)、URI參數(URI)、材質(Material)，如圖3.12，欲知參數詳細設定方式請參照Chapter4-元件參數。

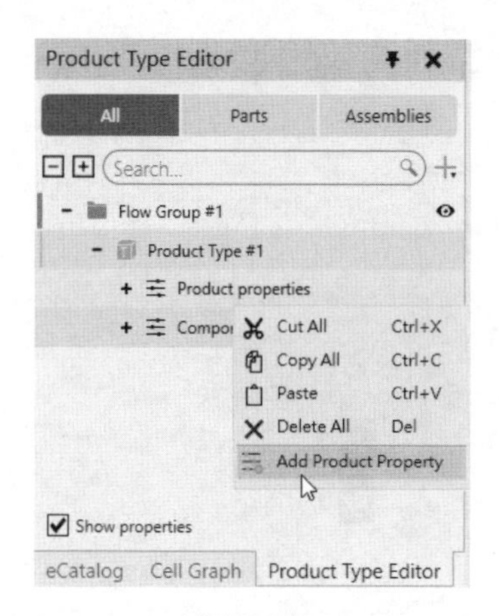

圖3.11

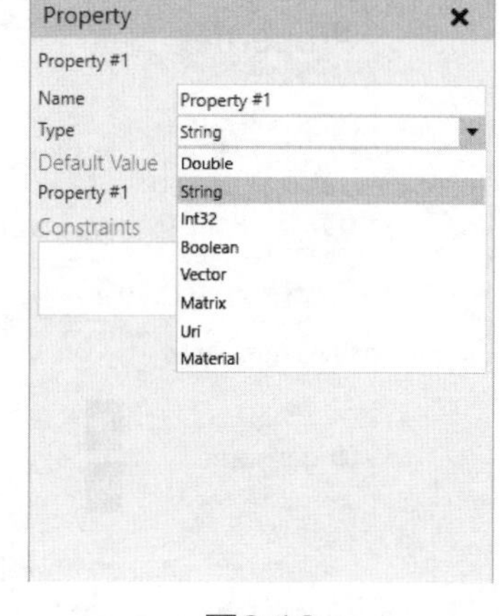

圖3.12

2.元件屬性(Component Properties)

每一個產品皆與一個元件及其參數相對應。產品不是元件可將之視為兩種個別的物件。刪除或變更元件的參數並不會引響產品的元件屬性(Component Property)。

可利用**添加元件屬性(Add Component Property)**在產品中新增參數或重新定義其預設值，於模擬時選擇產品就可看到新增的參數。其新增方法與**添加產品屬性(Add Product Property)**相同，如圖**3.13**。

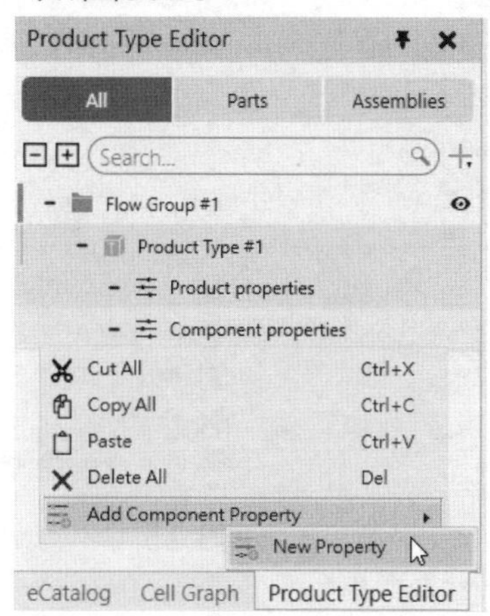

圖3.13

預設屬性(Default Properties)

每種產品類型都有一組預設屬性，如圖3.14。

- Name:產品名稱。
- ParentProduct:產品是否從另一個產品承接屬性。
- ComponentUri:是與產品關聯的元件。可以選擇使用元件的 VCID 或 URI，或選擇 3D 世界中的元件。使用元件的 VCID 時，需先輸入「vcid：」，然後再輸入 VCID號碼，按鍵盤 ENTER。
- OriginFrame:變更關聯元件所產生的相對位置。 舉例:在Tz輸入 100mm 偏移，將使該元件顯示位置往下低100mm。

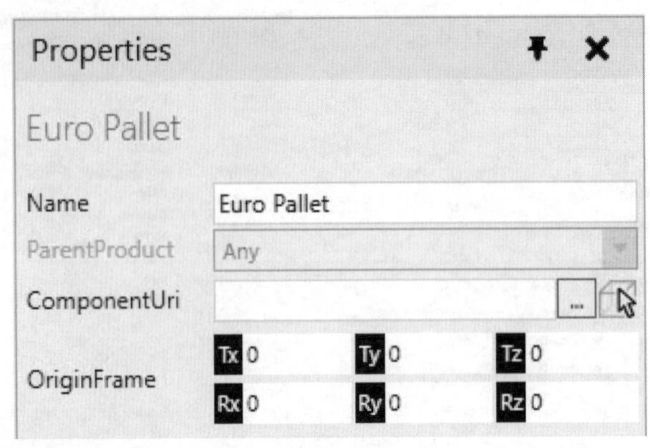

圖3.14

四 產品屬性(Product Properties)

產品具有自己的屬性。產品屬性可用於在整個生產過程中維護資訊，而以屬性關聯的元件則會依據生產階段的增加而產生變動，如圖3.15。

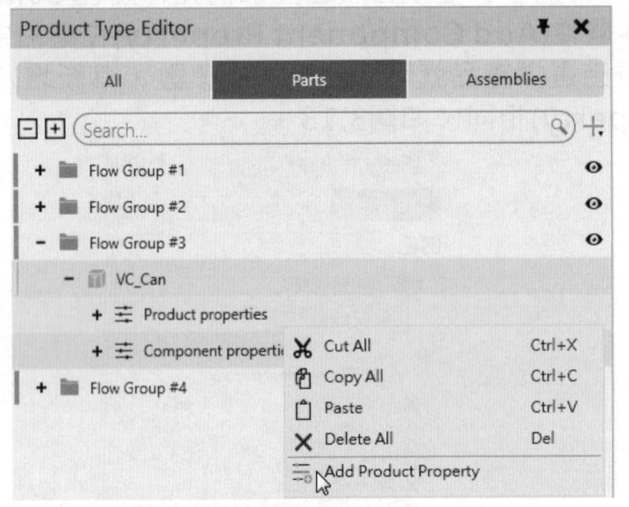

圖3.15

產品支援以下屬性類型：

- 浮點數-真實類型數字(Double -Real type number)
- 字串-文字(String -text)
- Int32-常規整數(Int32 -regular Integer number)
- 布林值-真或假(Boolean value -True or False)
- 向量(Vector)
- 矩陣(Matrix)
- URI
- 材料(Material)
- 使用 API 執行的自訂類型(Custom type implemented using API)

請注意所選動態元件的屬性面板中未列出產品屬性。但是，可以透過處理程式或 API 述句來運用。

五 元件屬性(Component Properties)

產品具有自己的屬性對元件形成關聯。可以建立產品實例時，新增到動態元件的新屬性，或是從關聯的元件新增屬性以定義其預設值，如圖3.16。

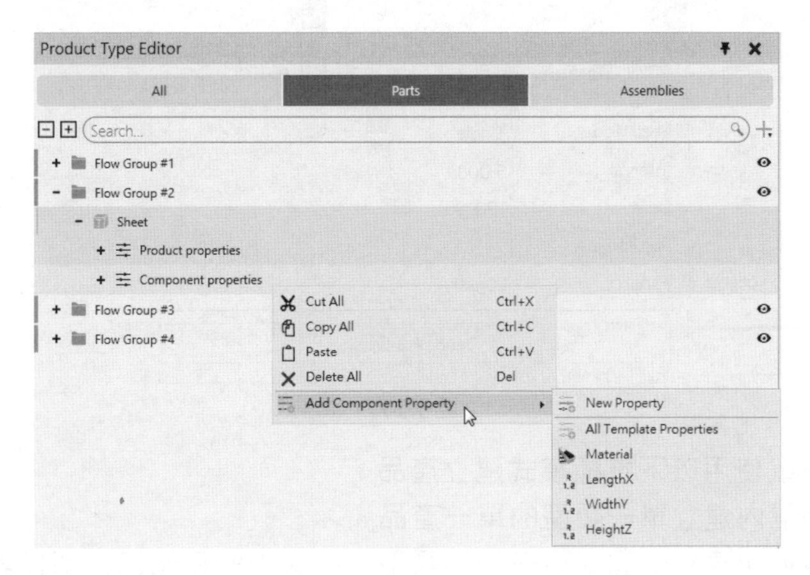

圖3.16

請注意，產品不是元件。也就是說，它們是兩個個別的物件。刪除產品及元件之間的關聯並不會刪除產品的元件屬性。在這種情況下，可以將產品類型視為模擬過程中製作新零件的模板。將元件與產品關聯並新增其一個或多個屬性是定義新產品或為新產品提供原型的快速方法。但是，編輯元件的屬性對產品的元件屬性並沒有影響。

產品產生器(Product Creator)

產品產生器是一個動作，可讓元件在模擬過程中根據產品類型建立產品實例。因此，可以使用具有此動作的元件在**產品類型編輯器(Products Type Editor)**面板中定義的模擬中建立產品實例 。可以在**電子目錄(eCatalog)的類型分類(Models By Type)**中，資料夾前端有PM字眼的資料庫元件，選用Feeder元件作為供料器，如圖3.17。

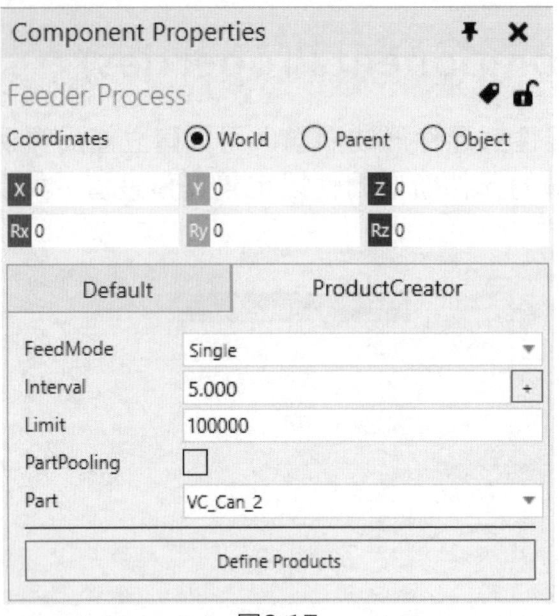

圖3.17

產品產生器可以使用以下幾種模式建立產品。

- 在給定的間隔內建立單一類型的單一產品。
- 在特定訂單批次建立一個或更多產品類型。批次中的每個條目都代表一種產品類型、其數量以及創建所需數量的時間間隔。每次批次輸入代表一種產品類型，其數量及建立需求數量的間隔。可以選擇在給定的間隔內建立一個批次或多個批次。
- 可以在此匯入一個 Excel 文件，此文件定義特定時間建立的產品。
- 根據加權機率建立分配選擇的產品類型。

七 組件(Assemblies)

組件是物件組合步驟的層次結構。每一個組件表示產品層次結構中的一個邏輯步驟，可以組合或者拆分相比上一級步驟，每個組件步驟都有自己的位置及每個步驟都有自己的屬性。每個步驟包含一個或多個產品類型的組件插槽。插槽定義在裝編輯器中完成，如圖3.18。

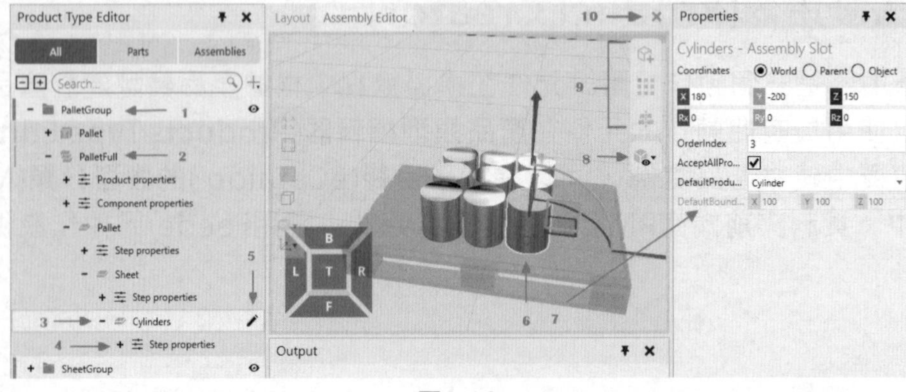

圖3.18

1.產品類型的流程群組。
2.組裝類型可以處理任何其他產品PM類型。
3.選擇組裝步驟。
4.所選組裝步驟的屬性。
5.打開所選步驟的組件編輯器圖標。圖標僅在將滑鼠遊標放在組件步驟時才會顯示。組件編輯器爲一個新的介面，用戶可以在裡面設定插槽的數量、位置和產品類型插槽。
6.在組件編輯器中選擇程序集插槽。每個插槽可以自由操作工具，如選擇、移動、測量、捕捉、對齊及複製黏貼。通常這個槽是用一個立方體幾何圖形來顯示。
7.組件插槽屬性:
- OrderIndex:定義產品的組裝和拆卸有多個插槽時的順序。指令開始於 取最小值，從最高開始排序最大值。
- AcceptAllProductTypes、 AcceptProductTypes 和AcceptFlowGroups:在模擬過程中構建組裝時，用於過濾插槽接受的產品實例。
- DefaultProductType:定義創建的產品類型，初始創建步驟或組件時，將其移到插槽中。
- DefaultsBoundsDimensions:定義插槽的範圍。

8.彙編工具欄選擇的步驟是可視化的，但其他步驟可以用透明的藍色材料顯示。
9.插槽添加與插槽對中工具槽可以單獨創建，或者它們可以被創建成模式，當創建一個模式，模板模式可用。它也可以利用現有的來自其他彙編步驟和組件的模式。用插槽中心工具時，槽位可以居中到裝配步驟原點。
10.關閉程序集編輯器。

3.3 程序編輯器(Process Editor)

程序編輯器面板可新增及編輯程序歷程，如圖3.19。

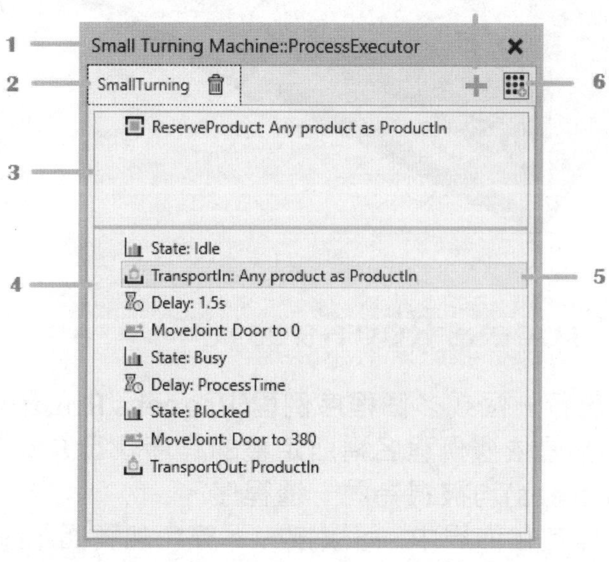

圖3.19

1.元件的名稱及程序執行器行為(Name of Component and Process Executor Behavior)
2.程序例程的名稱(Name of Process Routine)
3.需求部分(Requirements Section)
4.程序定義部分(Process Definition Section)
5.選擇的述句(Selected Statement)
6.述句資源庫(Statement Gallery)
7.新增程序例程(Add Process Routine)

 程序編輯器(Processes)

點選**程序編輯器(Processes)**，如圖3.20，接著點選3D世界中的藍色程序例程標籤，如圖3.21。

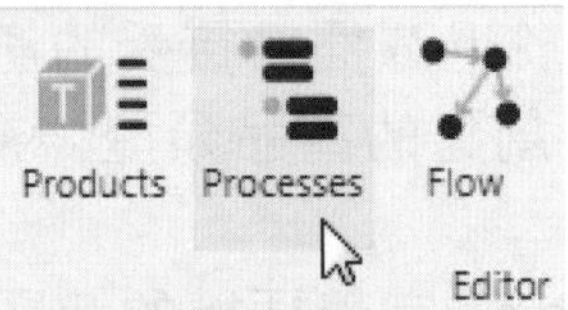

圖3.20

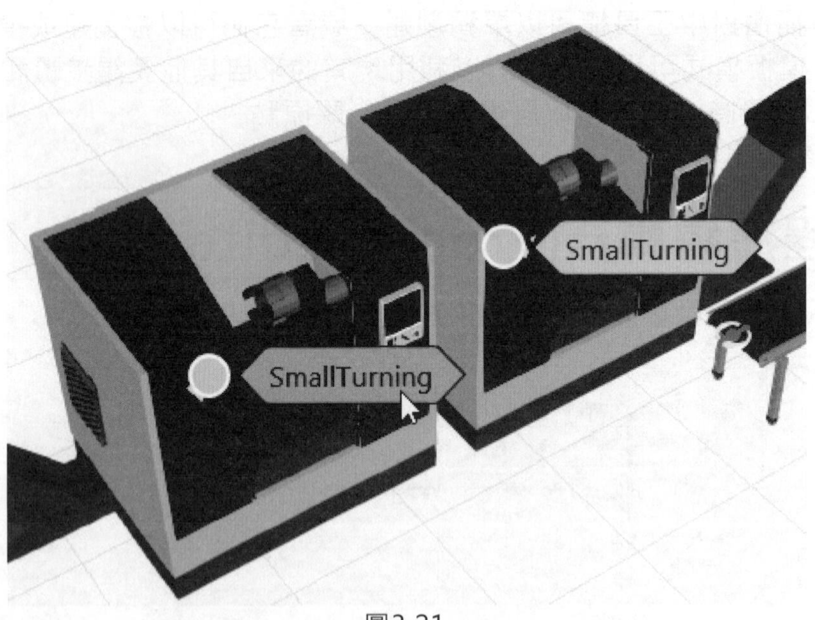

圖3.21

 程序例程(Process Routines)

程序執行器負責執行一個或多個**程序例程(Process Routines)**。每個**程序例程(Process Routines)**都是依據例程名稱所定義的程序執行方式。所有相同名稱的**程序例程(Process Routines)**均被視為同一種程序。

程序例程與所有元件儲存在佈局中。可以按一下綠色加號圖示來新增之，如圖3.22。

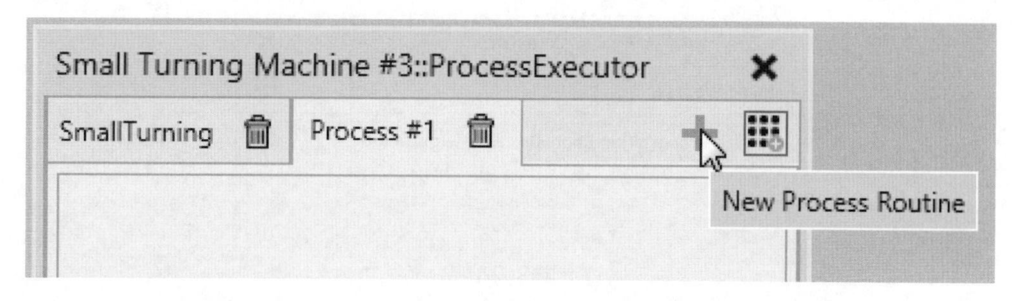

圖3.22

三 編輯程序例程(Editing Process Routine)

述句(Statements)可以在**程序例程(Process Routines)**中新增、編輯、重新排列及巢狀部屬述句。新增的述句(Statements)將出現在**程序例程(Process Routines)**中最後選擇的**述句(Statements)**之後。如果需要重新排列**述句(Statements)**，請在另一個**述句(Statements)**之前或之後拖放一個**述句(Statements)**。插入**述句(Statements)**的位置由一行顯示，將在這行標示插入 **述句(Statements)**的級別，如圖3.23。

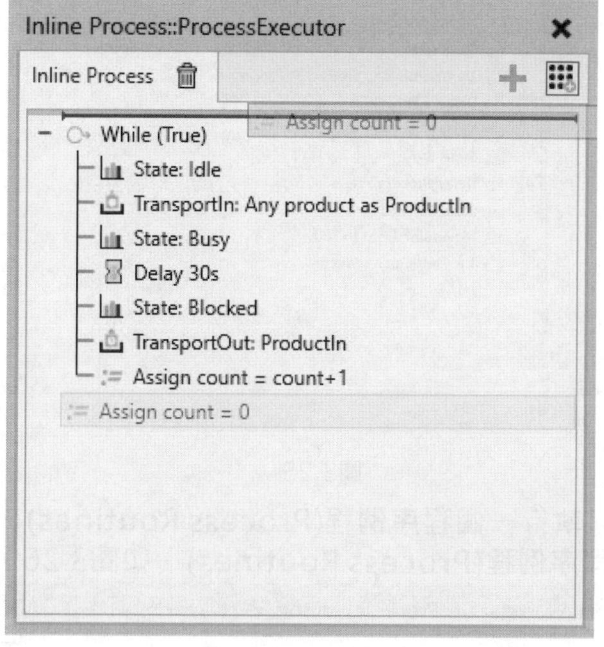

圖3.23

四 要求述句(Requirement Statements)

要求述句(Requirement Statements)是前提條件述句，用於選擇執行器接下來要運行的**程序例程(Process Routines)**。僅在同時符合程序例程**(Process Routines)**的所有需求之後才能執行**程序例程(Process Routines)**，如圖3.24。

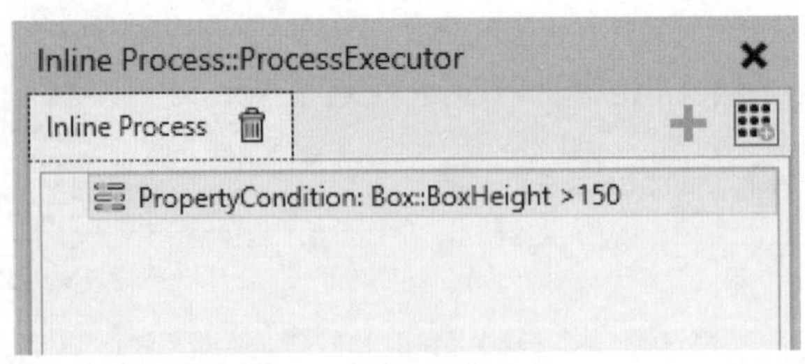

圖3.24

五 程序流程述句(Process Flow Statements)

每個**程序例程(Process Routines)**在程序定義中包含一組依程序流程執行的**述句(Statements)**，如圖3.25。

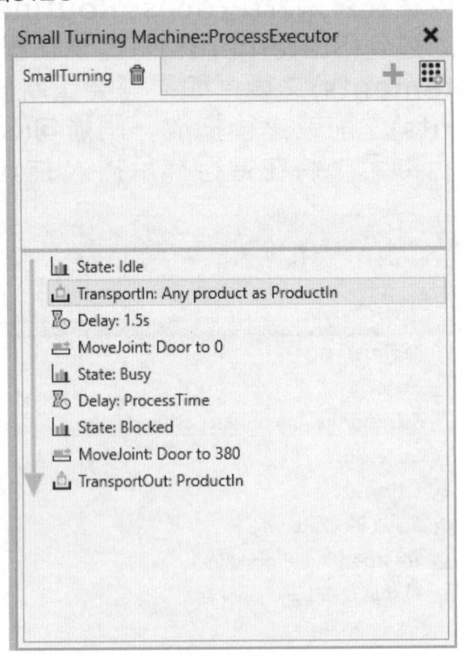

圖3.25

程序執行器一次只執行一個**程序例程(Process Routines)**。如果未符合需求，則從左至右依次執行**程序例程(Process Routines)**，如圖3.26。

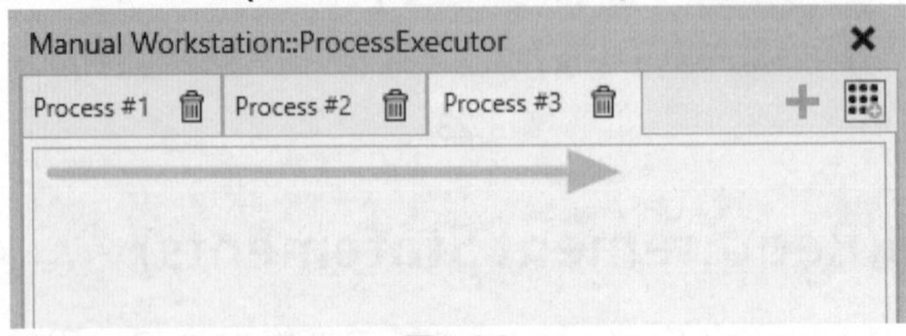

圖3.26

程序完成時，將重新評估所有**程序例程(Process Routines)**的需求，以選擇下一個啟動的**程序例程(Process Routines)**。如果未符合需求，則程序執行將處於閒置狀態。

 程序群組(Process Groups)

相同名稱的**程序例程(Process Routines)**自動歸類為一個群組。這將簡化產品流到不同元件的相同程序，如圖3.27、圖3.28。

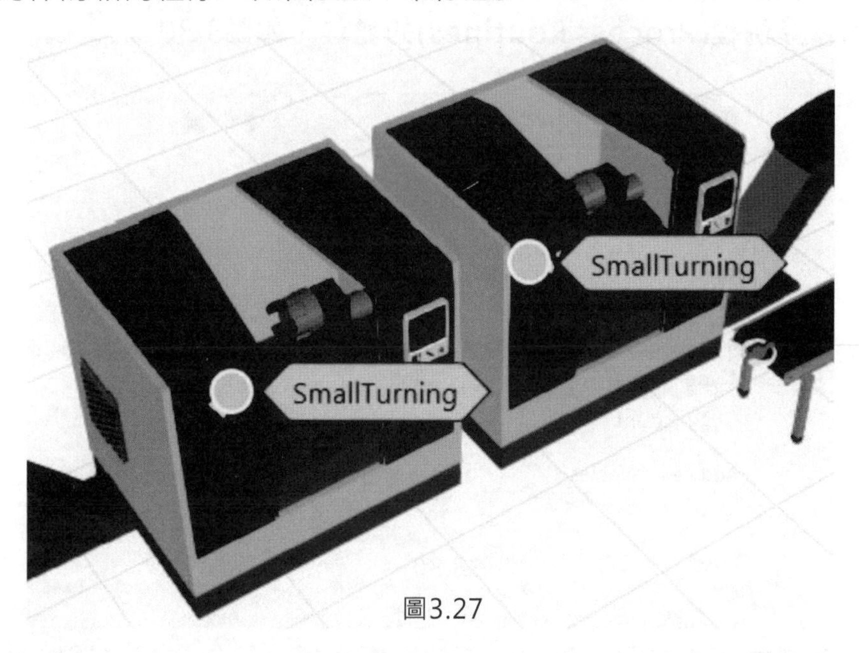

圖3.27

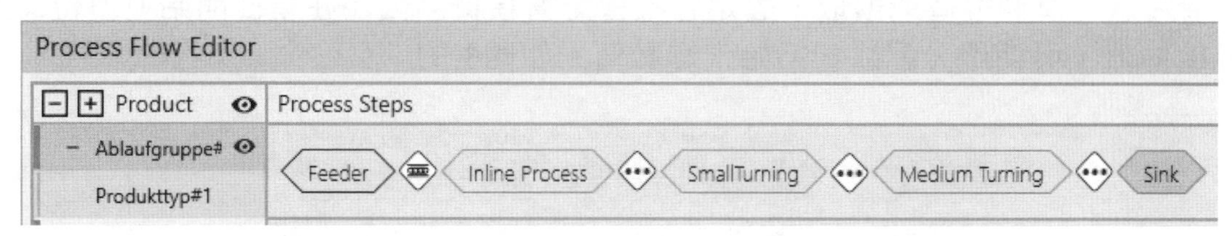

圖3.28

相同名稱的**程序例程(Process Routines)**執行時能有不同的設定，如圖3.29。

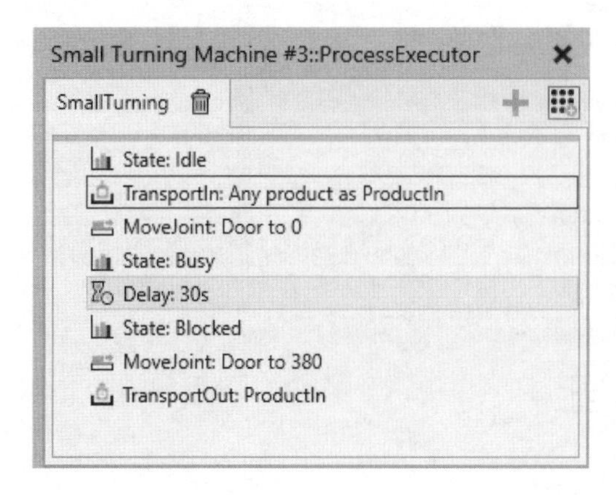

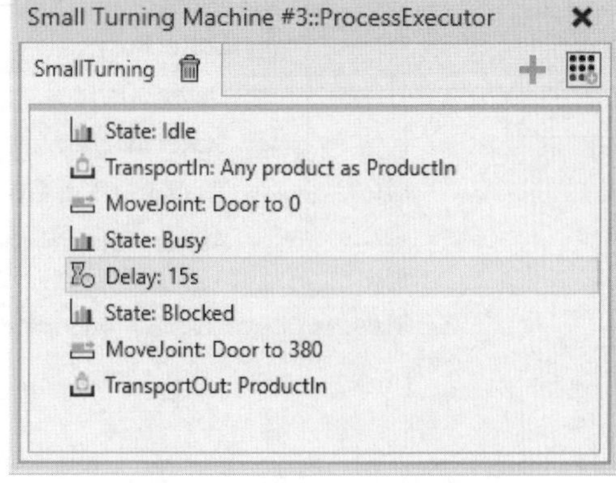

圖3.29

變數(Variables)

每個**程序例程(Process Routines)**都有其一組變數，這些變數的範圍是全面的。也就是說，所有**述句(Statements)** 在 **程序例程(Process Routines)** 中的巢狀項目都可以引用**程序例程(Process Routines)**的變數，如圖3.30。

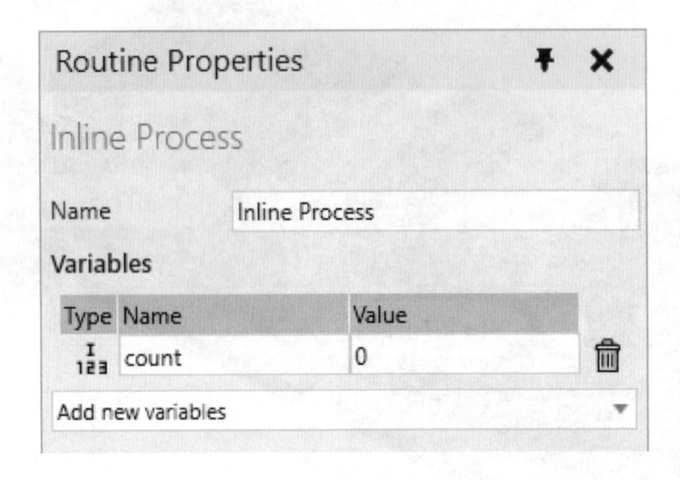

圖3.30

請注意，值欄位僅能讀取。設定它不會影響模擬，因為在模擬開始並復位時將重設這些值。可使用分配述句初始化變數值，如圖3.31。

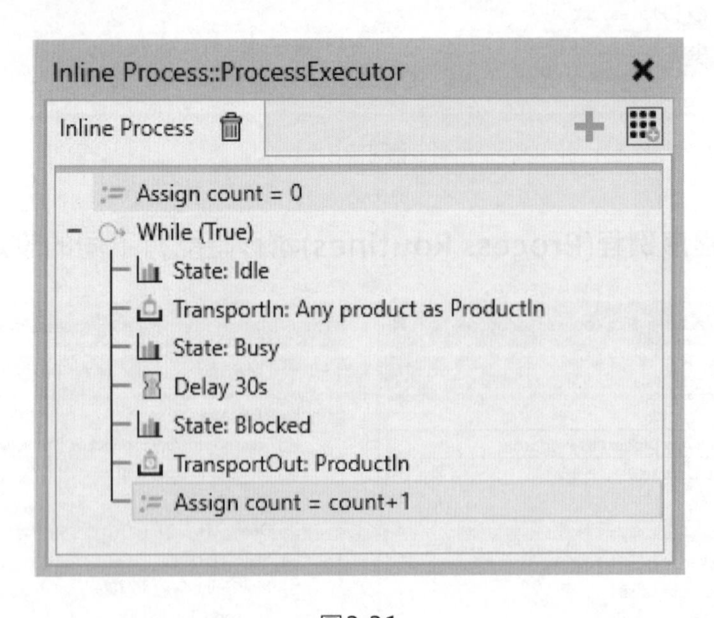

圖3.31

請注意，**程序例程(Process Routines)**還可以包含執行階段變數，例如 ProductIn 表示該程序中的產品。執行階段變數根據必要的不同述句而建立，並在模擬復位時自動刪除，如圖3.32。

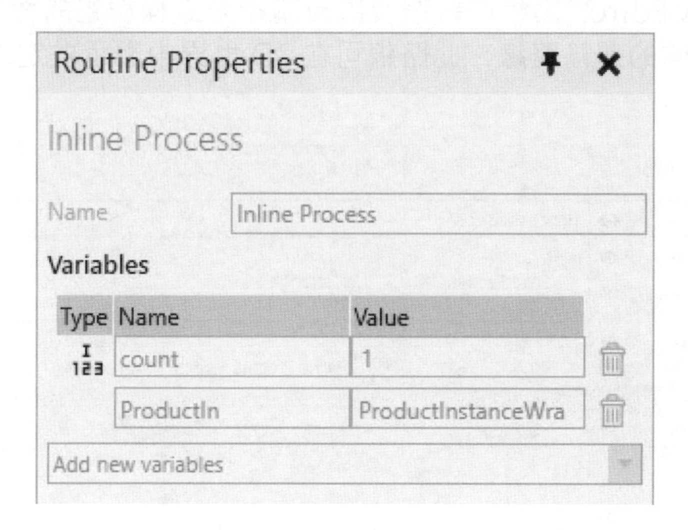

圖3.32

八 述句(Statements)

述句(Statements)資源庫視窗顯示可以新增到所選**程序例程(Process Routines)**的**述句(Statements)**，如表3.1。

名稱	說明
傳送信號	傳送提供值的所選信號。
等待信號	等待，直到給定信號被觸發且值與條件匹配。

表3.1

3.4 流程編輯器(Flow Editor)

流程編輯器(Flow Editor)面板可新增及編輯關聯至流程群組的程序序列。流程群組具有程序步驟之間的運輸路線，此路線可在 3D 世界中顯示並定義，如圖3.33。

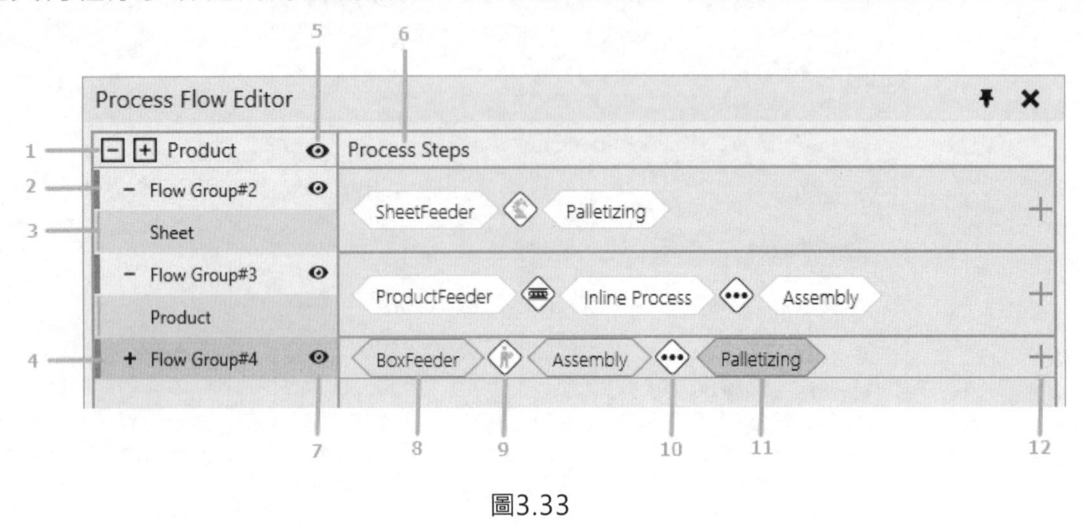

圖3.33

1. 展開/折疊流程群組及產品類型(Expand/Collapse Flow Groups and Product Types)
2. 流程群組(Flow Group)
3. 產品類型(Product Type)
4. 摺疊的流程群組(Collapsed Flow Group)
5. 顯示隱藏的流程群組(Display Hidden Flow Groups)
6. 流程群組的程序步驟(Process Steps of the Flow Groups)
7. 隱藏 / 顯示流程群組(Hide/Show Flow Group)
8. 程序步驟(Process Step)
9. 人員運輸控制器執行轉換(Transition Carried Out by Human Transport Controller)
10. 多個運輸控制器執行轉換(Transition Carried Out by Multiple Transport Controllers)
11. 選擇的程序步驟(Selected Process Step)
12. 新增程序步驟(Add Process Step)

流程編輯器(Flow)

點選流程編輯器(Flow)，如圖3.34，可在底部看到程序流程編輯器面板，並且在 3D 檢視區中啟動流程編輯器重疊。

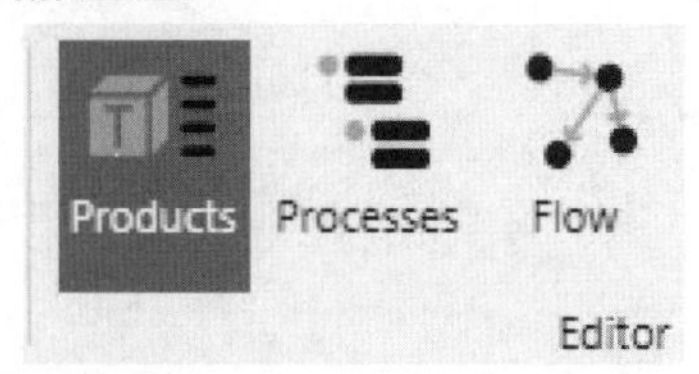

圖3.34

新增及編輯程序步驟(Adding and Editing Process Steps)

要為流程群組新增新的程序步驟，請按一下行末的+號圖示。從包含目前佈局中所有可用程序的清單中選擇一個程序步驟。可以使用搜尋欄位從清單中篩選程序步驟。用一條線表示正在新增程序步驟的位置。預設位置在所選擇的程序步驟之後，如圖3.35。

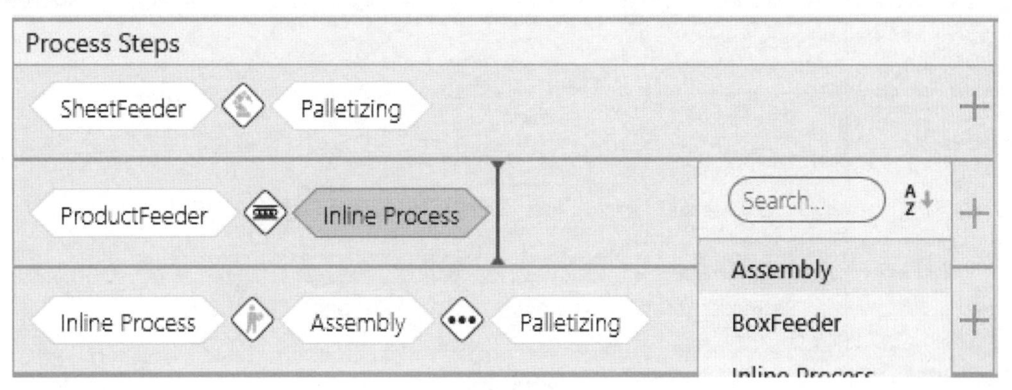

圖3.35

同時可以在操作功能表中的現有程序步驟之前及之後新增步驟。選擇一個程序步驟或運輸控制器，按一下滑鼠右鍵開啟操作功能表，然後在所需位置新增步驟，如圖3.36。

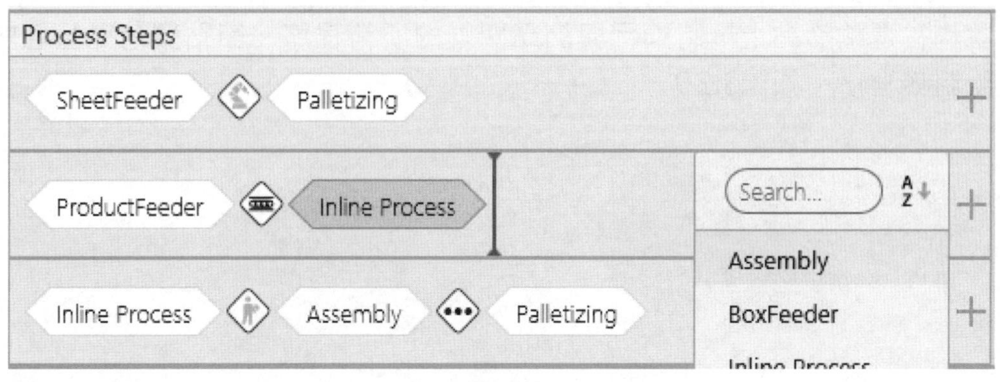

圖3.36

如果需要重新排列程序步驟，請在另一個步驟之前或之後拖放一個步驟。插入述句(Statements)的位置由一行顯示，如圖3.37。

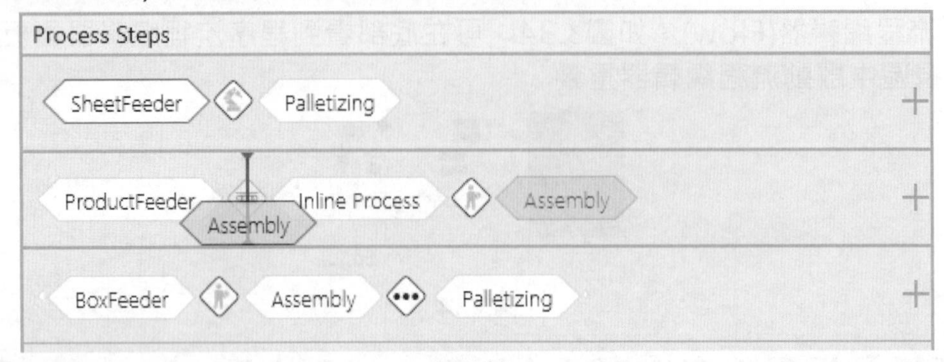

圖3.37

程序步驟之間的圖示表示運輸控制器用於將產品從一個程序運輸到另一個程序。如果在程序步驟之間所有可能路線中的任一路線轉換需要使用多個運輸控制器，則圖示標將顯示三個點。如果圖示顯示紅色交叉，則說明程序步驟之間沒有路線，因此這是不可能的。當尚未定義生產流程時，會發生這種情況。但是，如果在輸入或輸出述句(Statements)中使用容器模式，也可能因此造成這種結果，如圖3.38。

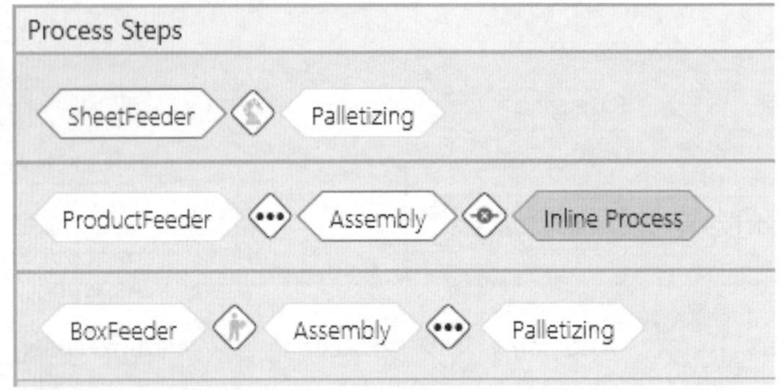

圖3.38

三 定義生產流程(Defining Production Flow)

可以使用以下兩種方式定義產品流程:

1. 在 3D 世界中使用程序標籤同時定義運輸連結及程序步驟。

   將滑鼠停在運輸節點上。將顯示與節點關聯的所有程序。節點顏色從藍色變為黃色，說明其程序，如圖3.39。

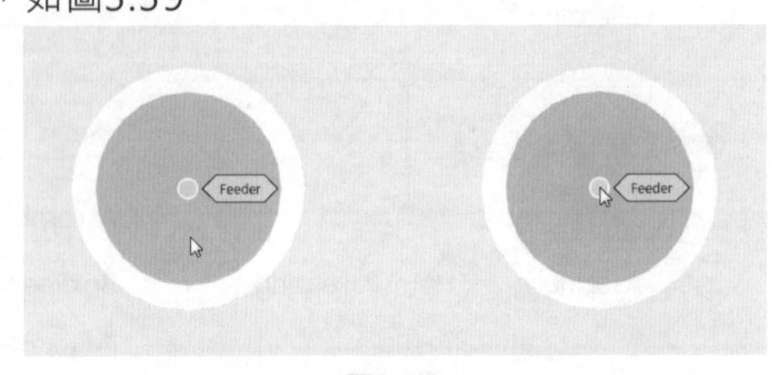

圖3.39

選擇程序標籤上（點擊滑鼠左鍵），然後將滑鼠移至要連接的下一個程序節點，如圖3.40。

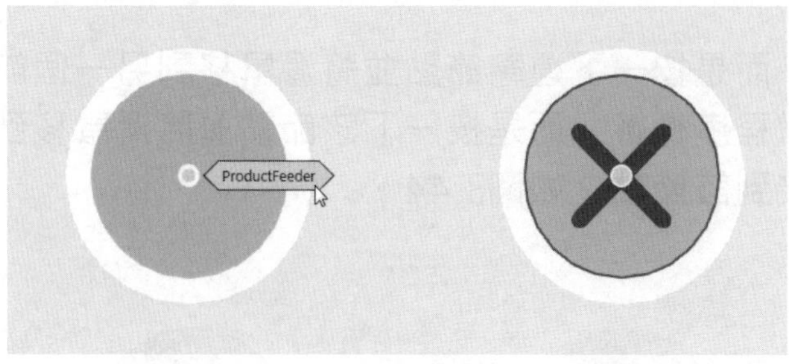

圖3.40

顯示虛線，表示可以連接到該程序，如圖3.41。

圖3.41

按一下要連接的程序標籤。虛線變為實線，並且流程定義從一個程序到另一個程序，如圖3.42。

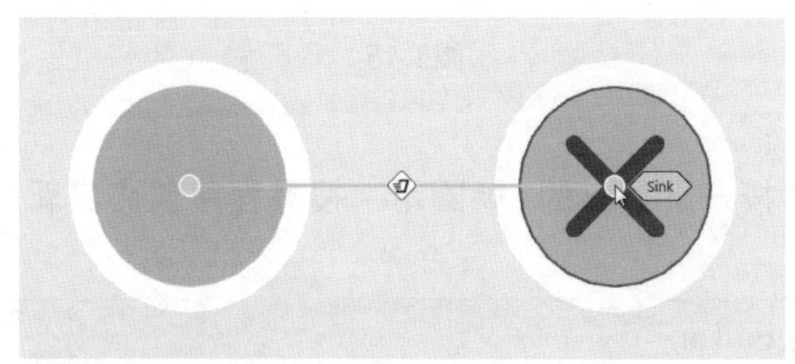

圖3.42

此後，程序將自動新增到**處理流程編輯器(Process Flow Editor)**中的程序步驟，如圖3.43。

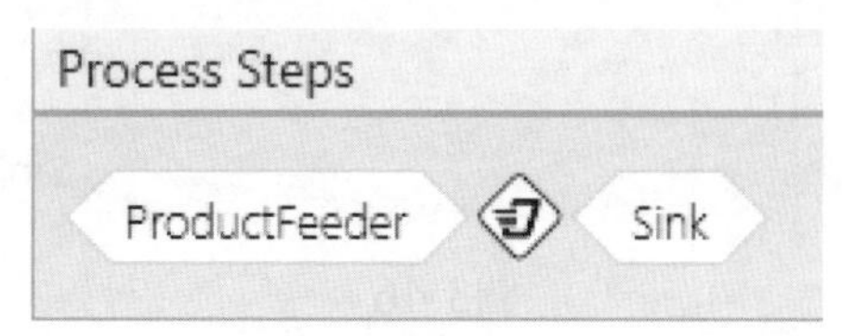

圖3.43

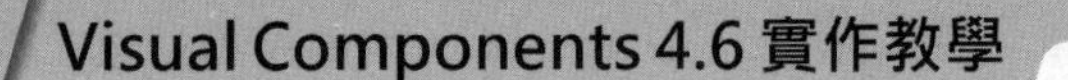

2. 在 3D 世界中建立運輸連結，並在**處理流程編輯器(Process Flow Editor)**中新增序步驟。

不用點擊程序標籤，而是按一下運輸節點並將滑鼠移到另一個節點。將滑鼠移到一個節點上。不要點擊程序標籤，而是按一下該節點並將滑鼠移到另一個節點。顯示虛線，表示可以連接到該節點，如圖3.44。

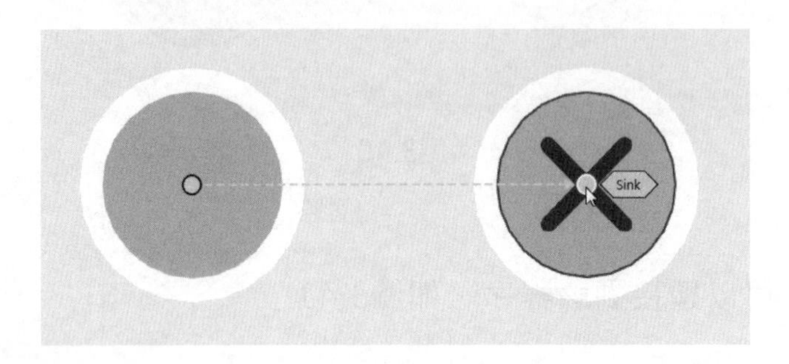

圖3.44

按一下要連接的節點。完成在 3D 世界中建立運輸連結，如圖3.45。

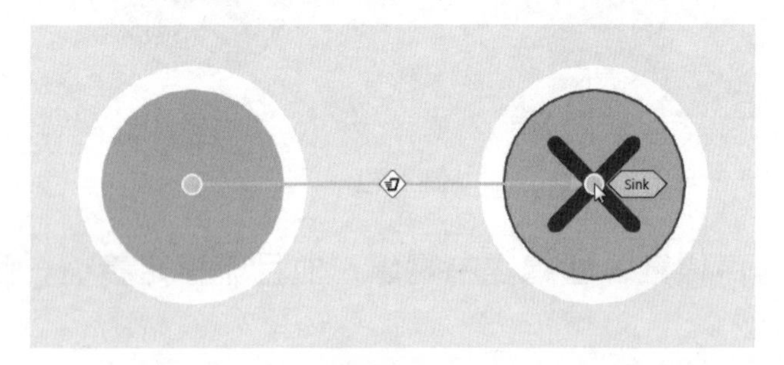

圖3.45

在處理步驟中，請按一下行末的+號圖示，搜尋程序並將其新增到序列，如圖3.46。

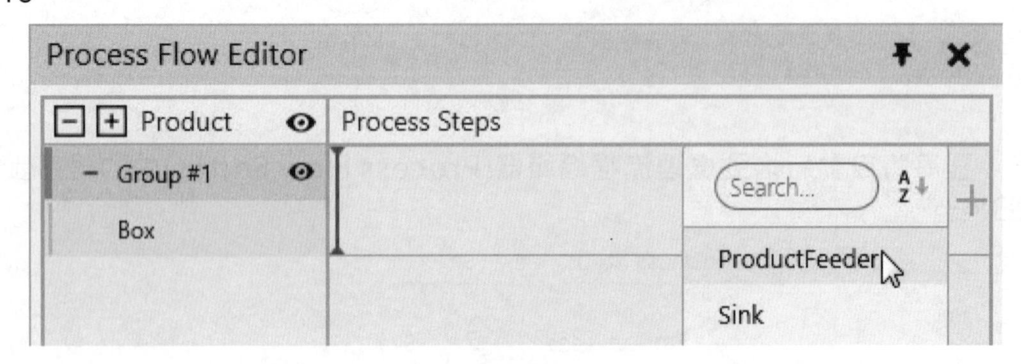

圖3.46

搜尋該程序並手動新增，如圖3.47。

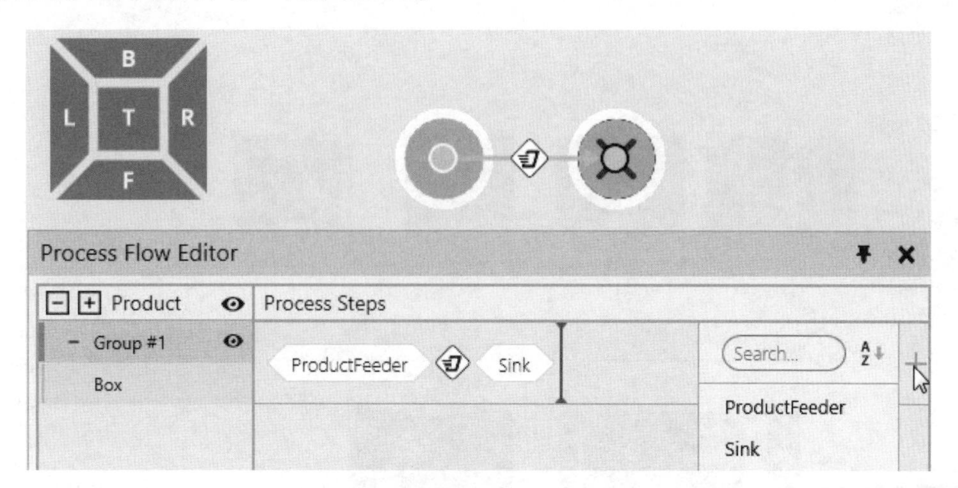

圖3.47

四 篩選運輸連結(Filtering Transport Links)

當 3D 世界中顯示過多的運輸連結時，可能希望透過篩選運輸連結以僅顯示特定程序步驟之間的路線，如圖3.48。

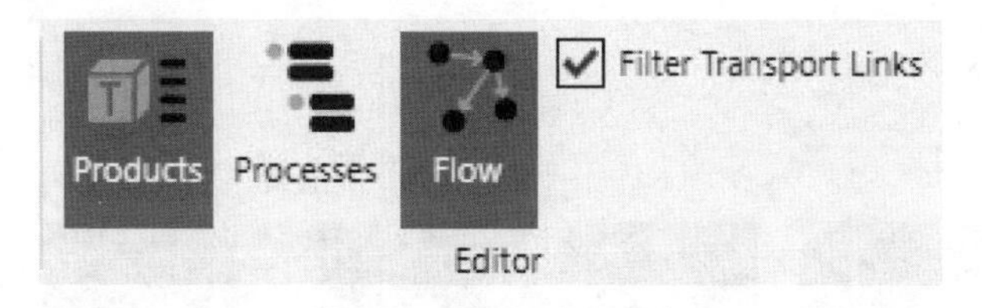

圖3.48

使用過濾運輸鏈結(Filter Transport Links)：

- 在編輯器群組中啟用過**濾運輸鏈結(Filter Transport Links)**。
- 選擇一個或多個程序步驟來查看運輸連結。
- 選擇一個程序步驟時，只有從上一個程序執行到下一個程序執行的有效路線才會顯示在 3D 世界中。
- 當選擇多個程序步驟時，僅程序執行之間的有效路線顯示在 3D 世界中，如圖3.49、圖3.50。

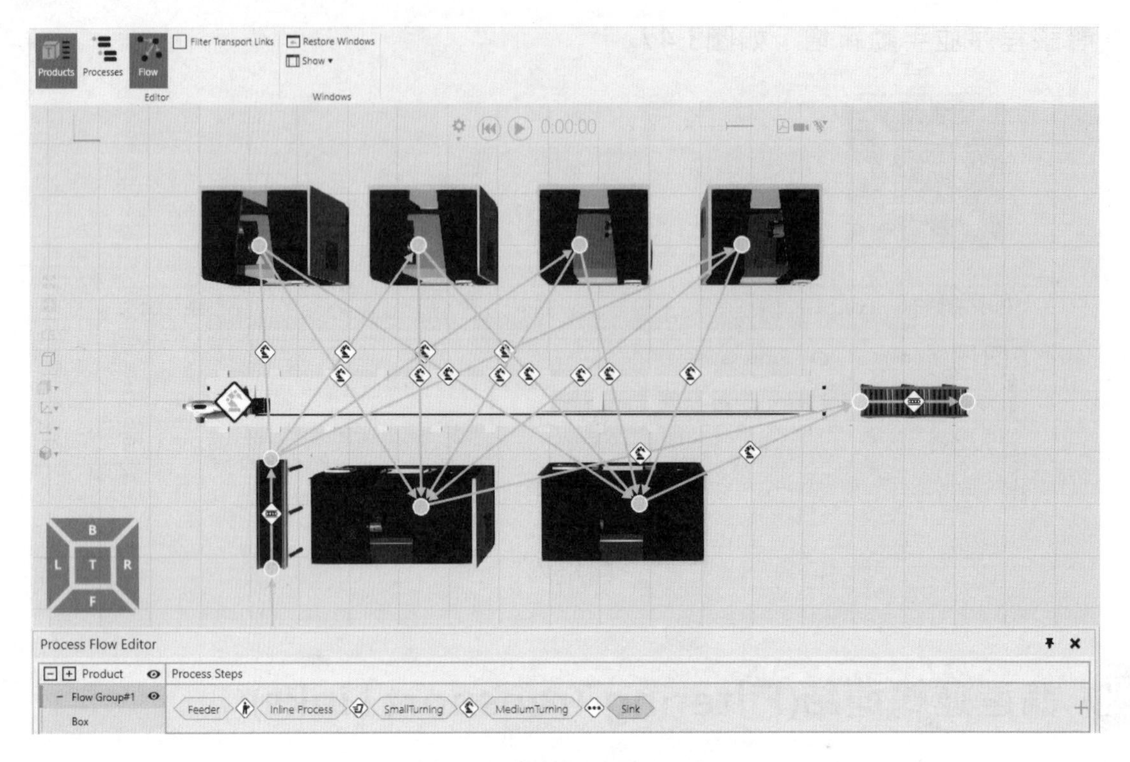

圖3.49 未啟用篩選的畫面

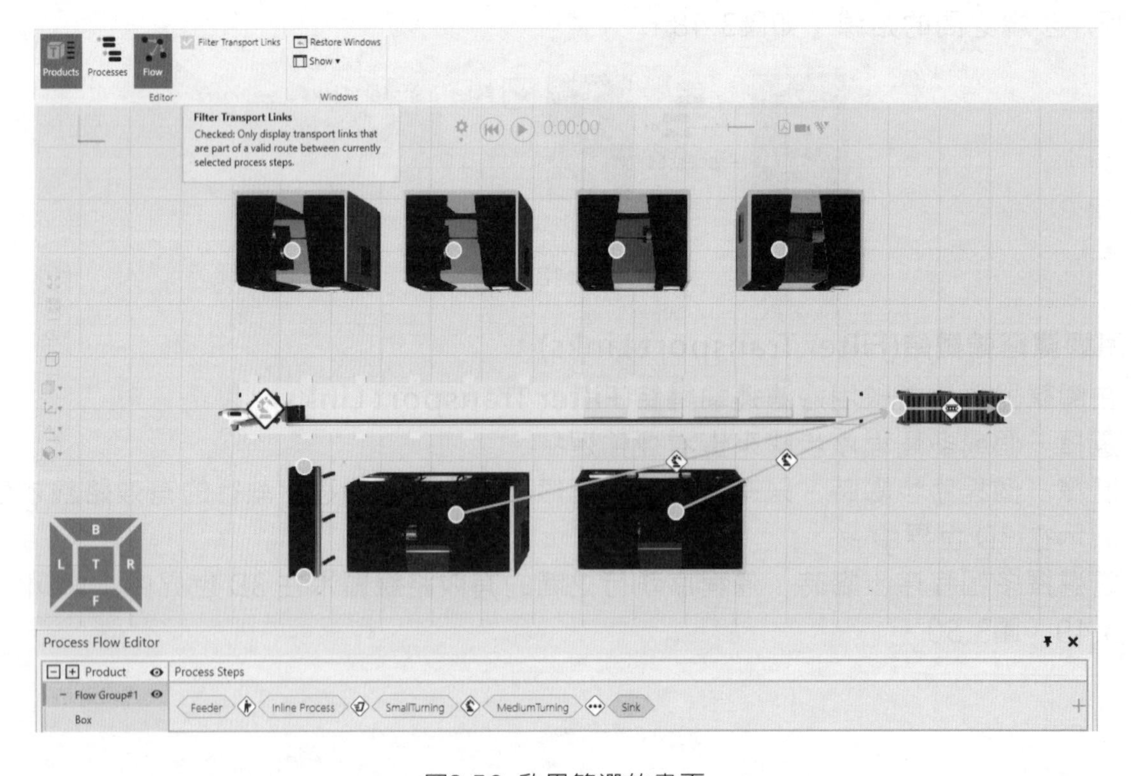

圖3.50 啟用篩選的畫面

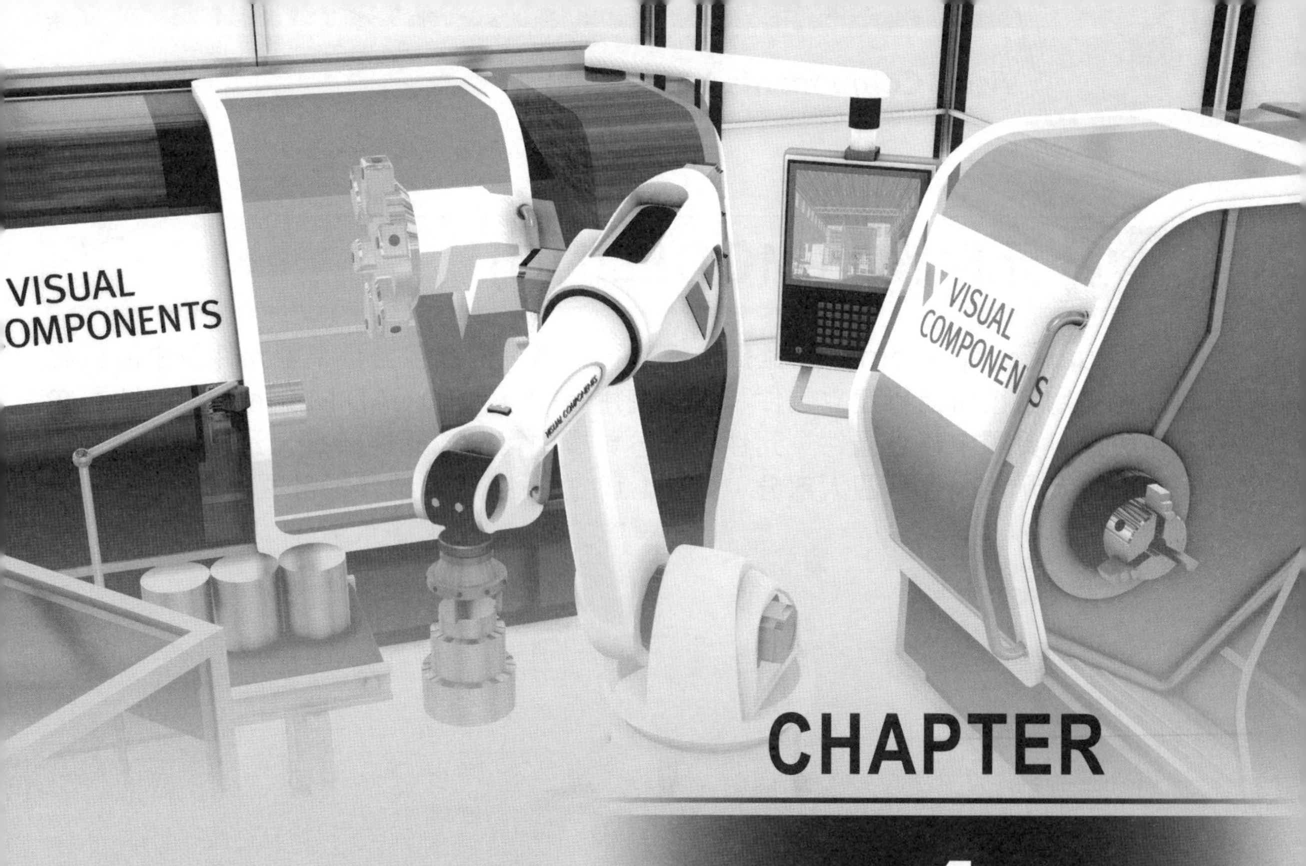

CHAPTER 4

元件設計(MODELING)

4.1 元件設計(MODELING)

Visual Components 4.6雖提供線上資料庫，內容包含標準型元件及生產線範例，但使用者也可自行建立元件，首先使用者需匯入3D CAD Model，接著即可在元件設計分頁欄中建立元件，元件設計分頁欄中可分成元件架構、元件幾何特徵、元件行為及元件屬性等四大部分，如圖4.1，接下來將詳細介紹各項功能。

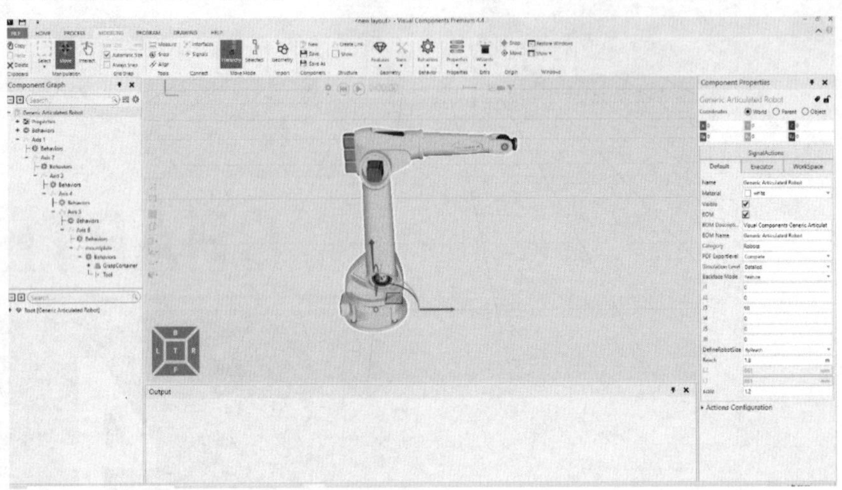

圖4.1

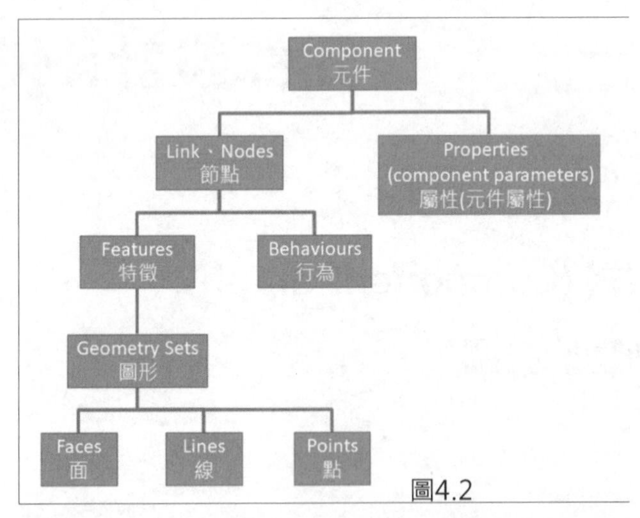

圖4.2

元件架構圖如圖4.2所示，元件(Component)的下方可分成節點(Link、Nodes)及屬性(Properties)，而節點的下方可再區分為特徵(Features)和(Behaviors)兩個部份，這表示在每個節點皆會擁有各自的幾何特徵(Features)及行為(Behaviors)，而每個幾何特徵(Features)都可以再區分出屬於自己的圖形(Geometry Sets)，圖形是由點線面所組合出來的結構，且是由軟體自行判斷元件幾何特徵中的最小單元，而參數(Parameters)則為元件的屬性，由於參數是每個節點共用的，所以在結構圖示中將其獨立出來與節點並排。

4.2 元件架構(Component Graph)

一個元件通常是由多個幾何結構所組合而成。將3D Model匯入後，首先至**元件架構(Component Graph)**頁籤進行元件模型拆解，如圖4.3左方所示，**元件架構(Component Graph)**頁籤分為上下兩部分，上半部可看到元件完整的行為及參數，下半部則可看到此元件的幾何結構。

由於在製作動態元件時需將會作動的幾何結構放置於元件的**節點(Link)**中，如此才可在**節點屬性(Link Properties)**中寫入機構的**偏移量(offset)**、**作動自由度(Joint)**以及**旋轉軸心(Pivot)**，如圖4.3右方所示，當作動方式越複雜的元件，其樹狀結構也會相對的比較複雜。

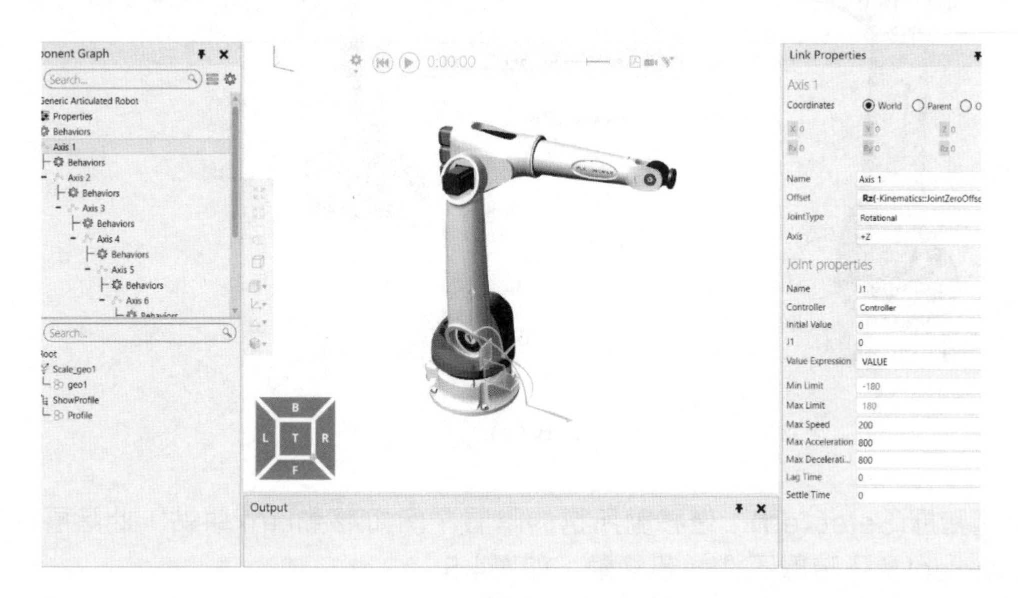

圖4.3

4.3 工具列功能介紹

建立一個元件通常是由多個幾何結構、行為參數所組合而成，接下來將詳細介紹工具列中的功能。

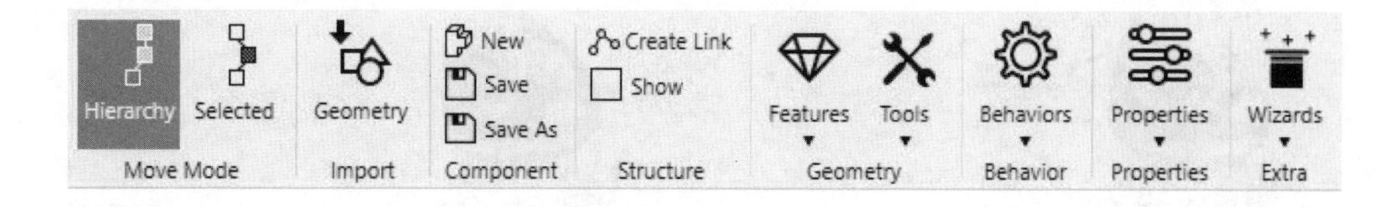

 移動模式(Move Mode)

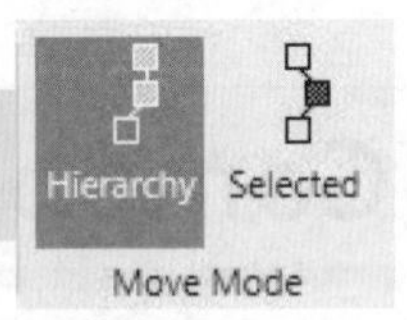

在元件設計頁籤裡可根據節點(Link)移動需求切換模式。

1.包含子階層(Hierarchy)：移動所包含的子階層。例如:移動節點(Link)原點，此階層的特徵(Features)及子階層也會一起移動，如圖4.4。

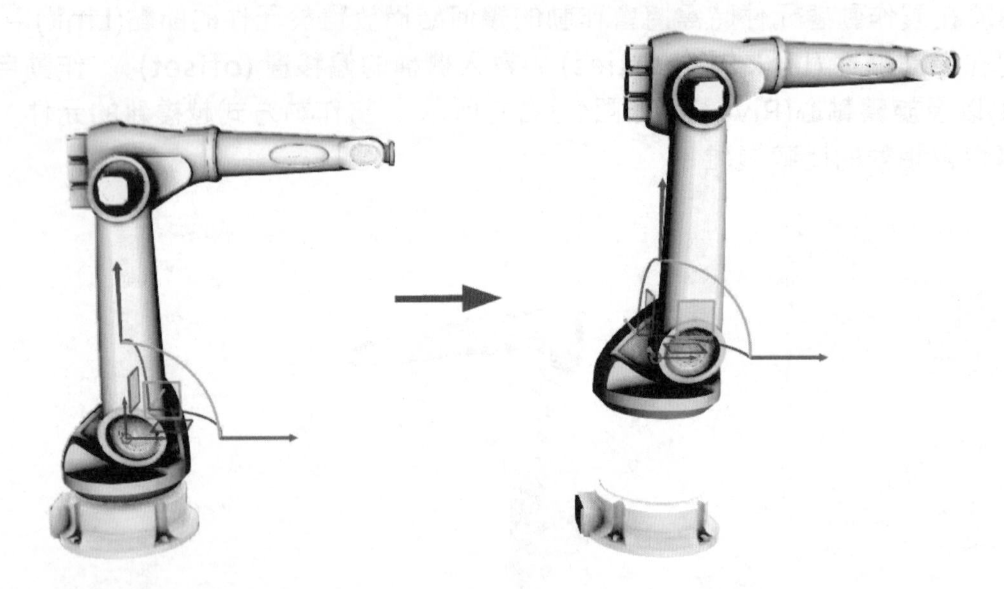

圖4.4

2.僅所選階層(Selected)：僅移動所選的階層。例如:移動Link原點，此階層的特徵(Features)及子階層不會一起移動，如圖4.5。

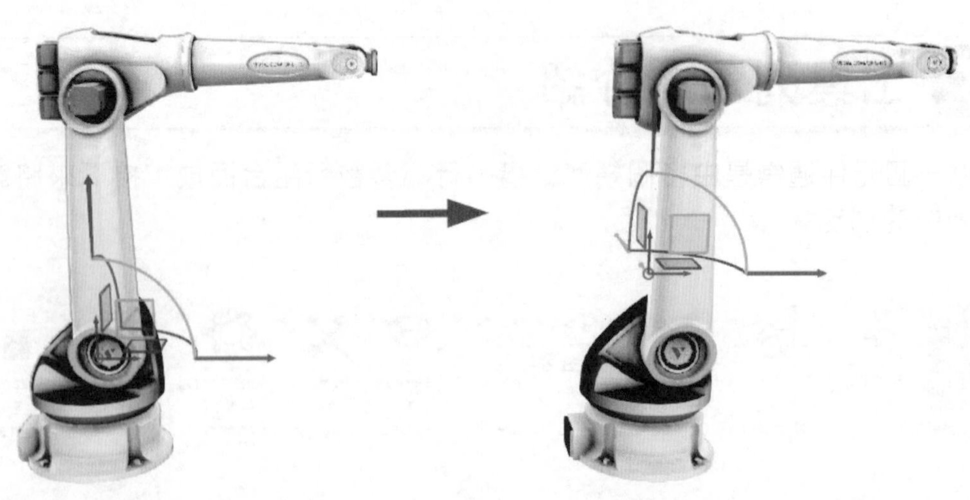

圖4.5

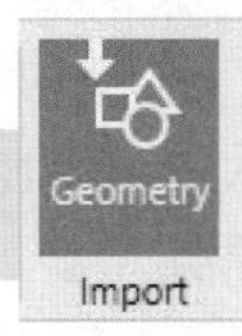

插入(Import)

匯入外部元件或幾何Model，詳細說明請參閱本書章節2.7第七項。

檔案元件(Component)

1.新增(New)：建立新元件。

2.儲存/另存新檔(Save/Save As)：儲存/另存選擇的元件。需以選擇(Select)功能點選預儲存元件後，方能使用此功能。於右側屬性頁籤可輸入元件相關資訊 。如圖4.6。

圖4.6

- 名稱(Name)：輸入元件名稱，此名稱會顯示於eCatalog頁籤中，建議檔案名稱與名稱(Name)命名一致，避免造成使用者混亂。
- 說明(Description)：輸入對此元件之描述。
- 類型(Type)：選擇元件之種類。
- 標籤(Tags)：輸入標籤，方便使用者於eCatalog搜尋。
- 最大載重(Max Payload)：輸入元件最大負載量。
- 可達範圍(Reach)：輸入元件可及度。
- 圖示(Icon)：元件預覽，軟體會自行截圖，無須設定。
- 檔案(File)：檔案儲存位置，可直接於此輸入，點選 "儲存" 後亦會跳出視窗選擇儲存位置。
- VCID：每一元件都有自己的Visual Components Identity(VCID)，是軟體自行編寫的字串，沒有任何兩個元件擁有相同的VCID ，元件並不會因為儲存位置不同或改變排列位置而有所改變，切勿自行修改。
- 修改日期(Modified)：儲存日期，軟體會自行設定。
- 製造商(Manufacturer)：選擇製造商。
- 作者(Author)、電子郵件(Email)、網站(Website)：輸入作者基本資料。
- 公司標誌(Company Logo) ： 點選右側變更(Change)可匯入公司標誌(Logo)圖片。
- 版次(Version)：此元件的版次。
- 自動增加版次(Auto increment revision)：選擇是否自動增加版次。

四 架構(Structure)

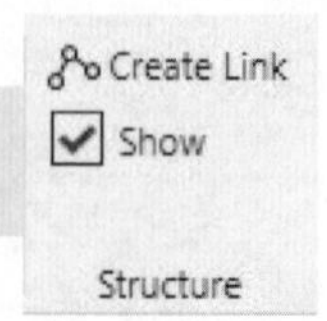

建立新的節點(Link)以及是否顯示節點(Link)原點，如圖4.7。

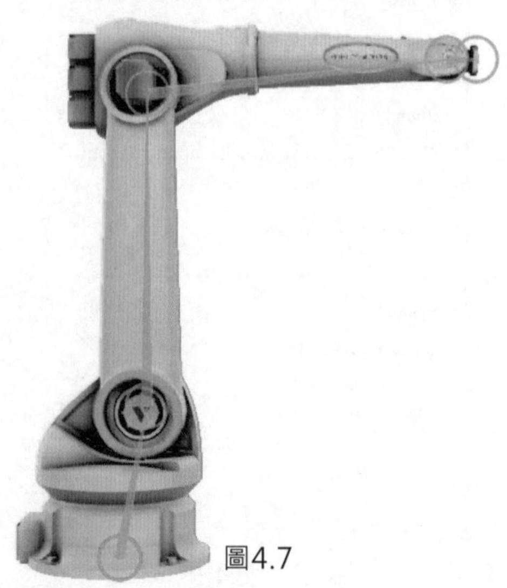

圖4.7

 圖形(Geometry)

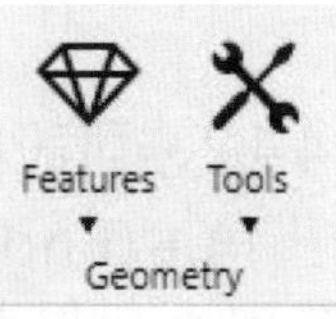

除了從外部匯入3D CAD 模型外，軟體本身也支援建立簡易模型及其變化，可點選**圖形(Geometry)**的**特徵(Feature)**功能建立基本的幾何外型。

1.方塊(Box)

點選**方塊(Box)**建立方塊，如圖4.8，於右側屬性頁籤設定方塊的材質(Material)、長度(Length)、寬度(Width)、高度(Height)及物理性質(Physics)，如圖4.9。

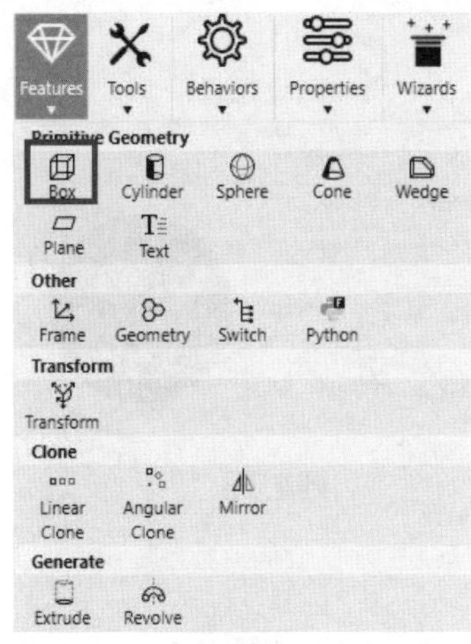

圖4.8

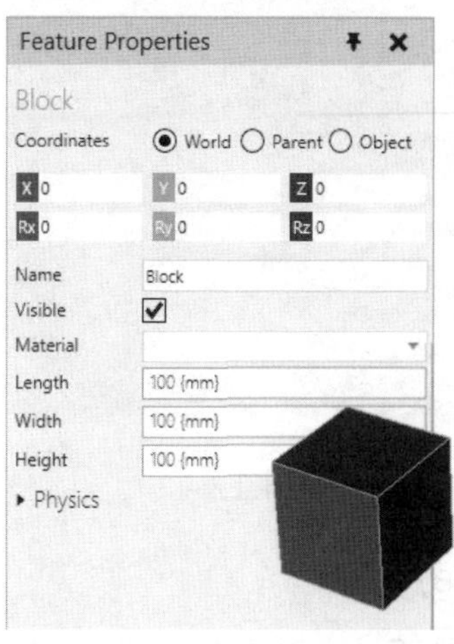

圖4.9

2.圓柱(Cylinder)

點選**圓柱(Cylinder)**建立圓柱，如圖4.10，可設定圓柱的材質(Material)、半徑(Radius)、高度(Height)、起始角度(StartSweep)、終止角度(EndSweep)、欲利用多少個面組合成圓(Sections)、是否顯示圓柱的上底&下底(Caps)及物理性質(Physics)，如圖4.11。

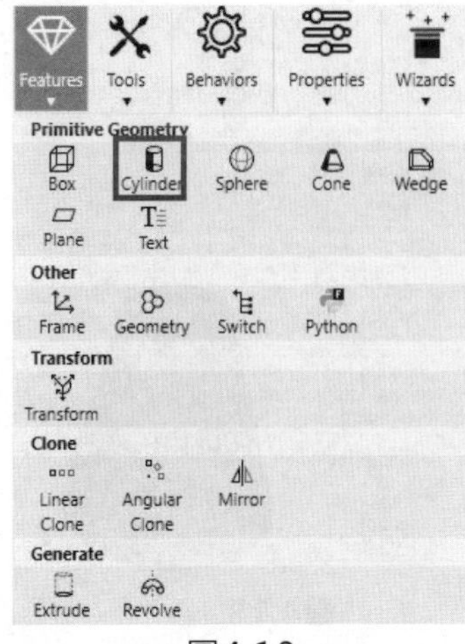

圖4.10

圖4.11

3.球體(Sphere) 

點選**球體(Sphere)**建立球體，如圖4.12，可設定球體的材質(Material)、半徑(Radius)、起始角度(StartSweep)、終止角度(EndSweep)、欲利用多少個面組合成縱向的圓(Sections)、欲利用多少個面組合成橫向的圓(Spans)及物理性質(Physics)，如圖4.13。

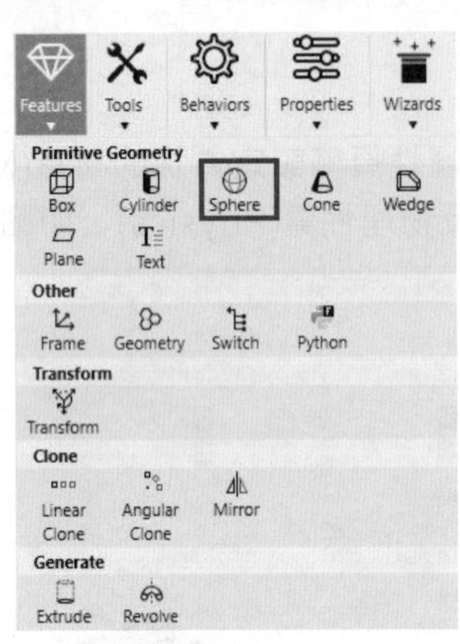

圖4.12

圖4.13

4.圓錐(Cone) Cone

點選**圓錐(Cone)**建立圓錐 ，如圖4.14，可設定圓錐的材質(Material)、下底半徑(Bottom Radius)、上底半徑(Top Radius)、高度(Height)、起始角度(StartSweep)、終止角度(EndSweep)、欲利用多少個面組合成圓(Sections) 、是否顯示圓錐的上底&下底(Caps)及物理性質(Physics)，如圖4.15。

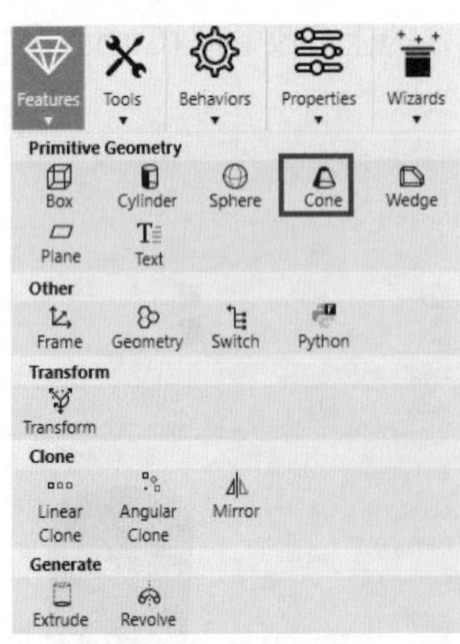

圖4.14

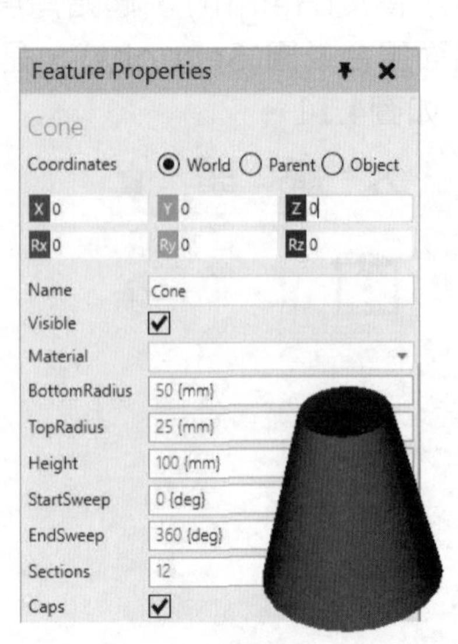

圖4.15

5.楔體(Wedge) Wedge

點選楔**體(Wedge)**建立楔體，如圖4.16，可設定楔體的材質(Material)、長邊長度(Bigger Length)、短邊長度(Smaller Length)、長邊高度(Bigger Height)、短邊高度(Smaller Height)、寬度(Width)、從背面鏡射(Mirror Back)以及從底面鏡射(Mirror Down)及物理性質(Physics)，如圖4.17。

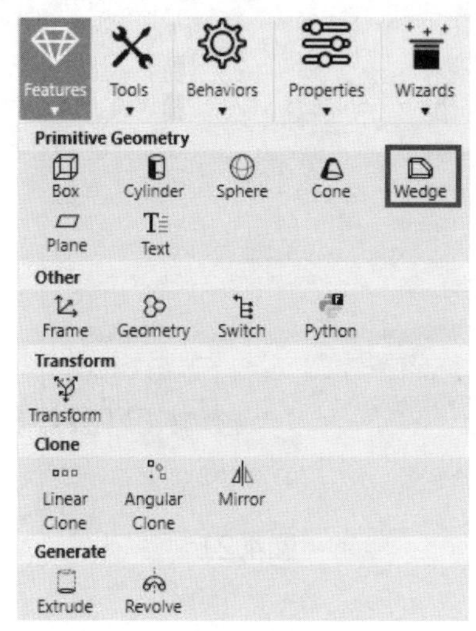

圖4.16

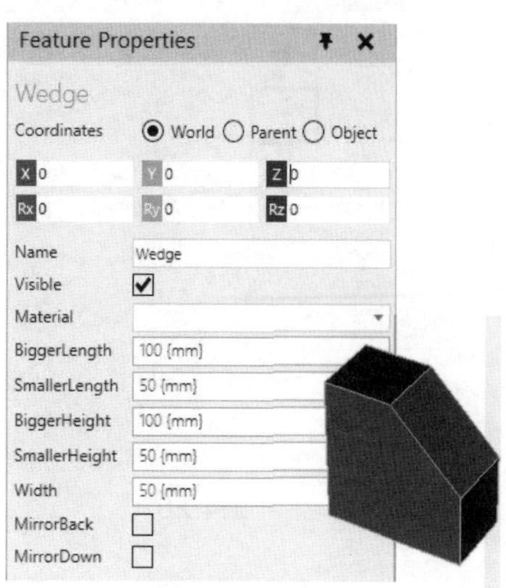

圖4.17

6.平面(Plane) Plane

點選**平面(Plane)**建立平面，如圖4.18，可設定平面的尺寸(Size)，如圖4.19。

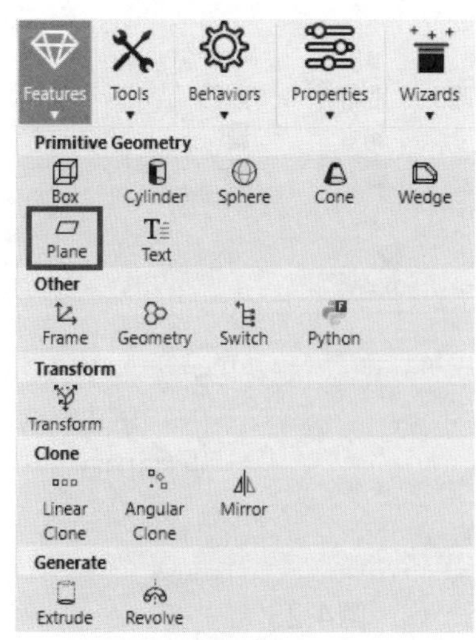

圖4.18

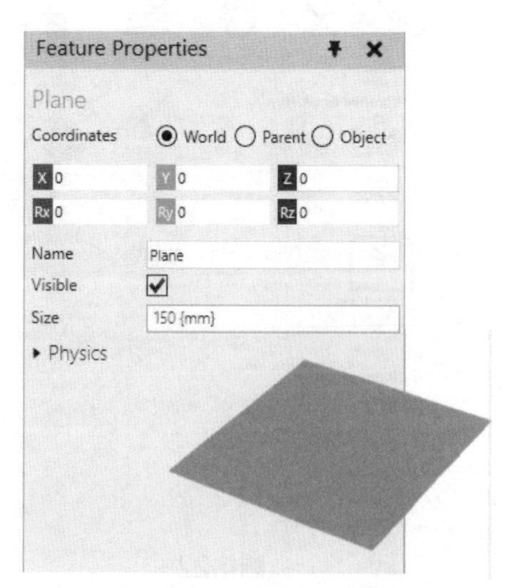

圖4.19

7.文字(Text)

點選**文字(Text)**建立文字，如圖4.20，可設定文字的材質(Material)、內容(Text)，內容需以「"」為開頭再輸入文字，如圖4.21。

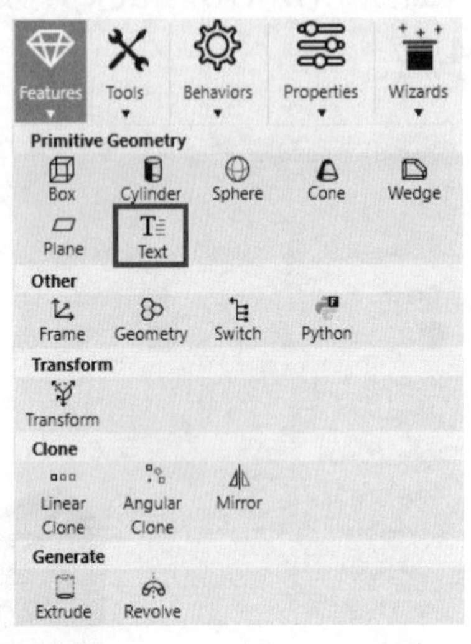

圖4.20

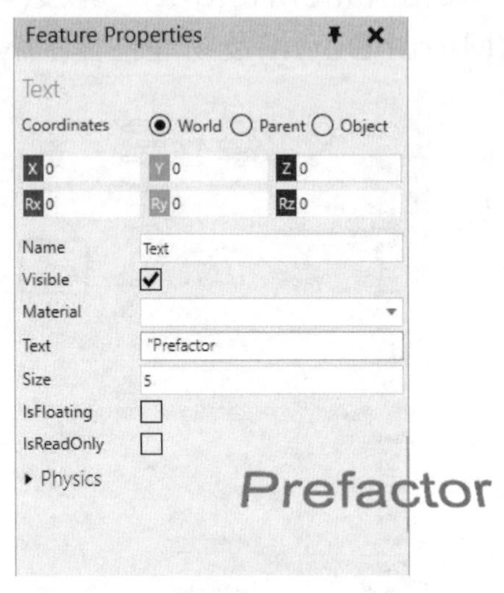

圖4.21

8.座標(Frame)

點選**座標(Frame)**建立座標點，如圖4.22，可設定是否需顯示(Visible)，如圖4.23。

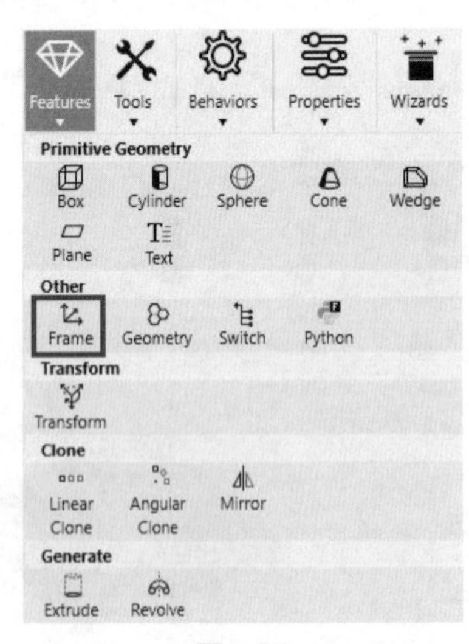

圖4.22

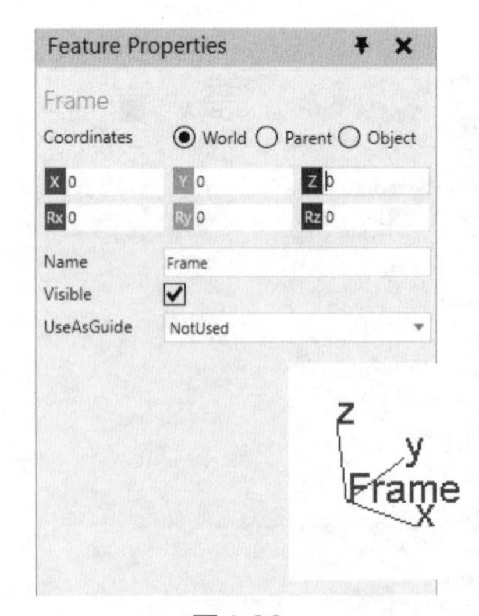

圖4.23

9.幾何圖形(Geometry)

點選**幾何圖形(Geometry)**建立幾何圖形，如圖4.24，接著可點選Uri匯入幾何圖形的3D Model、模型是否需顯示(Visible)、是否需顯示背面(Show Backfaces)，另外，CreaseAngle所設定的數值大小，影響幾何圖形所呈現的面光滑度，當匯入的幾何模型相鄰多邊形(polygons)夾角小於所設定的數值，則軟體將會把這兩個多邊形(polygons)視為同一個，CreaseAngle的值越高則幾何結構所呈現的面就越平滑，如圖4.25。

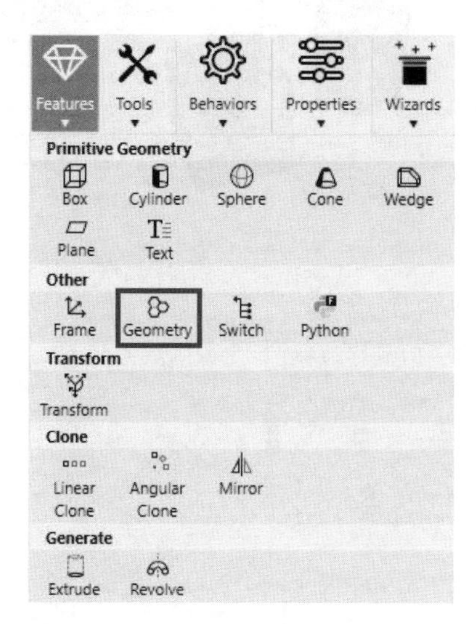

圖4.24

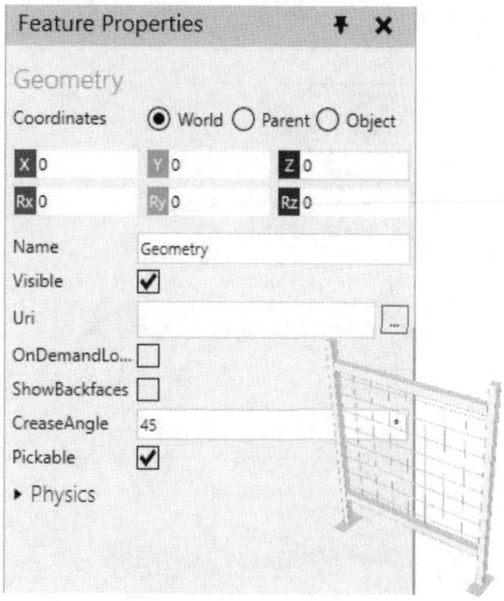

圖4.25

10.切換開關(Switch)

切換開關(Switch)功能可協助切換需顯示於3D世界中的Feature，如圖4.26，於Choice欄位設定欲顯示的Feature，如圖4.27。

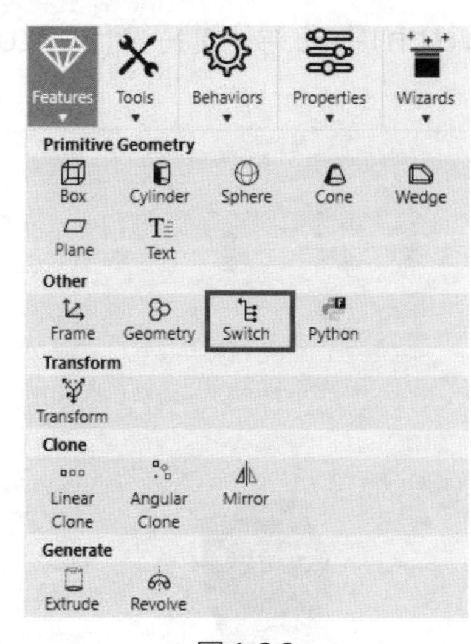

圖4.26

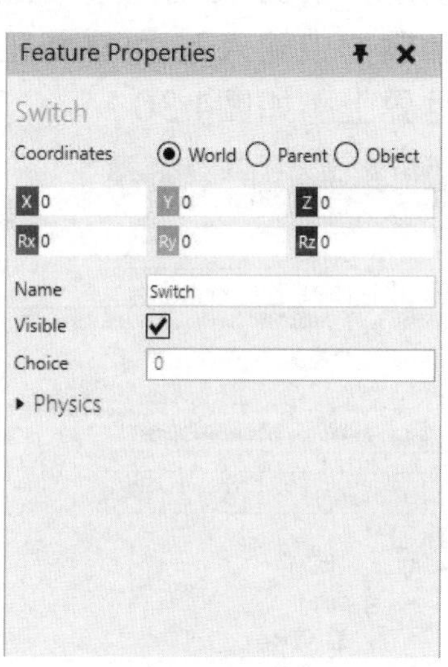

圖4.27

在元件中建立**切換開關(Switch)**以及2個**特徵(Feature)**，分別為**方塊(Block)**及**圓柱(Cylinder)**，如圖4.28。將方塊(Block)及圓柱(Cylinder)都拖至切換開關(Switch)下方，如圖4.29，拖進切換開關(Switch)的特徵(Feature)便不會再顯示於3D世界上。

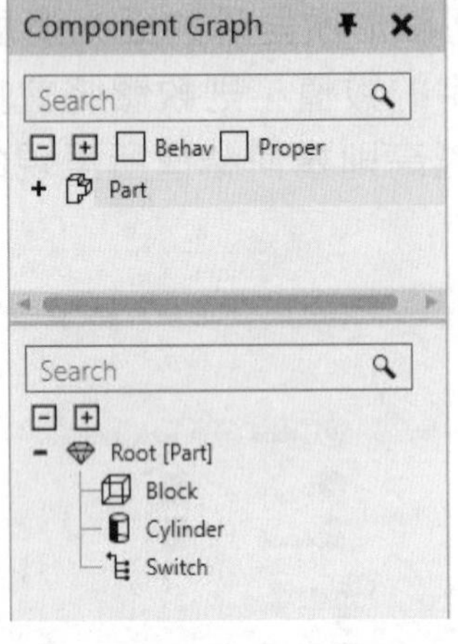

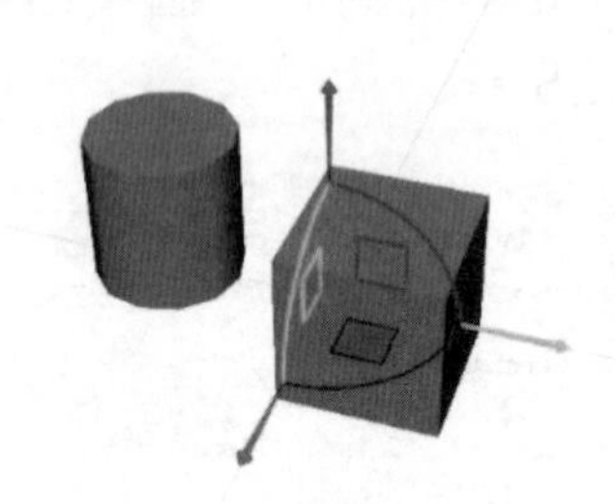

圖4.28

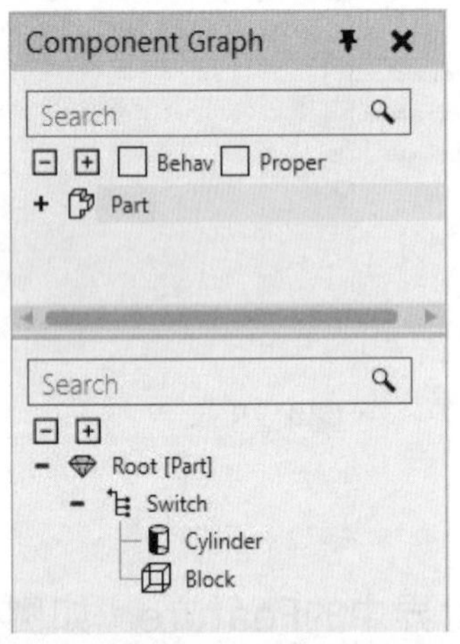

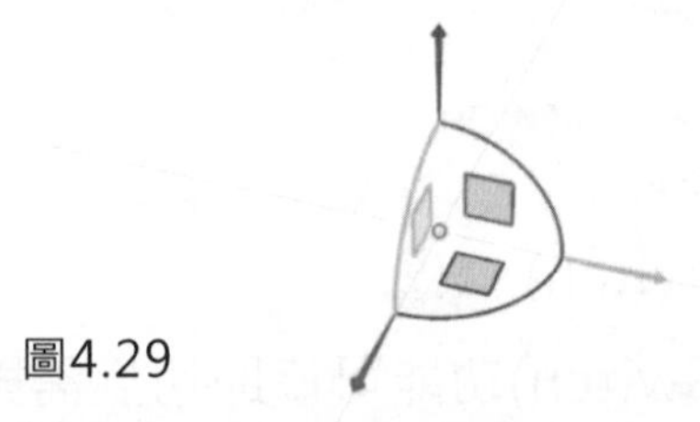

圖4.29

利用**切換開關(Switch)**中的**選擇(Choice)**欄位中設定欲顯示的特徵(Feature)，當在Choice欄位中輸入2，可看到在**切換開關(Switch)**中的第2個特徵(Feature)便會顯示於3D世界上，如圖4.30。

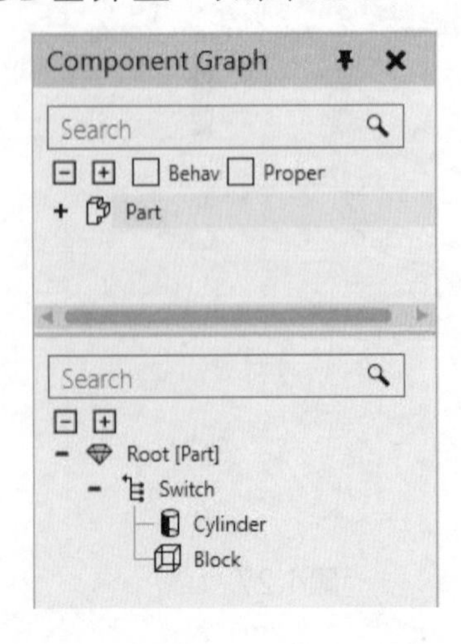

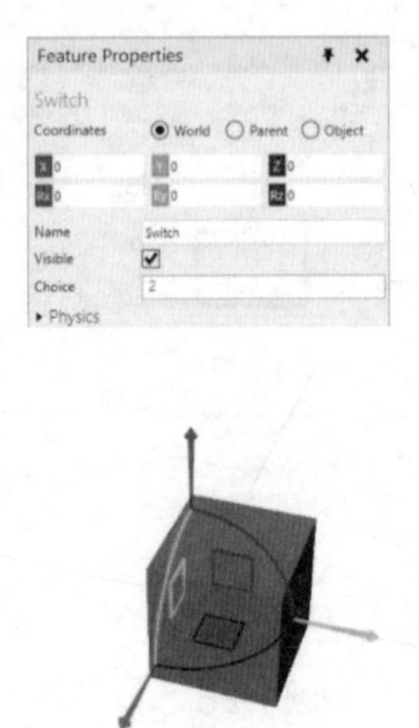

圖4.30

11.Python

當使用者欲自行在元件中利用**python**程式建立圖形 (Geometry)時，需先新增**Python**，如圖4.31，點選**在編輯器打開(Open In Editor)**，如圖4.32，即可開始進行程式編輯，如圖4.33。

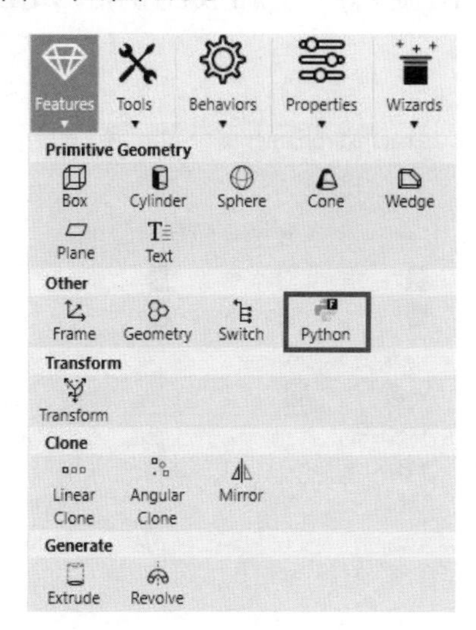

圖4.31

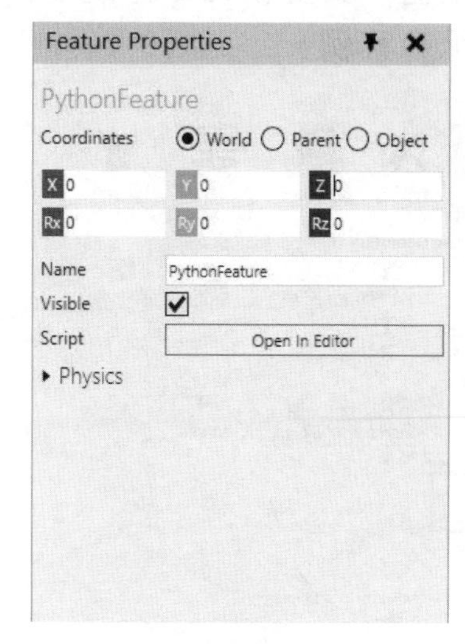

圖4.32

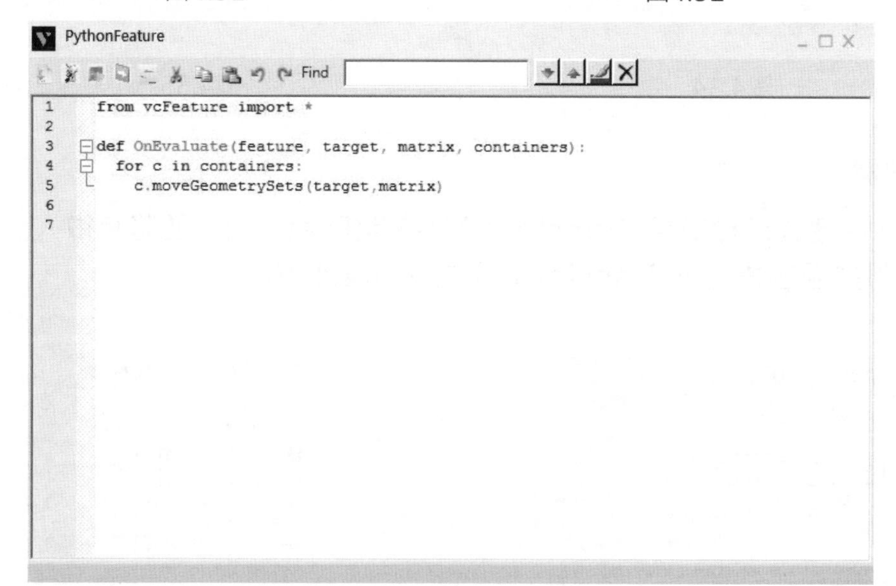

圖4.33

- 編譯(Compile code)：模擬Reset時，若有修改過程式碼內容，需使用此功能重新編譯程式碼。
- 執行追蹤(Trace execution)：當開啟時，編輯器將標示出正在執行模擬的程式。
- 執行至游標(Run to cursor)：使用游標來執行模擬，當程式碼執行到游標選取的行列時，模擬將自動暫停。
- 逐行執行(Step 1 line)：程式碼會一行一行執行。

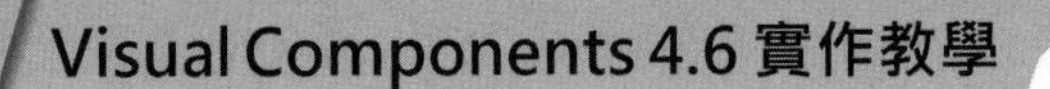

12.座標變換(Transform) 

座標變換(Transform)功能可將特徵(Feature)進行比例縮放、移動、旋轉或依據參數進行變化，如圖4.34。在座**標變換(Transform)**中的**表達式(Expression)**中可輸入其變化值，其變化指令分別為T(移動)、R(旋轉)、S(縮放比例)，如圖4.35，以下為簡單的示範案例。

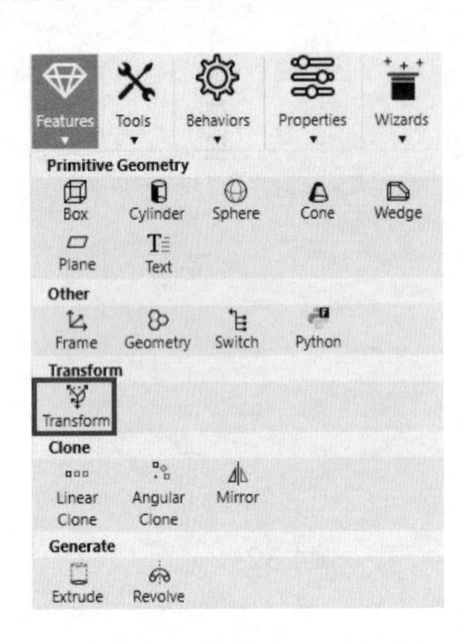

圖4.34

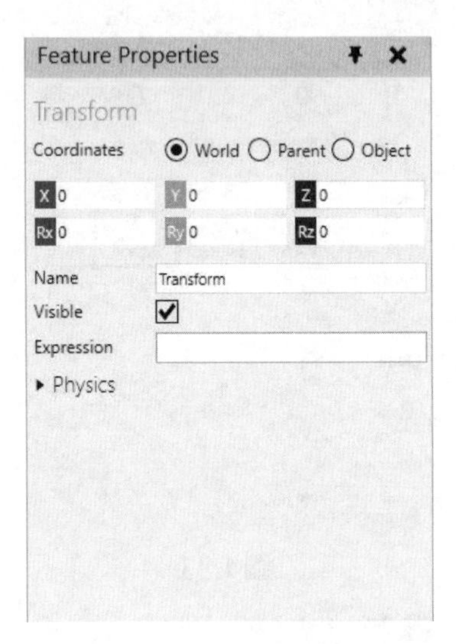

圖4.35

(1).移動案例

在元件中建立**座標變換(Transform)**及特徵(Feature)，並將特徵(Feature)都拖至座標變換(Transform)下方，如圖4.36。

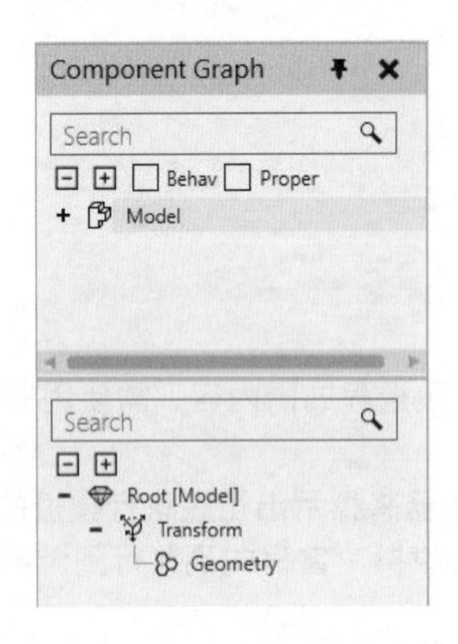

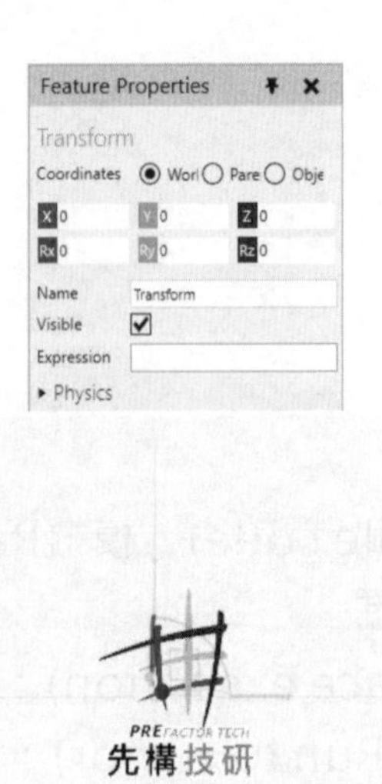

圖4.36

移動的指令為英文字母大寫T，後方接著輸入方向(注意x y z方向為小寫)，接著填入括號，在括號中即可填入移動的數值，在Expression中輸入兩個不同方向的變化，參數間隔開需使用英文的句點，例如輸入: Tx(50).Ty(100)，如圖4.37。

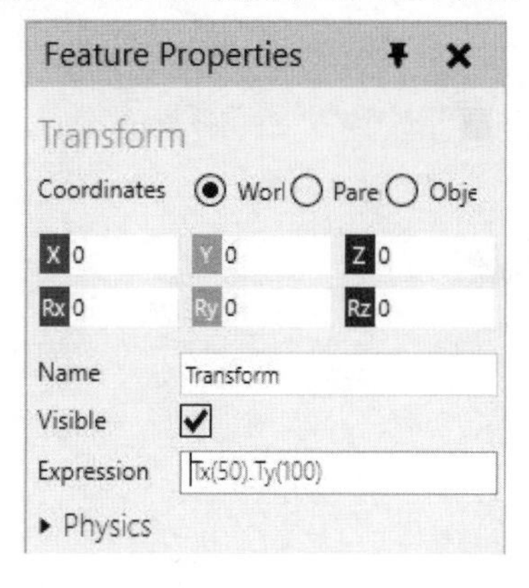

圖4.37

(2).旋轉案例

旋轉的指令為英文字母大寫R，接著輸入方向(注意x y z方向為小寫)，填入括號並在括號中填入旋轉的角度，例如輸入: Rz(20)，如圖4.38。

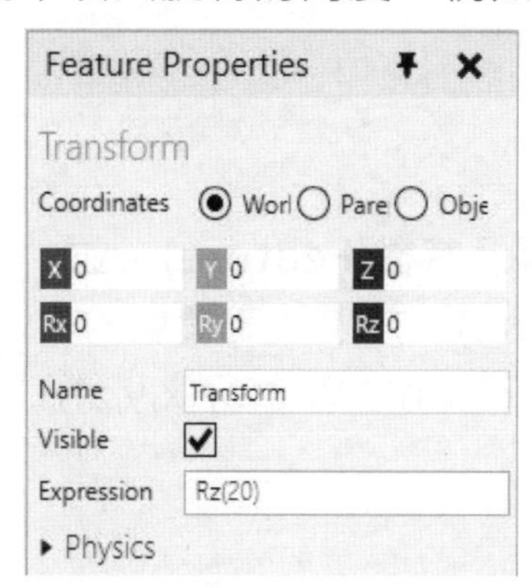

圖4.38

(3).縮放比例

縮放比例的指令為英文字母大寫S，接著輸入方向(注意x y z方向為小寫)，填入括號並在括號中填入縮放的比例，例如輸入: Sx(2).Sy(2)，如圖4.39。

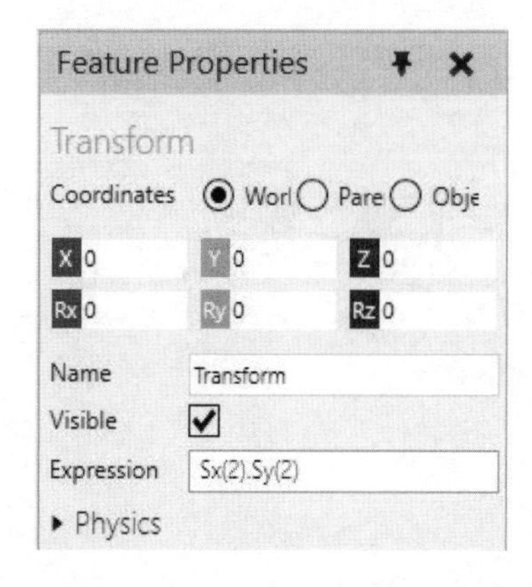

圖4.39

13.直線複製排列(Linear Clone)

直線複製排列(Linear Clone)功能可快速將特徵(Feature)進行線性複製，如圖4.40。

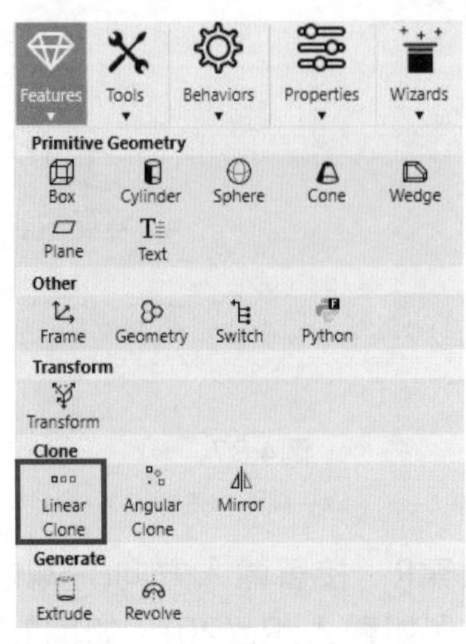

圖4.40

在元件中建立**直線複製排列(Linear Clone)**以及**特徵(Feature)**，並將特徵(Feature)都拖至直線複製排列(Linear Clone)下方，設定複製的數量(Count)、複製的間隔(Step)及複製的方向(Direction：Vector(x,y,z))，如圖4.41。

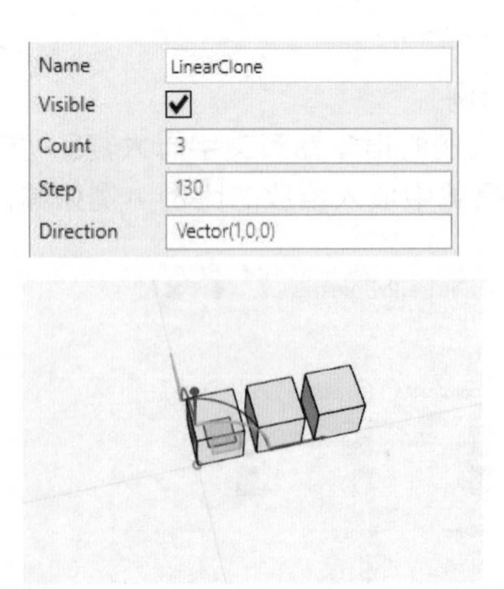

圖4.41

14.旋轉複製排列(Angular Clone)

旋轉複製排列(Angular Clone)功能可快速將特徵(Feature)進行環形的複製，如圖4.42。

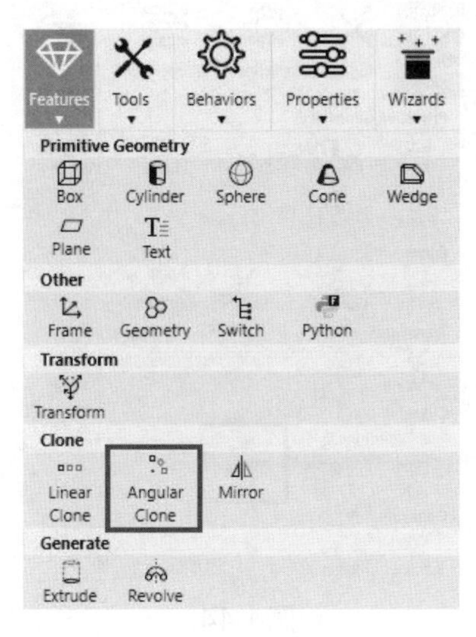

圖4.42

在元件中建立**旋轉複製排列(Angular Clone)**以及**特徵(Feature)**，並將特徵(Feature)都拖至旋轉複製排列(Angular Clone)下方，設定複製的數量(Count)、複製的間隔角度(Step)及偏移量(Offset：Vector(x,y,z)，如圖4.43。

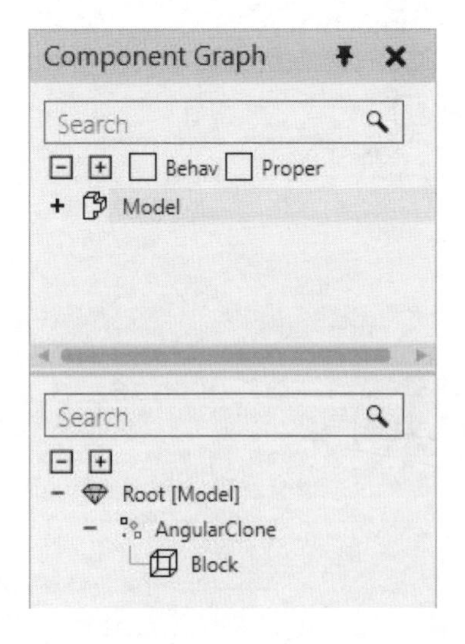

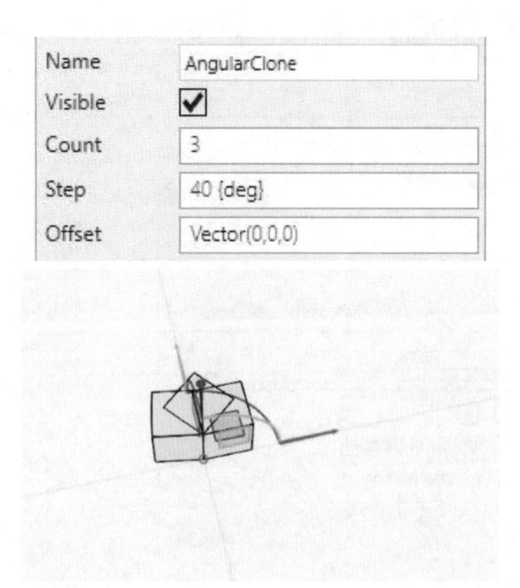

圖4.43

15.鏡射(Mirror) 

鏡射(Mirror)功能可快速將特徵(Feature)進行鏡射，如圖4.44。

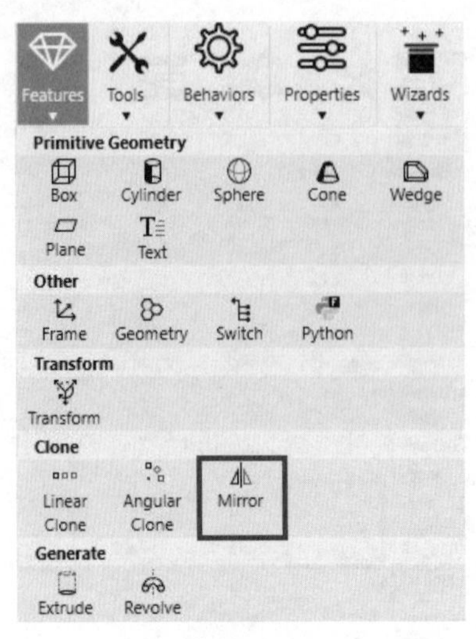

圖4.44

在元件中建立**鏡射(Mirror)**以及**特徵(Feature)**，並將特徵(Feature)都拖至鏡射(Mirror)下方，設定鏡射的方向(Direction：Vector(x,y,z))及是否需隱藏原始的特徵(HideOriginal)，如圖4.45。

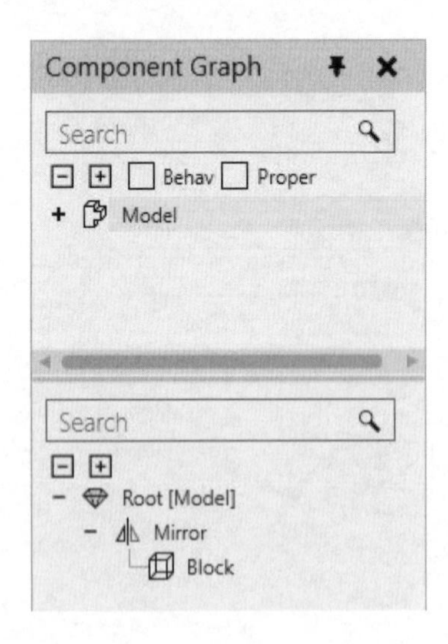

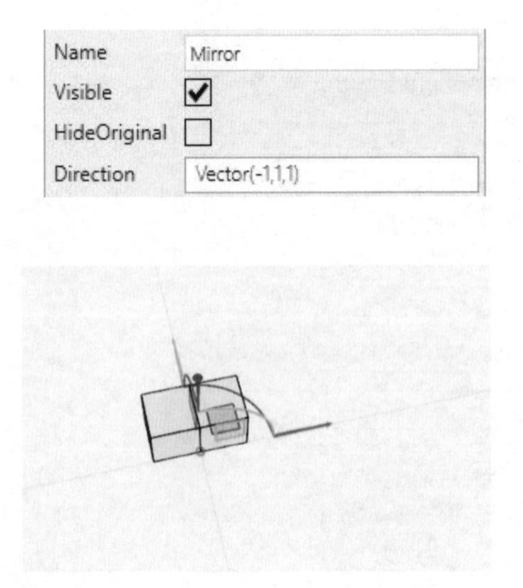

圖4.45

16.拉伸(Extrude) Extrude

拉伸(Extrude)功能可快速將特徵(Feature)進行拉伸變化，如圖4.46。

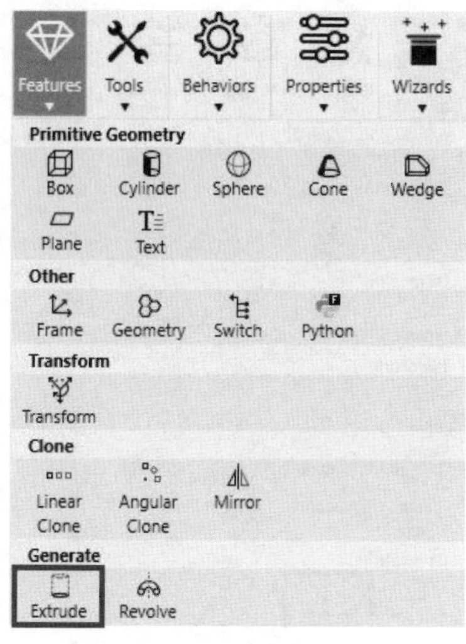

圖4.46

在元件中建立**拉伸(Extrude)**以及**特徵(Feature)**，並將特徵(Feature)都拖至拉伸(Extrude)下方，設定材質(Material)、是否顯示上蓋及下蓋(Cap)、反轉面向量(Reverse)、拉伸的方向(Direction：Vector(x,y,z))及拉伸的長度(Length)，如圖4.47。

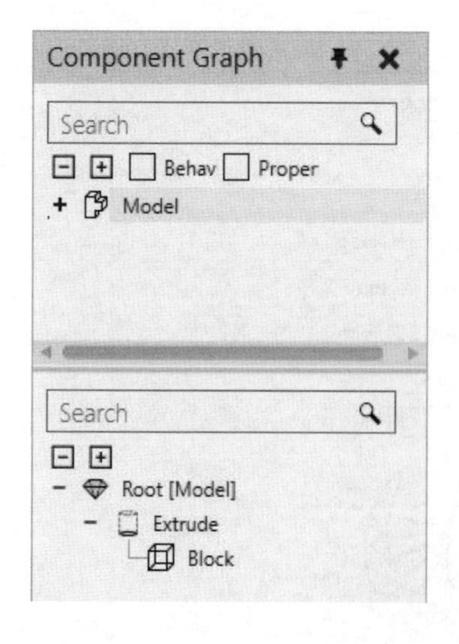

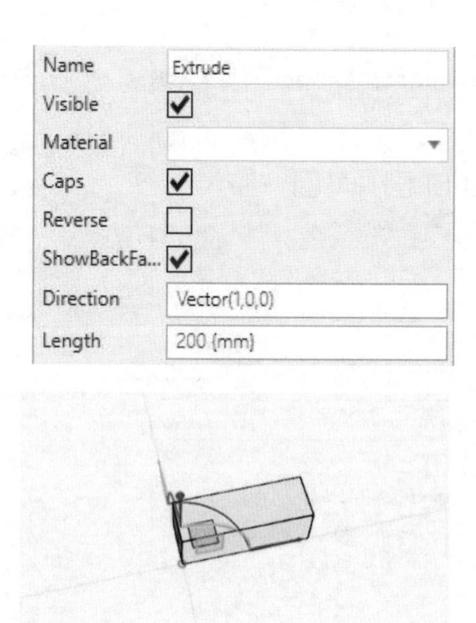

圖4.47

17.旋轉(Revolve) 

旋轉(Revolve)功能可快速將特徵(Feature)進行自轉，如圖4.48。

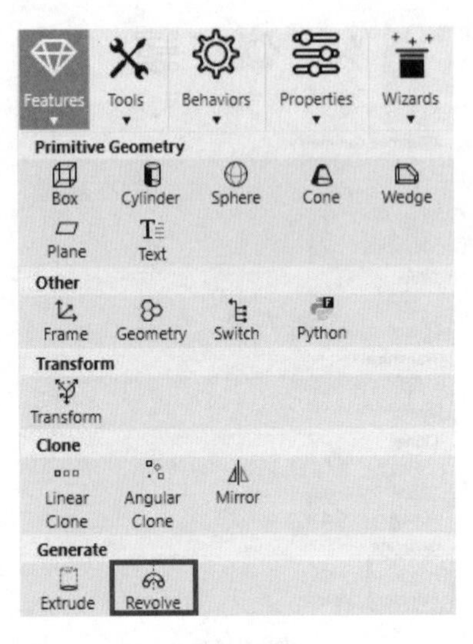

圖4.48

在元件中建立**旋轉(Revolve)**以及**特徵(Feature)**，並將特徵(Feature)都拖至旋轉(Revolve)下方，設定材質(Material)、自轉角度(RevolveAngle)、自轉軸(RevolveAxis：Vector(x,y,z))、偏移量(RevolveOffset)、顯示上蓋及下蓋(Cap)及反轉面向量(Reverse)，如圖4.49。

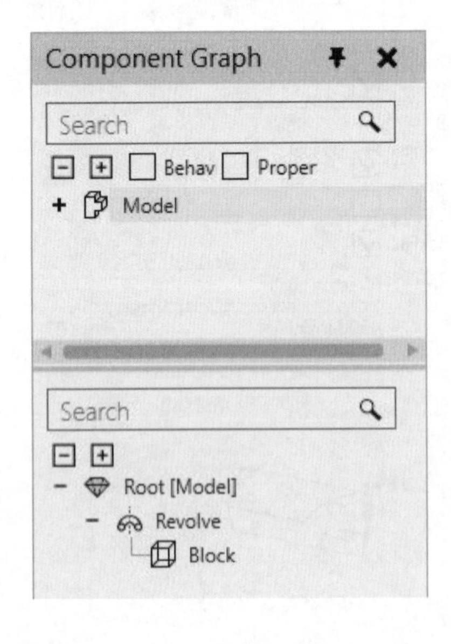

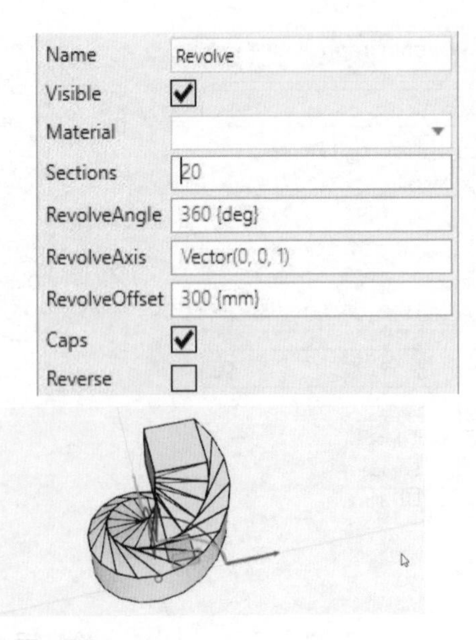

圖4.49

18.分割(Split)

分割(Split)功能可快速將特徵(Feature)進行分割。

點選**分割(Split)**功能，調整分割等級(Set、Faces、Face)後，選擇欲分割圖形Geometry(需在同一個Link中)，完成分割，如圖4.50。

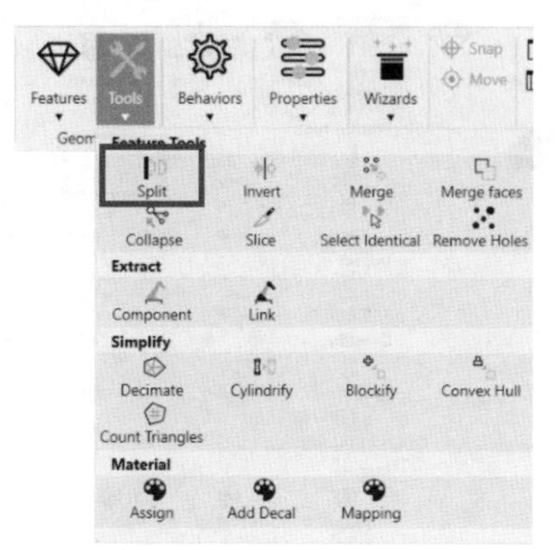

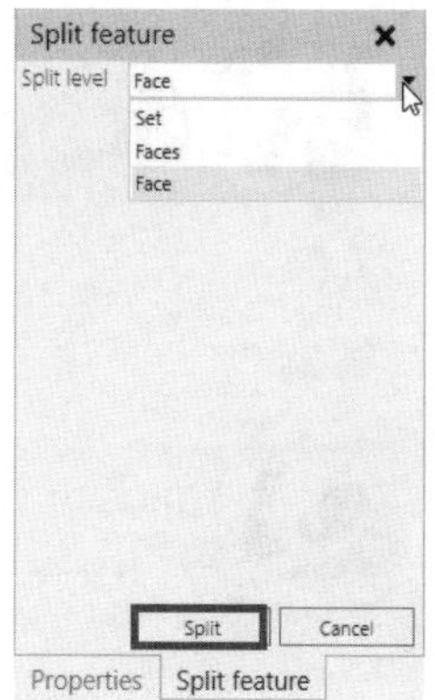

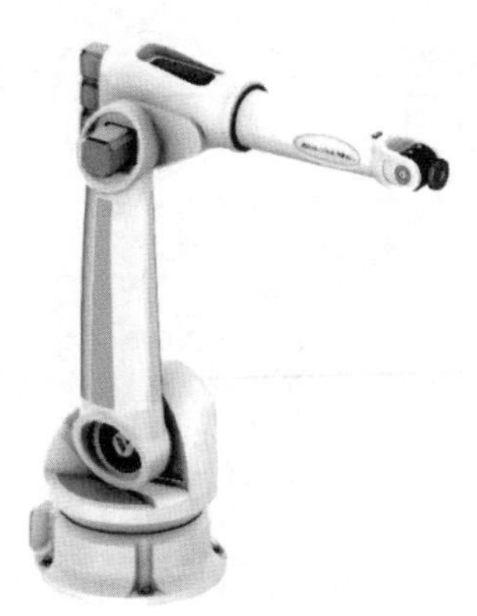

圖4.50

19.翻面(Invert)

翻面(Invert)功能可反轉特徵(Feature)的面向量。

點選**翻面(Invert)**功能，調整選取等級(Set、Faces、Face)後，選擇欲翻轉的圖形Geometry，完成翻轉，如圖4.51。

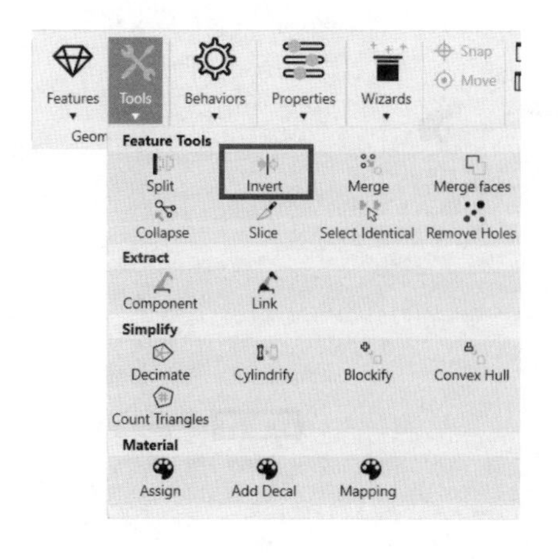

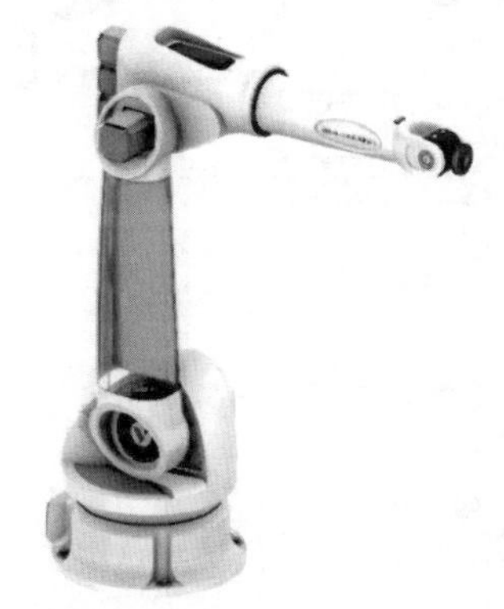
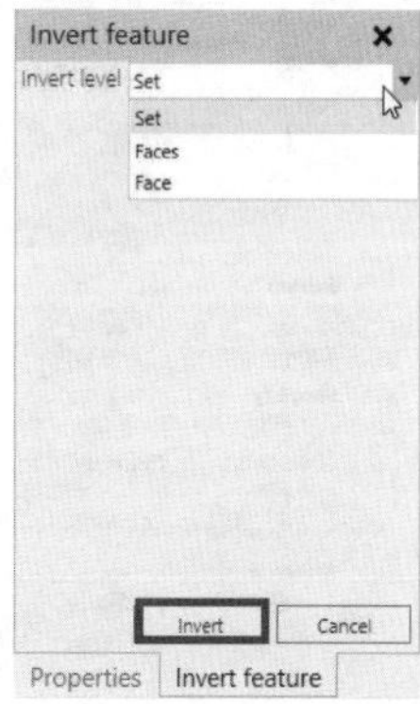

圖4.51

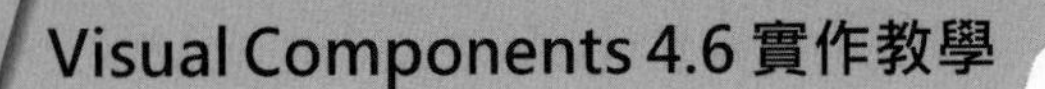

20.合併(Merge) 

合併(Merge)功能可快速將多個特徵(Feature)合併。

首先將欲合併的特徵(Feature)，需在同一個Link中才能進行合併，按住鍵盤的Ctrl，再以滑鼠左鍵點選各個特徵 (Feature)，接著點選 **合併(Merge)**功能，特徵(Feature)即會合併，如圖4.52。

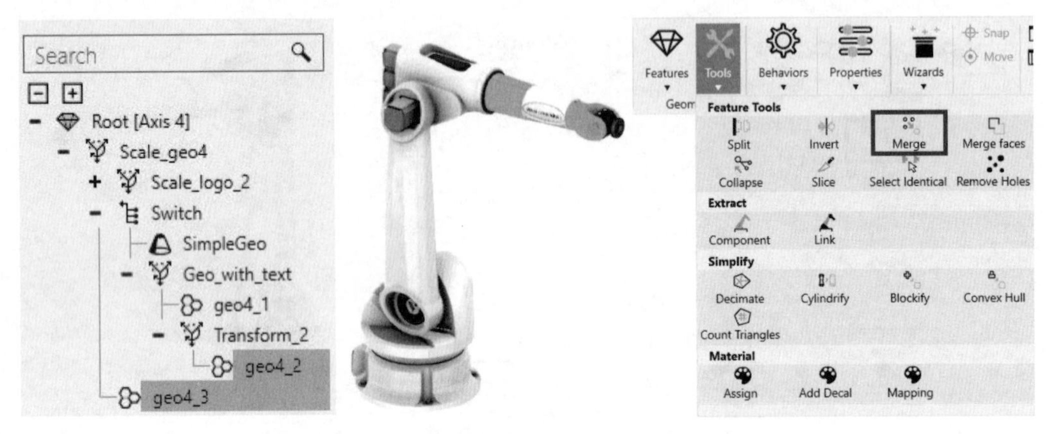

圖4.52

21.面合併(Merge faces) 

面合併(Merge faces)功能可將面中的點合併成更平滑的曲面。

點選**面合併(Merge faces)**功能，調整Tolerance(公差)範圍後，選擇欲合併的圖形Geometry，完成合併，如圖4.53。

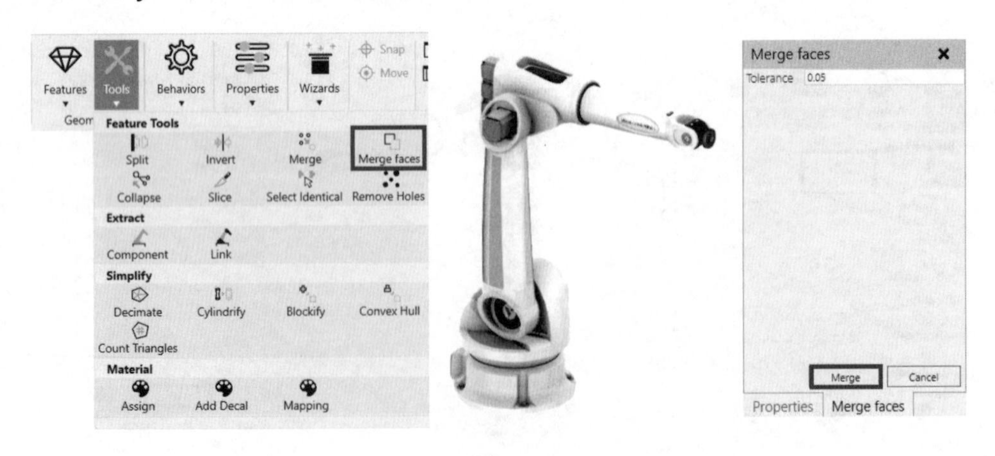

圖4.53

22.崩解(Collapse)

當特徵(Feature)經過移動或旋轉等變化後，需重新定義特徵(Feature)的原點，此時可利用**崩解(Collapse)**功能來重新定義特徵(Feature)原點。

欲將方塊的中心點定義為特徵(Feature)原點時，先將方塊的特徵(Feature)移動至元件的原點上(即Frame的位置)，如圖4.54

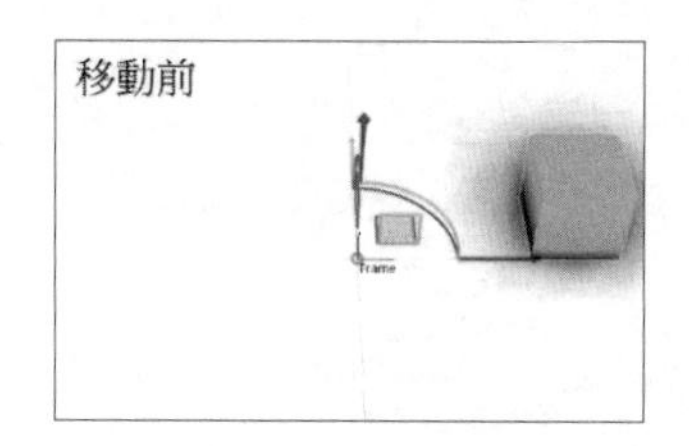

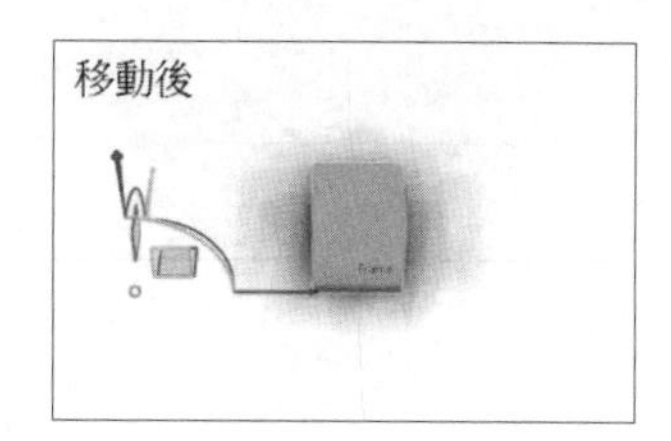

圖4.54

移動後的圖形(Geometry)需利用崩解(Collapse)重新定義原點位置，如圖4.55。

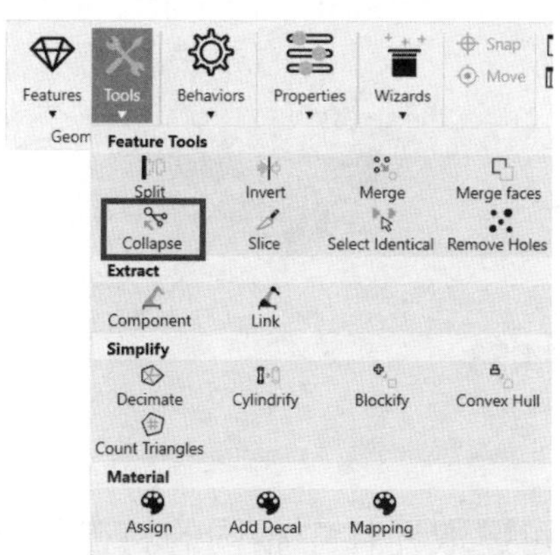

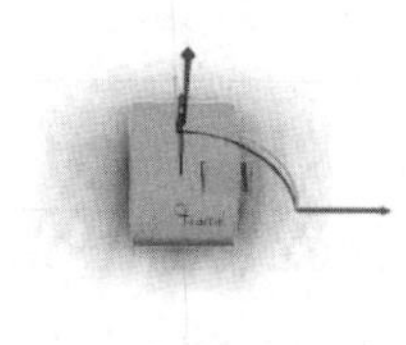

圖4.55

23.切開(Slice)

欲進行特徵(Feature)切割時，可使用切開(Slice)功能。選取欲切割的特徵(Feature)，點選切開(Slice)，如圖4.56。

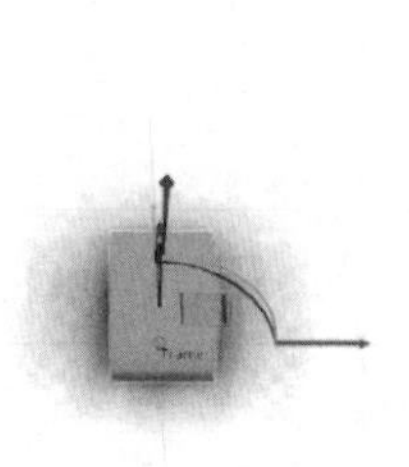
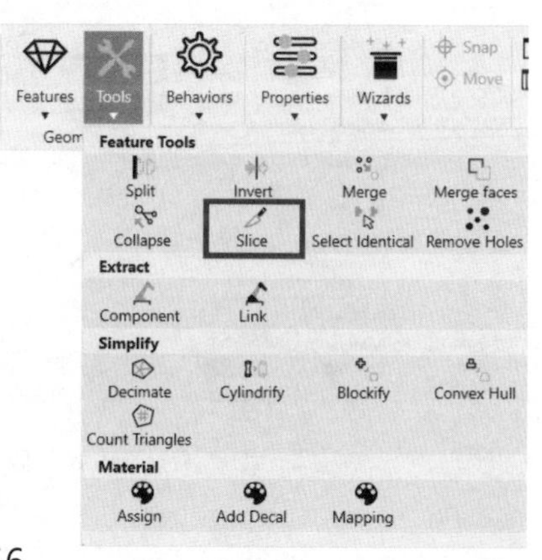

圖4.56

選擇欲切割的平面並調整Plane Offset(平面偏移量)，如圖4.57，完成切割，如圖4.58。

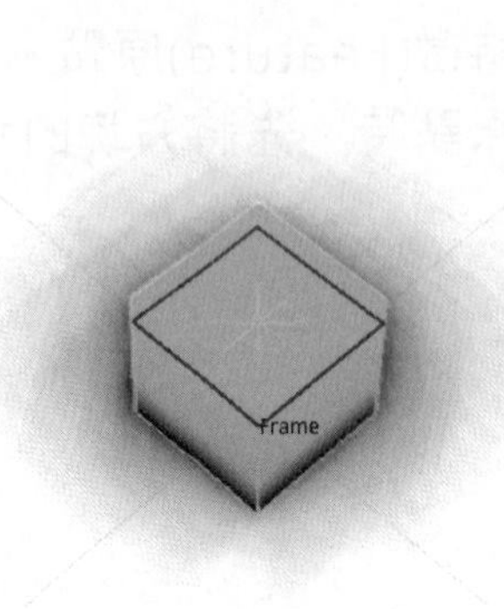

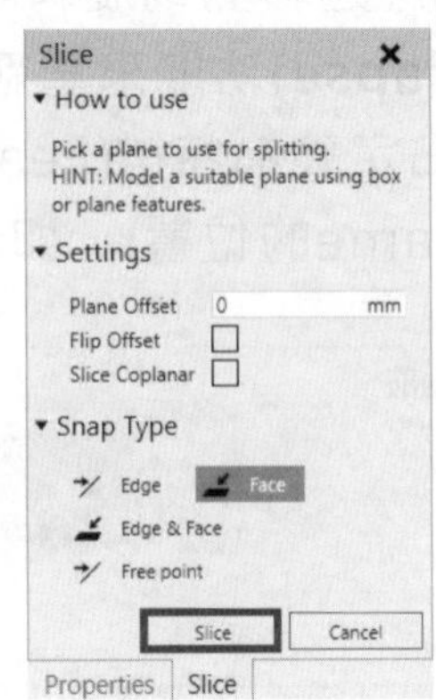

圖4.57

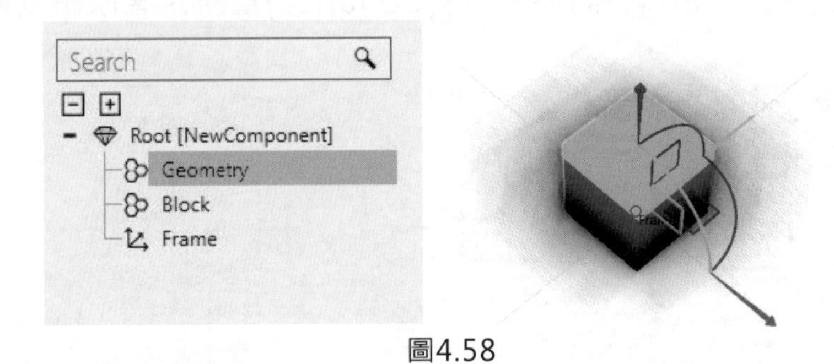

圖4.58

24.選擇相同的(Select Identical) 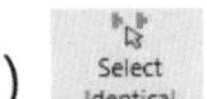

選擇相同的(Select Identical)功能可選取元件中相同的特徵(Feature)，如圖4.59。

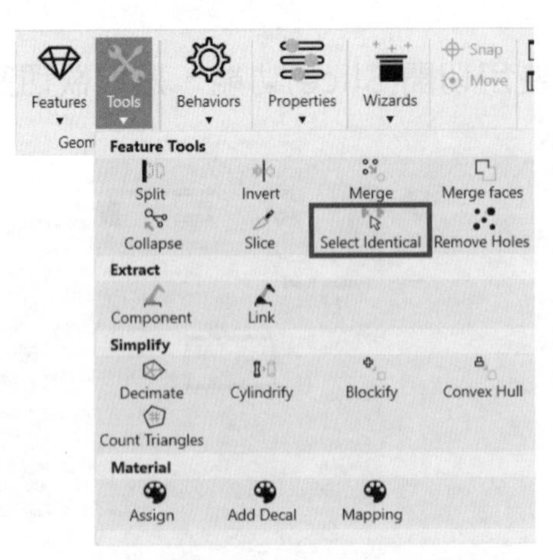

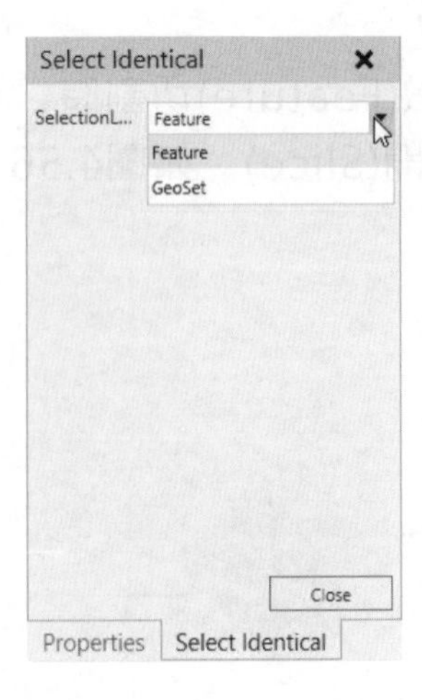

圖4.59

25.移除孔洞(Remove Holes)

移除孔洞(Remove Holes)功能可刪除特徵(Feature)中的孔位及間隙，設定選取等級(Feature、GeoSet)、最少點數量(Minimum Points)、最小直徑(Minimum Diameter)、最小周長(Minimum Perimeter)，如圖4.60。

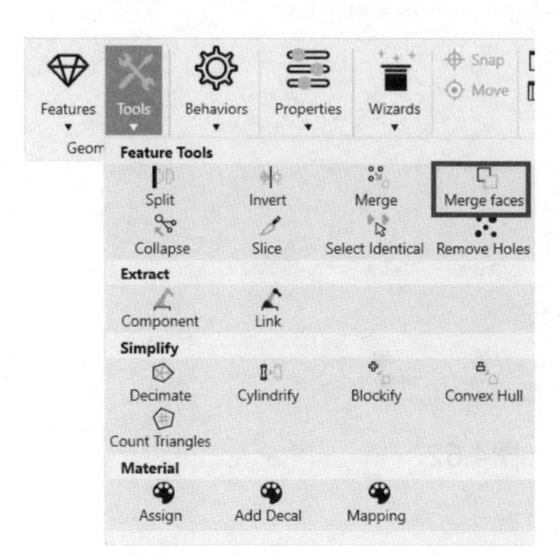

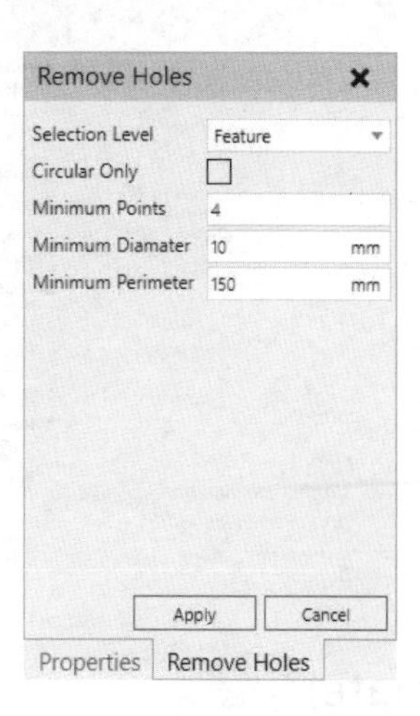

圖4.60

26.擷取元件(Extract Component)Holes)

擷取元件(Extract Component)功能可快速將選取的特徵(Feature)建立成新的元件，如圖4.61。

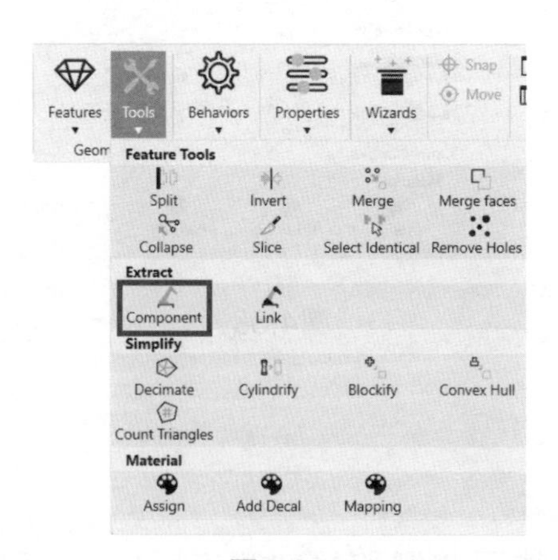

圖4.61

27.擷取節點(Extract Link) 

擷取節點(Extract Link)功能可快速將選取的特徵(Feature)建立成新的節點，如圖4.62。

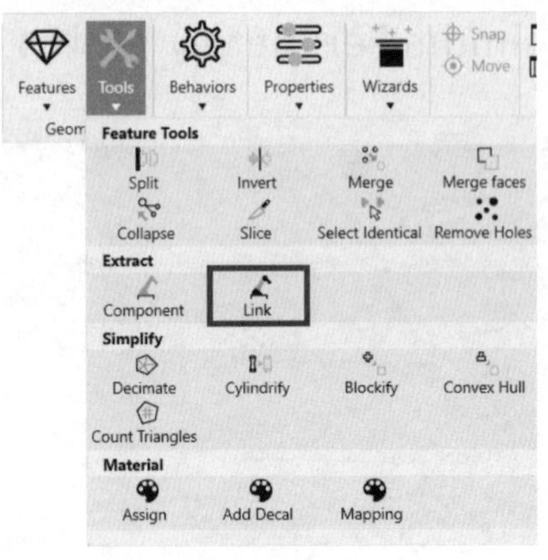

圖4.62

28.劣化(Decimate) 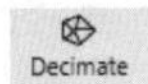

劣化(Decimate)功能可將選取的特徵(Feature)簡化，如圖4.63。

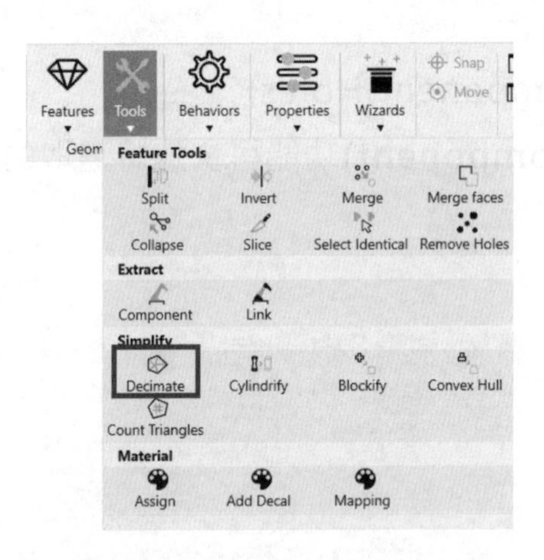

圖4.63

29.圓柱化(Cylindrify) Cylindrify

圓柱化(Cylindrify)功能可將選取的特徵(Feature)簡化成圓柱，如圖4.64。

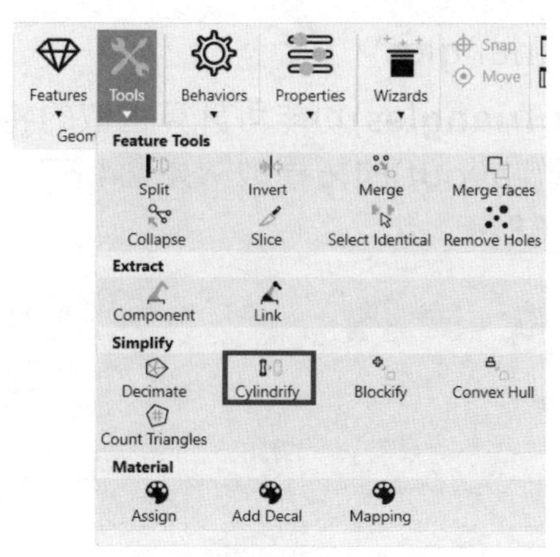

圖4.64

30.方塊化(Blockify)

方塊化(Blockify)功能可將選取的特徵(Feature)簡化成方塊，如圖4.65。

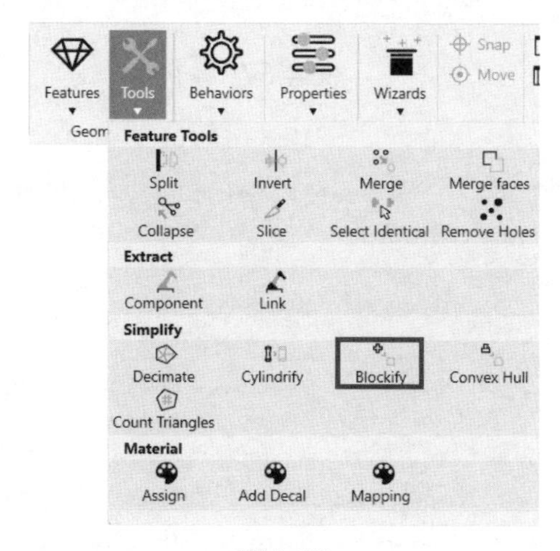

圖4.65

31.凸包(Convex Hull)

凸包(Convex Hull)功能可將選取的特徵(Feature)簡化成平滑外型，.如圖4.66。

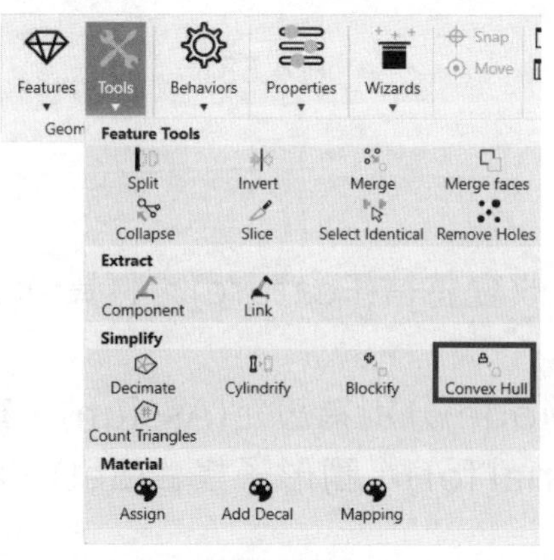

圖4.66

32.三角計數算法(Count Triangles)

三角計數算法(Count Triangles)功能可計算選取的特徵(Feature)、元件(Component)或佈局(Layout)的拓樸數，如圖4.67，計算結果將顯示於Output欄位中，如圖4.68。

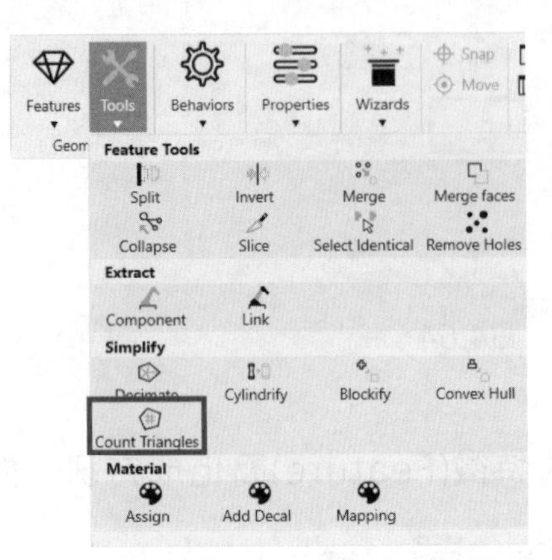

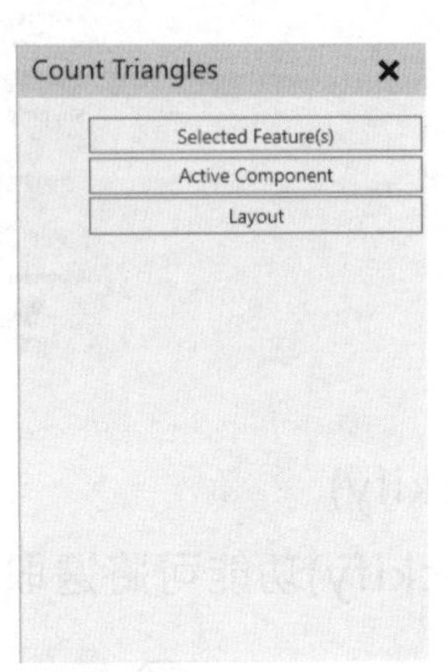

圖4.67

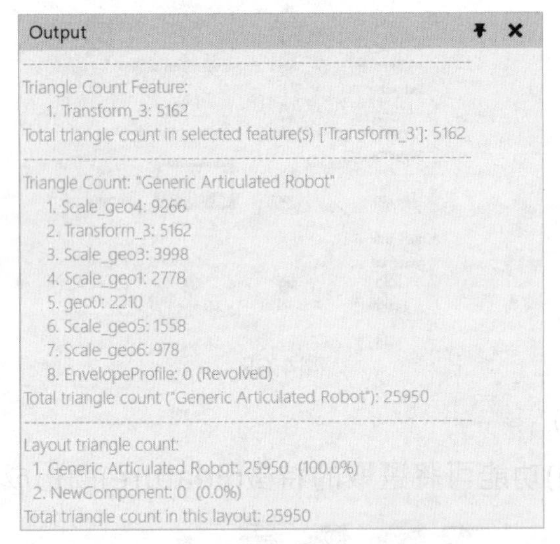

圖4.68

33.材質庫(Assign)

材質庫(Assign)功能可改變特徵(Feature)的材質、建立新材質及提取材質，如圖4.69。

此功能分為三種模式(Mode)分別為設定(Assign)、**查詢(Pick)及清除(Clear)**；可選擇設定材質(Set material for)：圖形子集合(Set)、特徵(Feature)、節點(Link)、元件(Component)。

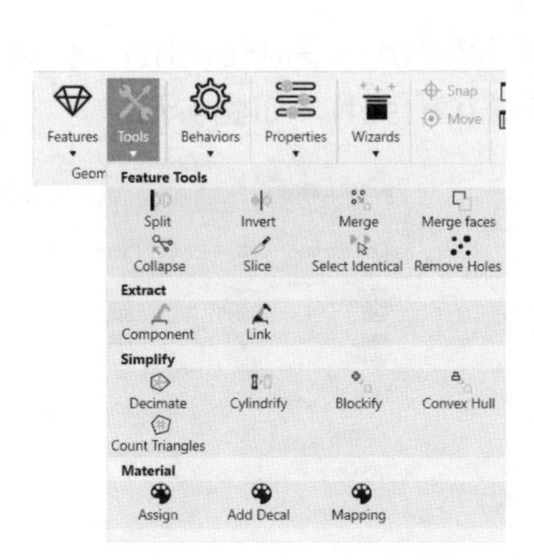

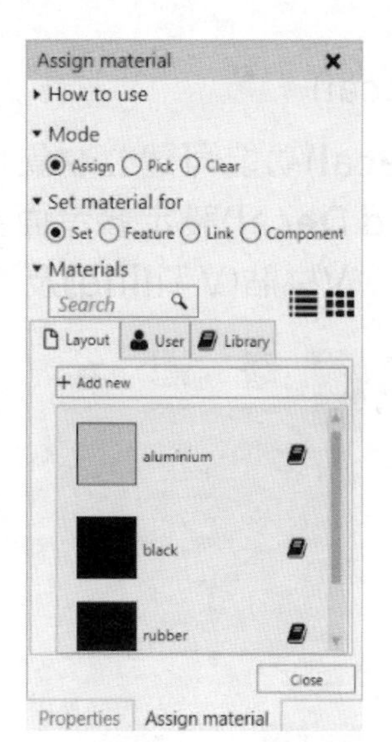

圖4.69

點選**新增(Add new)**功能可新增材質，以下為可設定的參數，如圖4.70。

- 在3D世界預覽材質效果(Show material preview in 3d world)：打開或關閉 3D 世界中的材質預覽。
- 名稱(Name)：材質名稱。
- 顏色(Color)：定義材料的顏色。
- 紋理混合(Texture blend)：可以混合紋理。
- 紋理(Texture)：匯入外部紋理圖片，需搭配貼圖(Add Decal)或紋理映射(Mapping)功能一起使用。
- 粗糙(Roughness)：設定材料表面的平滑、粗糙程度。數字越大代表其表面越粗糙。
- 金屬(Metallic)：設定金屬光澤。數字越大代表其表面金屬光澤越高。
- 不透明(Opacity)：設定材質的不透明程度。數字越大代表越不透明。
- 清漆(Clearcoat)：用於油漆或清漆的透明塗層，從而影響材料的光澤度和光滑度。
- 凹凸貼圖(Bump Map)：用於材料上的凹凸屬性。

圖4.70

34.貼圖(Add Decal) Add Decal

貼圖(Add Decal)功能可建立材質面。

點選**貼圖(Add Decal)**設定參考面寬(Width)、高(Height)、材質數量U拼貼(U Tiling)、V拼貼(V Tiling)及偏移(Offset)，如圖4.71。

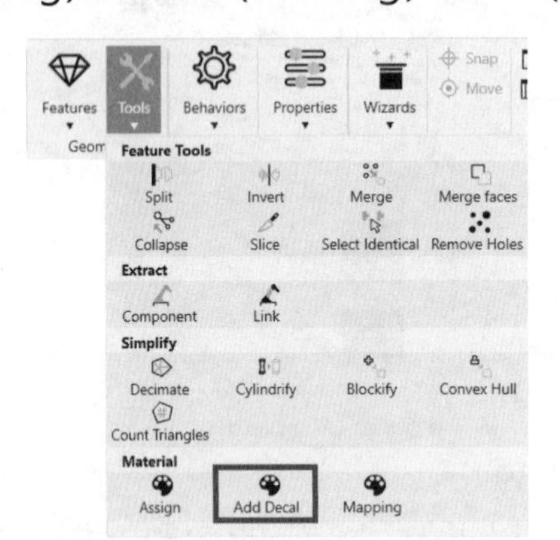

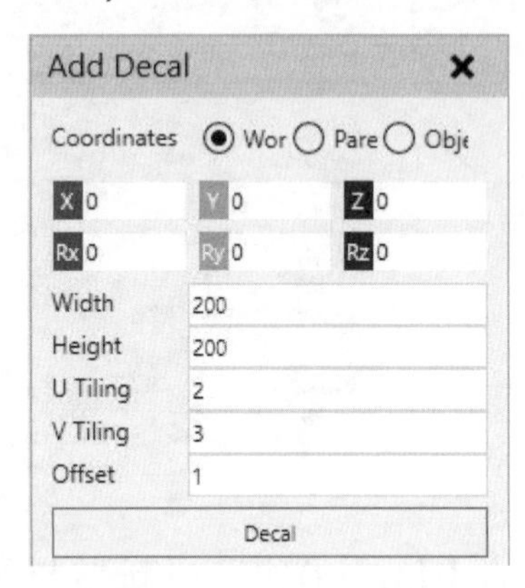

圖4.71

移動參考面至欲建立材質的位置，如圖4.72。

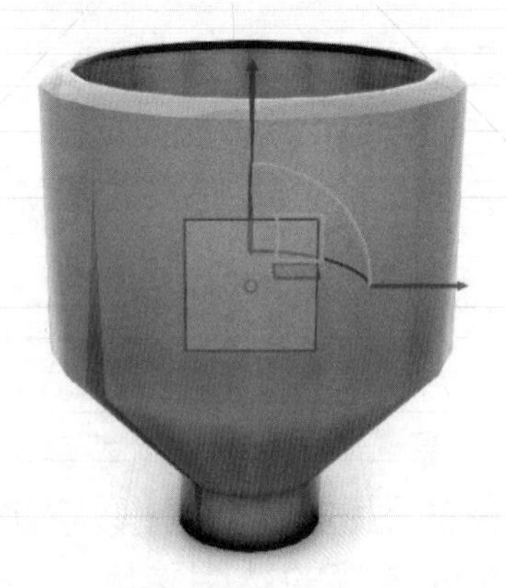

圖4.72

點選**貼圖(Decal)**，建立新的材質面，如圖4.73，完成後點選**關閉(Close)**。

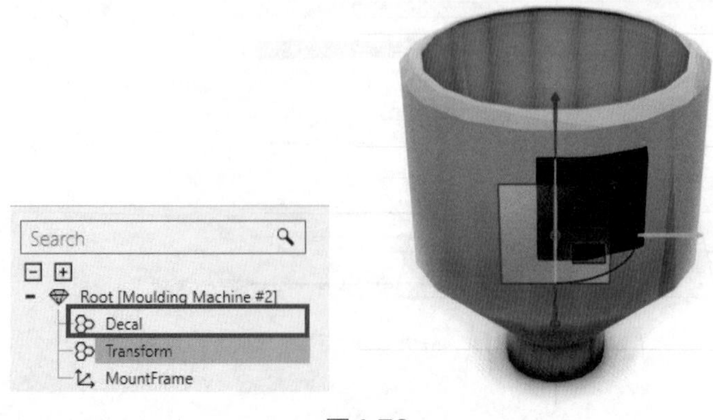

圖4.73

開啟**材質庫(Assign)**功能，進行著色，如圖4.74。

圖4.74

35.紋理映射(Mapping)

紋理映射(Mapping)功能將材質的紋理映射到3D世界中的對象。以下為可設定的參數，如圖4.75。

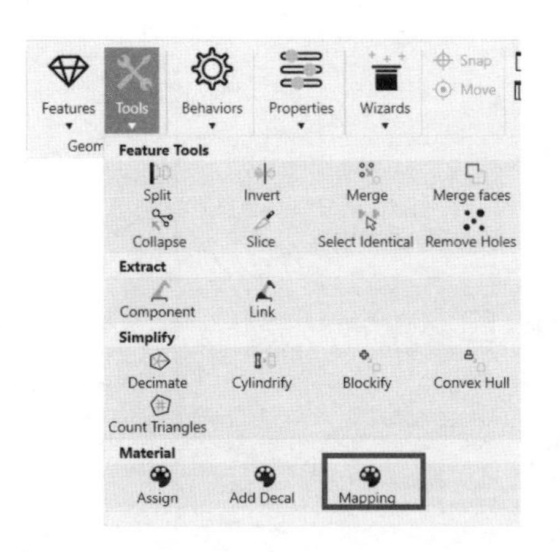

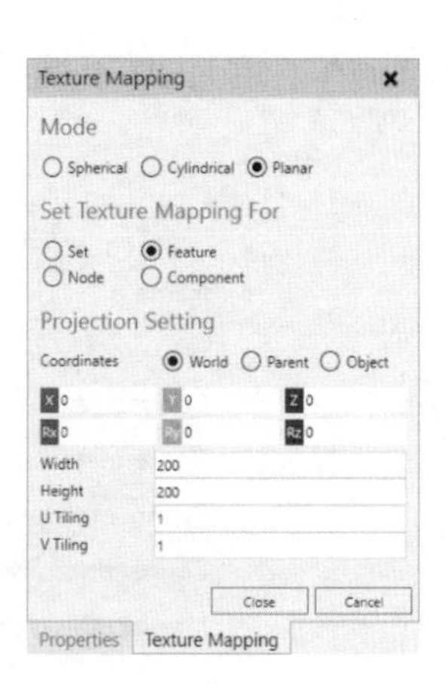

圖4.75

- 模式(Mode)：可選擇球面(Spherical)、圓筒面(Cylindrical)和平面(Planar)。
- 設定紋理映射(Set Texture Mapping For)：選擇要映射的類型，分為幾何圖形子集合(Set)、特徵(Feature)、節點(Link)、元件(Component)。
- 投影設定(Projection Setting)：設定參考面的　(Width)、高(Height)、材質數量U拼貼(U Tiling)、V拼貼(V Tiling)。

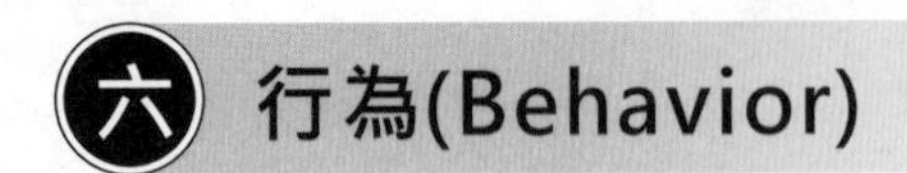

六 行為(Behavior)

當元件的架構分解完成後，接著建立該元件的行為，例如輸送帶需具備流動行為或感測器需具備感測的行為等，本節將詳細介紹所有**行為(Behavior)**的設定。

1.介面(Interface)

Interface
One To One　One To Many

當元件使用**連接(PnP)**時，需新增連接介面行為使元件可互相連接，而連接介面又可分成**一對一連接介面(One to One Interface)** 及**一對多連接介面(One to Many Interface)**兩種。
當連接介面中的設定相同時，兩元件即可使用**連接(PnP)**功能，以下為**一對一連接介面(One to One Interface)**的設定參數，如圖4.76。

- IsAbstract：遠端遙控介面。
- AngleTolerance：當兩個元件的連接介面的角度差小於設定的數值，則允許兩元件連結。
- Add new section：增加連接窗口。

OneToOneInterface

Name	OneToOneInterface
IsAbstract	☐
ConnectSameLevelOnly	☐
AngleTolerance	360 °
DistanceTolerance	1000000000 mm
ConnectionEditName	
InterfaceDescription	

Sections and Fields

Add new section

圖4.76

首先需先點選**新增窗口(Add new section)**增加連接窗口，接著就可設定介面名稱(Name)、窗口接點(Section Frame)及新增規格(Add new field)，如圖4.77。

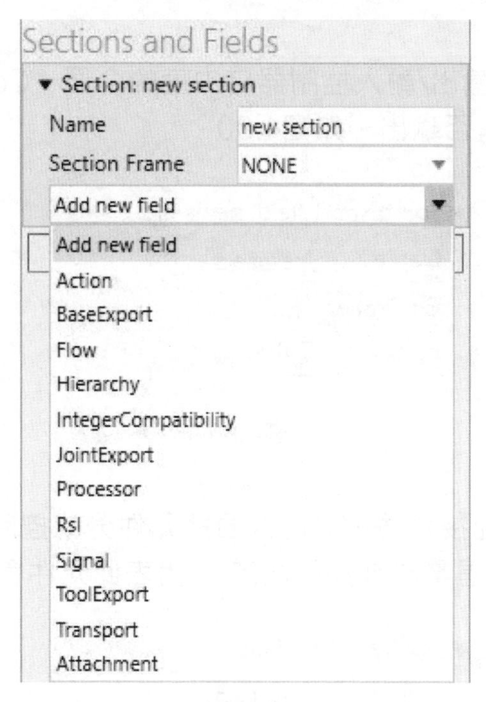

圖4.77

以下為常用的連接介面介紹

(1) Flow field

Flow field為流動的連接介面 ， 功能是將Container中的元件流到另一元件的Container中，例如輸送帶的連接窗口，其PortName可分成Input及Output兩種，如圖4.78。

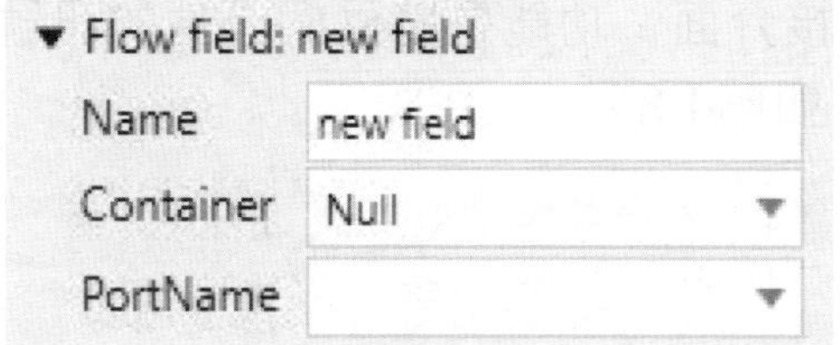

圖4.78

(2) Hierarchy field

Hierarchy field為父子關係的連接介面，功能是將兩個元件分別定義為父階層及子階層，定義完成後子階層即可附著於父階層上，Node需選擇連接介面所在的節點(Link)，而Frame則是兩介面在連接時所使用的座標點，Parent則可勾選是否為為父階層，如圖4.79。

圖4.79

(3) Joint Export field

Joint Export field為輸出/輸入控制器自由度的介面。Controller需選擇控制器名稱，Export則可勾選是否輸出，如圖4.80。

圖4.80

(4) Rsl field

Rsl field為遠端遙控連接介面，於此介面將元件分成控制端Subscribe及被控制端Publish兩種，當元件是屬於被控制端時，代表此元件會將其程式交給控制端的元件控制，如圖4.81。

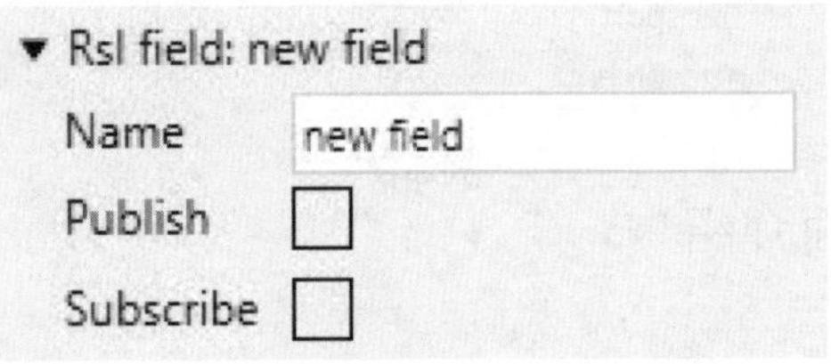

圖4.81

(5) Signal field

Signal field為訊號連接介面，功能是將兩個元件的訊號透過連接介面連結，其Signal為欲連接的訊號，如圖4.82。

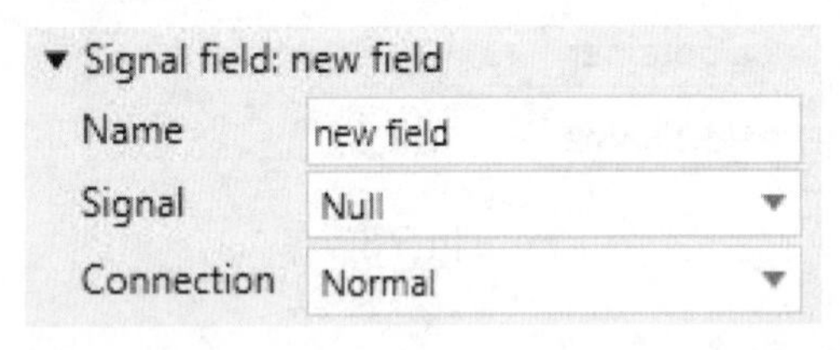

圖4.82

(6) IntegerCompatibility field

IntegerCompatibility field為設定兼容性介面，於此介面中可設定特定數字，擁有此介面的兩個元件，其中設定的數字必須相同才可連接，如圖4.83。

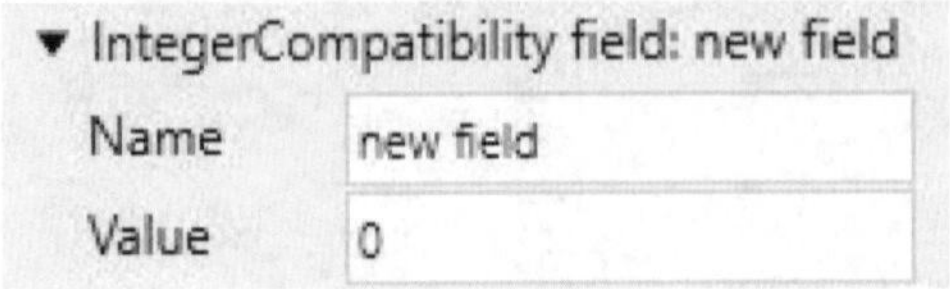

IntegerCompatibility field: new field
Name
new field
Value
0

圖4.83

2.訊號(Signal)

當元件需與其他元件溝通時，可藉由訊號作為溝通的方式，此時就需新增**訊號(Signal)**使元件可互相溝通。以下為常用的訊號介紹:

(1) 布林(Boolean Signal)

布林(Boolean Signal)為單一訊號，連接(Connections)可設定與別的行為連接，如圖4.84。

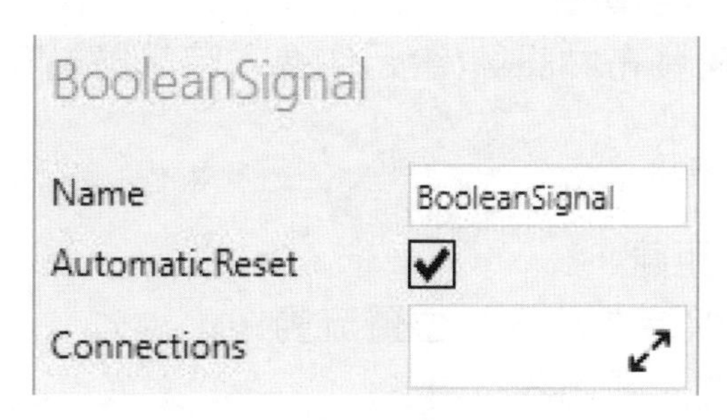

圖4.84

(2) 布林集(Boolean Signal Map)

布林集(Boolean Signal Map)為多重訊號，可在機器人教導頁籤裡使用，作為元件與元件間溝通的方式，以下為可設定的參數，如圖4.85。

- StartIndex開始索引：訊號開始編號。
- EndIndex結束索引：訊號結束編號。
- Listeners傾聽器：需使用此訊號的行為。
- Direction方向：分為Input或是Output。

BooleanSignalMap

Name	BooleanSignalMap
StartIndex	0
EndIndex	0
Listeners	
Direction	Undefined

圖4.85

3.物件流動(Material Flow)

Material Flow

One Way Path | Two Way Path | Componen Creator | Container | Capacity Controller | Routing Rule | Flow Proxy

　當元件需傳送至另一行為或容器時需要建立此行為。以下為常用的行為介紹。

(1) 單向路徑(One-Way Path)

　當元件具備流動的行為時，需新增**單向路徑(One-Way Path)**行為作為流動的路徑。以下為可設定的參數，如圖4.86。

- Statistics：統計報表。
- Capacity：路徑上的可容載量。
- TransitionSignal：觸發布林訊號(當元件進入時訊號為True，元件離開時訊號為False)。
- Speed：流動速度。
- SegmentSize：間隔距離。
- RetainOffset：元件保持在放入的位置流動。
- Sensors：於路徑中加入感測器行為。
- Path：設定流動的路徑，依據座標點位置進行移動。

OneWayPath

Name	OneWayPath
Statistics	Null
Capacity	999999
CapacityBlocks	
TransitionSignal	Null
Speed	200 mm/s
Acceleration	0 mm/s²
Deceleration	0 mm/s²
Interpolation	Linear
Accumulate	☑
SegmentSize	0 mm
RetainOffset	☐
SpaceUtilization	☑
Sensors	
Path	
PathAxis	Automatic

圖4.86

(2) 元件產生器(Component Creator)

當元件具備供料功能時，需新增**元件產生器(Component Creator)**的行為。以下為可設定的參數，如圖4.87。

- Statistics：統計報表。
- TransitionSignal：觸發布林訊號(當元件進入時訊號為True，元件離開時訊號為False)。
- Interval：產生元件的間隔時間。
- Limit：產生元件的總量。
- Part：欲產生的元件。

ComponentCreator

Name	ComponentCreator
Statistics	Null
TransitionSignal	Null
Interval	1 s
Limit	100000
Part	
BlockingOptimization	☐
PartPooling	☐

圖4.87

(3) 元件容器(Component Container)

Component Container是用來裝載其他元件的靜態容器，以下為可設定的參數，如圖4.88。

- Statistics：統計報表。
- Capacity：容器中可容許的承載量。
- CapacityBlocks：控制承載量。
- TransitionSignal：布林訊號(當元件進入時訊號為True，元件離開時訊號為False)。
- Location：裝載元件的位置，可選擇座標點。

ComponentContainer

Name	ComponentContainer
Statistics	Null
Capacity	999999
CapacityBlocks	
TransitionSignal	Null
Location	Null

圖4.88

(4) 流量控制器(CapacityController)

當元件已具有容載其他元件的功能時，可新增**流量控制器(CapacityController)**行為，控制所有行為的總容載量，如圖4.89。

圖4.89

(5) 路線分配器(Routing Rule)

當元件已具有流動的功能，而使用者希望可自行定義流動路徑，此時可新增路線分配器(Routing Rule)行為。以下為可設定的參數，如圖4.90。

- Statistics：統計報表。
- Capacity：定義路徑上的可容載量。
- CapacityBlocks：控制承載量。
- TransitionSignal：觸發布林訊號(當元件進入時訊號為True，元件離開時訊號為False)。
- RuleComponent：元件的規則，分為主動與被動。
- RetainOffset：元件保持在放入的位置流動。
- Route：定義路徑流動的模式，以下為可設定的流動模式。
  - ◆ Cyclic Rule：依使用者的設定的路線循環流動。
  - ◆ Capacity Rule：流動至已連接的元件上。
  - ◆ Fixed Input Rule：依照Input綁定流動方向。
  - ◆ Percentage Rule：依照使用者定義的百分比流動。
  - ◆ Boolean Table Rule：依照元件上的布林訊號設定流動方向。
  - ◆ Integer Table Rule：依照元件上的整數參數設定流動方向。
  - ◆ Real Table Rule：依照元件上的實數參數設定流動方向。
  - ◆ String Table Rule：依照元件上的字串參數設定流動方向。

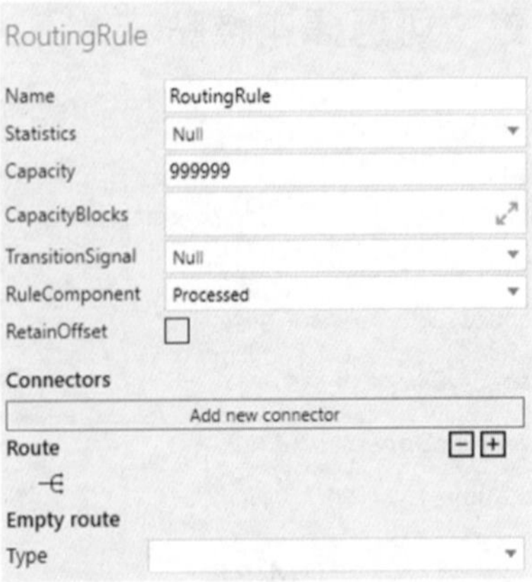

圖4.90

(6) 物流代理 (ComponentFlowProxy)

物流代理(ComponentFlowProxy)是當作過濾器使用，使用者可自行定義對外接口的數量，使元件可流入或流出，Proxy同時也具有相對應的內部接口，使用者需自行定義內部連接的邏輯，使每個外部接口都有相對應內部連結，以下為Flow Proxy中的參數，如圖4.91。

- Statistics：統計報表。
- ComponentSignal：元件從外部接口進入時會觸發此訊號。
- PortSignal：選擇元件從哪個接口進入。

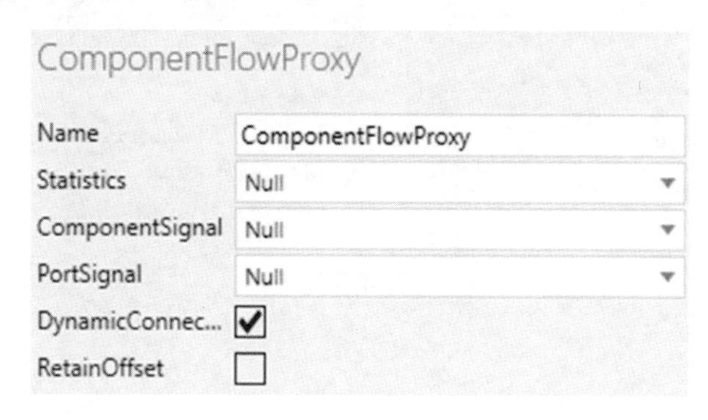

圖4.91

4.機器人(Robotics)

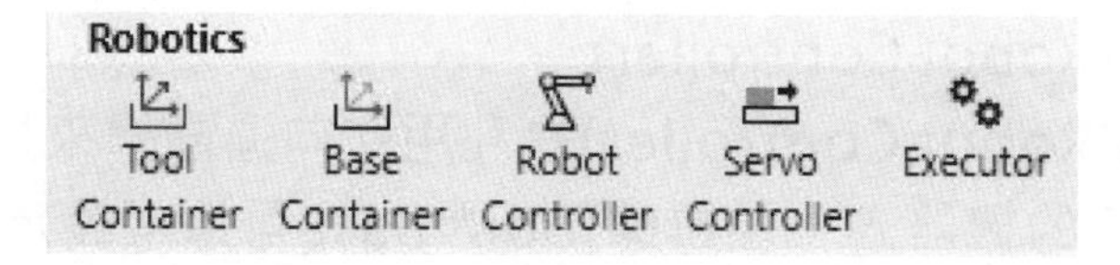

當元件需具有機器人(Robotics)行為時可建立此行為。

(1) 工具容器(Tool Container)

工具容器(Tool Container)可使Tool座標點的值透過連接介面輸出到機器人。選擇Tools後點擊滑鼠右鍵，可增加工具座標點Add tool frame並且調整至所需位置，如圖4.92。

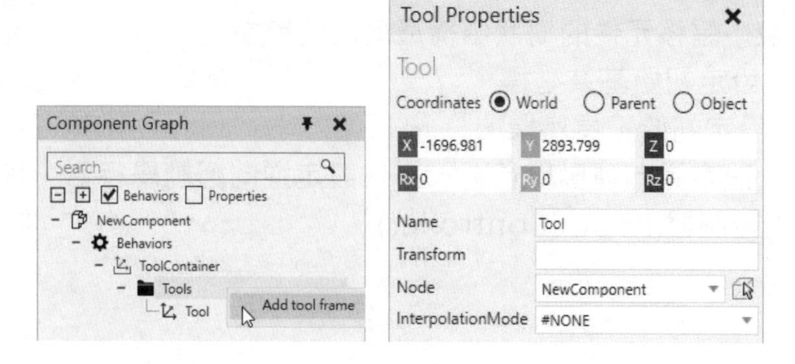

圖4.92

(2) 基準容器(Base Container)

基準容器(Base Container)可使Base座標點的值透過連接介面輸出到機器人。選擇Base後點擊滑鼠右鍵，可增加基準座標點Add base frame並且調整至所需位置，如圖4.93。

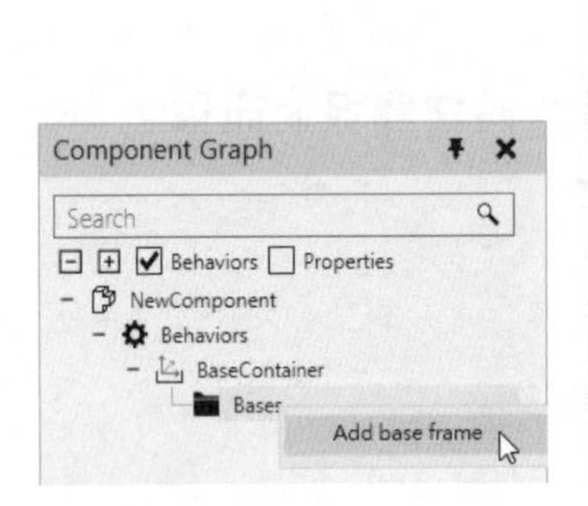

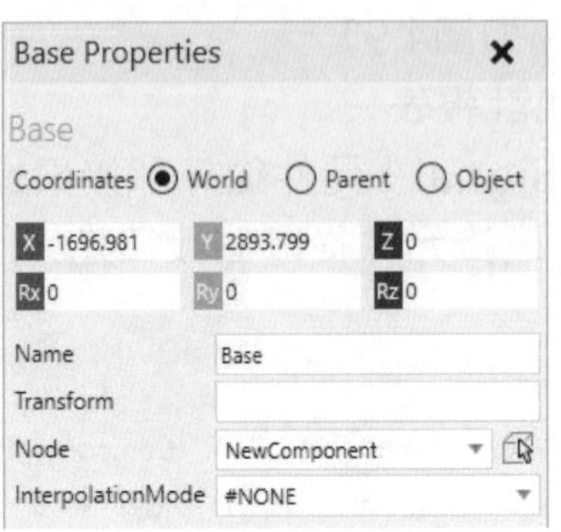

圖4.93

(3) 機器人控制器(Robot Controller)

機器人控制器(Robot Controller)是利用逆向運動學來控制獨立關節的運動，虛擬的機器人與實體的機器人一樣具備Tool及Base可進行設定，參數如下，如圖4.94。

- Bases：增加、編輯元件的基準坐標。
- Tools：增加、編輯元件的工具座標。
- Joint：設定元件關節運動的自由度。
- RootNode：組成元件的樹狀結構最上層的節點。
- FlangeNode：組成元件的樹狀結構最底層的節點。
- RootOffset：偏移元件的樹狀結構最上層的節點。
- FlangeOffset：偏移元件的樹狀結構最底層的節點。
- InitialBase：設定初始基準坐標。
- InitialTool：設定初始工具座標。
- Kinematics：設定逆向運動學行為，一旦設定逆向運動學行為，其相關參數都將會影響機器人控制器(Robot Controller)。

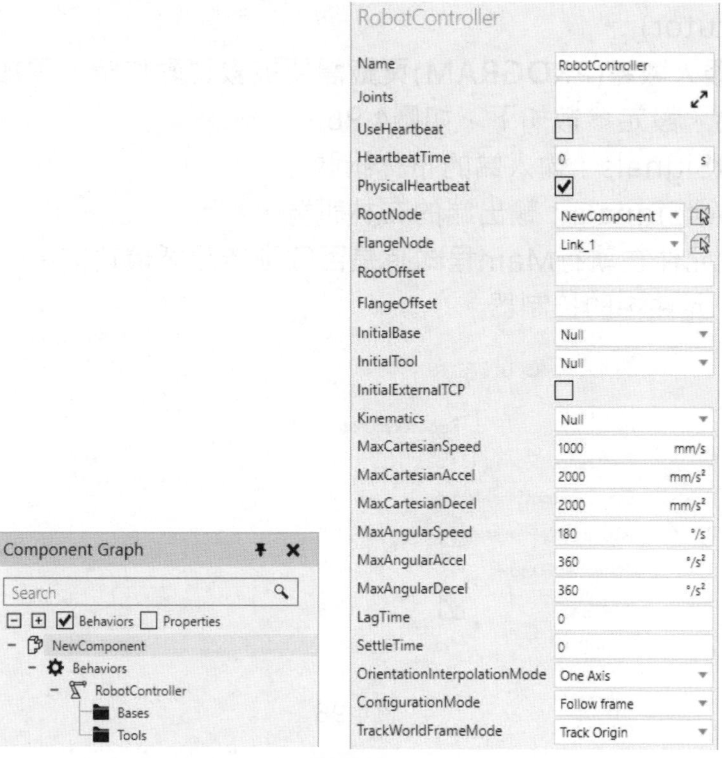

圖4.94

(4) 伺服控制器(Servo Controller)

伺服控制器 (Servo Controller) 是利用正向運動學來控制獨立關節的運動(不可使用於機器人)，通常用於走行軸、夾持定位機構、焊槍、夾爪等簡單的機械結構中，其設定的參數，如圖4.95。

- Joint：設定元件關節運動的自由度。
- RootNode：組成元件的樹狀結構最上層的節點。
- FlangeNode：組成元件的樹狀結構最底層的節點。
- RootOffset：偏移元件的樹狀結構最上層的節點。
- FlangeOffset：偏移元件的樹狀結構最底層的節點。

ServoController

Name	ServoController
Joints	
UseHeartbeat	
HeartbeatTime	0 s
PhysicalHeartbeat	
RootNode	NewComponent
FlangeNode	
RootOffset	
FlangeOffset	

圖4.95

(5) 執行器(Executor)

當元件在**機器人教導(PROGRAM)**頁籤需要被教導動作時，需加入**執行器(Executor)**行為，設定參數如下，如圖4.96。

- DigitalInputSignals：輸入端的布林訊號。
- DigitalOutputSignals：輸出端的布林訊號。
- IsLooping：元件在執行Main程式時是否啟動無限循環功能。
- Controller：元件中的控制器。

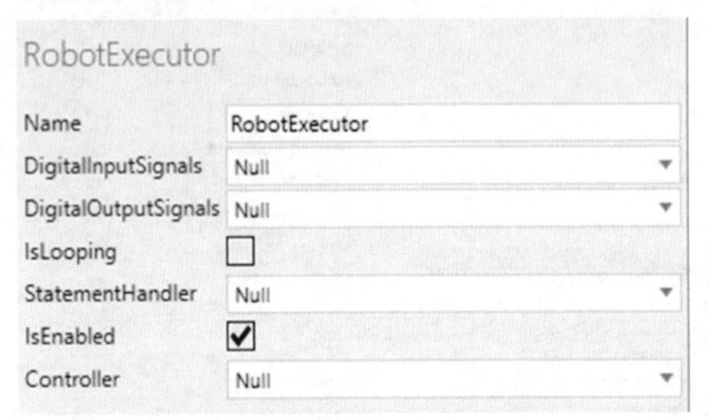

圖4.96

5.運動學(Kinematics)

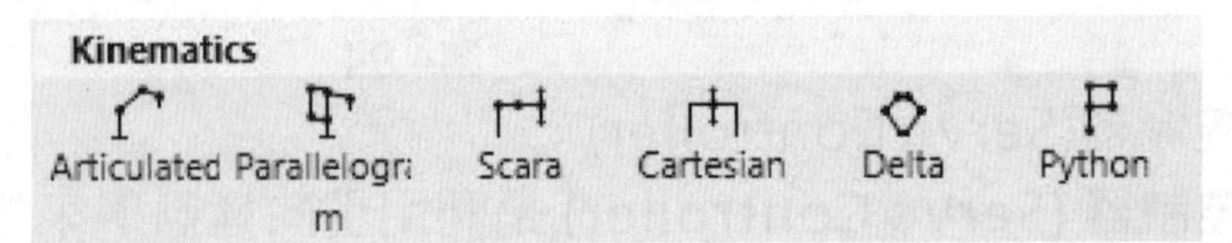

當元件的作動方式是由結構末端反推回結構支點時，則需使用逆向運動學行為，常用的逆向運動學行為有Articulated、SCARA、Cartesian及Delta四種。

(1) Articulated

Articulated為包含關節長度、角度、位置等連接及配置的六軸機器人逆向運動行為，此行為提供機器人運動的相關參數，如圖4.97。

ArticulatedKinematics

Name	ArticulatedKinematics
L01Z	0 mm
L12X	0 mm
L12Y	0 mm
L23X	0 mm
L23Z	0 mm
L34X	0 mm
L34Z	0 mm
L45X	0 mm
L45Z	0 mm
L56X	0 mm
L56Z	0 mm
A45	-90 °

圖4.97

- L01Z：Robot的Base至第一軸的Z方向距離。
- L23Z：Robot的第二軸至第三軸的Z方向距離。
- L34Z：Robot的第三軸至第四軸的Z方向距離。
- L12X：Robot的第一軸至第二軸的X方向距離。
- L34X：Robot的第三軸至第四軸的X方向距離。
- L45X：Robot的第四軸至第五軸的X方向距離。

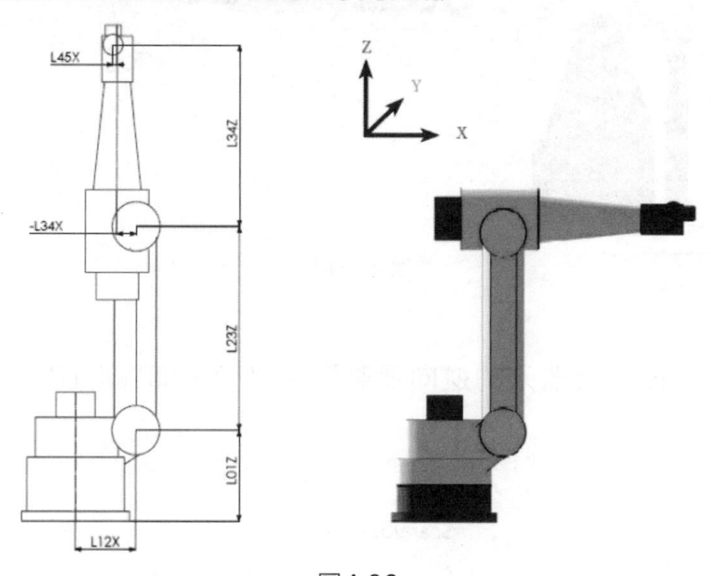

圖4.98

- L56Z：Robot的第五軸至第六軸的Z方向距離。
- L12Y：Robot的第一軸至第二軸的Y方向距離。

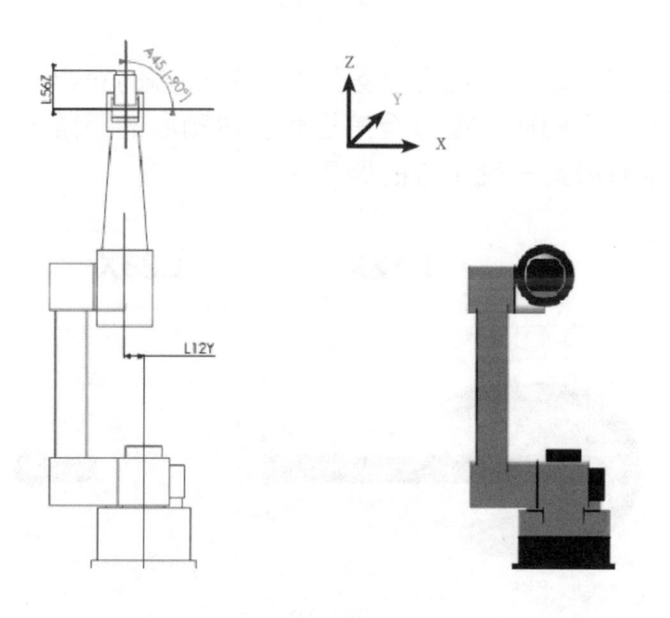

圖4.99

● L45Z：Robot的第四軸至第五軸的Z方向距離。

● A45：Robot第四軸與第五軸之間的夾角。

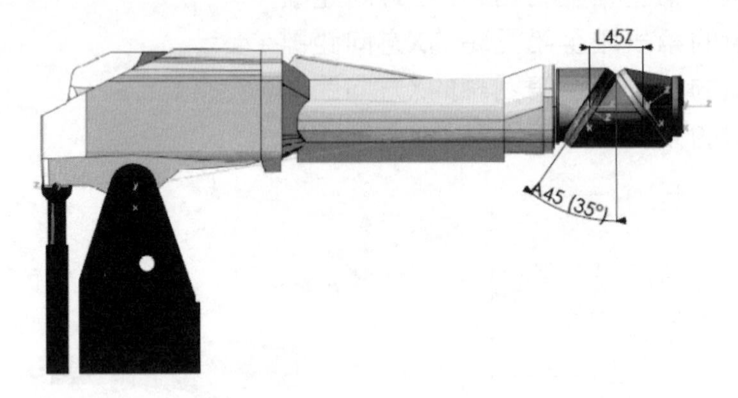

圖4.100

(2) SCARA

SCARA用來計算四軸機器人的逆向運動學，其參數如圖4.101。

ScaraKinematics2

Name	ScaraKinematics2
L12X	0 mm
L23X	0 mm
L04Z	0 mm

圖4.101

● L12X：Robot的第一軸旋轉軸心至第二軸旋轉軸心的距離。

● L23X：Robot的第二軸旋轉軸心至第三軸旋轉軸心的距離。

● L04Z：Robot中心與第一軸中心的距離。

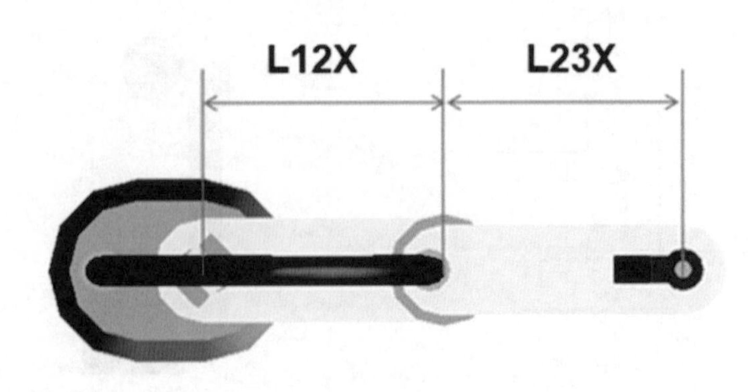

圖4.102

(3) Cartesian

Cartesian為龍門型機械手臂的運動行為，此行為提供3個平移及3個旋轉關節以下的機器人逆向運動學，如圖4.103。

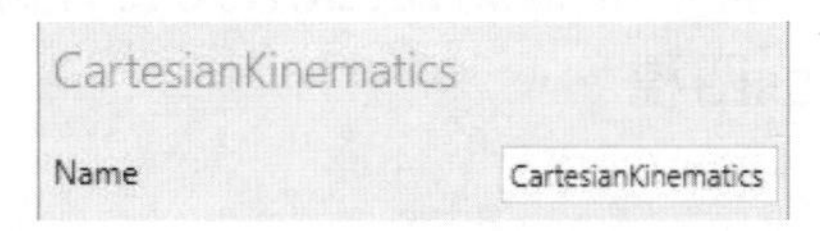

圖4.103

(4) Delta

Delta用來計算蜘蛛型機器人(delta-type Robot)的逆向運動學，其參數如圖4.104及4.105。

DeltaKinematics

Name	DeltaKinematics
LinkLength1	0 mm
LinkLength2	0 mm
Height1	0 mm
Height2	0 mm
ShoulderOffset	0 mm
WristOffset	0 mm

圖4.104

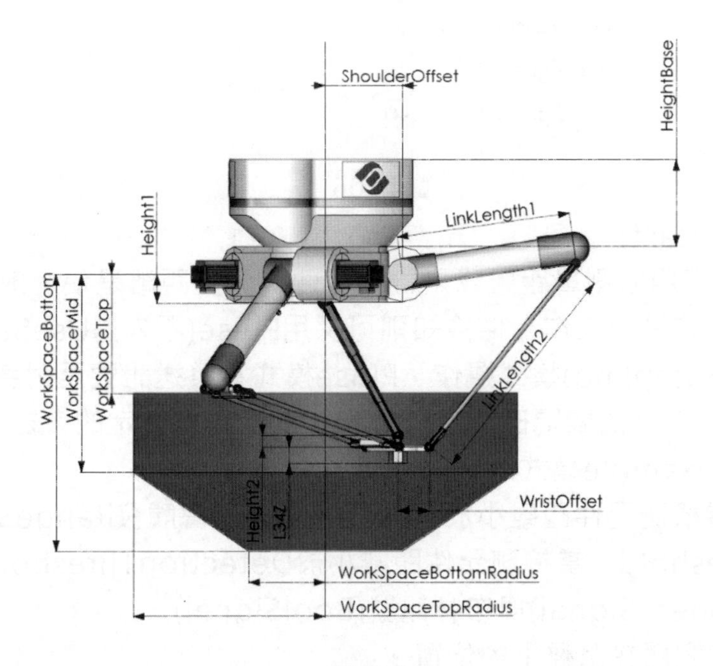

圖4.105

6.感測器(Sensors)

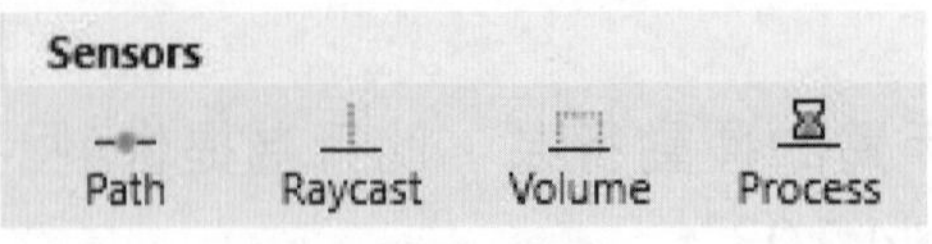

當元件具備感測行為時，需新增**感測器(Sensors)**行為，其中又可分成Path、Raycast、Volume及Process四種。

(1) 路徑感測器(Path)

路徑感測器(Path)可用來檢測路徑上是否有元件在流動，當元件通過時，會觸發訊號，以下為可設定的參數，如圖4.106。

- Distance：設定感測器與其連接路徑的座標點(Frame)之間的距離。
- Frame：設定感測器在路徑上的位置。
- TriggerAt：設定感測器觸發的位置。
- ResetAt：設定訊號重置的位置。
- ComponentSignal：感測器觸發的元件訊號。
- BoolSignal：感測器觸發的布林訊號。

ComponentPathSensor

Name	ComponentPathSensor
Distance	0 mm
Frame	Null
TriggerAt	Leading Edge
ResetAt	Trailing Edge
ComponentSignal	Null
BoolSignal	Null
BoolSignalValue	✔

圖4.106

(2) 射線感測器(Raycast)

射線(Raycast)可用來測量距離或是檢知元件，測量距離是使用射線起源與Range Signal送出數值，若是用來作元件檢知則可採用Pulse(不勾選UseSampling)模式或Sample(勾選UseSampling)模式運作，Pulse模式為發送訊號至射線感測器，而Sample模式則是在定義的間隔時間進行檢測，以下為可設定的參數，如圖4.107。

- SampleTime： Sample模式的間隔時間。
- MaxRange：當檢測元件距離小於MaxRange時即會觸發RangeSignal。
- DetectionThreshold：當檢測元件距離小於DetectionThreshold時即會觸發元件訊號(ComponentSignal)與布林訊號(BoolSignal)。
- Frame：設定感測器在路徑上的位置。

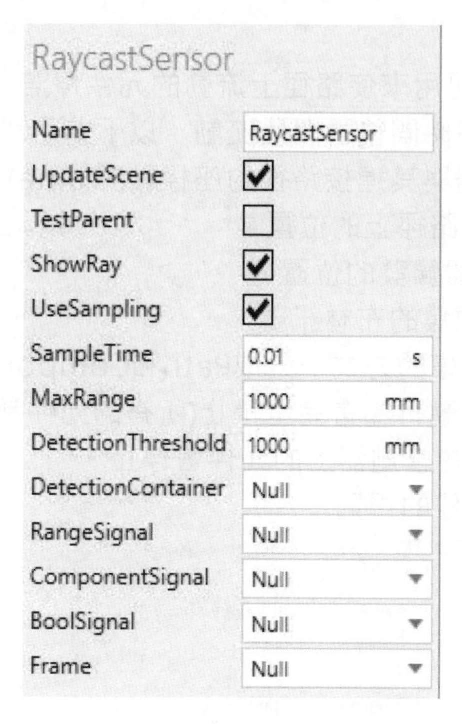

圖4.107

(3) 體積感測器(Volume)

體積感測器(Volume)可用來檢測在3D世界任何位置上的元件，可採用Pulse(不勾選UseSampling)模式或Sample(勾選UseSampling)模式運作，Pulse模式為發送訊號至體積感測器，而Sample模式則是在定義的間隔時間進行檢測，以下為可設定的參數，如圖4.108。

- TestMethod：共有四種不同的方式檢測干涉。
- SampleTime： Sample模式的間隔時間。

VolumeSensor

Name	VolumeSensor
UpdateScene	☑
TestParent	☐
TestSiblings	☐
TestOnlyContained	☐
ShowVolume	☑
VolumeMaterial	Null
TestMethod	BBox Intersect
UseSampling	☑
SampleTime	0.01 s
DetectionContainer	Null
ComponentSignal	Null
BoolSignal	Null
LowerFrame	Null
UpperFrame	Null

圖4.108

(4)工序感測器(Process)

工序感測器(Process)可用來使路徑上流動的元件停滯，當元件經過工序感測器(Process)時，會停止一段時間後再開始流動，以下為可設定的參數，如圖4.109。

- Distance：設定感測器與其連接路徑的座標點(Frame)之間的距離。
- Frame：設定感測器在路徑上的位置。
- TriggerAt：設定感測器觸發的位置。
- BoolSignal：感測器觸發的布林訊號。
- ProcessingStops：暫停的方式，分成Path和Component兩種，如選擇Path，則當感測器觸發時，流動行為會完全停止(所有的元件都會暫停不動)，若選擇Component，則只有在感測器上的元件會停止。
- Route：可設定元件暫停的規則。

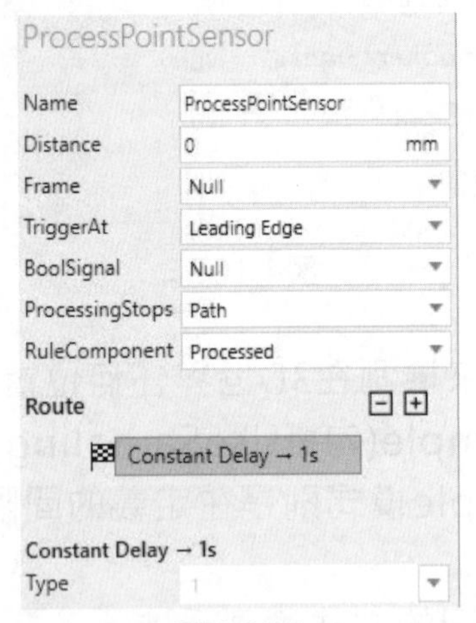

圖4.109

7.物理性質(Physics)

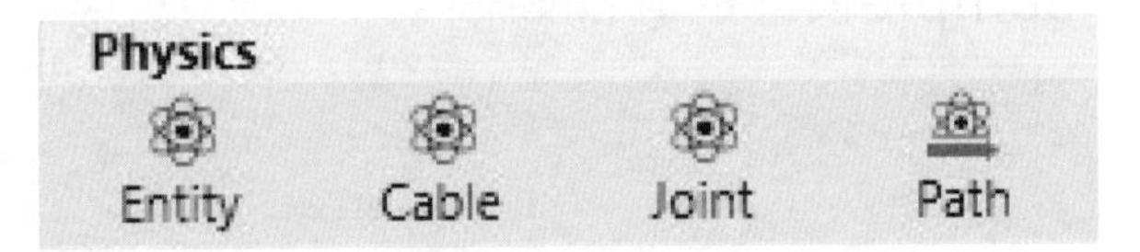

當元件需具物理特性時，需新增物理Physics行為，常用的行為有Entity、Cable及Path三種。

(1)實體(Entity)

實體(Entity)可用來使元件中的節點(Link)具有物理特性。以下為可設定的參數，如圖4.110。

- Physics Type：設定物理類型。
- Material Density：設定密度。
- Mass：設定重量。
- Static Friction：設定靜摩擦。
- Dynamic Friction：設定動摩擦。

- Linear Damping：設定線性阻尼。
- Angular Damping：設定角阻尼。

PhysicsEntity	
Name	PhysicsEntity
Physics Type	#In Physics
Material Density	0
Static Friction	0.5
Dynamic Friction	0.5
Restitution	0.1
Linear Damping	0
Angular Damping	0
Solver Position Iterations	0
Solver Velocity Iterations	0
Scene Id	0
Collision Group	#Default Group
Smoothing Steps	0

圖4.110

(2) 纜線(Cable)

纜線(Cable)可用來建立纜線的物理特性，常用於模擬繩索、鏈條、皮帶及電纜等。以下為可設定的參數，如圖4.111。

- Thickness：設定纜線厚度。
- Cable Length：設定纜線長度。
- Collider Length：設定碰撞長度。
- Stiffness：設定纜線剛性等級(低、中、高)。
- Node 1：設定纜線的連接端點1。
- Node 2：設定纜線的連接端點2。
- End Type 1：設定端點1的類型(自由、旋轉、固定)。
- End Type 2：設定端點2的類型(自由、旋轉、固定)。

PhysicsCable	
Name	PhysicsCable
Thickness	20 mm
Cable Length	0 mm
Collider Length	30 mm
Stiffness	#Low
Node 1	Null
Node 2	Null
End Type 1	#Free
End Type 2	#Free
Total Length Factor	1
Material	Null
Advanced	☐

圖4.111

(3) 路徑(Path)

路徑(Path)可用來建立具物理特性的路徑。以下為可設定的參數，如圖4.112。

- Statistics：統計報表。
- TransitionSignal：觸發布林訊號(當元件進入時訊號為True，元件離開時訊號為False)。
- Path：流動路徑。
- Speed：流動速度。

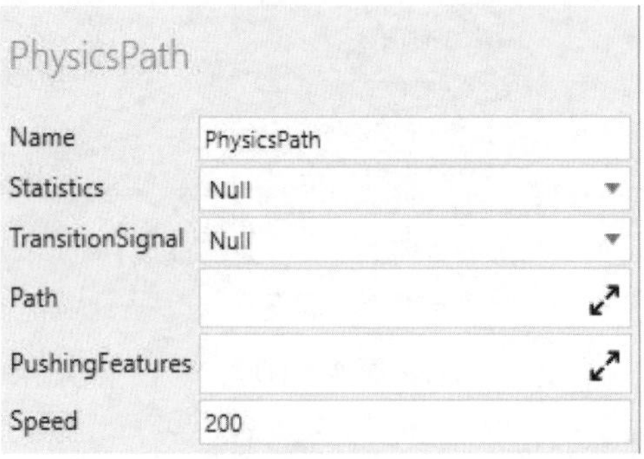

PhysicsPath

Name	PhysicsPath
Statistics	Null
TransitionSignal	Null
Path	
PushingFeatures	
Speed	200

圖4.112

8.程序模型(Process Model)

Process Model

Transport Node | Process Executor | Product Creator | Transport Controller

當元件需被使用在處理程序(PROCESS)頁籤上面的編輯器時，可建立程序模型的行為，分為有Transport Node、Process Executor、Product Creator及Transport Controller四種。

(1) 傳輸節點(Transport Node)

傳輸節點(Transport Node)可用在流程編輯器Flow Editor中設定產品流出或流入的位置。以下為可設定的參數，如圖4.113。

- Process Executor：設定所使用的程序執行器。
- ComponentContainer：設定所使用的元件容器。
- VisualPositionFrame：設定傳輸節點的視覺座標位置。
- DefaultProductPositionFrame：產品到達傳輸節點時的位置。
- DefaultResourcePositionFrame：人員走到傳輸節點進行搬運時，所站立的位置。

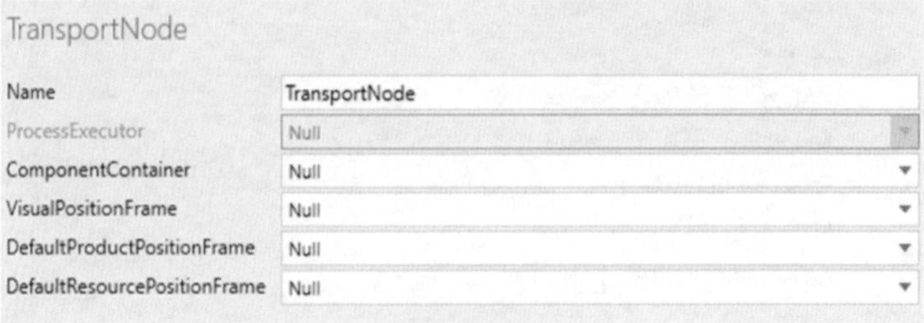

TransportNode

Name	TransportNode
ProcessExecutor	Null
ComponentContainer	Null
VisualPositionFrame	Null
DefaultProductPositionFrame	Null
DefaultResourcePositionFrame	Null

圖4.113

(2) 程序執行器(Process Executor)

程序執行器(Process Executor)可定義程序的規則。以下為可設定的參數，如圖4.114。

- TransportNode：設定所使用的傳輸節點。

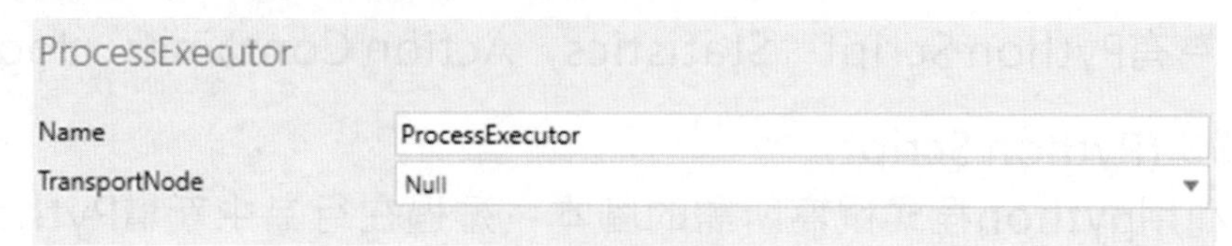

圖4.114

(3) 產品創建器(Product Creator)

產品創建器(Product Creator)可在產品編輯器中新增產品產生器。以下為可設定的參數，如圖4.115。

- FeedMode：有四種模式可以選擇，分別為單一、批次、表單及分佈。選擇單一可依據指定的時間創建產品；選擇批次可依據指定的數量及時間間隔創建產品；選擇表單可依據Excel檔案的數據資料創建產品；選擇分佈可依據統計的分佈函數創建產品。
- Statistics：統計報表。

圖4.115

(4) 傳輸控制器(Transport Controller)

傳輸控制器(Transport Controller)負責在傳輸節點之間傳送產品，也可以透過Python程式客製化所需的傳輸方式。以下為可設定的參數，如圖4.116。

- IconColor：設定傳輸控制器圖示的顏色。

PythonTransportController

Name	PythonTransportController
Icon	UPM/pConveyorTransportController
IconColor	

圖4.116

9.其他(Misc)

Misc
Python Script　Process Handler　Document Link　Statistics　Note　Action Container　Transport Protocol　Vehicle　Jog Info

常用的行為有Python Script、Statistics、Action Container、Jog Info四種。

(1) Python腳本(Python Script)

元件可以利用python程式撰寫所需的腳本，透過在行為中新增Python Script即可撰寫程式，如圖4.117。

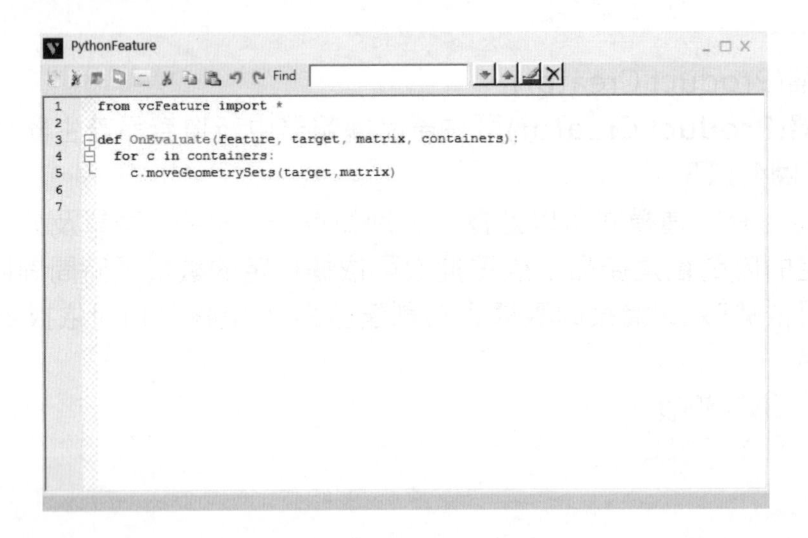

圖4.117

- 編譯(Compile code)：模擬Reset時，若有修改過程式碼內容，需使用此功能重新編譯程式。
- 執行追蹤(Trace execution)：當開啟時，編輯器將標示出正在執行模擬的程式。
- 執行至游標(Run to cursor)：開啟已選取的中斷點，當模擬進行到中斷點時，將自動停止模擬。
- 逐行執行(Step 1 line)：使用指標來執行模擬 ， 會逐行的執行程式，每換到新的一行就會停止模擬。
- 程式片段(Snippets)：可選擇加入常用的套裝程式，減少撰寫時間。

元件的程式碼可以在模擬前、模擬中或是模擬後執行它的操作元件行為任務，編寫方法將執行在事件上，當程式碼載入其主要迴圈並編譯後，就可以開始使用程式碼，有兩種已定義好且可使用的事件，分別為模擬時間事件和非模擬時間事件。

● 模擬時間事件：

OnStart()：	模擬開始時所啟動的第一個指令，用來初始化模擬數據。
OnRun()：	主要迴圈，模擬啟動後即開始執行，本指令停止時，並不會影響到模擬的進行。
OnStop()：	暫停模擬。
OnContinue()：	繼續播放模擬。
OnReset()：	重新播放模擬。
OnSignal()：	訊號控制器，在接收到連接至程式碼的訊號時啟動。
OnSimulationUpdate()：	更新模擬。
OnDestroy()：	程式碼受損。

● 非模擬時間事件：

OnFinalize()：	載入或複製所有元件之後。
OnRebuild()：	重建元件的幾何模型，在載入開始後發生。

(2) 統計(Statistics)

當元件需具備可統計稼動率的功能時，需新增**統計(Statistics)**行為，並點選**新增預設狀態(Create Default States)**，如圖4.118。

Statistics

Name	Stat
PartsEntered	0
PartsExited	0
PartsCurrent	0
PartsUtilization	0
PartsAverageCount	0
PartsMinCount	0
PartsMaxCount	0
PartsTotalTime	0
PartsAverageTime	0
PartsMinTime	0
PartsMaxTime	0
Utilization	0
IntervalUtilization	0
IntervalTotalStateTime	0
IntervalBreakPercentage	0
IntervalIdlePercentage	0
IntervalBusyPercentage	0
IntervalBlockedPercentage	0
IntervalFailedPercentage	0
IntervalRepairPercentage	0
IntervalSetupPercentage	0

State Name	System State
Click To Add Row	

Create default states

圖4.118

(3) 動作容器(Action Container)

動作容器(Action Container)是用來儲存各種動作，如抓取、放下、描繪軌跡等，如圖4.119。

ActionContainer

Name	ActionContainer
Connections	

圖4.119

(4) 互動搖手(Jog Info)

當元件已建好動態行為時，可新增**互動搖手(Jog Info)**功能直接在3D世界拖拉可作動的部件。

以下為需要設定的參數，如圖4.120。

- DOF：定義自由度(共有Tx、Ty、Tz、Rx、Ry、Rz六種自由度)。
- Scale：可用來調整Jog的因素，通常為+1或-1。
- Variable：作動的Joint參數。

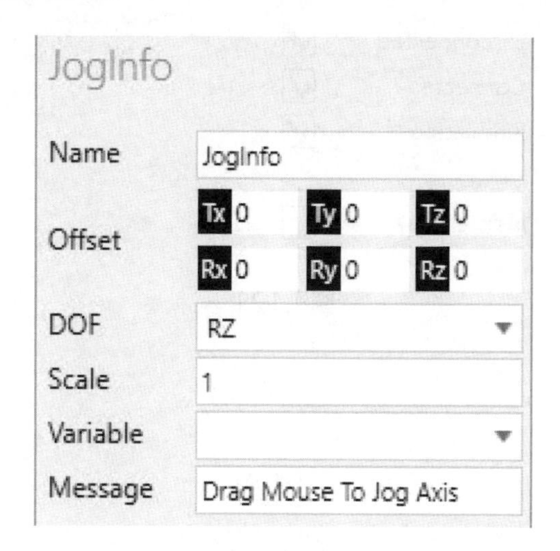

圖4.120

 屬性(Properties) 

自訂元件參數，可直接利用已定義的參數進行特徵或節點的描述，或進行元件尺寸的參數化。

不論是哪種類型的參數都具有屬於自己的一般屬性，以下為一般參數的介紹，如圖4.121。

- Name：參數名稱。
- Visible：是否在屬性(Properties)頁籤中顯示該參數。
- Rebuild：變更參數的數值後，將重建元件的幾何外型，其中所有的Link都將更動，樹狀圖及敘述也將重新計算整理。
- Update simulation：變更參數數值後，將更新模擬。
- Disconnected：當元件沒有與其他元件連結時，可以輸入該參數。
- Connected：當元件已與其他元件連結時，可以輸入該參數。
- Simulating：模擬時可以輸入該參數。

Property ×
Name visible
Visible ☑
On value change
Rebuild ☑
Update simulation ☐
Allow editing when
Disconnected ☑
Connected ☑
Simulating ☑
Value
visible ☐

圖4.121

1.字串(String) 

字串參數為8位元字母，以文字輸入框的方式呈現，也能夠為字串設定限制(於限制範圍Constraints中輸入)，如圖4.122。

Name String_1
Visible ☑
On value change
Rebuild ☑
Update simulation ☐
Allow editing when
Disconnected ☑
Connected ☑
Simulating ☑
Value
String_1
Constraints

圖4.122

2.布林(Boolean) 

布林參數包含True(1)或False(0)兩種數值，值Value勾選為True，反之取消勾選則為False，如圖4.123。

Name	Boolean_1
Visible	☑
On value change	
Rebuild	☑
Update simulation	☐
Allow editing when	
Disconnected	☑
Connected	☑
Simulating	☑
Value	
Boolean_1	☐

圖4.123

3.整數(Integer) Integer

整數參數包含32位元的整數數值，數值的參數可自行定義範圍，共有三種不同的型式可供選擇。

● 不限制參數範圍，限制範圍Constraints欄位中不做任何設定，如圖4.124。

Name	Integer_1
Visible	☑
On value change	
Rebuild	☑
Update simulation	☐
Allow editing when	
Disconnected	☑
Connected	☑
Simulating	☑
Value	
Integer_1	0
Constraints	

圖4.124

● 限制特定範圍(最大和最小值)，限制範圍Constraints欄位中輸入最大值及最小值，數字間以" - "隔開，如圖4.125

Constraints
2-5

圖4.125

● 設定下拉式參數選單，限制範圍Constraints欄位中輸入各項數字，數字間以"；"隔開，如圖4.126。

Constraints
2;5;10;11

圖4.126

4.實數(Real) 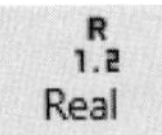

實數參數包含64位元IEEE浮點數值，如圖4.127，具有三種型式可供選擇，設定方式同整數參數(Integer)。

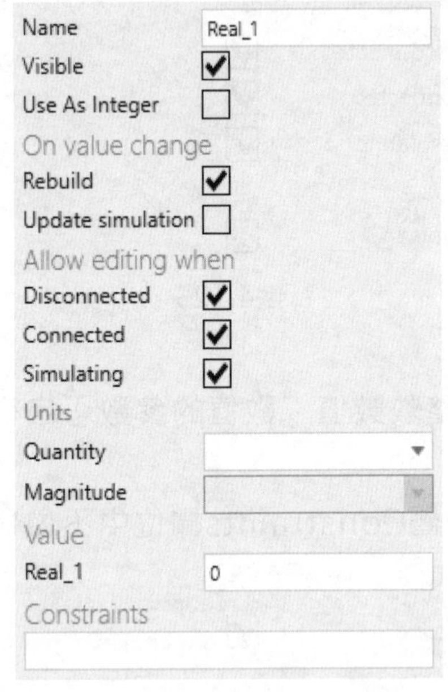

圖4.127

5.向量(Vector) 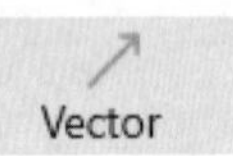

向量參數包含X、Y及Z的真實數值元件，以數值編輯框的形式呈現，可利用COM或是Python API來存取完整的向量，如圖4.128。

Name Vector_1
Visible
On value change
Rebuild
Update simulation
Allow editing when
Disconnected
Connected
Simulating
Units
Quantity
Magnitude
Value
Vector_1 X 0 Y 0 Z 0

圖4.128

6.矩陣(Matrix) Matrix

矩陣參數包含完整的4×4的真實數值，矩陣使用6個數值編輯框：Tx、Ty、Tz、Rx、Ry及Rz，其中Tx、Ty、Tz為矩陣的位置，而Rx、Ry、Rz為其方位角，可利用COM或是Python API來存取完整的向量，如圖4.129。

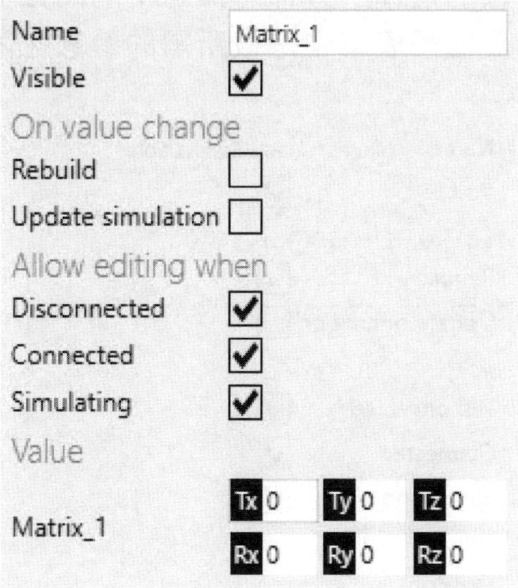

圖4.129

7.運算式(Expression) X+1 Expression

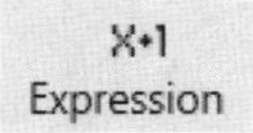

運算式參數利用數學式來計算數值，預設情況下，參數的數值將不會顯示，當設定為可見(Visible)時，將呈現參數中的數學式，如圖4.130。

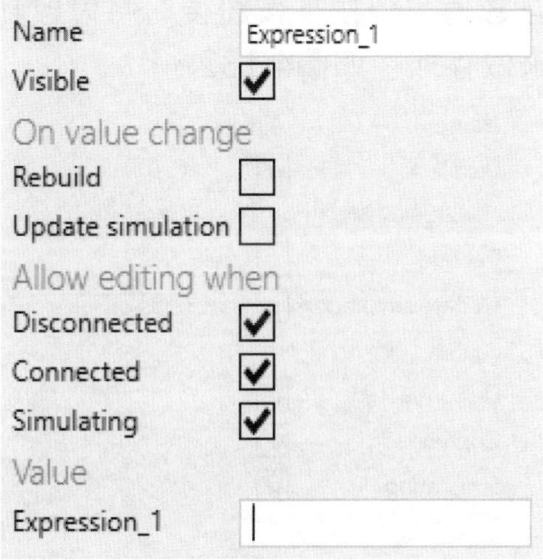

圖4.130

8.分佈(Distribution) 

分佈參數依據各樣的分佈種類(普通、統一、常態、指數、伽馬、三角形的、韋伯)會顯示不同的參數設定，如圖4.131。

分佈參數和其餘參數一樣，都擁有相同的一般屬性，能夠自行輸入預設的數值和期望的分佈，根據不一樣的選擇，分佈將擁有不同的數值來決定圖形的外型和分佈的大小，也能由隨機串流種子表單中選取所需的參數，除非有經過其他定義，預設的隨機串流種子皆為1。

Name	RealDistribution_1
Visible	☑
On value change	
Rebuild	☐
Update simulation	☐
Allow editing when	
Disconnected	☑
Connected	☑
Simulating	☑
Units	
Quantity	
Magnitude	
Value	
RealDistribution_1	0.000 +

圖4.131

9.按鈕(Button) 

按鈕參數本身並不包含數值，但按下按鈕後，將會啟動改變數值的事件，可利用COM或是Python API來做存取，如圖4.132。

Name	Button_1
Visible	☑
On value change	
Rebuild	☐
Update simulation	☐
Allow editing when	
Disconnected	☑
Connected	☑
Simulating	☑
Value	
	Button_1

圖4.132

10.位址(URI) 

利用位址參數可讀取檔案路徑或HTTP路徑，如圖4.133。

Name	URI_1
Visible	☑
On value change	
Rebuild	☐
Update simulation	☐
Allow editing when	
Disconnected	☑
Connected	☑
Simulating	☑
Value	
URI_1	...

圖4.133

11.元件(Simulation Node) 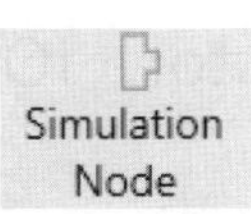

利用元件參數可選取一個布局中的元件link節點，如圖4.134。

Name	Ref<Node>_1
Visible	☑
On value change	
Rebuild	☐
Update simulation	☐
Allow editing when	
Disconnected	☑
Connected	☑
Simulating	☑
Value	
Ref<Node>_1	Null

圖4.134

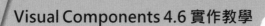

12.元件列表(Simulation Node List) 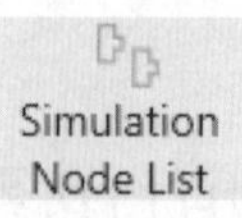

利用元件列表參數可選取多個布局中的元件link節點，如圖4.135。

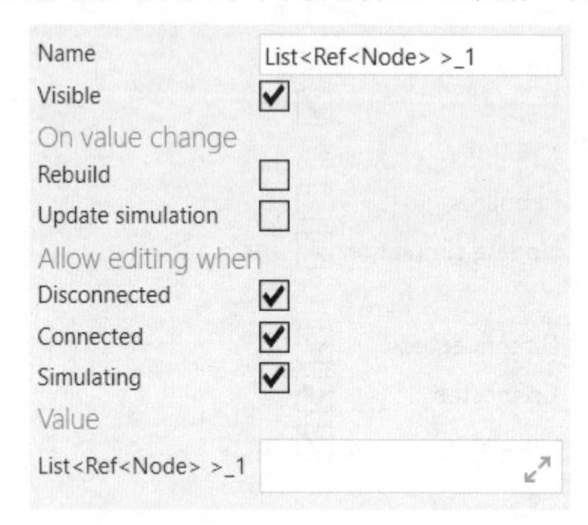

圖4.135

 精靈(Wizards) 

快速建模精靈，常用的行為有End Effector、IO-Control、Positioner及Conveyor四種。

1.末端執行器(End Effector) 

此功能用來快速建立夾爪與機械手臂連動的行為，將夾爪的Link設定完成後，可點選此功能快速建立PnP介面及訊號控制夾爪開闔。

2.IO控件(IO-Control) 

此功能用來快速建立元件與機械手臂連動的行為，將元件的Link設定完成後，可點選此功能快速建立訊號控制開闔(訊號Value值為False是開、訊號Value值為True是關)。

3.定位器(Positioner) 

此功能用來快速建立定位台與機械手臂連動的行為，將元件的Link設定完成後，可點選此功能快速建立，在製作專案時定位台的點位姿態可記錄於機械手臂中。

4.輸送帶(Conveyor) 

此功能用來快速建立輸送帶上面物體流動的行為及連接介面。

CHAPTER 5

機器人教導(PROGRAM)

5.1 機器人教導(PROGRAM)

機器人教導(PROGRAM)分頁欄提供教導具有伺**服控制器(Servo Controller)**或**機器人控制器(Robot Controller)**行為的元件，可利用**執行器(Executor)**進行教導，也可以撰寫Python程式進行教導。

機器人教導(PROGRAM)分頁欄可分成**教導編輯器(Program Editor)**、**屬性(Statement Properties)&互動(Jog)**及**工具列**等三大部分，如圖5.1，接下來以Generic Articulated Robot元件為例，詳細介紹此分頁欄中的所有功能。

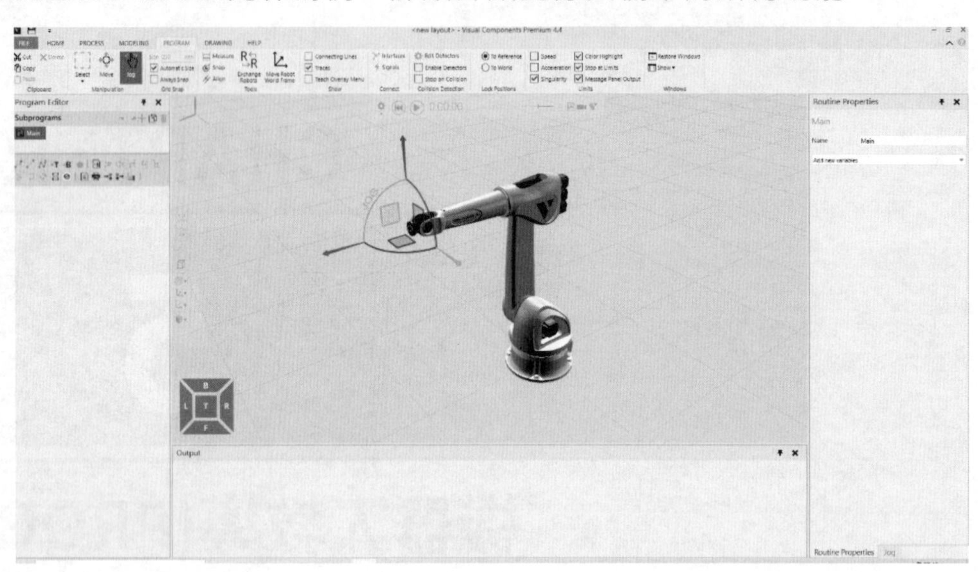

圖5.1

一 機器人(Robot)

在3D世界中同時有多個可教導的元件時，須點選欲教導的元件，如圖5.2，被選擇的元件將顯示淺藍色，此時教導編輯器將顯示此元件所有的程式。

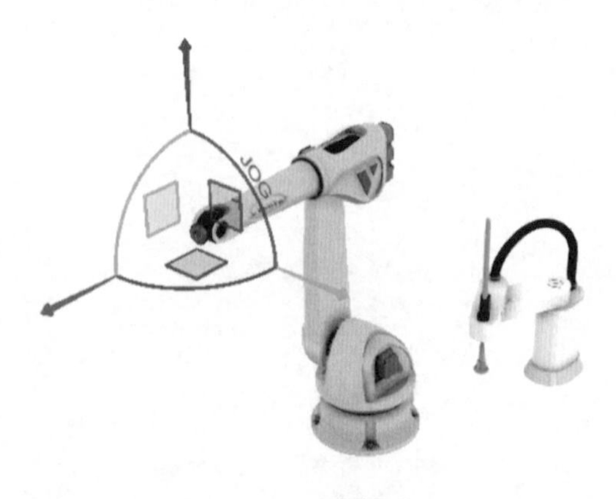

圖5.2

 屬性(Jog)

點選**互動(Jog)** Jog 功能後，將滑鼠移至手臂各軸上會出現手掌圖示( )的符號，此時按著滑鼠左鍵不放可讓各軸隨著手掌作動，此功能與工具列**佈局規劃(Home)**頁籤中的**互動(Interact)**功能相同；另外選擇具有**機器人控制器(Robot Controller)**行為及**逆向運動(inverse kinematics)**的元件，結構末端會顯示可拖曳的方向軸，此功能使用方式與工具**列佈局規劃(Home)**頁籤中的**移動(Move)**功能相同，將滑鼠移至方向軸上，此時按著滑鼠左鍵拖曳可進行單方向移動，上述方法是經由結構末端點倒推回機械手臂各軸姿態，旋轉手臂操作亦相同，如圖5.3。

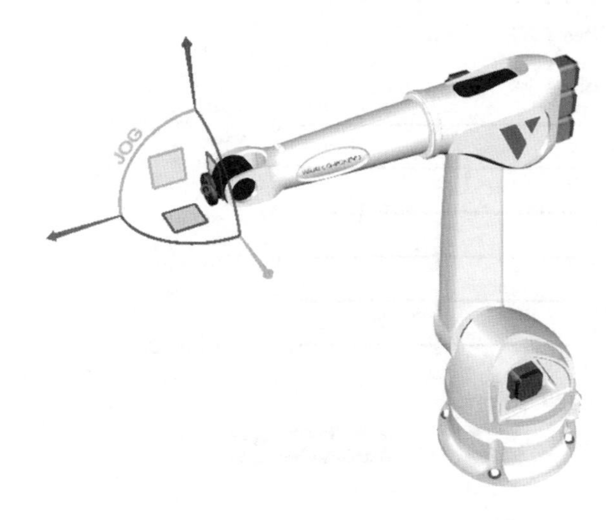

圖5.3

點選**互動(Jog)**功能後右側頁籤將自動切換，此部份分為三個區塊：**機器人(Robot)**、**關節(Joints)**及**對準選項(Snap Options)**，如圖5.4。

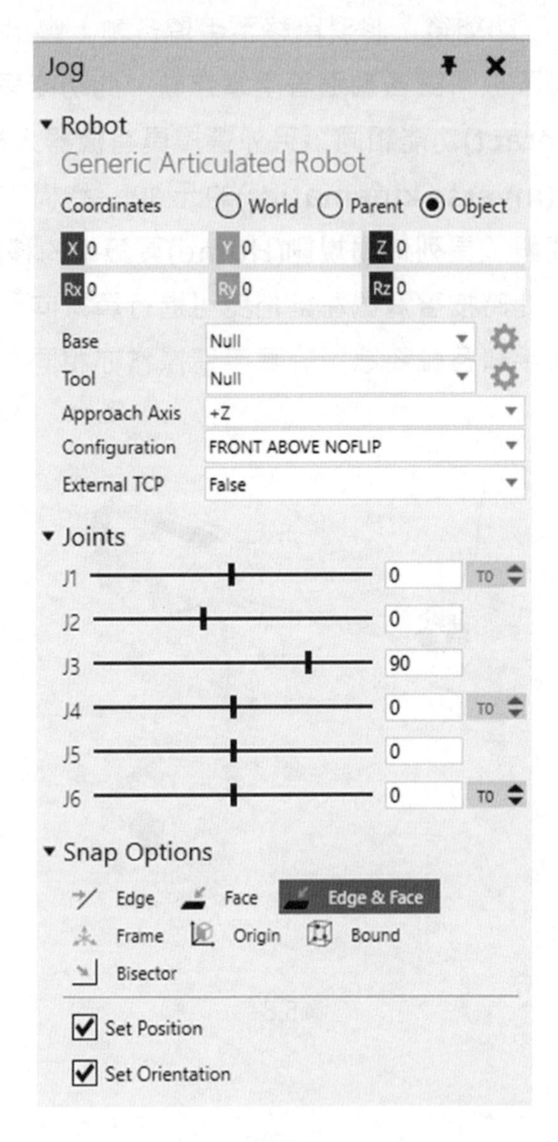

圖5.4

1.機器人(Robot)：機器人教導的基礎設定，詳細說明請參閱第5.2節。
2.關節(Joints)：顯示各軸數值。
3.對準選項(Snap Options)：捕捉特徵點設定。

5.2 機器人教導的基礎設定

基準(Base)設定

與實體機器人一樣，軟體中可設定機器人的使用者座標系**基準(Base)**，下拉式選單可選擇不同的**基準(Base)**，如圖5.5，點選後方 ⚙ 可編輯**基準(Base)**座標，預設位置為元件的原點。當移動基準(Base)時，綁定於此**基準(Base)**教導的點位，亦會跟著移動。以下將詳細介紹**基準(Base)**的功能設定。

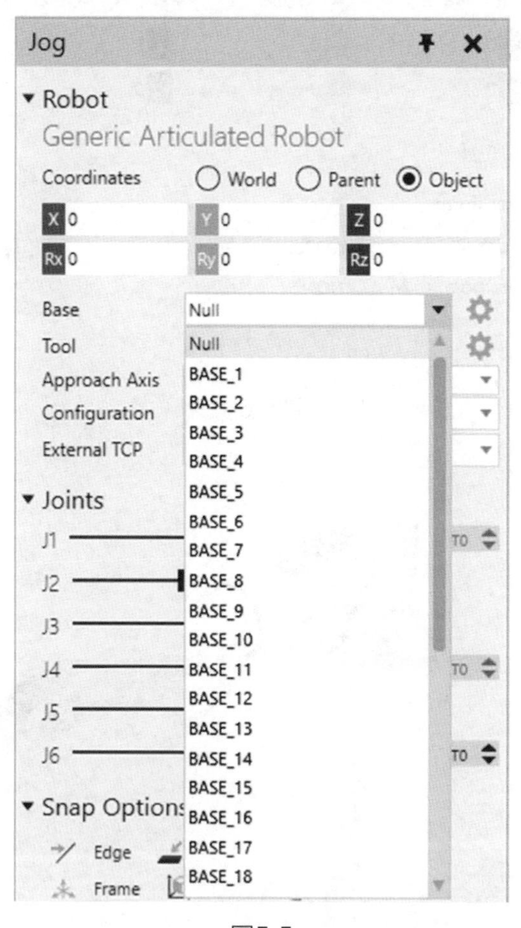

圖5.5

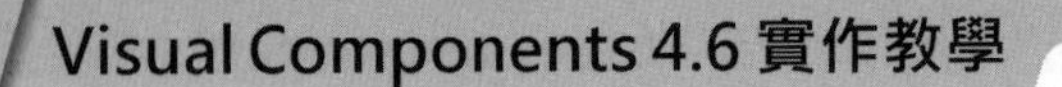

1.變更基準(Base)

於下拉式選單中選擇欲移動的**基準(Base)**，被選取的**基準(Base)**座標顏色會變為藍色，點選後方齒輪按鈕 ，視窗會出現各項參數設定，如圖5.6，3D世界中會顯示移動及旋轉的方向軸，將滑鼠移至方向軸上，此時按著滑鼠左鍵拖曳即可進行**基準(Base)**座標移動，移動的方式與工具列**佈局規劃(Home)**頁籤中的**移動(Move)**功能相同，如圖5.7。

Base Properties

BASE_1

Coordinates ◉ World ○ Parent ○ Object

X 0 Y 0 Z 0

Rx 0 Ry 0 Rz 0

Name BASE_1

Transform

Node *WORLD*

InterpolationM... #NONE

圖5.6

圖5.7

2.Node設定

於下拉式選單中選擇欲設定的**基準(Base)**後，點選後方齒輪圖示 ⚙ 如圖5.8，進入到**基準屬性(Base Properties)**頁面後點選Node後方按鈕 ，如圖5.9，可於3D世界中點選基準(Base)欲綁定的元件，或是從下拉式選單選取亦可，**基準(Base)**會自行移動至該元件節點， Node可選擇元件Link階層， 如圖5.10。 將**基準(Base)**綁定後，移動該元件，則**基準(Base)**也會隨之移動。

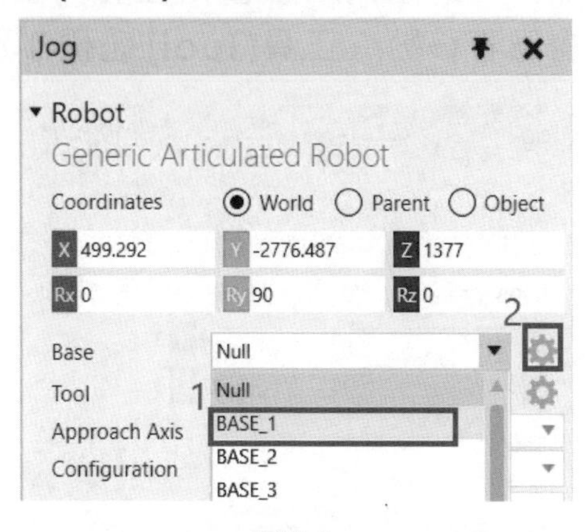

圖5.8

Base Properties
BASE_1
Coordinates ◉ World ○ Parent ○ Object
X -524.908 | Y -2776.487 | Z 0
Rx 0 | Ry 0 | Rz 0
Name BASE_1
Transform
Node *WORLD*
InterpolationM... #NONE

圖5.9

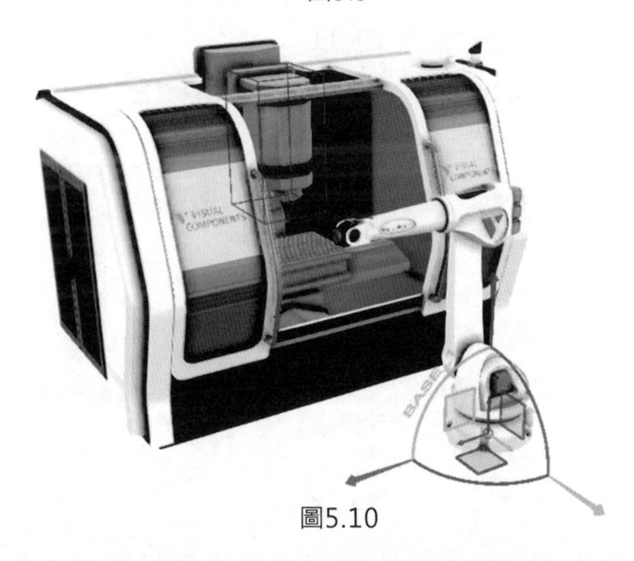

圖5.10

 二 工具(Tool)設定

與實體機器人一樣，軟體中可設定機器人的**工具(Tool)**坐標系，工具中心點(Tool Center Point，簡稱TCP)為工具坐標系的原點，其下拉式選單可選擇不同的**工具(Tool)**，如圖5.11，點選後方齒輪按鈕 ⚙ 可編輯**工具(Tool)**座標，如圖5.12，**工具(Tool)**預設位置為機器人第六軸的末端點圓心 。當移動**工具(Tool)**時，綁定於此**工具(Tool)**教導的點位，亦會跟著移動 。**工具(Tool)** 座標亦是機器人取放物件感測的基準點。

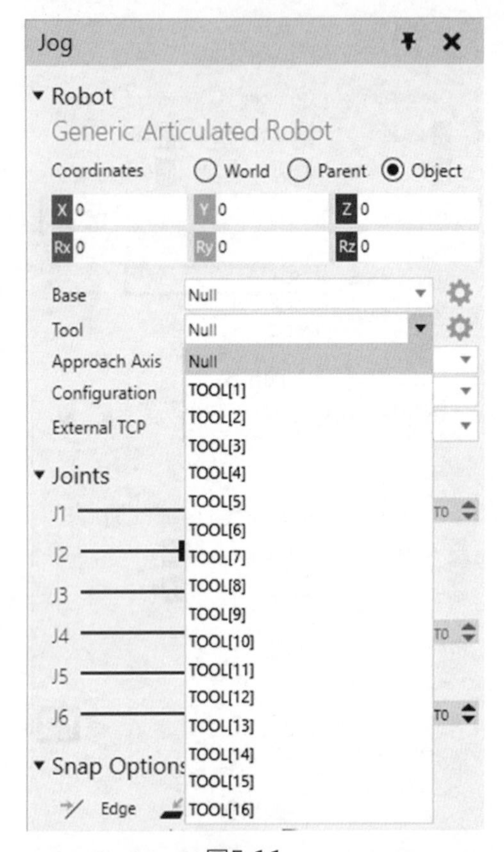

圖5.11

Tool Properties
TOOL[1]
Coordinates　World　Parent　Object
X 0　Y 0　Z 0
Rx 0　Ry 0　Rz 0
Name　TOOL[1]
Transform
Node　mountplate
InterpolationM...　#NONE

圖5.12

於下拉式選單中選擇欲移動的**工具(Tool)**，點選齒輪按鈕 ，3D世界中會顯示**工具(Tool)**移動的方向軸，此時按著滑鼠左鍵拖曳，即可進行**工具(Tool)**座標的移動，移動的方式與工具列**佈局規劃(Home)**頁籤中的**移動(Move)**功能相同，如圖5.13。

圖5.13

三 進場軸向(Approach Axis)

此功能可以調整機器人的進場軸向，這個軸向的定義為根據工具座標的方向定位機器人。最常見的軸向是沿著工具座標正Z軸方向向下，如圖5.14所示。

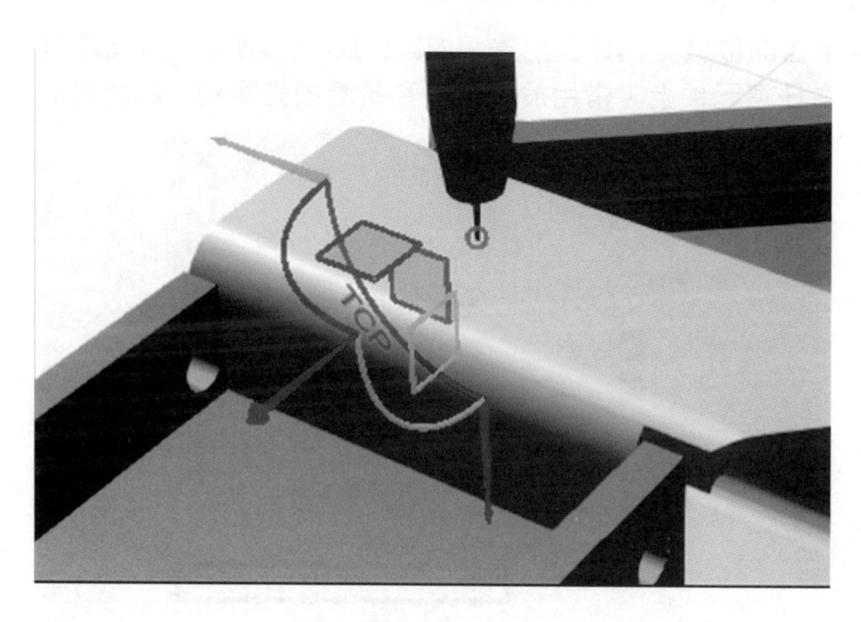

圖5.14

四 設定(Configuration)切換機器人姿態

此功能可調整機器人不同的姿態，該配置名稱是由機器人製造商編制，如圖5.15。

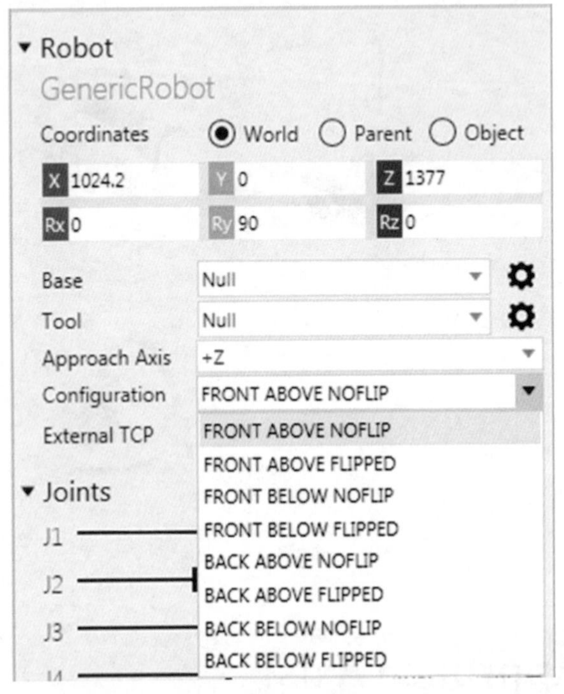

圖5.15

五 外部TCP(External TCP)

可選擇是否開啟機器人外部配置，如圖5.16 紅框所示，**外部TCP**可以將一個工具座標設定在任意元件上，常用於除毛邊和研磨拋光案例，能更有效率的完成模擬動畫。

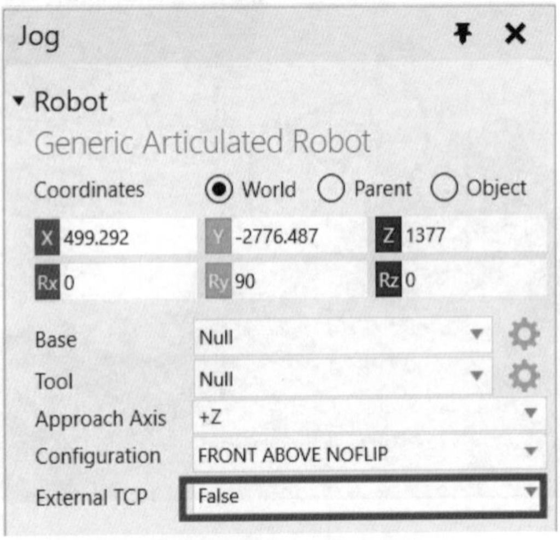

圖5.16

若開啟(True)**外部TCP**，必須先選擇一個**基準(Base)**後，按下齒輪設定 ⚙，如圖5.17，接著可將紅框中座標拖曳至任意位置，如圖5.18。進行機器人教導時，教導點會創建於剛才設定的**基準(Base)**座標上，以Base座標的原點為基準進行動作模擬，如圖5.19。

若關閉 (False) 外部配置，進行機器人教導時，教導點會創建於**工具(Tool)**預設座標上，以**工具(Tool)**座標的原點為基準進行動作模擬，如圖5.20。

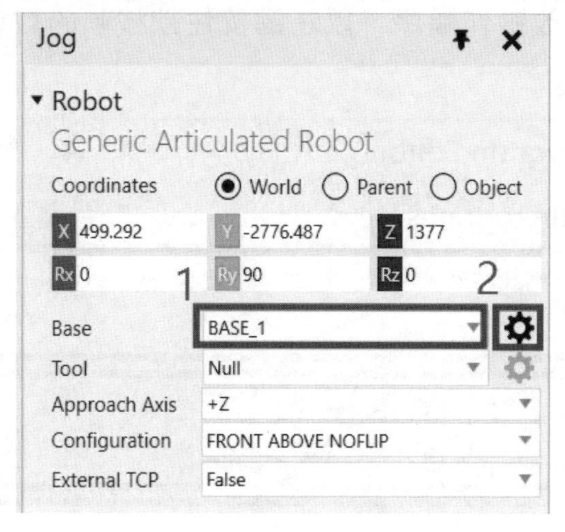

圖5.17

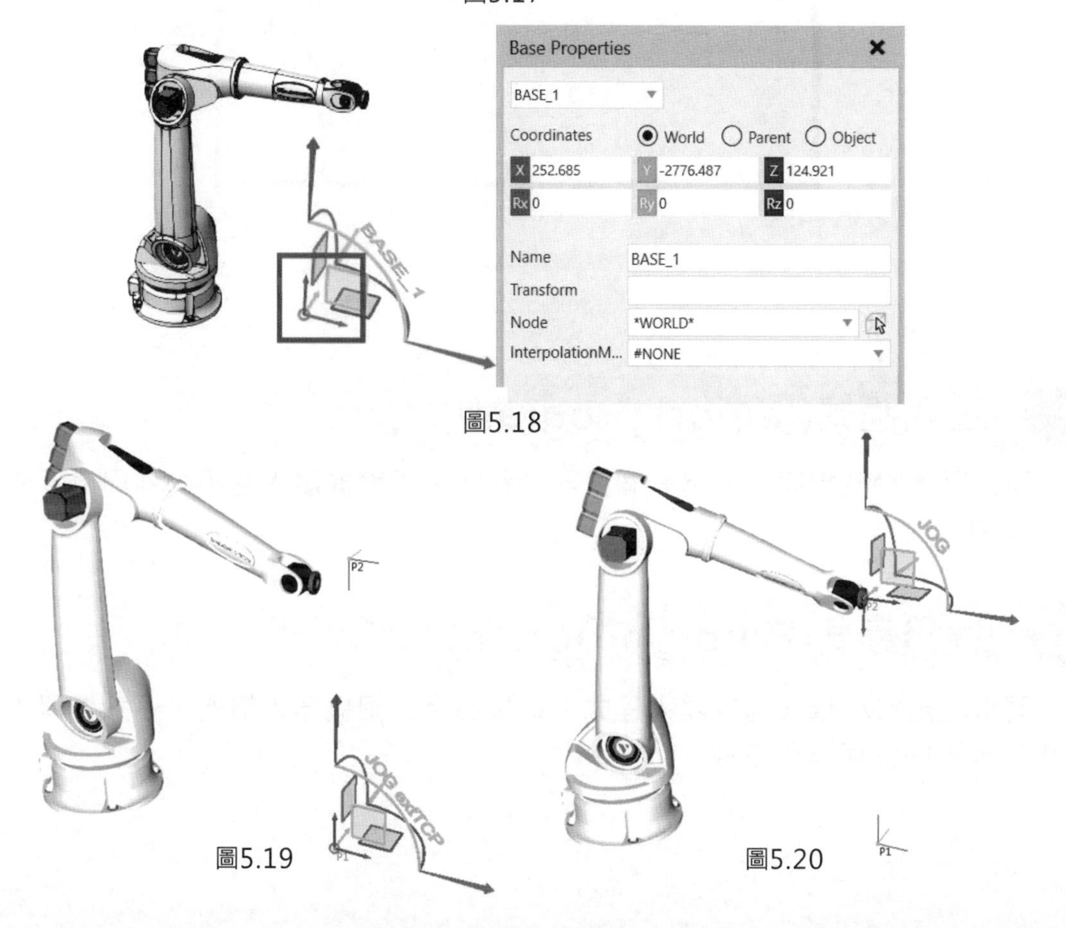

圖5.18

圖5.19

圖5.20

5.3 教導編輯器(Program Editor)

此頁籤總共分為三大部分，A部分為執行程式，可將複雜的動作分割為主程式及次程式。在模擬過程中只會進行主程式Main的教導動作，故須將次程式加入至主程式內，才能被執行，被選取的程式會呈現藍色字體。B部分為教導功能列。C部分為教導腳本，可修改動作順序，以左鍵按住欲移動的教導行為後，直接拖曳即可修改順序，如圖5.21。

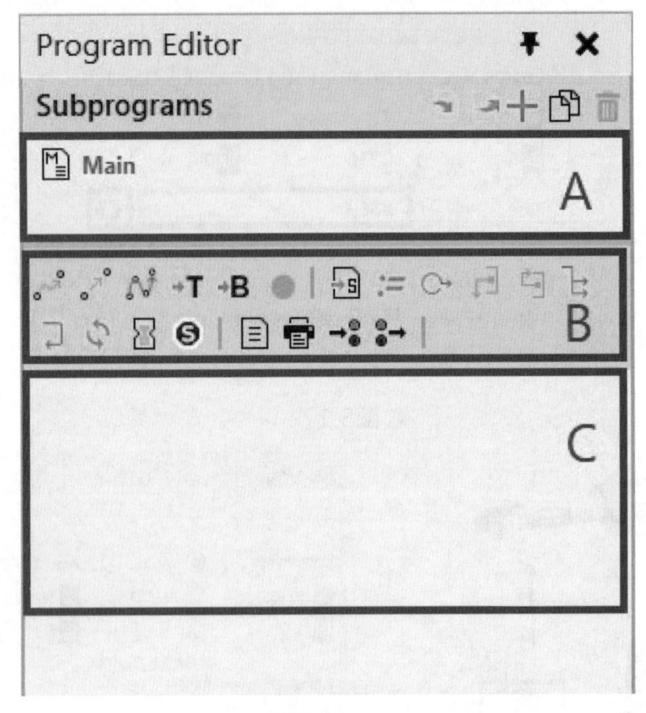

圖5.21

 匯入程式(Import program)

可以匯入XML檔案讀取另一個機器人程式，不論機器人在相同佈局或不同佈局皆可讀取。

二 匯出程式(Export program)

可以匯出XML檔案的機器人程式，提供給另一個機器人讀取，不論機器人在相同佈局或不同佈局皆可讀取。

三 新增子程式(Add sequence)

按下即可新增子程式，如圖5.22。

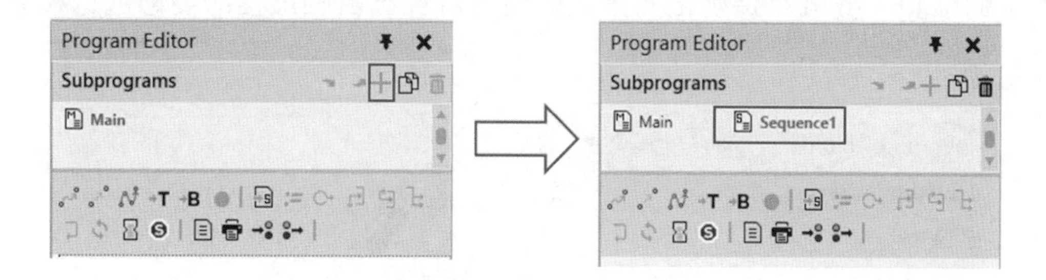

圖5.22

四 複製子程式(Copy sequence)

選取主程式或子程式後，按下即可複製程式，如圖5.23。

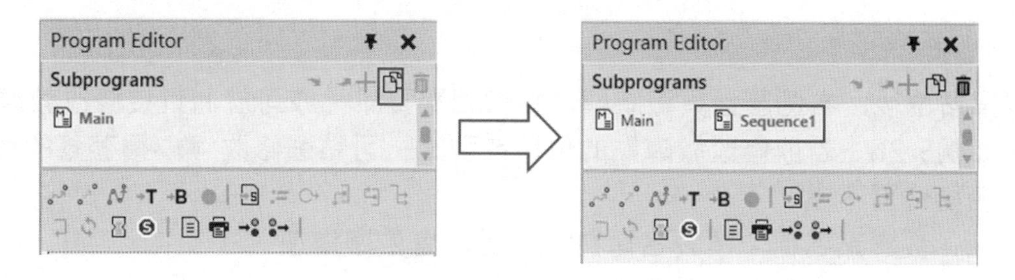

圖5.23

五 刪除子程式(Delete sequence) 

選取子程式後，按下即可刪除程式，如圖5.24。

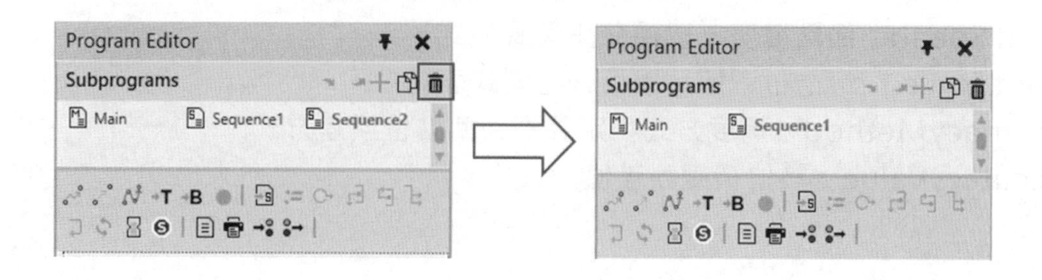

圖5.24

 點對點運動指令(Point-to-Point Motion Statement) 

將機械手臂移動至想要的位置之後，點選此功能會新增一個教導點，此教導點為非線性的移動，機械手臂會依照指定的位置計算出各軸最佳的姿態進行移動，如圖5.25。

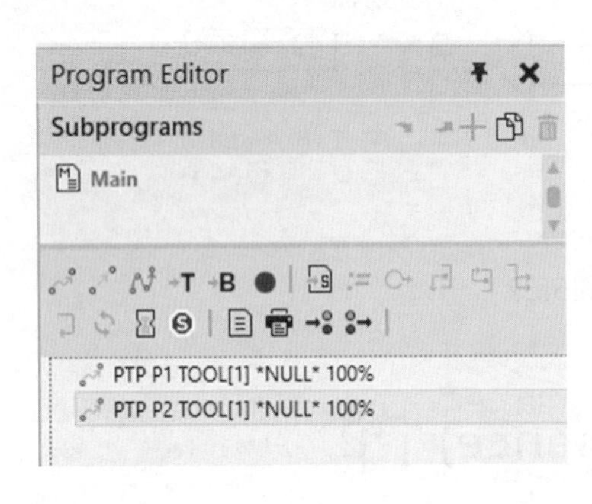

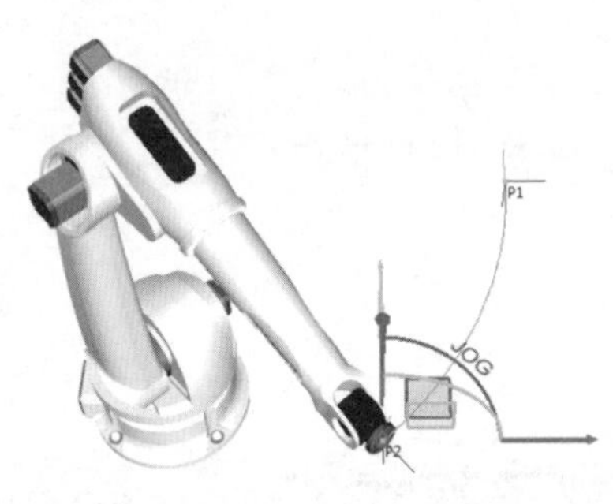

圖5.25

選擇點位後，右側屬性頁籤將顯示點位相關資訊，亦可於此直接修改教導點的參數，如圖5.26；若欲修改教導點的位置或型式，可點選修改 ● 覆蓋舊的教導點，使其名稱位置不變。

- Name：教導點名稱，預設名稱為P1，數字會依序增加。
- Configuration：Robot姿態。
- Base：與教導點相對應的Base，預設為NULL，新增教導點時於Base欄位中選擇欲相對應的Base後新增教導點，則此欄位會顯示相對應的Base。
- Tool：與教導點相對應的Tool，預設為NULL，新增教導點時於Tool欄位中選擇欲相對應的Tool後新增教導點，則此欄位會顯示相對應Tool。
- ExternalTCP：外部配置模式。
- Cycle Time：作動時間，可設定作動的時間。
- Joint Speed：節點速度，以百分比型式表式。
- Joint Force：節點加/減速，以百分比型式表式。
- AccuracyMethod：精度方式，定義到到此點位誤差方式。
- AccutacyValue：點位精度誤差值。

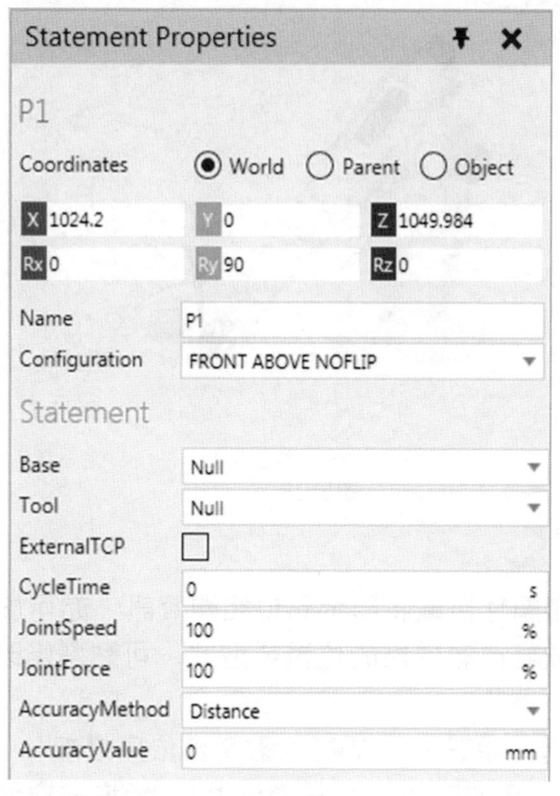

圖5.26

七 直線運動指令(Linear Motion Statement)

將機械手臂移動至想要的位置之後，點選此功能會新增一個教導點，如圖5.27，此教導點為線性點位，機械手臂會依照指定的位置做線性移動，如圖5.28。

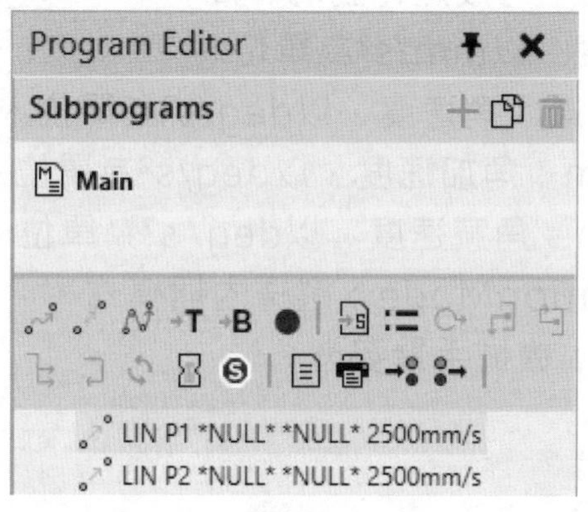

圖5.27

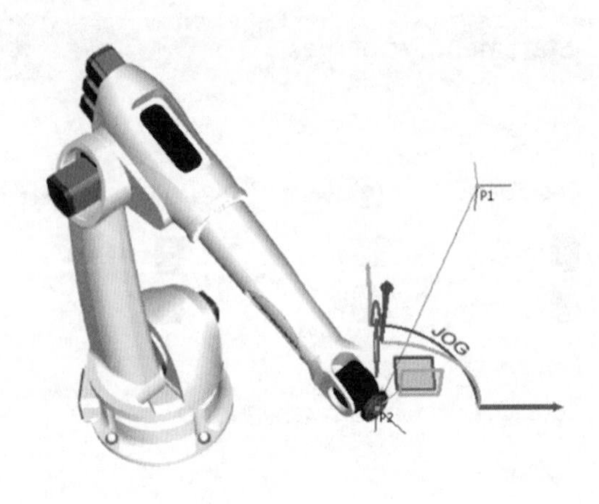

圖5.28

選擇點位後，右側屬性頁籤將顯示點位相關資訊，亦可於此直接修改教導點的參數，如圖5.29；若欲修改教導點的位置或型式，可點選修改 ● 覆蓋舊的教導點，使其名稱位置不變。

- Name：教導點名稱，預設名稱為P1，數字會依序增加。
- Base：與教導點相對應的Base，預設為NULL，新增教導點時於Base欄位中選擇欲相對應的Base後新增教導點，則此欄位會顯式相對應的Base。
- Tool：與教導點相對應的Tool，預設為NULL，新增教導點時於Tool欄位中選擇欲相對應的Tool後新增教導點，則此欄位會顯式相對應的Tool。
- ExternalTCP：外部配置模式。
- MaxSpeed：最快速度，以mm/s為單位。
- Acceleratiom：加速度，以mm/s²為單位。
- Cycle Time：作動時間，可設定作動的時間。
- Deceteration：減速度，以mm/s²為單位。
- MaxAngularSpeed：最大角速度，以deg/s²為單位。
- Angular Acceleratiom：角加速度，以deg/s²為單位。
- AngularDeceteration：角減速度，以deg/ s²為單位。
- OrientationInterpolationMode：選擇內插模式。
- ConfigurationMode：機械手臂姿態。

位資料，如圖5.29。

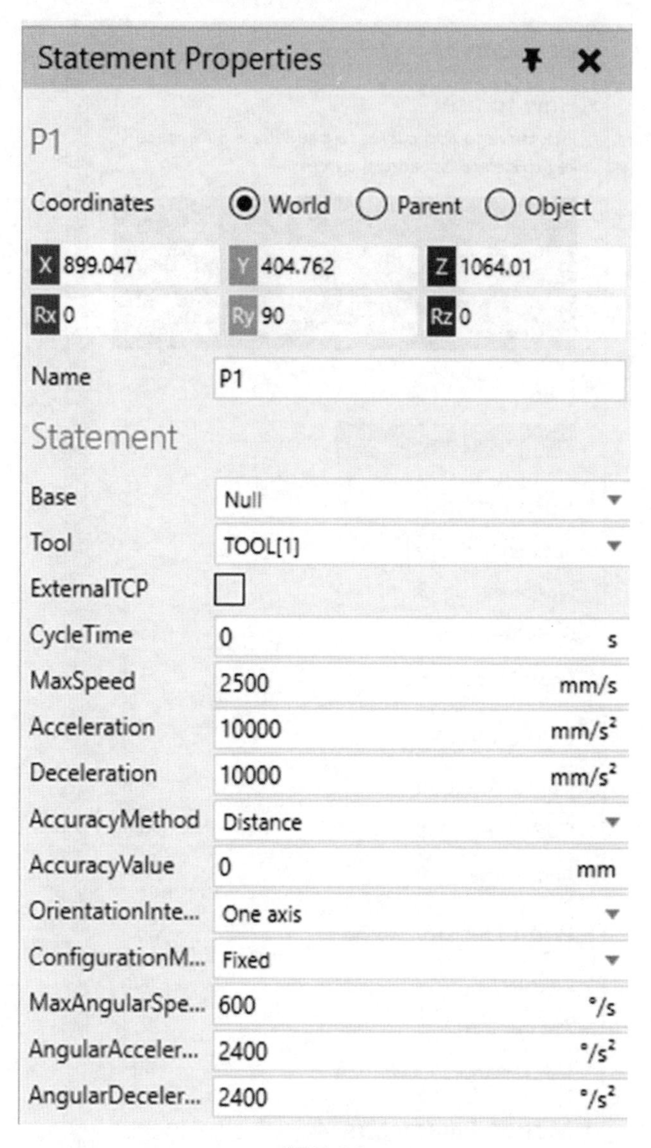

圖5.29

八 自動追蹤路徑(Path Statement) 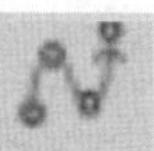

此功能提供自動產生路徑，此路徑點位將追蹤於幾何曲線上並依照參數設定點位資料，如圖5.30。

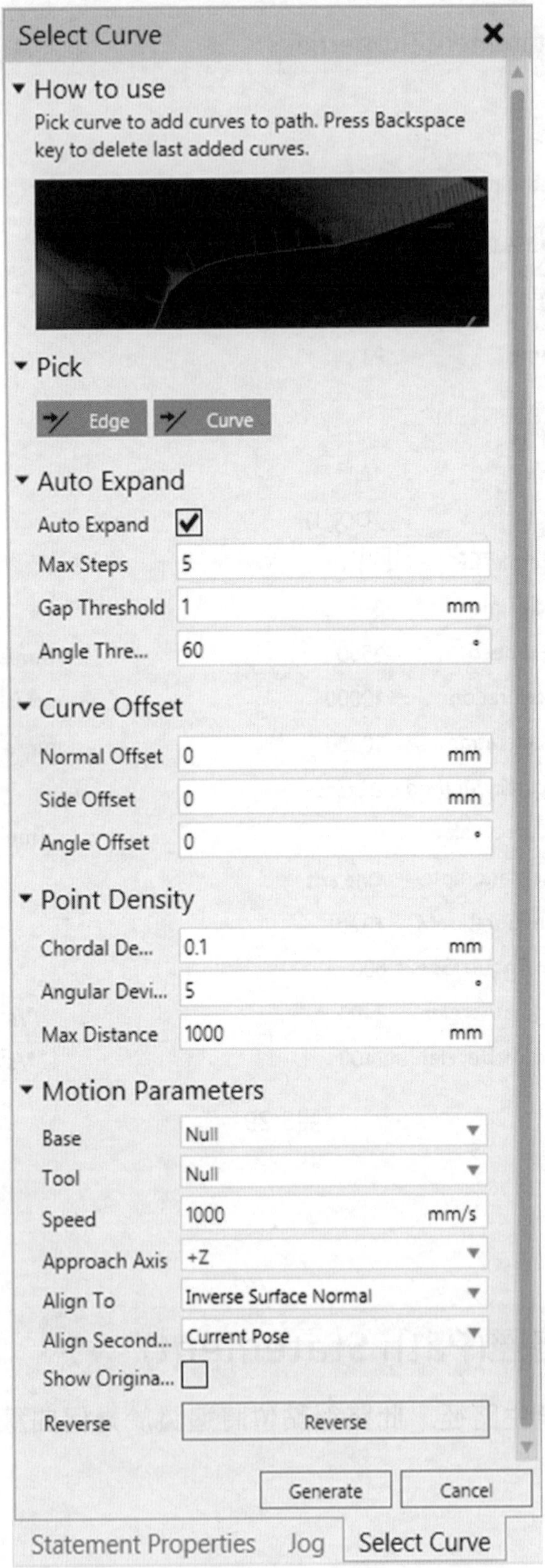

Select Curve

How to use

Pick curve to add curves to path. Press Backspace key to delete last added curves.

Pick

Edge | Curve

Auto Expand

Auto Expand	☑
Max Steps	5
Gap Threshold	1 mm
Angle Thre...	60 °

Curve Offset

Normal Offset	0 mm
Side Offset	0 mm
Angle Offset	0 °

Point Density

Chordal De...	0.1 mm
Angular Devi...	5 °
Max Distance	1000 mm

Motion Parameters

Base	Null
Tool	Null
Speed	1000 mm/s
Approach Axis	+Z
Align To	Inverse Surface Normal
Align Second...	Current Pose
Show Origina...	☐
Reverse	Reverse

Generate | Cancel

Statement Properties | Jog | Select Curve

圖5.30

點選曲線來新增點位路徑，可利用鍵盤上Backspace鍵刪除最後新增的曲線路徑。

- Pick：選擇曲線，可點選Edge或Curve模式。
- Auto Expand：微調相關數值以選擇有效的曲線。例如可設定成當曲線路徑大於90度，其轉彎處是連續的圓弧曲線，如圖5.31。

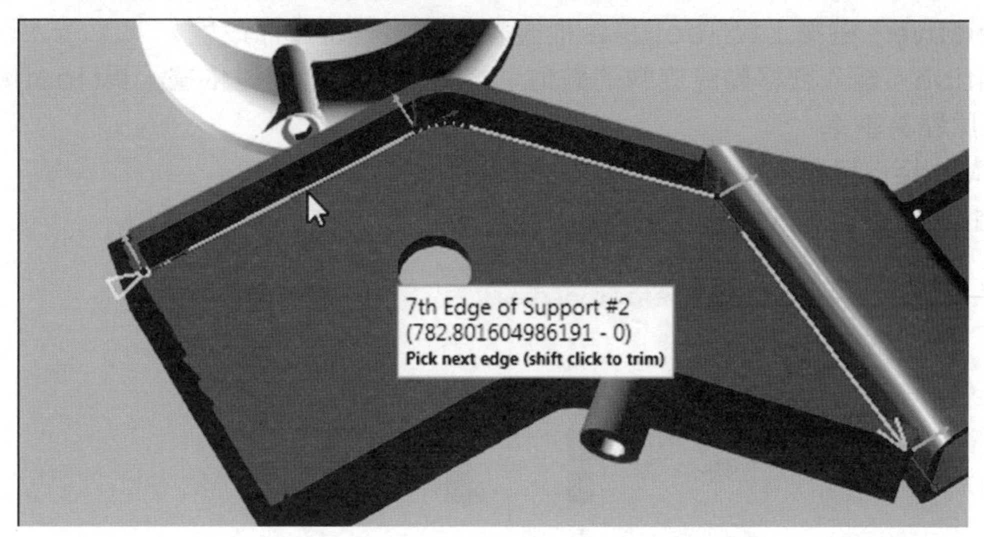

圖5.31

- Curve Offset：調整數值進行曲線偏移，使用曲線點的方向和運動參數屬性計算路徑位置的方向。

  曲線點具有以下方向：沿曲線的 X 軸點，垂直於 XZ 平面的 Y 軸點，以及垂直於曲線表面的 Z 軸點。
- Point Density：調整路徑位置及路徑點數量，如圖5.32所示。Chordal Deviation和Angular Deviation屬性可用於影響路徑精度。 Max Distance屬性可用於根據曲線段長度生成點位。

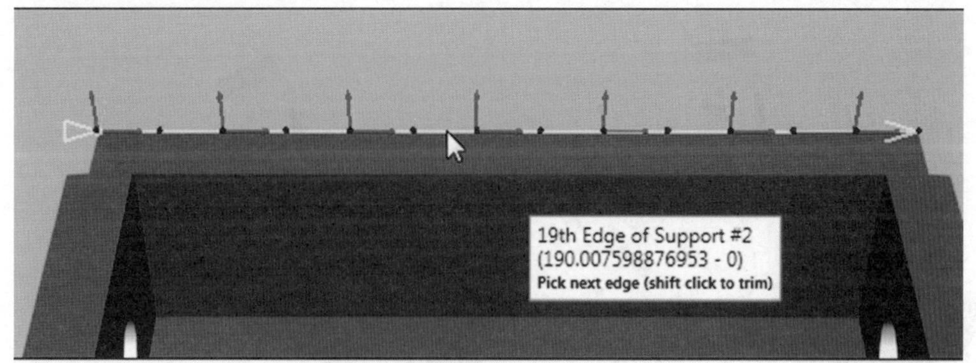

圖5.32

- Motion Parameters：自動追蹤路徑相關運動參數調整，與機械手臂教導點參數設定方式相同。

九 定義工具位置(Define Tool Statement)

此功能可在模擬時重新定義工具(Tool)的位置。新增此功能後，右側會出現屬性視窗，如圖5.33，於此視窗可設定欲重新定義的工具(Tool)及移動量。

- Tool：此下拉式選單可選擇欲移動的工具(Tool)。
- IsRelative：選擇工具(Tool)是否根據教導點相對位置而改變。
- Position：輸入欲移動或旋轉的數值，移動量或旋轉量是依據工具(Tool)綁定的元件原點為基準。
- IPOMode：設定補差模式。
- Node：顯示工具(Tool)綁定的元件及其節點。

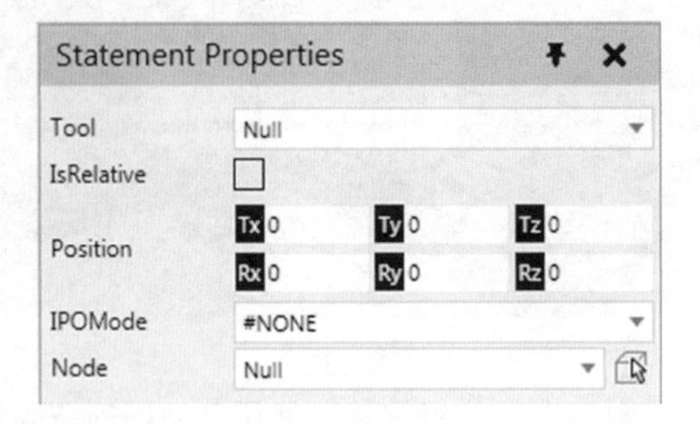

圖5.33

若教導點有相對應的工具(Tool)則可利用此功能進行矩陣教導。如圖5.34為原始教導點，如圖5.35為新增改變工具(Tool)後的教導點。新增此功能於靜態時無法顯示其差異，需進行模擬後才可顯示其差異。

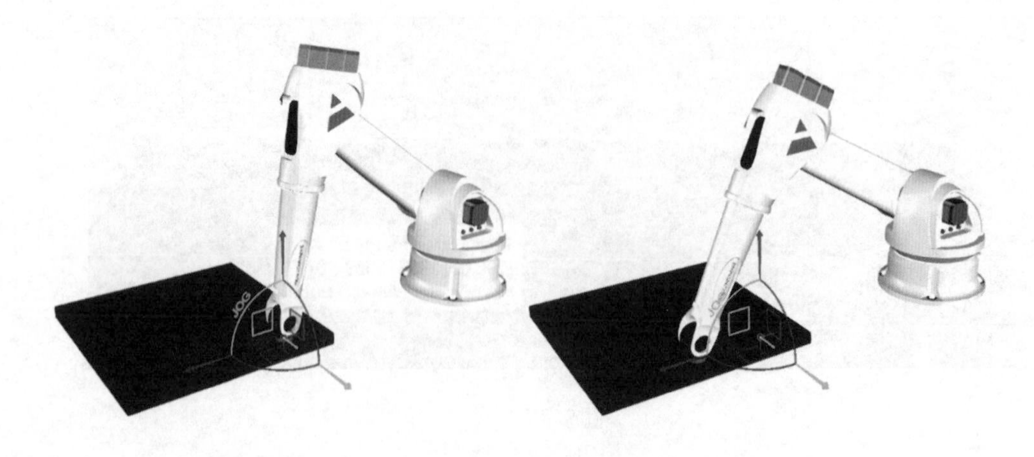

圖5.34　　圖5.35

定義基準位置(Define Base Statement)

此功能可在模擬時重新定義基準(Base)的位置。新增此功能後會出現屬性視窗，如圖5.36，於此視窗可設定欲重新定義的基準(Base)及移動量。

- Base：此下拉式選單可選擇欲移動的基準(Base)。
- IsRelative：選擇基準(Base)是否根據教導點相對位置而改變。
- Position：輸入欲移動或旋轉的數值，移動量或旋轉量是依據基準(Base)綁定的元件原點為基準。
- IPOMode：設定補差模式。
- Node：顯示基準(Base)綁定的元件及其節點。

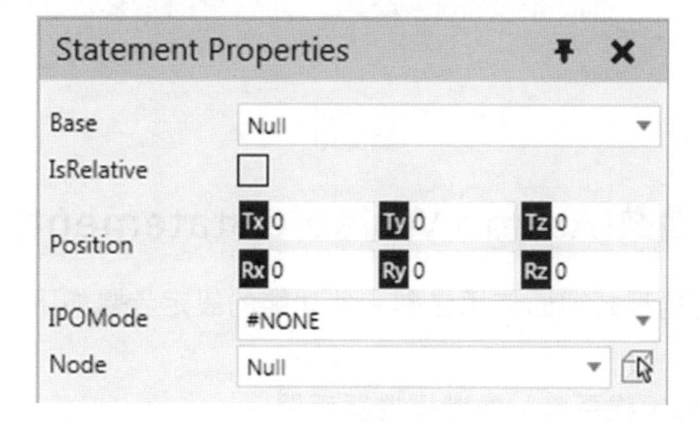

圖5.36

若教導點有相對應的基準(Base)則可利用此功能進行矩陣教導。如圖5.37為原始教導點，圖5.38為新增改變基準(Base)後的教導點。新增此功能於靜態時無法顯示其差異，需進行模擬後才可顯示其差異。

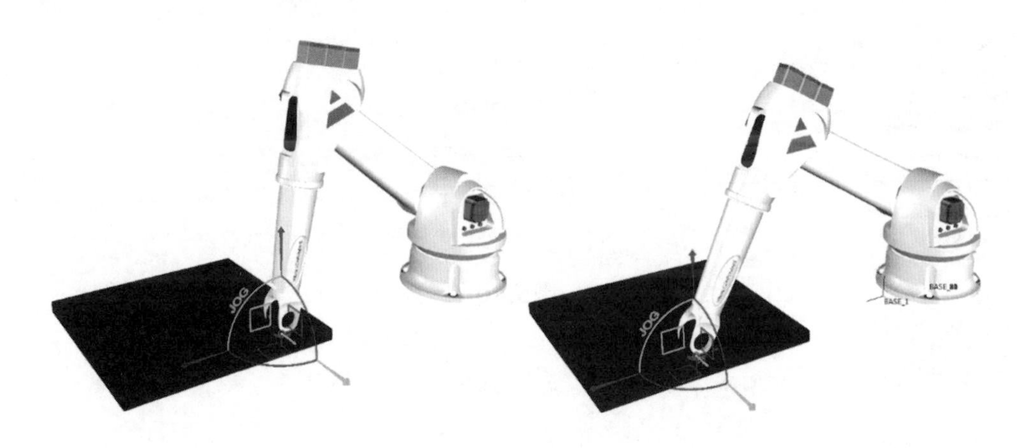

圖5.37　　　　圖5.38

 修改點位(Touch-up) 

修改教導點位置或形式後，可點選此功能覆蓋舊的教導點，使其名稱位置不變；點選教導點會開啟教導點屬性視窗於右側，於此視窗可觀看教導點的詳細資料並修改。

 呼叫子程式(Call Sequence Statement) 

點選功能後可新增呼叫子程式動作，於右側可選擇欲呼叫的程式，如圖5.39，預設值為Null。

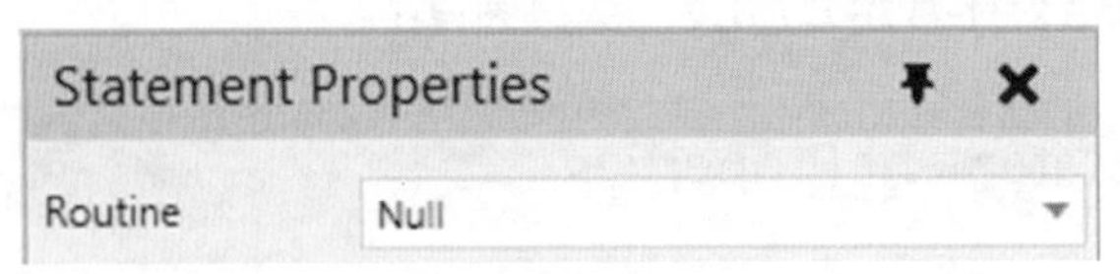

圖5.39

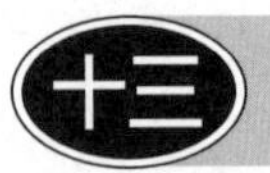 設定變數(Assign Variable Statement) 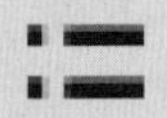

可在機械手臂的程式裡面使用變數，此功能的設定步驟如下:

STEP ❶ 進入教導編輯頁籤，並選擇機器手臂。

STEP ❷ 在教導編輯器中，選擇要使用變數的子程式，然後點選下拉式選單新增變數，如圖5.40。

圖5.40

STEP ❸ 新增定義變數動作 ⊟ 後，右側可執行以下操作：

STEP ❹ 將TargetProperty設置變數的名稱。

STEP ❺ 在ValueExpression中，定義一個運算式，當迴圈執行到此動作時可進行運算，如圖5.41。

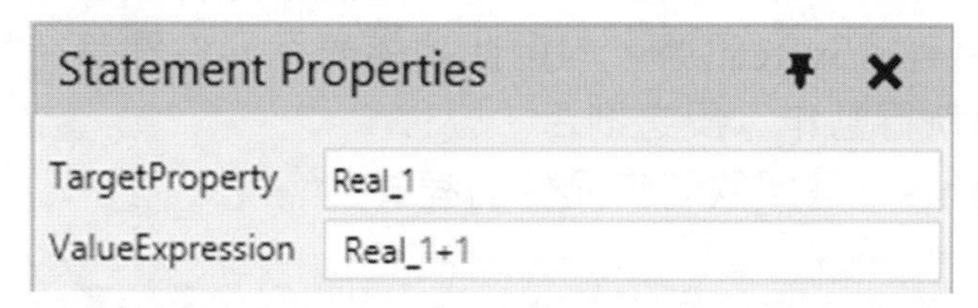

圖5.41

十四 條件迴圈(While Statement)

此功能提供迴圈方式重覆執行點位，亦可利用條件判斷使迴圈執行數次循環。

十五 中斷迴圈(Break Statement)

建立迴圈後新增此增加功能，可直接跳出迴圈，繼續執行迴圈外的程式。

十六 繼續迴圈(Continue Statement)

跳過當前的迴圈(i)，進入下一次迴圈(i+1)，並回上一層繼續執行迴圈外的程式。

十七 如果(If Statement)

此功能提供條件式判斷執行所需之迴圈。

十八 切換(Switch Case Statement)

根據Condition定義的表達式來執行符合的方案。

十九 返回迴圈(Return Statement)

重新進入指定的迴圈。

二十

程式同步(Program Synchronize Statement) 

此功能可讓多個元件的程式同步，讓元件等待Sync訊號後再執行動作。在欲同步的元件程式中皆新增此功能，以滑鼠左鍵連點兩下後開啟屬性視窗，如圖5.42。

- SyncMessage：輸入字串，同步的元件需擁有相同的字串。
- WaitSync：是否等待Sync訊號，勾選此功能表示元件需等待其他同步元件執行完畢後才可繼續執行動作，反之則否。
- SyncComponents：選擇欲同步元件的程式。

Statement Properties

SyncMessage

WaitSync

SyncComponen...

圖5.42

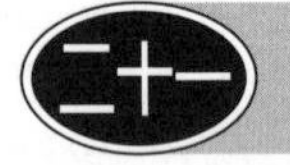
二十一

延遲時間(Delay Statement) 

點選此功能後會新增延遲時間，可於右側延遲(Delay)參數輸入延遲時間，如圖5.43。

Statement Properties

Delay 0

圖5.43

二十二

暫停模擬(Halt Statement)

此功能可暫停目前的模擬，當再次啟動模擬時，程式則會繼續進行，若勾選Reset Simulation，則模擬時間及狀態皆會回復至初始狀態，如圖5.44。

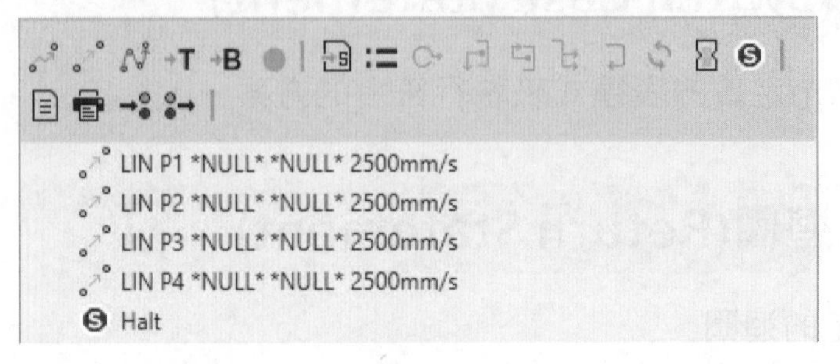
LIN P1 *NULL* *NULL* 2500mm/s
LIN P2 *NULL* *NULL* 2500mm/s
LIN P3 *NULL* *NULL* 2500mm/s
LIN P4 *NULL* *NULL* 2500mm/s
Halt

圖5.44

 新增註解(Comment Statement) 

點選此功能後，會新增一個註解#，可於Comment輸入註解，此註解僅提供使用者觀看，如圖5.45。

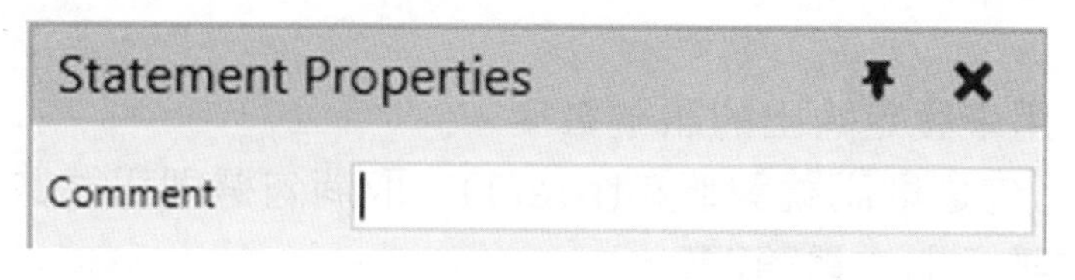

圖5.45

二十四 輸出文字(Print Statement) 

點選此功能後，會新增一個Print，可於Message輸入訊息文字，此訊息文字將顯示於輸出(Output)視窗中，如圖5.46。

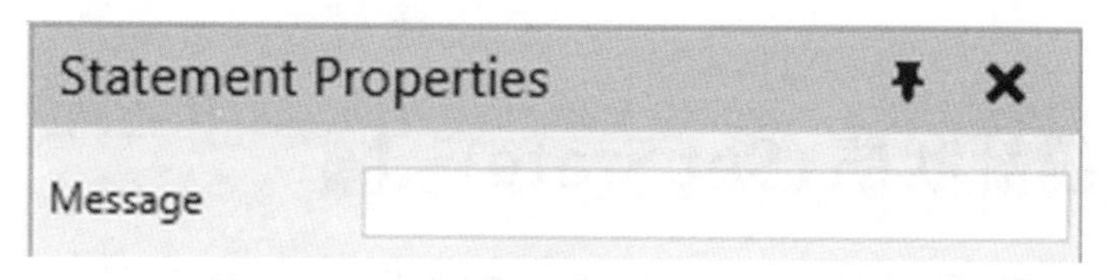

圖5.46

二十五 等待訊號(Wait for Binary Input Statement) 

此功能以I/O訊號輸入，讓設備等待訊號輸入後再執行動作。以滑鼠左鍵點選後開啟訊號屬性視窗，可於動態視窗或屬性視窗修改參數設定，如圖5.47。

- InputPort：用來設定等待的訊號數字。
- InputValue：勾選則訊號數值為true(1)，取消勾選則訊號數值為false(0)。
- Wait Trigger：設定對應的輸出訊號為長開(不勾選)或短開(勾選)，軟體預設為長開。

※訊號的連結方式請參閱本書第2章。

Statement Properties

InputPort 0

InputValue

WaitTrigger

圖5.47

二十六 傳送訊號(Set Binary Output Statement)

此功能以I/O訊號輸出，元件控制器利用訊號輸出讓設備間可使用訊號溝通，以滑鼠左鍵點選兩下後開啟訊號屬性視窗，可於動態視窗或屬性視窗修改參數設定，如圖5.48。

- OutputPort：用來設定輸出的訊號數字。
- OutputValue：勾選則訊號數值為true(1)，取消勾選則訊號數值為false(0)。

※訊號的連結方式請參閱本書第2章。

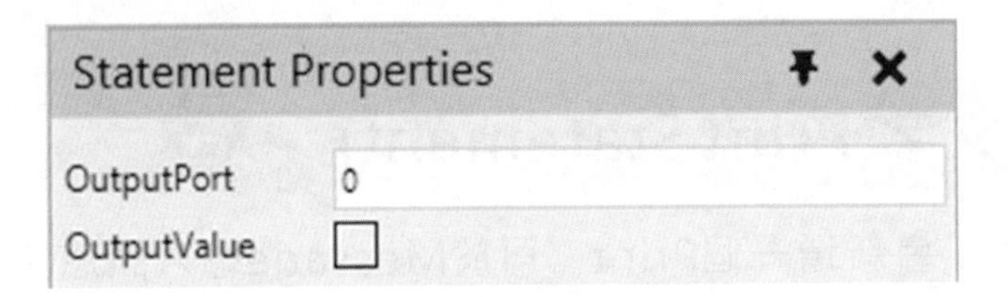

圖5.48

二十七 設定統計狀態 (Set State)

設定元件狀態，於模擬時統計其狀態，如圖5.49。需在元件建立的過程中賦予元件**統計(Statistics)**行為，方能使用此功能。

Statement Properties
Statistics　Statistics
State　Warmup
Warmup
Break
Idle
Busy
Blocked
Broken
Repair
Setup

圖5.49

5.4 工具列

一 工具(Tools)

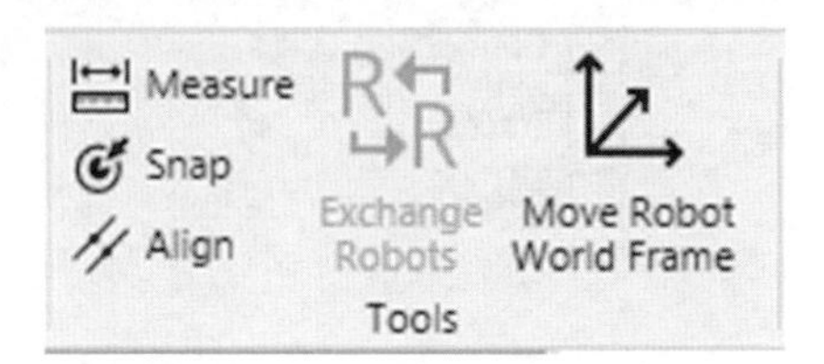

1.交換機器人(Exchange Robots)

此功能可以將機器手臂A替換為機器手臂B，使用時必須先放置兩台以上機械手臂於3D世界中，點選此功能後將顯示切換畫面，如圖5.50，選擇欲替換的手臂變成綠色後，點選**套用(Apply)**即可，如圖5.51。

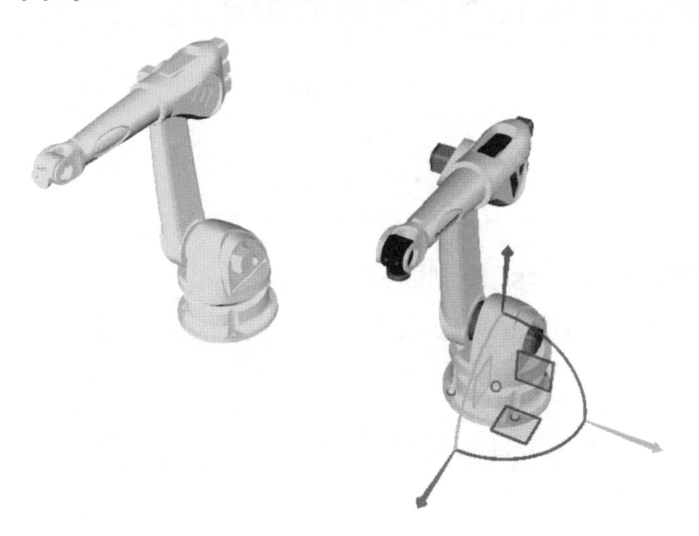

圖5.50

圖5.51

2.平移旋轉機器人世界座標(Move Robot World Frame)
可移動所有未綁定的基準(Base)及所有未綁定基準(Base)之點位。

顯示(Show)

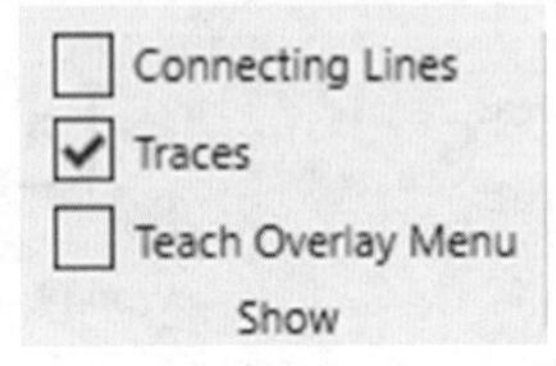

1.機器人路徑順序(Conneting Lines):顯示/隱藏點位連接線。
2.機器人行走軌跡(Traces):顯示/隱藏畫線。
3.教學覆疊選單(Teach Overlay Menu):顯示/隱藏選單。

碰撞偵測(Collision Detection)

Edit Detectors
Enable Detectors
Stop on Collision
Collision Detection

1.修改檢測器(Edit Detectors):偵測設定。

- 已選擇vs全世界(Selection vs World)：選擇元件和3D世界的元件進行分析。
- 碰撞偵測(Detect Collision)：切換干涉顯示方式，勾選**第一個(First)**將顯示第一個干涉的節點(Nodes)；勾選**全部(All)**將顯示所有干涉的節點(Nodes)。
- 碰撞偵測距離(Collision Tolerance)：定義干涉公差距離。
- 顯示最小距離(Show Minimum Distance)：勾選此功能將自動計算干涉後的公差值。
- 忽略最接近節點(Ignore Closest Nodes): 忽略元件有父子關係的節點(Nodes)。
- 忽略不同組件(Ignore Different Components)：忽略連結在不同元件的節點(Nodes)，例如夾爪連接在機器手臂上面。
- 檢測器定義(Add Collision Detector)：新增自定義干涉確認清單。

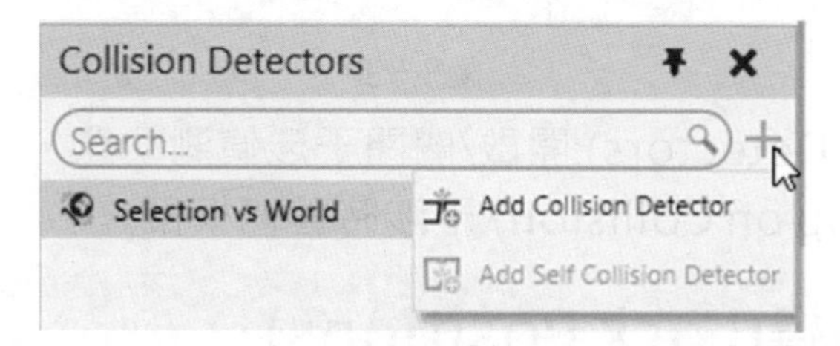

此功能可自定義清單利用A、B兩種清單對照方式，互相偵測是否干涉，於3D世界點選欲加入清單之元件，完成後點選**新增已選擇(Add Selection)**按鈕加入，如圖5.52；新增後需注意**偵測(Dector)**清單中□是否有勾選，若無勾選，將不會進行干涉偵測，如圖5.53。

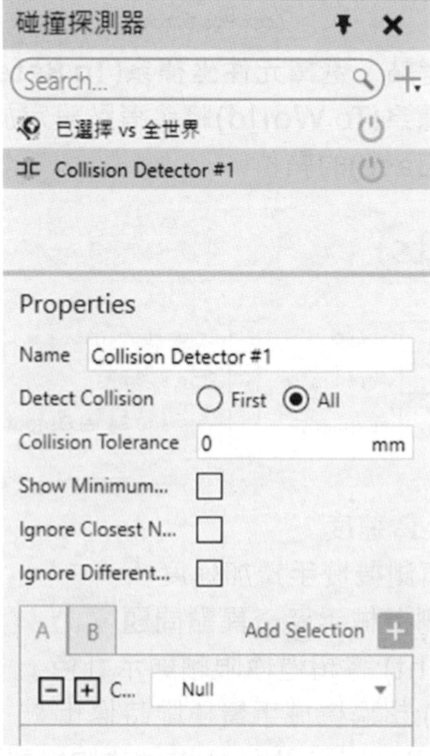

圖5.52

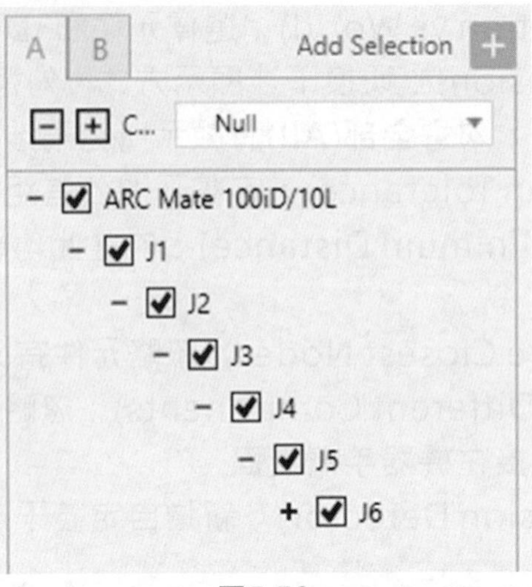

圖5.53

2.啟用檢測器(Enable Detectors):開啟/關閉干涉偵測功能。

3.碰撞時停止模擬(Stop on Collision):干涉時暫停模擬。

四 鎖定路徑座標(Lock Positions)

此功能可切換點位參考點，選擇**元件坐標系(To Reference)**將參考點設定於**基準(Base)**上，選擇**世界坐標系(To World)**將參考點設定於世界座標上，選擇此功能時將解除所有設定於**基準(Base)**的點位。

五 關節極限(Limits)

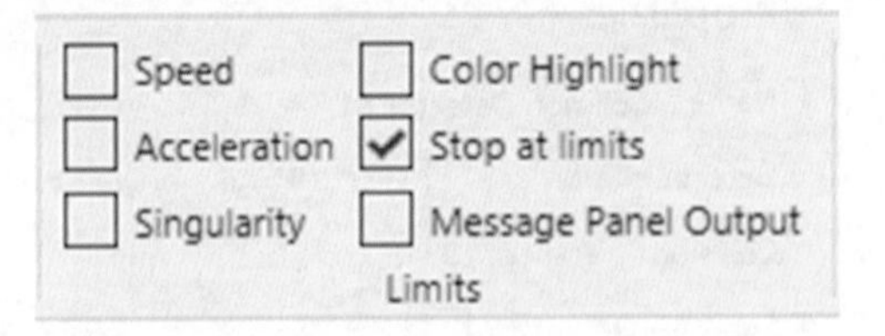

1.速度(Speed):偵測機械手臂速度。

2.加速度(Acceleration):偵測機械手臂加速度。

3.奇異點(Singularity):偵測機械手臂奇異點問題。

4.醒目顏色(Color Highlight):將超過極限軸顯示紅色。

5.關節極限(Stop at limits):超過機械手臂極限時停止。

6.輸出警告訊息(Message Panel Output):顯示極限錯誤訊息於訊息欄中。

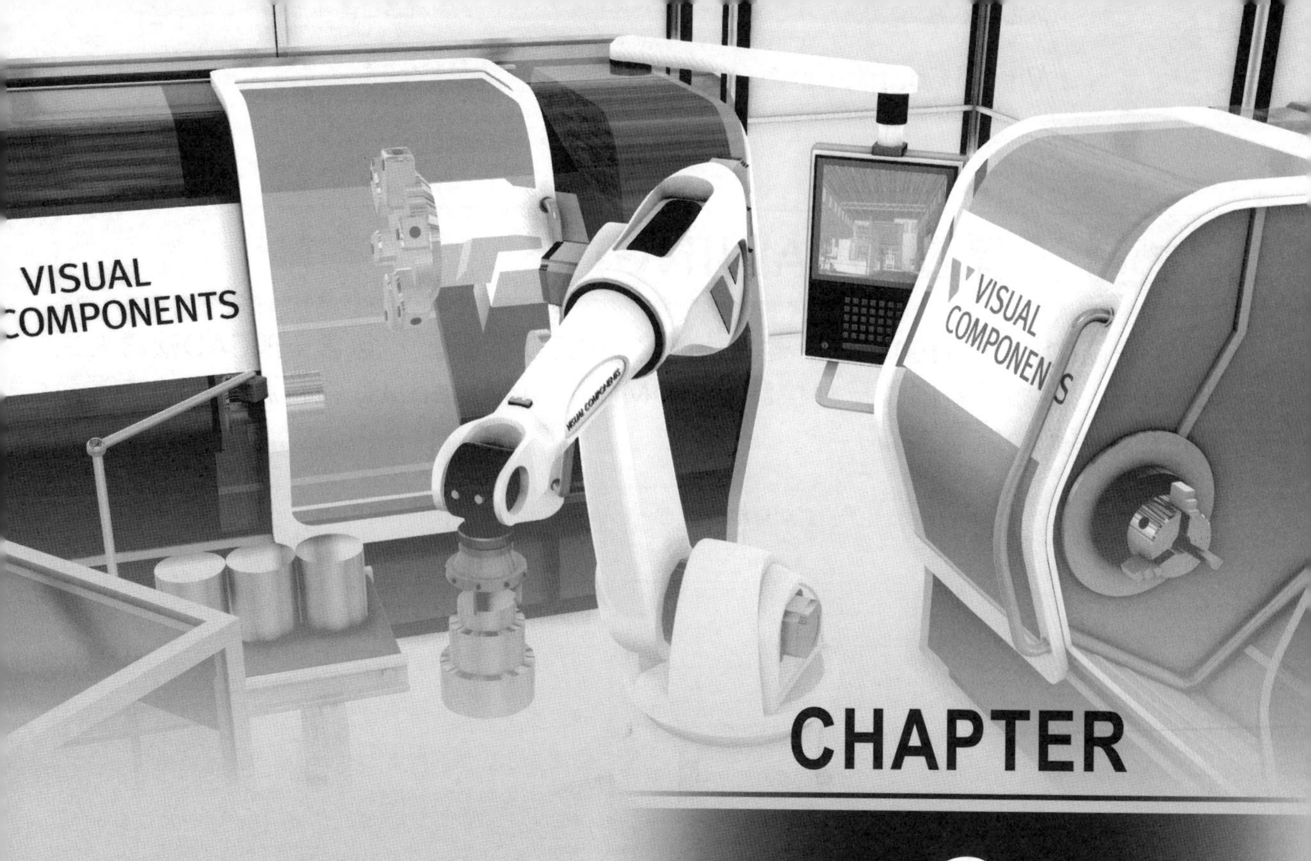

CHAPTER

6

工程圖(DRAWING)

6.1 工程圖(DRAWING)

工程圖(DRAWING)頁籤主要的功能是輸出2D工程圖，包含一般CAD軟體常用到的功能，譬如三視圖、尺寸標註、BOM(Bill of Materials) 物料清單等，本章節將介紹此頁籤功能及操作。

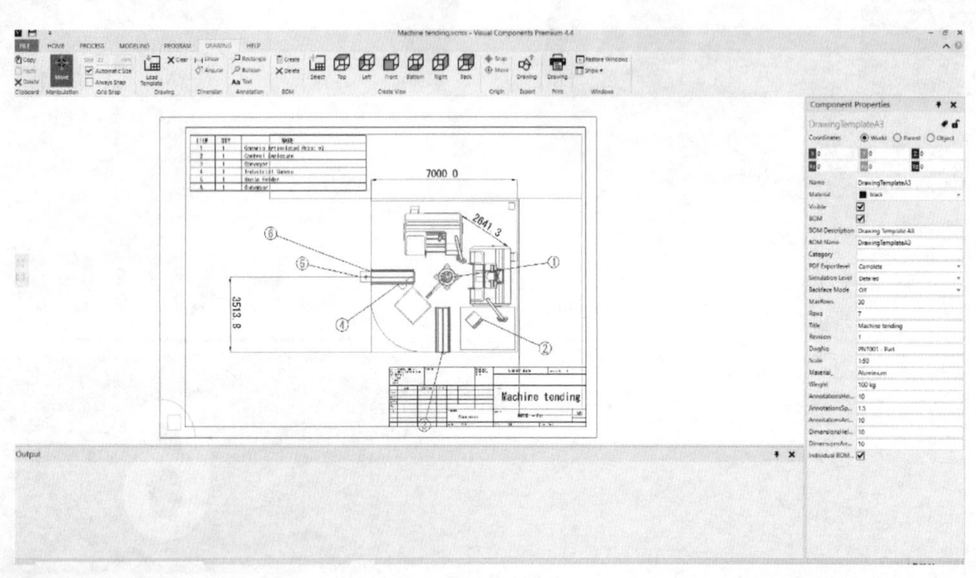

6.2 工具列

一 工程圖(Drawing)

此功能可匯入軟體預設的2D樣板，點選**讀取範本(Load Template)**後，畫面右側將顯示所有樣板，可選擇樣板紙張大小並點選**插入(Import)**，如圖6.1。

Template Import
Import a 2D template into the drawing world
Template
Drawing Template A0
Drawing Template A0
Drawing Template A1
Drawing Template A2
Drawing Template A3
Drawing Template A4
Import　Cancel

圖6.1

點選到此樣板後可修改欄位中各項參數值，如圖6.2。

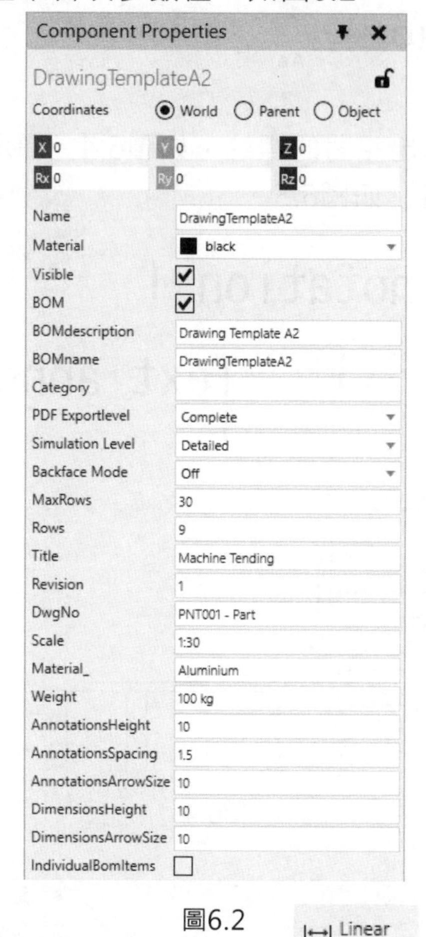

圖6.2

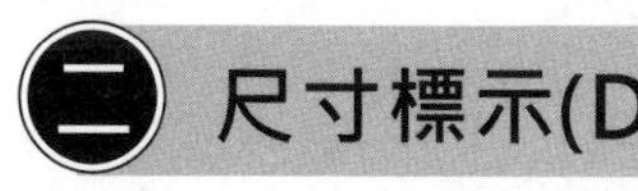

二 尺寸標示(Dimension)

Linear
Angular
Dimension

標示長度與角度的尺寸功能，開啟功能後點選任意兩個特徵點即可標示尺寸，如圖6.3。

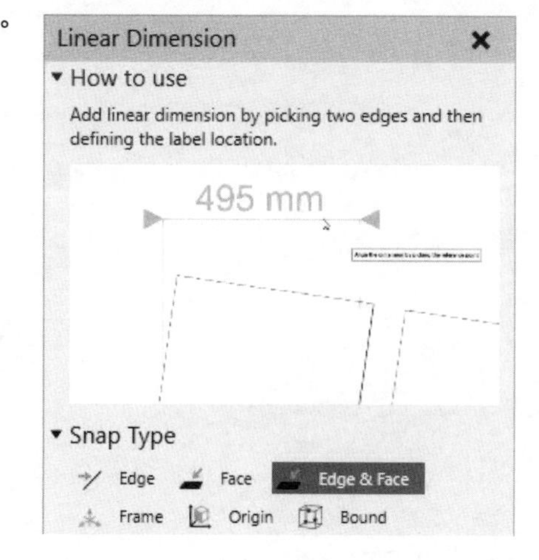

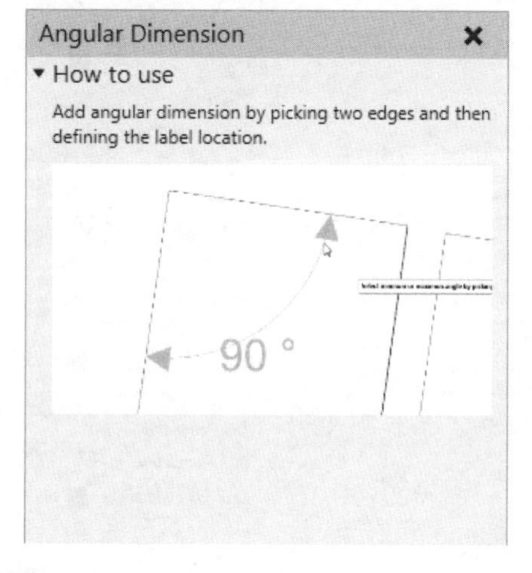

圖6.3

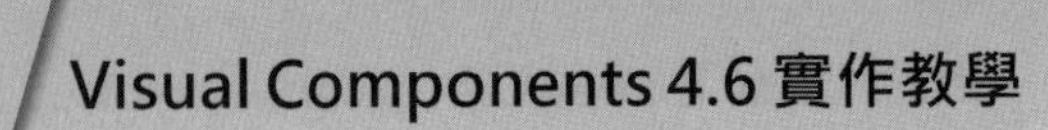

三 註解(Annotation)

點選任一特徵點即可拉出相對的標註，如圖6.4。標示註解亦可點選後，於畫面右側參數欄位修改輸入內容，如圖6.5。

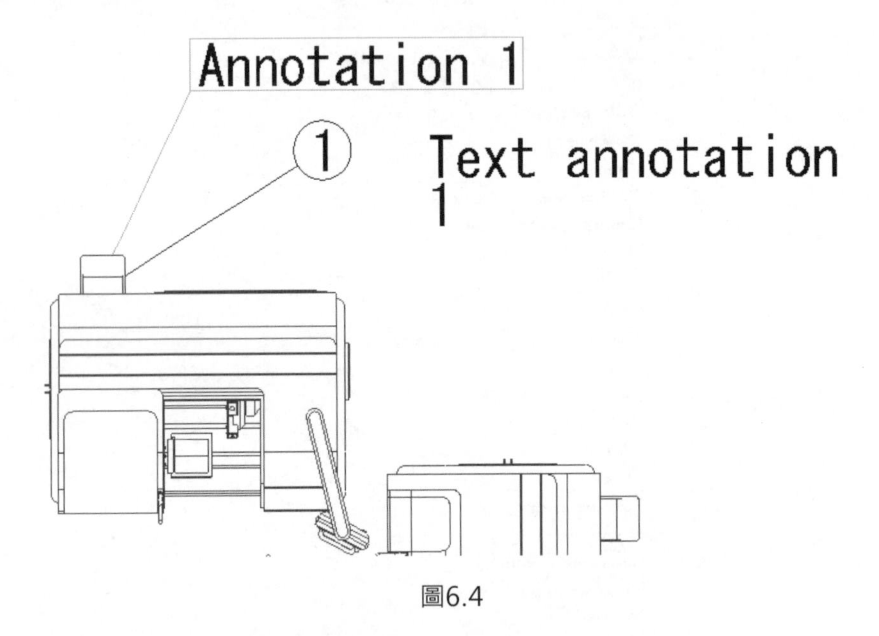

圖6.4

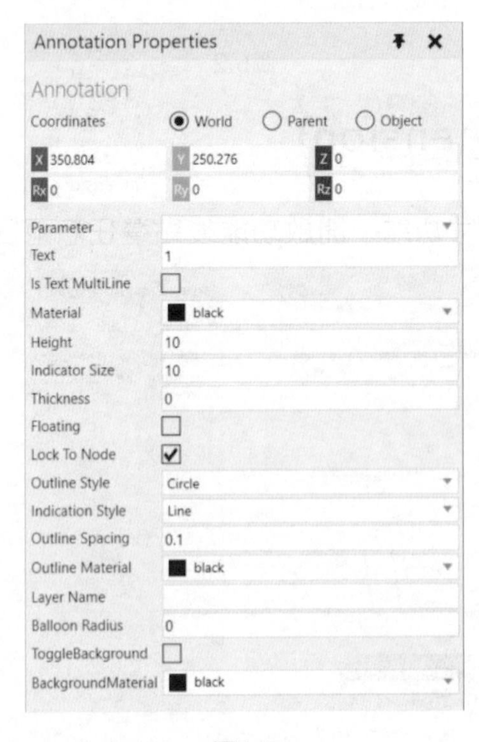

圖6.5

四 物料清單(BOM)

匯入圖紙後，點選此功能可自動產生BOM(Bill of Materials)清單，點選**新增(Create)**後軟體將自動判斷於**元件屬性(Component Properties)**頁籤的BOM欄位有勾選的元件，將會依照BOM Name欄位輸入的名稱產生清單，如圖6.6，產生清單同時亦會自動於2D圖上方標示球號，如圖6.7。

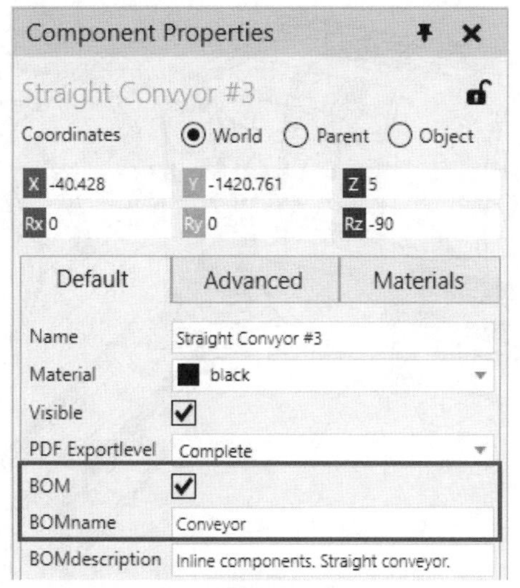

圖6.6

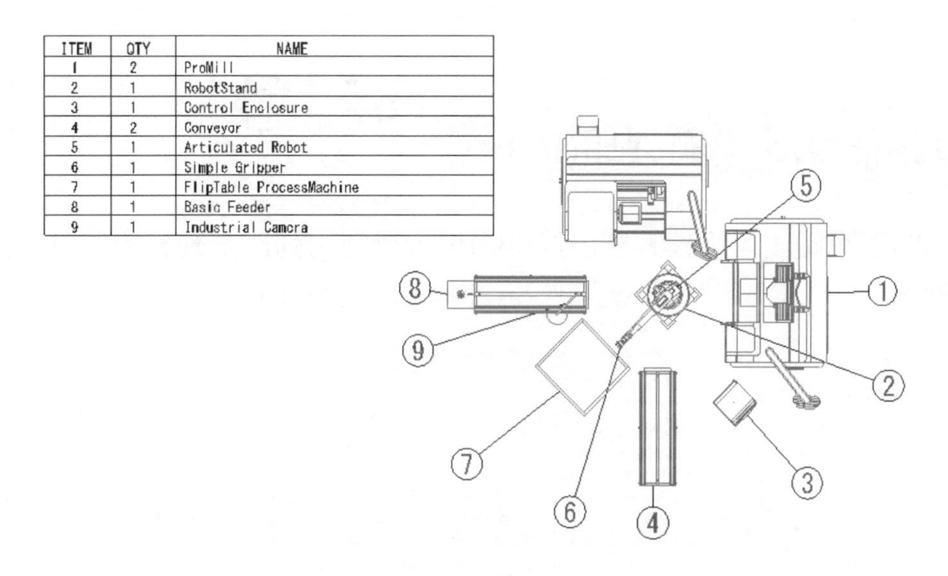

ITEM	QTY	NAME
1	2	ProMill
2	1	RobotStand
3	1	Control Enclosure
4	2	Conveyor
5	1	Articulated Robot
6	1	Simple Gripper
7	1	FlipTable ProcessMachine
8	1	Basic Feeder
9	1	Industrial Camera

圖6.7

新增視圖(Create View)

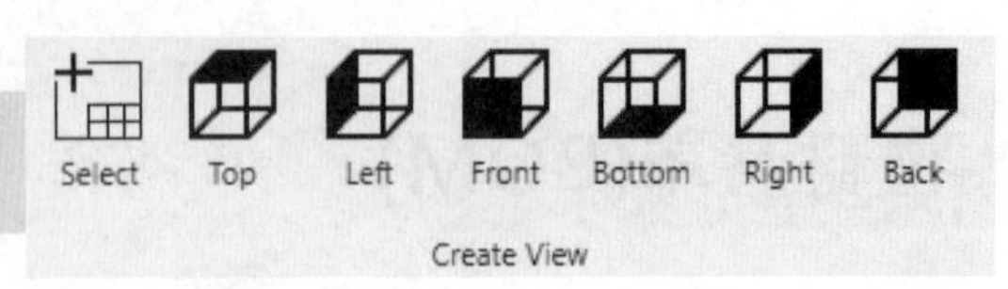

此功能可新增三視圖(上、下、左、右、前、後視圖)功能，點選所需的視角即可匯出對應的視圖，亦可點選**新視圖(Select)**功能，進入3D世界後利用框選方式，框選出欲產生2D圖範圍及視角。如圖6.8。

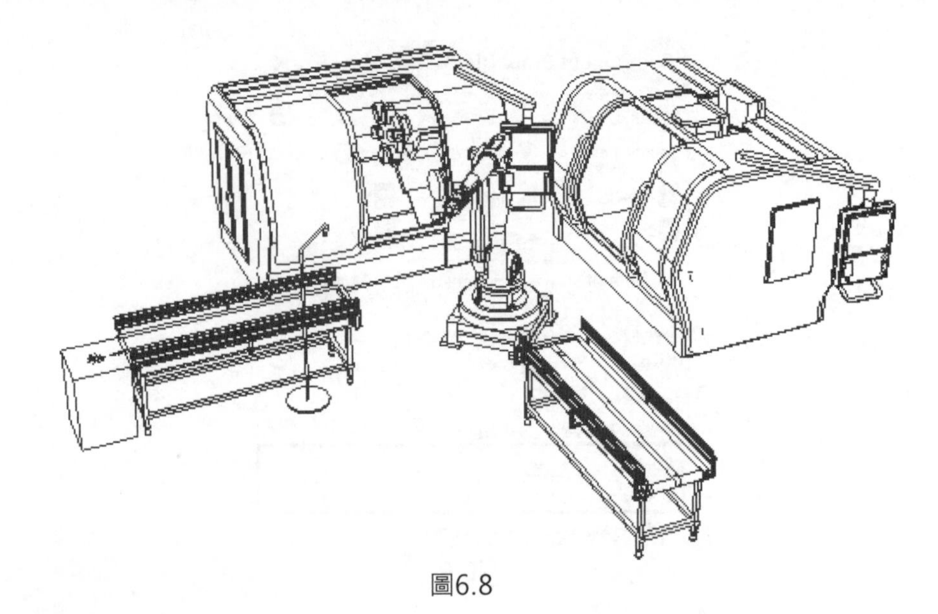

圖6.8

匯出(Export)與列印(Print)

完成2D工程圖後可將檔案匯出成dwg檔，或利用列印方式直接將2D圖紙本輸出，如圖6.9。

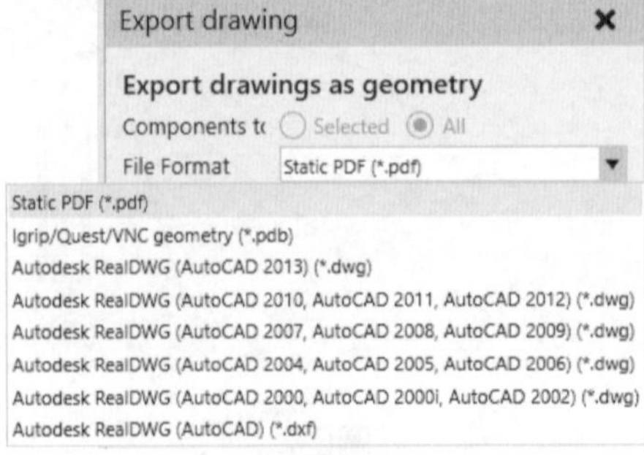

圖6.9

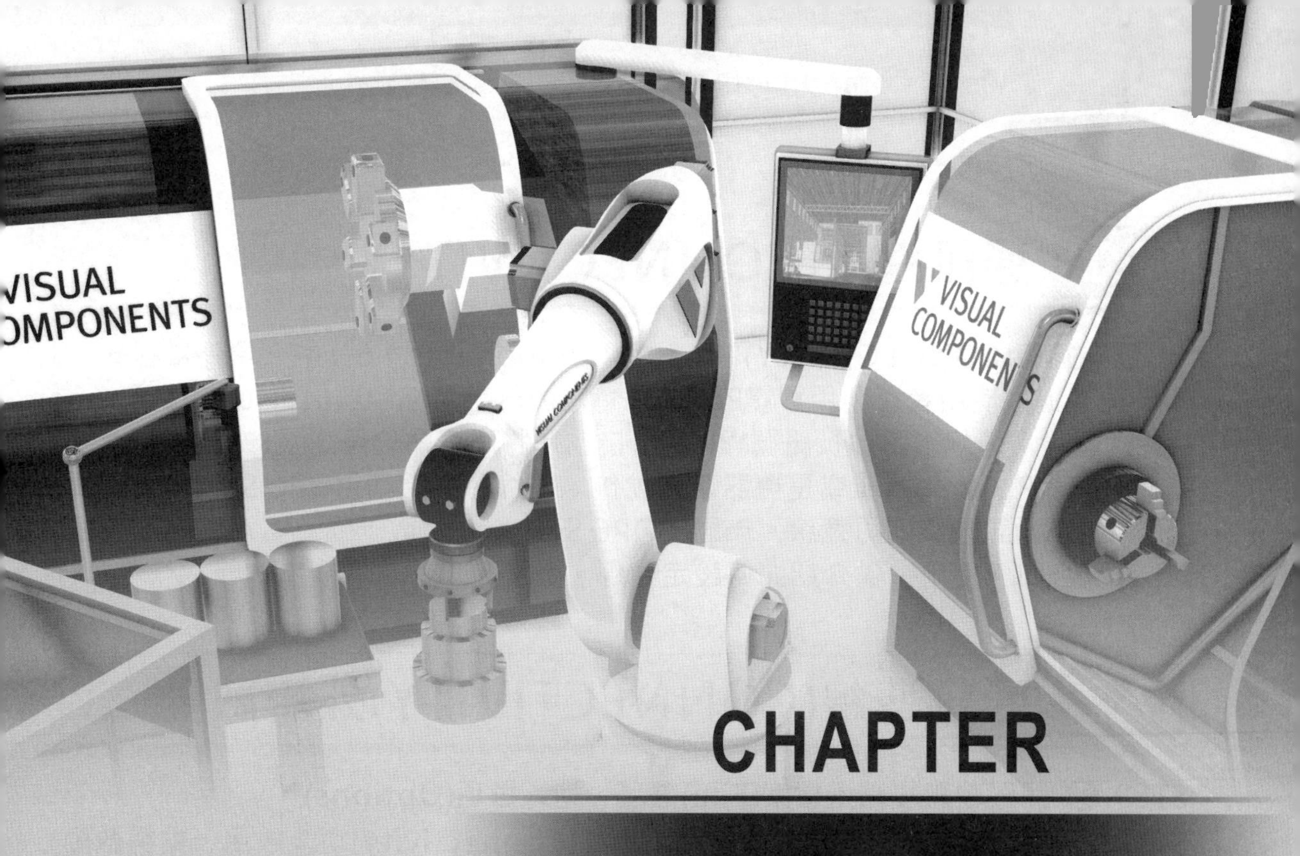

CHAPTER 7

通訊連線(CONNECTIVITY)

7.1 通訊連線(CONNECTIVITY)

通訊連線(CONNECTIVITY)為Visual Components 4.6其中一項外掛程式，此外掛程式提供使用者可利用實體PLC或是特定機器手臂控制器與Visual Components進行連線，連線後將虛擬訊號與PLC串接或是將虛擬點位傳送至機器手臂控制器，藉此來驗證PLC程式邏輯或是機器手臂動作；連線時必須利用OPC Server當作橋接及OPC UA通訊標準即可連線。市面上OPC Server軟體數十種，本章節將不介紹OPC Server如何使用，僅介紹如何設定連線。

7.2 通訊連線(CONNECTIVITY)外掛啟動

STEP ❶ 開啟軟體後點選**檔案(File)**選項，進入**選項(Options)**。

STEP ❷ 選擇**外掛(Add-On)**後將**通訊連線(Connectivity)**功能啟用，點選**啟動(Enable)**，如圖7.1。

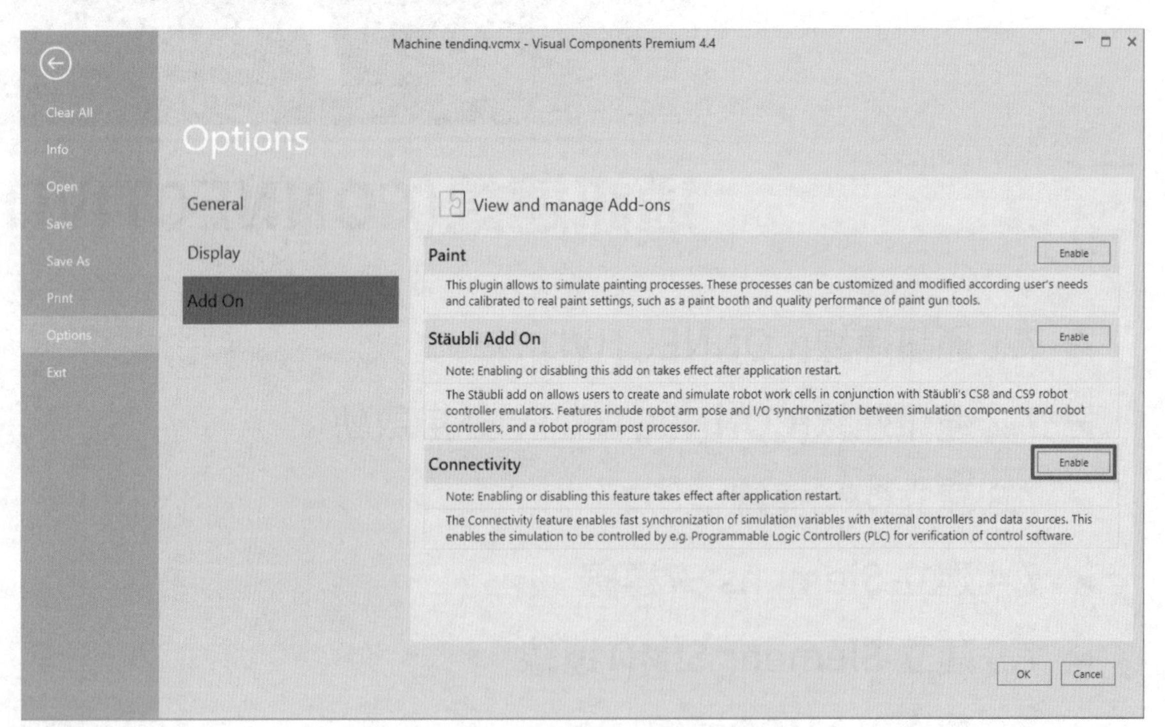

圖7.1

STEP ❸ 關掉軟體並重新啟動，確認**通訊連線(CONNECTIVITY)**工具列是否開啟，如圖7.2。

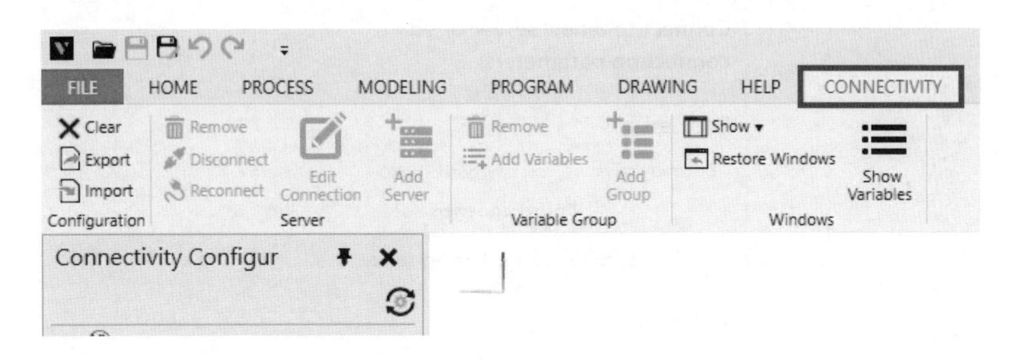

圖7.2

7.3 建立OPC連線

連線OPC Server時需確認是否支援OPC UA通訊，若不支援將無法進行連線，取得OPC UA的URL位置後即可連線進行設定。

STEP ❶ 點選OPC UA右鍵後點選**新增主機(Add Server)**，如圖7.3。

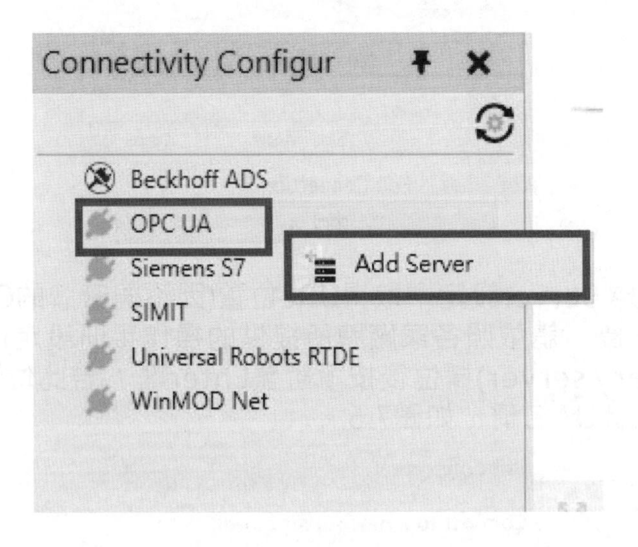

圖7.3

STEP ❷ **新增主機(Server)**後右側將顯示連線設定，如圖7.4。

Edit Connection ✖

Connect to a new server or edit connection parameters.

Find Servers

Discovery server opc.tcp://localhost:4840

Discovered Servers

Couldn't access the discovery service.

Connection

Server address opc.tcp://localhost:4840

Use secure endpoi...

Authentication

◉ None

○ Username

Username

Password

Save password

○ Certificate

User private ke... C:\Users\USER1\AppData\Loc ...

Password

Save password

Test Connection

Apply Cancel

Properties Edit Connection

圖7.4

STEP ❸ 於OPC UA Server設定中取得URL位置(因不同廠牌的OPC UA Server設定方式不一樣，請依照各家廠牌所提供的操作手冊設定)，輸入於**尋找主機(Discovery server)**欄位後按下鍵盤Enter鍵，若此位置為有效設定，下方將顯示此UA名稱，如圖7.5。

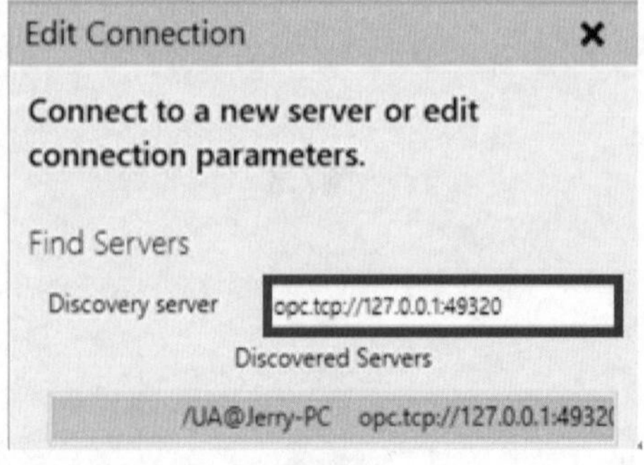

圖7.5

STEP ❹ 亦可點選**測試連線(Test Connection)**，若此位置可進行連線，將顯示連線成功，如圖7.6、圖7.7。

Certificate
User private k...
C:\Users\Jacko-PC\AppD.
Password
Save password
Test Connection
Apply
Cancel
Properties
Edit Connection

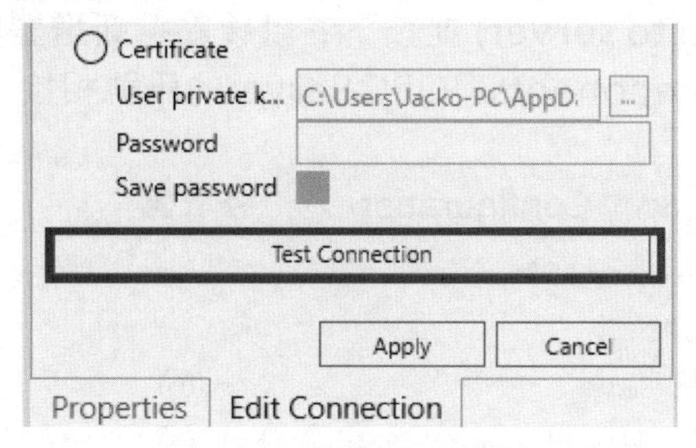

圖7.6

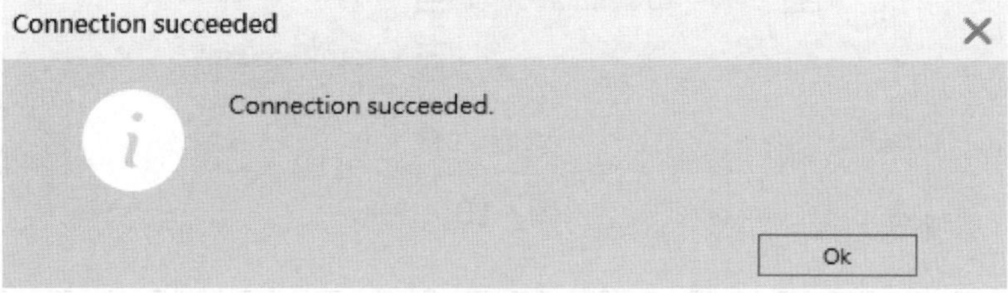

Connection succeeded
Connection succeeded.
Ok

圖7.7

STEP ❺ 完成後即可點選**套用(Apply)**結束設定，如圖7.8

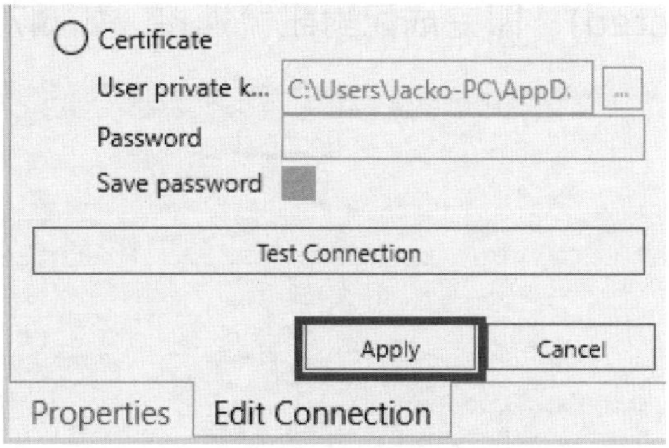

Certificate
User private k...
C:\Users\Jacko-PC\AppD.
Password
Save password
Test Connection
Apply
Cancel
Properties
Edit Connection

圖7.8

STEP ❻ 動連線時須點選右側綠色按鈕啟動連線，如圖7.9。

Connectivity Configuration
Beckhoff ADS
OPC UA
Server
Simulation to server
Server to simulation
Connect / Disconnect

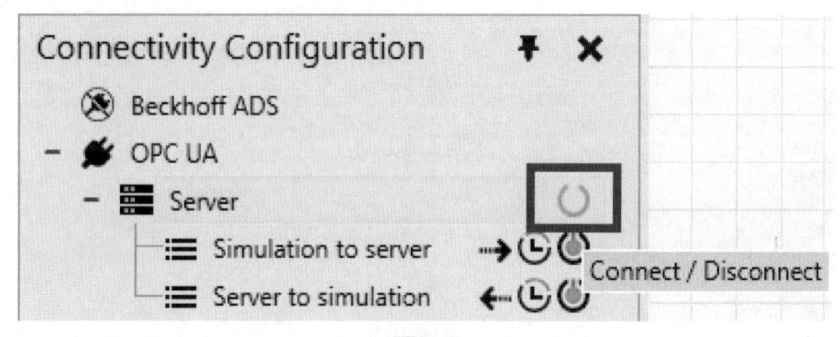

圖7.9

STEP ❼ 連線後即可利用Visual Components與OPC Server連接訊號，欲建立Visual Components發送給OPC Server的訊號，則點選**模擬至主機(Simulation to server)**並按下右鍵後點選**新增變數(Add Variables)**，將Visual Components與OPC Server的訊號相接，如圖7.10。

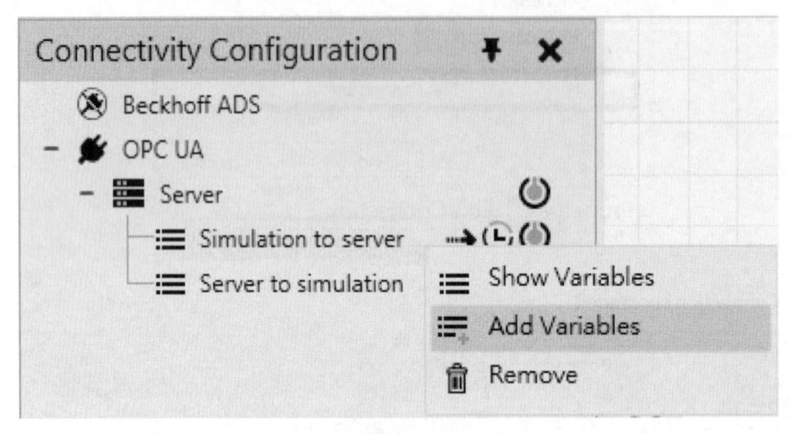

圖7.10

STEP ❽ 選擇Visual Components與OPC Server欲串接的訊號後再點選**以選擇配對(Pair Selected)**，即完成配對訊號連接，如圖7.11。

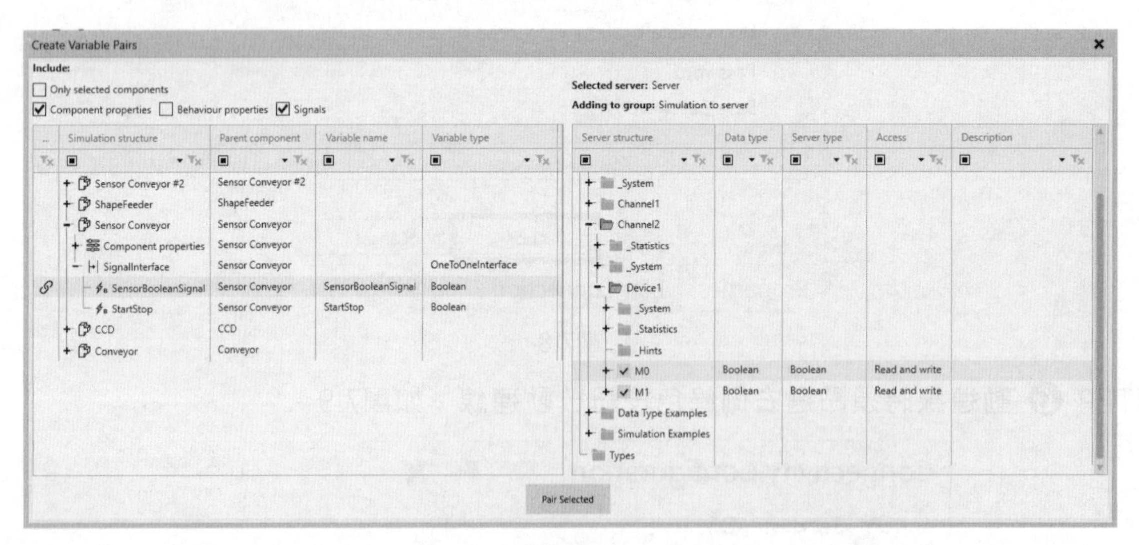

圖7.11

STEP ❾ 設定完成後即可於視窗下方確認訊號連線**狀態(Status)**， 亦可同時確認OPC Server與Visual Components軟體訊號狀態(True/False) ，如圖7.12。

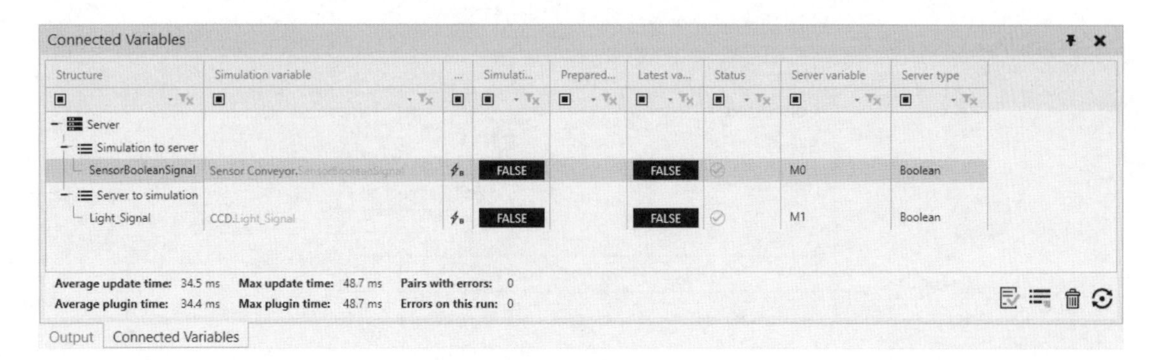

圖7.12

STEP ❿ 執行模擬，驗證PLC程式邏輯。

7.4 建立 Siemens S7連線

S7插件使用S7通信協議連接到Siemens S7 PLC系列， 此插件使用 S7Comm（S7 Communication，西門子專有的協議）中的**PUT**和**GET**功能。此插件可連接到實體PLC系列:S7-300、S7-400、S7-1200或S7-1500 P或使用虛擬S7-PLCSIM Advanced的S7-1500。

STEP ❶ 點選OPC UA右鍵後點選**新增主機(Add Server)**，如圖7.13。

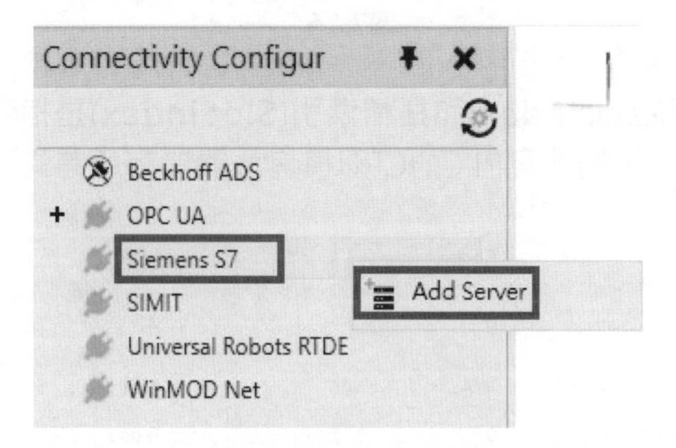

圖7.13

STEP ❷ **新增主機(Server)**後右側將顯示連線設定，如圖7.14。

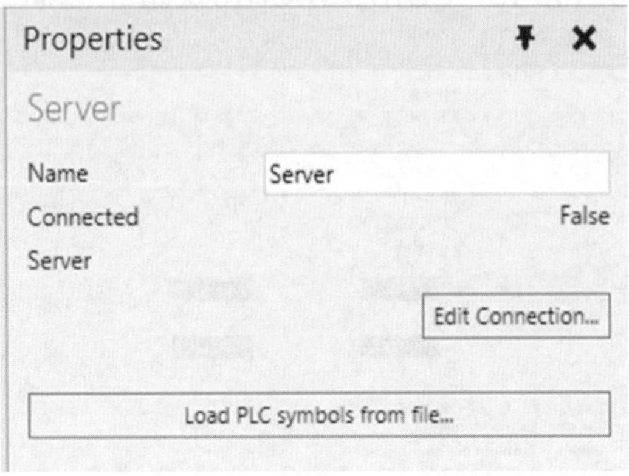

Properties
Server
Name Server
Connected False
Server
Edit Connection...
Load PLC symbols from file...

圖7.14

STEP ❸ 點選**編輯連線(Edit Connection)**後，可定義PLC或通信處理器模塊的IP地址(通常使用IPv4 地址)，並連接到PLC的TCP port 102，如圖7.15。

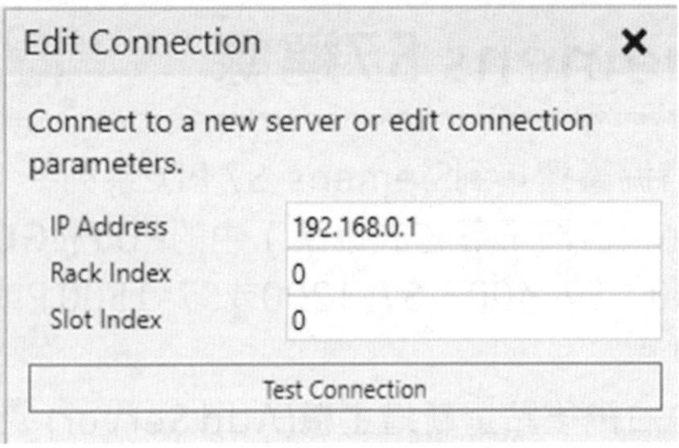

Edit Connection
Connect to a new server or edit connection parameters.
IP Address 192.168.0.1
Rack Index 0
Slot Index 0
Test Connection

圖7.15

架索引(Rack Index)和**插槽索引(Slot Index)**是指背板中PLC CPU模塊的位置，不同系列PLC的CPU模塊位置皆有所差異，如圖 7.16。

PLC type	Rack	Slot
S7-300	0	2
S7-400	N/A	N/A
S7-1200	0	0 or 1
S7-1500	0	0 or 1

圖7.16

STEP ❹ 亦可點選**測試連線(Test Connection)**，若此位置為可連線將顯示連線成功，如圖7.17、圖7.18。

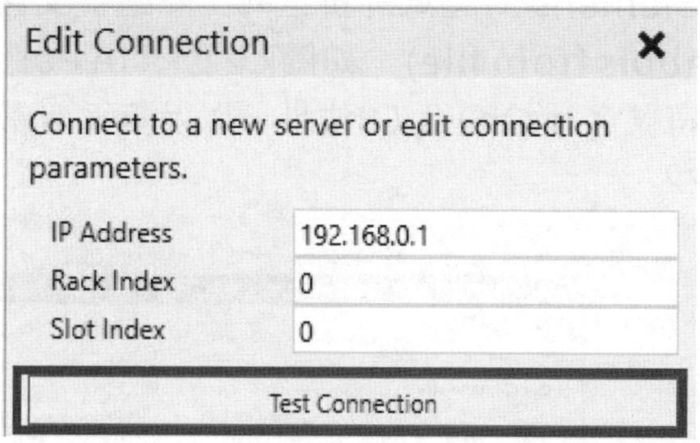

圖7.17

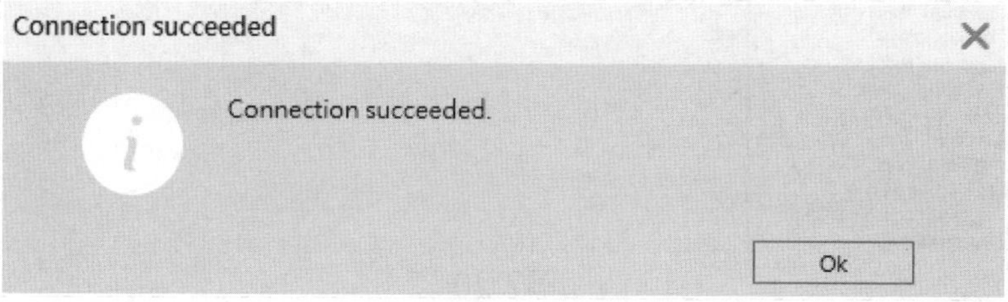

圖7.18

STEP ❺ 確認**主機(Server)**連線成功後，即可點選**套用(Apply)**完成設定，如圖7.19。

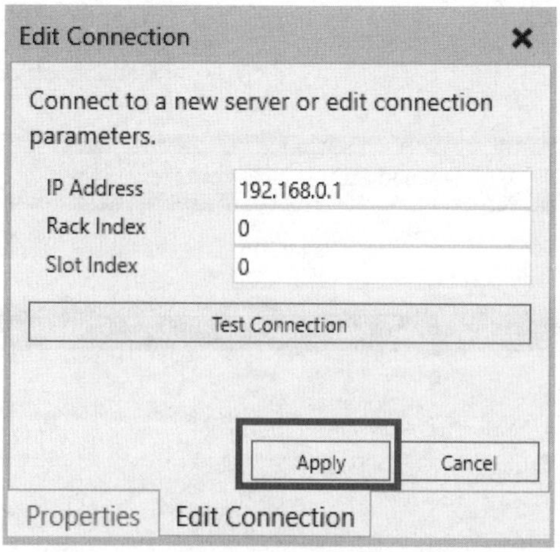

圖7.19

STEP ❻ 匯入 PLC 標籤表 (PLC Tag table)

必須從TIA Portal匯出PLC變數資訊至SDF或Excel檔案，如圖7.20，然後匯入至Siemens S7連線外掛程式，點選**從文件中加載PLC符號(Load PLC symbols from file)**，如圖7.21。TIA Portal (STEP7)中的標籤表用於給予符號名稱給IO (I, Q)位址，以及指派變數至一般記憶體(M)空間，如圖7.22。

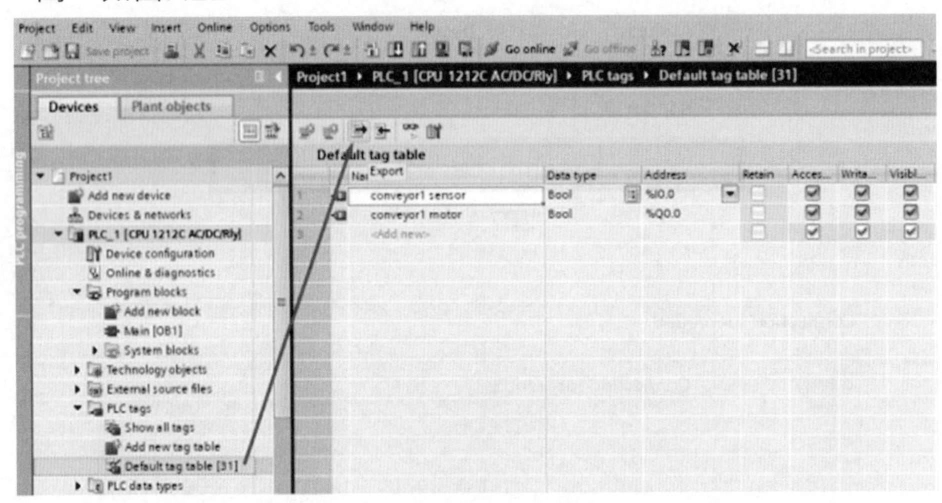

圖7.20

Properties

Server

Name Server

Connected False

Server 192.168.0.1

Edit Connection...

Load PLC symbols from file...

圖7.21

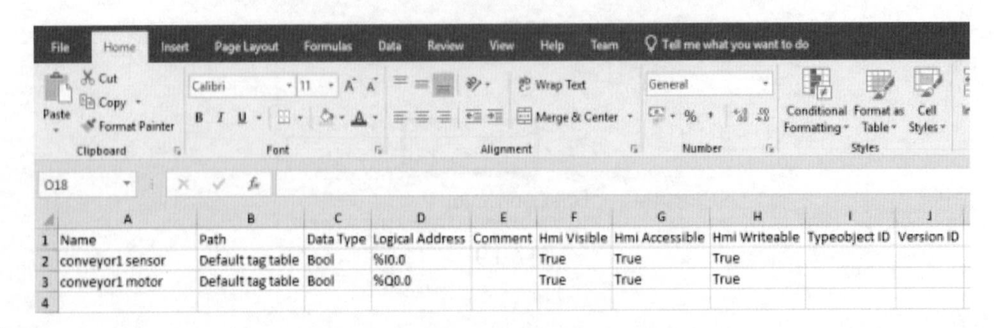

	A	B	C	D	E	F	G	H	I	J
1	Name	Path	Data Type	Logical Address	Comment	Hmi Visible	Hmi Accessible	Hmi Writeable	Typeobject ID	Version ID
2	conveyor1 sensor	Default tag table	Bool	%I0.0		True	True	True		
3	conveyor1 motor	Default tag table	Bool	%Q0.0		True	True	True		
4										

圖7.22

STEP ❼ 啟動連線時須點選右側綠色按鈕啟動連線，如圖7.23。

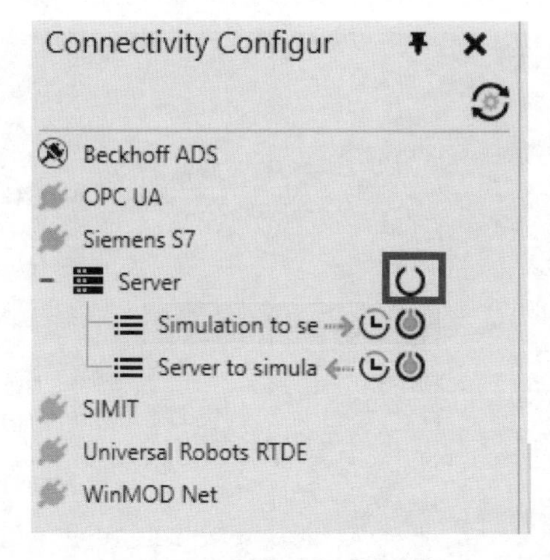

圖7.23

STEP ❽ 連線後即可利用Visual Components與Siemens S7連接訊號，欲建立Visual Components發送給Siemens S7的訊號，則點選**模擬至主機(Simulation to server)**並按下右鍵後點選**新增變數(Add Variables)**，將Visual Components與Siemens S7訊號連接，如圖7.24。

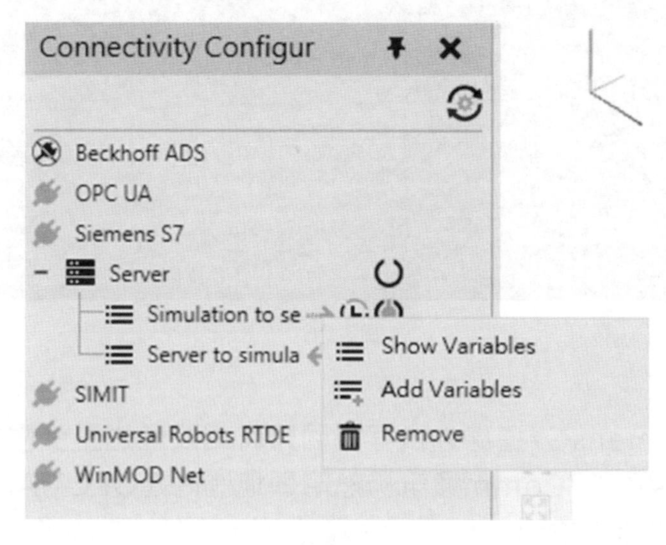

圖7.24

STEP ❾ 選擇Visual Components與Siemens S7欲串接的訊號後再點選**以選擇配對(Pair Selected)**，即完成配對訊號連接，如圖7.25。

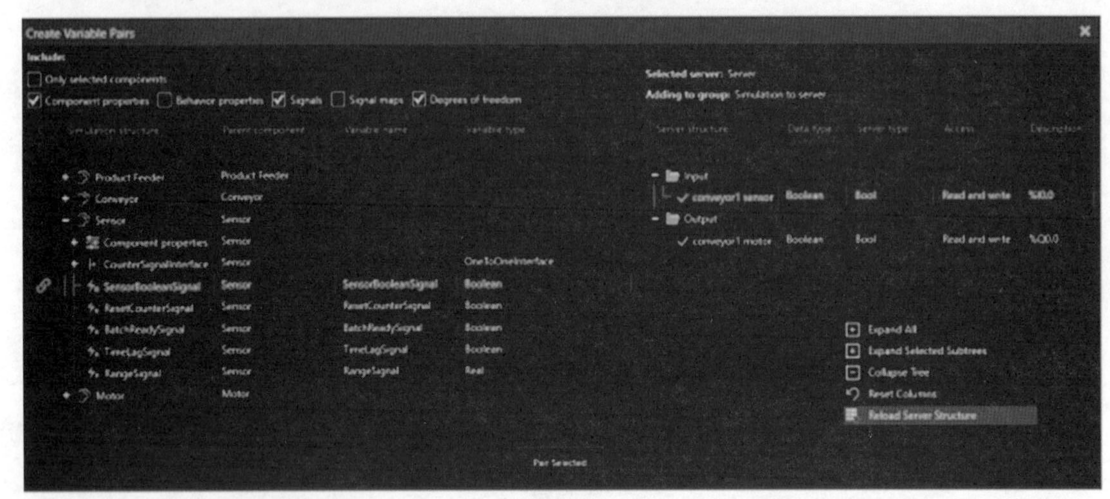

圖7.25

STEP ❿ 設定完成後即可於視窗下方確認訊號連線**狀態(Status)**，亦可同時觀看Siemens S7與Visual Components訊號狀態(True/False)，如圖7.26。

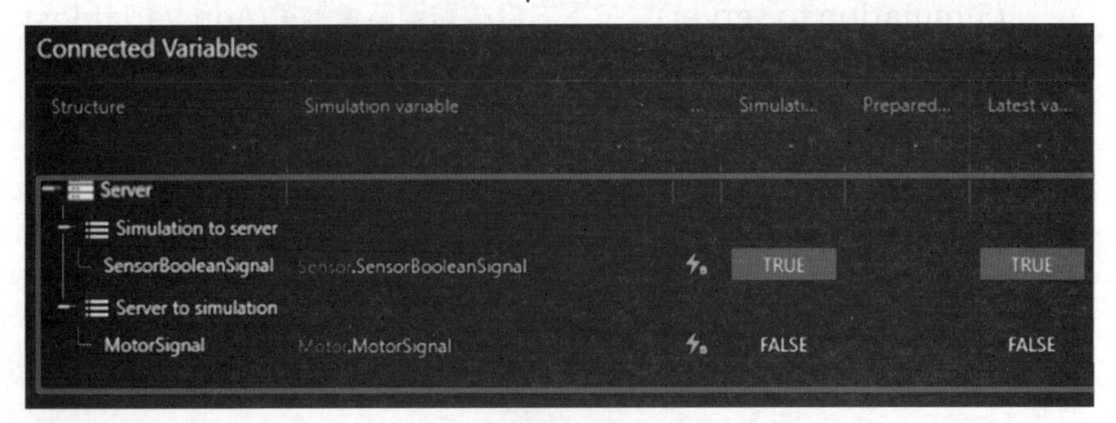

圖7.26

Siemens S7效能：

一般而言，Siemens S7連線外掛程式回應時間及輸送量受限於PLC。例如在實體S7-1200的情況中，S7Comm通訊仍然明顯地比內建OPC UA伺服器更快。請注意，以下因素皆會影響效能：

- 在PLC程式循環之間處理S7Comm請求，如果PLC正在執行實際上耗用所有CPU時間的龐大程式，則通訊會非常慢。
- S7Comm協定PDU大小限制相當嚴格，S7-1200上僅有240個位元組，而 S7-1500上僅有480個位元組。此限制單一請求可讀取或寫入多少變數。在 PLC 上每個請求的處理或多或少都有恆定的最小延遲，因此請求計數很重要。

● 網路基礎結構會引起顯著的延遲波動。如果可以最好將電纜直接連接到實體PLC，在虛擬機中運行模擬PLC也會降低性能。

獲取最佳效能的方法：

▶避免建立不必要的變數群組。

▶通訊中使用的網路基礎結構盡可能簡單。

▶如果PLC CPU負載太高，請考慮增加PLC最小循環時間。

7.5 建立 Siemens SIMIT連線

SIMIT連接外掛程式只有Visual Components Premium 4.6以上的版本才具有的功能。SIMIT連接外掛程式需搭配Visual Components coupling一起使用，才能連結Siemens SIMIT即時行為模擬器軟體。

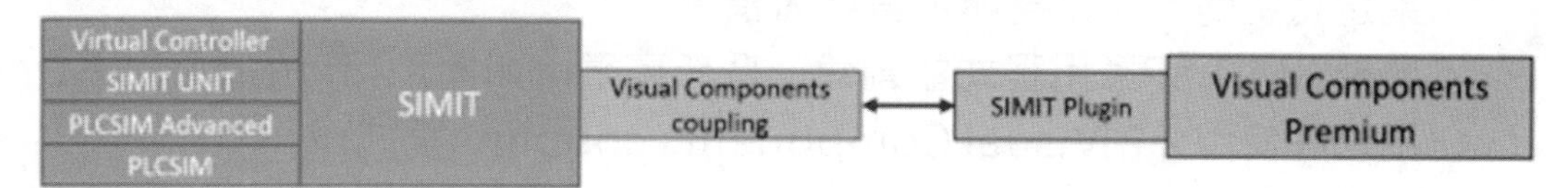

電腦需安裝以下軟體：

● Visual Components Premium 4.6

● Visual Components coupling

● Siemens SIMIT V10.2 SIMIT SP

STEP ❶ 電腦已經安裝Siemens SIMIT軟體，可至以下之路徑C:\Program Files (x86)\Siemens\Automation\SIMIT\SIMIT SF，建立新資料夾並命名為**couplings**，如圖7.27。

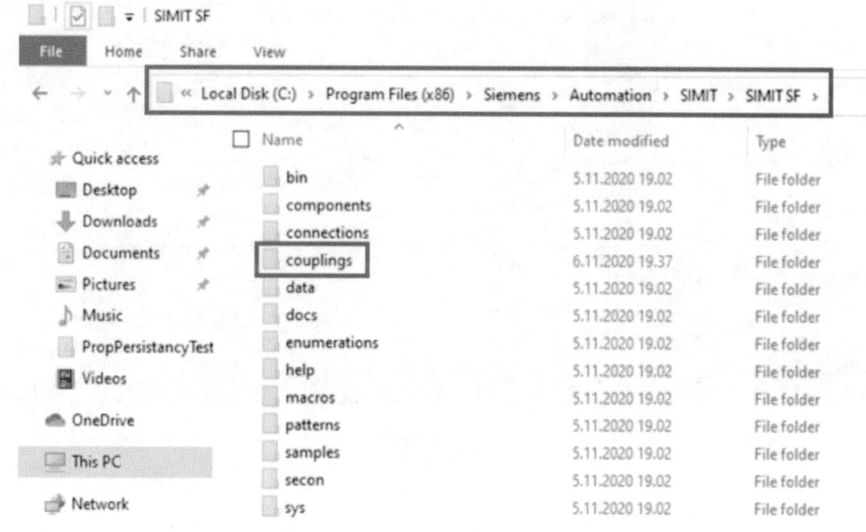

圖7.27

couplings資料夾定義SIMIT軟體中連結器的名稱，這個名稱具有特殊的重大意義，因為它被用來當作連結信號的部分識別碼及SIMIT 圖表中會使用的信號。因此，如果這個資料夾名稱不一樣，將會導致信號連結被中斷。

STEP ❷ 請從Visual Components官網下載Visual Components coupling檔案，連結路徑如下:
https://download.visualcomponents.net/installers/VisualComponents/addons/SIMIT/Visual_Components_SIMIT_coupling.zip 將 Visual Components SIMIT Coupled.zip 解壓縮並放入 **couplings** 資料夾裡面。
解壓縮後會產生Visual Components資料夾，建議可修改成更短的資料夾名稱，例如VC，因為SIMIT 圖表中的信號會先顯示**coupling**名稱，如果還有空間，才會再顯示信號名稱。
啟動SIMIT SP應用程式並創建一個新專案，如圖7.28。(SIMIT SP Demo 不允許使用外部Visual Components coupling程式)。

圖7.28

STEP ❸ 在Project navigation頁籤中展開**Couplings**資料夾，在New coupling選項中按壓右鍵，創建一個新的New coupling（或是在New coupling雙壓右鍵），如圖7.29。

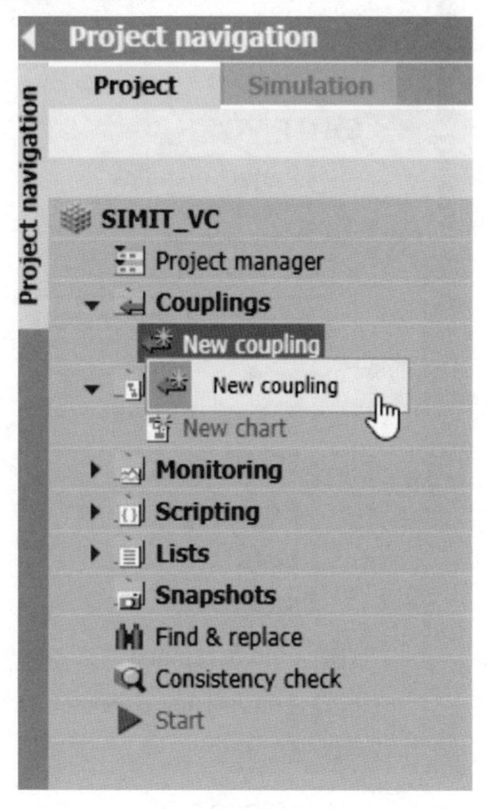

圖7.29

STEP ❹ 在Extern下選擇VC，如圖7.30，然後點選OK，完成後如圖7.31。
如果在上述步驟2，沒有更改資料夾名稱，視窗將會是顯示Visual Components而不是 VC。

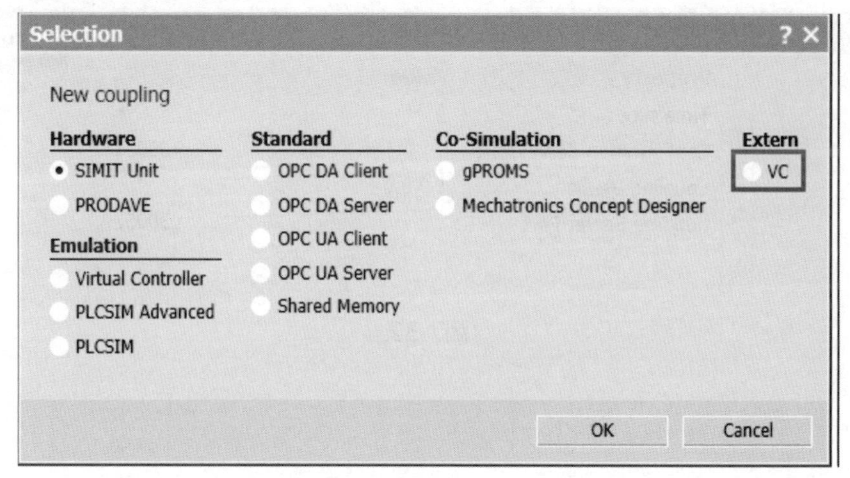

圖7.30

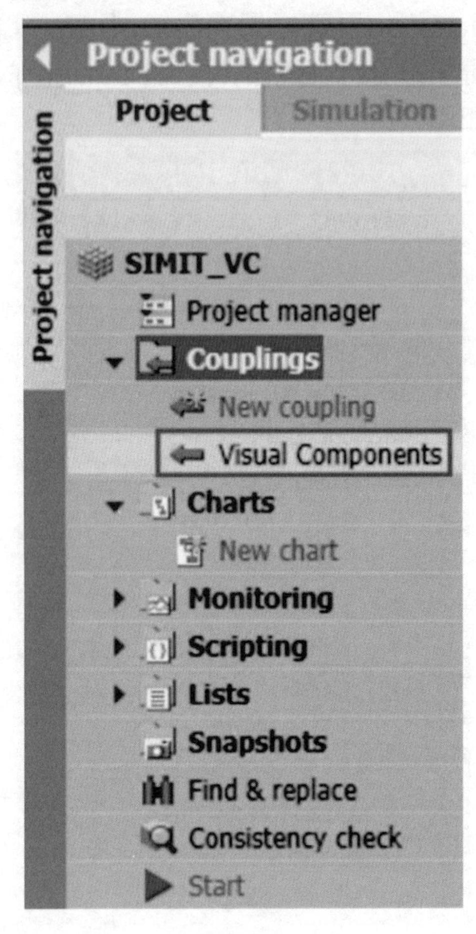

圖7.31

STEP ❺ 在SIMIT屬性視窗中，可以找到Visual Components coupling屬性，如圖7.32：

Visual Components　　Properties

General

Property	Value
Time slice	2
Configuration Server Port	30051
Coupling Version	1.0.0.0
Runtime Server Port	30052

圖7.32

- Time slice:專案屬性的時間區間。一個專案有8個時間區間可供選擇。通訊不同步，coupling信號交換對執行SIMIT即時模擬器的影響最小。
- Configuration Server Port and Runtime Server Port :用於連接到 Visual Components應用程式的端口。當端口數值改變，則須重新啟動，否則會導致已經連接成功的Visual Components失去連結。
- Coupling Version : Visual Components coupling版本。

STEP ❻ 在Visual Components coupling中添加信號，請點選Open Editor進行設定，如圖7.33、圖7.34。

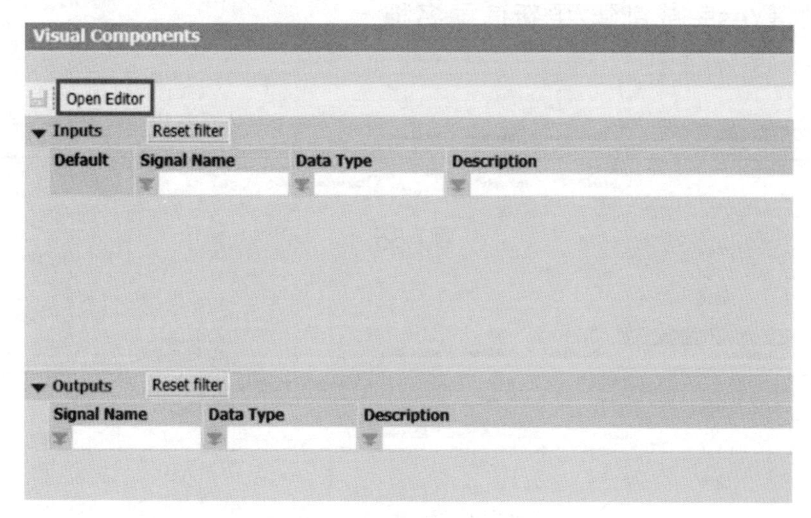

圖7.33

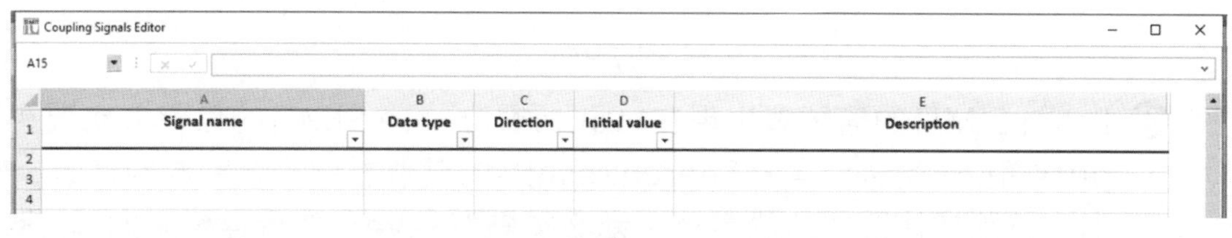

圖7.34

- Signal name:必須輸入名稱並且不能重複。
- Data type: SIMIT可接受的信號數據類型為二進制、整數和類比。
- Direction :信號值傳輸方向。

  -To SIMIT:從Visual Components向 SIMIT 輸入信號。

  Note：也就是Visual Components的SimulationToServer變數。

  -From SIMIT:從SIMIT到Visual Components的輸出訊號。

  Note：也就是Visual Components的ServerToSimulation變數。
- Initial value:在模擬開始SIMIT所指定的信號初始值。
- Description:信號描述。

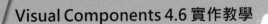

STEP ❼ 創建coupling信號須按照下列步驟，完成後如圖7.35、圖7.36：

1.輸入訊號名稱。

2.選擇信號數據類型。

3.選擇訊號傳輸方向。

4.設定初始值。

5.填寫信號描述。

6.點選Enter。

7.關閉視窗。

8.點選Yes完成創建/更新信號名稱。

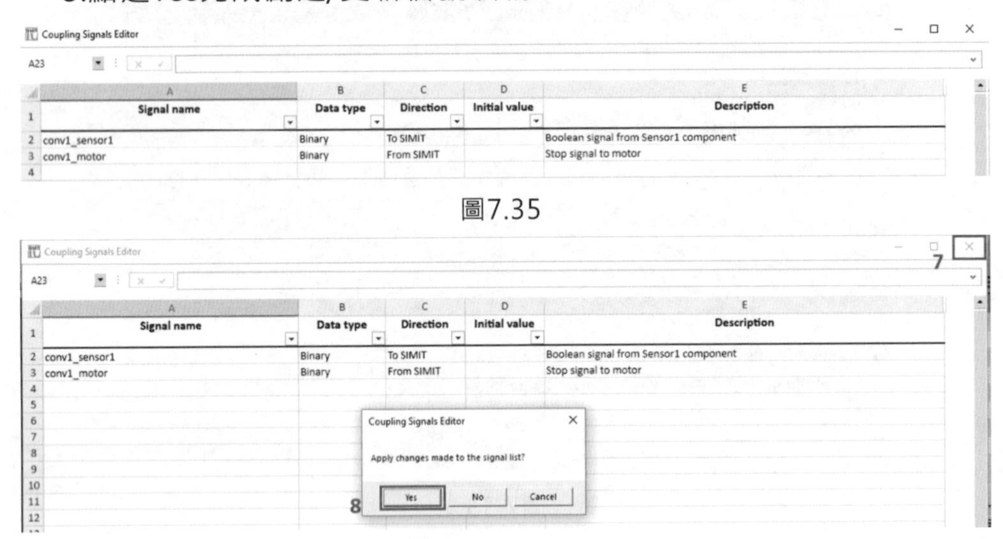

圖7.35

圖7.36

STEP ❽ From SIMIT的信號會出現在Inputs欄位，To SIMIT的信號會出現在Outputs欄位，另外，可在Search results的欄位看到設定完成的信號，當新增、移除或修改任何設定後，都必須點選Save，進行存檔，如圖7.37。

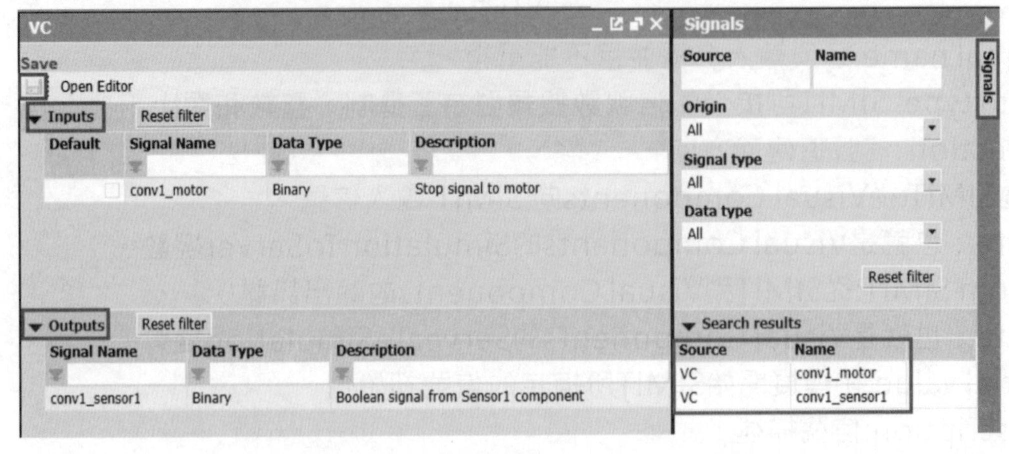

圖7.37

STEP ❾ 設定VC連接SIMIT，點選SIMIT右鍵後，選擇新增主機(Add Server)，如圖7.38。

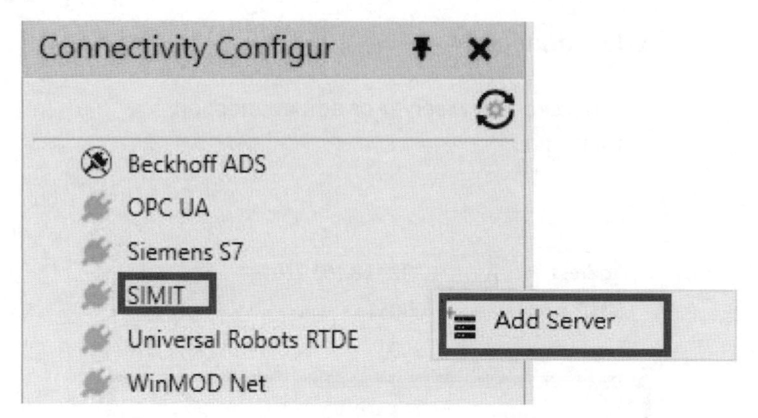

圖7.38

STEP ❿ **新增主機(Server)**後右側將顯示連線設定，如圖7.39。

Edit Connection

Connect to a new server or edit connection parameters.

Connection

Address 192.168.162.128
SIMIT port 30051
Timeout 3000 ms

Test Connection

圖7.39

- 地址(Address):輸入SIMIT設備所在的IP位址。
- SIMIT連接埠(SIMIT port):在VC Coupling中定義的配置服務器端口(Configuration Server Port)。
- 逾時(Timeout):用於初始連接和非同步運轉，以毫秒為單位。

STEP ⓫ 可點選**測試連線(Test Connection)**，若此位置可進行連線，將顯示連線成功，如圖7.40、圖7.41。

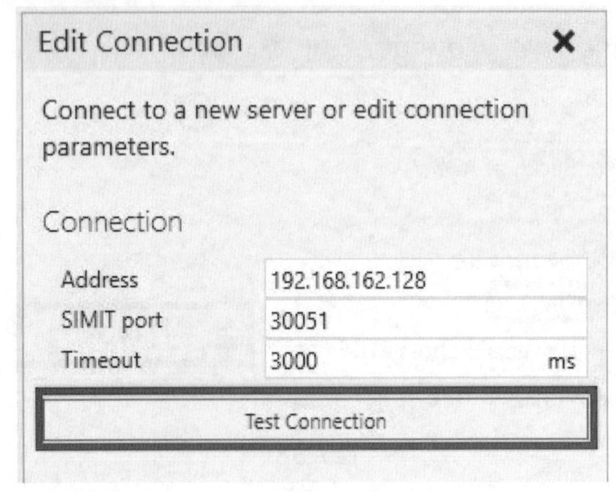

圖7.40

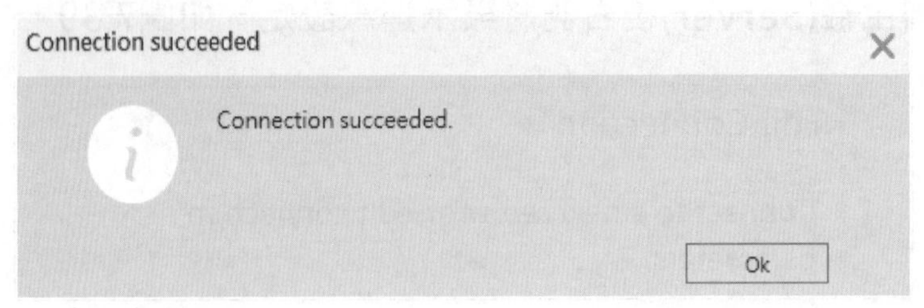

圖7.41

STEP ⓬ 連線後即可利用Visual Components與Siemens SIMIT連接訊號，欲建立Visual Components發送給Siemens SIMIT的訊號，則點選**模擬至主機(Simulation to server)**並按下右鍵後點選**新增變數(Add Variables)**，將Visual Components與Siemens SIMIT訊號連接，如圖7.42。

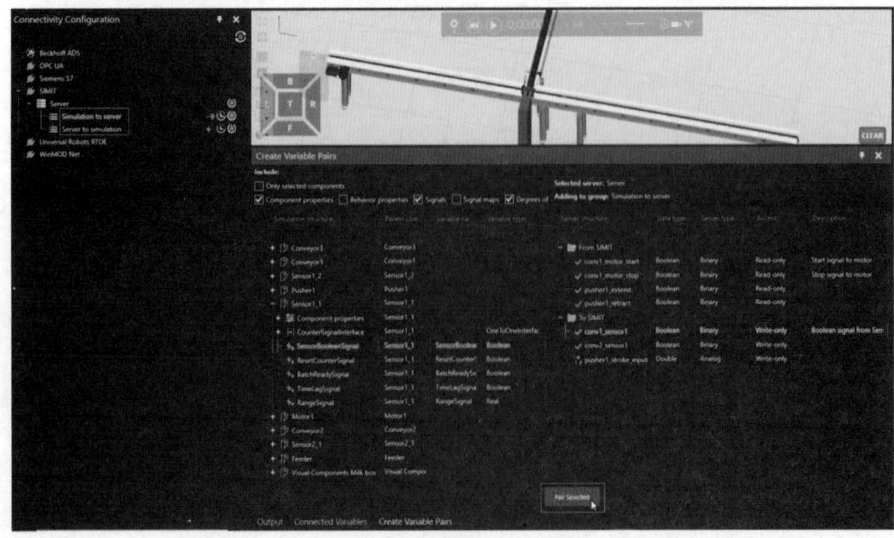

圖7.42

STEP ⑬ 設定完成後即可於視窗下方確認訊號連線**狀態(Status)**，亦可同時確認 Siemens SIMIT與Visual Components訊號狀態(True/False)，如圖 7.43。

圖7.43

7.6 建立WinMOD連線

WinMOD連線外掛程式是透過WinMOD Net資料庫與WinMOD模擬系統連接。WinMOD Net通訊架構是採用TCP/IP協定，因此可以在本機和網路所使用。須注意連結通訊需具有WinMOD序號才能運行。

WinMOD Net連線外掛程式功能齊全，包括支持多個連接、瀏覽所創建的變量配對以及即時更新從實體伺服器傳到模擬的數值。

使用WinMOD連線的先決條件：

- WinMOD Net資料庫適用於WinMOD V7.2 Build 40以上之版本。
- 必須取得WinMOD KU200序號才可連接到每個需要安裝的WinMOD。(https://www.winmod.de/english/products/winmod-systemsoftware/winmod-configuration/winmod-konfigurationen_eng/)
- 使用VC的電腦需要安裝WinMOD Net通訊資料庫。

STEP ❶ 設定VC連接WinMOD Net，點選WinMOD Net右鍵後點選**新增主機(Add Server)**，如圖7.44。

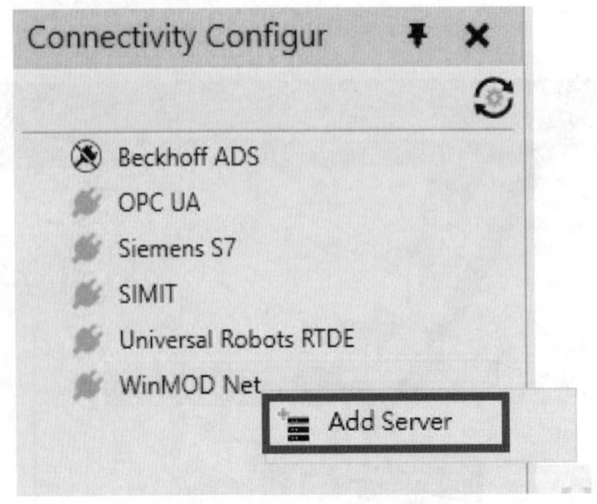

圖7.44

STEP ❷ **新增主機(Server)**後右側將顯示連線設定，如圖7.45。

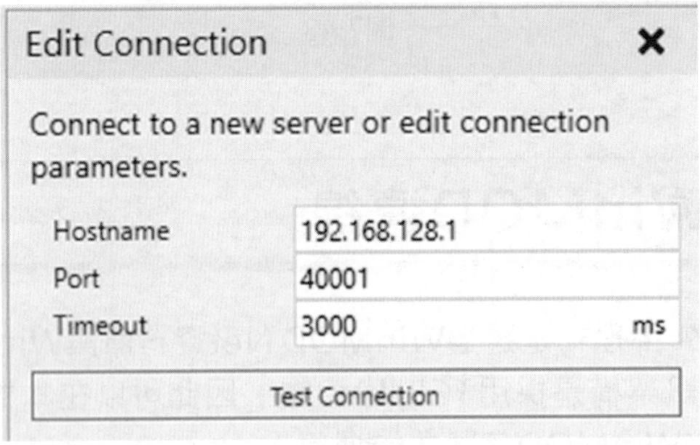

Edit Connection

Connect to a new server or edit connection parameters.

Hostname 192.168.128.1
Port 40001
Timeout 3000 ms

Test Connection

圖7.45

STEP ❸ 為了進行變數配對，設置通信的基本流程如下：

1.開啟WinMOD並載入所需的模擬檔案，從project settings的Incoming Connection啟用accept connections，如圖7.46。

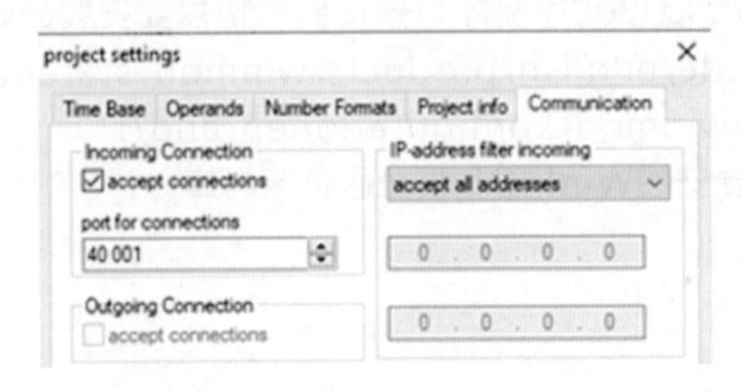

圖7.46

2.由於WinMOD Net通訊架構是採用TCP/IP協定，因此使用Hostname和Port建立連接。Hostname可以是IP地址或DNS名稱。服務器Port可以在WinMOD project settings裡面設置，預設值為40001。

3.將一個或多個Communication Elements加入WinMOD模擬中。

4.將信號添加到Communication Elements並將它們連接到WinMOD模擬中。

5.在Connectivity tab選項中從VC連接到WinMOD。

6.分別點選**模擬至主機(Simulation to server)**及**主機至模擬 (Server to Simulation)**，然後按下右鍵後點選**新增變數(Add Variables)**，在VC的**新增變數配對(Create Variable Pairs)**視窗中添加**變數(Variables)**。

- 將WinMOD輸入連接到VC中的輸入並將**成對變數(variable pairs)**放置到**主機至模擬 (Server to Simulation)**變數群組中。
- 將WinMOD輸出連接到VC中的輸出並將**成對變數(variable pairs)**放置到**模擬至主機(Simulation to server)**變數群組中。

7.在WinMOD和VC中開始模擬。

須注意以下事項：

- 可存取的WinMOD位址是被建構在具有輸入和輸出信號的Communication Elements。
- Communication Elements使用由WinMOD項目名稱、WinMOD層名稱和Communication Elements本身的名稱組成的full path標識。
- 信號使用通信元素full path和信號名稱進行識別，因此對名稱的進行任何更改都需要再次配對變數。

STEP ❹ 設定完成後即可於下方觀看訊號連線**狀態Status**，亦可同時觀看WinMOD與Visual Components訊號狀態True/False，如圖7.47。

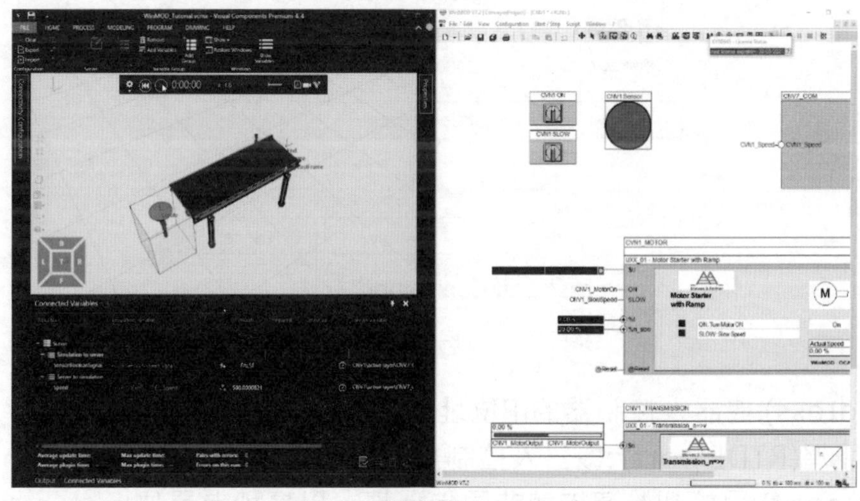

圖7.47

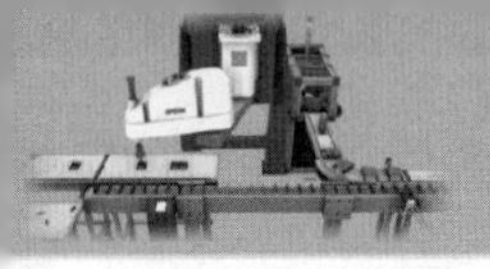

7.7 建立Universal Robots RTDE連線

Universal Robots RTDE外掛程式能夠將Universal Robots CB3系列機器人控制器連接於RTDE介面，也可以將URSim機器人控制模擬器連接於RTDE介面，可連接PolyScope(此為Universal Robots 虛擬機器人控制器)。

STEP ❶ 設定VC連接Universal Robots RTDE，點選Universal Robots RTDE右鍵後點選**新增主機(Add Server)**，如圖7.48。

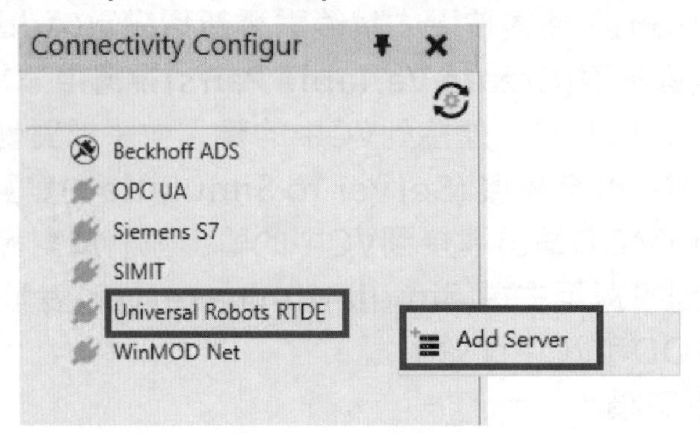

圖7.48

STEP ❷ **新增主機(Server)**後右側將顯示連線設定，如圖7.49。

Edit Connection

Connect to a new server or edit connection parameters.

Robot controller address

Address	192.168.100.160
RTDE port	30004
Timeout	5000

Test Connection

Apply Cancel

Properties | Edit Connection

圖7.49

- 地址(Address):機器人控制器的IP位址。
- RTDE通訊埠(RTDE port) :機器人控制器的通訊埠。
- 逾時(Timeout):用於初始連接和非同步運轉，以毫秒為單位。

即時數據交換(RTDE)介面按一固定頻率進行更新，並且是基於經由TCP / IP插口通訊所傳送的二進位應用程式層級協定。機器人控制器默認TCP通訊埠30004。

STEP ❸ 可點選**測試連線(Test Connection)**，若此位置可進行連線，將顯示連線成功，如圖7.50、圖7.51。

Edit Connection

Connect to a new server or edit connection parameters.

Robot controller address

Address 192.168.100.160

RTDE port 30004

Timeout 5000

Test Connection

Apply Cancel

Properties Edit Connection

圖7.50

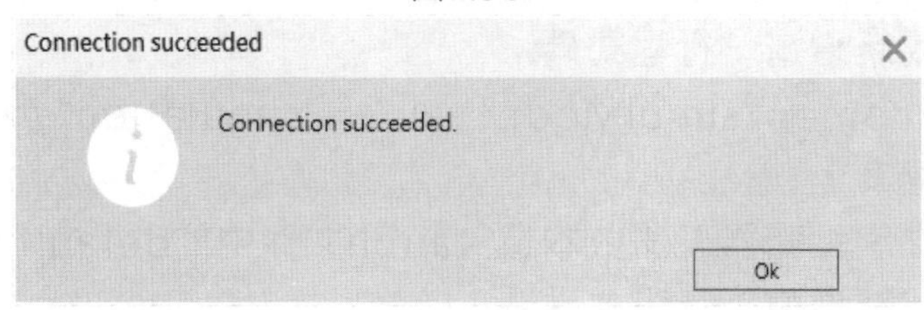

圖7.51

STEP ❹ 連線後即可利用Visual Components與Universal Robots RTDE連接，做到向量參數瀏覽，如圖7.52，以及修改機器人控制器標準數位輸出，如圖7.53。

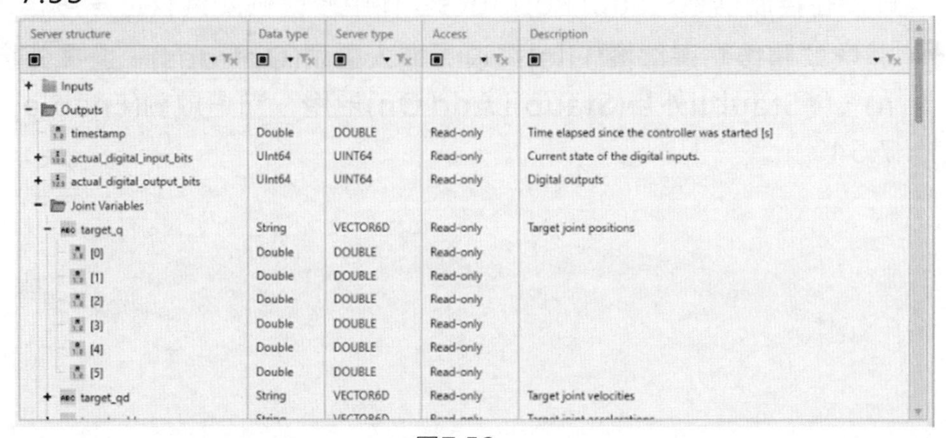

Server structure	Data type	Server type	Access	Description
+ Inputs				
− Outputs				
timestamp	Double	DOUBLE	Read-only	Time elapsed since the controller was started [s]
+ actual_digital_input_bits	UInt64	UINT64	Read-only	Current state of the digital inputs.
+ actual_digital_output_bits	UInt64	UINT64	Read-only	Digital outputs
− Joint Variables				
− target_q	String	VECTOR6D	Read-only	Target joint positions
[0]	Double	DOUBLE	Read-only	
[1]	Double	DOUBLE	Read-only	
[2]	Double	DOUBLE	Read-only	
[3]	Double	DOUBLE	Read-only	
[4]	Double	DOUBLE	Read-only	
[5]	Double	DOUBLE	Read-only	
+ target_qd	String	VECTOR6D	Read-only	Target joint velocities

圖7.52

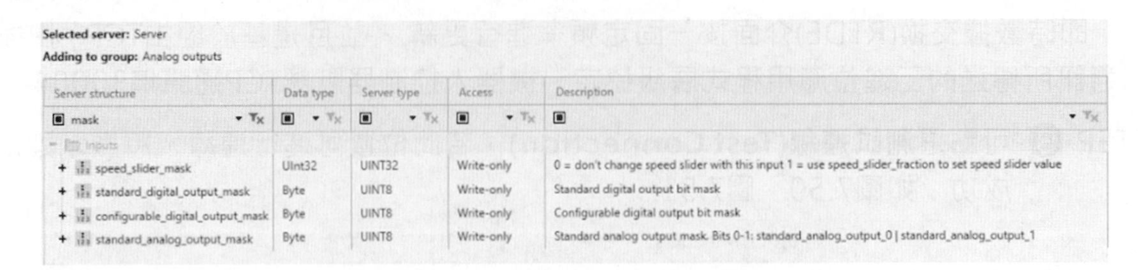

圖7.53

7.8 建立Stäubli 機械手臂連線

Stäubli外掛程式允許Stäubli的CS8和CS9機器人控制模擬器一起創建和模擬機器人的工作單元。功能包括機器人手臂姿勢和模擬組件與機器人控制器之間的I/O同步，以及機器人程式後處理器。

STEP ❶ 設定Stäubli機器人套件。

如果使用Stäubli機器人套件(Stäubli Robotics Suite)附有CS模擬器版本7或更高，則需要更改兩個設定檔案。

(1)利用文字編輯器來開啟本機Stäubli文件中的controller.cfx 檔案。

(2)驗證或新增這一行程式碼:

<String name="simulMode" value="simulation" />

(3)儲存檔案。

(4)利用文字編輯器來開啟本機Stäubli文件中的default.cfx檔案。

(5)驗證或新增這一行程式碼:

<Bool name="ioWriteAccess" value="true" />

(6)儲存檔案。

注意事項：

直接在控制器或Stäubi Robotics套件中修改個人資料也是可行。

STEP ❷ 開啟軟體後點選**檔案(File)**選項，進入**選項(Options)**，選擇**外掛(Add-On)**後將**Stäubli外掛(Stäubli Add On)**啟用，點選**啟動(Enable)**，如圖7.54。

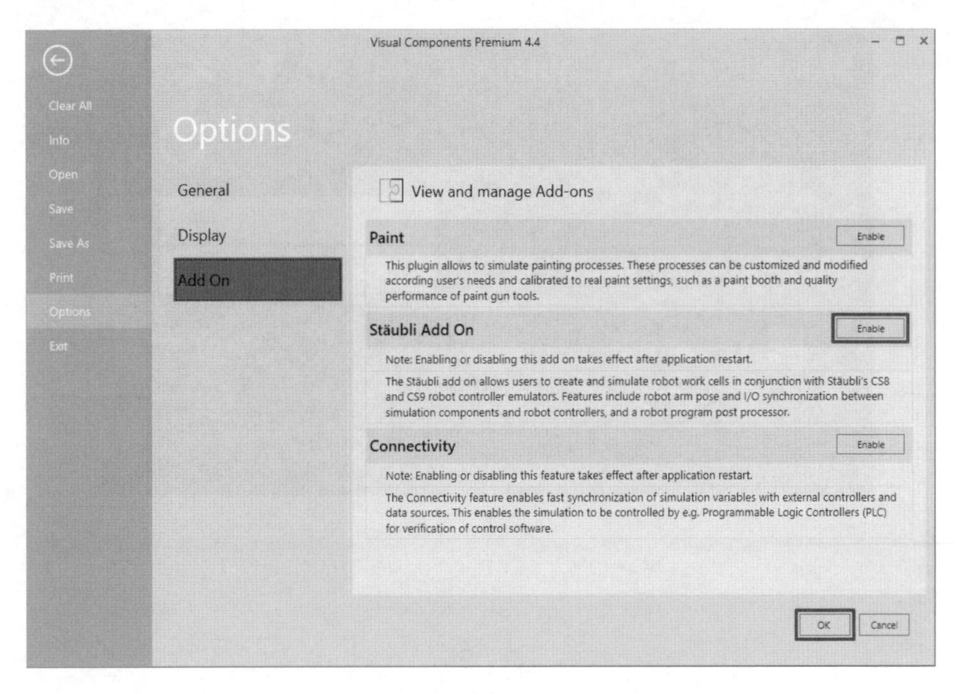

圖7.54

STEP ❸ 關掉軟體並重新啟動，開啟**機器人教導(PROGRAM)**視窗的**顯示(Show)**功能，檢視是否勾選**Stäubli單元設定(Stäubli Cell Configuration)**及**Stäubli 控制器I/O映射(Stäubli Controller I/O Mappings)**，如圖7.55。

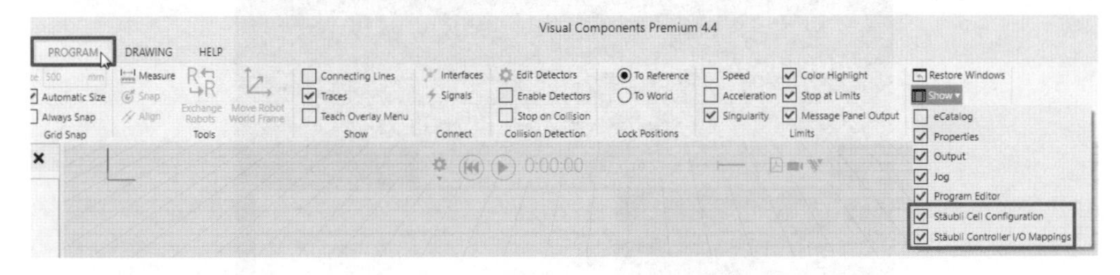

圖7.55

STEP ❹ 連接至Stäubli控制器

Stäubli外掛程式能夠連接到實體或虛擬的Stäubli控制器，**Stäubli單元設定(Stäubli Cell Configuration)**功能如下:

- 新增模擬器
- 模擬器連接
- 機器人配對
- I/O配對
- 佈局架構
- 開啟/關閉機器人配對
- 模擬模式和連接/斷開模擬器
- 同步化計時設定

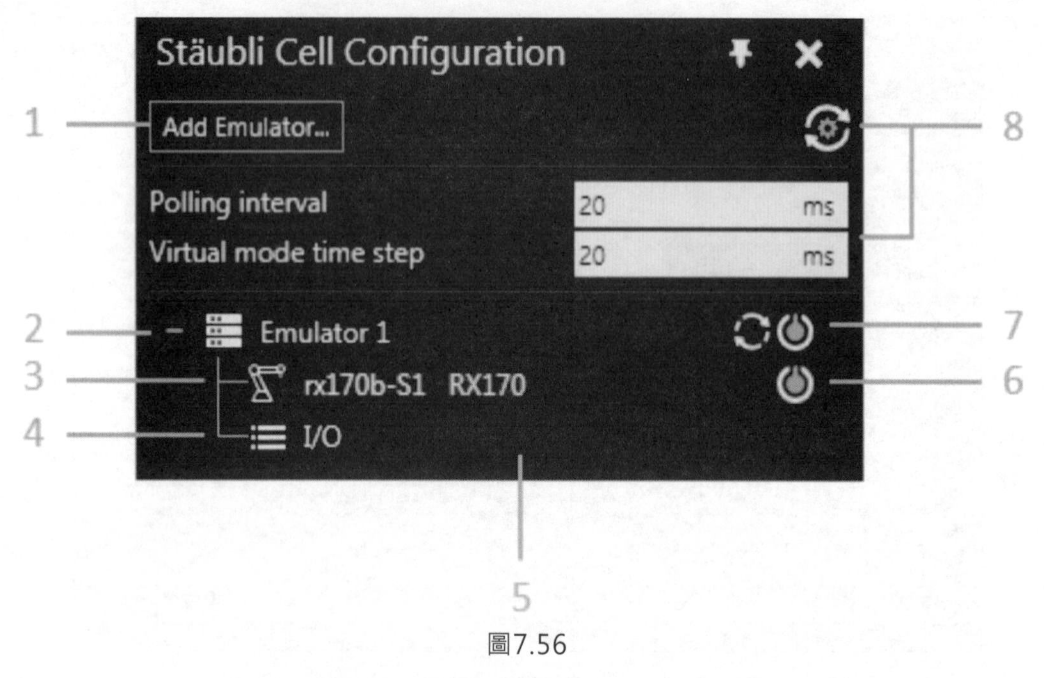

圖7.56

(1)在設定介面，點選**新增模擬器(Add Emulator)**，右邊視窗會出現連線設定，如圖7.57。

Edit Emulator Target
Connect to a new emulator or change the target network address.
Emulator Address
Host name 127.0.0.1
Port 5653
Username default
Password
Save password
Test Connection
Apply
Cancel

圖7.57

(2)在**編輯Emulator目標(Edit Emulator Target)**任務方框中，將**主機名稱(Host name)**設定為控制器的網址，以及**帳號(Username)**和**密碼(Password)**以供登入控制器。

(3)點選**測試連線(Test Connection)**並且驗證是否能夠連接到控制器。如果連接嘗試不成功，檢查網路位址和登入項目，以及是否需要使用除了內定連線埠的5653以外的連線埠。

(4)假如能夠連接到控制器，點選**套用(Apply)**儲存連接並且將它新增到設定介面。

STEP ❺ 連配對機器人

將3D世界中的機器人與連接的Stäubli控制器進行配對。

(1)將Stäubli機器人新增到3D世界，例如一個RX 170機器人。

(2)在**Stäubli單元設定(Stäubli Cell Configuration)**介面，右鍵點選所連接模擬器的機器人元素，然後點選**Change Connected Robot**。

(3)在3D世界中，點選黃色標示的機器人，成功後機器人會變成綠色標示，然後在**Change Connected Robot**任務方框中，點選應用。如果無法在3D世界中選擇機器人，則機器人可能並不相容，或者需要重新編輯控制器中的一個或多個設定。

STEP ❻ 教導機器人

● Jog Joints – 控制器

正常的預設值，每個新連接的模擬模式為閒置並且處於相互連接狀態。閒置是一種安全模式，使得Stäubli外掛程式和控制器不會同步。通常會使用Polling或Virtual模式來教導帶有連接控制器的機器人以及模擬VAL3應用程序。

(1)在**Stäubli單元設定(Stäubli Cell Configuration)**介面中，選擇所列出的模擬器進行連接，然後在**屬性(Properties)**面板裡，將**模擬模式(Simulation mode)**設定成**虛擬(Virtual)**。

(2)開始執行模擬。機器人會立即改變成在控制器中所定義的手臂姿勢。在虛擬模式下，可以依不同的速度運行模擬並且使用虛擬或真實時間。

(3)在Stäubli控制器中，開啟**機器手臂電源(robot arm power)**，啟用**關節(Joint)**，然後利用關節編號按鈕與3D世界中機器人的關節互動。

(4)停止模擬。

(5)在**Stäubli單元設定(Stäubli Cell Configuration)**介面，右鍵點選**模擬器連接(emulator connection)**，然後點選**取消連結(Disconnect)**。

(6)開始執行模擬，然後嘗試利用Stäubli控制器來與3D世界中的機器人互動。由於已經斷開連接，所以3D世界中的機器人不會移動，機器人的關節值也應該與控制器內的數值不同。

(7)停止模擬。

(8)在**Stäubli單元設定(Stäubli Cell Configuration)**介面，右鍵點選模**擬器連接(emulator connection)**，然後點選**連接(Connect)**。

(9)開始執行模擬。機器人在3D世界中重新設定它的關節數值，將與所連接的控制器數值相同。

● Jog Joints – 模擬

如果模擬模式為Jogging，則不需要執行模擬。Jogging模式允許在Visual Components Premium環境教導機器人，並自動更新Stäubli控制器中的關節值。

(1)重置模擬。

(2)在Stäubli控制器中，關閉**機械手臂電源(robot arm power)**。

(3)在**Stäubli單元設定(Stäubli Cell Configuration)**介面中，選擇所列出的模擬器進行連接，然後在**屬性(Properties)**面板裡，將**模擬模式(Simulation mode)**設定成**Jogging**。

(4)使用Jog命令和面板和在3D世界中的機器人互動。配對的機器人關節值會在Stäubli控制器中自動更新。

(5)在Stäubli控制器中，打開**機械手臂電源(robot arm power)**。

(6)重複上述步驟4。機器人可能不會移動，將會有提示通知關閉**機器手臂電源(robot arm power)**。**模擬模式(Simulation mode)**也將自動更改為閒置。

(7)重複步驟4。機器人可能會移動，但Stäubli控制器不會更新其關節值。

STEP ❼ 後處理程式

Stäubli外掛程式可用於對機器人程序進行後處理並創建VAL 3應用程序。

(1)在3D世界中，教導機器人點位。

(2)在**Stäubli單元設定(Stäubli Cell Configuration)**介面中，點選Robot右鍵已連接模擬器的元素，然後點選**後處理程式(Post Process Program)**。

(3)在Create VAL 3 application任務欄中，將**應用程序名稱(Application name)**設定為**案例(Example)**。這將是項目的文件名稱和文件夾名稱。

(4)將**應用程序文件夾(Application folder)**設置為所需的路徑，例如本機Stäubli文檔中的usrapp文件夾。

(5)單擊 Post Process 以創建 VAL 3 應用程序。

(6)在**Stäubli單元設定(Stäubli Cell Configuration)**介面中，選擇所列出的模擬器進行連接，然後在**屬性(Properties)**面板裡，將**模擬模式(Simulation mode)**設定成**虛擬(Virtual)**。

(7)開始執行模擬。

(8)在Stäubli控制器中，打開並運行VAL 3應用程序，然後驗證3D世界中的機器人執行控制器中運行的程序。根據Stäubli控制器的Jog模式，可能需要按住Move按鈕。

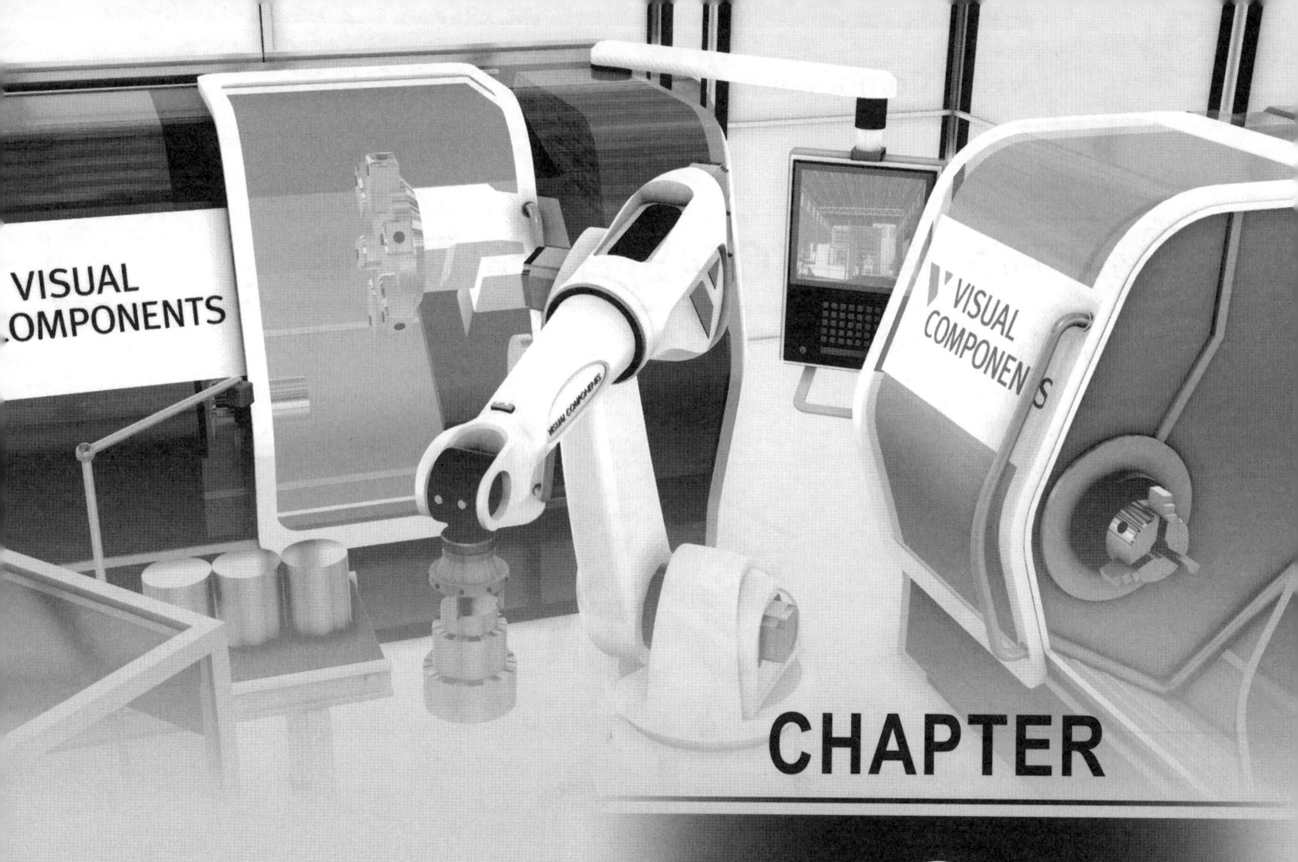

CHAPTER 8

右鍵快顯功能

- 8.1 佈局規劃(HOME)右鍵快顯功能
- 8.2 元件設計(MODELING)右鍵快顯功能
- 8.3 Component Graph右鍵快顯功能

8.1 佈局規劃(HOME)右鍵快顯功能

在**佈局規劃(Home)**頁籤中，點選滑鼠右鍵會有快顯功能可使用，如圖8.1。

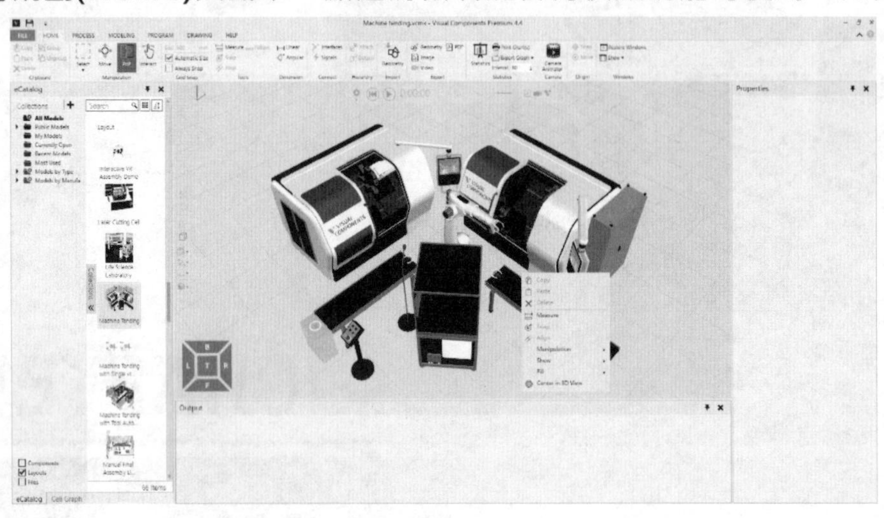

圖8.1

一 複製(Copy)

複製選取的元件，此功能與本書第2.7章節所介紹元件編輯中的「複製」功能相同。

二 貼上(Paste)

貼上選取的元件，此功能與本書第2.7章節所介紹元件編輯中的「貼上」功能相同(前提是有使用複製或剪下元件的功能，貼上功能才能使用)。

三 刪除(Delete)

刪除選取的元件，此功能與本書第2.7章節所介紹元件編輯中的「刪除」功能相同(如需將刪除的元件還原，可點選Ctrl+Z復原)。

四 測量(Measure)

量測工具，可量測兩點之間的距離及角度，此功能與本書第2.7章節所介紹元件工具中的「量測」功能相同。

五 原點對準(Snap)

元件原點移動到選定特徵位置，此功能與本書第2.7章節所介紹元件工具中的「原點對準」功能相同。

六 貼齊(Align)

將兩元件的特徵位置進行對齊，此功能與本書第2.7章節所介紹元件工具中的「貼齊」功能相同。

七 操作(Manipulation)

元件控制，此功能與本書第2.7章節所介紹元件控制中「選擇」、「移動」、「連接」及「互動」功能相同，如圖8.2。

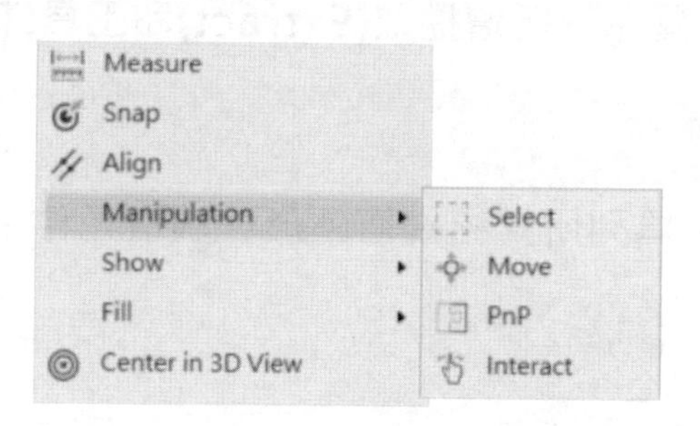

圖8.2

八 顯示(Show)

顯示連接功能，此功能與本書第2.7章節所介紹元件顯示功能「介面」及「訊號」功能相同，如圖8.3。

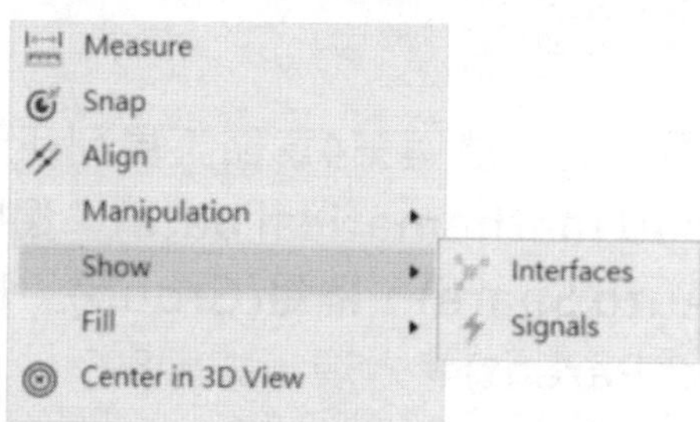

圖8.3

九 元件顯示(Fill)

畫面顯示元件功能，此功能與本書第2.3章節所介紹元件3D世界中的「視角控制」功能相同，如圖8.4。

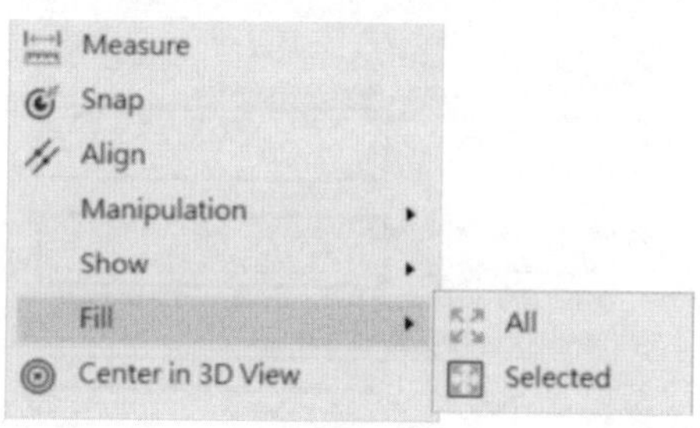

圖8.4

置中於3D視窗(Center In 3D View)

定義中心焦點，點選此功能後，便以滑鼠選擇到的元件幾何為中心來檢視3D世界。

8.2 元件設計(MODELING)右鍵快顯功能

當使用者於**元件設計(MODELING)**頁籤點選右鍵後，出現與**佈局規劃(HOME)**頁籤類似的快顯功能，差異在於新增**提取(Extract)**和**工具(Tools)**兩個功能。

提取(Extract)

此功能與第4.3章節工具列所介紹幾何外形「擷取元件」及「擷取節點」功能相同，如圖8.5。

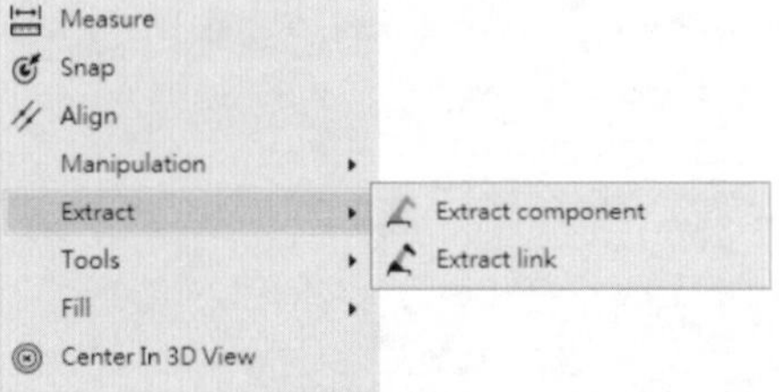

圖8.5

工具(Tools)

特徵(Feature)修改工具，此功能與第4章節工具列所介紹的功能相同，新增的功能有**停用數學數據(Unload mathematical data)**、**獨特化元件(Make component unique)**、**自動分享(Auto Share)**、**群組(Group)**、**群組化主層級(Group Main Level)**、**選擇親代(Select Parent)**等六項，如圖8.6。

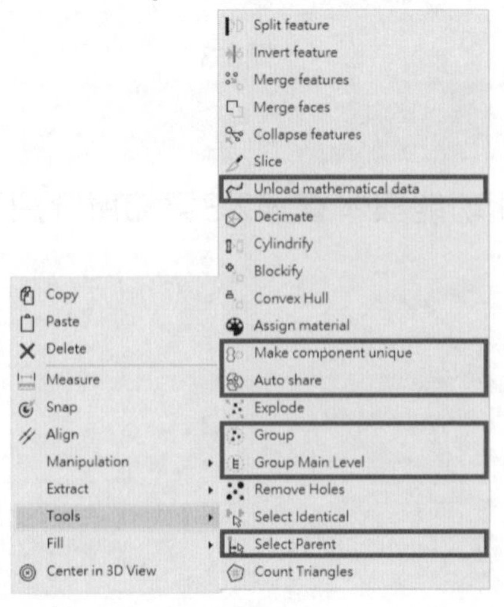

圖8.6

1. 停用數學數據(Unload mathematical data)

　　當特徵(Feature)具有**曲面細分品質(Tessellation quality)**參數時，如圖8.7，點選此功能可將此參數刪除，此功能為不可逆之動作，操作時請注意。

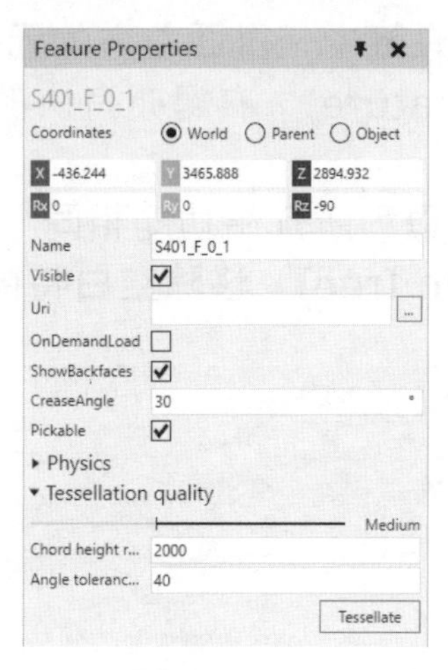

圖8.7

2. 獨特化元件(Make component unique)

　　可打破元件複製時的繼承關係。點選欲打破的元件，再點選此功能，即可解除複製後的繼承關係。

3. 自動分享(Auto Share)

　　可恢復被解除的複製繼承關係。

4. 群組(Group)

　　選擇欲群組的特徵(Feature)後再點選此功能，可將所有選取特徵(Feature)整理至相同**座標變換(Transform)**當中。

5. 群組化主層級(Group Main Level)

　　此功能將所有在Root以下所有群組全部組在一起，並放置於相同**座標變換(Transform)**當中。

6.選擇親代(Select Parent)

　　點選此功能後可找到往上一階的階層。

8.3 Component Graph右鍵快顯功能

於**元件設計(MODELING)**頁籤中，畫面左方的**元件架構(Component Graph)**可進行建模設定，點選特徵(Feature)，右鍵亦有快顯功能，可更快速的選擇所需要之功能。

此功能大部分與第4章節工具列所介紹功能相同，新增的功能有**爆炸(Explode)**、**在樹中向上移動(Move Up in Tree)**、**移除空白特徵(Remove Empty)**等三項，如圖8.8。

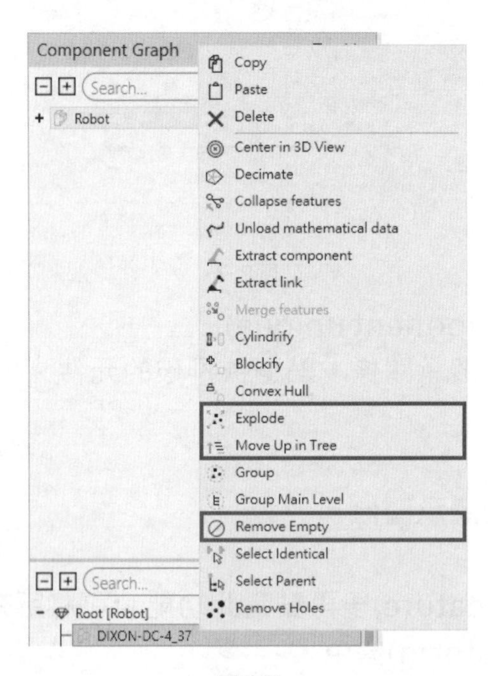

圖8.8

一 爆炸(Explode)

可將原本已經**合併(Merge)**過的特徵(Feature)進行分解，將特徵(Feature)的最小幾何單位拆解出來，並整理至一個**座標變換(Transform)**當中。

二 在樹中向上移動(Move Up in Tree)

點選此功能後可將樹狀階層往上調整一階。

三 移除空白特徵(Remove Empty)

將空的特徵(Feature)進行移除。

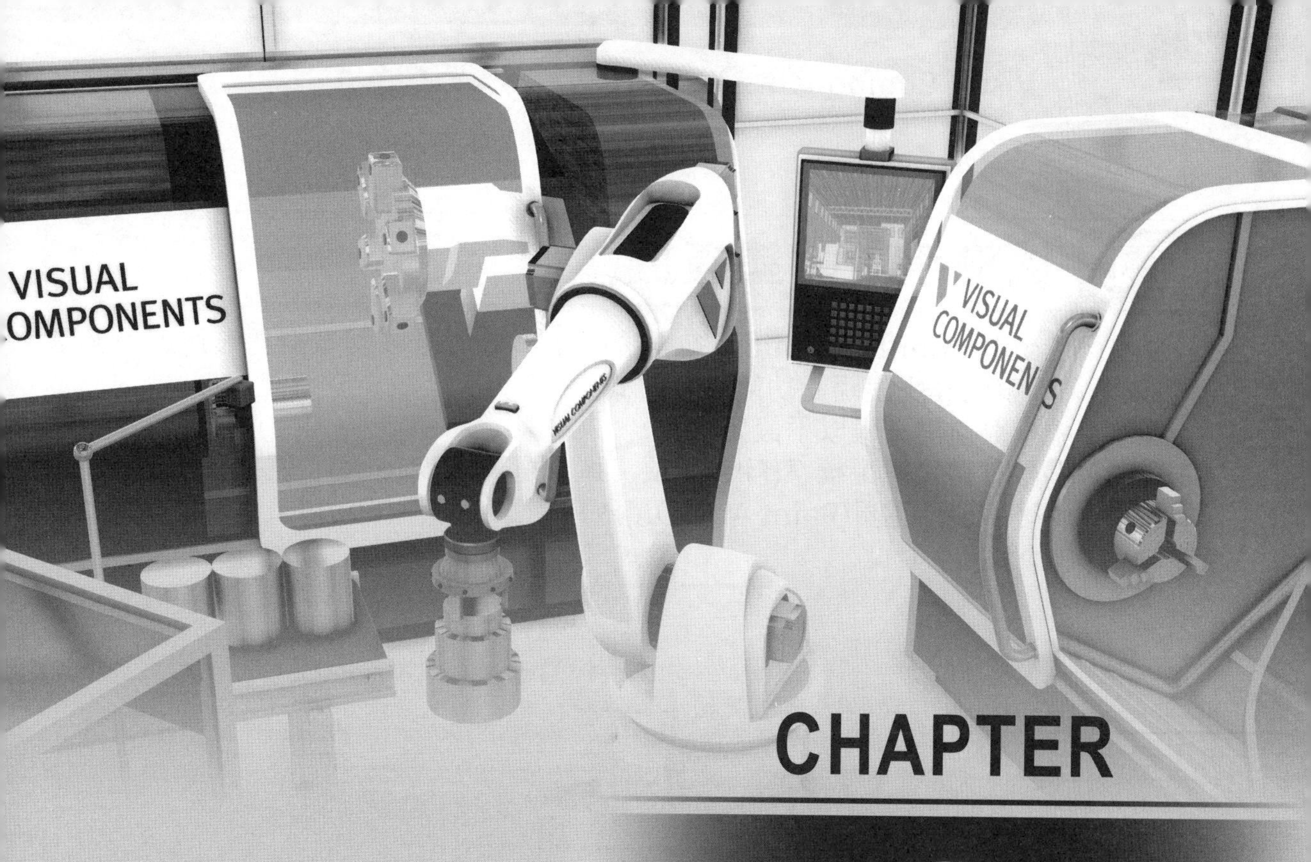

CHAPTER 9 噴塗(Paint)

- 9.1 機械手臂噴塗模擬
- 9.2 噴槍設定
- 9.3 機械手臂教導及工具列設定
- 9.4 示範案例下載

9.1 機械手臂噴塗模擬

Visual Components Premium 包含機械手噴塗功能，可模擬塗裝厚度及多塗層，以下利用案例詳細說明此功能設定方式。

製作噴塗模擬前需準備以下設定：

STEP ❶ 開啟軟體後點選檔案(File)選項，進入選項(Options)，選擇外掛(Add-On)後將噴塗工具(Paint Add On)啟用，點選啟動(Enable)，需重新開啟軟體，如圖9.1。

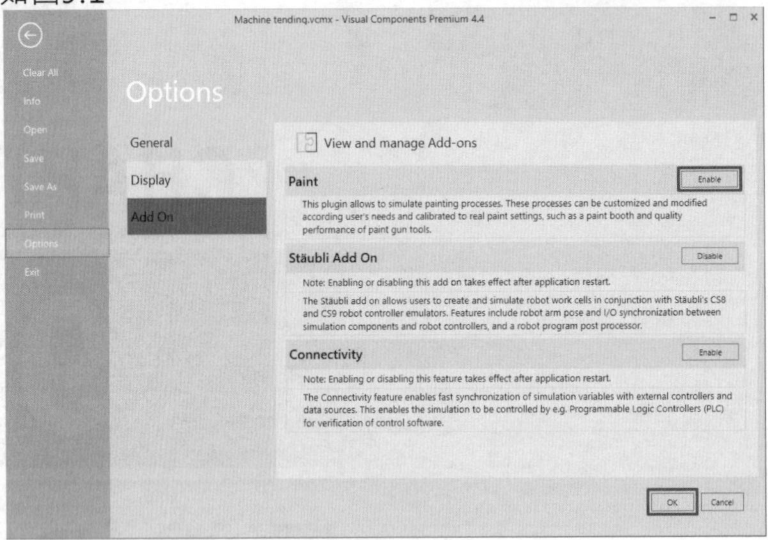

圖9.1

STEP ❷ 下載連結中的CH9，解壓縮後會有個Components資料夾內有所需元件，網址https://spaces.hightail.com/space/6lTebQZQTk或掃描下方QR Code，如圖9.2。或者搜尋元件，於線上資料庫搜尋元件 Paint Gun (噴槍)、Generic Articulated Robot v4(機械手臂)、 Generic servo track (機械手臂走行軸)及Block Geo(噴塗物)，如圖9.3。

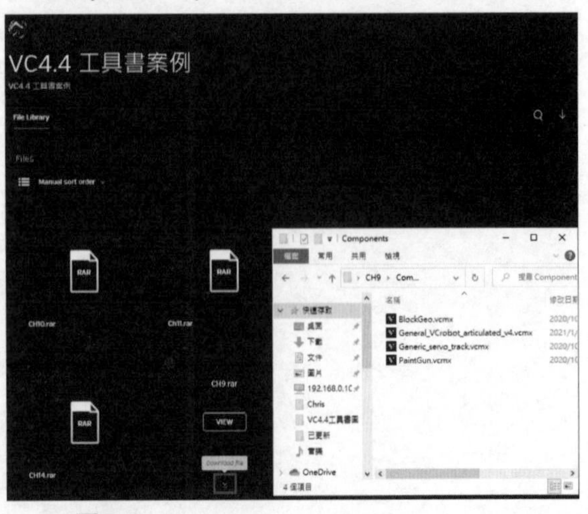

圖9.2

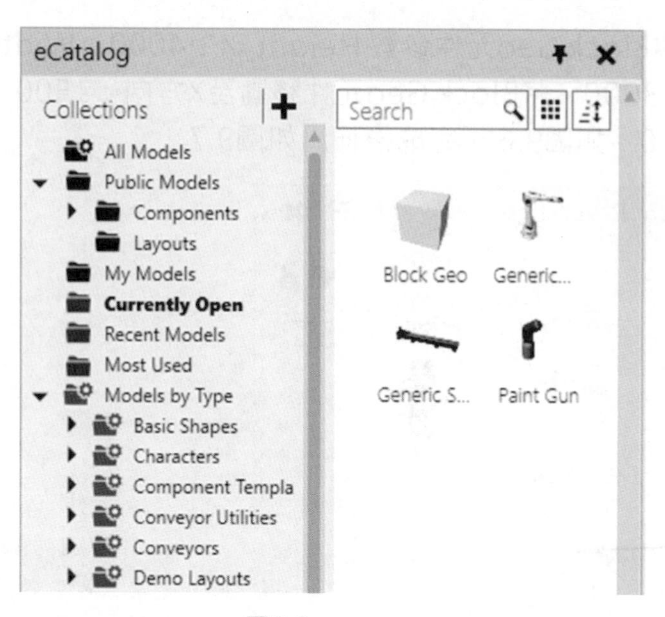

圖9.3

STEP ❸ 開始進行佈局，將Generic servo track設定於原點，如圖9.4。

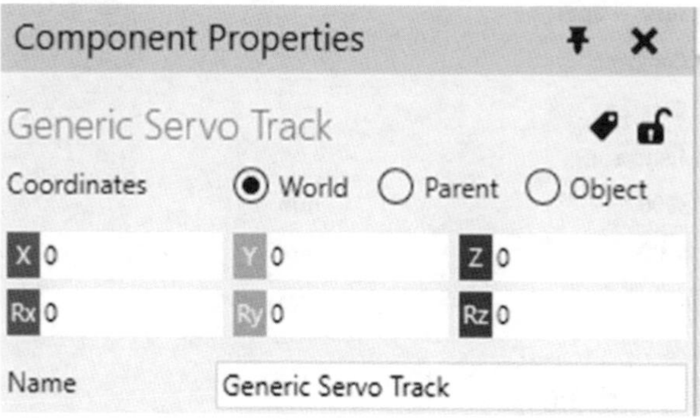

Component Properties
Generic Servo Track
Coordinates ◉ World ○ Parent ○ Object
X 0 Y 0 Z 0
Rx 0 Ry 0 Rz 0
Name Generic Servo Track

圖9.4

STEP ❹ 利用連接(PnP)功能將Generic Articulated Robot v4、Paint Gun及Generic servo track連接，如圖9.5。

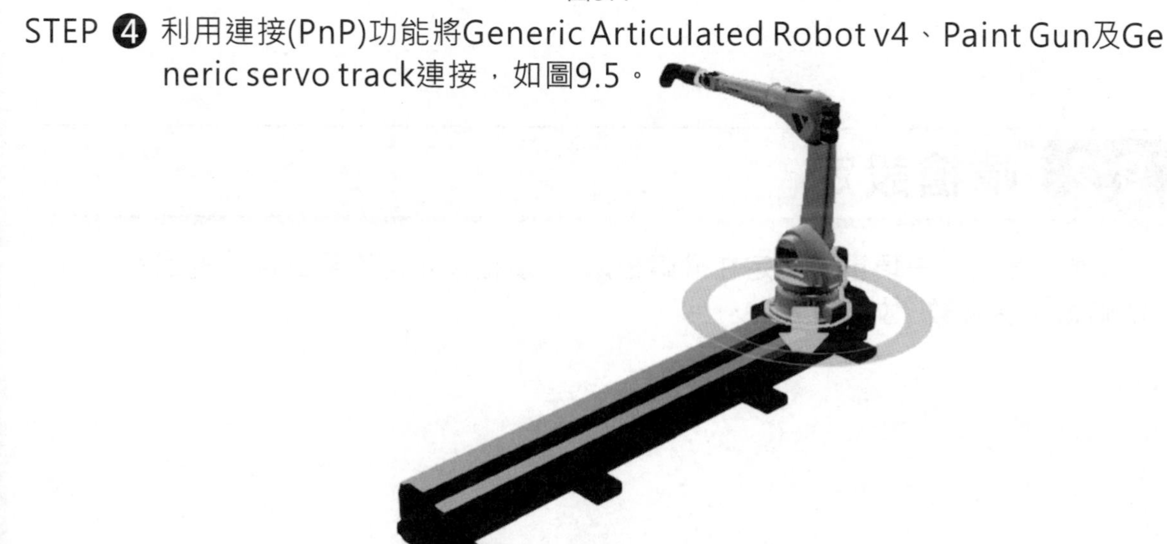

圖9.5

STEP ❺ 修改Block Geo元件參數 Height_X：4000、Width_Y：400、Length_Z：3000，將Block Geo元件移動至X方向：1500、Y方向：-1500、Z方向：0，如圖9.6，完成後佈局如圖9.7。

Component Properties

Block Geo

Coordinates	◉ World	○ Parent	○ Object
	X 1500	Y -1500	Z 0
	Rx 0	Ry 0	Rz 0

Property	Value
Name	Block Geo
Material	white
Visible	☑
BOM	☐
BOM Description	Visual Components Block Geo
BOM Name	Block Geo
Category	Basic Shapes
PDF Exportlevel	Complete
Simulation Level	Detailed
Backface Mode	Feature
Height_Z	3000 mm
Length_X	4000 mm
Width_Y	400 mm

圖9.6

圖9.7

9.2 噴槍設定

噴塗模擬其中一項重要設定在於噴槍處，噴槍設定將影響到噴塗的品質，以下介紹噴槍各項參數，如圖9.8。

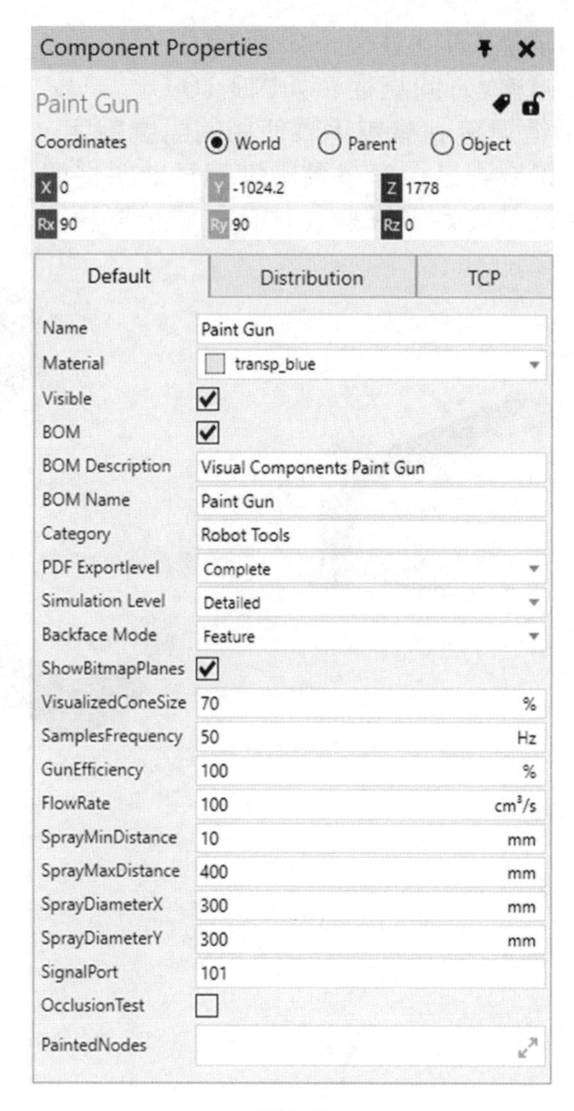

圖9.8

1. Default頁籤參數介紹

- ShowBitmapPlanes：顯示/隱藏噴霧範圍及間距，如圖9.9。
- VisualizedConeSize：顯示噴霧形狀大小，以百分比為單位，數字越大顯示越完整。
- SamplesFrequency：噴塗頻率，影響噴塗均勻程度，單位為Hz。
- GunEfficiency：噴槍效率，噴槍噴於表面上的效率，較小的值代表噴塗到表面的漆較少，此功率的單位可填寫百分比或比例，例如 50% 或0.5。
- FlowRate：噴槍流量，單位為cm2/s。
- SprayMinDistance：噴塗最近距離。
- SprayMaxDistance：噴塗最遠距離。

● SprayDiameterX：噴塗X方向直徑，如圖9.10。
● SprayDiameterY：噴塗Y方向直徑，如圖9.10。
● SignalPort：定義噴槍連接到機械手臂使用的訊號數字。
● OcclusionTest：能夠檢測是否有繪製區域被其他組件遮擋，如圖9.11。
● PaintedNodes：用於預先定義哪些元件會受噴槍影響。

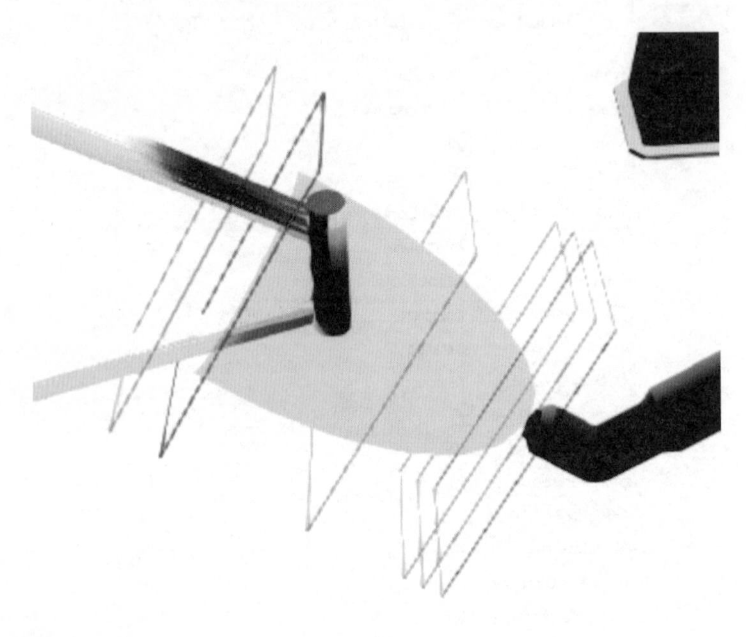

圖9.9

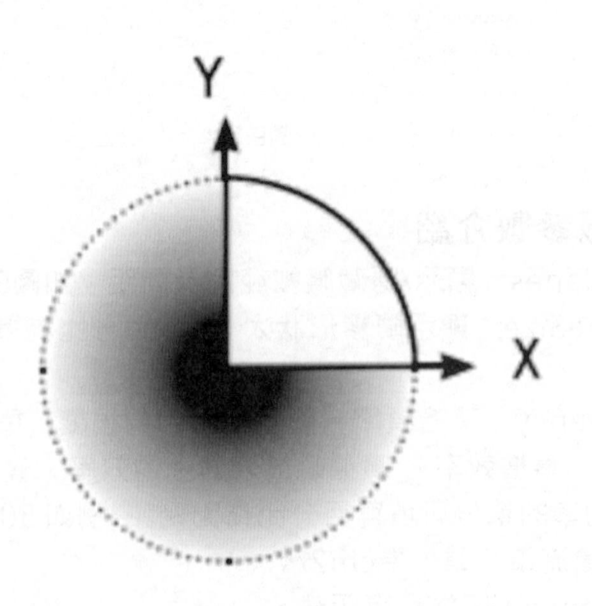

圖9.10

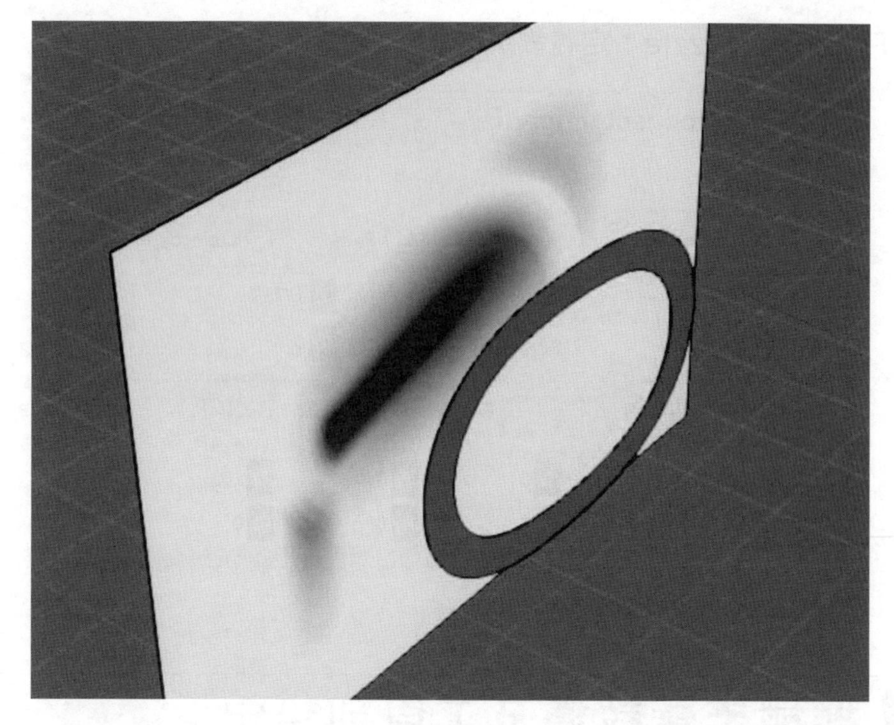

圖9.11

2. Distribution頁籤參數介紹

- DistributionMap: 匯入點陣圖檔，定義距油漆槍噴嘴不同距離處的油漆分佈，如圖9.12。
- MapDistances 此項目用來定義 DistributionMap 油漆分布圖的位置，如果分佈圖是單一圖像，則無論表面與噴槍噴嘴的距離如何，都使用相同的分佈。

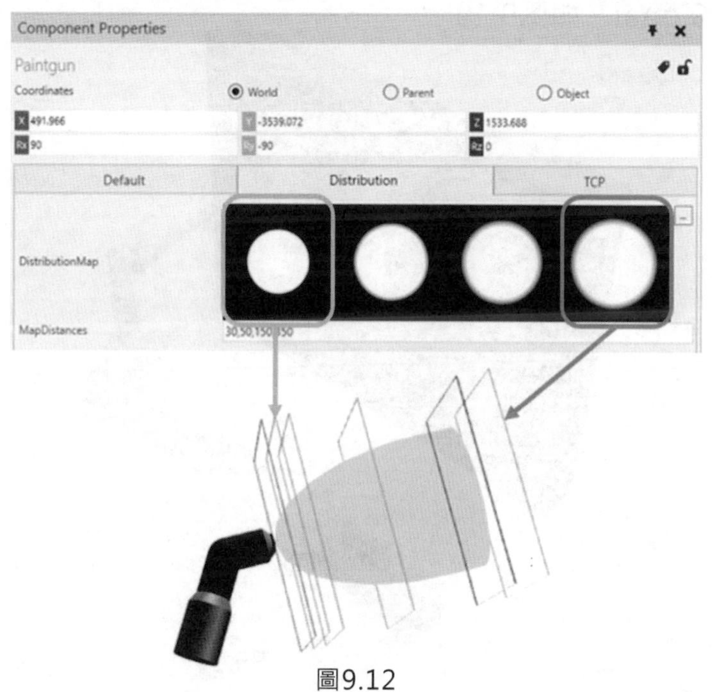

圖9.12

● OffsetFromTheNozzle：定義教導時 TCP 點的偏移量，如圖9.13。

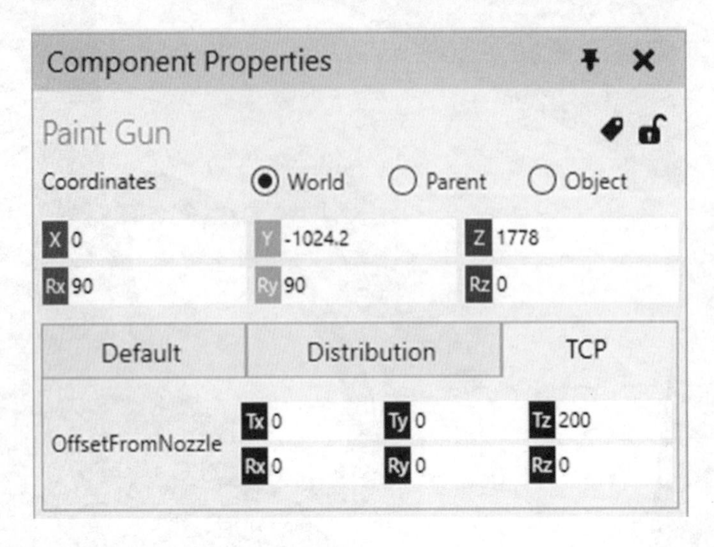

圖9.13

9.3 機械手臂教導及工具列設定

完成噴塗模擬布局後，接下來設定手臂動作及訊號即可進行動態模擬，並且利用工具列的功能選項可調整顏色及量測厚薄度，詳細步驟說明如下。

STEP ❶ 串接手臂與噴槍訊號，模擬時需發送訊號來啟動噴槍，當噴槍PnP連結機械手臂時，訊號101會自動連接，此時將手臂訊號101：Out訊號連接至SpraySignal，如圖9.14。

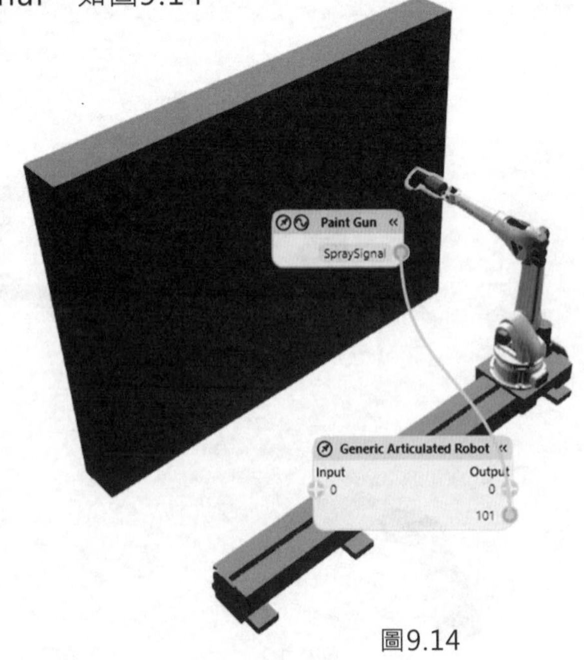

圖9.14

STEP ❷ 進入機器人教導(PROGRAM)頁籤教導機器人點位，點選機器手臂後開啟程式編輯器，再點選互動(Jog)移動手臂姿態，移動至X方向：0、Y方向：-800、Z方向：1800，旋轉至Rx：0、Ry：30、Rz：-90，並記錄點位P1，如圖9.15。

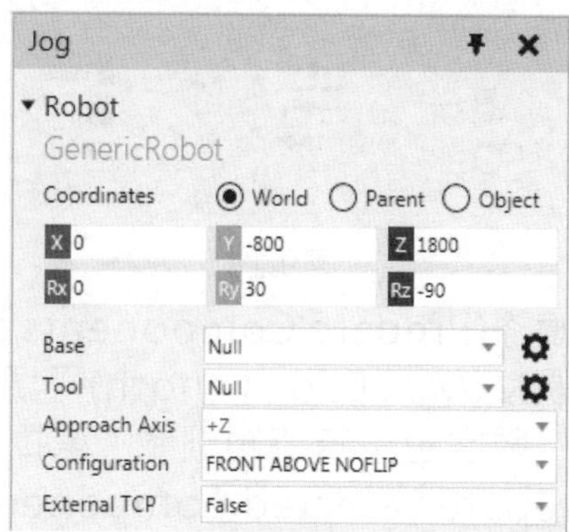

圖9.15

STEP ❸ 選擇發送訊號動作 發送101：True訊號啟動噴槍(OutputValue勾選則為True)，如圖9.16。

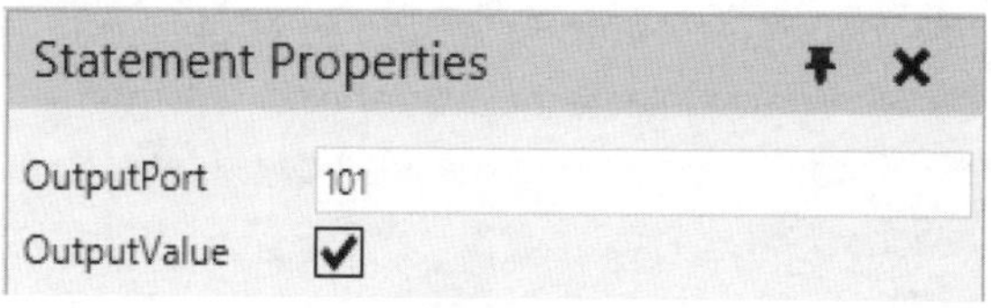

Statement Properties

OutputPort 101

OutputValue ☑

圖9.16

STEP ❹ 點選Jog將行走軸移動至底端並記錄P2點位，如圖9.17。

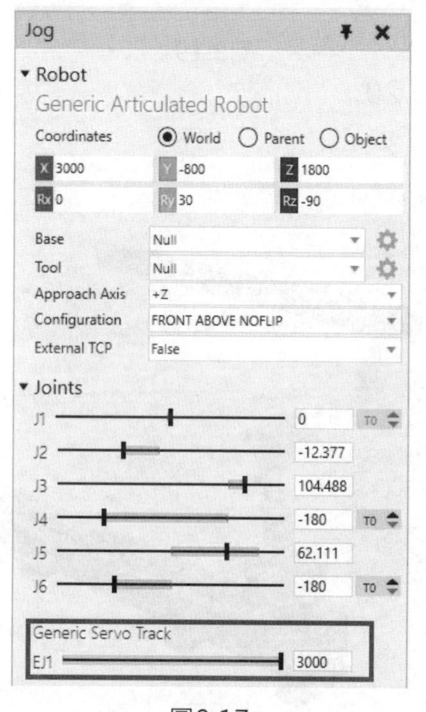

圖9.17

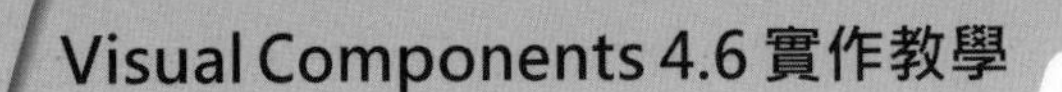

STEP ❺ 進入噴塗頁籤進行設定，需先點選機器人教導(PROGRAM)頁籤才會顯示噴塗(PAINT)功能，如圖9.18。

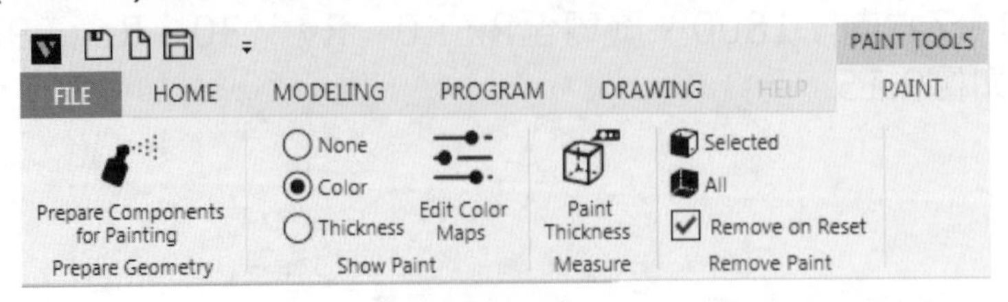

圖9.18

STEP ❻ 點選讓元件可被噴漆(Prepare Components for Painting)設定欲噴塗元件，最大允許邊長度(Max Edge Length)可調整元件面切割大小，依此數值切割元件表面，數字越小噴漆越細緻，選擇欲噴塗元件後，點選讓所選元件可被噴漆(Prepare Selected Components)完成噴塗設定，如圖9.19。

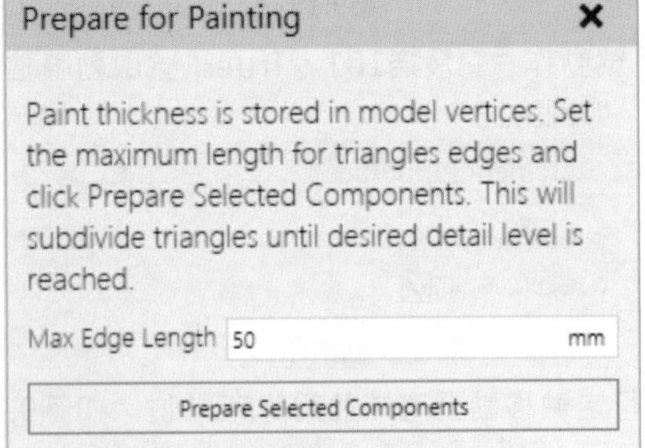

圖9.19

STEP ❼ 播放模擬，如圖9.20。

圖9.20

STEP ❽ 欲修改噴漆顏色可於噴漆顯示(Show Paint)工具欄中點選編輯色盤(Edit Color)設定顏色或厚度，三種模式切換無(None)、顏色(顯示Color)、厚度 (Thickness)，如圖9.21。

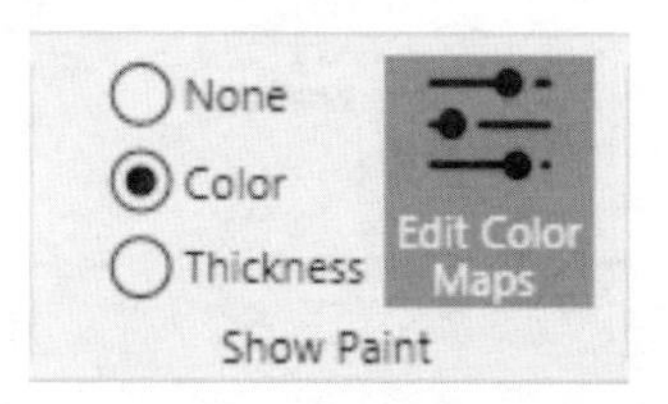

圖9.21

STEP ❾ 進入顏色編輯後可設定兩種模式:顯示噴漆顏色(Color Paint visualization)或n顯示噴漆厚度(Thickness paint visualization)，如圖9.22；選擇顏色並輸入厚度後按下Enter鍵即可新增，如圖9.23。

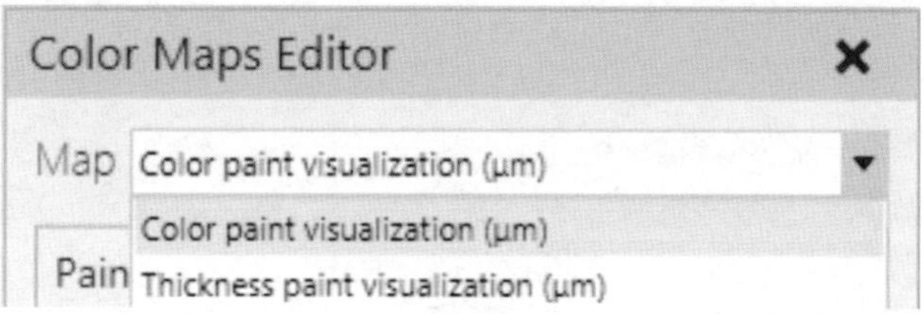

Color Maps Editor
Map Color paint visualization (µm)
Color paint visualization (µm)
Thickness paint visualization (µm)

圖9.22

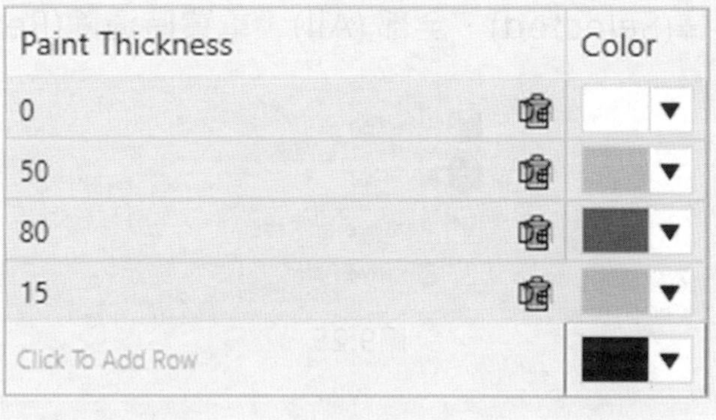

Paint Thickness	Color
0	
50	
80	
15	
Click To Add Row	

圖9.23

STEP ❿ 欲量測噴漆厚度可利用測量(Measure)工具欄點選噴漆厚度(Paint Thickness)進行量測。

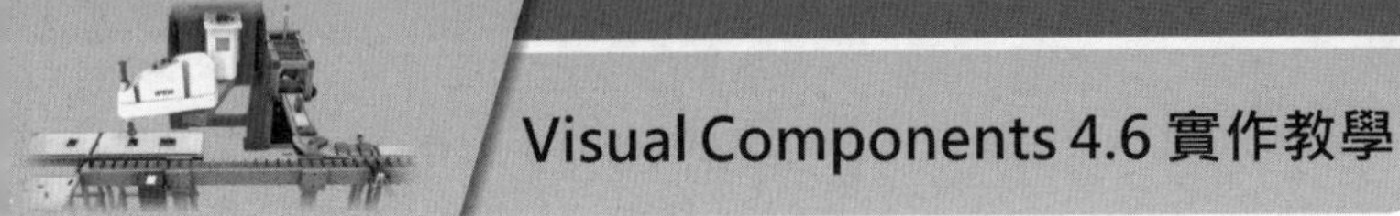

STEP ⓫ 量測時直接點選噴漆處即可顯示該點厚度，如圖9.24。

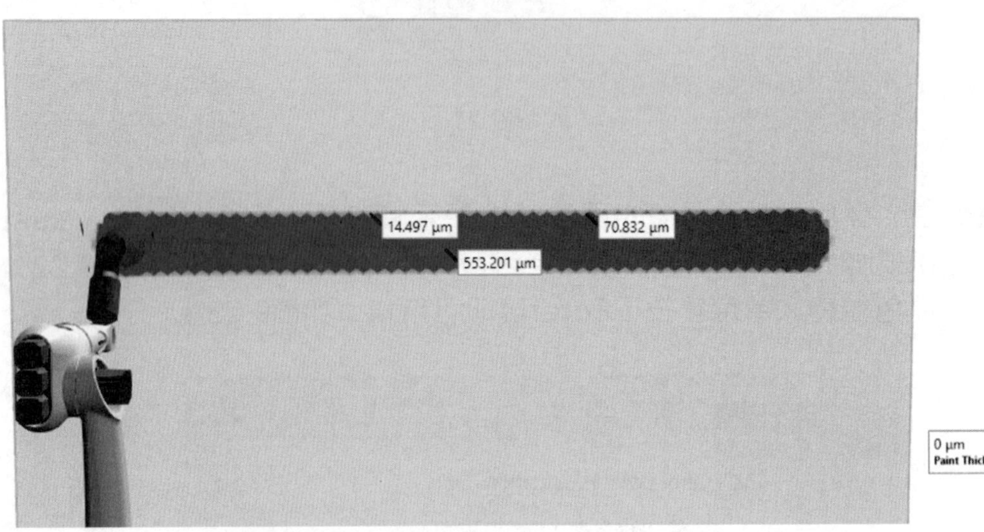

圖9.24

STEP ⓬ 最後若要移除噴漆可於清除噴漆(Remove Paint)工具欄設定，選項分為三種:已選擇(Selected)、全部 (All)、重置時清除(Remove on Reset)，如圖9.25。

Selected
All
Remove on Reset
Remove Paint

圖9.25

9.4 示範案例下載

Ch9資料夾有完成後的檔案(網址:https://spaces.hightail.com/space/6lTebQZQTk)下載檔案並開啟，播放模擬前須先將設定中的噴塗(Paint)功能啟用(本章節9.1的Step1.)，而後須設定欲噴塗元件(本章節9.3的Step6.)，完成以上步驟即可進行噴塗模擬。

CHAPTER

10

建置參數化元件

- 10.1 自製3D幾何圖形
- 10.2 匯入外部3DModel

10.1 自製3D幾合圖形

本節以簡單的案例示範如何客製參數化元件萃盤(Tray)。

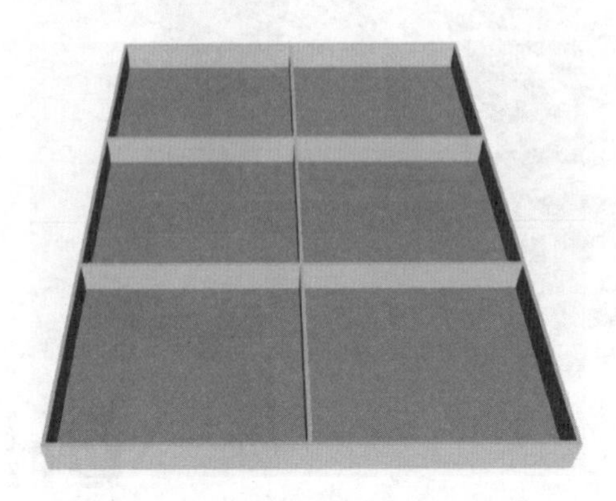

STEP ❶ 點選元件設計(MODELING)頁籤，如圖10.1。

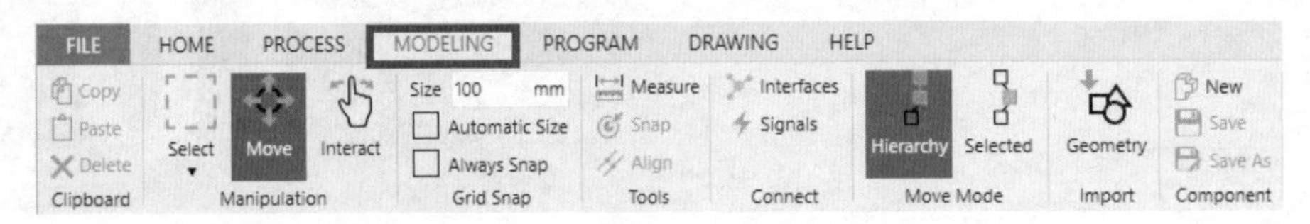

圖10.1

STEP ❷ 點選工具列的元件(Component)中的新增(New)建立一個新的元件，如圖10.2。畫面左側元件架構(Component Graph)會出現名稱為NewComponent的元件，並在工具列圖形(Geometry)中的特徵(Features)選項創建方塊(Box)，如圖10.3。

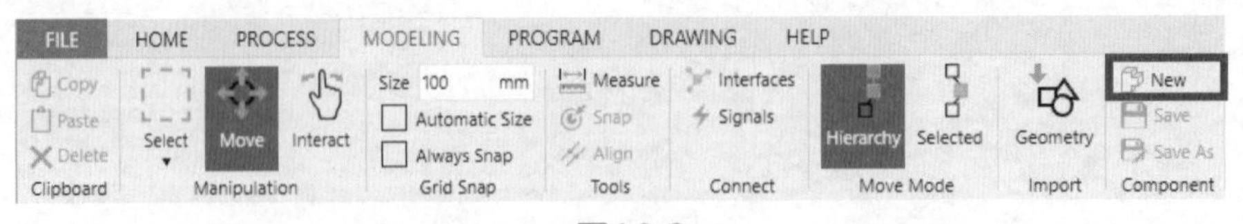

圖10.2

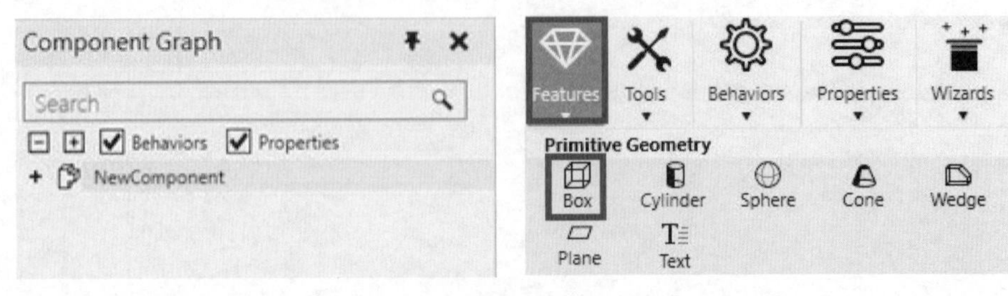

圖10.3

STEP ❸ 點選NewComponent，並在右側屬性頁籤修改元件名稱 "Tray" ，如圖10.4。

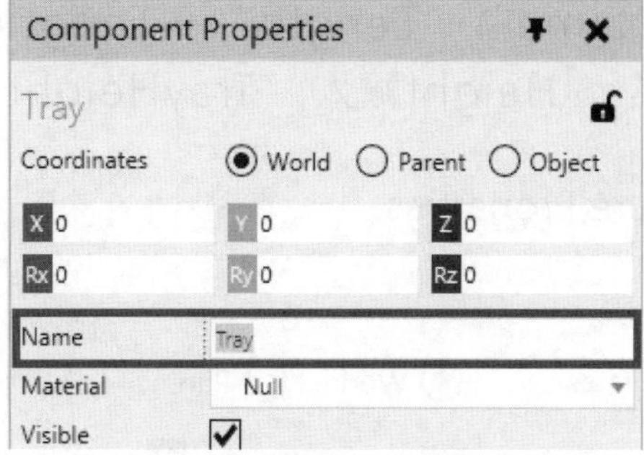

圖10.4

STEP ❹ 點選工具列屬性(Properties)，新增六個實數參數 Real ，如圖10.5，將全部的單位類型(Quantity)選為Distance，單位制(Megnitude)選為mm，依序將名稱(Name)、值(Value)欄位內容修改如下，完成後畫面如圖10.6。

1. 名稱(Name)：TrayLength，值(Value)：800
2. 名稱(Name)：TrayWidth，值(Value)：600
3. 名稱(Name)：TrayHeight，值(Value)：50
4. 名稱(Name)：XCounts ，值(Value)：3
5. 名稱(Name)：YCounts，值(Value)：2
6. 名稱(Name)：ZCounts，值(Value)：1

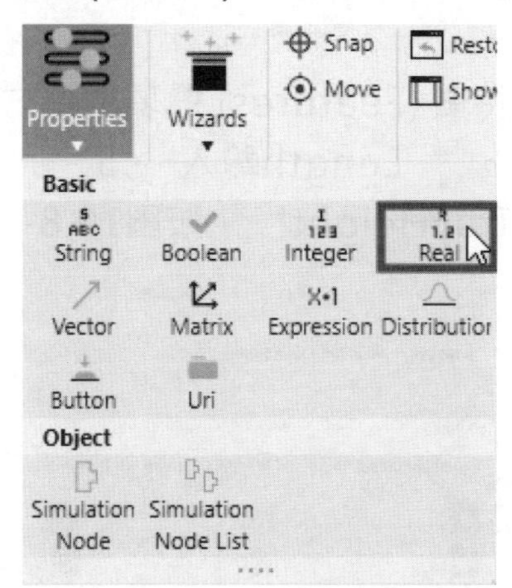

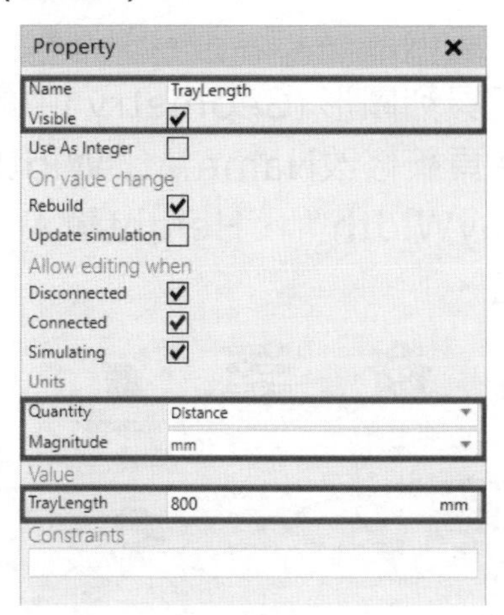

圖10.5

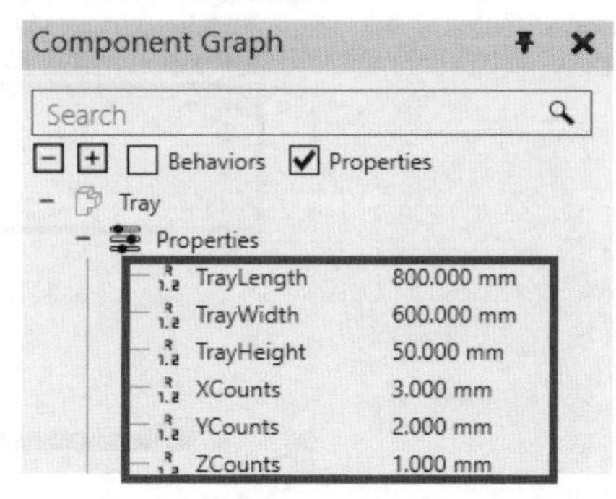

圖10.6

STEP ❺ 回到元件架構(Component Graph)視窗中點擊方塊(Block)開啟屬性頁籤(在右側)，修改Name為 “Length” 、Length輸入 “TrayLength” 、Width輸入 “5” 、Height輸入 “TrayHeight” ，如圖10.7，完成後關閉視窗。

圖10.7

STEP ❻ 在工具列圖形 (Geometry)中的特徵 (Features) 選項創建方塊(Box)，於屬性頁籤修改Name為 “Width” 、 Length輸入 “5” 、 Width輸入 “TrayWidth” 、Height輸入 “TrayHeight” ，如圖10.8， 完成後關閉視窗。

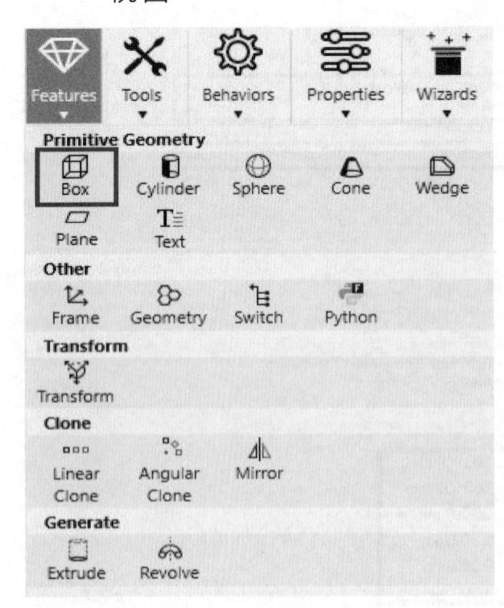

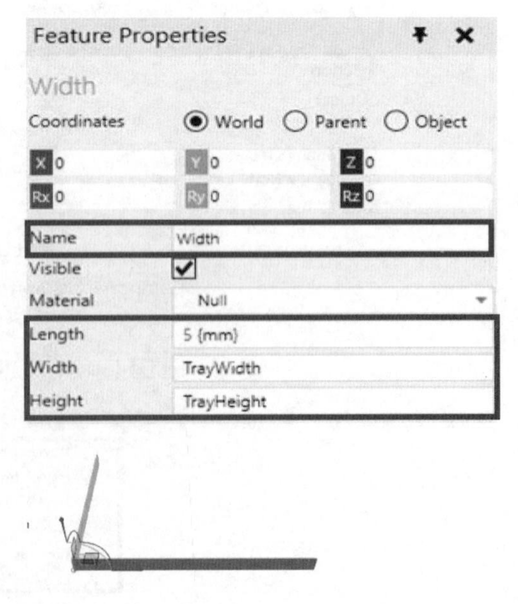

圖10.8

STEP ❼ 在工具列圖形(Geometry)中的特徵(Features)選項創建方塊(Box)，於屬性頁籤修改名稱為“Bottom”、Length輸入“TrayLength”、Width輸入“TrayWidth”、Height輸入“5”，如圖10.9，完成後關閉視窗。

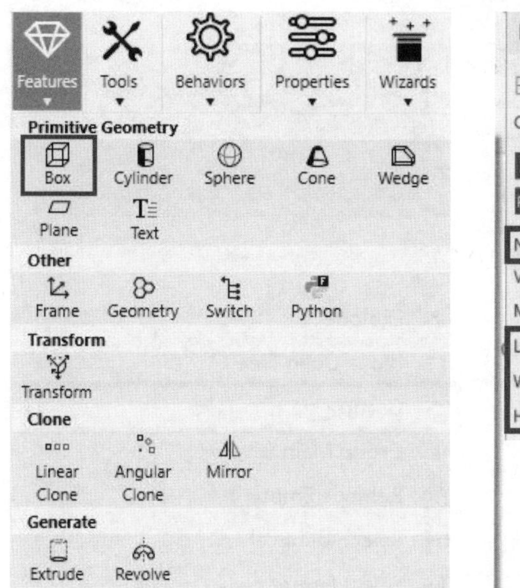

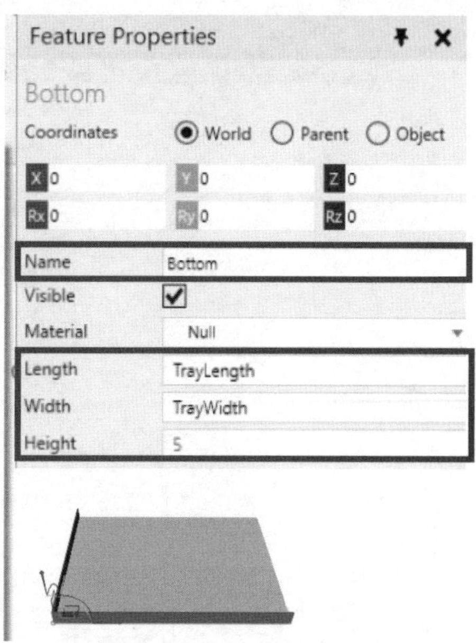

圖10.9

STEP ❽ 方法一：在工具列圖形(Geometry)中的特徵 (Features) 選項創建座標轉換(Transform)，於屬性頁籤Expression中輸入“Tx(-TrayLength/2).Ty(-TrayWidth/2)”後關閉視窗，如圖10.10，將所有方塊拖曳至座標轉換(Transform)下層，如圖10.11。

注意:

拖曳方式只需以左鍵按住不放進行拖曳即可。

方法二：將“Width、Bottom、Length”以Shift鍵全選起來再點滑鼠右鍵使用群組(Group)功能，自動產生座標轉換(Transform)，並於屬性頁籤Expression中輸入“Tx(-TrayLength/2).Ty(-TrayWidth/2)”，如圖10.12。

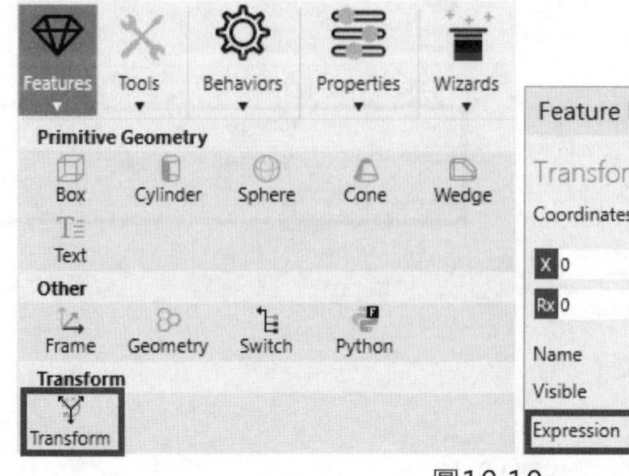

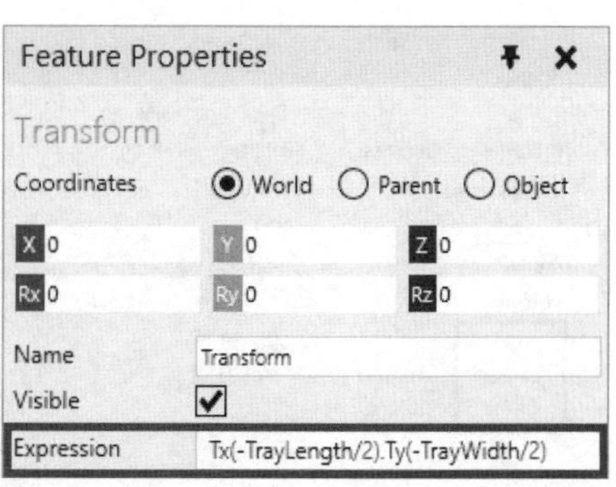

圖10.10

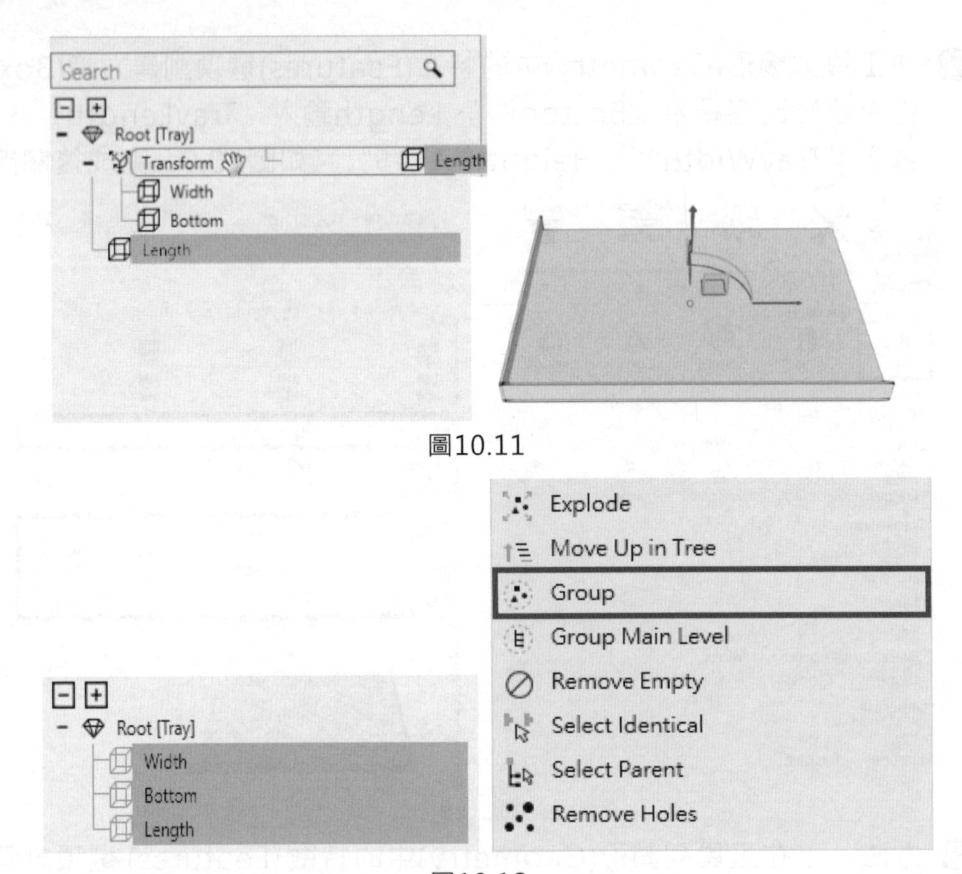

圖10.11

圖10.12

STEP ❾ 在工具列圖形 (Geometry) 中的特徵 (Features) 選項創建直線複製排列 (LinearClone)，於屬性頁籤Count中輸入欲複製的數量"YCounts+1"、Step中輸入欲複製的間距"(TrayWidth-5)/YCounts"、Direction中輸入欲複製的方向"Vector(0,1,0)"，如圖10.13，完成後關閉視窗。

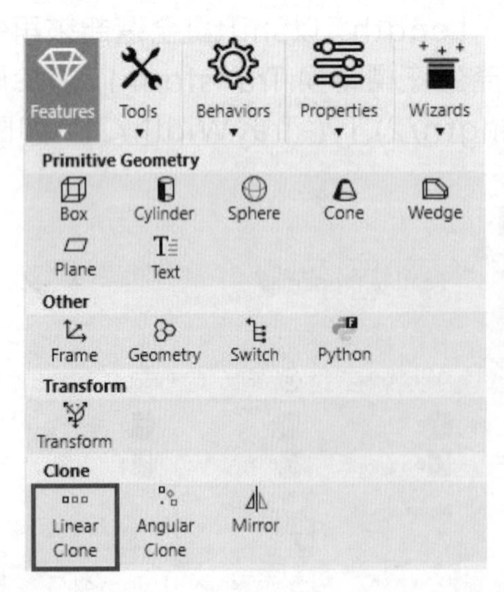

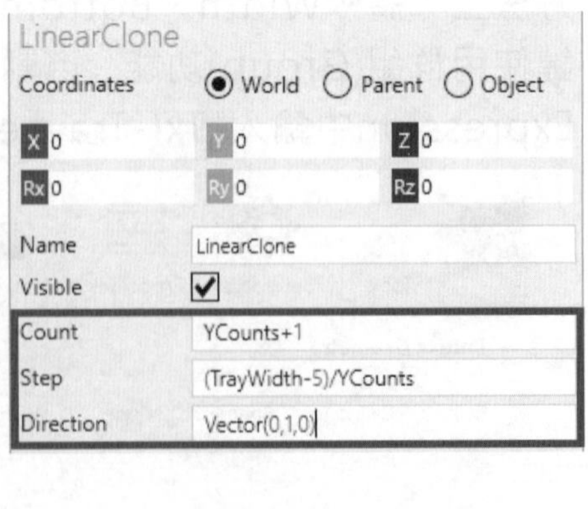

圖10.13

STEP ⑩ 將直線複製排列(LinearClone)拖曳至座標轉換(Transform)下層，並將Length拖曳至直線複製排列(LinearClone)下層，如圖10.14。

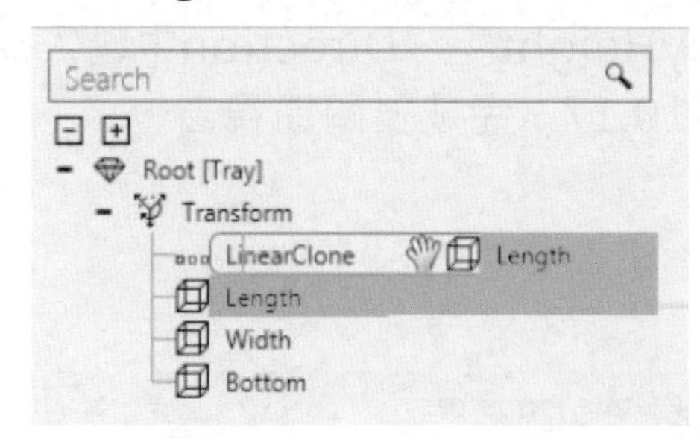

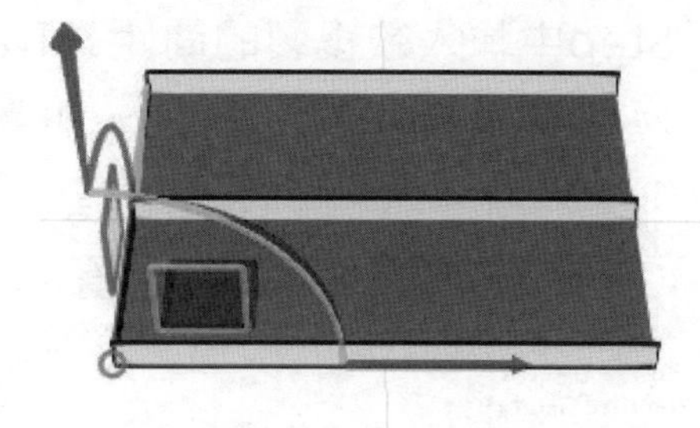

圖10.14

STEP ⑪ 在工具列圖形(Geometry)中的特徵(Features)選項創建直線複製排列(LinearClone)，於屬性頁籤Count中輸入欲複製的數量"XCounts+1"、Step中輸入欲複製的間距"(TrayLength-5)/XCounts"、Direction中輸入欲複製的方向"Vector(1,0,0)"，如圖10.15，完成後關閉視窗。

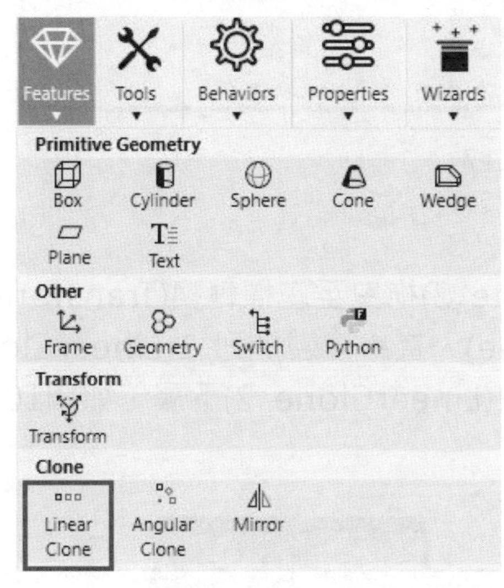

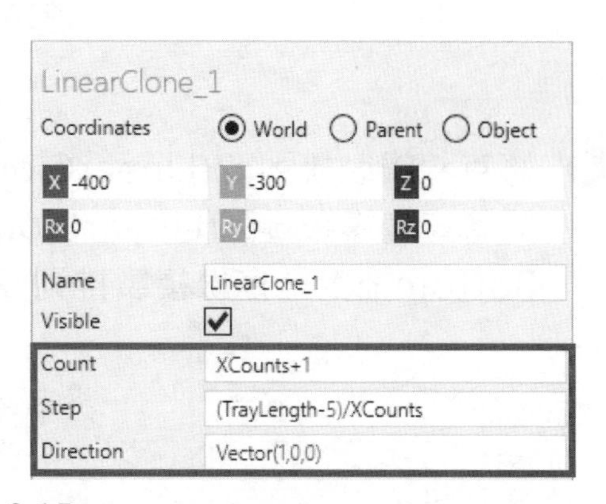

圖10.15

STEP ⑫ 將LinearClone_1拖曳至座標轉換(Transform)下層，並將Width拖曳至直線複製排列_1(LinearClone_1)下層，如圖10.16。

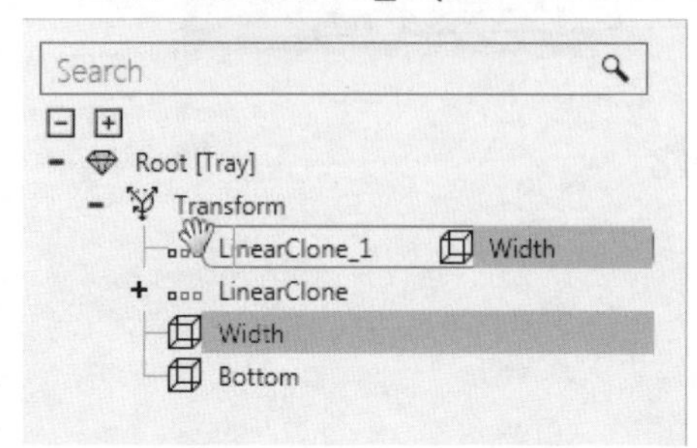

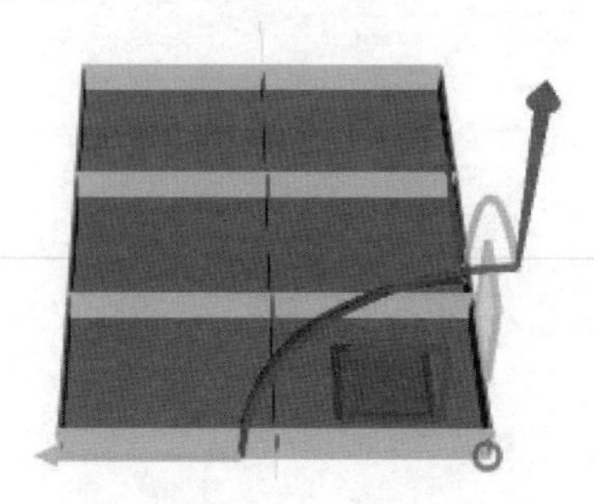

圖10.16

STEP 13 在工具列圖形(Geometry)中的特徵(Features)選項創建直線複製排列(LinearClone)，於屬性頁籤Count中輸入欲複製的數量"ZCounts"、Step中輸入欲複製的間距"TrayHeight"、Direction中輸入欲複製的方向"Vector (0,0,1)"，如圖10.17，完成後關閉視窗。

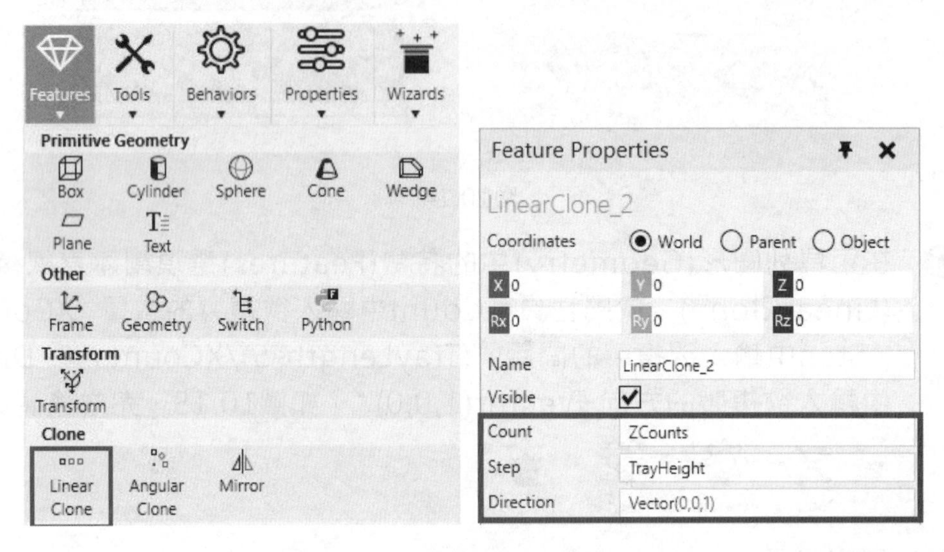

圖10.17

STEP 14 將直線複製排列_2(LinearClone_2)拖曳至座標轉換(Transform)下層，並將直線複製排列(LinearClone)、直線複製排列_1(LinearClone_1)、Bottom拖曳至直線複製排列_2(LinearClone_2)下層，如圖10.18。

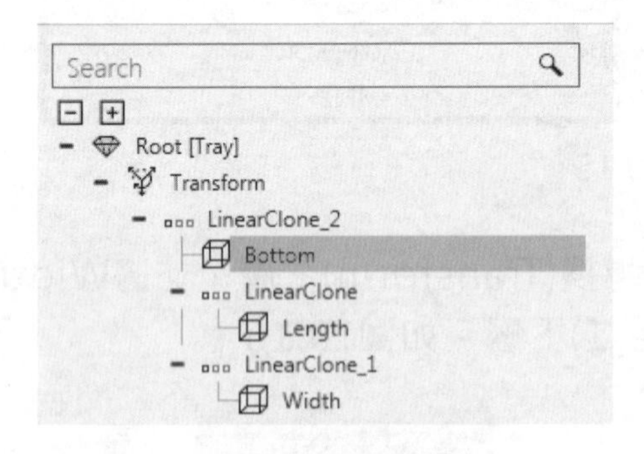

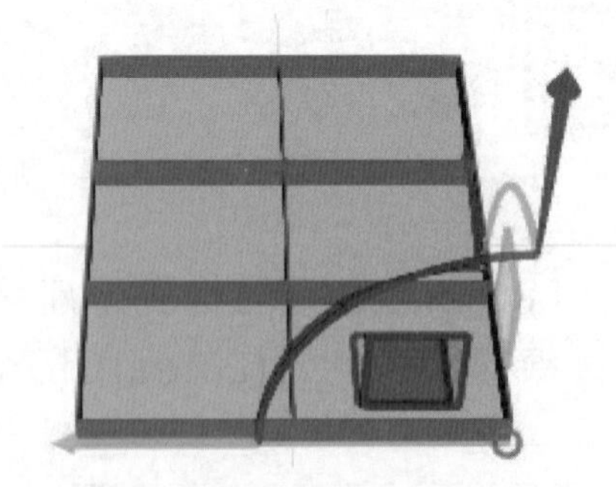

圖10.18

STEP 15 點選在工具列圖形(Geometry)中的工具(Tool)並選擇設定(Assign)進行圖形(Geometry)材質變更，選擇材質後，點選任一個特徵(Feature)完成變更，如圖10.19。

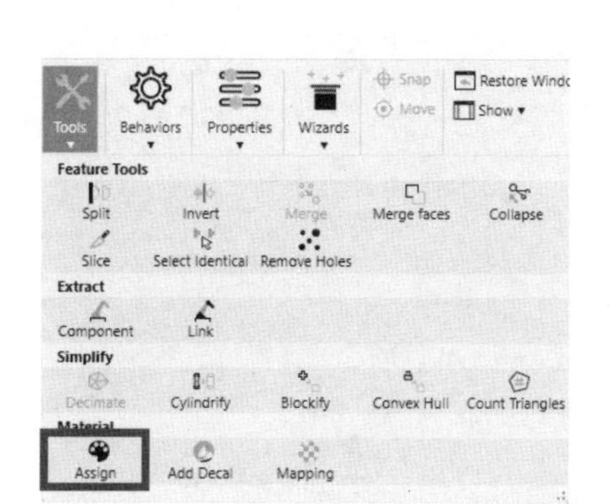

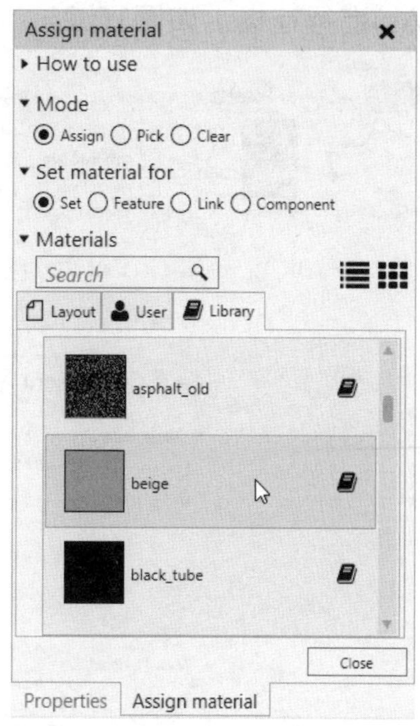

圖10.19

STEP 16 點選左側元件架構(Component Graph)視窗中的Tray或雙擊任一圖形(Geometry)會出現參數頁籤於右側。進行參數修改，確認元件(Component)變化是否正確，若不正確再點選元件設計(MODELING)頁籤進行修改，如圖10.20。

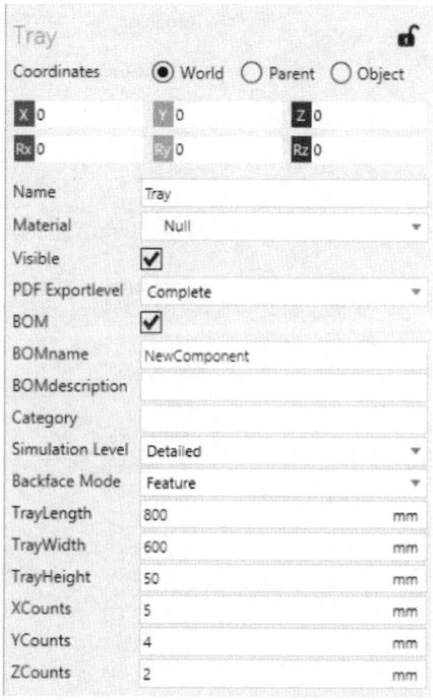

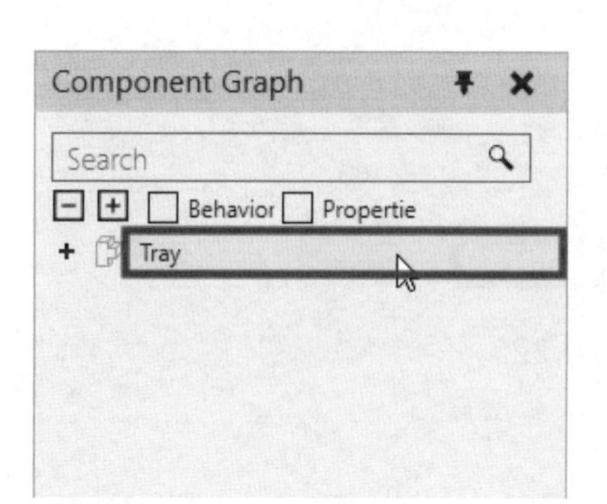

Tray

Coordinates	World	Parent	Object
X 0	Y 0	Z 0	
Rx 0	Ry 0	Rz 0	
Name	Tray		
Material	Null		
Visible	☑		
PDF Exportlevel	Complete		
BOM	☑		
BOMname	NewComponent		
BOMdescription			
Category			
Simulation Level	Detailed		
Backface Mode	Feature		
TrayLength	800	mm	
TrayWidth	600	mm	
TrayHeight	50	mm	
XCounts	5	mm	
YCounts	4	mm	
ZCounts	2	mm	

圖10.20

STEP 17 完成參數化元件Tray(萃盤)之後，點選工具列元件(Component)中的另存新檔(Save As)，如圖10.21，資訊輸入完成後，點選另存新檔(Save As)進行存檔，如圖10.22。

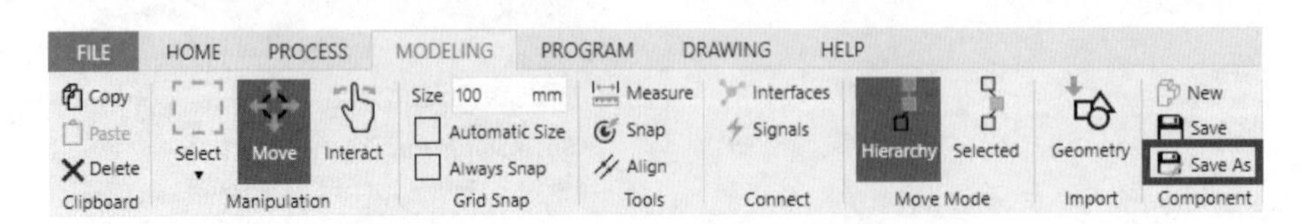

圖10.21

Save Component As ✕

▾ Basic Info

Name Tray

Description

Type

Tags

Max Payload 0 kg

Reach 0 mm

Icon

File C:\Users\PIX\Documents\Visual Component

VCID a302a8ba-d630-4ae9-9acc-e86f30f6c246

New VCID ☑

Modified 7/10/2017

▾ Authoring

Manufacturer

Author

Email

Website

Company L... Logo Change

▾ Version

Revision 1

Auto incre... ☑

Is Deprecated ☐

Save As Cancel

圖10.22

10.2 匯入外部3DModel

本節將以簡單的案例示範如何由外部匯入3DModel並完成參數化元件設定。

STEP ❶ 下載連結中的CH10，解壓縮後會有個Components資料夾內有所需元件，網址 https://spaces.hightail.com/space/6lTebQZQTk 或掃描下方QR Code，如圖10.23。

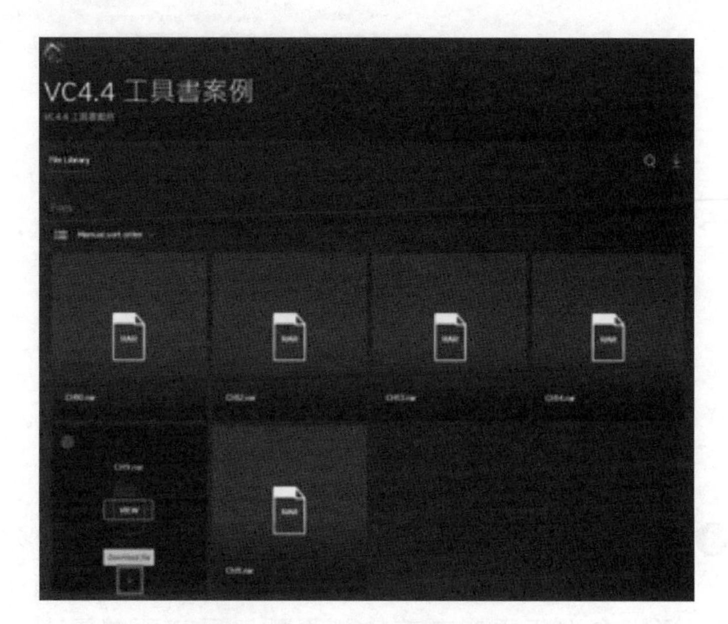

圖10.23

STEP ❷ 啟動Visual Components 4.6主程式後點於佈局規劃(HOME)頁籤選插入(Import)上的圖形(Geometry)將檔案匯入，如圖10.24，在插入圖形(Import Model)中完成以下設定，如圖10.25：
1.曲面細分品質(Tessellation quality)：低(Low)
2.特徵樹(Feature Tree)：最佳化(Optimized)
3.幾何圖形分組(Organize geometry)：根據材質(By material)
完成設定後，點擊插入(Import)匯入元件。

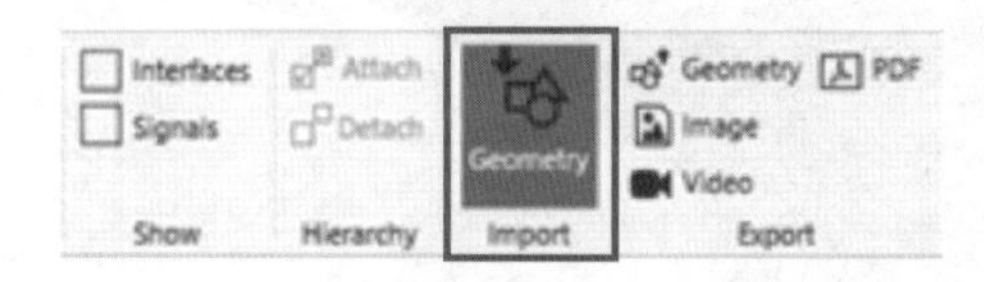

圖10.24

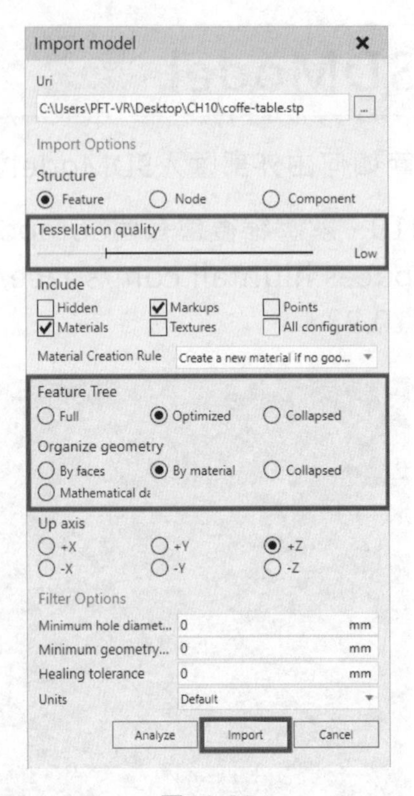

圖10.25

STEP ❸ 使用選擇(Select)功能點選匯入之元件，利用移動(Move)功能使其移動量/旋轉量皆歸零以方便建立參數化元件，如圖10.26。當匯入其他檔案時，通常會進行重新定義物體原點、反轉面向量、去除不必要特徵及重新組織幾何四個動作後再進行參數化。

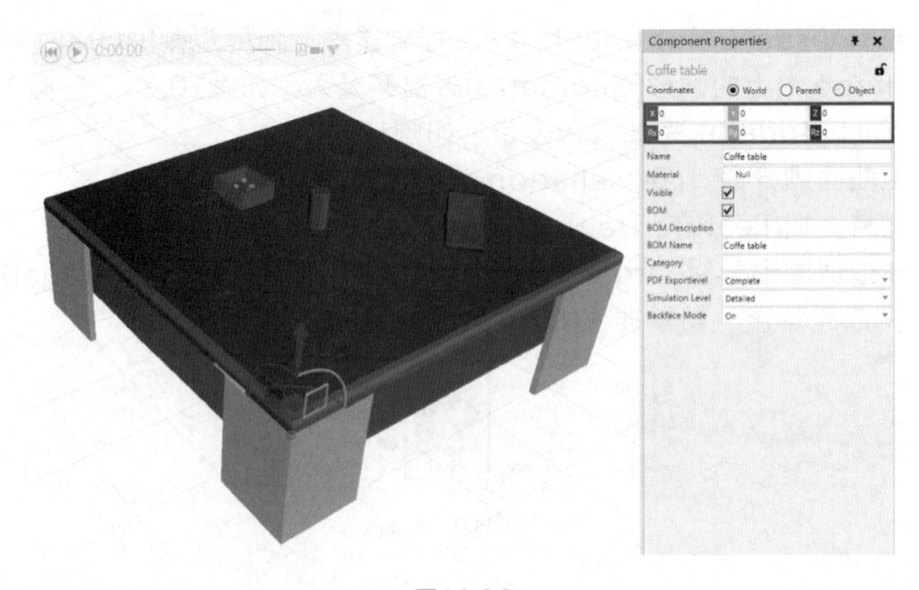

圖10.26

STEP ❹ 重新定義物體原點：點選元件，再點選工具列操作(Manipulation)中的移動(Move)，即顯示出原點位置，觀察元件原點位置(於桌面左下角，如圖10.27)，若原點並非顯示於使用者欲移動之中心則須重新定義原點。

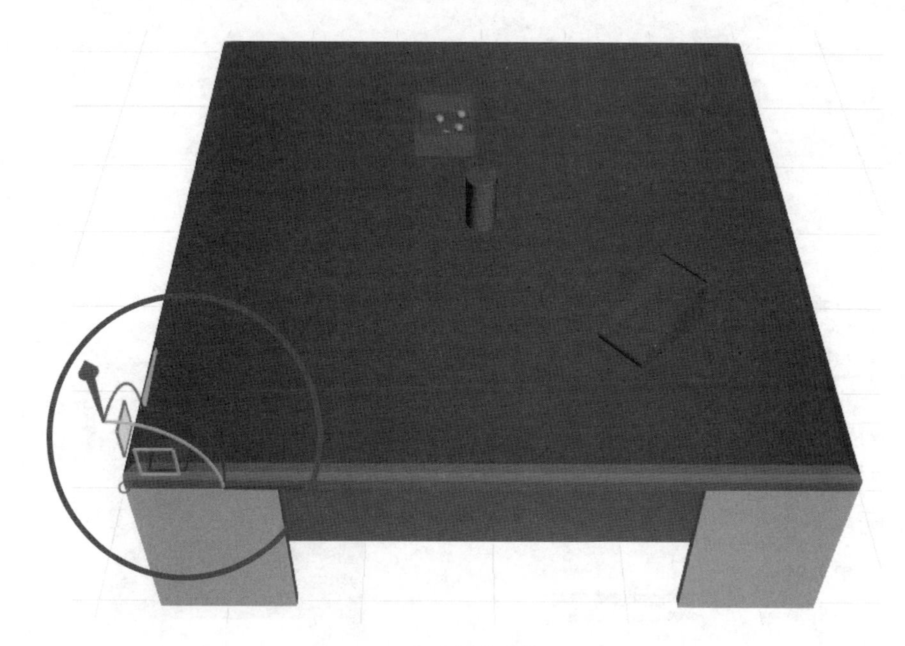

圖10.27

STEP ❺ 打開元件設計(MODELING)頁籤，點選Coffee table元件，在工具列圖形(Geometry)中的特徵(Features)創建座標Frame(移動參考座標)，如圖10.28，選擇工具(Tools)中的圓點對準(Snap)並在模式(Mode)選取三點畫圓之中心(3Point – Arc Center)及設定(Settings)中取消設置方向(Set Orientation)的勾選，如圖10.29，再分別點選三個桌腳底部完成取三點畫圓之中心(3Point – Arc Center)，將參考座標Frame移動至桌腳底部中心，如圖10.30。

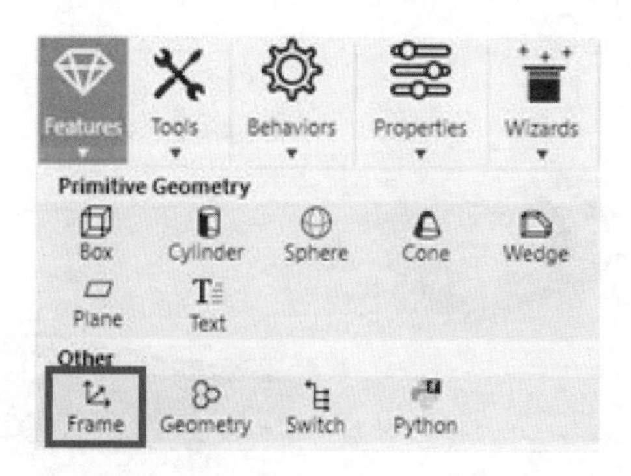

圖10.28

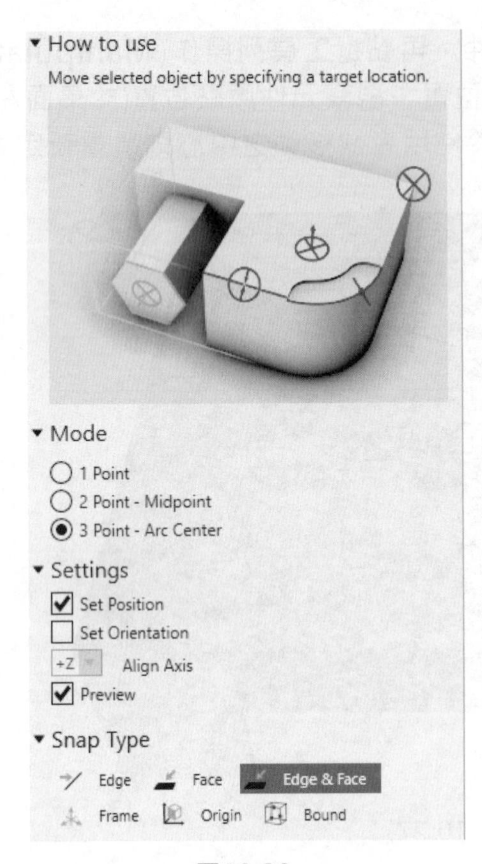

圖10.29

圖10.30

STEP ❻ 打開視角訊息中的座標類型(Frame Type)，勾選座標(Frames)選項並啟用座標類型(Frame Type)，呈現藍色為開啟狀態，點選工具(Tools)選擇測量(Measure)，勾選模式(Mode)中的距離(Distance)以及圓點對準類型(Snap Type)選擇自由位置(Free point)，接著點選Coffee table元件的特徵點，量測座標Frame到原點距離，X：-600mm、Y：-600mm、Z：350mm，如圖10.31。

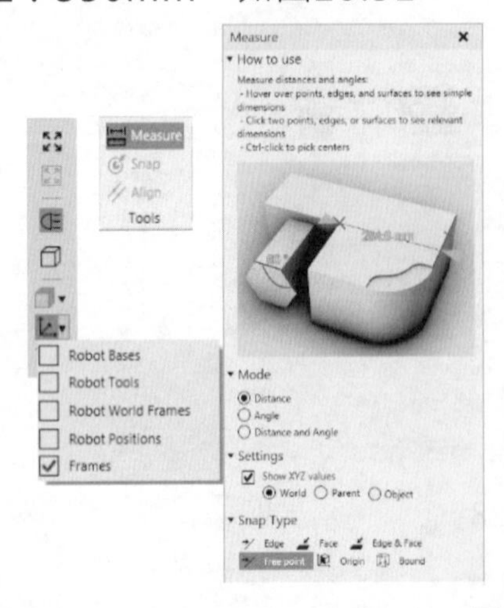

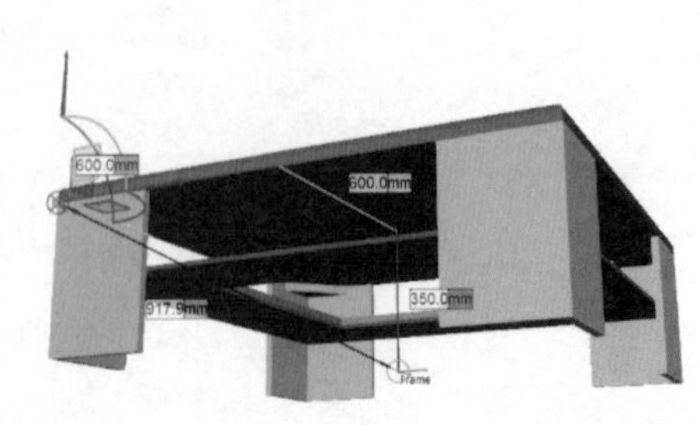

圖10.31

STEP ❼ 點選鍵盤Ctrl+滑鼠左鍵，框選所有幾何圖形(Geometry)，於動態工具列輸入數值，X：-600、Y：-600、Z：350，如圖10.32，座標Frame與世界中心座標重合，如圖10.33。

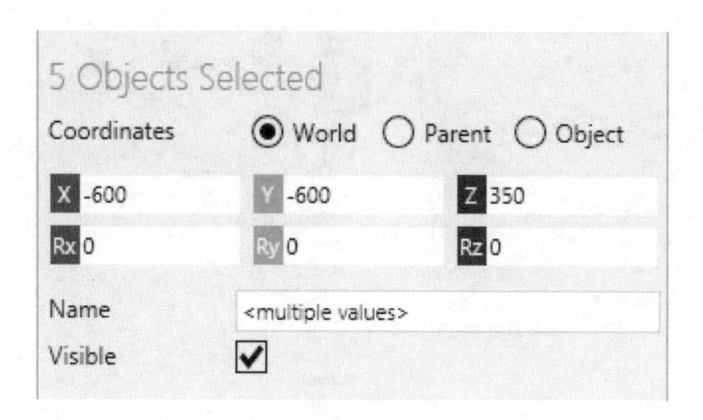

圖10.32

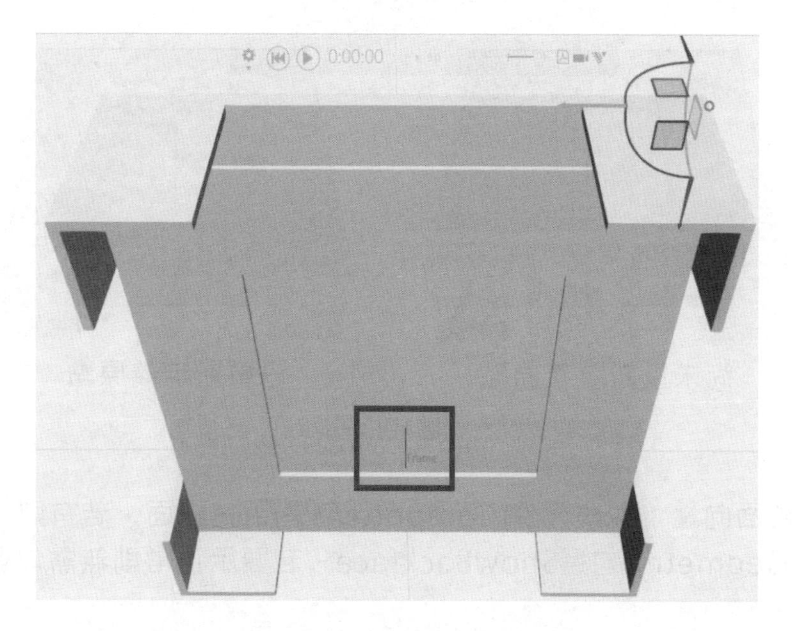

圖10.33

STEP ❽ 於左下方元件架構(Component Graph)選取所有幾何圖形(Geometry)，如圖10.34，點選工具(Tools)中崩解(Collapse)重新定義原點，如圖10.35。

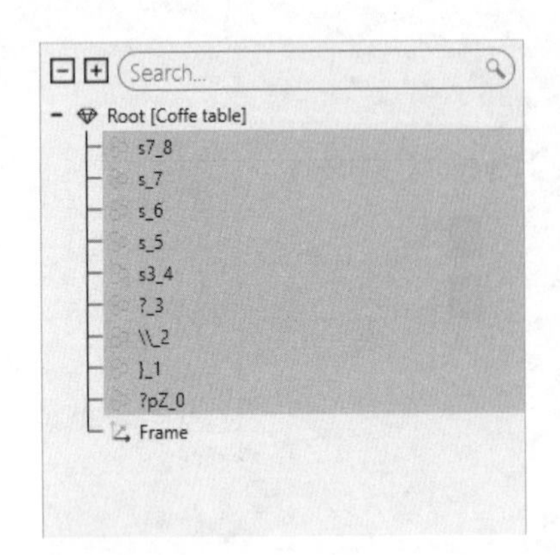

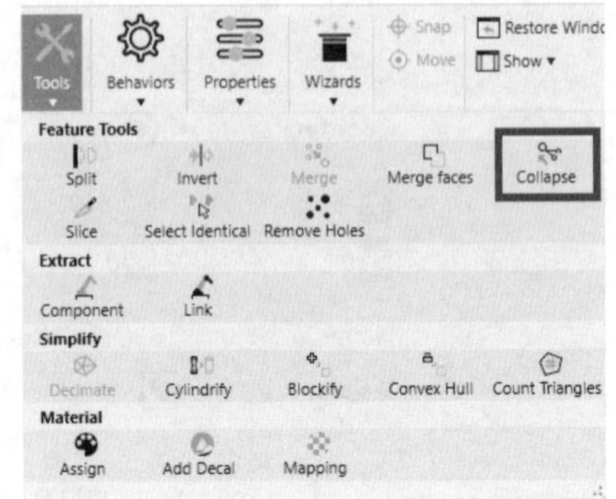

圖10.34

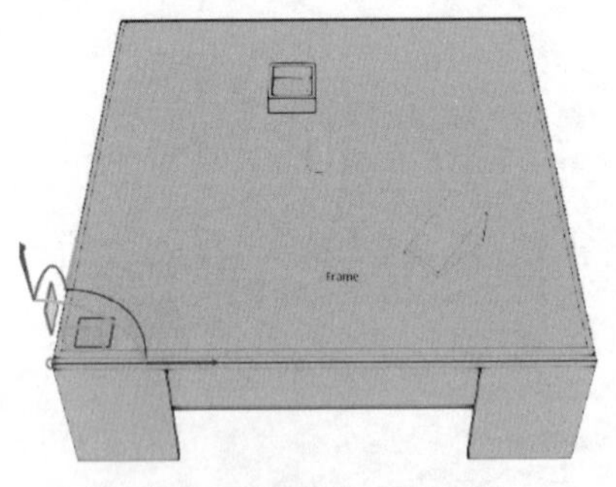

尚未重新定義原點

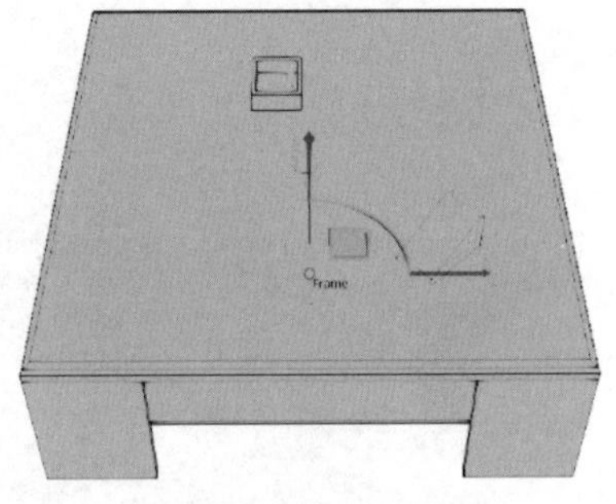

已重新定義原點

圖10.35

STEP ❾ 反轉面向量：觀察元件(Component是)否有缺面，若有則可點選幾何圖形(Geometry)勾選ShowBackface，若顯示正常則無需勾選，如圖10.36。

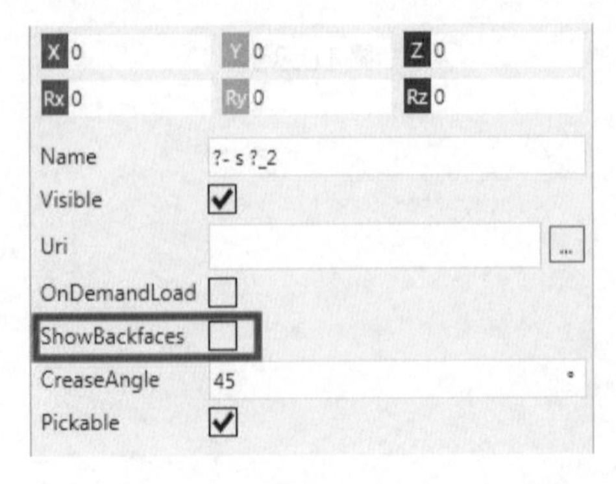

圖10.36

STEP ⑩ 去除不必要特徵：將不必要的特徵從幾何圖形(Geometry)刪除，如桌上方塊和圓柱等。選擇方塊和圓柱的幾何圖形(Geometry)並刪除，如圖10.37。

圖10.37

STEP ⑪ 合併圖形：將欲進行參數化的幾何圖形(Geometry)合併。選擇桌面相關幾何圖形(Geometry)並點選工具(Tools)中的合併(Merge)，如圖10.38，合併後點擊幾何圖形(Geometry)開啟屬性頁籤，修改其名稱為Base，如圖10.39。

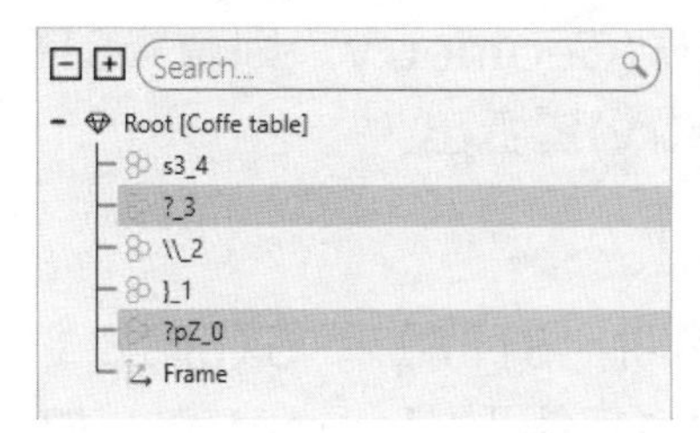

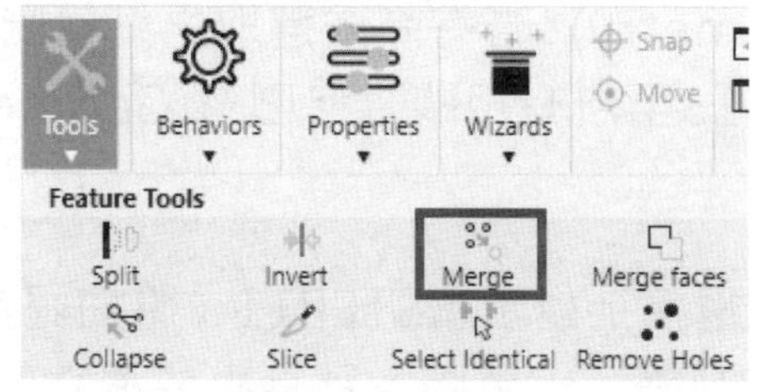

圖10.38

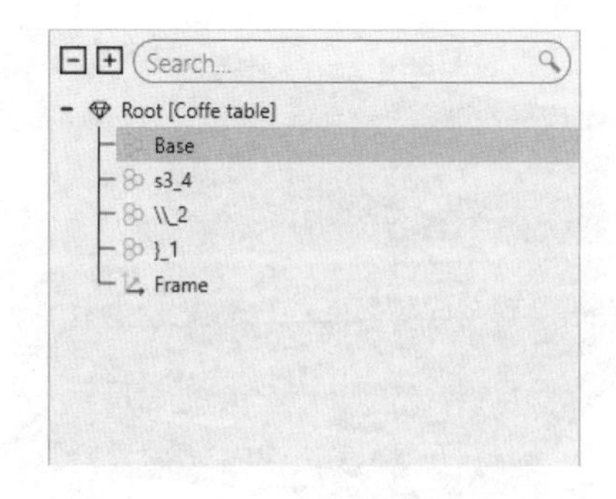

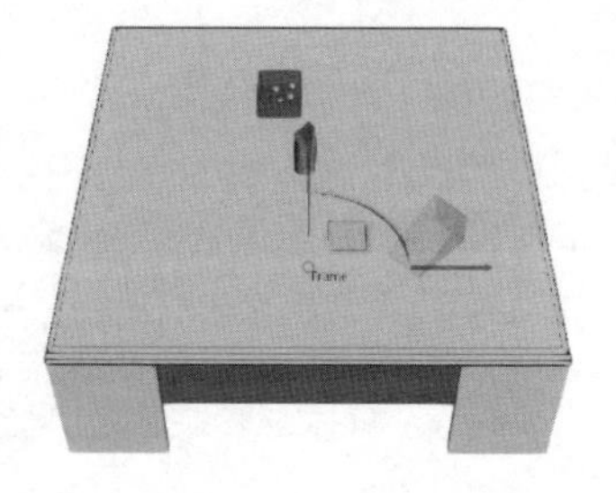

圖10.39

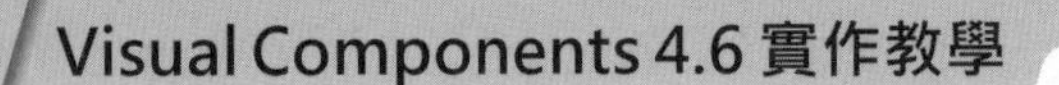

STEP 12 拆解圖形：將欲進行參數化的幾何圖形(Geometry)拆開 。 選擇桌腳並點選工具(Tools)中的分割(Split)，右方會出現分割層級(Split level)選取設定(Set)選項並點選桌角後點分割(Split)按鍵，將幾何圖形(Geometry)拆出，如圖10.40。

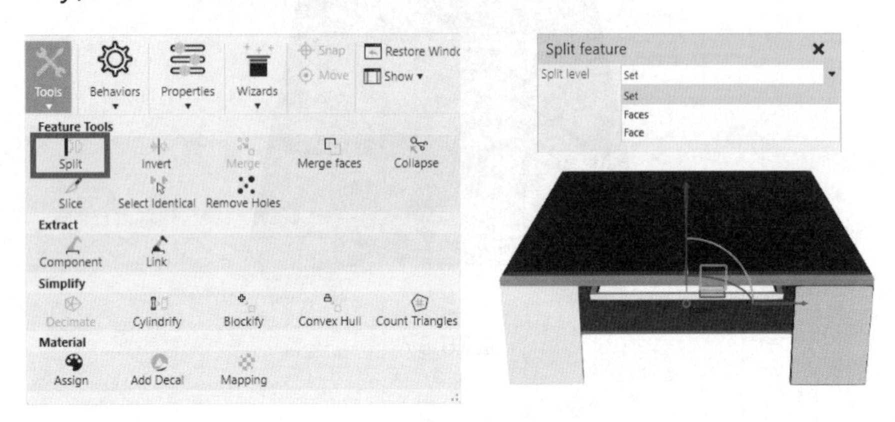

圖10.40

STEP 13 點選拆出的幾何圖形(Geometry)，取消勾選Visible選項(隱藏圖形)檢查是否將桌腳相關幾何圖形(Geometry)拆出成為同一個幾何圖形(Geometry)，若有尚未選取之幾何圖形(Geometry)，則重複STEP12、STEP13至所有相關幾何圖形(Geometry)皆拆出。

STEP 14 重複上述步驟STEP11，將抽屜合併，STEP12、STEP13、STEP14將剩餘三支桌腳各別拆出成獨立的幾何圖形(Geometry)，如圖10.41。

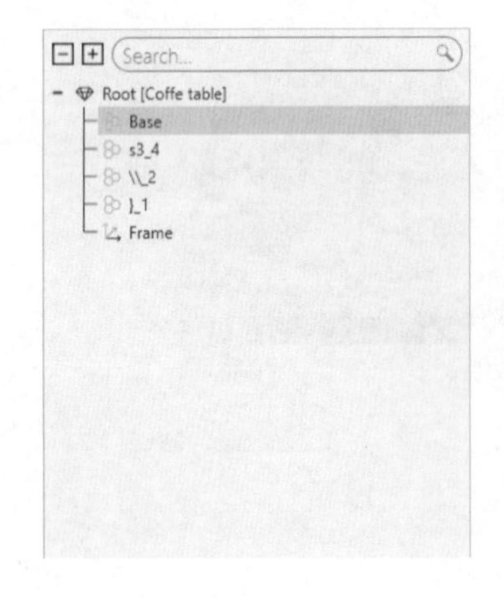

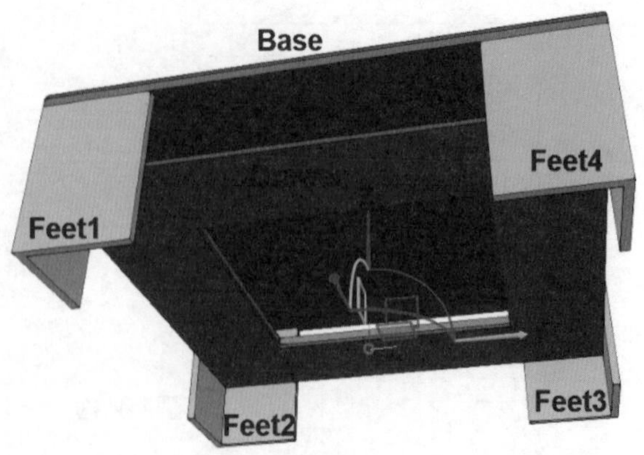

圖10.41

STEP 15 點選工具(Tools)選擇測量(Measure)功能，量測桌體長、寬、高，長：1200mm、寬：1200mm、高：390mm、桌板厚度：40mm、抽屜高：185mm，如圖10.42。

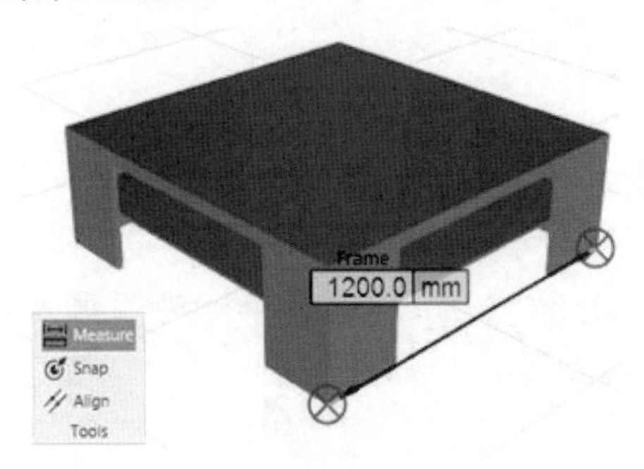

圖10.42

STEP 16 點選屬性(Properties)頁籤，新增四個實數參數 ，分別為：

1. 名稱(Name)：TableLength、值(Value)：1200
2. 名稱(Name)：TableWidth、值(Value)：1200
3. 名稱(Name)：TableHeight、值(Value)：390
4. 名稱(Name)：DrawerHeight、值(Value)：185

並將全部的單位類型(Quantity)都選Distance，單位制(Magnitude)都選mm，如圖10.43。

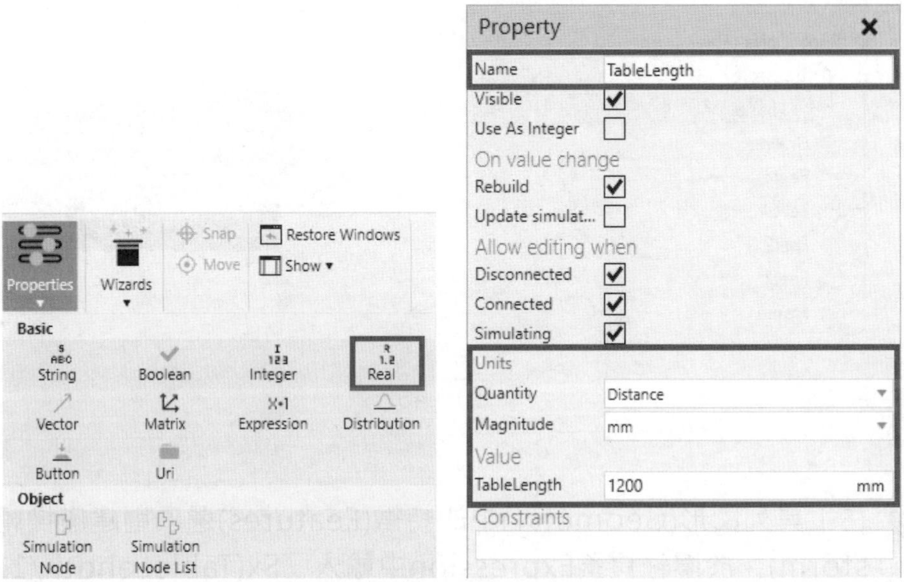

圖10.43

STEP 17 在工具列圖形(Geometry)中的特徵(Features)選項創建座標轉換(Transform)，於屬性頁籤Expression中輸入"Sx(TableLength/1200).Sy(TableWidth/1200).Tz(TableHeight-390)"，如圖10.44，完成後關閉視窗。

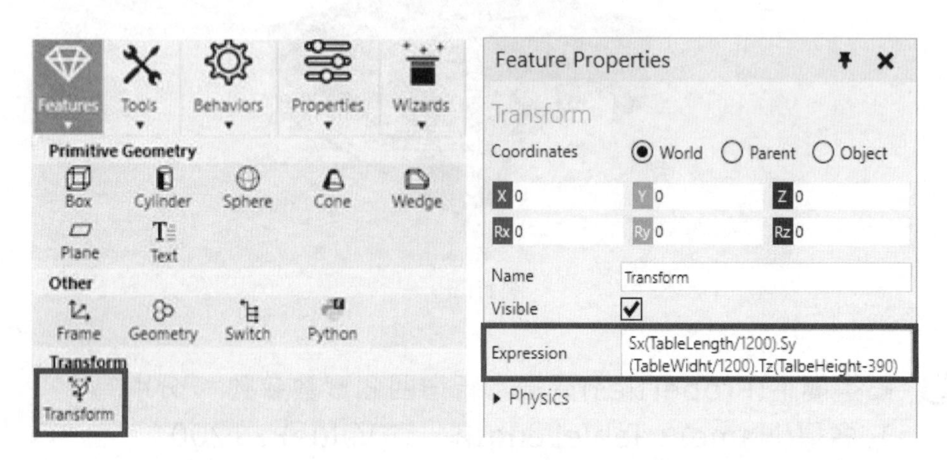

圖10.44

STEP 18 將Base拖曳至座標轉換(Transform)下層，如圖10.45。

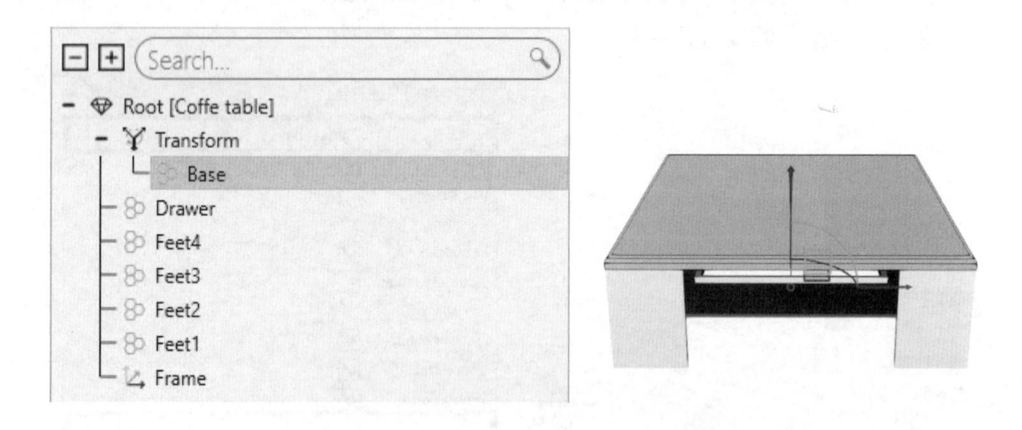

圖10.45

STEP 19 在工具列圖形(Geometry)中的特徵(Features)選項創建座標轉換(Transform)，於屬性頁籤Expression中輸入"Sx(TableLength/1200).Sy(TableWidth/1200).Tz(DrawerHeight-185)"，如圖10.46，完成後關閉視窗。

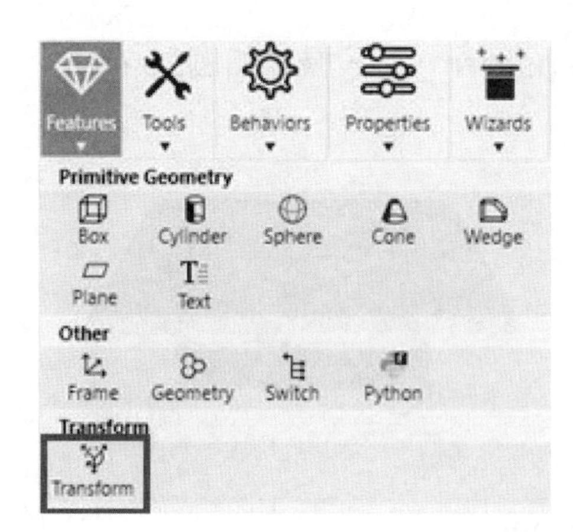

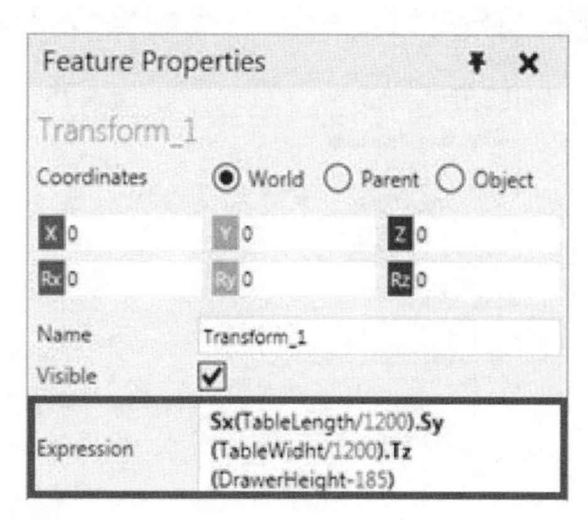

圖10.46

STEP ⓴ 將Drawer拖曳至座標轉換_1(Transform_1)下層，如圖10.47。

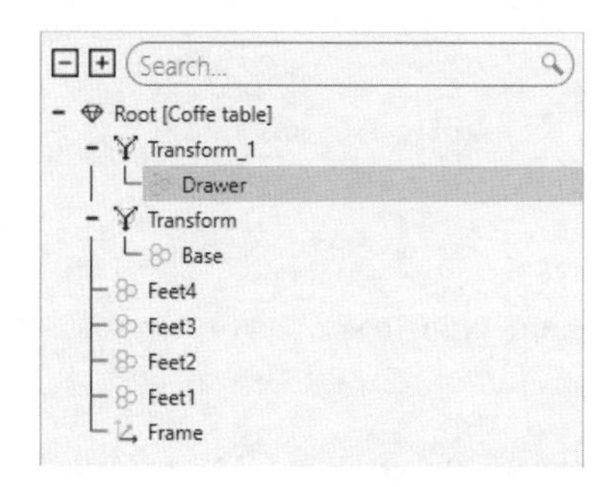

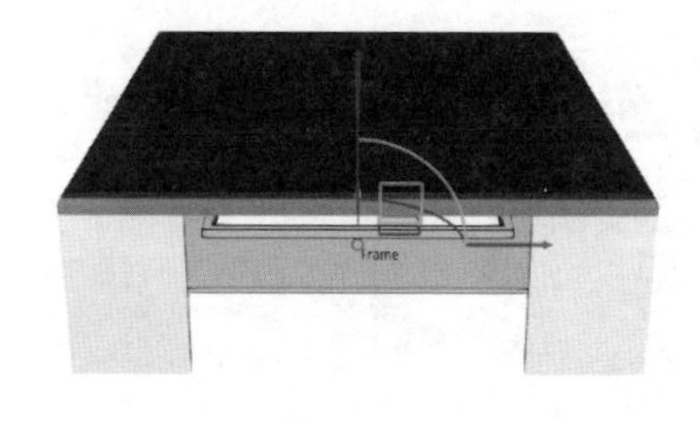

圖10.47

STEP ㉑ 在工具列圖形(Geometry)中的特徵(Features)選項創建座標轉換(Transform)，於屬性頁籤Expression中輸入 "Tx((TableLength-1200)/2).Ty((-TableWidth+1200)/2).Sz((TableHeight-40)/350)" ，如圖10.48，完成後關閉視窗。

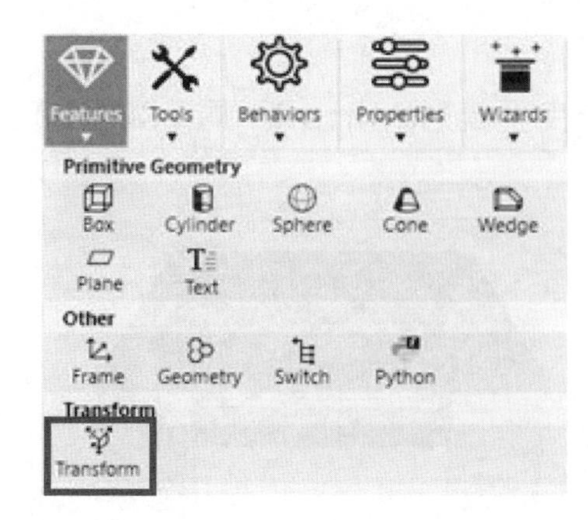

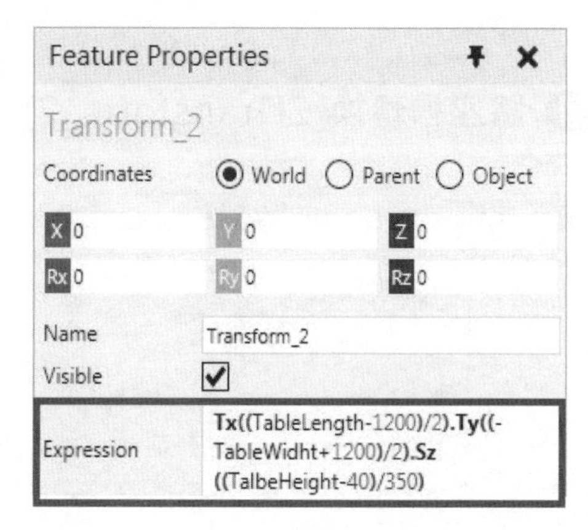

圖10.48

STEP 22 將Feet1拖曳至座標轉換_2(Transform_2)下層，如圖10.49。

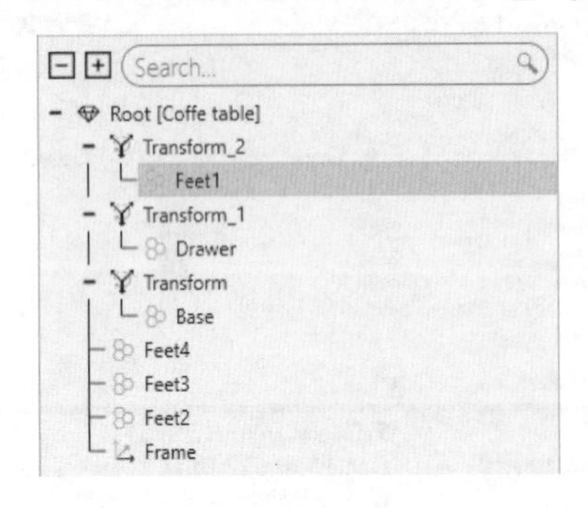

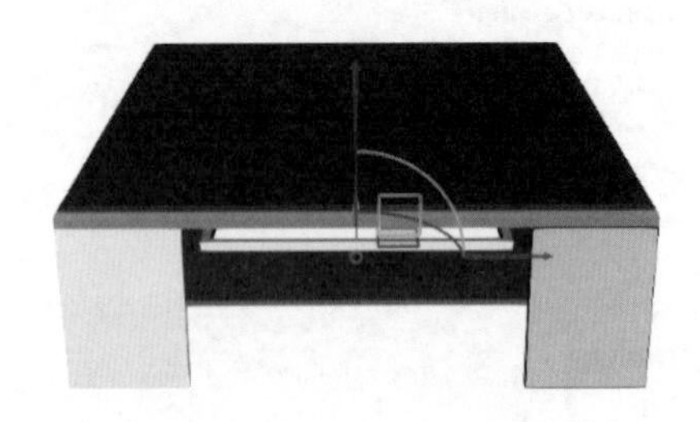

圖10.49

STEP 23 在工具列圖形(Geometry)中的特徵(Features)創建鏡射(Mirror)，於屬性頁籤鏡射方向Direction中輸入"Vector(-1,1,1)"，如圖10.50，完成後關閉視窗。

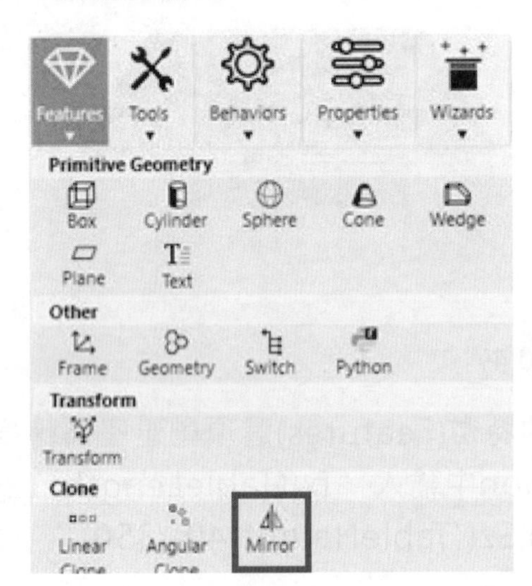

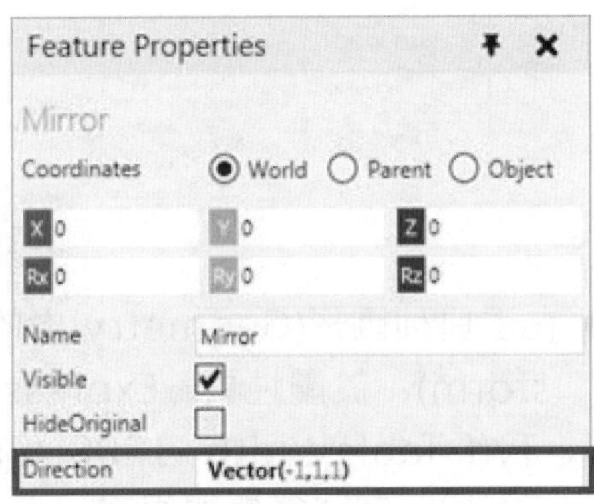

圖10.50

STEP 24 將座標轉換_2(Transform_2)拖曳至鏡射(Mirror)下層，如圖10.51。

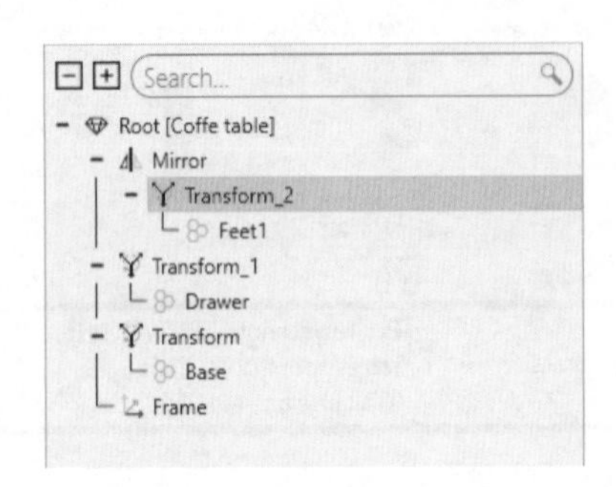

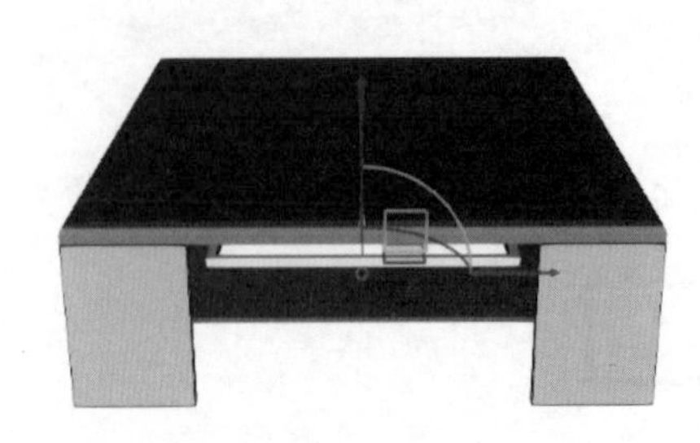

圖10.51

STEP ㉕ 在工具列圖形(Geometry)中的特徵(Features)創建鏡射(Mirror)，於屬性頁籤鏡射方向Direction中輸入 "Vector(1,-1,1)"，如圖10.52，完成後關閉視窗。

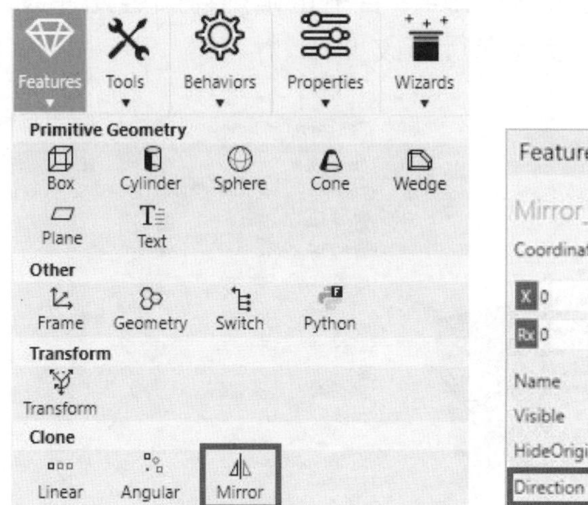

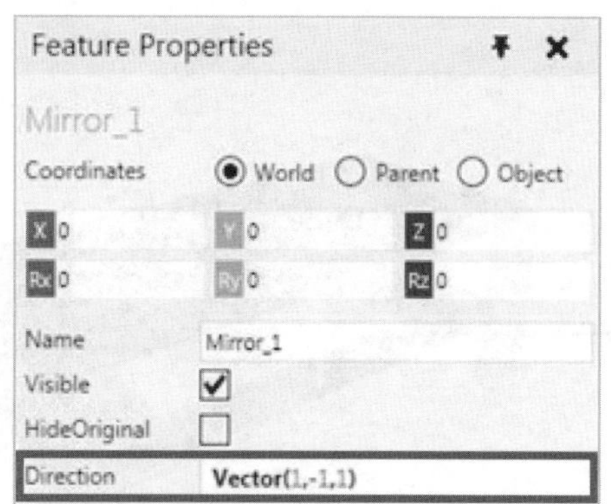

圖10.52

STEP ㉖ 將鏡射(Mirror)拖曳至鏡射_1(Mirror_1)下層，如圖10.53。

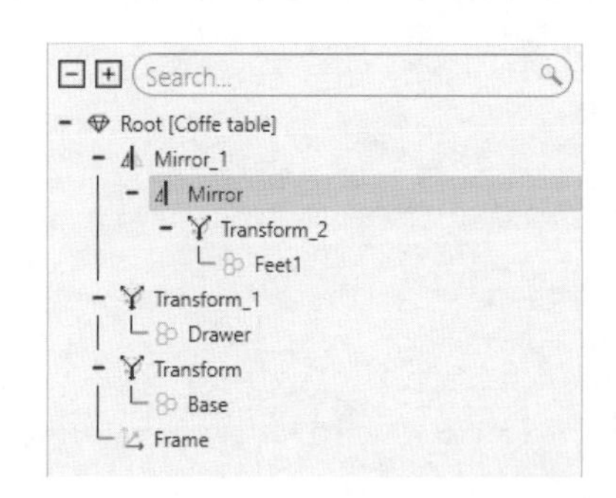

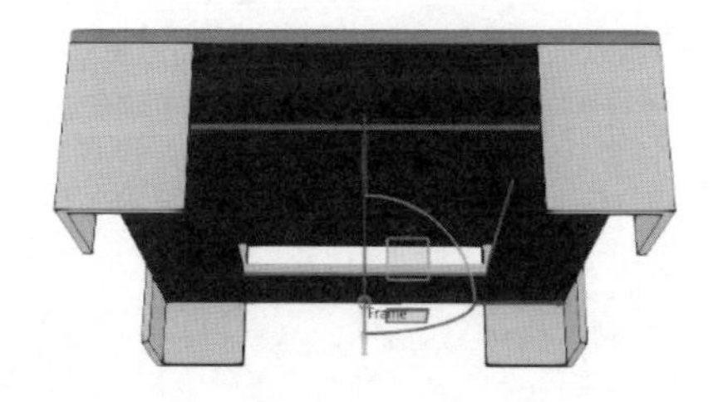

圖10.53

STEP 27 刪除多餘幾何圖形(Geometry):Feet2、Feet3、Feet4。點選左側元件架構(Component Graph)中的Coffee table或雙擊任一個幾何圖形(Geometry)會出現參數頁籤於右側。進行參數修改，確認元件(Component)變化是否正確，如圖10.54，若不正確則再點選元件設計(MODELING)頁籤，重複上述步驟進行修改。

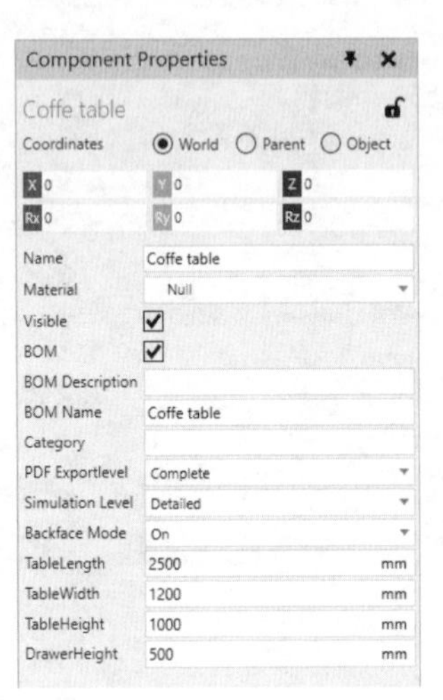

圖10.54

STEP 28 完成之後，點選工具列元件(Component)中的另存新檔(Save As)進行存檔。

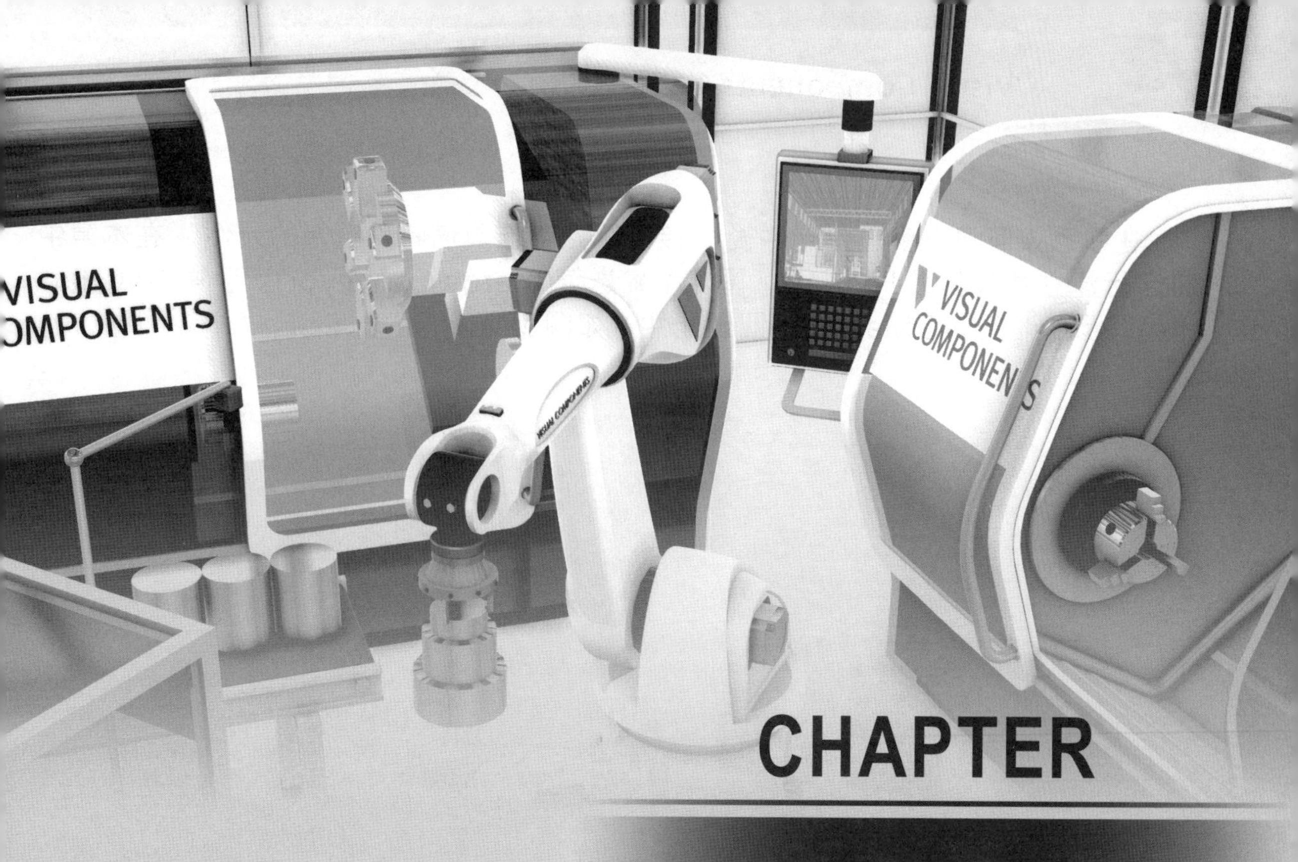

CHAPTER 11 創造元件行為能力

在熟悉如何建立參數化元件後，接著開始製作具備特殊行為的元件，在本章中將自行建立供料裝置(Feeder)、匯流型輸送帶(Merge Conveyor)、手臂夾爪(Handle)以及加工機(NC Machine)四個元件，如圖11.1。

圖11.1

11.1 建立Feeder行為及連接介面

當佈局中需要有供料裝置進行供料時，使用者利用Feeder使其產出工件進行供料，如圖11.2，本節將詳細介紹如何自製Feeder元件的行為及連接介面。

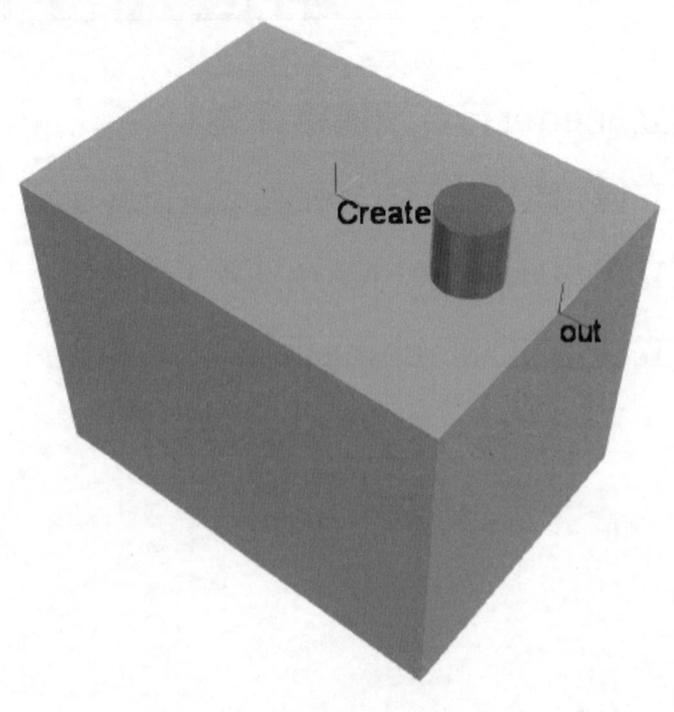

圖11.2

STEP ❶ 建立Feeder的外型結構。首先於元件設計(MODELING頁)籤的元件(Component)中點選新增(New)，然後在特徵(Features)建立一個方塊(Box)，如圖11.3。

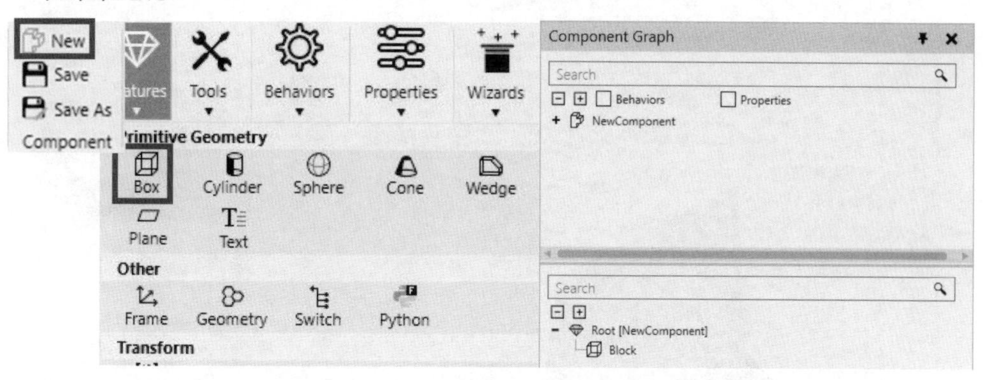

圖11.3

設定方塊(Block)的尺寸：

Length：1200、Width：900、Height：800，如圖11.4。

圖11.4

STEP ❷ 重新定義方塊(Block)的原點。點選左側元件架構(Component Graph)視窗中的方塊(Block)圖形，如圖11.5。

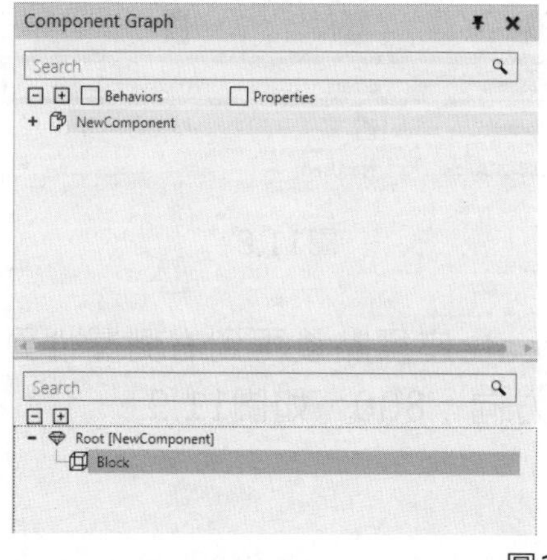

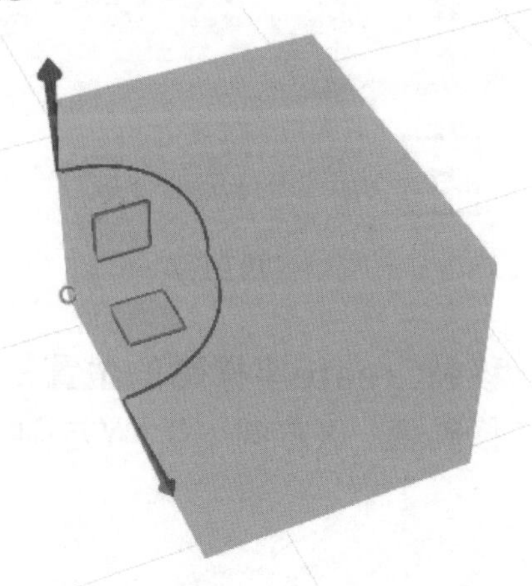

圖11.5

點選元件原點(Origin)的直接對準(Snap)功能，將原點移至方塊(Block)的底部中心，如圖11.6。

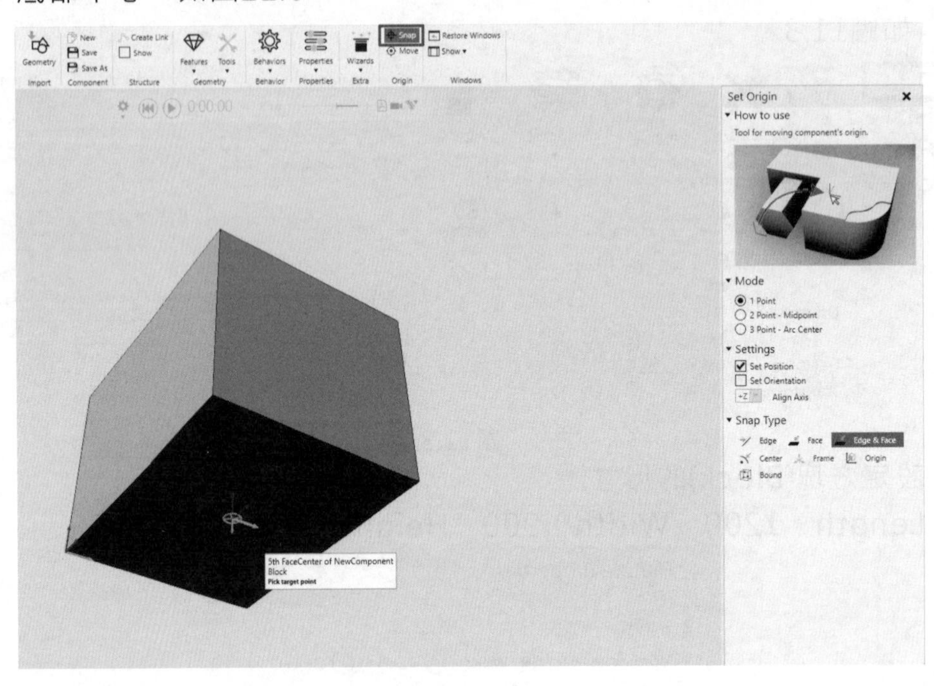

圖11.6

STEP ❸ 建立Feeder的流動路徑。需建立兩個座標點，使Feeder產出的工件會依據座標點位置流動，首先在元件中新增第一個座標(Frame)，如圖11.7，並將其名稱Name更改成Create，如圖11.8。

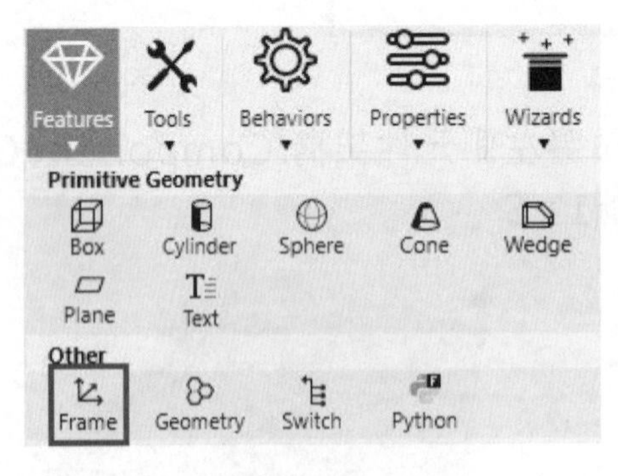

圖11.7

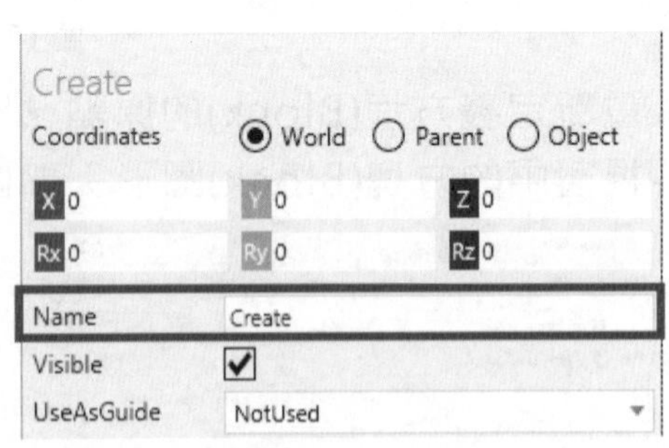

圖11.8

移動Create座標點的位置，選擇Create座標點後再到右側屬性頁籤中輸入移動值，X方向：0、Y方向：0及Z方向：800，如圖11.9。

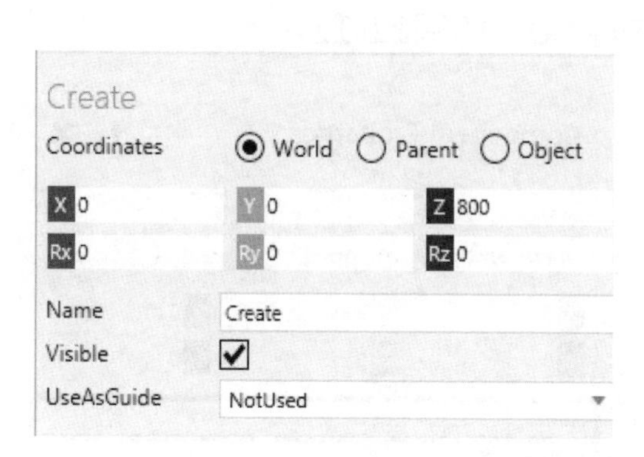

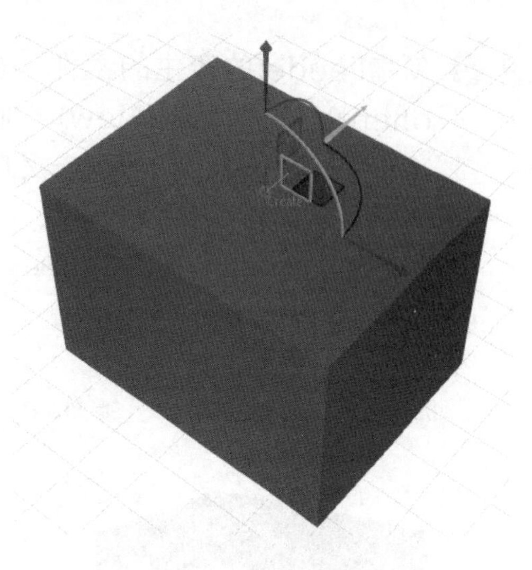

圖11.9

接著新增第二個座標(Frame)，並將其名稱Name更改成Out，如圖11.10

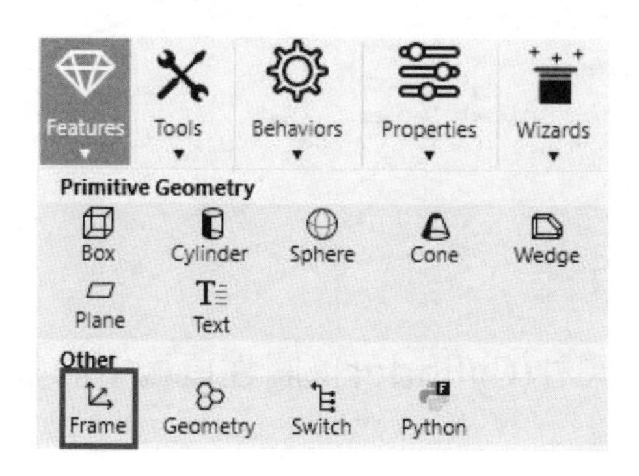

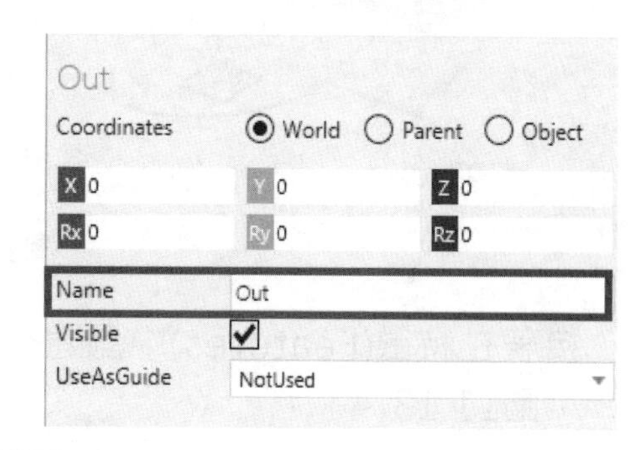

圖11.10

移動Out座標點的位置，選擇Out座標點後再到右側屬性頁籤中輸入移動值，X方向：600、Y方向：0及Z方向：800，如圖11.11。

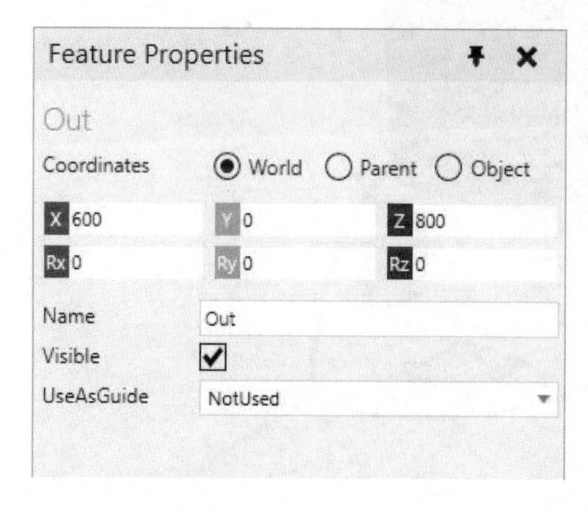

圖11.11

STEP ❹ 新增Feeder的產生的工件。在元件設計(MODELING頁)籤的元件(Component)中點選新增(New)，並將名稱Name改為part，再將此元件移動至X方向：0、Y方向：900、Z方向：0，如圖11.12。

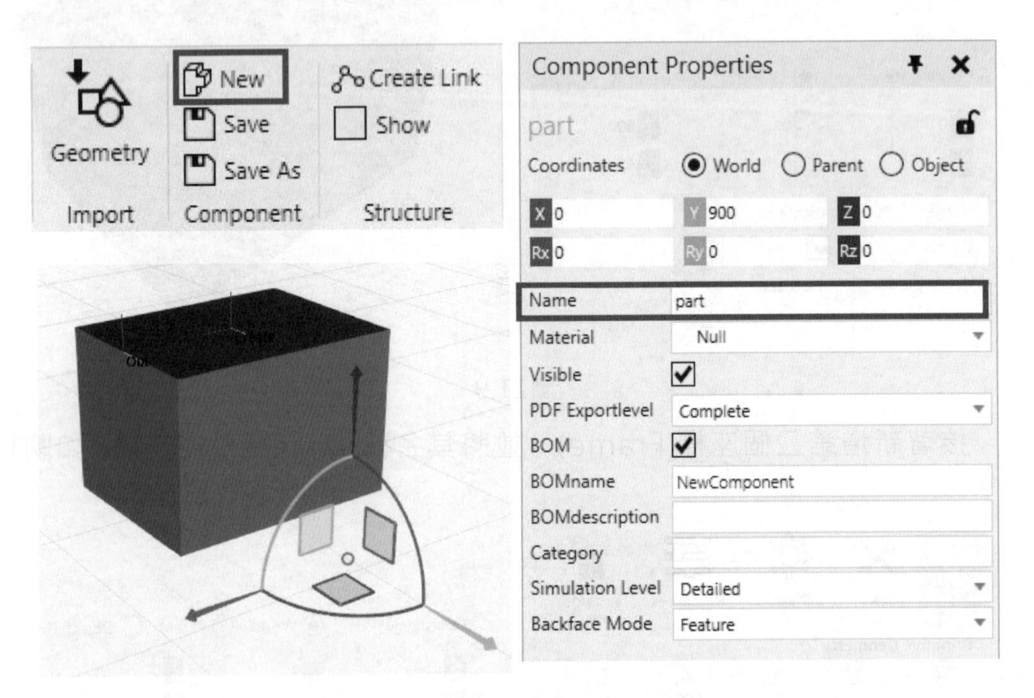

圖11.12

接著在特徵(Features)中創建一個圓柱(Cylinder)，屬性頁籤中的參數不變，圖11.13。

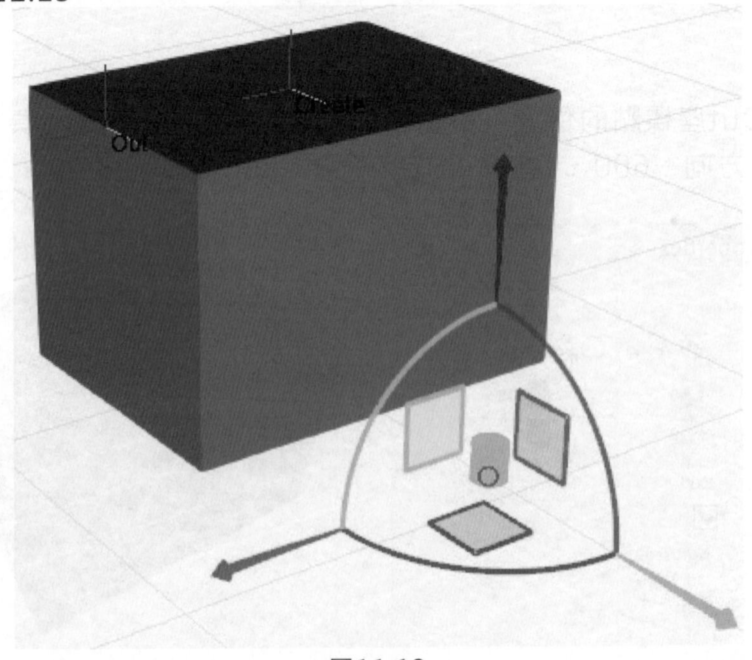

圖11.13

點選左上方元件架構的part或是連點幾何圖形Geometry，在元件設計(MODELING)頁籤的元件(Component)中點選另存新檔(Save As)，右側會出現另存元件(Save Component As)的屬性頁籤，將名稱(Name)改為part後，點選另存新檔(Save As)進行儲存，如圖11.14。

Geometry
New
Save
Save As
Create Link
Show
Import
Component
Structure
Create
Out

Save Component As
Basic Info
Name part
Description
Type
Tags
Max Payload 0 kg
Reach 0 mm
Icon Preview Image
File
VCID
New VCID
Modified 5/9/2017
Authoring
Version
Save As
Cancel

圖11.14

STEP ❺ 新增Feeder的流動行為。切換至行為(Behavior)頁籤開始建立Feeder的行為，首先新增單向路徑(One Way Path)，如圖11.15。

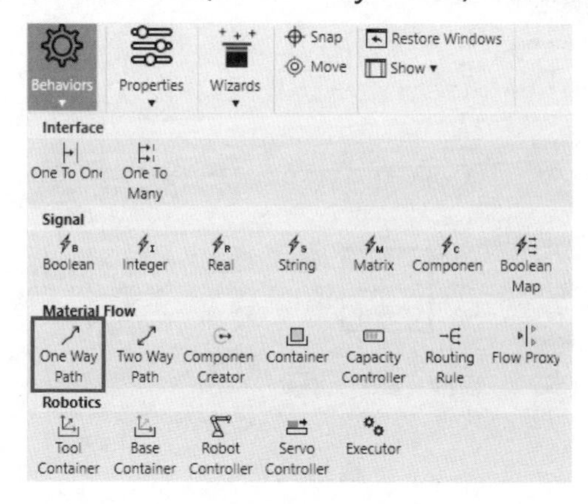

圖11.15

於One Way Path行為中點選Path，並將路徑座標點新增至Path中(需注意流動路徑會依據座標點由上而下的順序流動)，如圖11.16。

Properties

OneWayPath

Property	Value
Name	OneWayPath
Statistics	Null
Capacity	999999
CapacityBlocks	
TransitionSignal	Null
Speed	200 mm/s
Acceleration	0 mm/s²
Deceleration	0 mm/s²
Interpolation	Linear
Accumulate	☑
SegmentSize	0 mm
RetainOffset	☐
SpaceUtilization	☑
Sensors	
Path	
PathAxis	Automatic

Property	Value
Path	Create Out
PathAxis	Automatic

圖11.16

STEP ❻ 新增Feeder的創造行為。新增元件產生器(Component Creator)，如圖11.17。

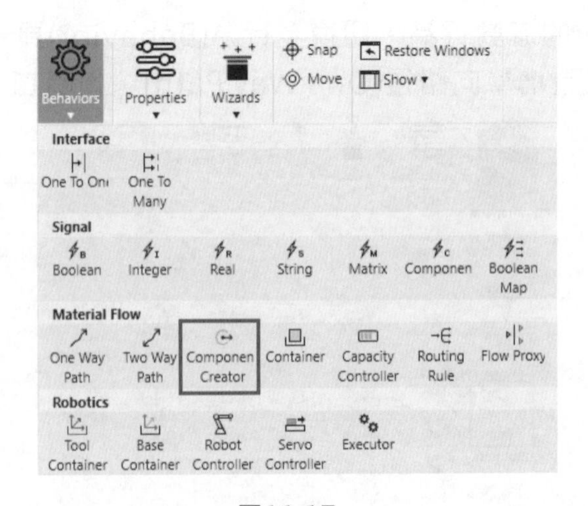

圖11.17

於元件產生器(Component Creator)中設定的參數如下(可依據使用者需求設定不同的數值)：
出料間隔(Interval)：5秒、出料總量(Limit)：1000，如圖11.18。

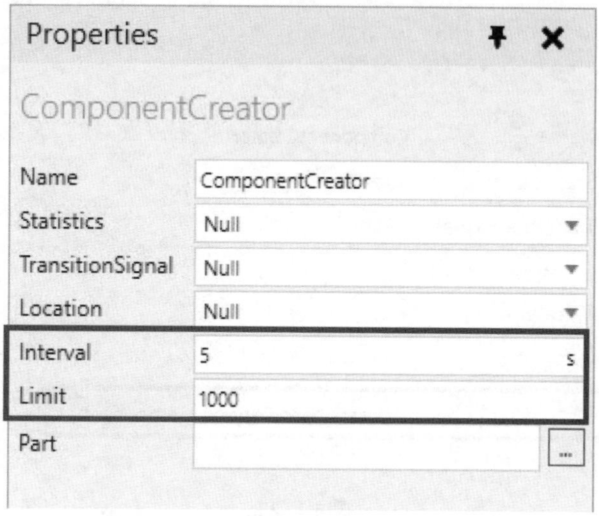

Properties
ComponentCreator
Name ComponentCreator
Statistics Null
TransitionSignal Null
Location Null
Interval 5 s
Limit 1000
Part

圖11.18

點選Part設定為Feeder產出的工件(本節Step4所儲存的元件)，如圖11.19、圖11.20。

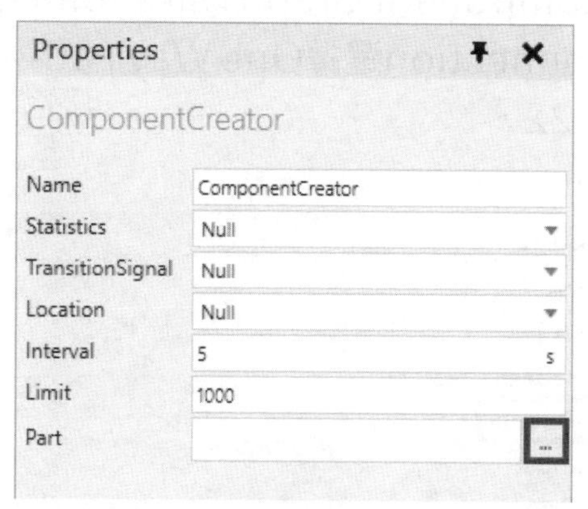

圖11.19

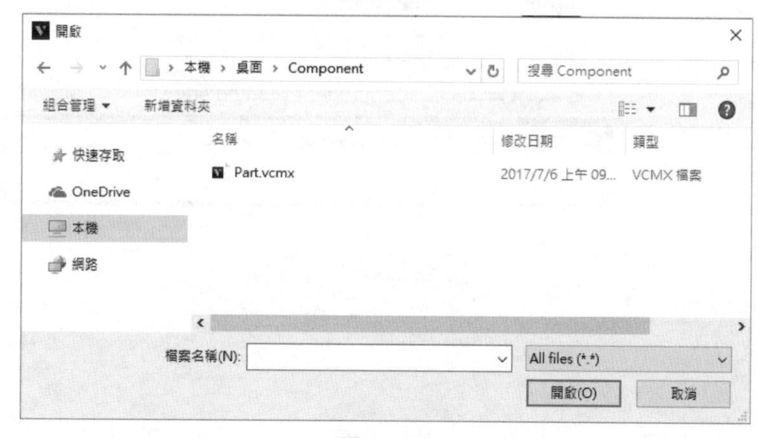

圖11.20

成功選取後於Part選項中會出現檔案路徑，如圖11.21。

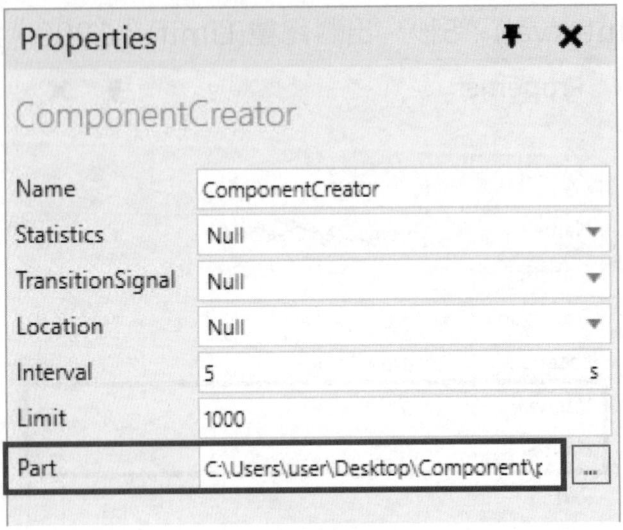

圖11.21

左側元件架構(Component Graph)點開ComponentCreator的+號，點選Output並將Connection選擇One Way Path，Port方向選擇與Input接口連接，如圖11.22。

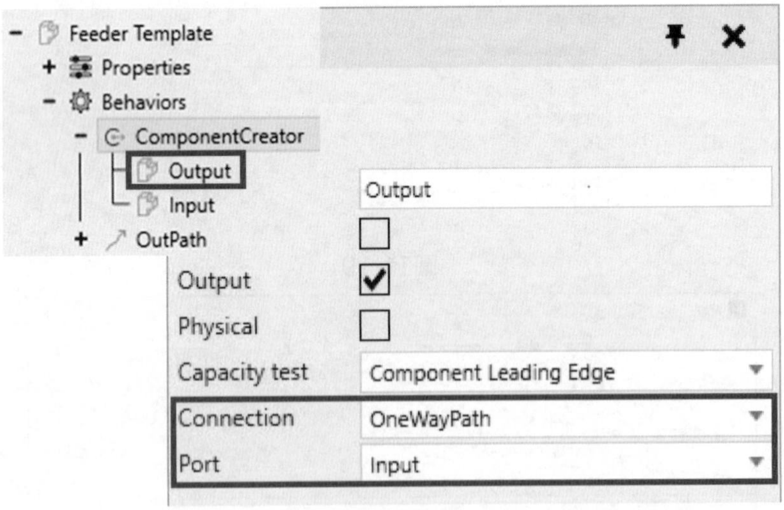

圖11.22

STEP ❼ 新增Feeder的Output連接介面。新增一對一連接介面行為(One to One Interface)，使Feeder可以和其他元件連接，如圖11.23。

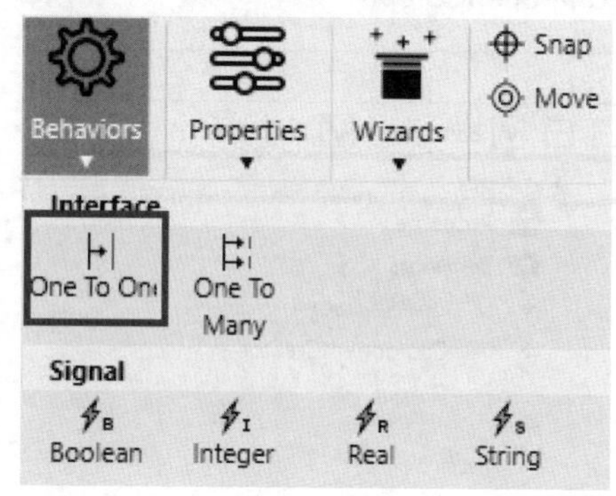

圖11.23

先將連接介面名稱更改成Output，接著點選新增窗口(Add new Section)進行設定，如圖11.24。

Properties

Output

Name Output

IsAbstract

ConnectSameL...

AngleTolerance 360 °

DistanceTolera... 1000000000 mm

ConnectionEdit...

InterfaceDescri...

Sections and Fields

Add new section

圖11.24

在窗口接點(Section Frame)選擇Out，在新增規格(Add new field)選擇Flow，接著才可在Container選擇One Way Path，PortName選擇Output，如圖11.25。

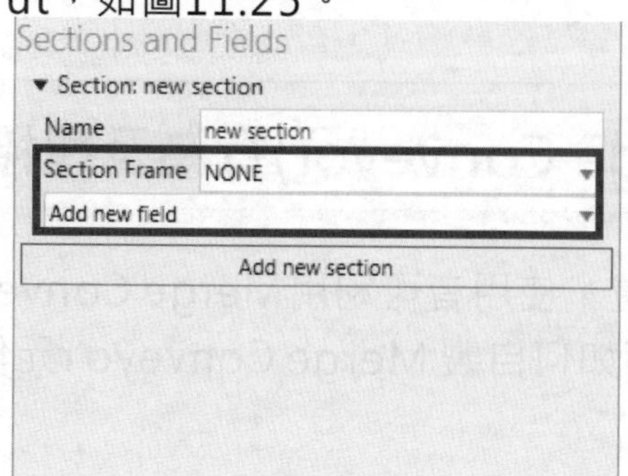

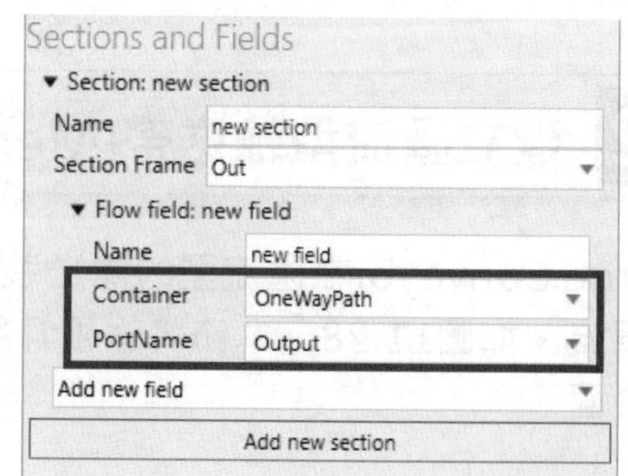

圖11.25

元件行為建立完成後，將其名稱更改為Feeder，如圖11.26。

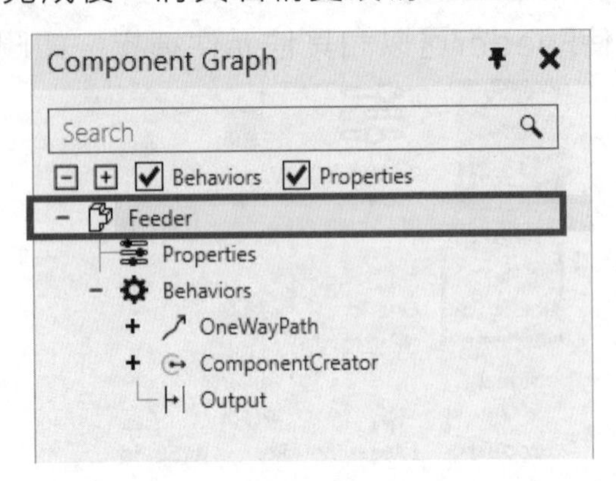

圖11.26

利用連接(PnP)功能將Feeder與Conveyor進行連接，確認元件行為設定正確，可產生工件，如圖11.27，完成後即可將 Feeder進行存檔。

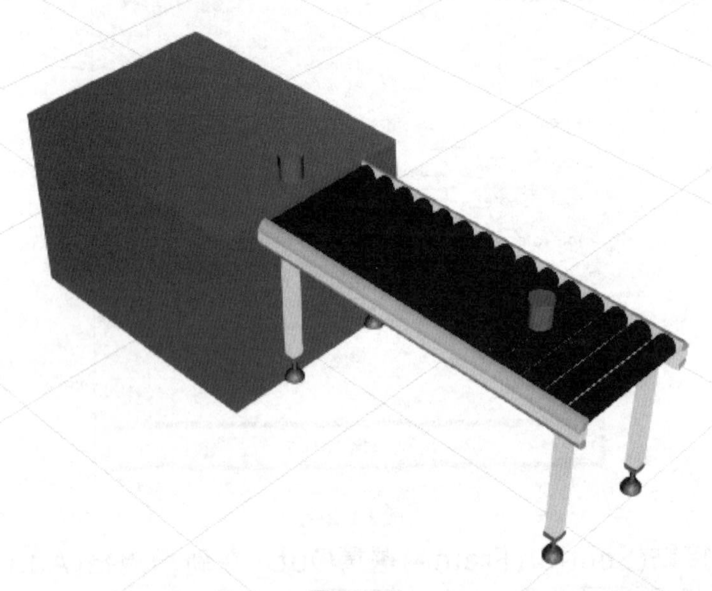

圖11.27

11.2 建立匯流型輸送帶(Merge Conveyor)行為及連接介面

Merge Conveyor為匯流型的輸送裝置，使用者可利用Merge Conveyor讓兩條路徑匯流，如圖11.28，本節將詳細介紹如何自製 Merge Conveyo r元件的行為及連接介面。

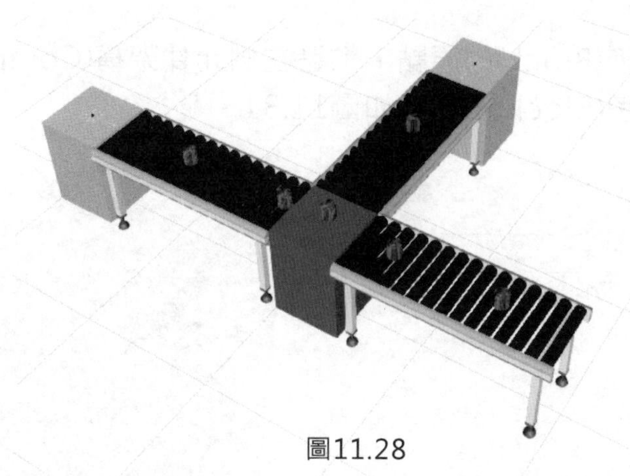

圖11.28

STEP ❶ 建立Merge Conveyor的外型結構。元件設計(MODELING頁)籤的元件(Component)中點選新增(New)，然後在特徵(Features)建立一個方塊(Box)，如圖11.29。

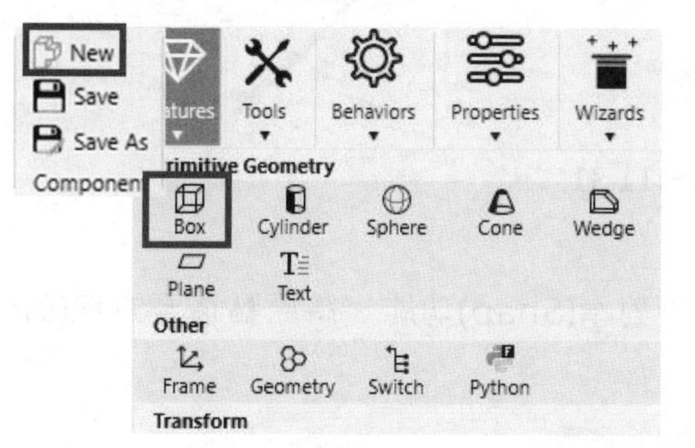

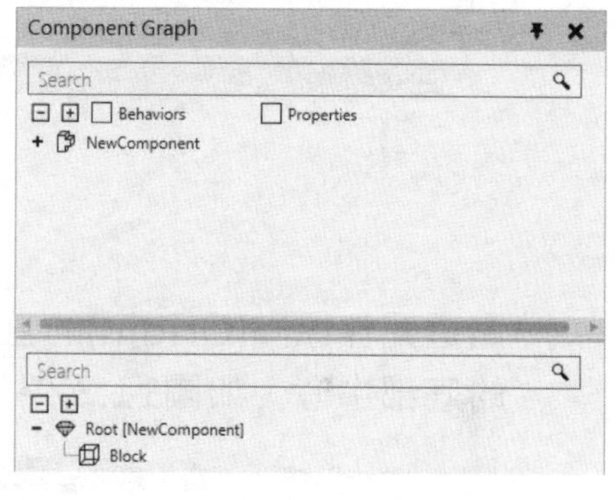

圖11.29

設定方塊(Block)的尺寸：

Length：500、Width：500、Height：700，如圖11.30。

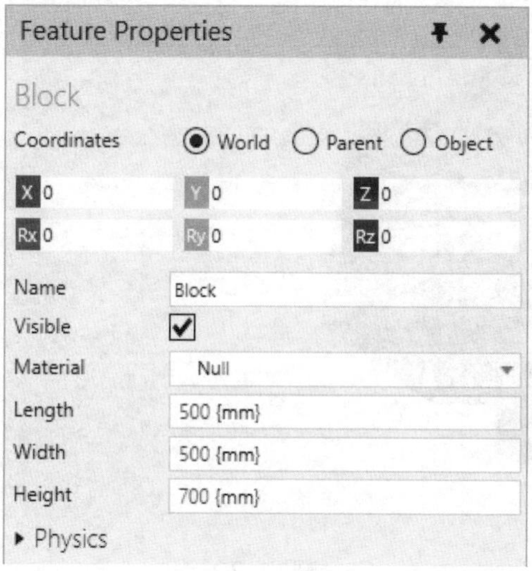

Feature Properties

Block

Coordinates ◉ World ○ Parent ○ Object

X 0 Y 0 Z 0

Rx 0 Ry 0 Rz 0

Name Block

Visible ☑

Material Null

Length 500 {mm}

Width 500 {mm}

Height 700 {mm}

▸ Physics

圖11.30

STEP ❷ 重新定義方塊(Block)的原點。點選左側元件架構(Component Graph)視窗中的方塊(Block)圖形，如圖11.31。

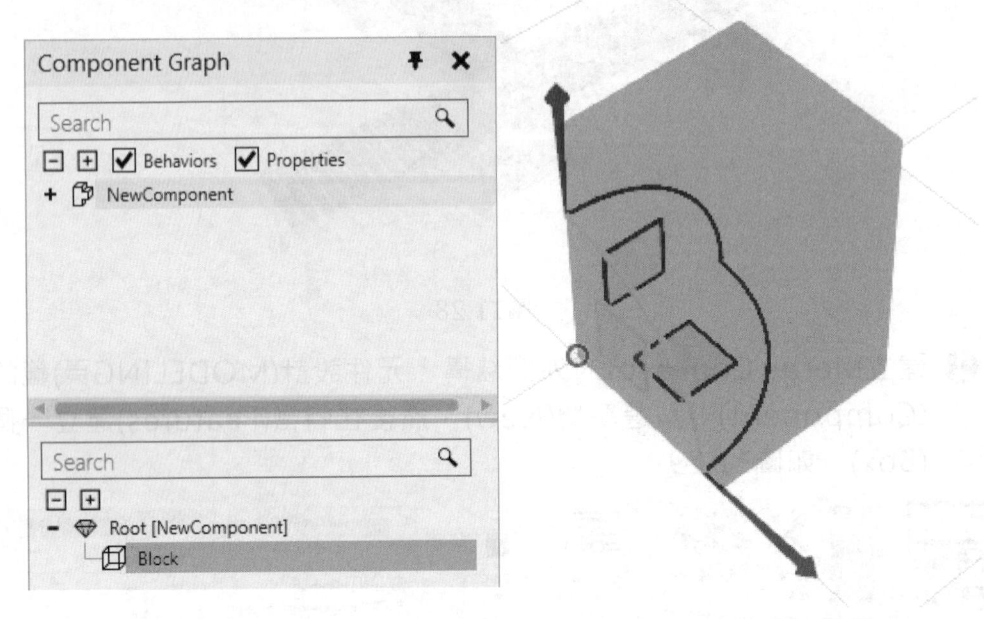

圖11.31

點選元件原點(Origin)的直接對準(Snap)功能，將原點移至方塊(Block)的底部中心，如圖11.32。

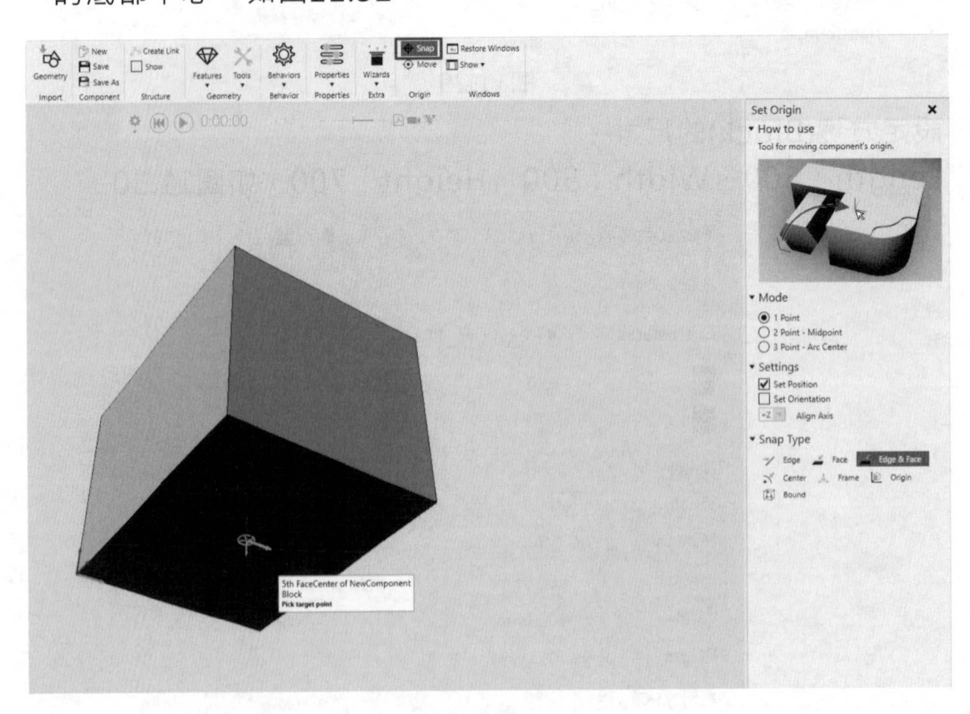

圖11.32

STEP ❸ 建立Merge Conveyor的流動路徑。需建立四個座標點使Merge Conveyor具有兩條Input及一條Output路徑，首先新增第一個座標(Frame)，並將其名稱更改成In1，如圖11.33。

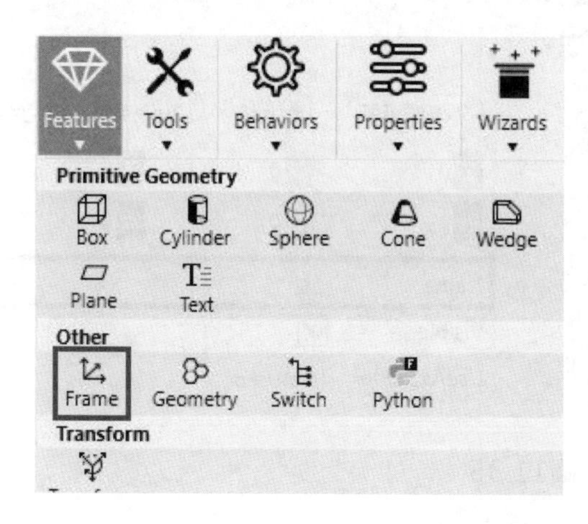

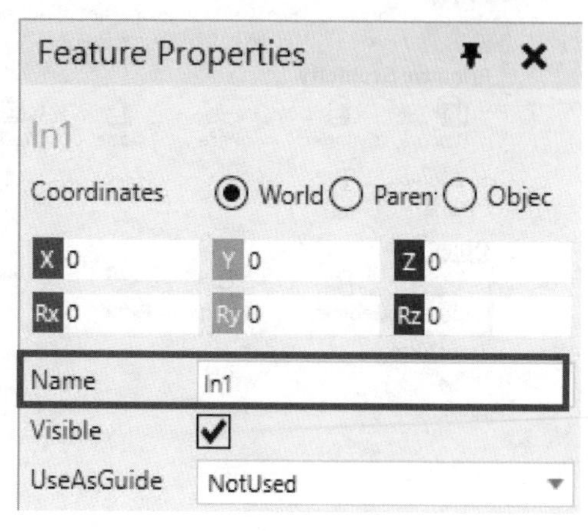

圖11.33

移動In1座標點的位置，選擇In1座標點後再到右側屬性頁籤中輸入移動值，X方向：0、Y方向：0、Z方向：700，如圖11.34。

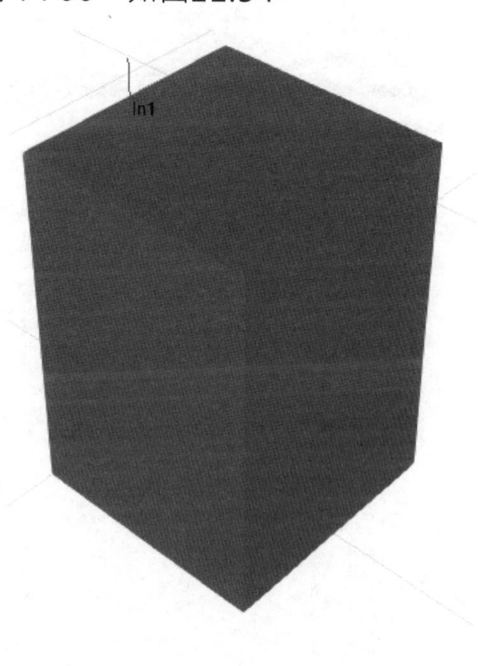

圖11.34

接著新增第二個座標(Frame)，並將其名稱更改成In2，如圖11.35。

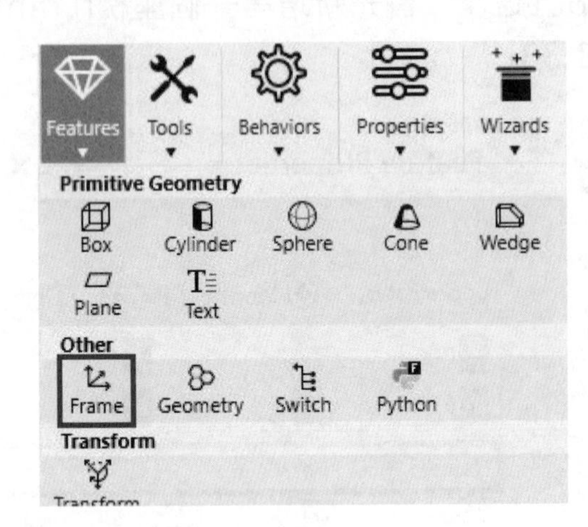

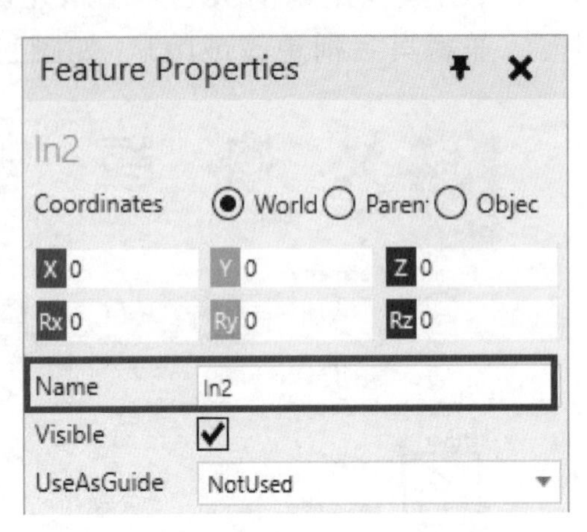

圖11.35

移動及旋轉In2座標點的位置，選擇In2座標點後再到右側屬性頁籤中輸入移動值至X方向：250、Y方向：250、Z方向：700，旋轉至Rx方向：0、Ry方向：0、Rz方向：-90，如圖11.36。

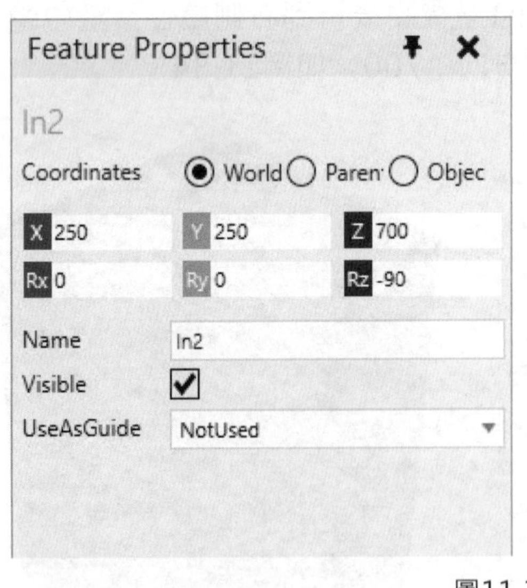

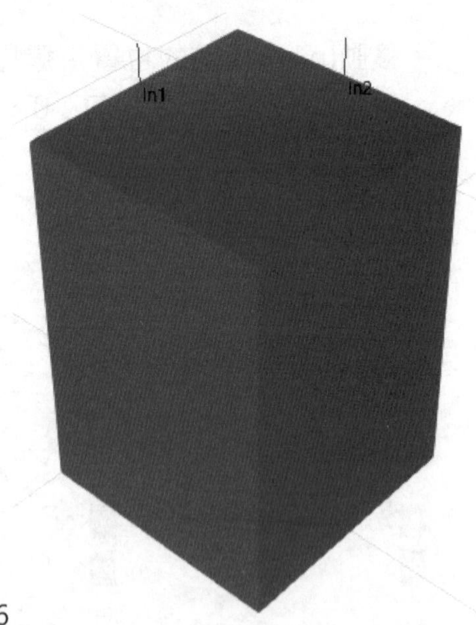

圖11.36

接著新增第三個座標(Frame)，並將其名稱更改成Mid，如圖11.37。

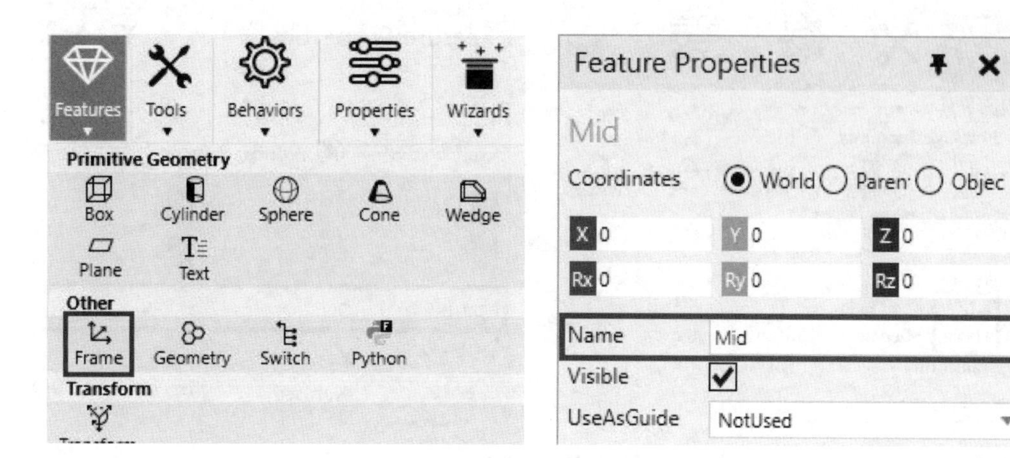

圖11.37

移動Mid座標點的位置，選擇Mid座標點後再到右側屬性頁籤中輸入移動值，X方向：250、Y方向：0及Z方向：700，如圖11.38。

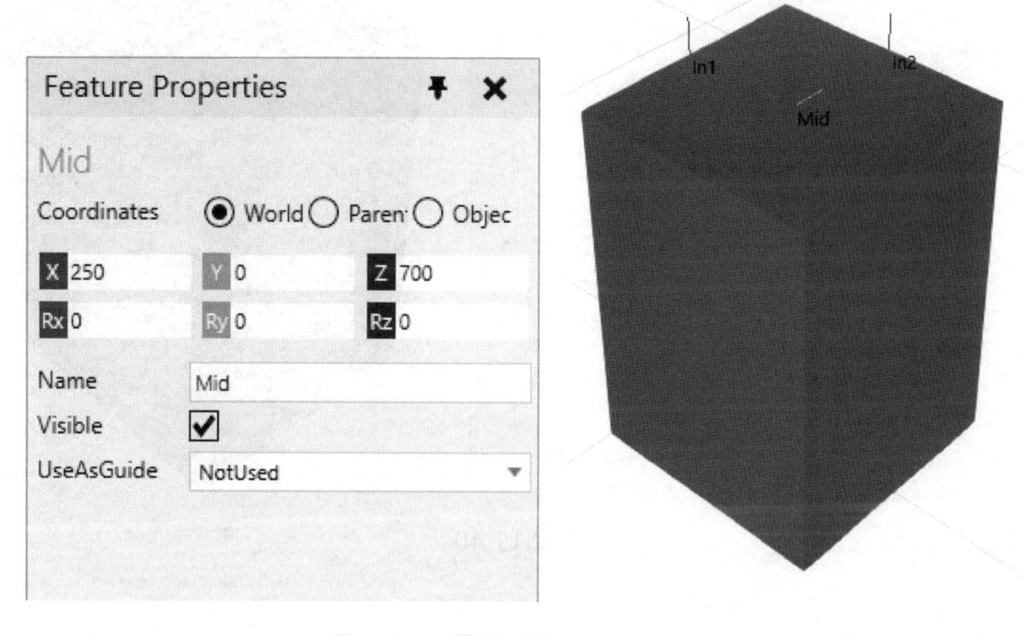

圖11.38

最後新增第四個座標(Frame)，並將其名稱更改成Out，如圖11.39。

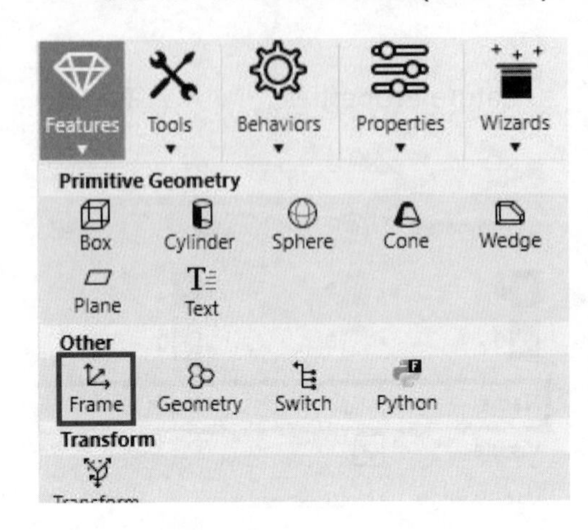

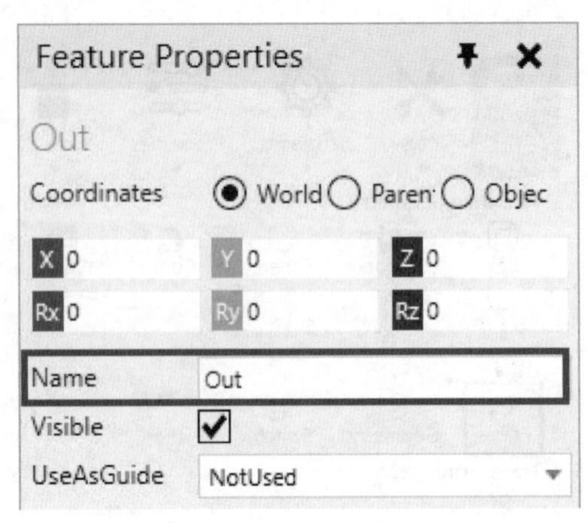

圖11.39

移動Out座標點的位置，選擇Out座標點後再到右側屬性頁籤中輸入移動值，X方向：500、Y方向：0及Z方向：700，如圖11.40。

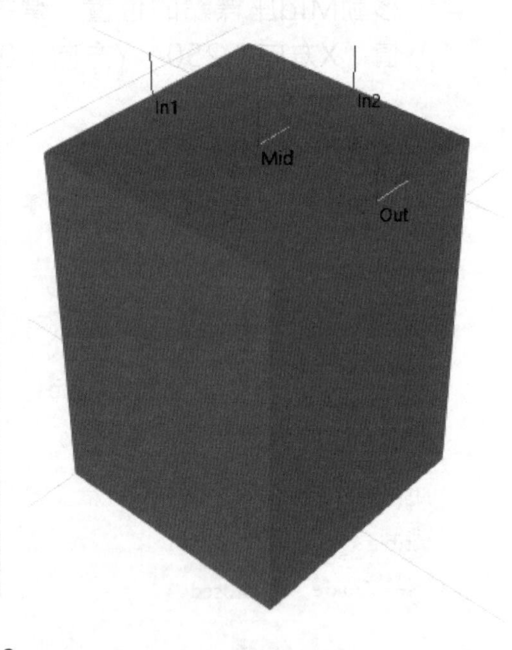

圖11.40

STEP ❹ 新增Merge Conveyor的流動行為。切換至行為(Behavior)頁籤開始建立Merge Conveyor的行為，首先新增單向路徑(One Way Path)，由於Merge Conveyor的路經為兩條Input以及一條Output，所以在Merge Conveyor中就需要具備三個流動行為，首先新增第一條Input的單向路徑(One Way Path)，如圖11.41。

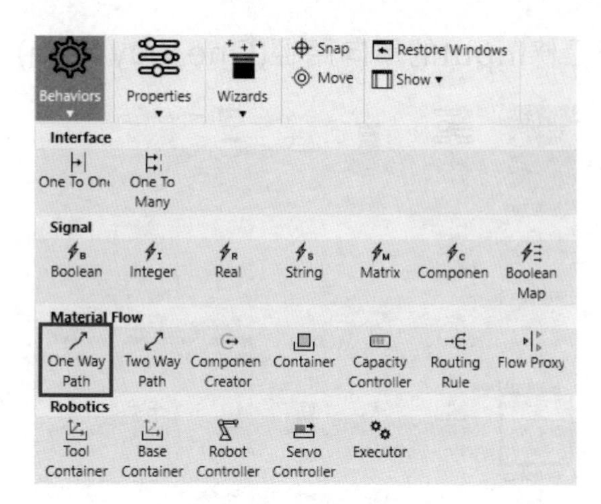

圖11.41

將One Way Path名稱更改成In1Path，再點選Path，並將路徑座標點(In1與Mid)新增至Path中(需注意流動路徑會依據座標點由上而下的順序流動)，如圖11.42。

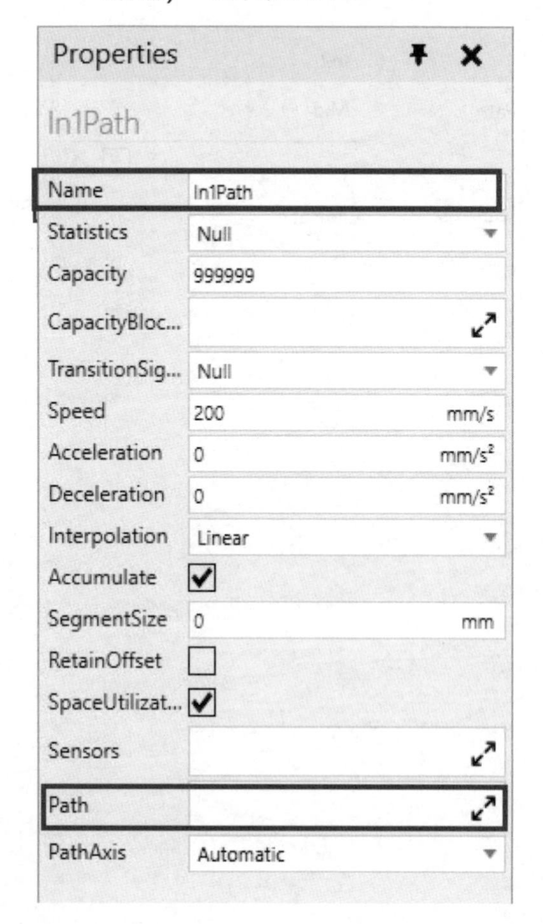

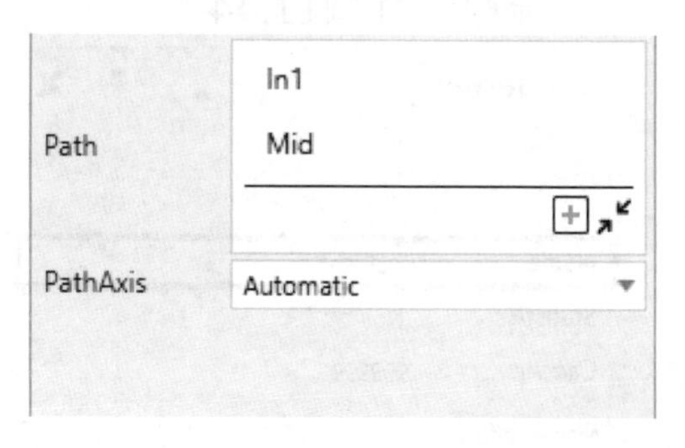

圖11.42

接著新增第二條Input的單向路徑(One Way Path)，如圖11.43。

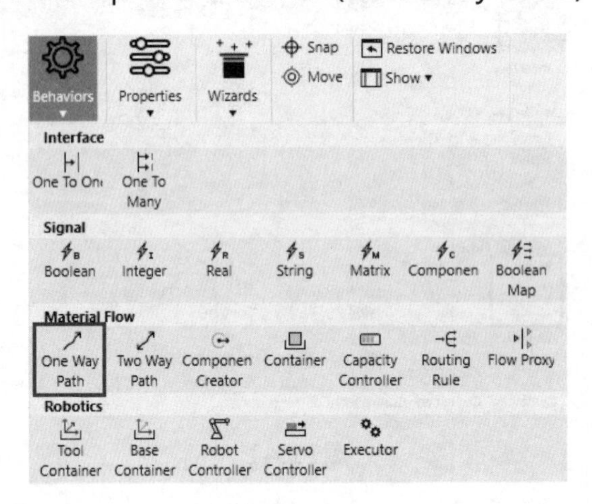

圖11.43

將One Way Path名稱更改成In2Path，再點選Path，並將路徑座標點(In2與Mid)新增至Path中(需注意流動路徑會依據座標點由上而下的順序流動)，如圖11.44。

Properties

In2Path

Property	Value
Name	In2Path
Statistics	Null
Capacity	999999
CapacityBloc...	
TransitionSig...	Null
Speed	200 mm/s
Acceleration	0 mm/s²
Deceleration	0 mm/s²
Interpolation	Linear
Accumulate	✔
SegmentSize	0 mm
RetainOffset	☐
SpaceUtilizat...	✔
Sensors	
Path	
PathAxis	Automatic

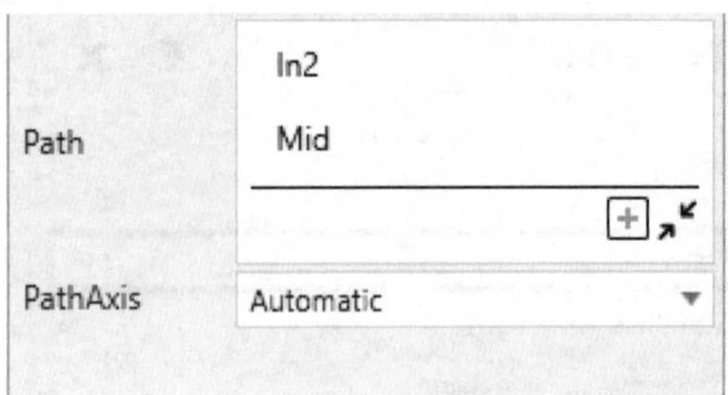

圖11.44

最後新增Output的單向路徑(One Way Path)，如圖11.45。

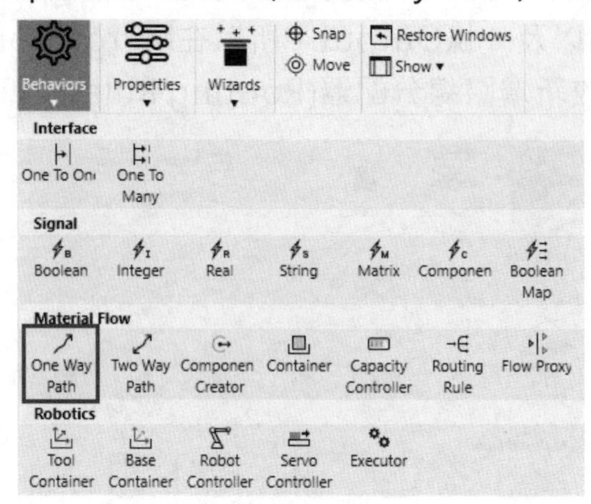

圖11.45

將One Way Path名稱更改成OutPath，再點選Path，並將路徑座標點(Mid與Out)新增至Path中(需注意流動路徑會依據座標點由上而下的順序流動)，如圖11.46。

Properties

OutPath

Name	OutPath
Statistics	Null
Capacity	999999
CapacityBloc...	
TransitionSig...	Null
Speed	200 mm/s
Acceleration	0 mm/s²
Deceleration	0 mm/s²
Interpolation	Linear
Accumulate	☑
SegmentSize	0 mm
RetainOffset	☐
SpaceUtilizat...	☑
Sensors	
Path	
PathAxis	Automatic

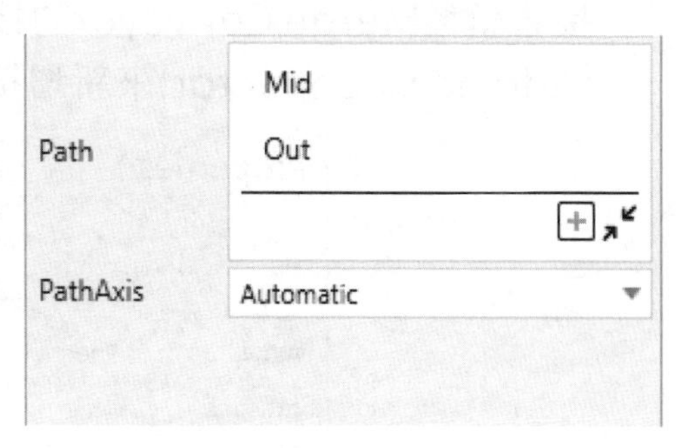

圖11.46

STEP ❺ 新增Merge Conveyor的流動路線規則。由於Merge Conveyor的路經為兩條Input以及一條Output，所以在Merge Conveyor中就需要具備路線規則，故新增路線分配器(Routing Rule)，如圖11.47。

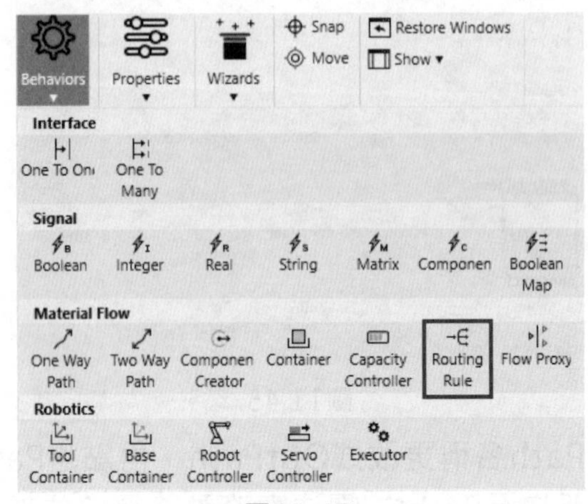

圖11.47

接著新增Merge Conveyor的接口，於Routing Rule中點選新增分配器(Add new connector)來新增接口，如圖11.48。

Properties

RoutingRule

Name RoutingRule
Statistics Null
Capacity 999999
Capacity blo...
Transition si... Null
Location Null
Rule compo... Processed
Physical
ProgramData

Connectors

Add new connector

Route

Empty route

Type

圖11.48

左側元件架構(Component Graph)屬性欄中的Routing Rule下面會多一個通訊埠1(Port1)的選項，如圖11.49。

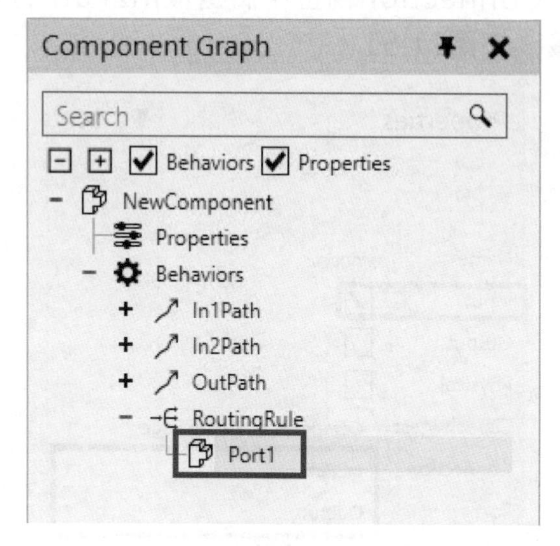

圖11.49

由於Merge Conveyor總共有兩個Input接口及一個Output接口，故首先將Port1作為第一個Input接口，將名稱更改成Inport1，並勾選為輸入端Input，於Connection欄位中將選取In1Path行為連接，並將Port與Output連接，如圖11.50。

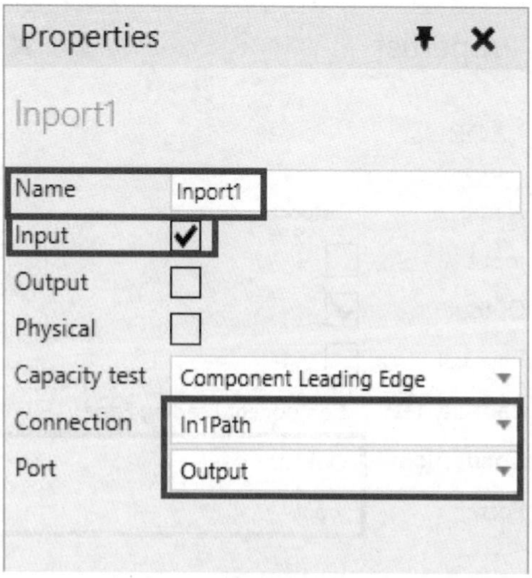

圖11.50

接著新增第二個Input接口，於Routing Rule的屬性頁籤中點選(Add new connector)來新增接口，再將名稱更改成Inport2，並勾選為輸入端Input，於Connection欄位中將選取In2Path行為連接，並將Port與Output連接，如圖11.51。

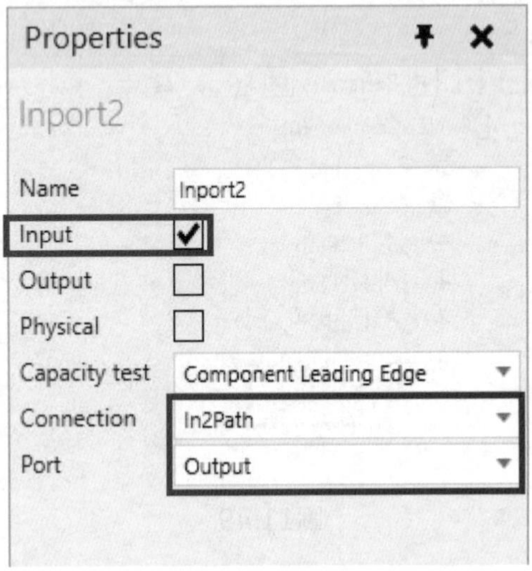

Properties
Inport2
Name: Inport2
Input: ☑
Output: ☐
Physical: ☐
Capacity test: Component Leading Edge
Connection: In2Path
Port: Output

圖11.51

最後新增Output接口，於Routing Rule的屬性頁籤中點選新增分配器(Add new connector)來新增接口，再將名稱更改成Outport，並勾選為輸出端Output，於Connection欄位中將選取OutPath行為連接，並將Port與Input連接，如圖11.52。

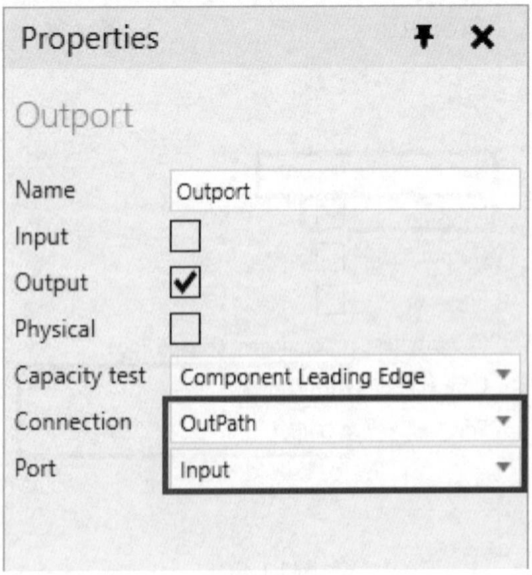

Properties
Outport
Name: Outport
Input: ☐
Output: ☑
Physical: ☐
Capacity test: Component Leading Edge
Connection: OutPath
Port: Input

圖11.52

新增完接口後，在Routing Rule中需選擇流動路線，在路線(Route)下方類型(Type)中選取OutPort，如圖11.53。

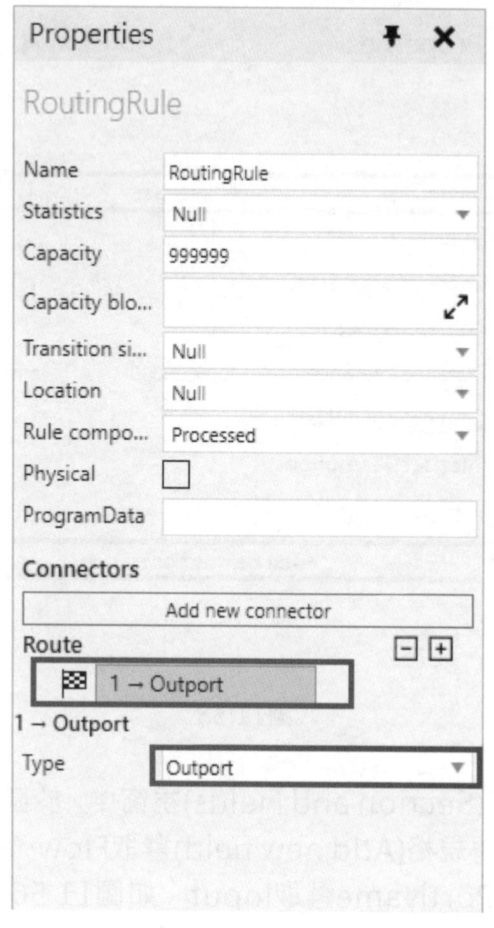

圖11.53

STEP ❻ 新增Merge Conveyor的連接介面。新增一對一連接介面行為(One to One Interface)，使Merge Conveyor可以和其他元件連接，如圖11.54，由於Merge Conveyor有兩個Input接口和一個Output接口，故需新增三個連接介面。

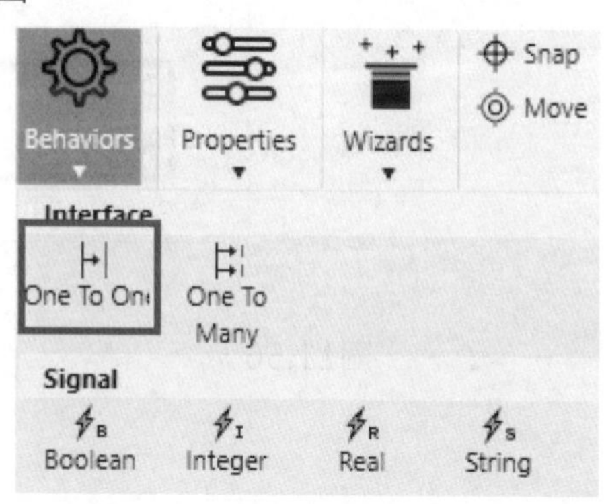

圖11.54

於One to One Interface視窗中，先將介面名稱更改成In1Interface，接著點選新增窗口(Add new Section)設定此介面，如圖11.55。

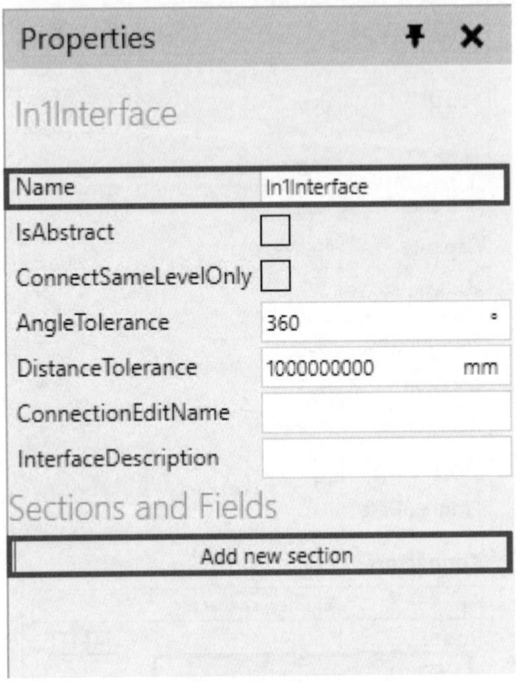

Properties

In1Interface

Name	In1Interface
IsAbstract	
ConnectSameLevelOnly	
AngleTolerance	360 °
DistanceTolerance	1000000000 mm
ConnectionEditName	
InterfaceDescription	

Sections and Fields

Add new section

圖11.55

於窗口與規格(Section and Fields)視窗中，於窗口接點(Section Frame)選取In1，新增規格(Add new field)選取Flow，接著才可在Container選取In1Path，PortName選取Input，如圖11.56。

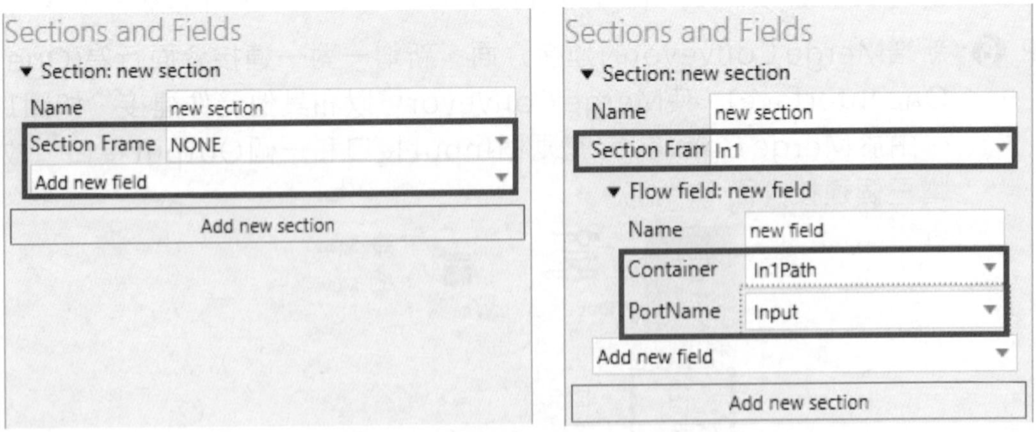

Sections and Fields

▼ Section: new section

Name	new section
Section Frame	NONE
Add new field	

Add new section

Sections and Fields

▼ Section: new section

Name	new section
Section Fran	In1

▼ Flow field: new field

Name	new field
Container	In1Path
PortName	Input

Add new field

Add new section

圖11.56

接著再新增第二個Input連接介面，先將介面名稱更改成In2Interface，接著點選新增窗口(Add new Section)設定此介面，如圖11.57。

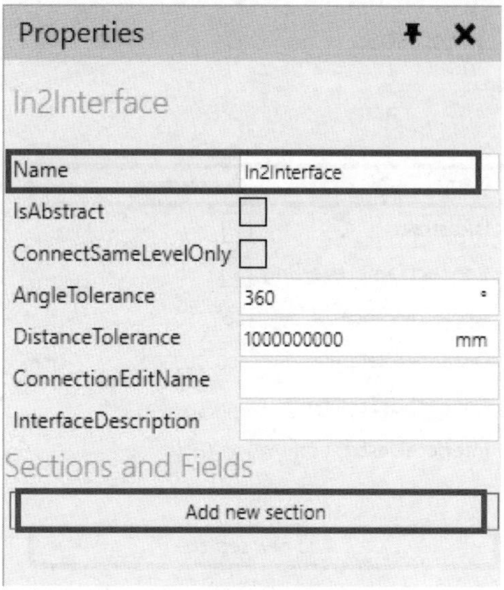

圖11.57

於窗口與規格(Section and Fields)視窗中，於窗口接點(Section Frame)選取In2，新增規格(Add new field)選取Flow，接著才可在Container選取In2Path，PortName選取Input，如圖11.58。

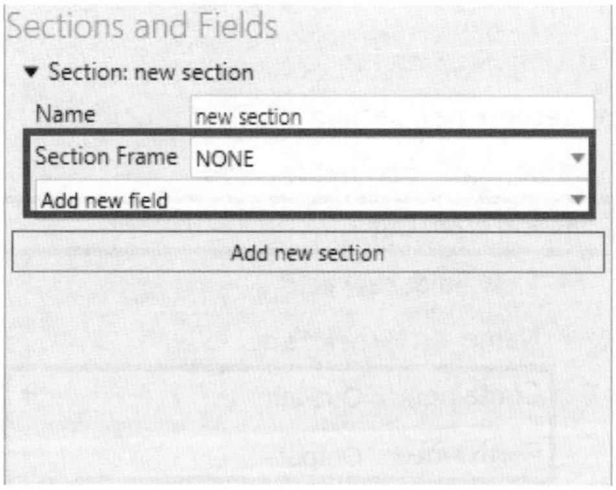

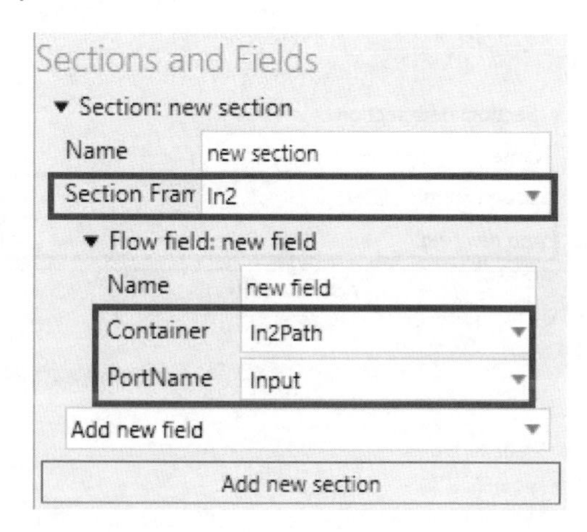

圖11.58

最後再新增Output連接介面，先將介面名稱更改成OutInterface，接著點選新增窗口(Add new Section)設定此介面，如圖11.59。

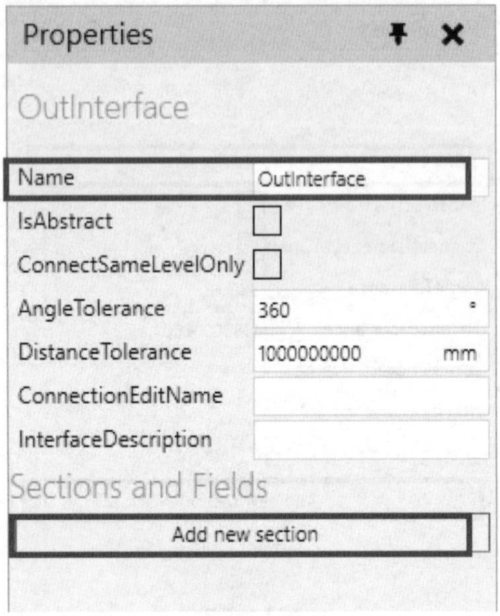

圖11.59

於窗口與規格(Section and Fields)視窗中，於窗口接點(Section Frame)選取Out，新增規格(Add new field)選取Flow，接著才可在Container選取OutPath，PortName選取Output，如圖11.60。

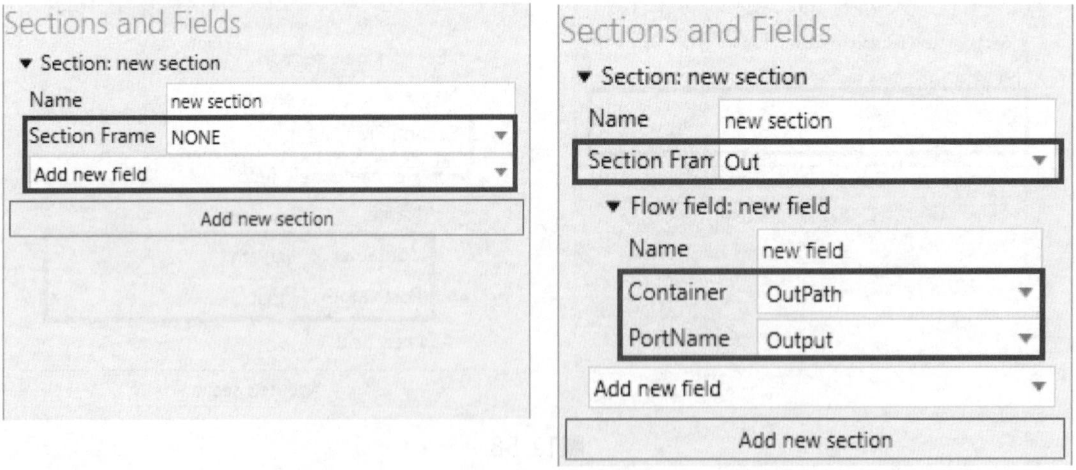

圖11.60

STEP ❼ 控制Merge Conveyor的容載量。新增流量控制器(Capacity Controller)，設定Capacity為1，此目的為同一個時間只允許一個物件進出，如圖11.61。

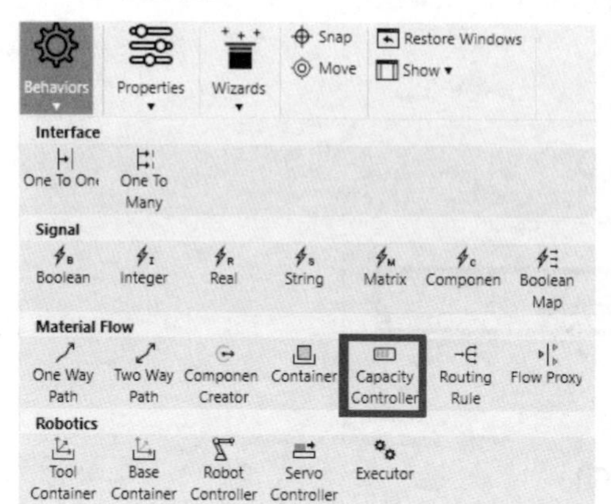

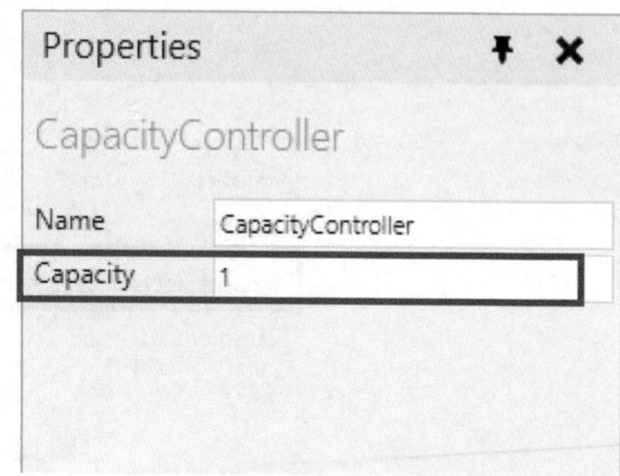

圖11.61

點選In1Path行為並於Capacity Blocks中加入Capacity Controller，如圖11.62。

Properties

In1Path

Name	In1Path
Statistics	Null
Capacity	999999
CapacityBlocks	CapacityController
TransitionSig...	Null
Speed	200 mm/s

圖11.62

點選In2Path行為並於Capacity Blocks中加入Capacity Controller，如圖11.63。

Properties

In2Path

Name	In2Path
Statistics	Null
Capacity	999999
CapacityBlocks	CapacityController
TransitionSig...	Null
Speed	200 mm/s

圖11.63

點選OutPath行為並於Capacity Blocks中加入Capacity Controller，如圖11.64。

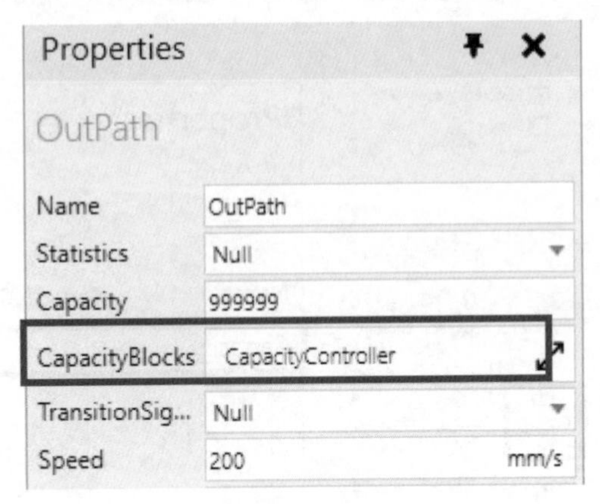

圖11.64

點選Routing Rule行為並於Capacity Blocks中加入Capacity Controller，如圖11.65。

Properties
RoutingRule
Name
RoutingRule
Statistics
Null
Capacity
999999
Capacity blocks
CapacityController
Transition sig...
Null
Location
Null
Rule compon...
Processed
Physical
ProgramData
Connectors
Add new connector
Route
1 → Outport
1 → Outport
Type
Outport

圖11.65

STEP ❽ 完成匯流型的輸送裝置Merge Conveyor。元件完成後，可將其名稱更改為Merge Conveyor，如圖11.66。

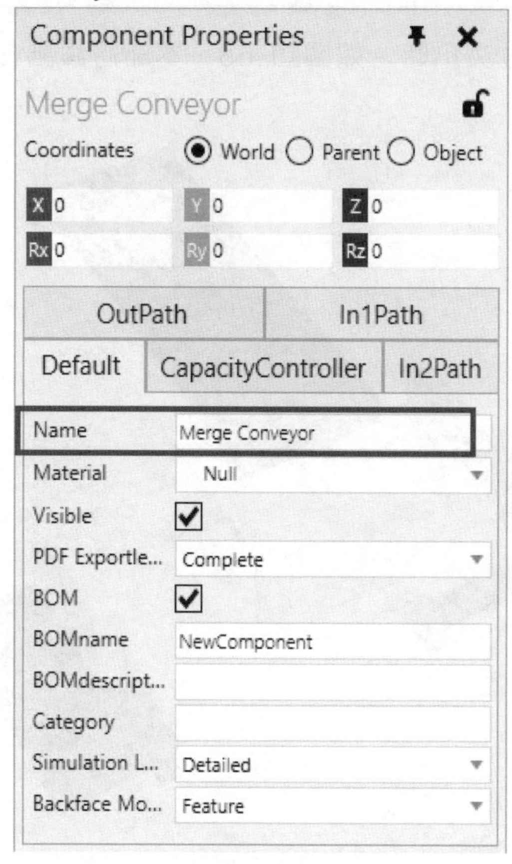

圖11.66

利用連接(PnP)功能將Merge Conveyor、Feeder與Conveyor互相連接，確認元件行為設定正確，物件可進出，如圖11.67，完成後即可將Merge Conveyor進行存檔。

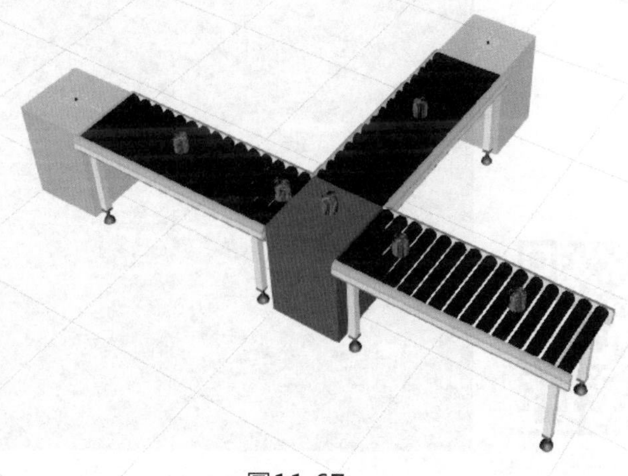

圖11.67

11.3 建立夾爪Handle行為及連接介面

當使用者欲自行建立夾爪時，如圖11.68，本節將詳細介紹如何自製Handle元件的行為及連接介面。

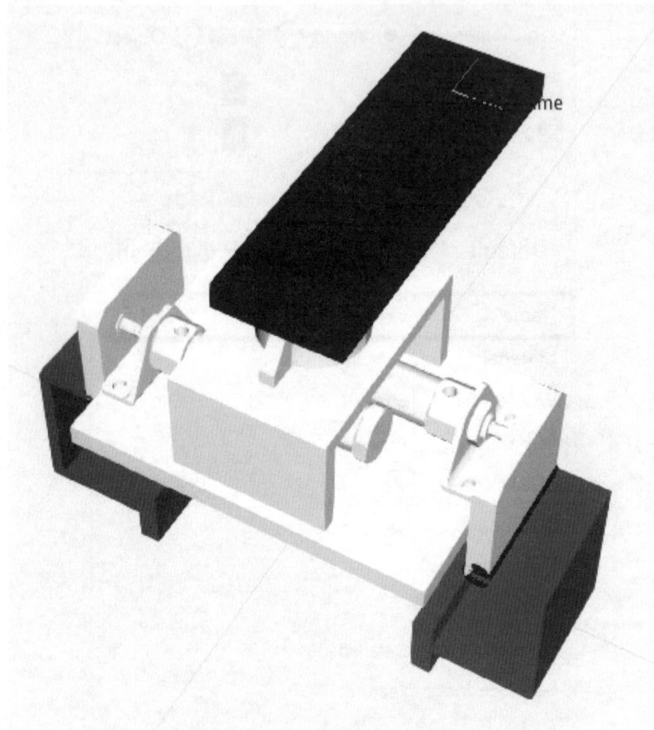

圖11.68

STEP ❶ 下載連結中的Ch11，網址https://spaces.hightail.com/space/6lTebQZQTk或掃描下方QR Code，如圖11.69。

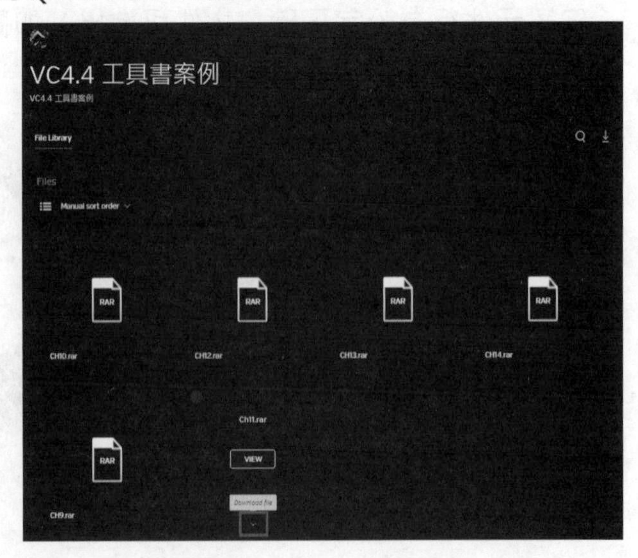

圖11.69

啟動Visual Components 4.6主程式後，點選檔案(File)中的開啟(Open)，將Ch11中的Handle(Geometry).vcmx檔案打開，如圖11.70。

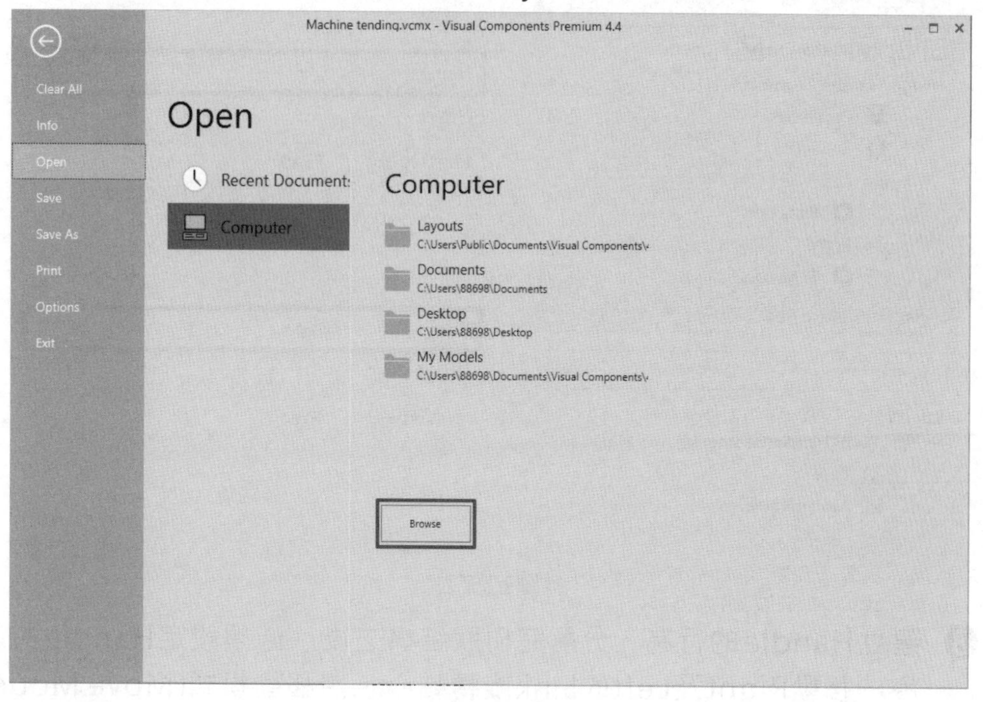

圖11.70

STEP ❷ 編輯Handle的樹狀結構。匯入Handle的圖形後，第一步先點選元件設計(MODELING)頁籤，將會作動的機構放置於Link中，此Handle有兩個夾指，故在分解樹狀結構時就須分出兩個Link，先選擇幾何圖形Left，點選滑鼠右鍵選擇提取(Extract)中的截取為節點(Extract Link)，即可創建Link，同樣方法分出幾何圖形Right，並且將Link名稱分別改為Left與Right，如圖11.71、11.72。

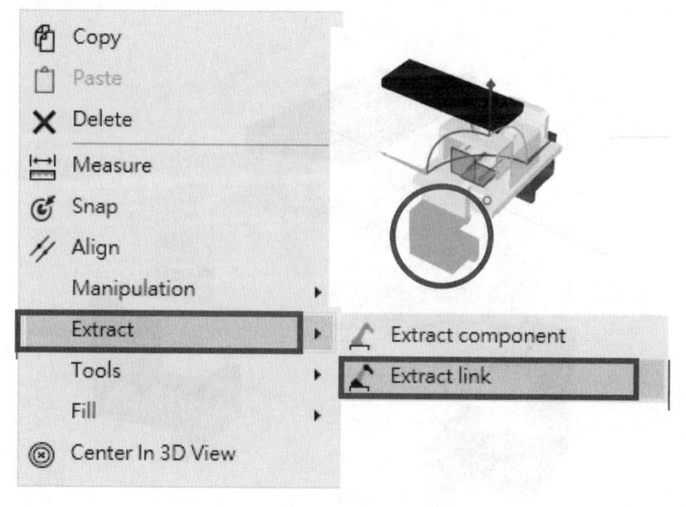

圖11.71

Component Graph

Search

Behaviors Properties

Handle(Geometry)

Properties

Behaviors

Left

Behaviors

Right

Behaviors

Search

Root [Handle(Geometry)]

Base

MountFrame

Link Properties

Left

Name	Left
Offset	
JointType	Fixed

Name	Right
Offset	
JointType	Fixed

圖11.72

STEP ❸ 建立Handle的行為。分解完樹狀結構之後，必須設定Handle夾爪的開合，移動Right及Left的Link旋轉軸心，將移動模式(Move Mode)選為僅所選階層(Selected)，點選Link的Left，點選操作(Manipulation)的移動(Move)功能，如圖11.73，移動到圖中圓圈的位置上，座標軸方向要如圖11.74所示。

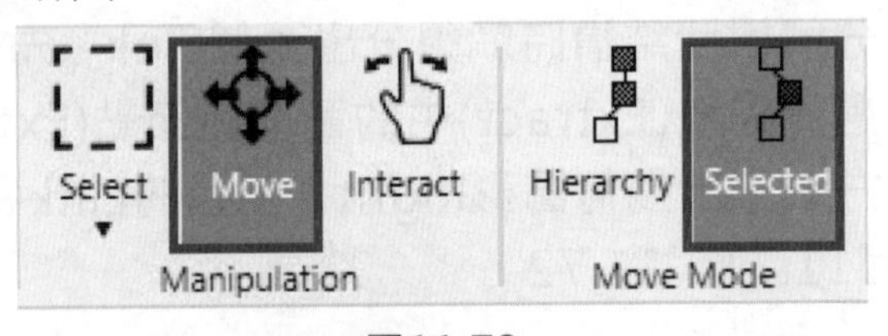

圖11.73

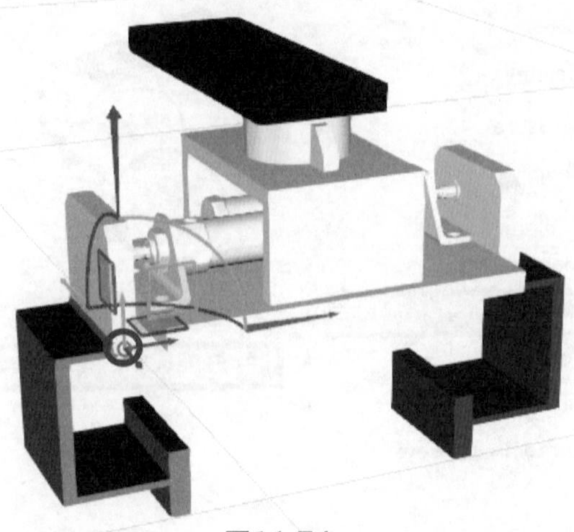

圖11.74

同理點選Link的Right，點選操作(Manipulation)的移動(Move)功能，移動到圖中圓圈的位置上，坐標軸方向要如圖11.75所示。

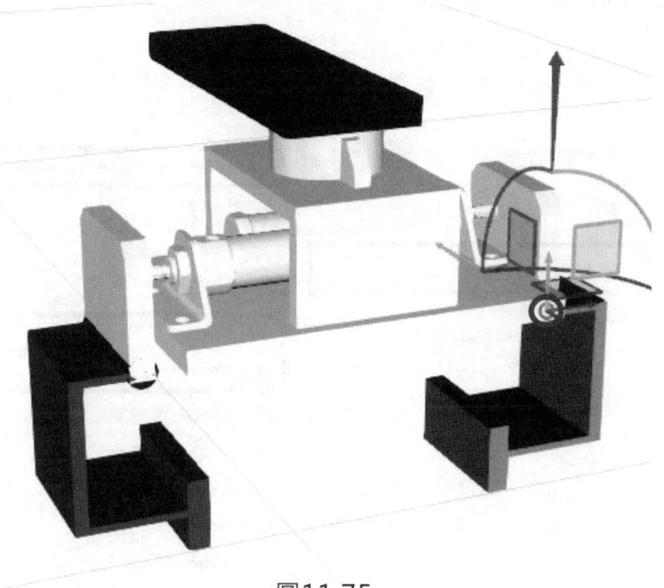

圖11.75

STEP ❹ 設定Handle的　性。點選Link的Left，在右側的屬性頁籤中JointType選擇Rotational，Axis選擇-Z軸，如圖11.76。
注意:若座標軸方向與圖上不同，則要觀察是以哪一軸作為軸心。

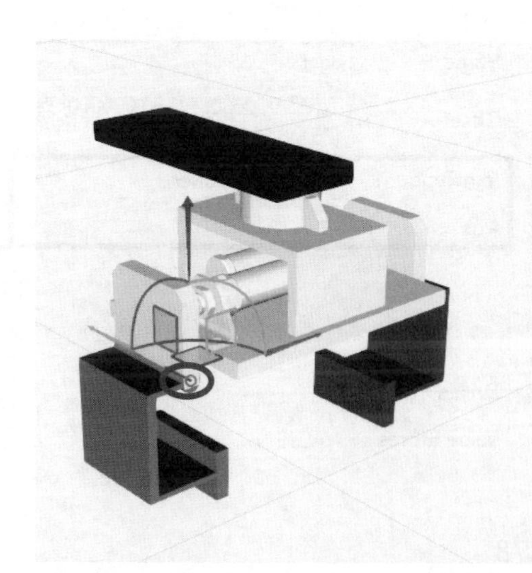

Name	Left
Offset	Tx(-155.000000).Ty(-50.000000).Tz(76.599998).Rx(90.000000)
JointType	Rotational
Axis	-Z

圖11.76

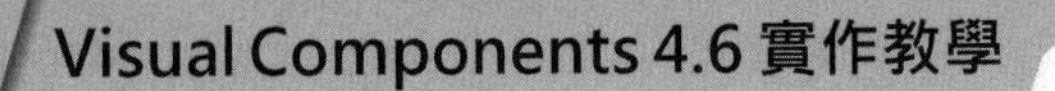

在屬性頁籤中的下方，Joint properties中的Controller新加一個New Servo Controller後，將最小極限Min Limit更改為0，最大極限Max Limit更改為90，如圖11.77。

Joint properties

Name	J1
Controller	Null
Initial Value	Null
Value	*New Servo Controller*
Value Expres...	VALUE
Min Limit	0
Max Limit	90

Joint properties

Name	J1	
Controller	Servo Controller	
Initial Value	0	mm
Value	0	
Value Expres...	VALUE	
Min Limit	0	
Max Limit	90	
Max Speed	100	mm/s
Max Acceler...	500	mm/s²
Max Deceler...	500	mm/s²
Lag Time	0	s
Settle Time	0	s

圖11.77

點選Link的Right，在右側的屬性頁籤中JointType選擇Rotational Follower，Axis選擇+Z軸，Driver選擇J1，如圖11.78。

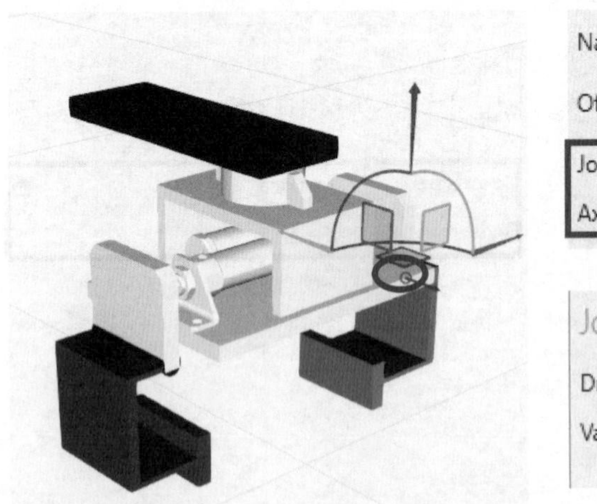

Name	Right
Offset	Tx(155.000000).Ty(-50.000000).Tz(76.599998).Rx(90.000000)
JointType	Rotational Follower
Axis	+Z

Joint properties

Driver	J1
Value Expres...	VALUE

圖11.78

可以試著轉動Handle上的夾爪，在操作(Manipulation)中選擇互動(Interact)，滑鼠左鍵點擊任一個的夾爪用拖曳的方式，確認兩邊夾爪是否會同步向上轉動，圖11.79。

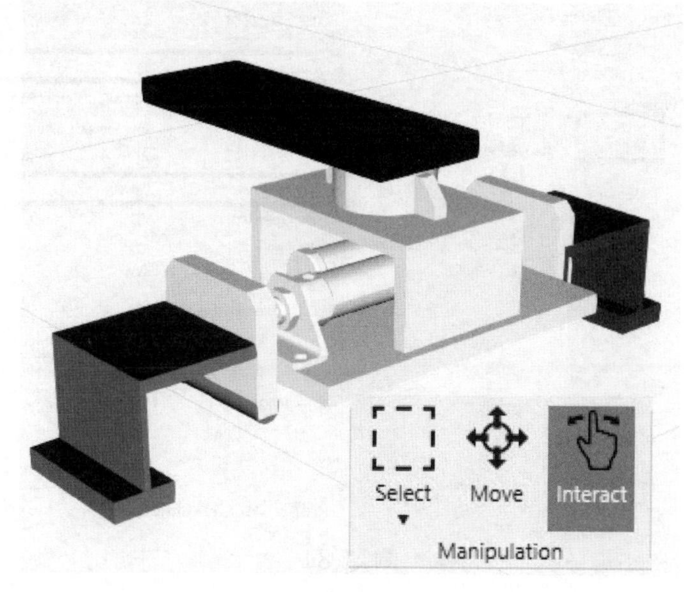

圖11.79

STEP ❺ 建立Handle的PnP連接介面及開關夾爪的功能。確認行為中是否有中文名稱，如果有中文名稱需將此名稱更改為英文命名，如圖11.80。

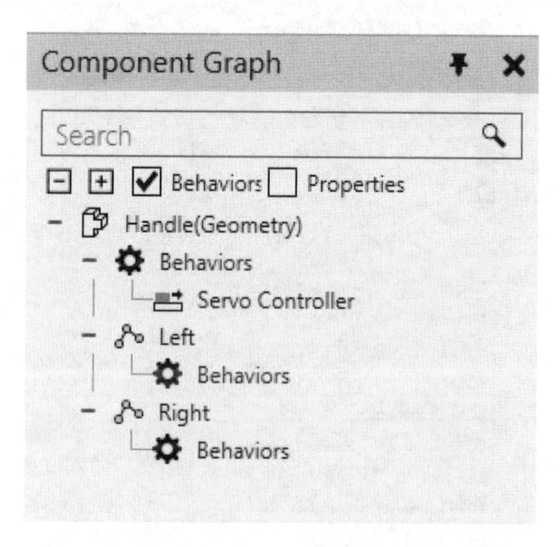

圖11.80

在工具列中選擇精靈(Wizards)中的末端執行器(End Effector)，右側屬性頁籤中的控件(Controls)選擇IO，J1:CurrentState初始狀態改為Closed後，點選關閉(Close)，如圖11.81。

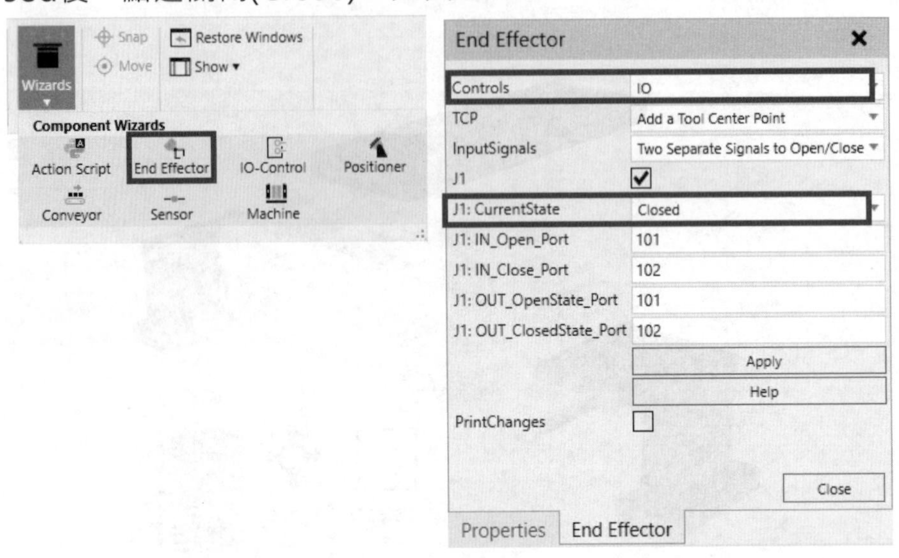

圖11.81

點選Handle(Geometry)或是連點任一特徵右側會出現元件屬性(Component Properties)確定參數J1_OpenValue及J1_CloseValue的數值是否正確(可以用 的方式檢查)，另外也可以設定夾爪開關時間J1_MotionTime，如圖11.82。

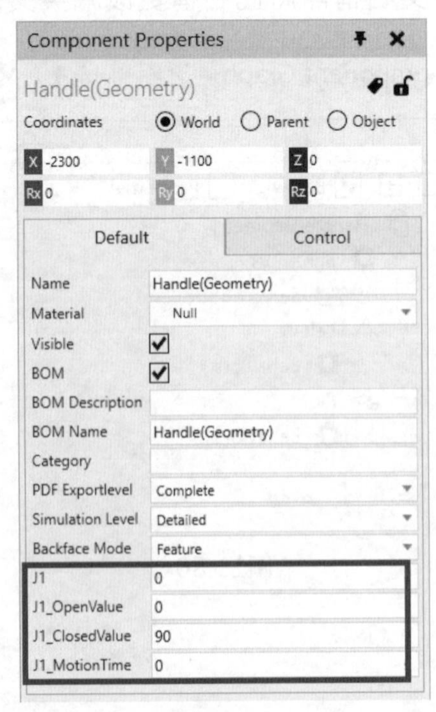

圖11.82

STEP ❻ I/O訊號的功用。

- IN_J1_Open：此訊號是用來接收發送端的設備訊號，使Handle打開。
- IN_J1_Close：此訊號是用來接收發送端的設備訊號，使Handle關閉。
- Out_J1_OpenState：此訊號是用來發送訊號，讓接收端的設備收到Handle已完成打開的動作。
- J1_ClosedState：此訊號是用來發送訊號，讓接收端的設備收到Handle已完成關閉的動作。

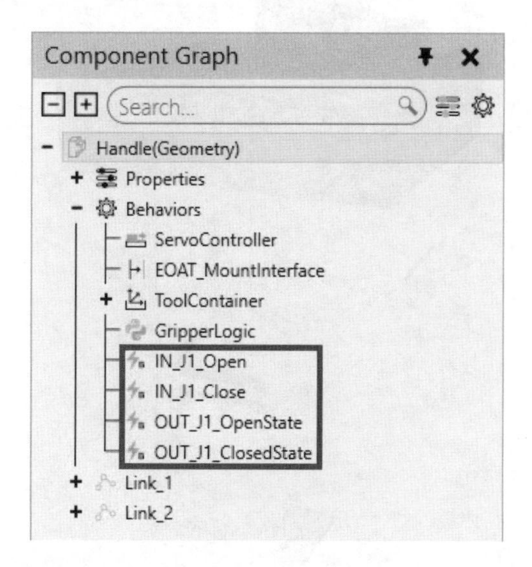

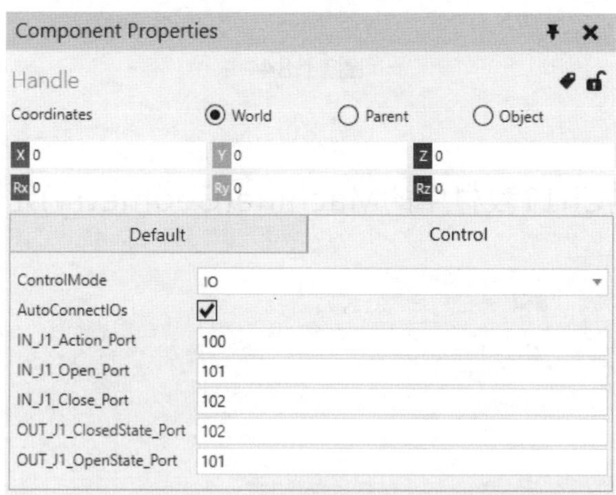

圖11.83

STEP ❼ 元件完成後可以將名稱改成”Handle”，並將元件存檔。

11.4 建立機台NC Machine行為及I/O訊號

當使用者欲自行建立加工機台時，如圖11.84，本節將詳細介紹如何自製Machine元件的行為及I/O訊號。

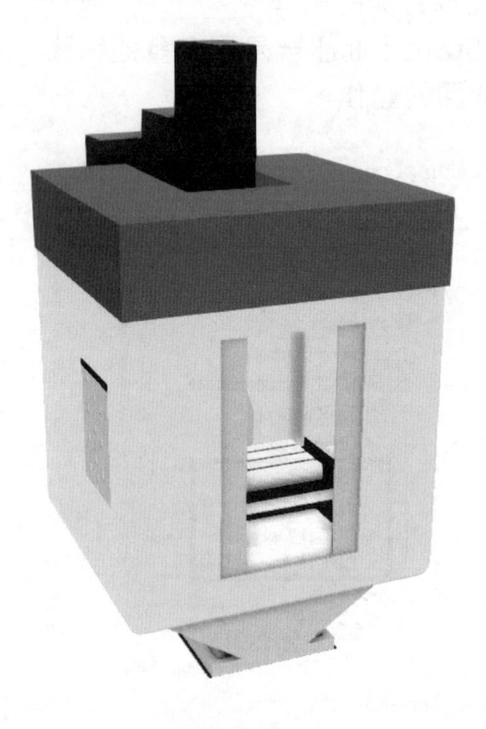

圖11.84

STEP ❶ 使用下載的Ch11教材中的Machine(Geometry)元件檔案。

圖11.85

啟動Visual Components 4.6主程式後，點選檔案(File)中的開啟(Open)，將Ch11中的Machine (Geometry).vcmx檔案打開，如圖11.86。

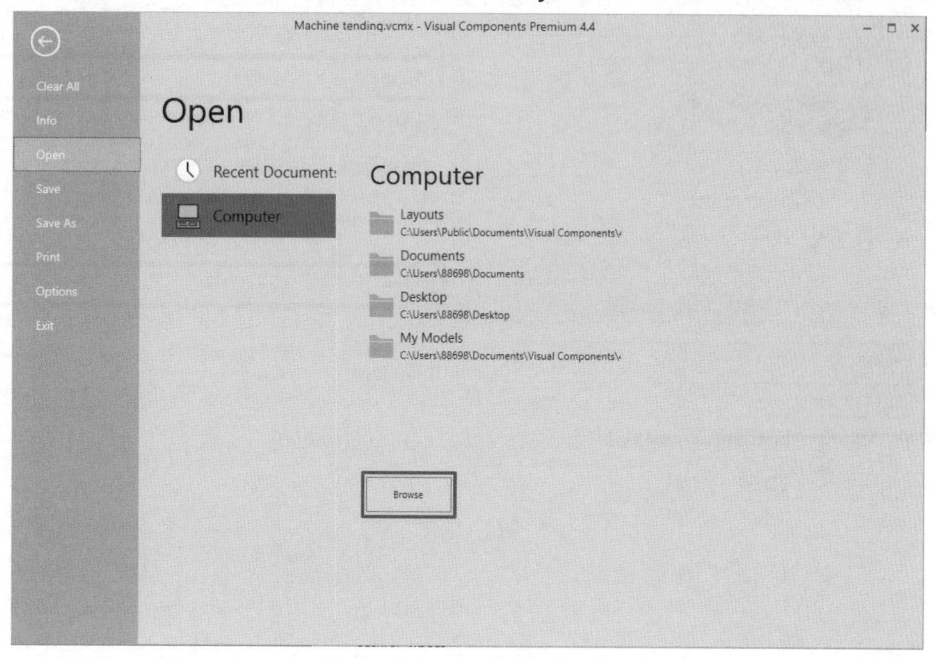

圖11.86

STEP ❷ 編輯Machine的樹狀結構。匯入Machine的圖形後，第一步先點選元件設計(MODELING)頁籤，將會作動的機構放置於Link中，此Machine有兩個門板，故在分解樹狀結構時就須分出兩個Link，先選擇幾何圖形Door1，點選滑鼠右鍵選擇提取(Extract)中的截取為節點(Extract Link)，即可創建Link，同樣方法分出幾何圖形Door2，並且將Link名稱分別改為Door1與Door2，如圖11.87、圖11.88。

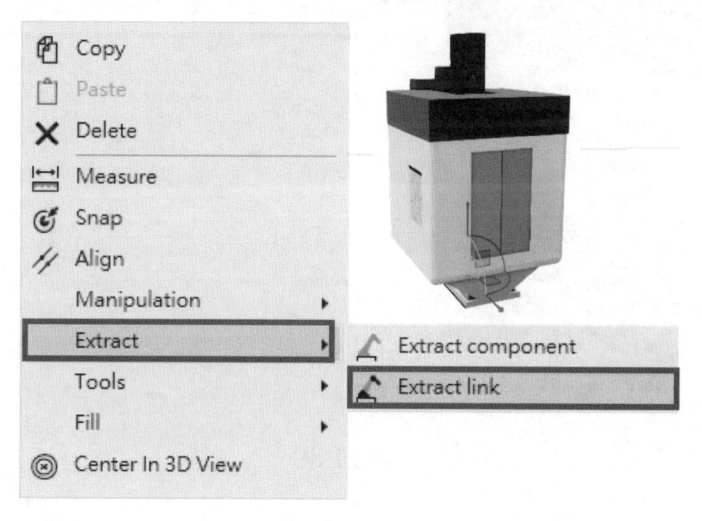

圖11.87

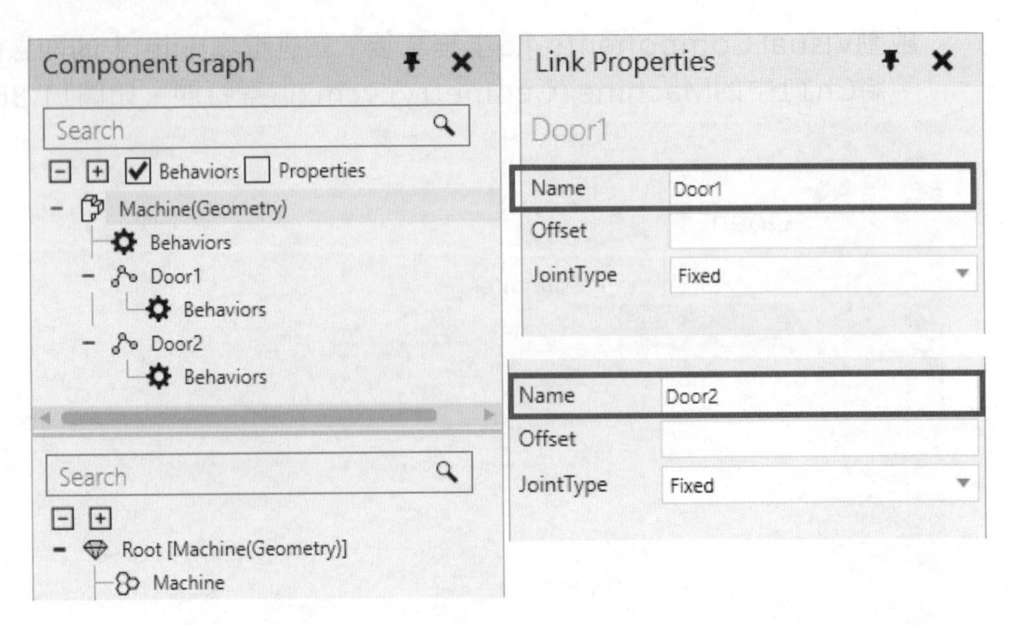

圖11.88

STEP ❸ 新增Machine的行為及屬性設定。點選Link的Door1，在右側的屬性頁籤中JointType選擇Translational，Axis選擇-Y軸(門打開的方向)，如圖11.91。

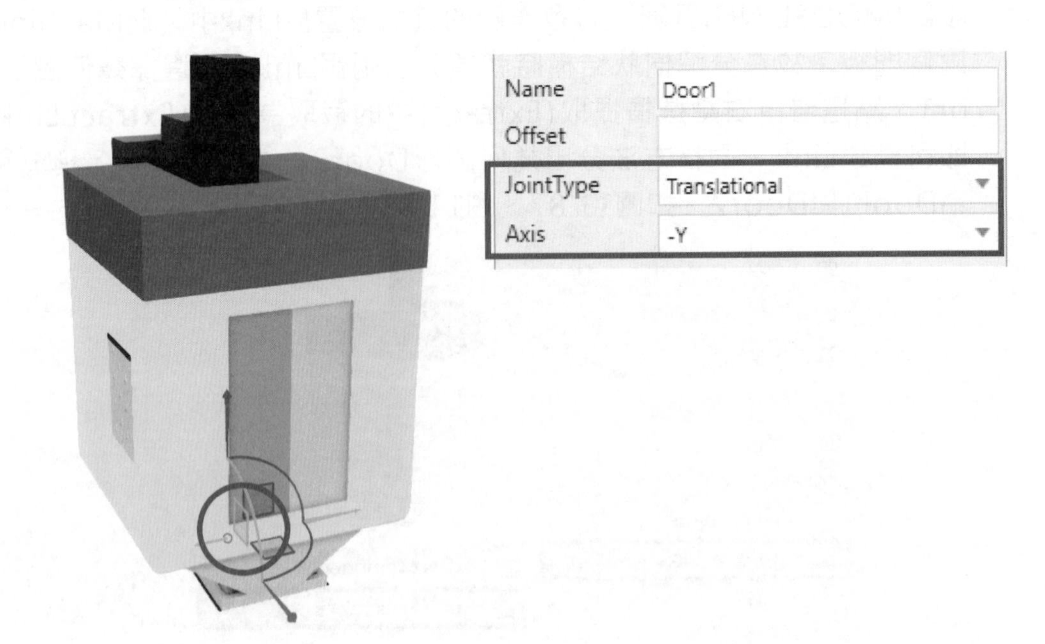

圖11.89

在屬性頁籤中的下方，Joint properties中的Controller新加一個New Servo Controller，將最小極限Min Limit更改為0，最大極限Max Limit更改為420，如圖11.90。

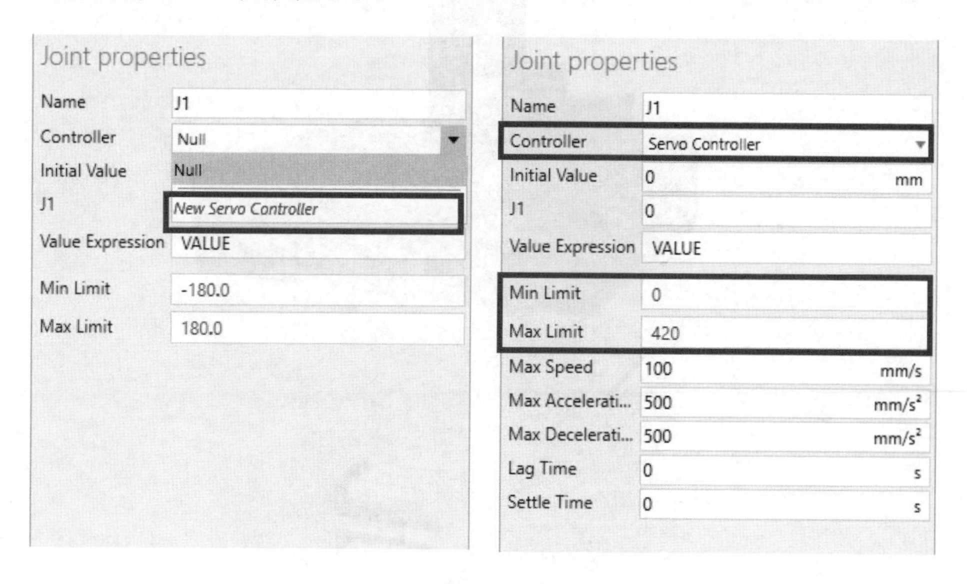

圖11.90

點選Link的Door2，在右側的屬性頁籤中JointType選擇Translational Follow，Axis選擇+Y軸(跟隨Door1的數值，但方向和Door1相反)，如圖11.91。

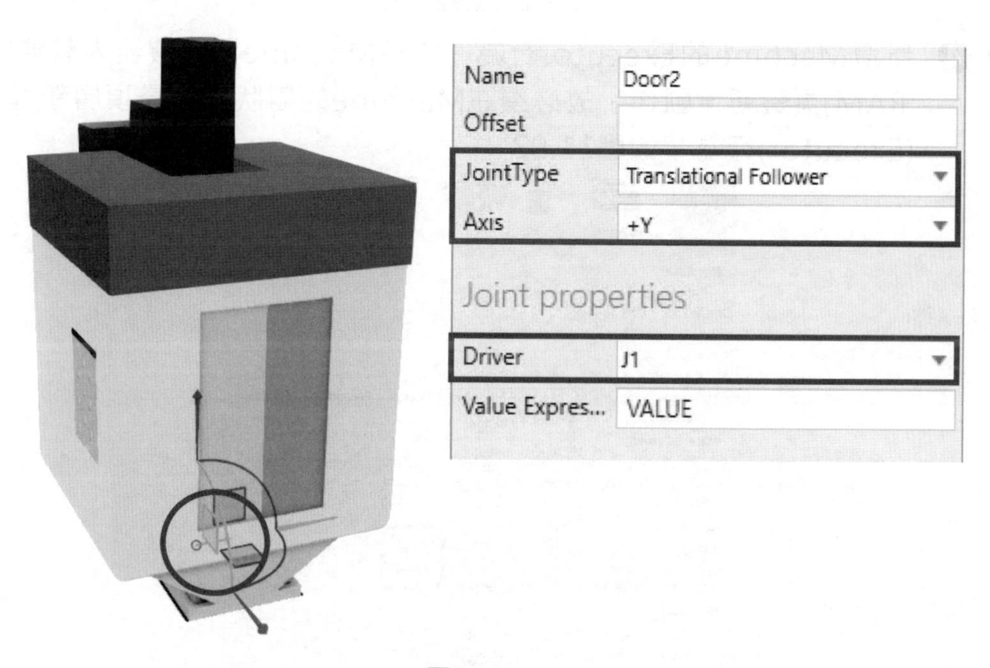

圖11.91

可以試著移動門板Door1及Door2，在操作(Manipulation)中選擇互動(Interact)，滑鼠左鍵點擊任一個門板用拖曳的方式，確認兩邊門板是否會同步打開，圖11.92。

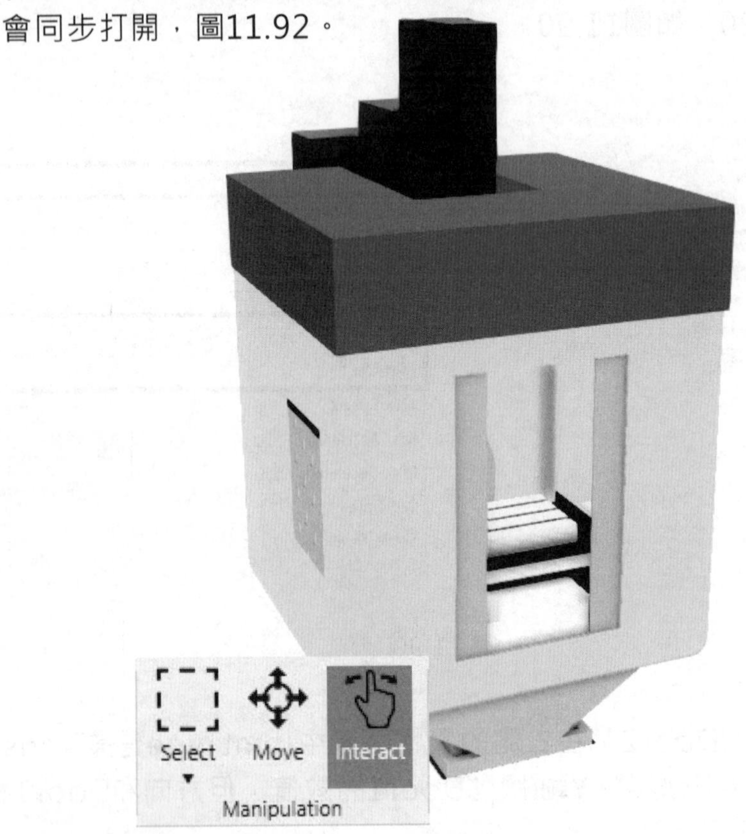

圖11.92

STEP ❹ 新增Machine的Executor行為。由於Machine要在機器人教導(PROG RAM)頁籤新增動作，故必須在Machine的樹狀結構最頂層新增執行器(Executor)行為，如圖11.93。

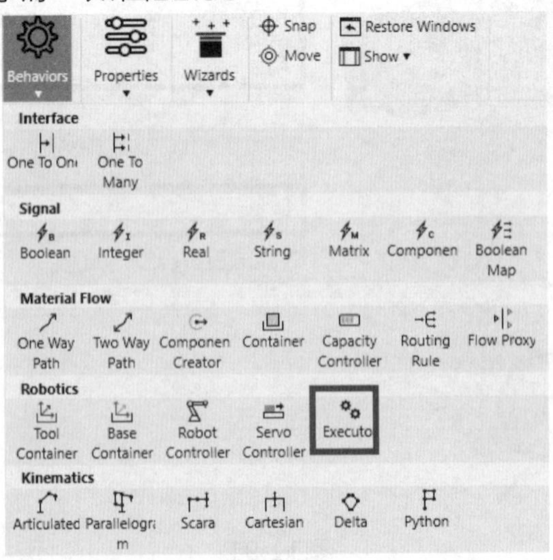

圖11.93

於執行器(Executor)行為中的Controller中選擇Servo Controller，如圖11.94。

Properties

RobotExecutor

Name	RobotExecutor
DigitalInput...	Null
DigitalOutp...	Null
IsLooping	☐
ProcessHan...	
IsEnabled	☑
Controller	Servo Controller

圖11.94

STEP ❺ 新增Machine的Input訊號。由於Machine在與其他設備溝通時需使用到I/O訊號，故必須在Machine的樹狀結構最頂層新增I/O訊號行為，如圖11.95。

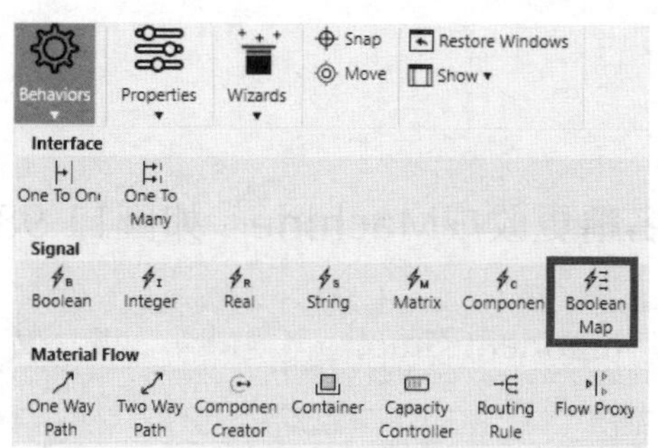

圖11.95

新增一個布林集(Boolean Map)，將其名稱改成InputSignal，在開始索引(StartIndex)輸入1和結束索引(EndIndex)輸入10，傾聽器(Listeners)選擇RobotExecutor，方向(Direction)選擇Input，如圖11.96。

Properties

InputSignal

Name	InputSignal
StartIndex	1
EndIndex	10
Listeners	RobotExecutor
Direction	Input

圖11.96

STEP ❻ 新增Machine的Output訊號。接著再新增一個布林集(Boolean Map)，將其名稱改成OutputSignal，在開始索引(StartIndex)輸入1和結束索引(EndIndex)輸入10，傾聽器(Listeners)選擇RobotExecutor，方向(Direction)選擇Output，如圖11.97。

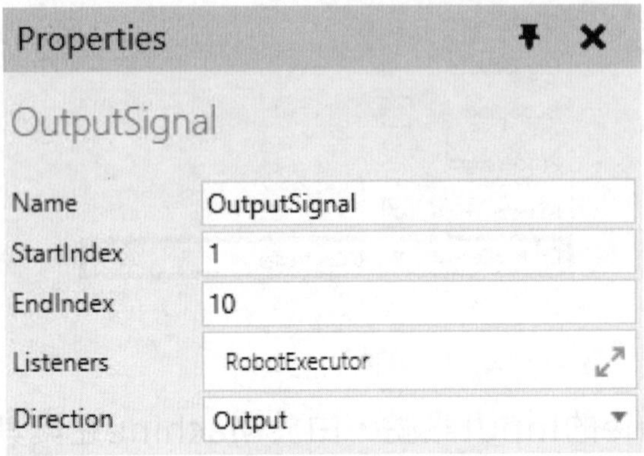

Properties

OutputSignal

Name	OutputSignal
StartIndex	1
EndIndex	10
Listeners	RobotExecutor
Direction	Output

圖11.97

STEP ❼ 完成後可將其名稱更改成Machine，如圖11.98，並將元件存檔。

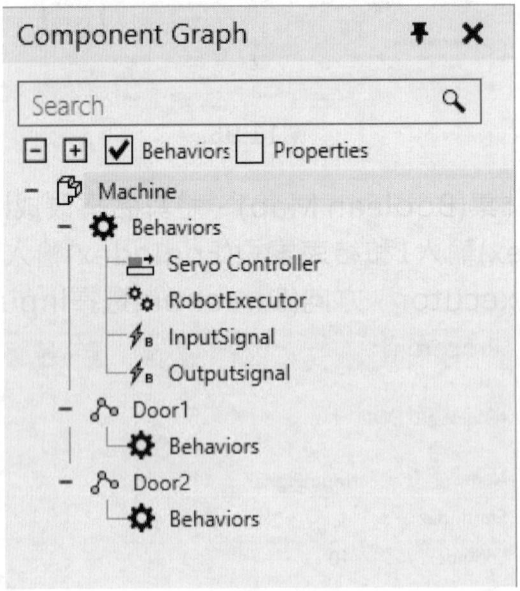

Component Graph

Search

Behaviors Properties

- Machine
  - Behaviors
    - Servo Controller
    - RobotExecutor
    - InputSignal
    - Outputsignal
  - Door1
    - Behaviors
  - Door2
    - Behaviors

圖11.98

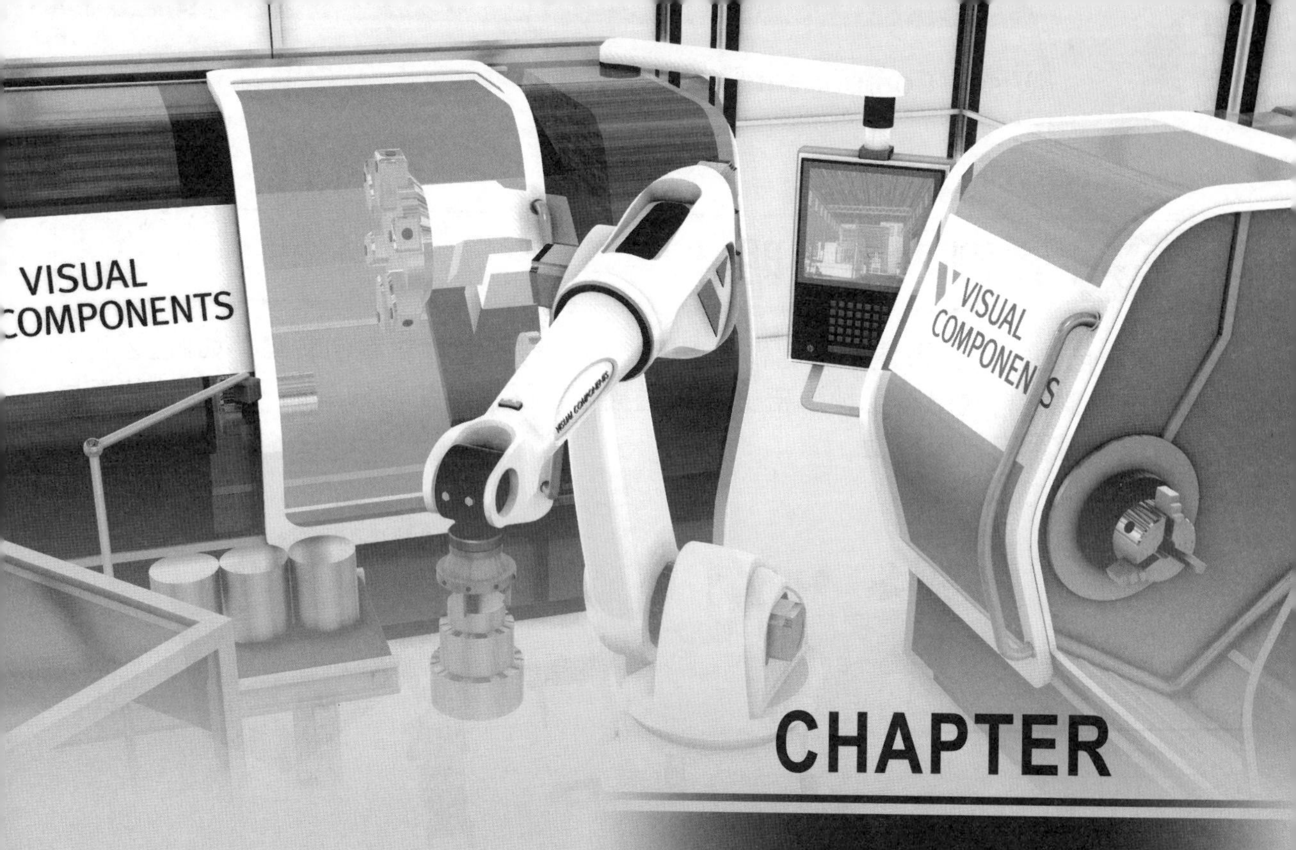

CHAPTER 12

Prosess Modeling 處理程序案例

12.1 案例內容說明

本章節包含人工搬運、檢測物品以及機械手臂搬運物料案例教學，如圖12.1，產品由左側供料機出料至輸送帶上，輸送機上會隨機產生兩種產品，分別包裝產品，最後堆疊至右側棧板上。

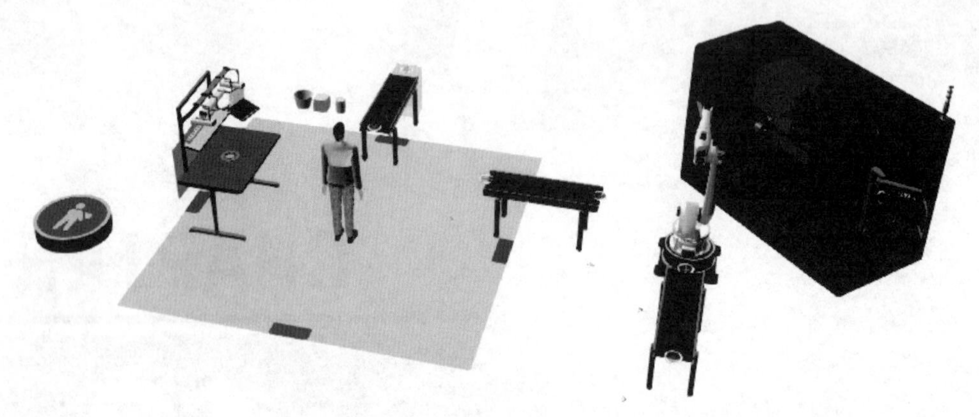

圖12.1

12.2 元件功能說明

本章節將介紹Process Modeling處理程序案例所使用的元件特殊功能。

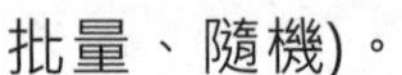

一 Feeder

Process Modeling案例的專用元件，如圖12.2，於**處理程序(PROCESS)**頁籤中的**產品編輯器(Products Editor)**設定多種供料種類以及有三種供料模式(單一、批量、隨機)。

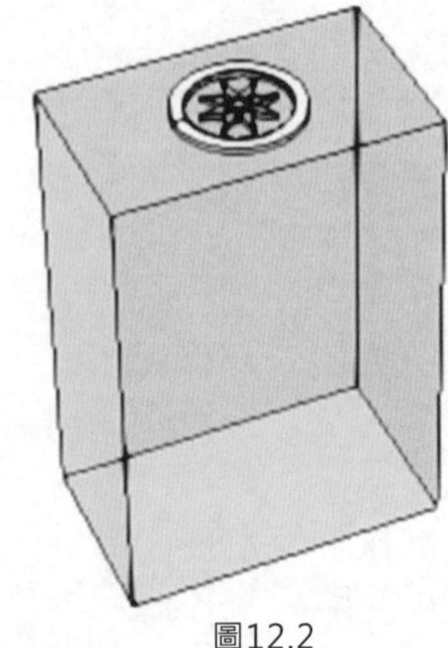

圖12.2

From Conveyor Process

Process Modeling案例的專用元件，將產品從輸送帶末端傳送至下一個製程，於**處理程序(PROCESS)**頁籤中的**程序編輯器(Processes Editor)**新增任務於此元件，如圖12.3。

- ConveyorHeight：輸送帶高度，此參數可以改變此元件高度。
- IconWidth：符號寬度，此參數可以改變符號外觀大小。
- ResourceApproach：此參數可以調整人員站立的方向。
- ResourceOffset：此參數可以調整人員站立的位置，包含距離和角度。
- ShowResourceLocation：勾選可顯示人員站立位置的符號　。
- ShowGeo：勾選可顯示此元件外觀。
- AutoProperties：勾選可自動調整相同名稱的參數，例如ConveyorHeight會與連接上的輸送帶高度一致。
- ShowWhenSimulating：勾選可在模擬進行時顯示此元件外觀。
- ShowWhenPaused：勾選可在模擬進行後按下暫停鈕時顯示此元件外觀。
- Center On Path：按下可將元件放置於輸送帶中心點。

Default			
Name	From Conveyor Process		
Material	white		
Visible	✔		
BOM	✔		
BOM Description	Visual Components From Conveyor Process		
BOM Name	From Conveyor Process		
Category	Process Flow Components		
PDF Exportlevel	Complete		
Simulation Level	Detailed		
Backface Mode	On		
ConveyorHeight	700 mm		
IconWidth	200 mm		
ResourceApproach	Back		
ResourceOffset	Tx 500	Ty 0	Tz 0
	Rx 0	Ry 0	Rz -180
ShowResourceLocation	✔		
ShowGeo	✔		
AutoProperties	✔		
ShowWhenSimulating	✔		
ShowWhenPaused	✔		
	Center On Path		

圖12.3

 To Conveyor Process

Process Modeling案例的專用元件，將產品從輸送帶前端傳送至下一個製程，可在Process 頁籤中Processes Editor新增任務於此元件，如圖12.4。

- ConveyorHeight：輸送帶高度，此參數可以改變元件高度。
- IconWidth：符號寬度，此參數可以改變元件外觀大小。
- ResourceApproach：此參數可以調整人員站立的方向。
- ResourceOffset：此參數可以調整人員站立的位置，包含距離和角度。
- ShowResourceLocation：勾選可顯示人員站立位置的符號 。
- ShowGeo：勾選可顯示元件外觀。
- AutoProperties：勾選可自動調整參數，例如ConveyorHeight會與連接上的輸送帶同高。
- ShowWhenSimulating：勾選可在模擬進行時顯示元件外觀。
- ShowWhenPaused：勾選可在模擬進行後且按下暫停時顯示元件外觀。
- Center On Path：按下可將元件放置於輸送帶中點。

Default

Name	From Conveyor Process
Material	white
Visible	☑
BOM	☑
BOM Description	Visual Components From Conveyor Process
BOM Name	From Conveyor Process
Category	Process Flow Components
PDF Exportlevel	Complete
Simulation Level	Detailed
Backface Mode	On
ConveyorHeight	700 mm
IconWidth	200 mm
ResourceApproach	Back
ResourceOffset	Tx 500 Ty 0 Tz 0 / Rx 0 Ry 0 Rz -180
ShowResourceLocation	☑
ShowGeo	☑
AutoProperties	☑
ShowWhenSimulating	☑
ShowWhenPaused	☑
	Center On Path

圖12.4

四 Sink Process

Process Modeling案例的專用元件，將產品停在輸送帶末端處理流進產品，可在**處理程序(PROCESS)**頁籤中的**程序編輯器(Processes Editor)**新增任務於此元件，如圖12.5。

Default	
Name	From Conveyor Process
Material	white
Visible	☑
BOM	☑
BOM Description	Visual Components From Conveyor Process
BOM Name	From Conveyor Process
Category	Process Flow Components
PDF Exportlevel	Complete
Simulation Level	Detailed
Backface Mode	On
ConveyorHeight	700 mm
IconWidth	200 mm
ResourceApproach	Back
ResourceOffset	Tx 500 Ty 0 Tz 0 Rx 0 Ry 0 Rz -180
ShowResourceLocation	☑
ShowGeo	☑
AutoProperties	☑
ShowWhenSimulating	☑
ShowWhenPaused	☑
	Center On Path

圖12.5

 五 Manual Workstation

Process Modeling案例的專用元件，帶有流程的人工手動工作站，可在**處理程序(PROCESS)**頁籤中的**程序編輯器(Processes Editor)**新增任務於此元件，如圖12.6。

- TableDepth：工作站桌面深度，此參數可以改變桌面深度。
- TableWidth：工作站桌面寬度，此參數可以改變桌面寬度。
- TableHeight：工作站高度，此參數可以改變元件高度。
- ShowPanel：勾選可顯示工作站背板。
- ShowAccessories：勾選可顯示工作站配件，如筆電，日光燈。
- IconWidth：符號寬度，此參數可以改變符號外觀大小。
- ShowResourceLocation：勾選可顯示人員站立位置的符號 ❯。
- ResourceApproach：此參數可以調整人員站立的方向。
- ResourceOffset：此參數可以調整人員站立的位置，包含距離和角度。

Default	
Name	Manual Workstation
Material	Warm Machine Yellow
Visible	☑
BOM	☐
BOM Description	Visual Components Manual Workstation
BOM Name	Manual Workstation
Category	Process Flow Components
PDF Exportlevel	Complete
Simulation Level	Detailed
Backface Mode	Feature
TableDepth	900 mm
TableWidth	1400 mm
TableHeight	800 mm
ShowPanel	☑
ShowAccessories	☑
IconWidth	250 mm
ShowResourceLocation	☑
ResourceApproach	Front
ResourceOffset	Tx -800 Ty 0 Tz 0 / Rx 0 Ry 0 Rz 0

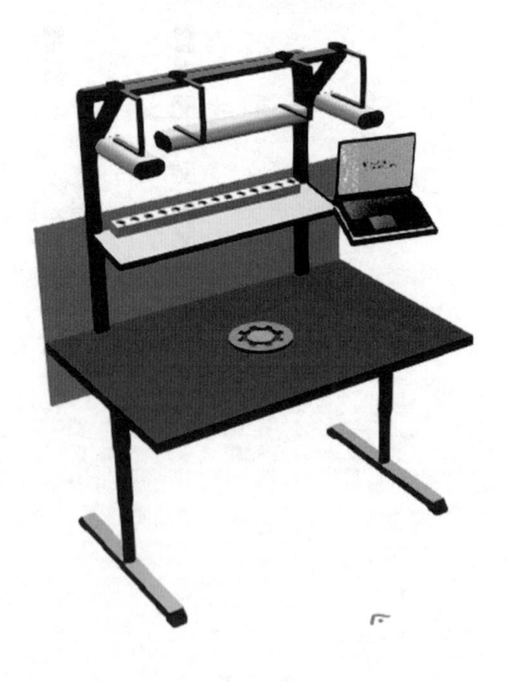

圖12.6

 Human Transport Controller

Process Modeling案例用來設定人員的作業流程，也可用於設定人員路徑及避障的效果，如圖12.7。

圖12.7

1. Default頁籤，如圖12.8。
- ObtacleHorizontalClearance：人和障礙物之間的最小水平間距，從人的邊界框測量。
- ObtacleVerticalClearance：人和障礙物之間的最小垂直間距，從人的邊界框測量。
- ExcludeObstacles：排除障礙物檢測的組件列表。提示：通路區域可以選擇排除所有。
- PrecisionObstacles：視為精密障礙物的組件列表。詳細分析組件幾何形狀，允許資源在障礙組件內導航。
- Connect All Pathways：連接到所有未分配的路徑。
- Connect All Resources：自動連接到所有未分配的資源。
- Connect All Idle And Charging Locations：連接到所有未分配的空閒位置。
- Connect All Tools：連接到所有未分配的工具。
- Show Traffic：根據行走路線頻率強度構建行走路線。
- Clear：清除所有的顯示。

Default	LinkDefaults	Work
Name	Human Transport Controller	
Material	light_cyan	
Visible	☑	
BOM	☐	
BOM Description	Human Transport Controller	
BOM Name	Human Transport Controller	
Category	Process Transport Controllers	
PDF Exportlevel	Complete	
Simulation Level	Detailed	
Backface Mode	Feature	
ResourcePriority	Nearest	
Strategy	Many-To-Many	
ObstacleHorizontalClearance	300	mm
ObstacleVerticalClearance	300	mm
ExcludeObstacles		
PrecisionObstacles		
DynamicAvoidance	☐	
ApplyColorToResources	☑	
UseGlobalArea		
	Connect All Pathways	
	Connect All Resources	
	Connect All Idle And Charging Locations	
	Connect All Tools	
	Show Traffic	
	Show All Traffic	
	Show Navigation Mesh	
	Show Obstacles	
	Clear	

圖12.8

2. LinkDefaults頁籤，可以調整人工取放料時間，如圖12.9。

Default	LinkDefaults		Work
PickTime	2 s		
PlaceTime	2 s		
PickApproach	X 0	Y 0	Z 0
PlaceApproach	X 0	Y 0	Z 0
ResourcePickOffset	X 0	Y 0	Z 0
ResourcePlaceOffset	X 0	Y 0	Z 0
BlockProcessPicking	☐		

圖12.9

- PickTime：設定人員取料時間。
- PlaceTime：設定人員放料時間。

 RobotController

Process Modeling案例用來設定機器人的作業流程，如圖12.10。

圖12.10

1. Default頁籤，如圖12.11。

Advanced					Transport
Default	Speeds	Track	AutoHoming	LinkDefaults	Work

Property	Value
Name	RobotController
Material	light_cyan
Visible	☑
BOM	☐
BOM Description	Smart Pedestal - Process modeling Transport Cor
BOM Name	Robot Controller
Category	Process Transport Controllers
PDF Exportlevel	Complete
Simulation Level	Detailed
Backface Mode	Feature
Configuration	FRONT ABOVE NOFLIP
Looks	Round
PedestalDiameter	800 mm
PedestalHeight	250 mm
VisualizeStateColor	☐

圖12.11

- Simulation Level：可選擇機器人模擬層級，有三種可以選擇Detailed(動作較細緻但速度慢)、Balanced(動作較平衡)、Fast(動作較粗糙但速度快)。
- Configuration：依據機器人製造商的設定，可調整機械手臂姿態。
- Looks：機器人架台外型切換。
- PedestalDiameter：機器人架台直徑。
- PedestalHeight：機器人架台高度。

2. Speeds頁籤，可以調整機器人速度，如圖12.12。

Advanced | Transport

Default | Speeds | Track | AutoHoming | LinkDefaults | Work

Enabled	☐	
JointForce	50	%
JointSpeed	50	%
AngularAcc	1280	°/s²
AngularSpeed	720	°/s
CartesianAcc	2000	mm/s²
CartesianSpeed	1000	mm/s

圖12.12

3. LinkDefaults頁籤，可以調整機器人取放料時間，如圖12.13。

Advanced | Transport

Default | Speeds | Track | AutoHoming | LinkDefaults | Work

Property	Value		
PickApproach	X 0	Y 0	Z 100
PlaceApproach	X 0	Y 0	Z 100
PickTime	0.5 s		
PlaceTime	0.5 s		
TcpIndex	17		
Tool	Use Current		
ToolName	Gripper1		

圖12.13

- PickTime：設定機器人取料時間。
- PlaceTime：設定機器人放料時間。
- Tool：設定機器人使用的工具軸。

4. Track頁籤，若會使用機器人的走行軸，此頁籤可以設定走行軸的相關參數，如圖12.14。

Advanced | Transport

Default | Speeds | Track | AutoHoming | LinkDefaults | Work

TrackAxis	X	
PositionOffset	300	mm
PositionTolerance	400	mm
FlippedJoint	☐	
JointSpeed	100	%
RobotJointsOnMove	-90,0,90,0,90,0	
	ReadCurrentJointValues	

圖12.14

八 Pathway Area

Process Modeling案例用來設定人員及AGV等可移動元件的行走範圍，如圖12.15。

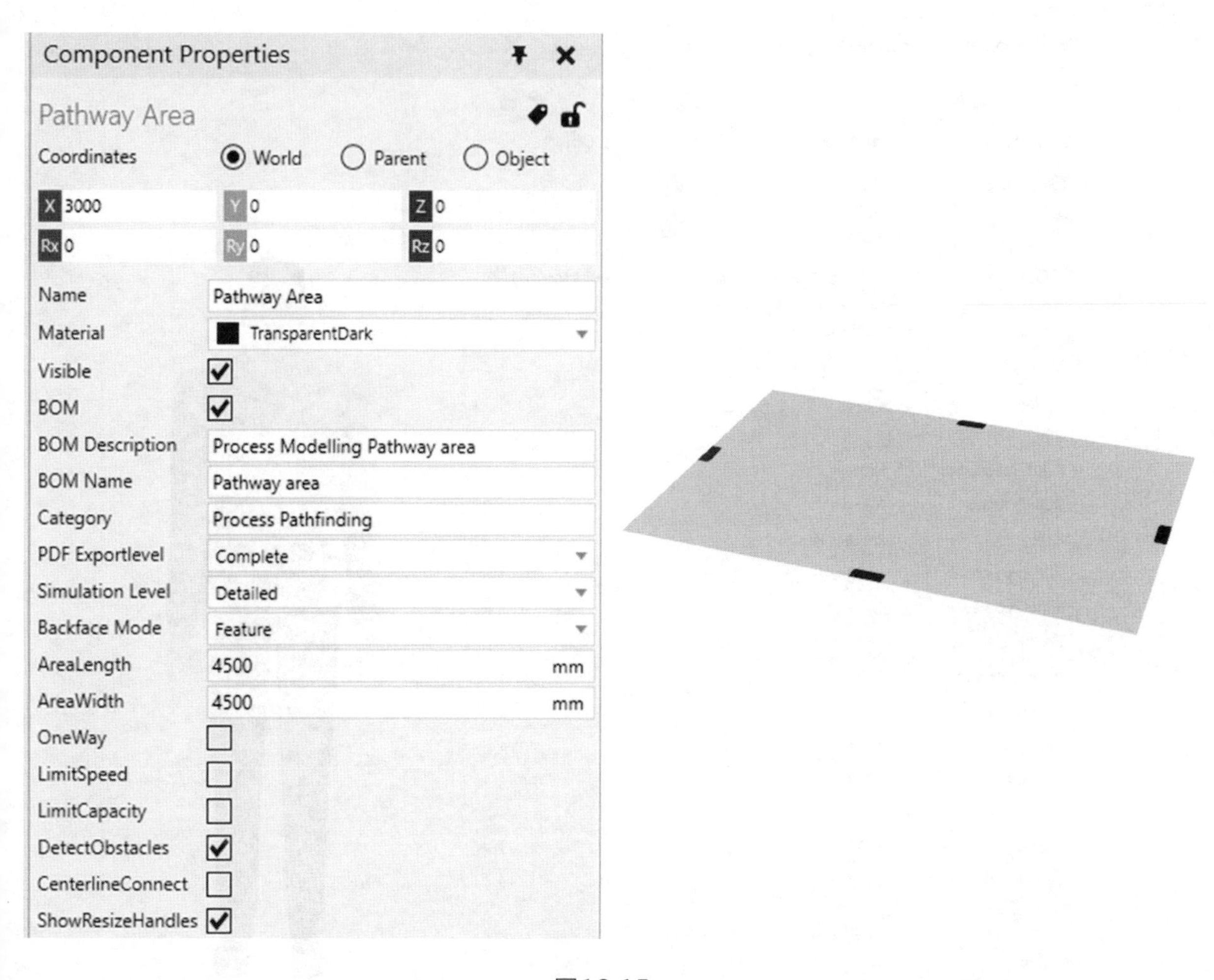

圖12.15

- AreaLength：行走區域長度。
- AreaWidth：行走區域寬度。
- OneWay：可限定行走方向為單一方向。
- LimitSpeed：勾選後可設定此區域元件移動的最大速度。
- LimitCapacity：勾選後可設定此區域能夠同一時間乘載多少元件。
- DetectObstacles：勾選可讓移動的元件自動避障。

九 Human (Otto)

Process Modeling案例的專用人員，此元件具有可調整的參數，下方將介紹各頁籤，如圖12.16。

Component Properties

Human (Otto)

Coordinates ◉ World ○ Parent ○ Object

X 3300.319	Y 71.877	Z 0
Rx 0	Ry 0	Rz -180

Default | HumanExecutor | Transport | Accessories

Property	Value	Unit
Name	Human (Otto)	
Material	light_cyan	
Visible	☑	
BOM	☐	
BOM Description	Human	
BOM Name	Human	
Category	Process Resources	
PDF Exportlevel	Complete	
Simulation Level	Detailed	
Backface Mode	Feature	
HumanHeight	1720	mm
TurnSpeed	180	°/s
MoveSpeed	1200	mm/s
MoveSpeedLoaded	1000	mm/s
MoveSpeedApproach	600	mm/s
MoveSpeedAvoidance	500	mm/s
TimeToIdle	10	s
Available	☑	
TravelDistance	38.781	m

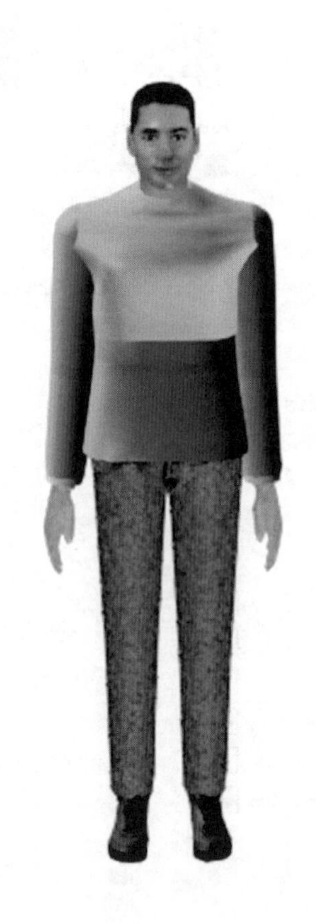

圖12.16

- Default：調整人員基本參數，如身高、行走移動速度、行走轉彎速度等。
- HumanExecutor：決定人員在模擬時啟用或停止動作，以及是否執行循環動作。
- Transport：設定人員搬運物料模式。
- Accessories：設定人員外觀，如護目鏡、安全帽。

Parametric five-axis lathe

Process Modeling案例專用的車床，此元件具有可調整的參數，下方將介紹各頁籤，如圖12.17。

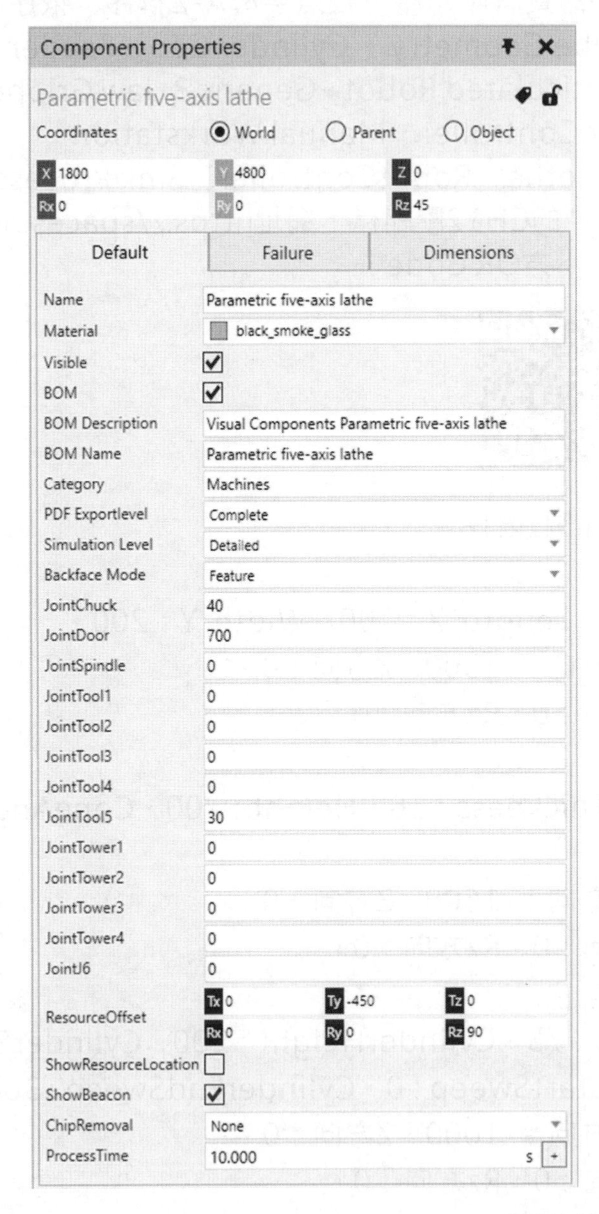

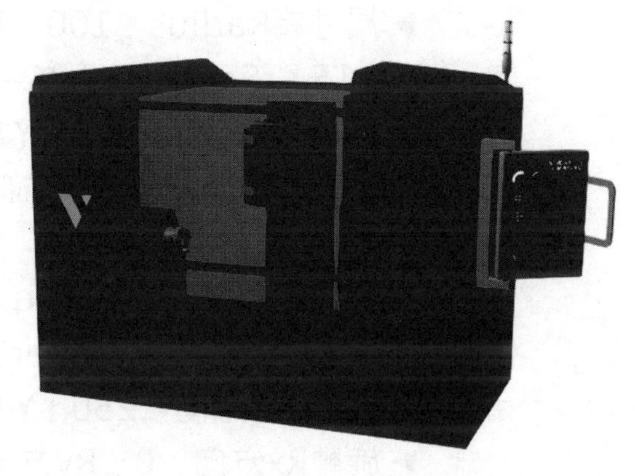

圖12.17

- Default：調整車床基本參數，如車床門大小、加工時間、人員站立位置等。
- Failure：設定車床的失效模式，如平均故障間隔(MTBF)、平均修復時間(MTTR)。
- Dimensions：調整車床大小。

12.3 Layout佈局

啟動Visual Components主程式後從**電子目錄(eCatalog)**的**類型分類(Models By Type)**中搜尋資料夾前端有PM字眼的資料庫元件，按照字母A-Z排序，依序為Block Geo、Conveyor、Conical Tube Geometry、Cylinder Geo、Feeder、From Conveyor Process、Generic Articulated Robot、Generic 3-Jaw Gripper、Human (Otto)、Human Transport Controller、Manual Workstation、Pathway Area、Parametric five-axis lathe、RobotController、Sink Process、To Conveyor Process。或是下載連結中的CH12壓縮檔，網址https://spaces.hightail.com/space/6lTebQZQTk或掃描下方QR Code。

STEP ❶ 調整產品大小及擺放位置，如圖12.18：

- Block Geo
  - ▶尺寸為Height_Z：200、Length_X：200、Width_Y：200。
  - ▶移動至X方向：250、Y方向：-1300、Z方向：0。
  - ▶旋轉Rx方向：0、Ry方向：0、Rz方向：0。
- Conical Tube Geometry
  - ▶尺寸為Radius：100、Thickness：10、Height：200、ConeAngle：15、rSections：25。
  - ▶移動至X方向：250、Y方向：-1600、Z方向：0。
  - ▶旋轉Rx方向：0、Ry方向：0、Rz方向：0。
- Cylinder Geo
  - ▶尺寸為CylinderRadius：75、CylinderHeight：200、CylinderSections：20、CylinderStartSweep：0、CylinderEndSweep：360。
  - ▶移動至X方向：250、Y方向：-1000、Z方向：0。
  - ▶旋轉Rx方向：0、Ry方向：0、Rz方向：0。

圖12.18

STEP ❷ 調整Feeder大小、擺放位置已及供料種類模式，如圖12.19。

- 尺寸為ConveyorLength_X：300、ConveyorWidth_Y：400、ConveyorHeight_Z：700。
- 移動至X方向：0、Y方向：0、Z方向：0。
- 旋轉Rx方向：0、Ry方向：0、Rz方向：0。

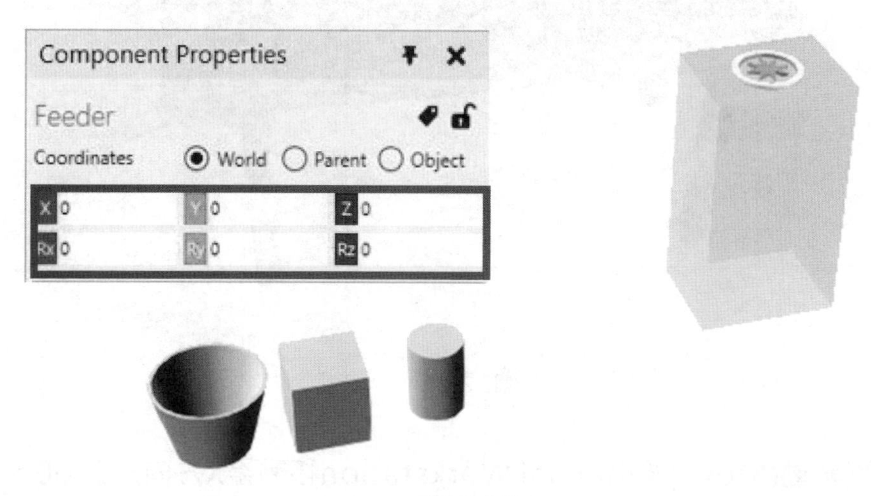

圖12.19

STEP ❸ 將Conveyor連接至Feeder後方，點選主工具列的**連接(PnP)**功能後再將Conveyor拉近Feeder如有出現一條綠色的線代表兩元件可連接，如圖12.20。

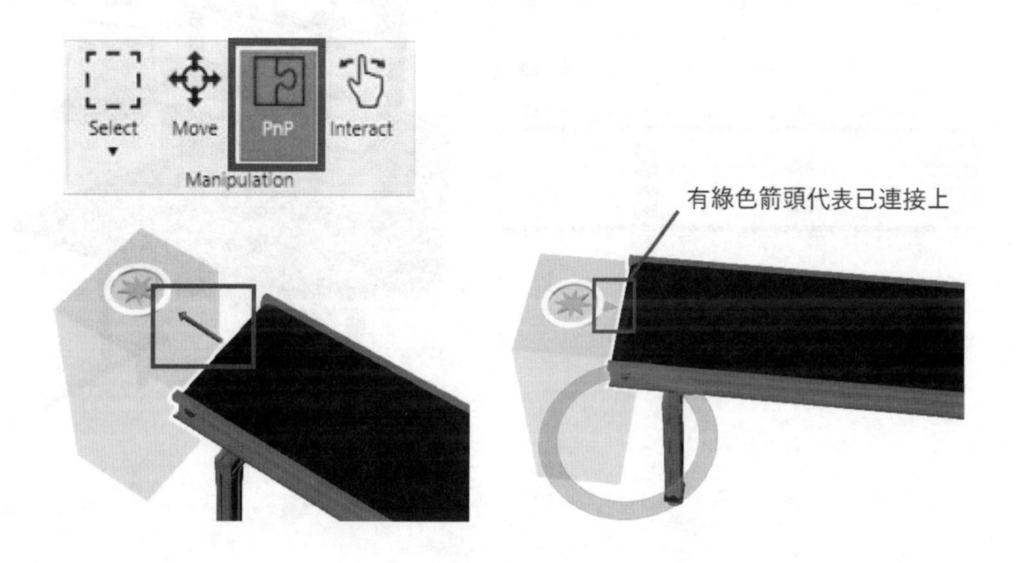

圖12.20

STEP ❹ 利用**連接(PnP)**功能將From Conveyor Process連接於Conveyor末端，如圖12.21。

圖12.21

STEP ❺ 點選**移動(Move)**將Manual Workstation移動至X方向：3000、Y方向：-1600、Z方向：0，旋轉Rx方向：0、Ry方向：0、Rz方向：-90，如圖12.22。

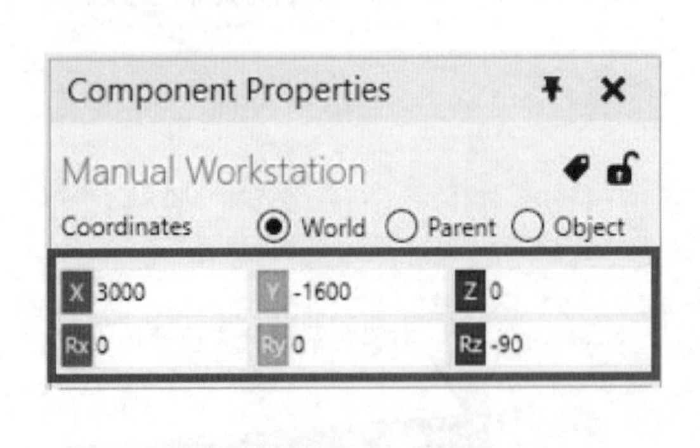

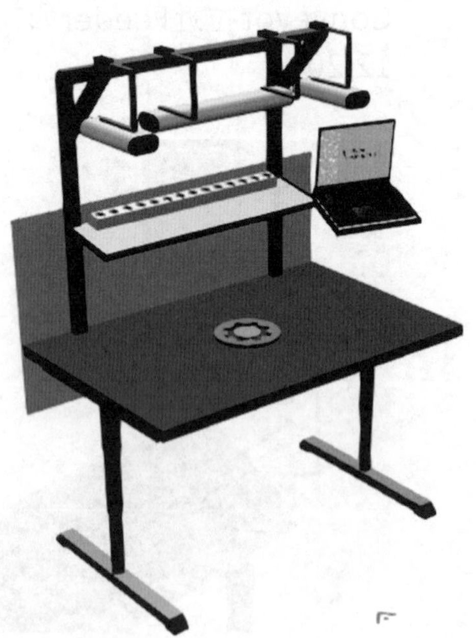

圖12.22

STEP ❻ 點選**移動(Move)**將Human Transport Controller移動至X方向：4000、Y方向：-3500、Z方向：0，旋轉Rx方向：0、Ry方向：0、Rz方向：90，如圖12.23。

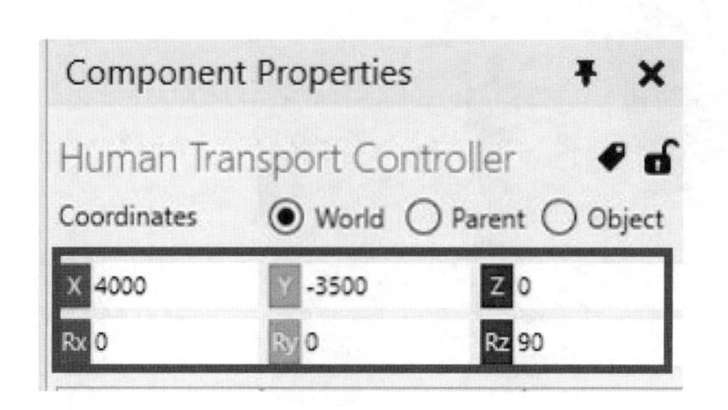

圖12.23

STEP ❼ 點選**移動(Move)**將Pathway Area移動至X方向：3000、Y方向：0、Z方向：0，旋轉Rx方向：0、Ry方向：0、Rz方向：0，並調整大小AreaLength：4500mm、AreaWidth：4500mm，如圖12.24。

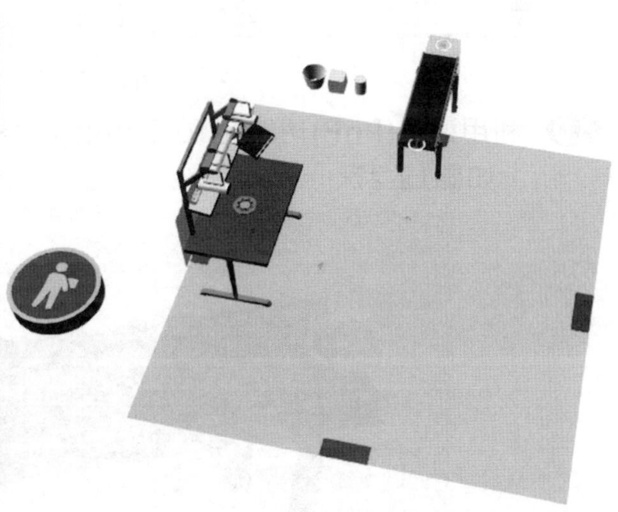

圖12.24

STEP ❽ 點選**連接(PnP)**將Human (Otto)移動至Pathway Area中任意位置，如圖12.25。

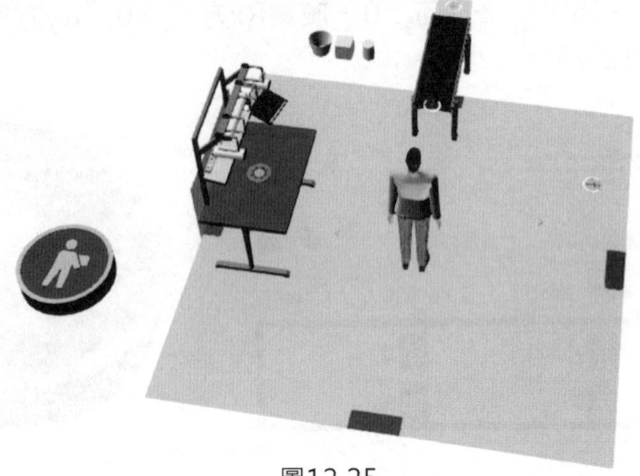

圖12.25

STEP ❾ 點選**移動(Move)**將Conveyor #2移動至X方向：2500、Y方向：1800、Z方向：0，旋轉Rx方向：0、Ry方向：0、Rz方向：90，如圖12.26。

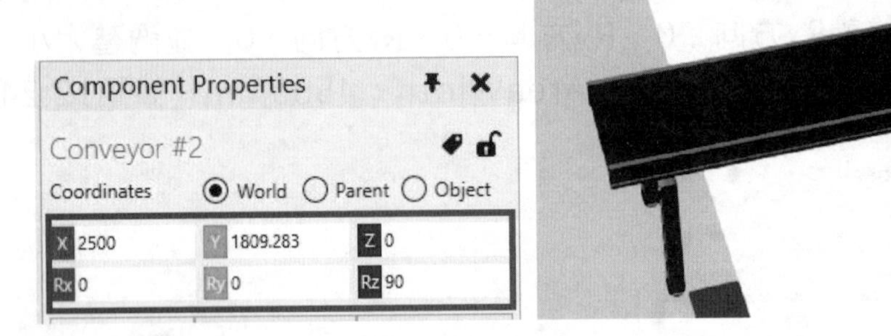

圖12.26

STEP ❿ 利用**連接(PnP)**功能將To Conveyor Process連接於Conveyor#2前端，如圖12.27。

圖12.27

STEP ⓫ 利用**連接(PnP)**功能將From Conveyor Process #2連接於Conveyor#2末端，如圖12.28。

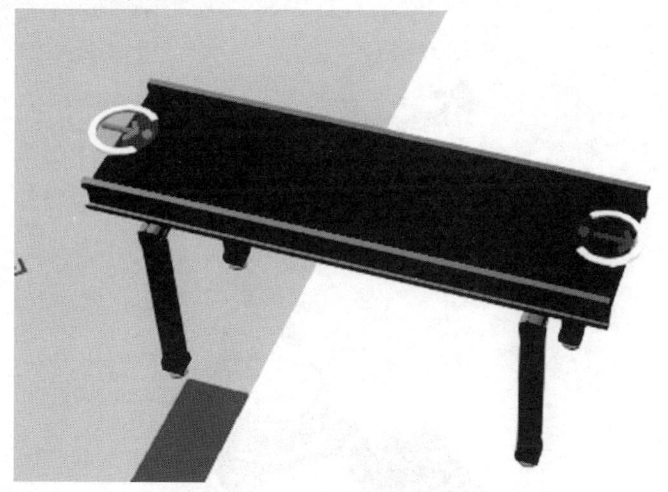

圖12.28

STEP ⓬ 點選**移動(Move)**將RobotController移動至X方向：2600、Y方向：4300、Z方向：0，旋轉Rx方向：0、Ry方向：0、Rz方向：-180，如圖12.29。

圖12.29

STEP ⓭ 利用**連接(PnP)**功能將Generic Articulated Robot連接於RobotController上，如圖12.30。

圖12.30

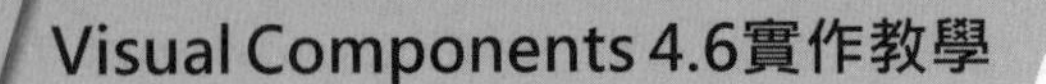

STEP ⓮ 利用**連接(PnP)**功能將Generic 3-Jaw Gripper連接於Generic Articulated Robot法蘭面上，如圖12.31。

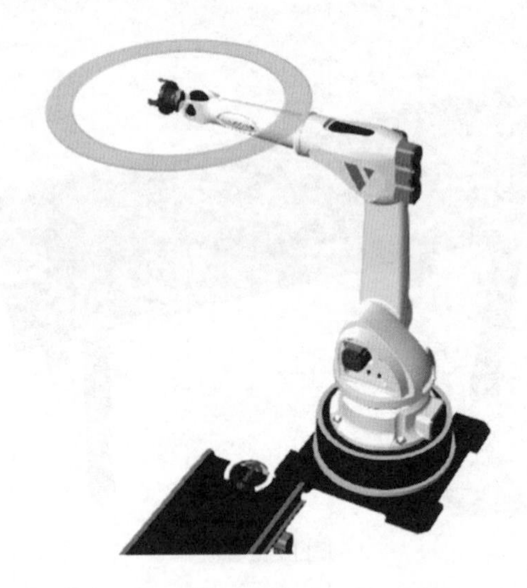

圖12.31

STEP ⓯ 點選**移動(Move)**將Parametric five-axis lathe移動至X方向：1800、Y方向：4800、Z方向：0，旋轉Rx方向：0、Ry方向：0、Rz方向：45，如圖12.32。

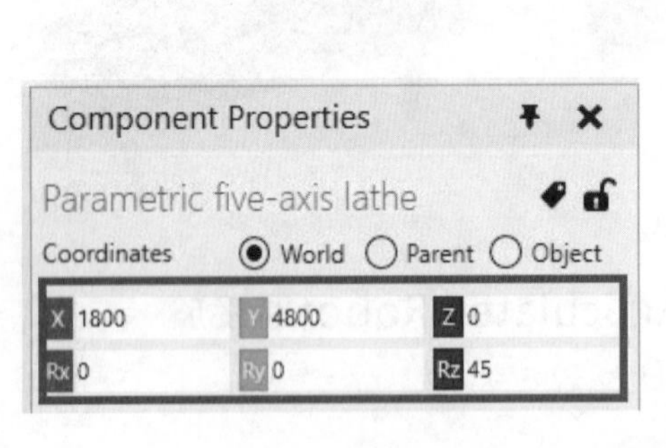

圖12.32

STEP ⓰ 點選**移動(Move)**將Conveyor #3移動至X方向：3700、Y方向：4300、Z方向：0，旋轉Rx方向：0、Ry方向：0、Rz方向：0，如圖12.33。

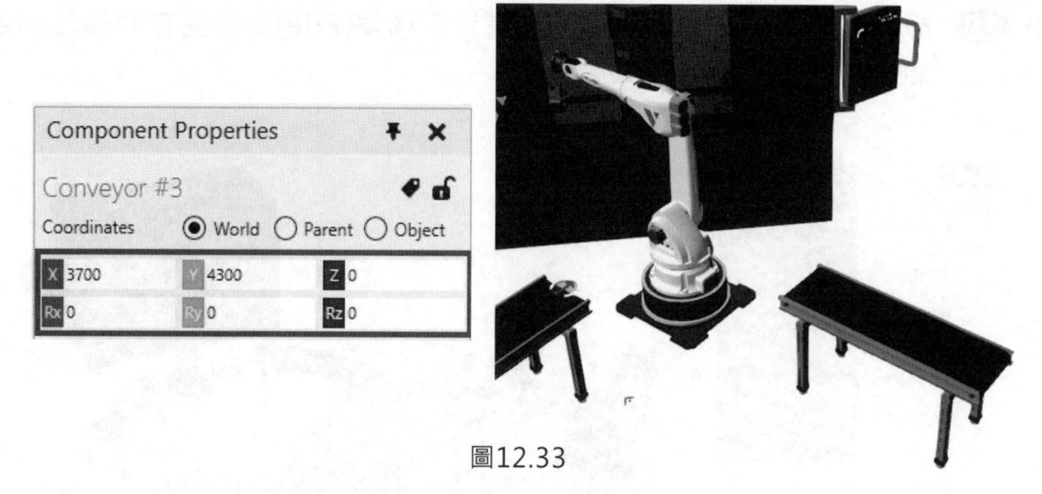

圖12.33

STEP 17 利用**連接(PnP)**功能將To Conveyor Process #2連接於Conveyor#3前端，如圖12.34。

圖12.34

STEP 18 利用**連接(PnP)**功能將Sink Process連接於Conveyor#3末端，如圖12.35。

圖12.35

STEP 19 靜態佈局完成，使用者可點選選單列**檔案(File)**選擇**另存新檔(Save As)**將此佈局進行存檔，如圖12.36。

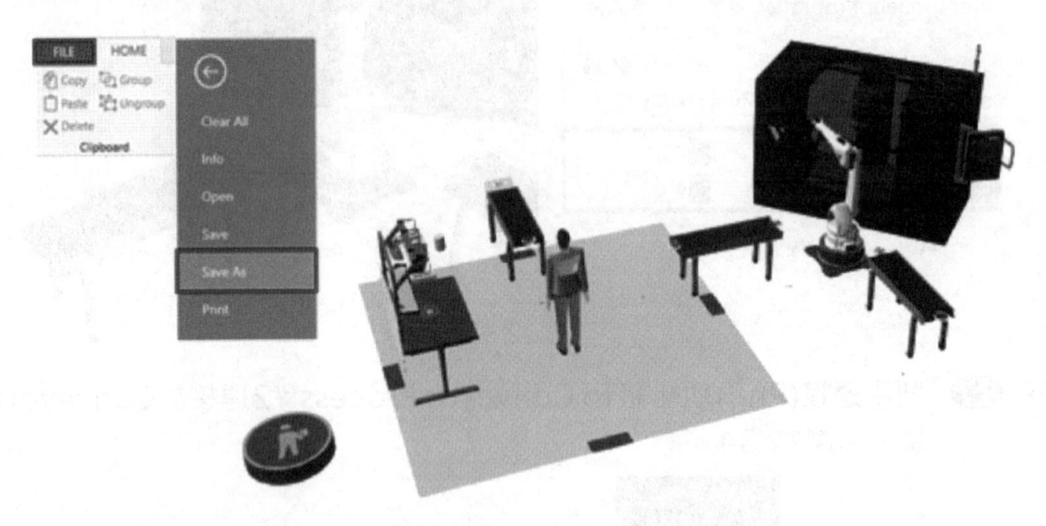

圖12.36

點選**另存新檔(Save As)**時會出現讓使用者可自行將相關資訊寫入，儲存檔時要勾選同時**儲存所有元件(Include Components)**及**包含元件原始路徑(Include Components original path)**，接著點選**瀏覽(Browse)**選擇要儲存的路徑，如圖12.37及圖12.38。

Computer
Conveyors
C:\Users\Public\Documents\Visual Components\4.3\Models\Components\Visual Components\Conveyors
Documents
C:\Users\Asus\Documents
Desktop
C:\Users\Asus\Desktop
My Models
C:\Users\Asus\Documents\Visual Components\4.3\My Models
Browse
Include Components
Include Component original path
Basic Info
Project Name
Description
Tags
Icon
Preview Image
Modified
Authoring
Author
Email
Website
Company Logo
Logo
Change
Version
Revision
0
Auto increment...

圖12.37

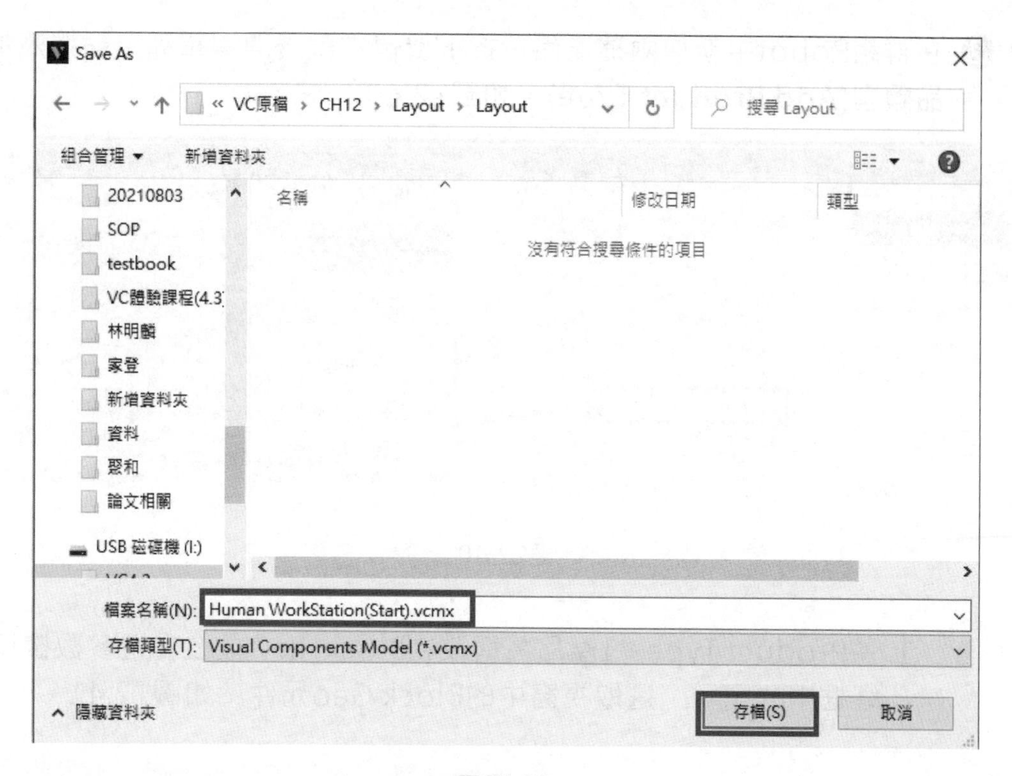

圖12.38

12.4 行為設定

STEP ❶ 於**處理程序(PROCESS)**頁簽中的**產品(Product Editor)**新增所需的**產品類型(Product Type)**，點選**添加流程群組(Add Flow Group)**，新增Group #1改名為Robot，新增Group#2改名為Human，如圖12.39。

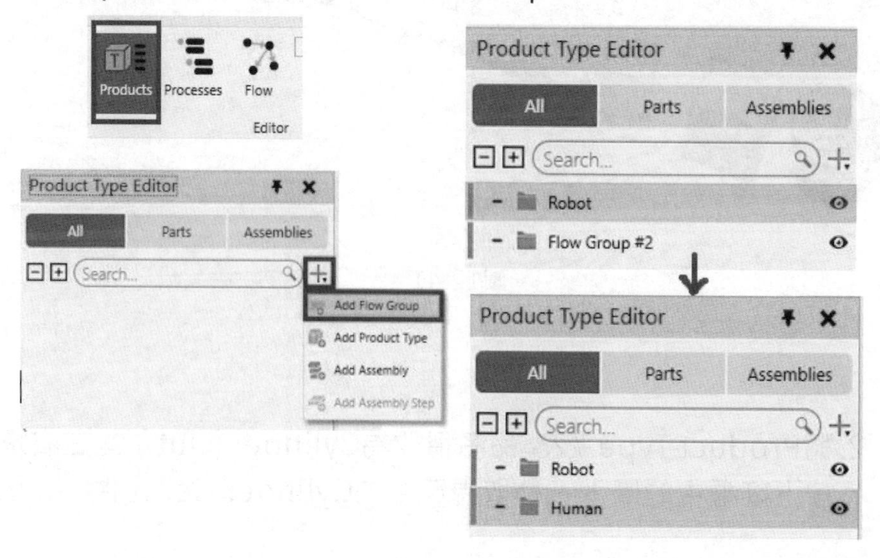

圖12.39

STEP ❷ 在群組Robot中新增兩種產品，按下滑鼠右鍵展開選單列，點選**添加產品類型(Add Product Type)**，如圖12.40。

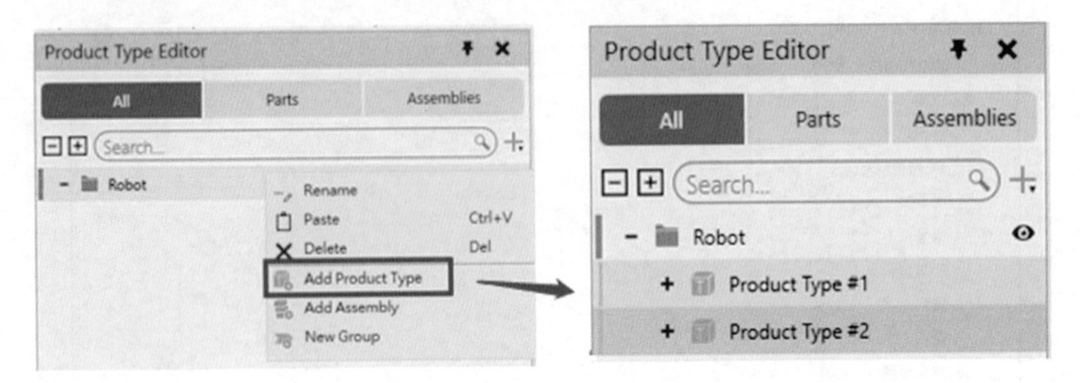

圖12.40

1. 將Product Type #1產品名稱改為Block_In，並在右邊參數欄按下紅框中的圖示，選取視窗中的Block Geo元件，如圖12.41。

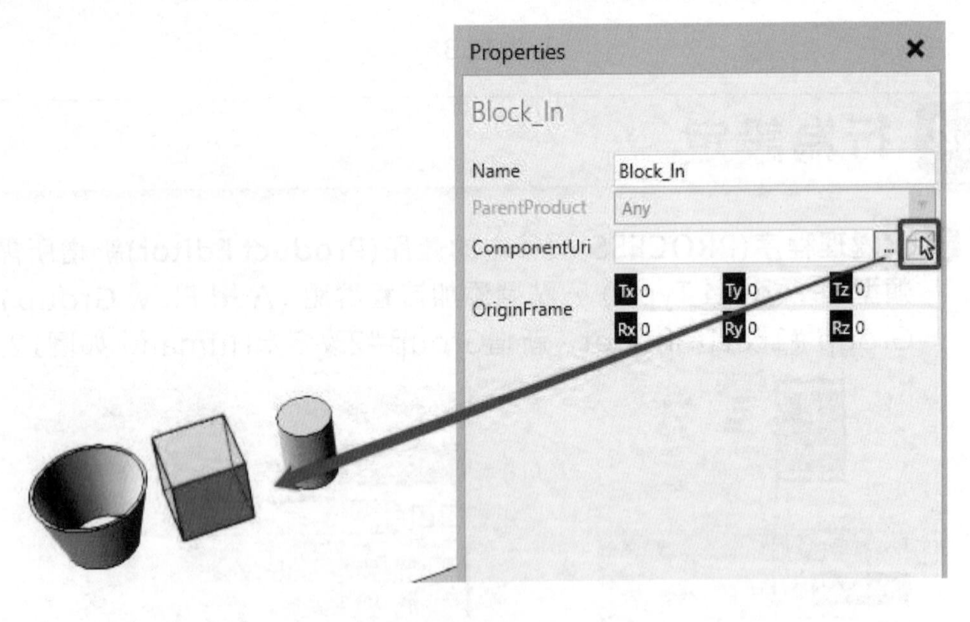

圖12.41

2. 將Product Type #2產品名稱改為Cylinder_Out，並在右邊參數欄按下紅框中的圖示，選取視窗中的Cylinder Geo元件，如圖12.42。

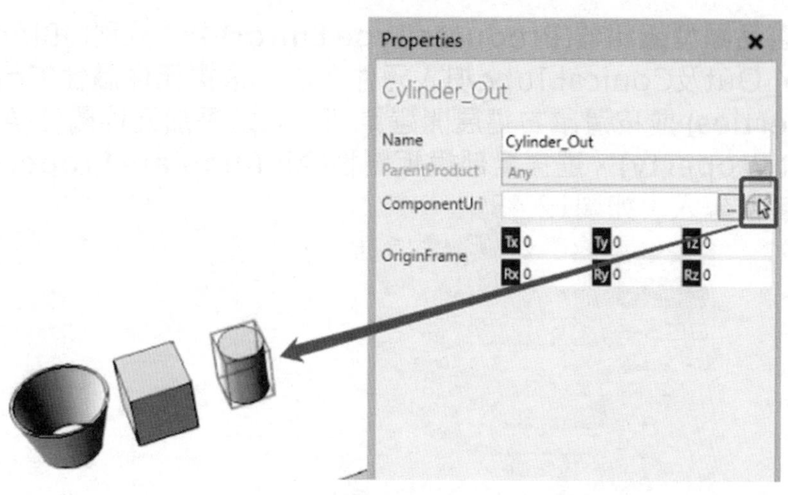

圖12.42

STEP ❸ 在群組Human中新增一種產品，按下右鍵展開選單列，點選**添加產品類型(Add Product Type)**，如圖12.43：

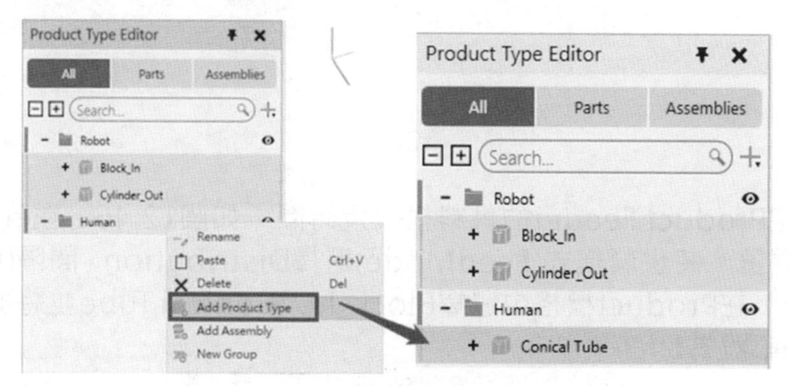

圖12.43

將Product Type #1產品名稱改為Conical Tube，並在右邊參數欄按下紅框中的圖示，選取視窗中的Conical Tube Geometry元件，如圖12.44。

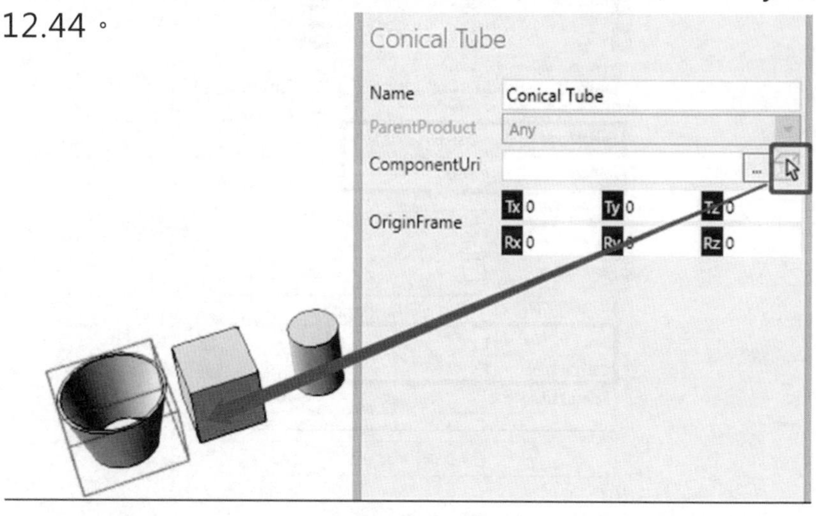

圖12.44

STEP ❹ 在**產品類型編輯器(Products Type Editor)**中，分別將Block_In、Cylinder_Out及Conical Tube加入元件參數，選擇**元件屬性(Component Properties)** 並按滑鼠右鍵展開選單列，點選**添加元件屬性(Add Component Property)**，選擇**全部模板屬性(All Template Properties)**將元件所有參數導入，如圖12.45。

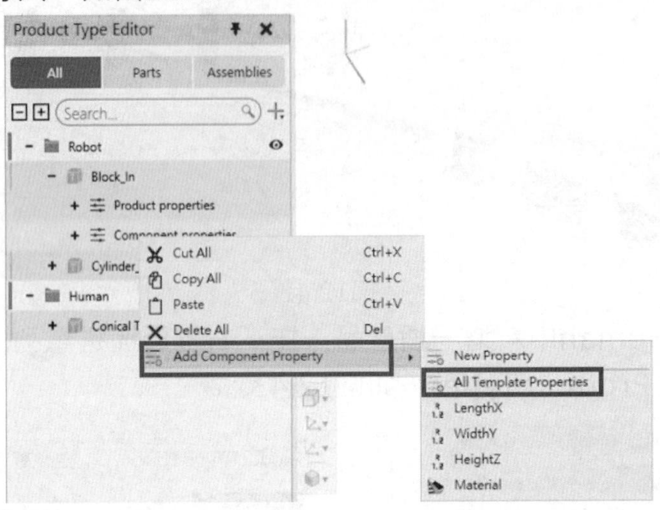

圖12.45

STEP ❺ 設定Product Feeder的供料模式及時間，如圖12.46。在Product Creator頁籤，將供料模式(FeedMode)選擇Distribution，間隔(Interval)設定2秒，在Product標格中選擇Block_In及Conical Tube並將機率(Probability)都設為1。

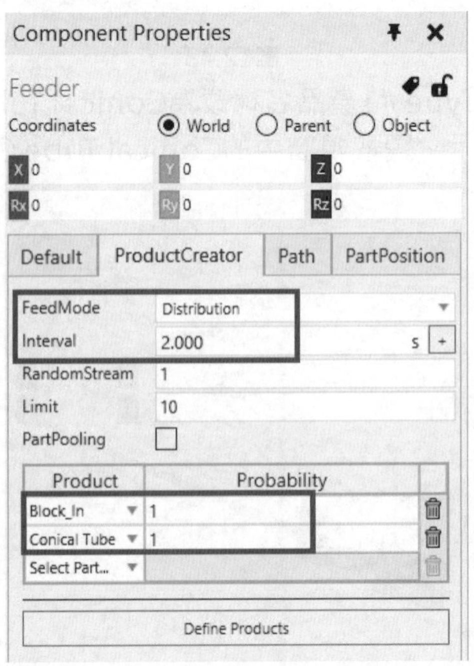

圖12.46

STEP ❻ 於**處理程序(PROCESS)**頁籤開啟**程序(Processes Editor)**，將部分製程名稱重新命名，如圖12.47，同一製程中不能有相同的名稱，若相同會造成程式出錯，因此須將名稱重新命名。點選欲更改名稱的製程，在右邊參數欄即可更改，如圖12.48，更改完成如圖12.49。

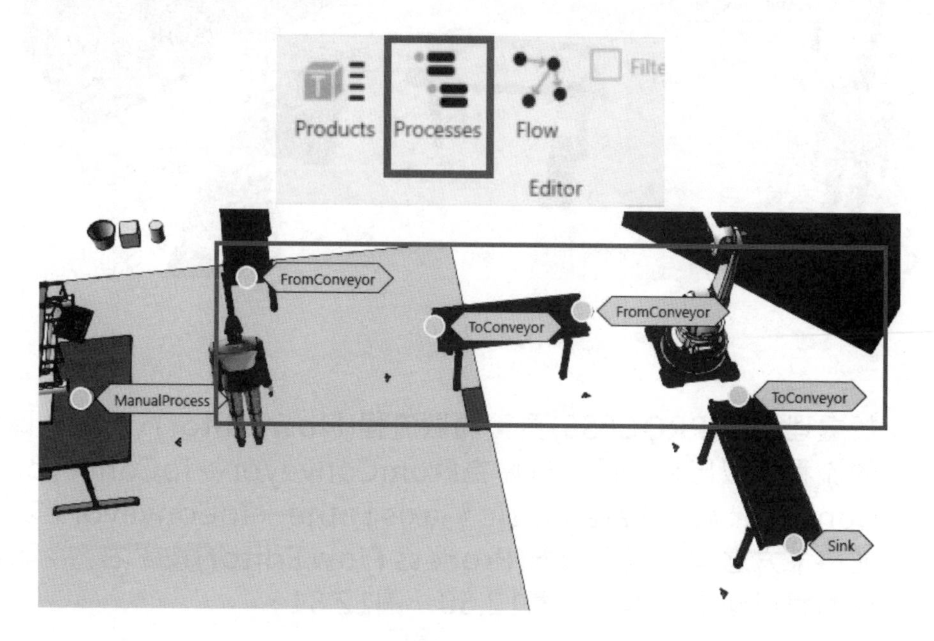

圖12.47

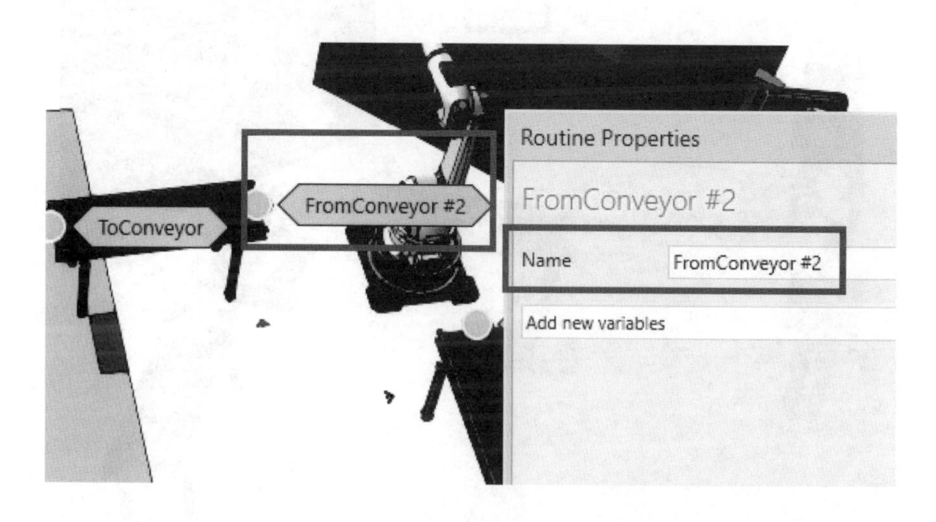

圖12.48

圖12.49

於**處理程序(PROCESS)**頁籤**開啟流程(Flow Editor)**，將第一區(Robot)的流程拉取出來，順序依序為FromConveyor→ToConveyor→From Conveyor #2→Parametric 5-axis Lathe→ToConveyor #2→Sink，並將下方**處理流程編輯器(Process Flow Editor)**按下右方+號圖示，選取製程以新增流程，如圖12.50、圖12.51。

圖12.50

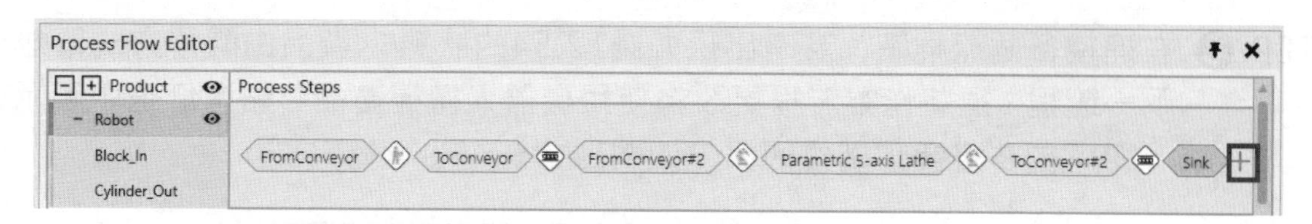

圖12.51

STEP ❼ 於**處理程序(PROCESS)**頁籤開啟**流程(Flow Editor)**，將第二區(Human)的流程拉取出來，順序依序為FromConveyor → ManualProcess → To Conveyor → FromConveyor #2 → ToConveyor #2 → Sink，並將下方**處理流程編輯器(Process Flow Editor)**按下右方+號圖示，選取製程以新增流程，如圖12.52、圖12.53。

圖12.52

圖12.53

STEP ❽ 在連接各個流程時，若有出現如圖12.54的狀態，產品由飄移方式傳送至下一製程，須將作業流程更改為使用機器人搬運產品，點選紅框中圖示後，即可在右邊參數欄位切換，如圖12.55。

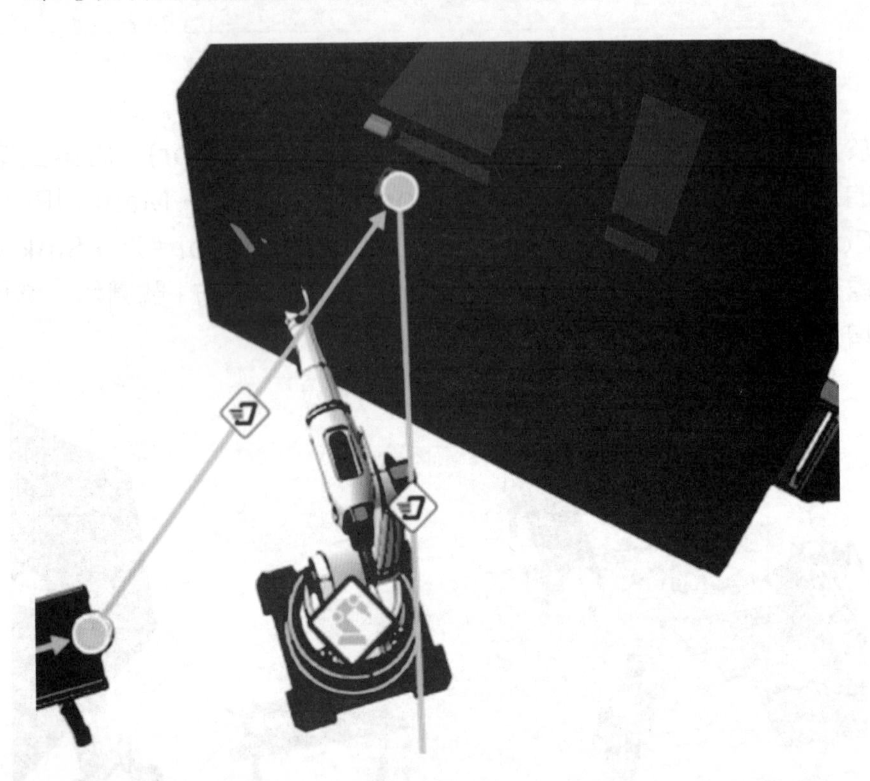

圖12.54

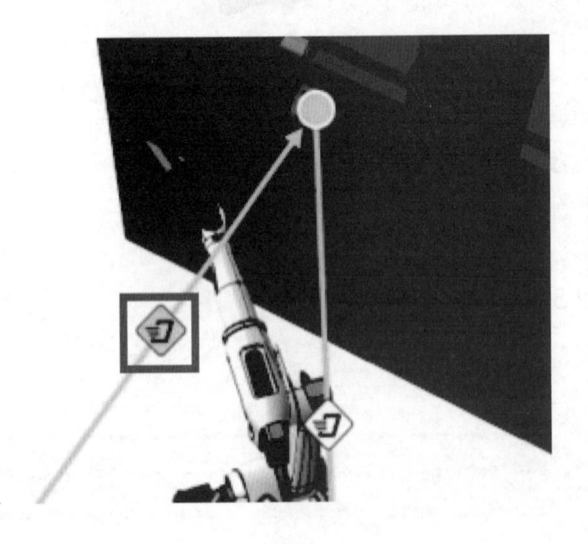

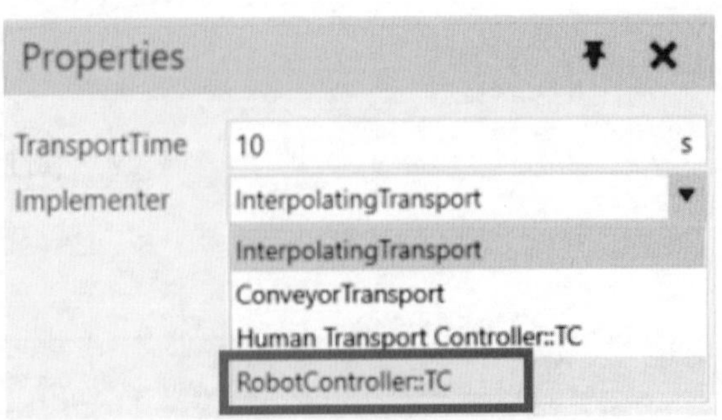

圖12.55

STEP ❾ 開啟**佈局規劃(Home)**頁籤選擇**介面(Interface)**功能，編輯Human(Otto)、Pathway Area、Human Transport Controller元件之間的連結，須將人員控制器中的Resources連結到人員中的PMResources，如圖12.56，將人員控制器中的Pathways連結到人員路徑中的Pathway Area，如圖12.57。

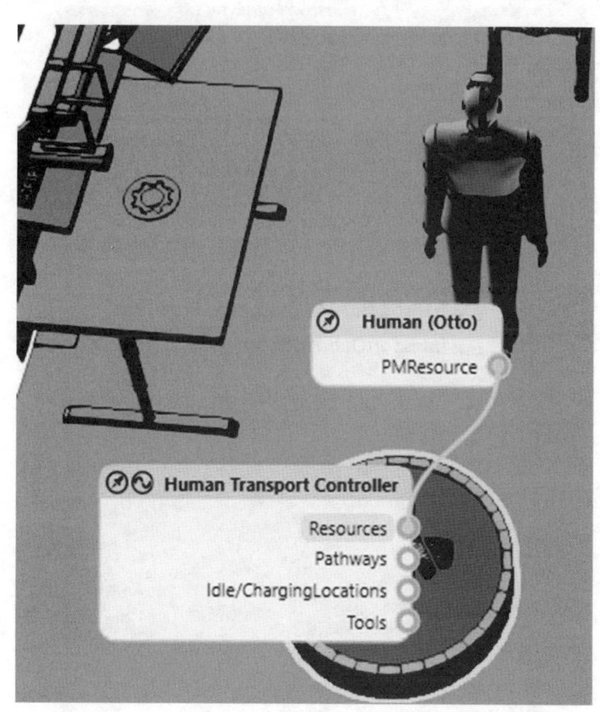

圖12.56

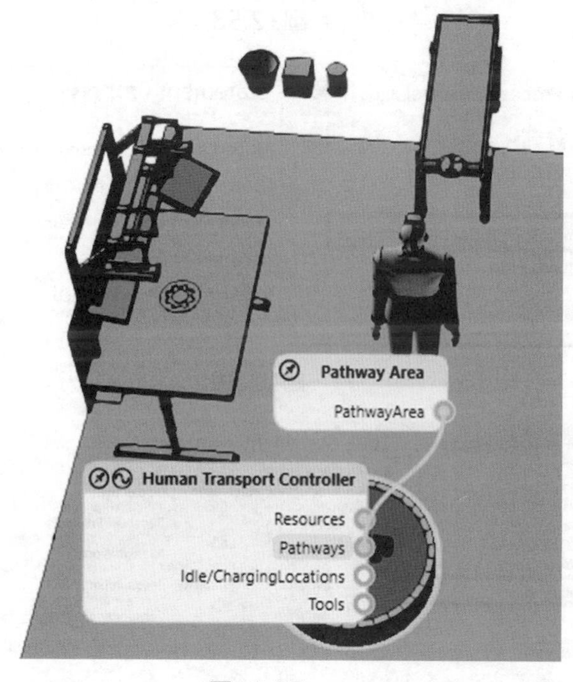

圖12.57

STEP ❿ 於**處理程序(PROCESS)**頁籤開啟**程序(Processes Editor)**，點選From Conveyor會出現編輯視窗，在此視窗可以編輯此製程中的動作順序，如圖12.58。接著點選流程**TransportIn**後，將右邊參數設定如圖12.59所示；點選流程**TransportOut**後，將右邊參數設定如圖12.60所示。

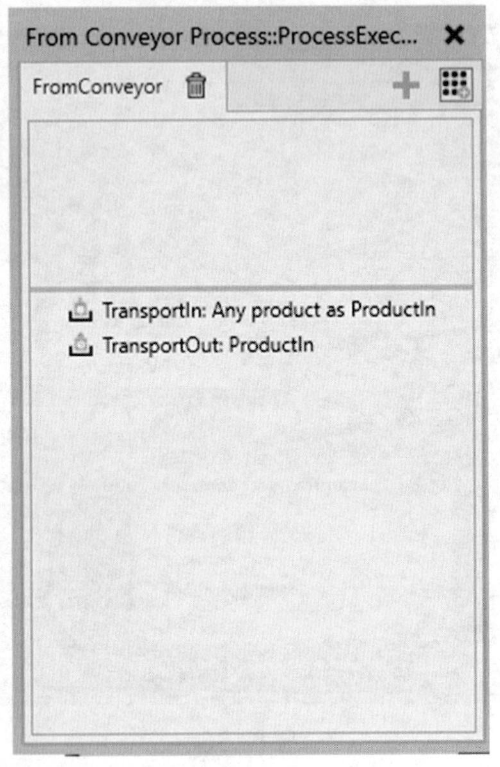

圖12.58

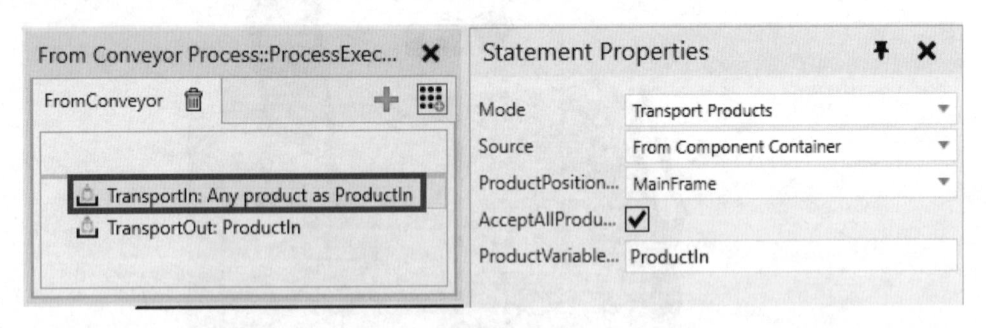

圖12.59

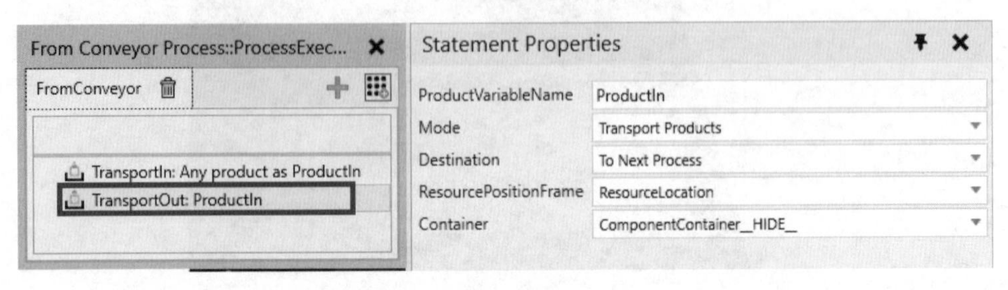

圖12.60

STEP ⑪ 於**處理程序(PROCESS)**頁籤開啟**程序(Processes Editor)**，點選ManualProcess會出現編輯視窗，在此視窗可以編輯此製程中的動作順序，如圖12.61，需在State:Busy後面新增**工作(Work)**、**設定節點材料(SetNodeMaterial)**兩項流程。

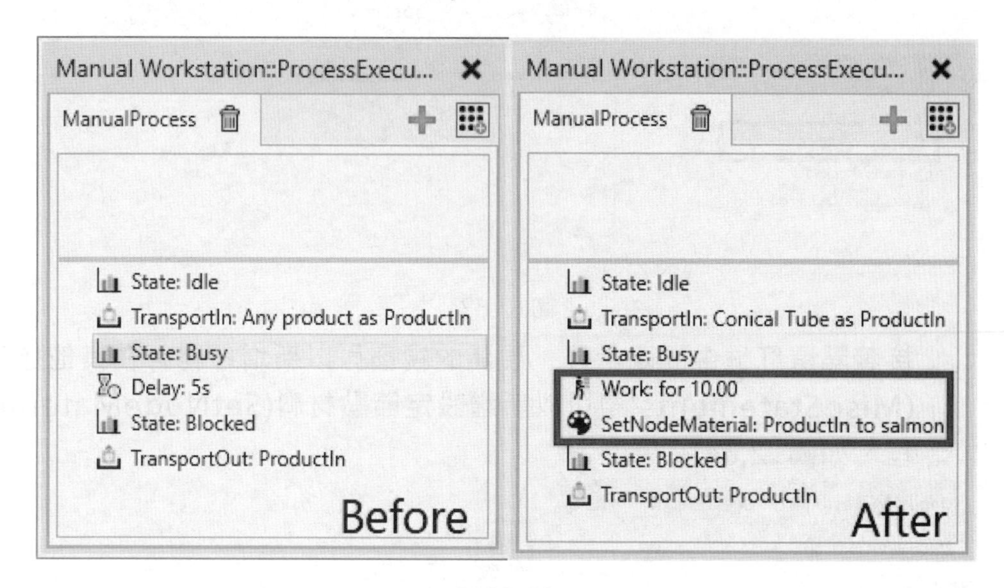

圖12.61

點選紅框中的圖示後，展開的視窗可以新增任務，在**其他述句(Misc Statements)**中可以新增**工作(Work)**流程，如圖12.62。

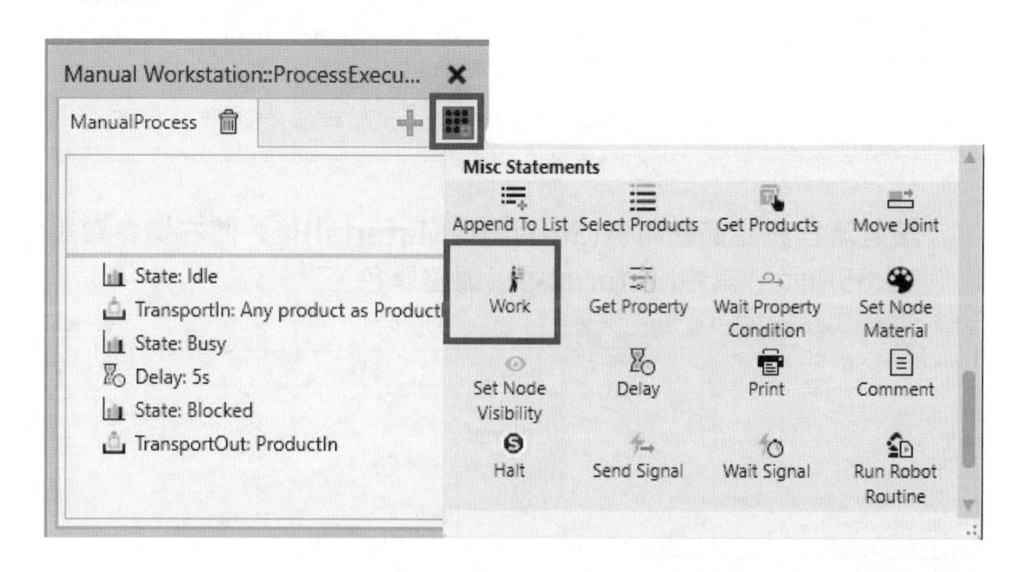

圖12.62

點選流程**工作(Work)**後，將右邊參數設定如圖12.63所示。

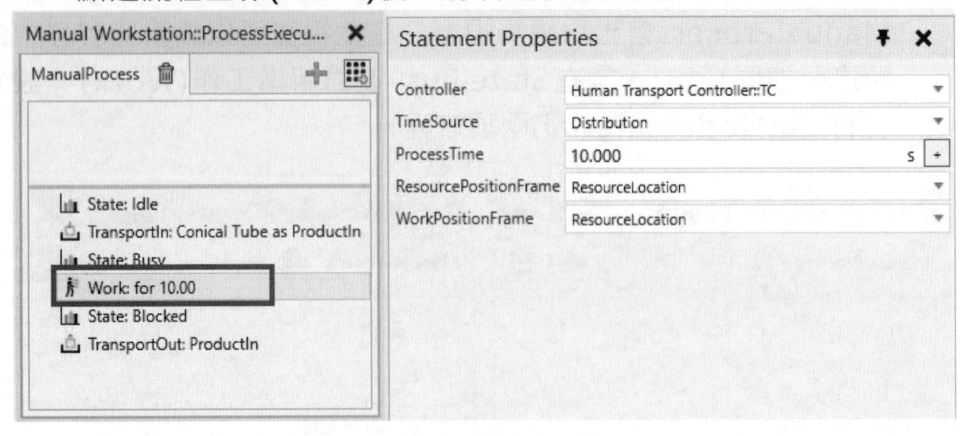

圖12.63

接著點選紅框中的圖示後，展開的視窗可以新增任務，在**其他述句(Misc Statements)**中可以新增**設定節點材料(SetNodeMaterial)**流程，如圖12.64。

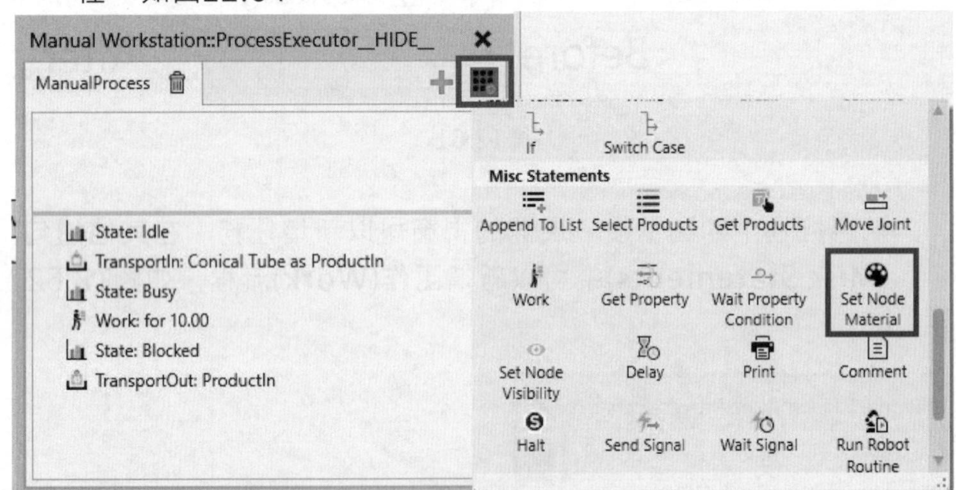

圖12.64

點選流程**設定節點材料(SetNodeMaterial)**後，將右邊參數設定如圖12.65所示，其中Material可以調整顏色。

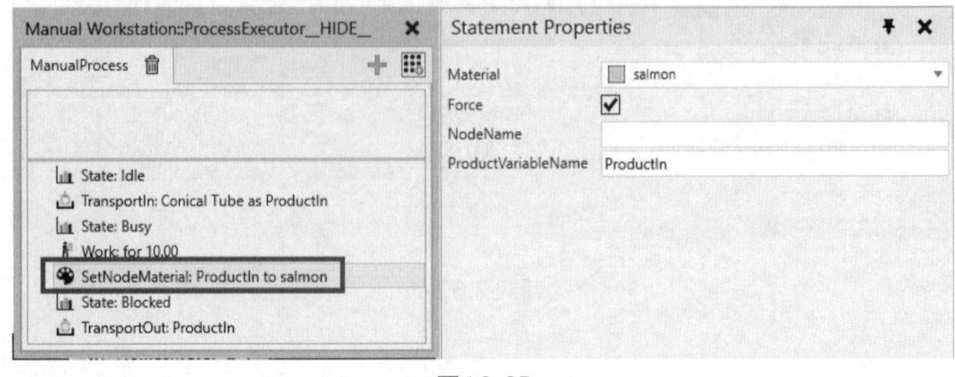

圖12.65

STEP ⓬ 於ManualProcess製程中點選流程**TransportIn**後，將右邊參數設定如圖12.66所示；點選流程**TransportOut**後，將右邊參數設定如圖12.67所示。

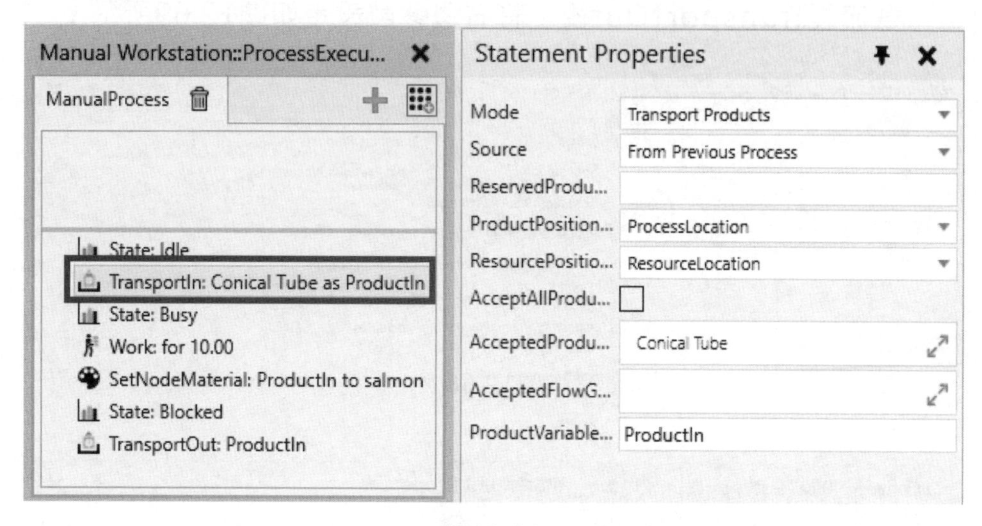

圖12.66

Manual Workstation::ProcessExecu...
ManualProcess
State: Idle
TransportIn: Conical Tube as ProductIn
State: Busy
Work: for 10.00
SetNodeMaterial: ProductIn to salmon
State: Blocked
TransportOut: ProductIn

Statement Properties

ProductVariable...	ProductIn
Mode	Transport Products
Destination	To Next Process
ResourcePositio...	ResourceLocation
Container	Container_HIDE_

圖12.67

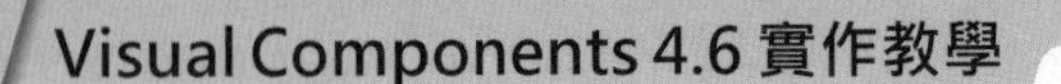

STEP 13 於**處理程序(PROCESS)**頁籤開啟**程序(Processes Editor)**，點選ToConveyor會出現編輯視窗，在此視窗可以編輯此製程中的動作順序，接著點選流程**TransportIn**後，將右邊參數設定如圖12.68所示；點選流程**TransportOut**後，將右邊參數設定如圖12.69所示。

To Conveyor Process::ProcessExec... ✕

ToConveyor

TransportIn: Any product as ProductIn

TransportOut: ProductIn

Statement Properties

Mode	Transport Products
Source	From Previous Process
ReservedProductVariab...	
ProductPositionFrame	MainFrame
ResourcePositionFrame	ResourceLocation
AcceptAllProductTypes	✔
ProductVariableName	ProductIn

圖12.68

To Conveyor Process::ProcessExec... ✕

ToConveyor

TransportIn: Any product as ProductIn

TransportOut: ProductIn

Statement Properties

ProductVariableName	ProductIn
Mode	Transport Products
Destination	To Component Container
Container	ComponentContainer__HIDE__

圖12.69

STEP 14 於**處理程序(PROCESS)**頁籤開啟**程序(Processes Editor)**，點選From Conveyor#2會出現編輯視窗，在此視窗可以編輯此製程中的動作順序，接著點選流程**TransportIn**後，將右邊參數設定如圖12.70所示；點選流程**TransportOut**後，將右邊參數設定如圖12.71所示。

From Conveyor Process #2::Process... ✕

FromConveyor#2

TransportIn: Any product as ProductIn

TransportOut: ProductIn

Statement Properties

Mode	Transport Products
Source	From Component Container
ProductPositionFrame	MainFrame
AcceptAllProductTypes	✔
ProductVariableName	ProductIn

圖12.70

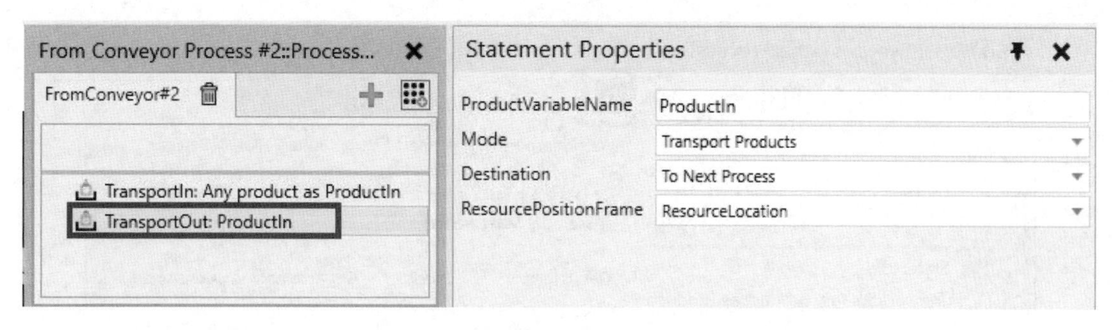

圖12.71

STEP 15 於**處理程序(PROCESS)**頁籤開啟**程序(Processes Editor)**，點選Parametric 5-axis Lathe會出現編輯視窗，在此視窗可以編輯此製程中的動作順序，如圖12.72的對比，需在**State:Busy**後面刪除**Delay**流程、在**Custom Machine Process**後面新增**Change Type**流程。

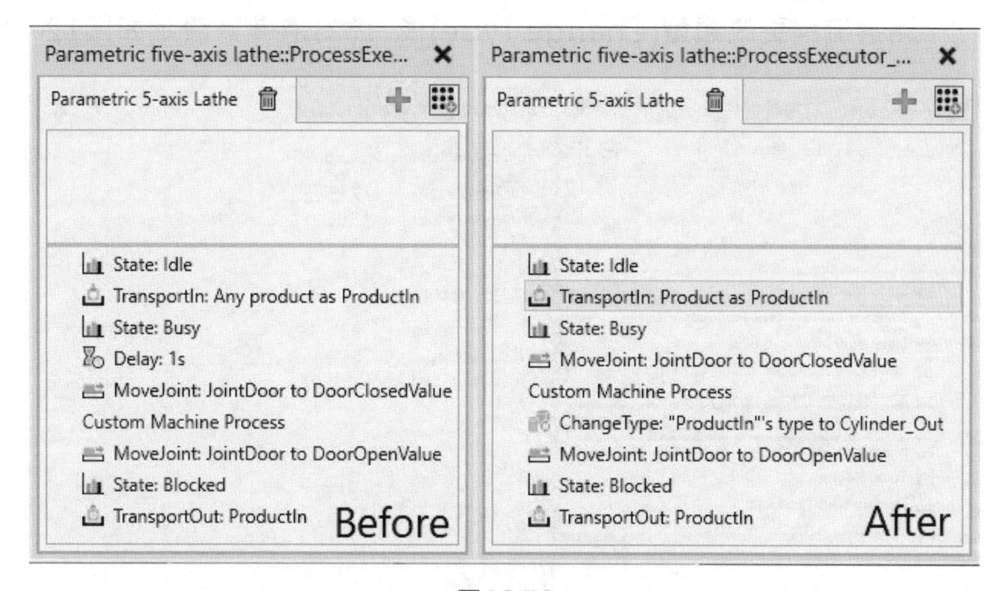

圖12.72

點選紅框中的圖示後，展開的視窗可以新增任務，在**述句(Statements)**中可以新增**更改類型(Change Type)**流程，如圖12.73。

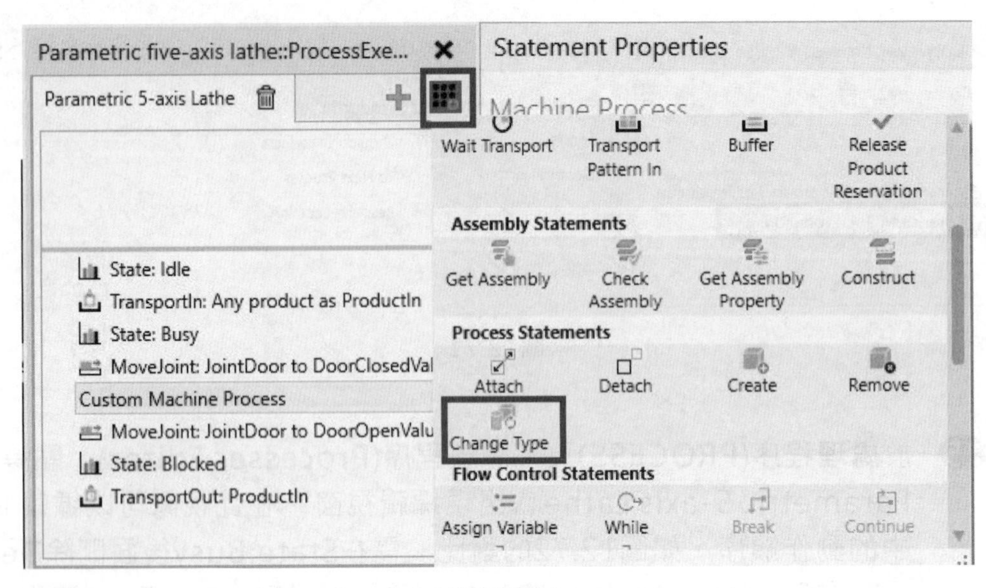

圖12.73

點選流程**更改類型(Change Type)**後，將右邊參數設定如圖12.74所示。

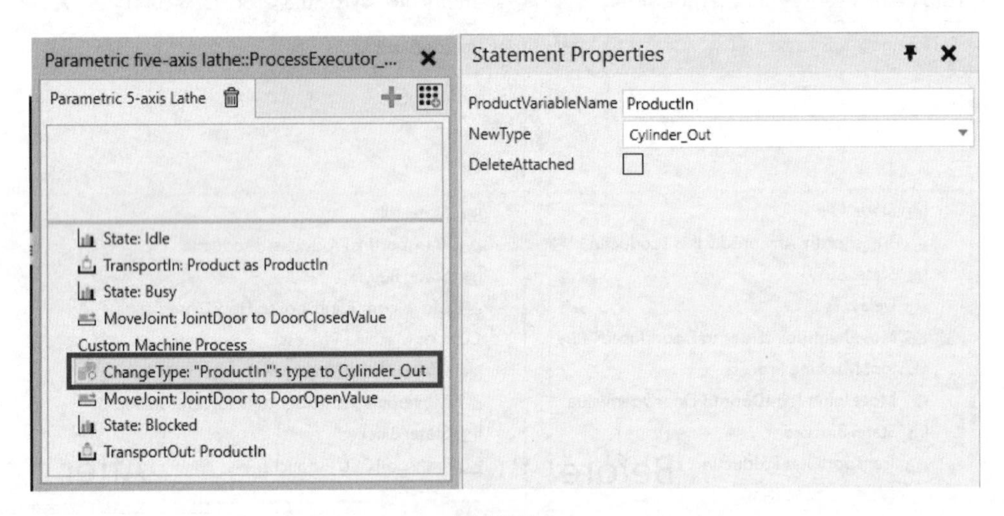

圖12.74

STEP 16 於**處理程序(PROCESS)**頁籤開啟**程序(Processes Editor)**，點選ToConveyor#2會出現編輯視窗，在此視窗可以編輯此製程中的動作順序，接著點選流程**TransportIn**後，將右邊參數設定如圖12.75所示；點選流程**TransportOut**後，將右邊參數設定如圖12.76所示。

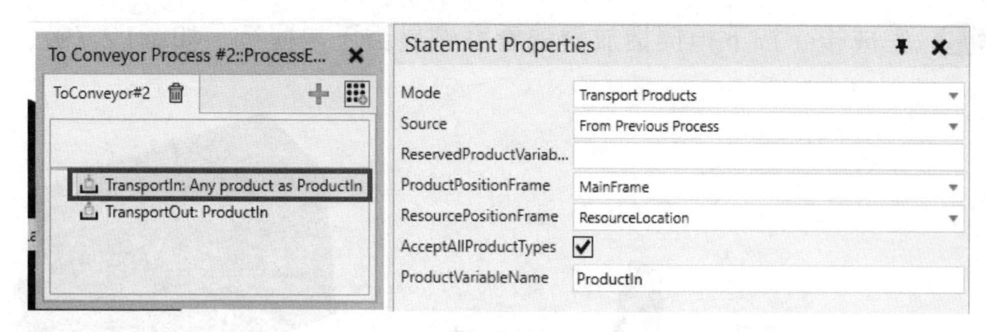

圖12.75

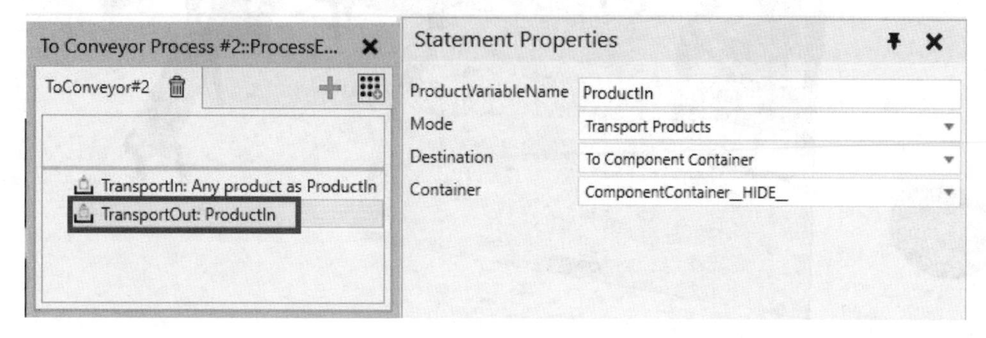

圖12.76

STEP 17 於**處理程序(PROCESS)**頁籤開啟**程序(Processes Editor)**，點選Sink會出現編輯視窗，在此視窗可以編輯此製程中的動作順序，接著點選流程**TransportIn**後，將右邊參數設定如圖12.77所示；點選流程**Remove**後，將右邊參數設定如圖12.78所示。

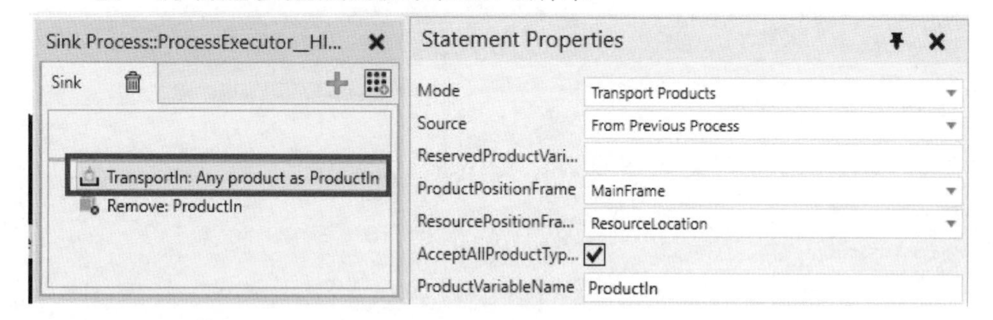

圖12.77

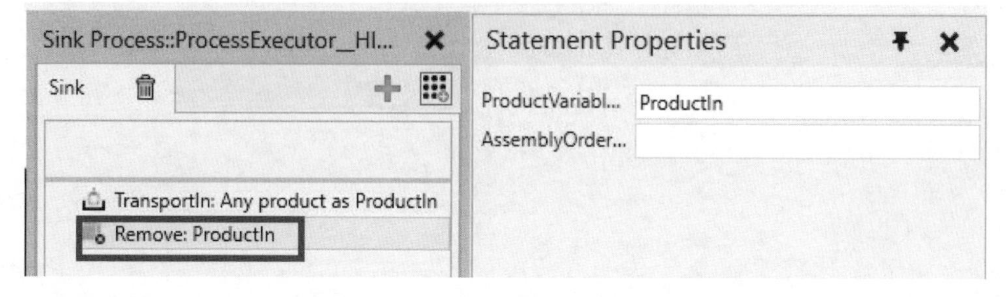

圖12.78

STEP 18 完成後，按下模擬播放鍵觀看案例是否正常運行，如圖12.79。

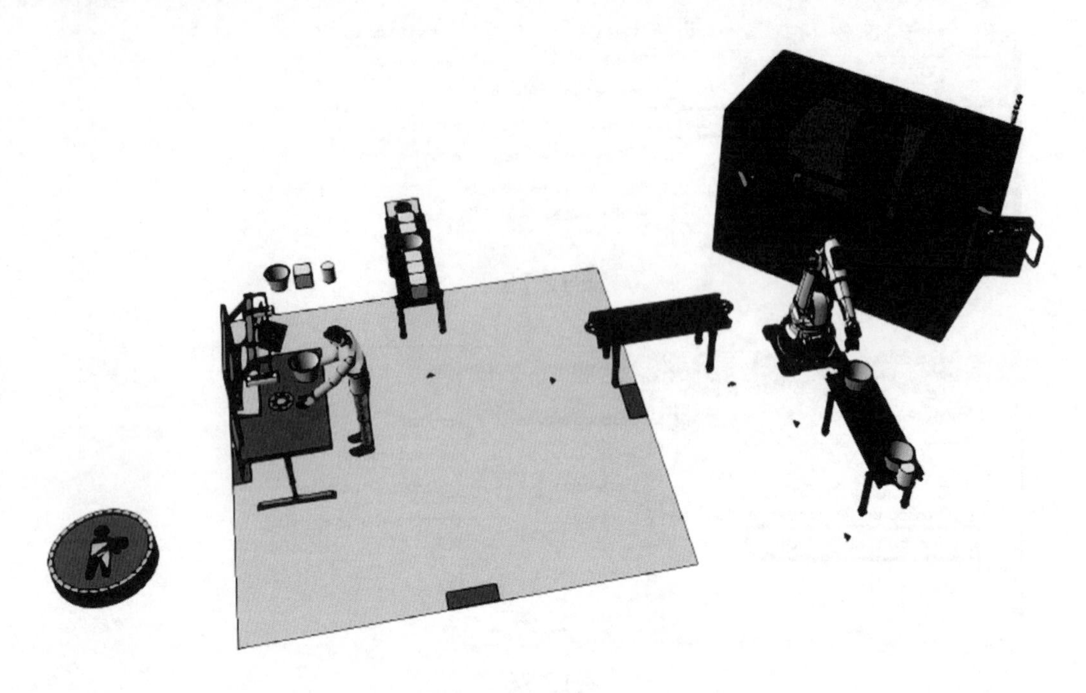

圖12.79

STEP 19 案例完成後將佈局(Layout)存檔。

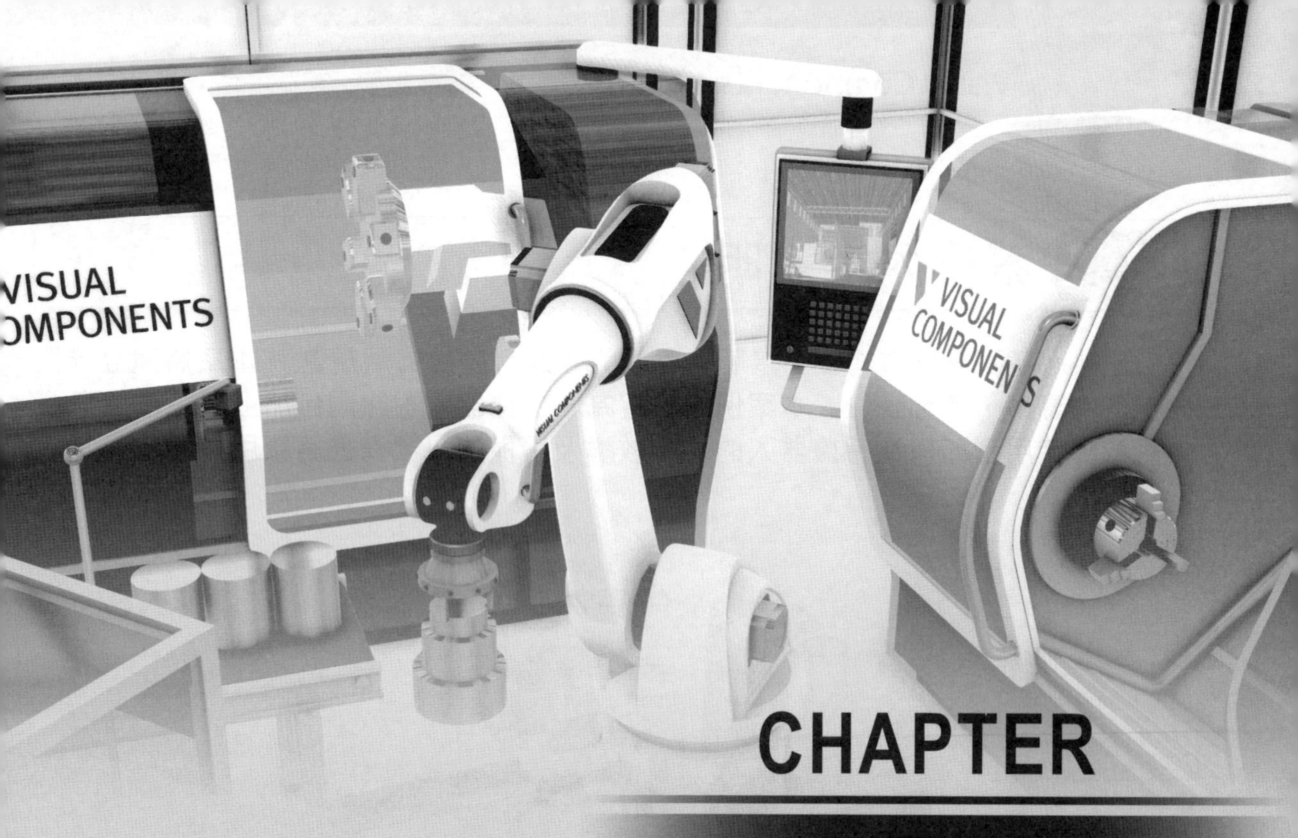

CHAPTER 13

機器人上下料案例

- 13.1 案例內容說明
- 13.2 Layout佈局
- 13.3 動作教導

13.1 案例內容說明

在熟悉基礎操作方式後，接著就可以開始進行產線佈局規劃， 本章將建立機器人上下料專案，如圖13.1，本案例的設定為一台機器人對應兩台加工機，在此案例中將教導使用者如何進行機器人的軌跡教導及設備的訊號溝通等應用方式。

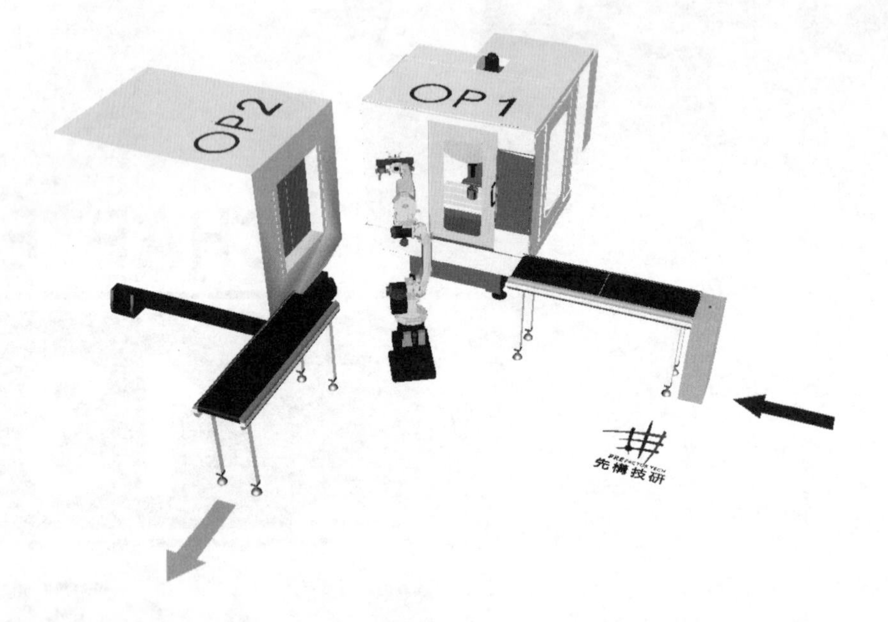

圖13.1

在開始模擬之前，必須先規劃靜態產線佈局，下載連結中的CH13，解壓縮後會有所需的元件及佈局，網址https://spaces.hightail.com/space/6lTebQZQTk 或掃描下方QR Code，如圖13.2。

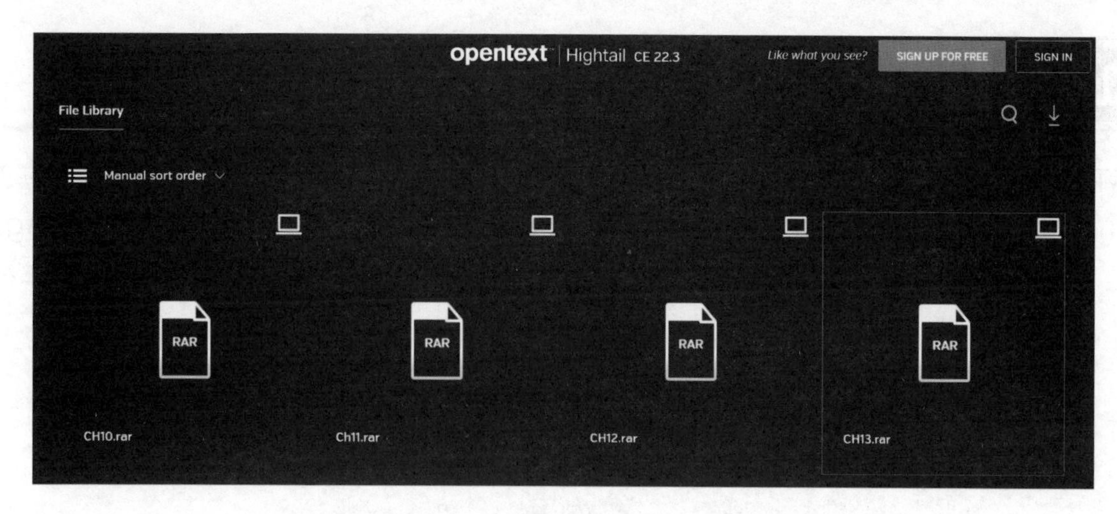

圖13.2

將下載後的資料夾放置於Visual Components 4.4的資料庫預設路徑：

C:\Users\使用者名稱\Documents\Visual Components\4.4\My Models，接著在開啟軟體後，檔案即會出現在**電子目錄(eCatalog)**裡面**我的物件(My Models)**資料夾，接著點選Component資料夾進行佈局，如圖13.3。

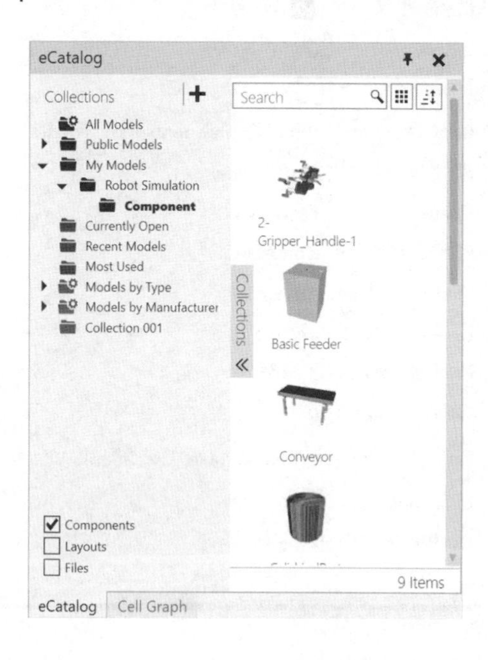

圖13.3

13.2 Layout 佈局

STEP ❶ 從**電子目錄(eCatalog)**的Component資料夾中將 Basic Feeder拖進3D世界，並在元件屬性頁籤改變Basic Feeder的參數，ConveyorLength：200、ConveyorWidth：350、ConveyorHeight：900；移動至X方向：-2300、Y方向：-600；Z方向：0，如圖13.4。

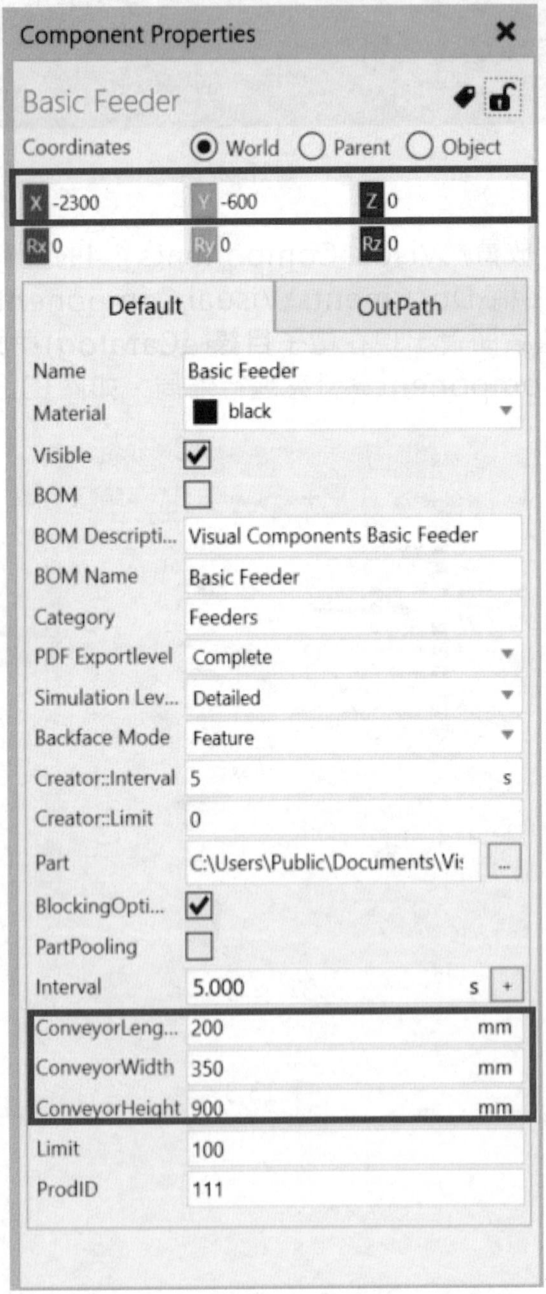

Component Properties ×

Basic Feeder

Coordinates ◉ World ○ Parent ○ Object

X -2300 Y -600 Z 0

Rx 0 Ry 0 Rz 0

Default | OutPath

Property	Value
Name	Basic Feeder
Material	black
Visible	☑
BOM	☐
BOM Descripti...	Visual Components Basic Feeder
BOM Name	Basic Feeder
Category	Feeders
PDF Exportlevel	Complete
Simulation Lev...	Detailed
Backface Mode	Feature
Creator::Interval	5 s
Creator::Limit	0
Part	C:\Users\Public\Documents\Vi:
BlockingOpti...	☑
PartPooling	☐
Interval	5.000 s
ConveyorLeng...	200 mm
ConveyorWidth	350 mm
ConveyorHeight	900 mm
Limit	100
ProdID	111

圖13.4

STEP ❷ 從**電子目錄(eCatalog)**的Component資料夾中將Sensor Conveyor拖進3D世界，並在元件屬性頁籤改變Basic Feeder的參數：
Sensor Position: 90%、On Sensor：Stop Product及勾選Automatic ParametersEnabled，如圖13.5。

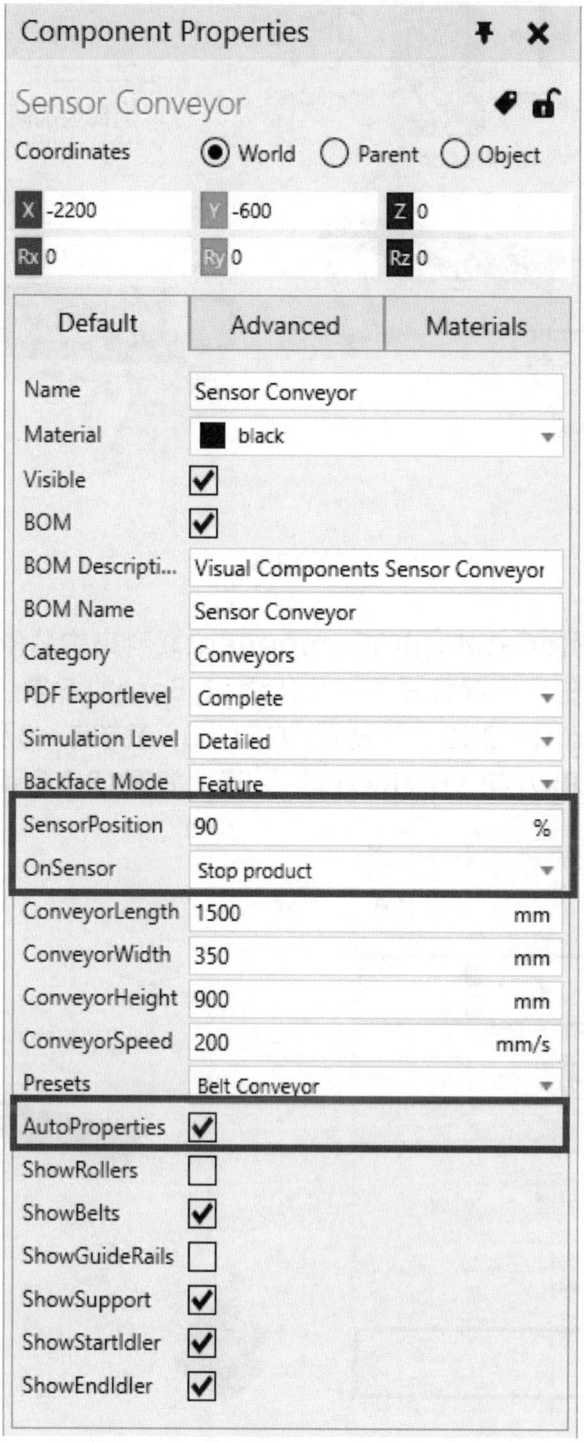

圖.13.5

STEP ❸ 將Sensor Conveyor連接至Basic Feeder後方，點選主工具列的**連接(PnP)**功能後再將Sensor Conveyor拉近Basic Feeder如有出現一條綠色的線代表兩元件可連接，如圖13.6。

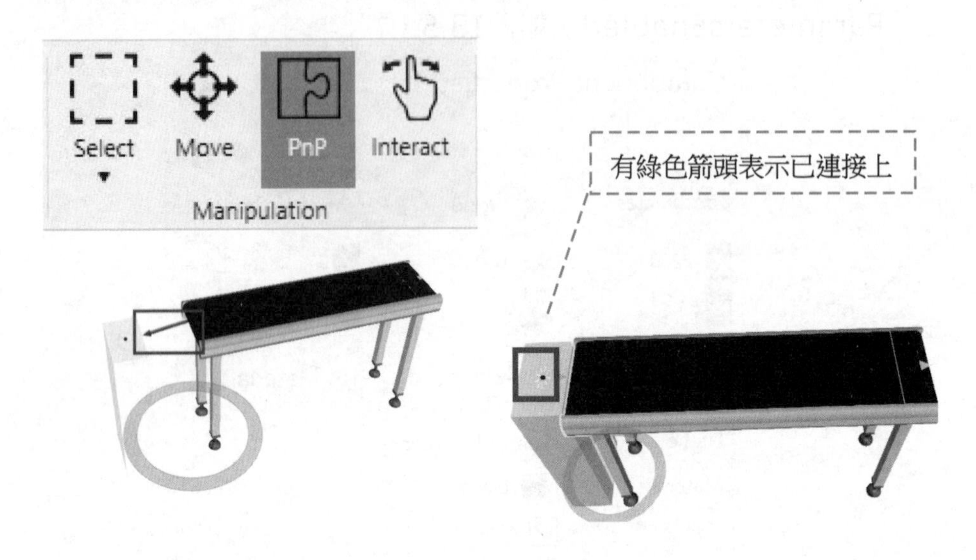

圖13.6

STEP ❹ 從**電子目錄(eCatalog)**的Component資料夾中將Robot_Base拖曳進3D世界，並在元件屬性頁籤改變Robot_Base的參數，Length_Width：300、Height：300；移動至X方向：0、Y方向：0及Z方向：0；旋轉Rx方向：0、Ry方向：0及Rz方向：-60，如圖13.7及圖13.8。

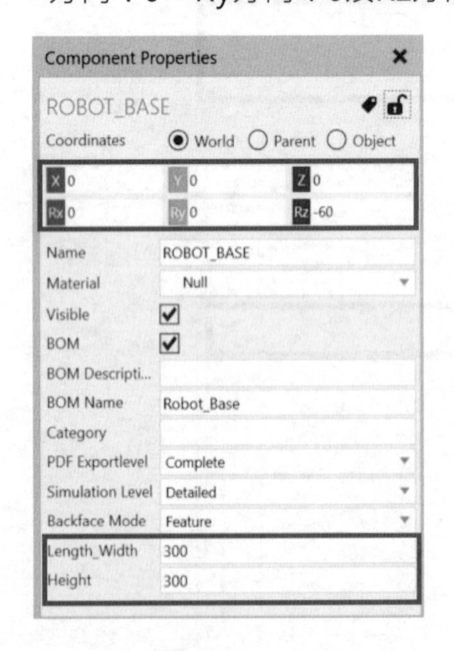

圖13.7

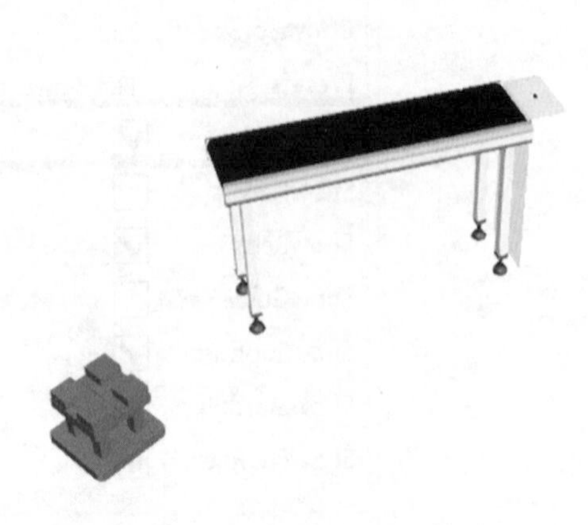

圖13.8

STEP ❺ 從**電子目錄(eCatalog)**的Component資料夾中將M-10iA拖進3D世界，並利用**連接(PnP)**功能將M-10iA連接於Robot_Base上，如圖13.9。

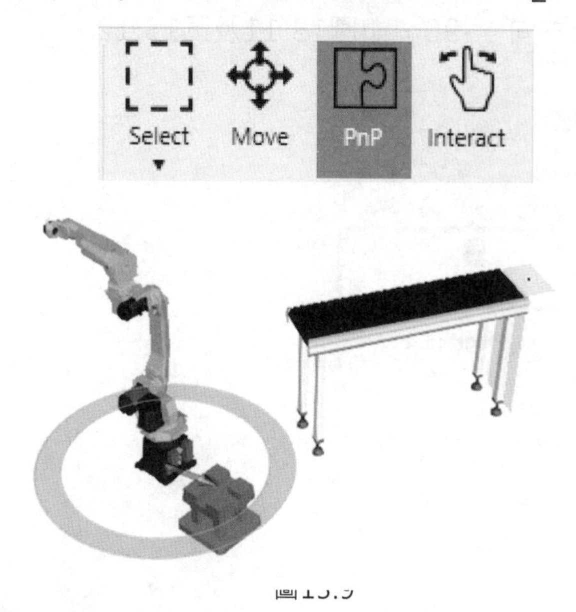

圖13.9

STEP ❻ 從**電子目錄(eCatalog)**的Component資料夾中將2-Gripper_Handle拖進3D世界，並利用**連接(PnP)**功能將2-Gripper_Handle連接於M-10iA上，如圖13.10。

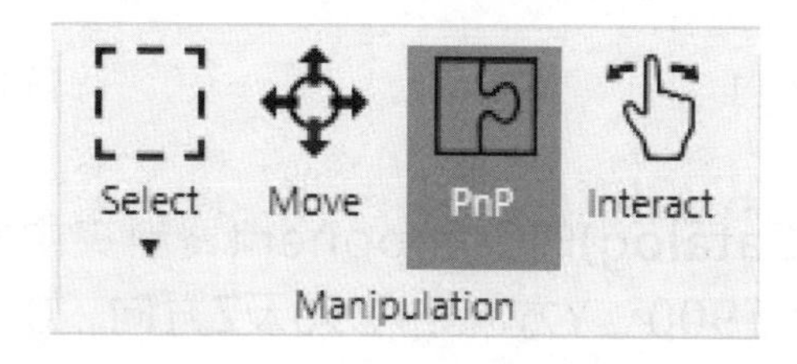

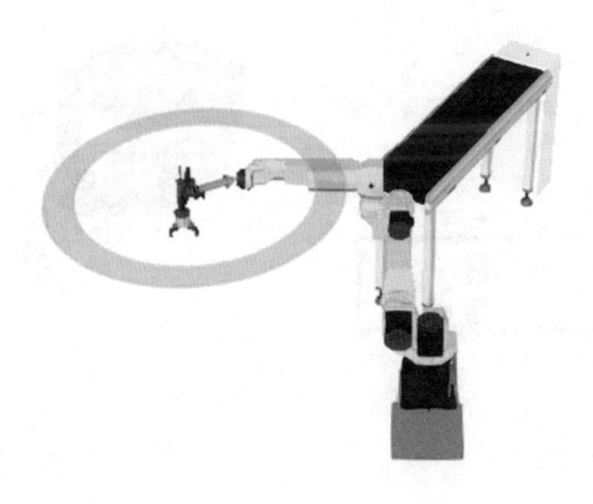

圖13.10

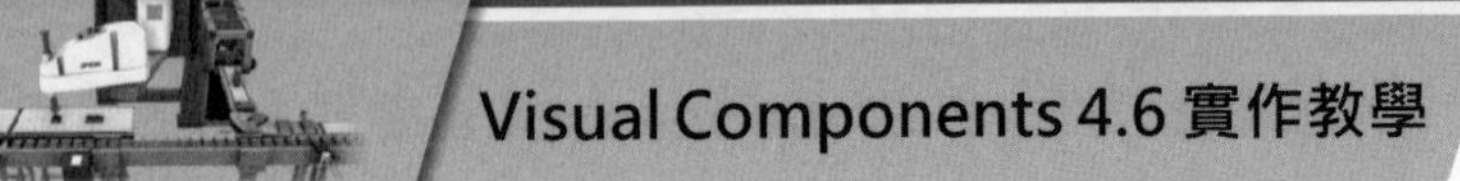

STEP ❼ 從**電子目錄 (eCatalog)** 的 Component 資料夾中將Drill拖進3D世界，移動至X方向：100、Y方向：-1675及Z方向：0；旋轉Rx方向：0、Ry方向：0及Rz方向：-90，如圖13.11及圖13.12。

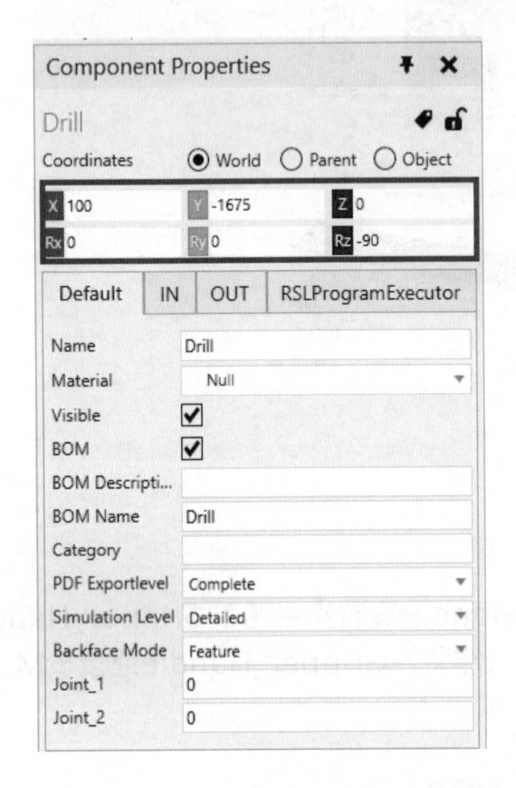

圖13.11

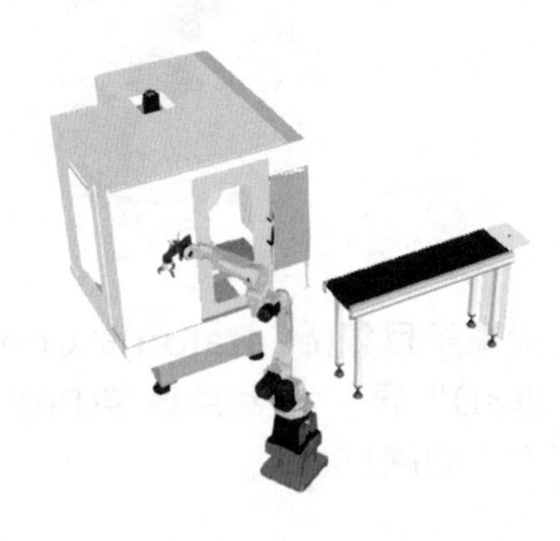

圖13.12

STEP ❽ 從**電子目錄(eCatalog)**的Component資料夾中將TC-S2A拖進3D世界，移動至X方向：1900、Y方向：-250及Z方向：0；旋轉Rx方向：0、Ry方向：0及Rz方向：180，如圖13.13及圖13.14。

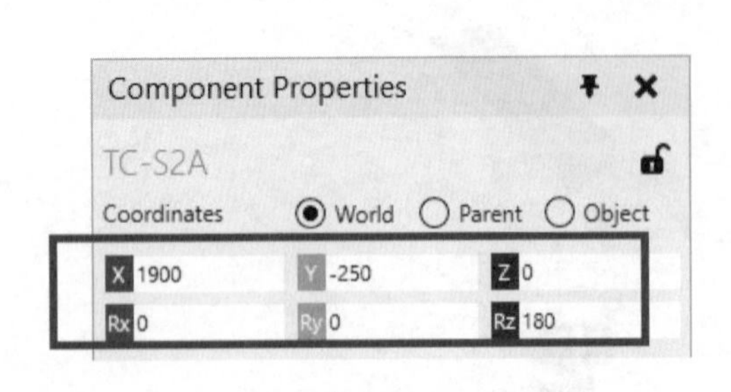

圖13.13

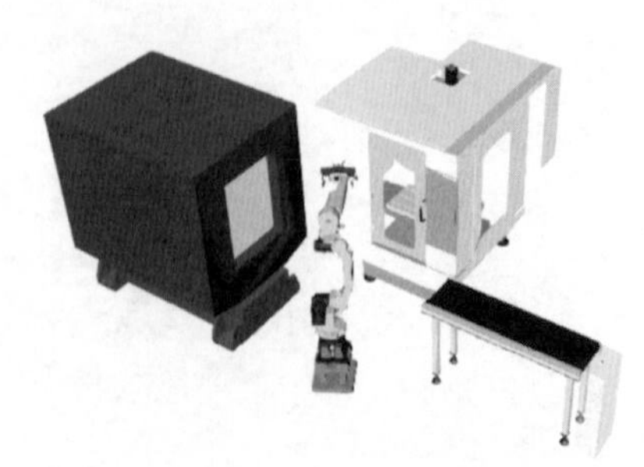

圖13.14

STEP ❾ 從**電子目錄(eCatalog)**的Component資料夾中將Conveyor拖進3D世界，並在元件屬性頁籤改變Conveyor的參數 ，Width：350、 Height：900、Presets：Belt Conveyor；移動至X方向：650、 Y方向：400及Z方向：0；旋轉Rx方向：0、Ry方向：0及Rz方向：90，如圖13.15及圖13.16。

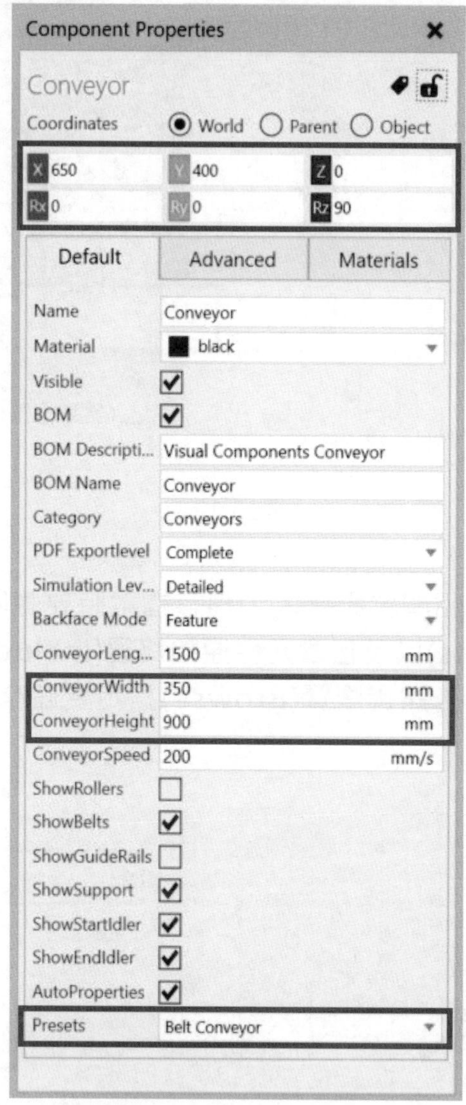

圖13.15

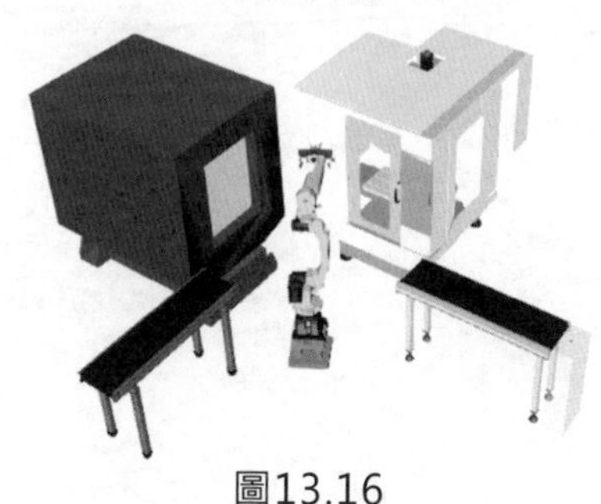

圖13.16

STEP ⑩ 靜態佈局完成，使用者可點選分頁欄**檔案(File)**選擇**另存新檔(Save As)**先將此佈局進行存檔，如圖13.17。

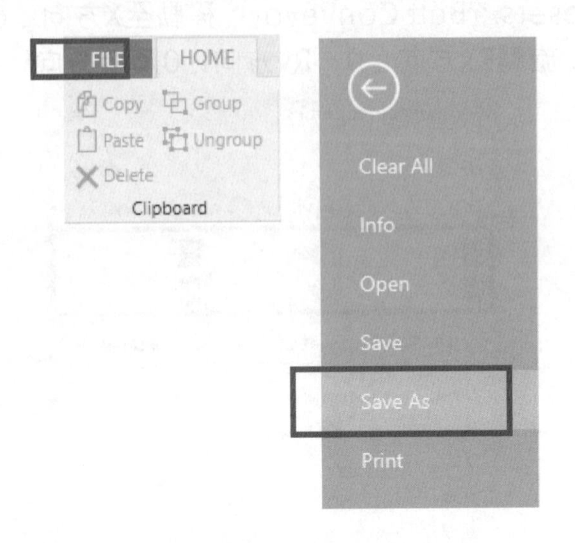

圖13.17

使用者可自行將相關資訊寫入，儲存檔案時要將**同時儲存所有元件(Include Components)**以及**包含元件原始路徑(Include Components original path)**勾選後，點選**瀏覽(Browse)**指定要儲存的路徑，如圖13.18及圖13.19。

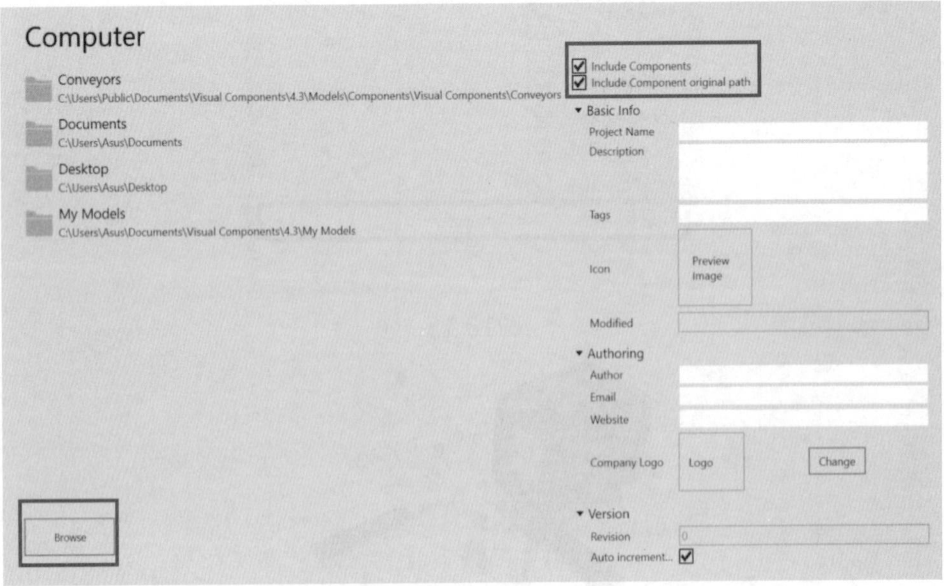

圖13.18

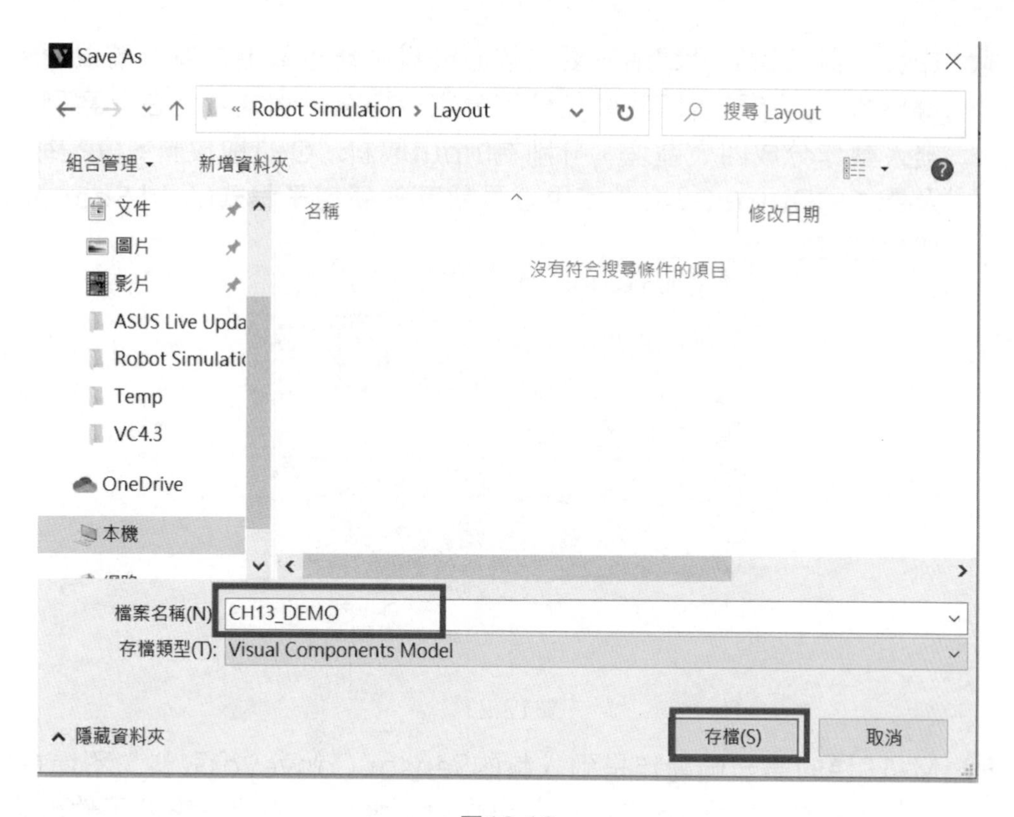

圖13.19

13.3 動作教導

在靜態佈局完成之後，開始進行產線動態模擬，首先切換至**機器人教導(PROGRAM)**頁籤點選M-10iA的**教導編輯器(Program Editor)**進行程式編輯及動作教導，如圖13.20。

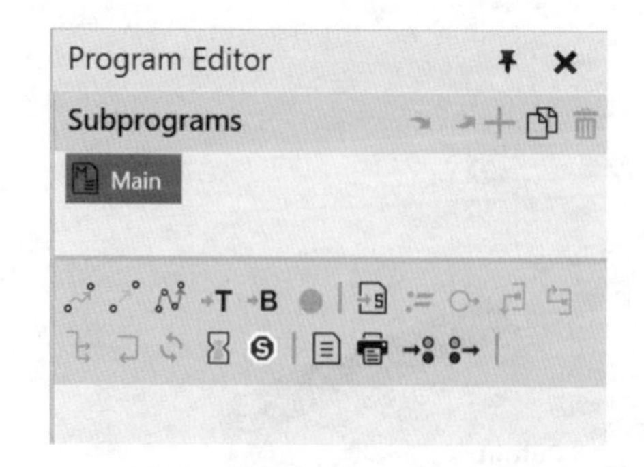

圖13.20

STEP ❶ 由於機器人為此產線最主要的核心故其動作也較為複雜，所以通常在教導機器人動作時會將其動作分段分別教導在子程式中，在此案例中將機器人動作分成四大區塊，分別為Input取料、OP1取放料、OP2取放料以及最後的Output投料，使用者可點選**＋新增子程式(Add Sequence)**，如圖13.21。

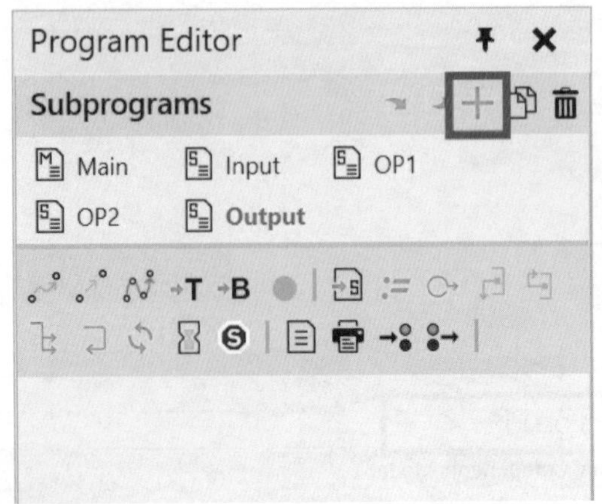

圖13.21

STEP ❷ M-10iA的第一個動作是到入料的Sensor Conveyor取料，不過在機器人取料前需先與Sensor Conveyor作訊號連結，如此一來當工件流至Sensor Conveyor末端時，Sensor Conveyor就可通知Robot取料，連接訊號時可先點選M-10iA後勾選主工具列**連接 (Connect)**功能中的**訊號(Signals)**，會出現M-10iA的訊號視窗，如圖13.22。

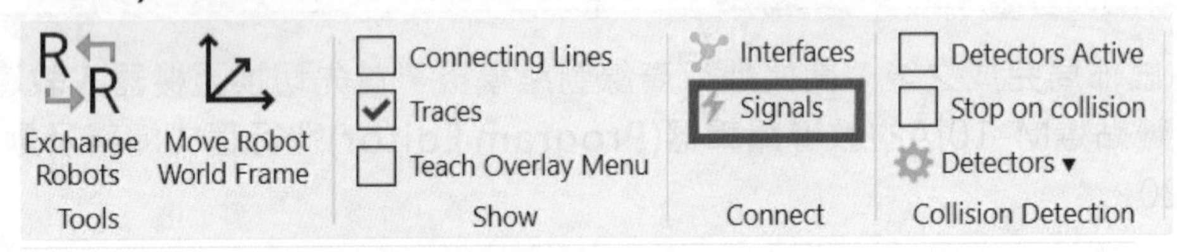

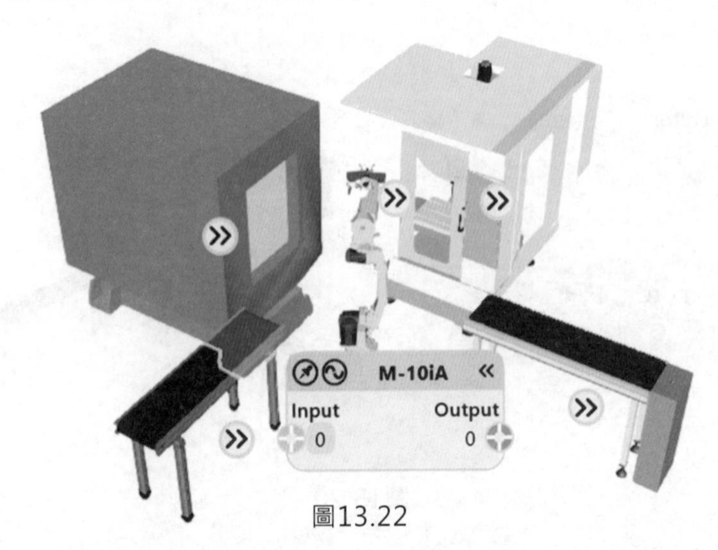

圖13.22

STEP ❸ 首先點開Sensor conveyor的**訊號(Signals)**視窗，其中將M-10iA的**輸入(Input)**需與Sensor Conveyor的Sensor Boolean Signal連結(在紅框輸入101，點選後拖曳的方式連結)，由於M-10iA的第1至第64條**輸出(Output)**的訊號都已綁定內定功能，所以在連接訊號時通常不會使用前64條訊號，所以選用第101訊號作為與Sensor Conveyor溝通的訊號，如圖13.23。

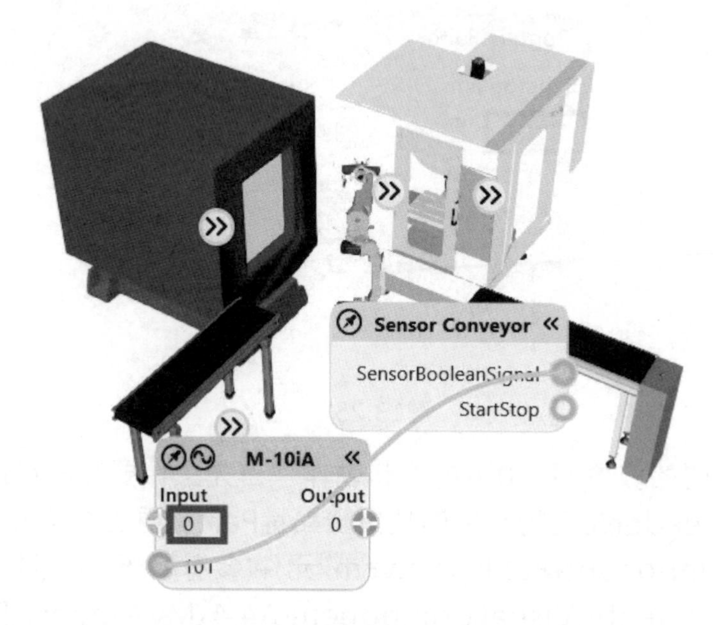

圖13.23

STEP ❹ 訊號綁定後，關閉**訊號(Signals)**視窗，切回M-10iA的Input子程式中開始進行動作教導，因為M-10iA需要先等待Sensor Conveyor上面的工件流至末端，所以會在Input子程式中新增**等待訊號指令(Wait For Binary Input Statement)**，InputPort輸入101，勾選InputValue(勾選代表是True的訊號值，取消勾選則是False的訊號值)，如圖13.24。

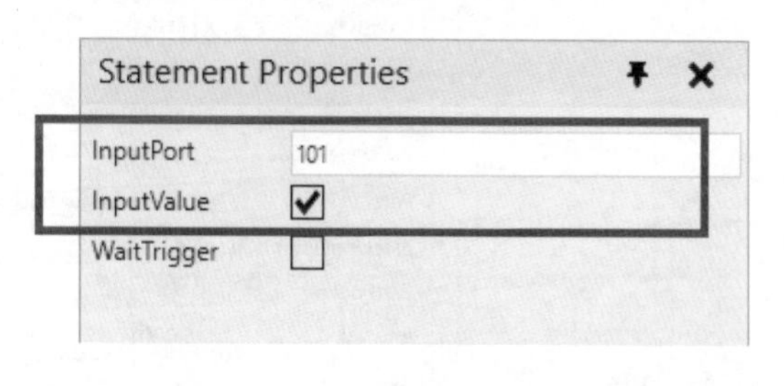

圖13.24

軟體在執行模擬時只會執行主程式(Main)，故需回到主程式新增**呼叫子程式指令(Call Sequence Statement)**功能並在右側的Routine選擇Input子程式，接著才可執行模擬，如圖13.25。

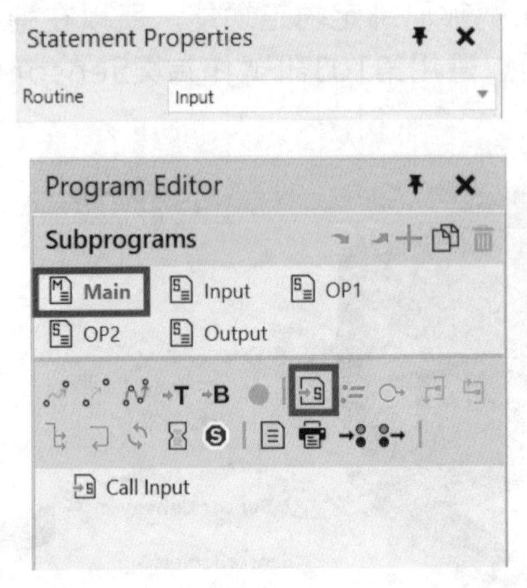

圖13.25

STEP ❺ 接著要開始教導M-10iA的取料動作，首先工件要從Feeder供料。點選Basic Feeder在它的元件屬性頁籤點選Part變更出料工件，點選本章教材的Component裡面的part.vcmx元件(參考路徑：C:\Users\使用者名稱\Documents\Visual Components\4.4\My Models\Robot Simulation\Component \ part.vcmx)，如圖13.26。

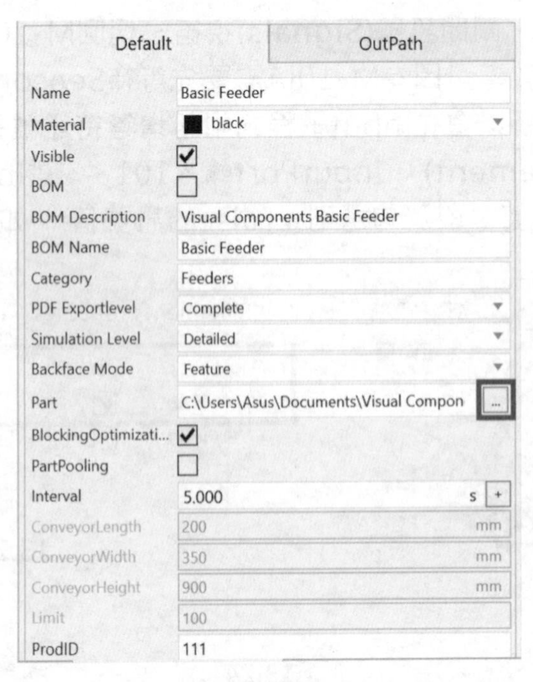

圖13.26

STEP ❻ 先點選**開始(Play)**執行模擬，待工件停在 Sensor Conveyor 末端時再將模擬暫停 ⏸，如此一來就能知道工件的位置再來教導M-10iA的動作，如圖13.27。

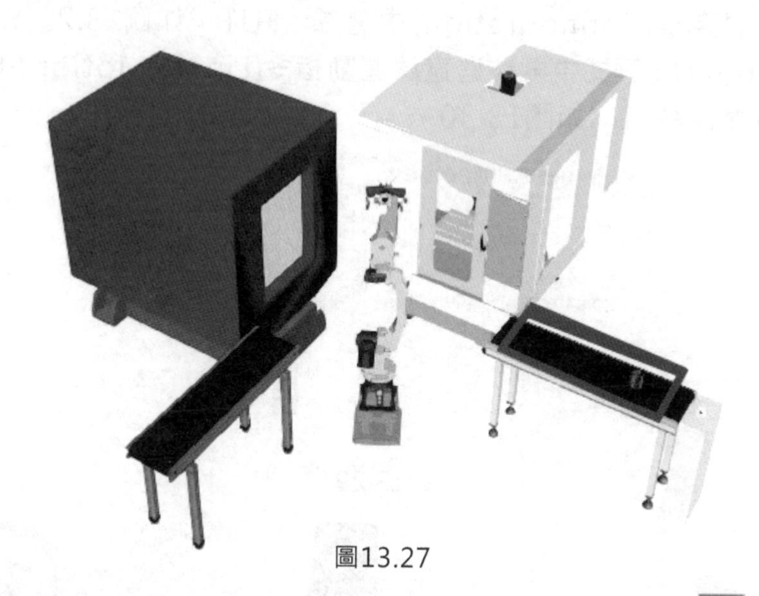

圖13.27

STEP ❼ 首先需要將2-Gripper_Handle朝下，在工具列點選 [Jog]，再選M-10iA後，右側會出現屬性頁籤，如圖13.28。

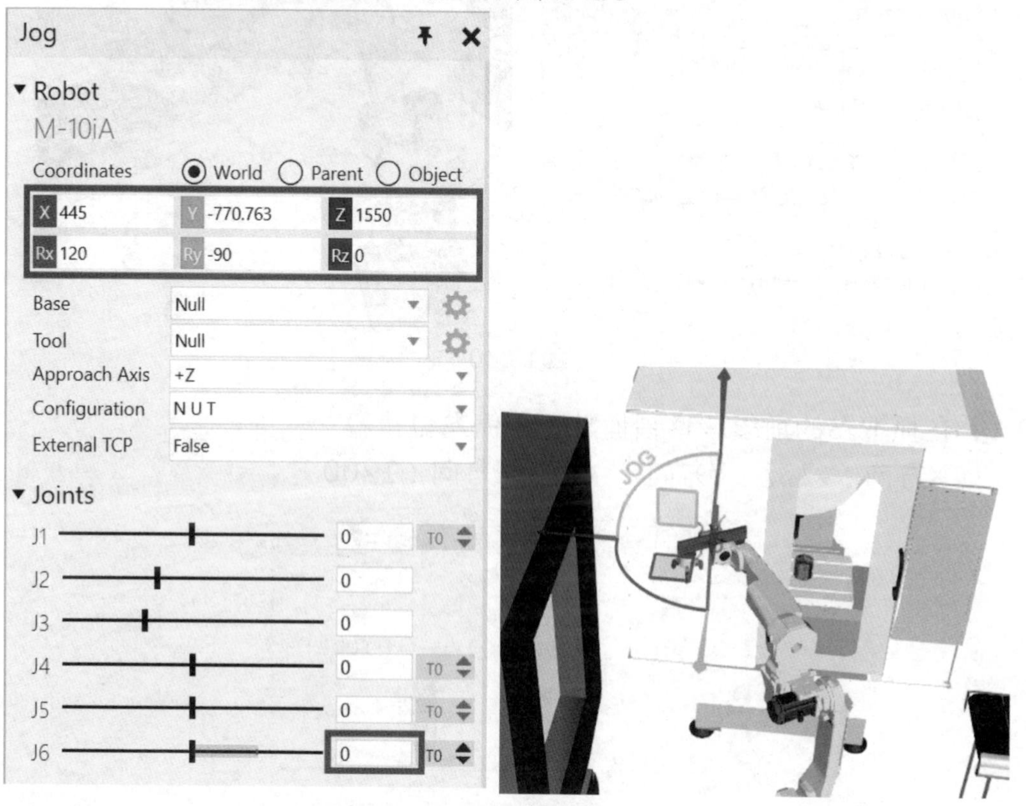

圖13.28

STEP ❽ 利用以上教導機器人的方式，移動M-10iA至Input抓取點，
移動至X方向：-777、Y方向：-498及Z方向：1115；
旋轉Rx方向：120、Ry方向：-90、Rz方向：0；
在手臂姿態(Configuration)中選擇：FUT，如圖13.29，設定好參數後在Input的子程式中再點選**直線運動指令(Linear Motion Statement)**新增線性點P1，如圖13.30。

Statement Properties

P1

Coordinates ◉ World ○ Parent ○ Object

X -777	Y -498	Z 1115
Rx 120	Ry -90	Rz 0

圖13.29

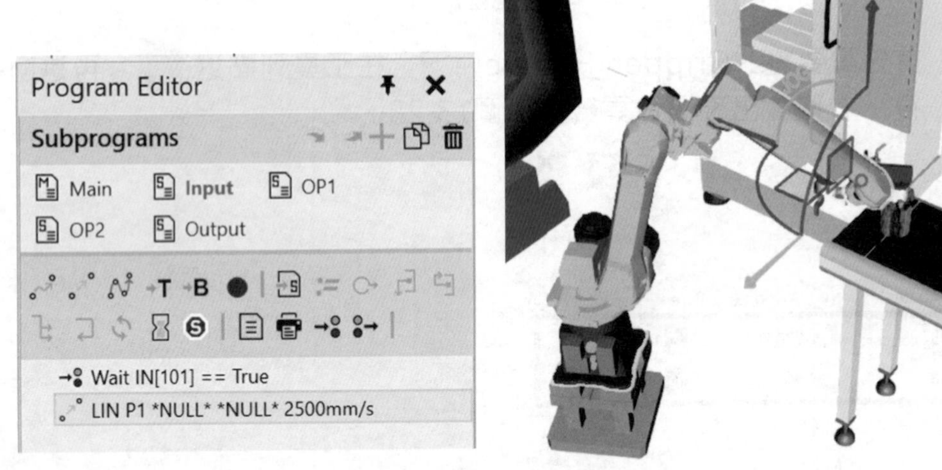

圖13.30

STEP ❾ 在抓取點的前後新增預備點，預備點位置為：
X方向：-777、Y方向：-498及Z方向：1200，

Statement Properties

P2

Coordinates ◉ World ○ Parent ○ Object

X -777	Y -498	Z 1200
Rx 120	Ry -90	Rz 0

Name P2

在Input子程式中新增預備點P2、P3後可將P2拖曳至P1前方，如圖13.31。

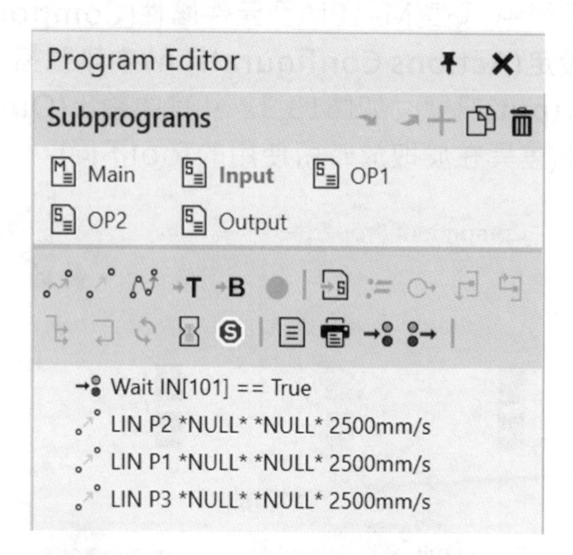

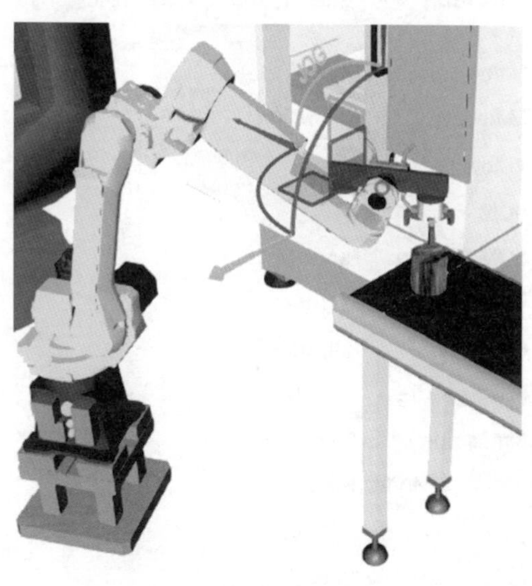

圖13.31

STEP 10 在抓取點的後方需通知M-10iA抓取工件，抓取的行為是綁定在機器人的內定訊號中，點選M-10iA至**元件屬性(Component Properties)**頁籤的**指令設定(Actions Configuration)**中**訊號指令(Signal Actions)**的**輸出(Output)**訊號，如圖13.32，其中**輸出(Output)**第1至第16條皆為取放訊號(差異在於取放時所使用的Tool不同)。

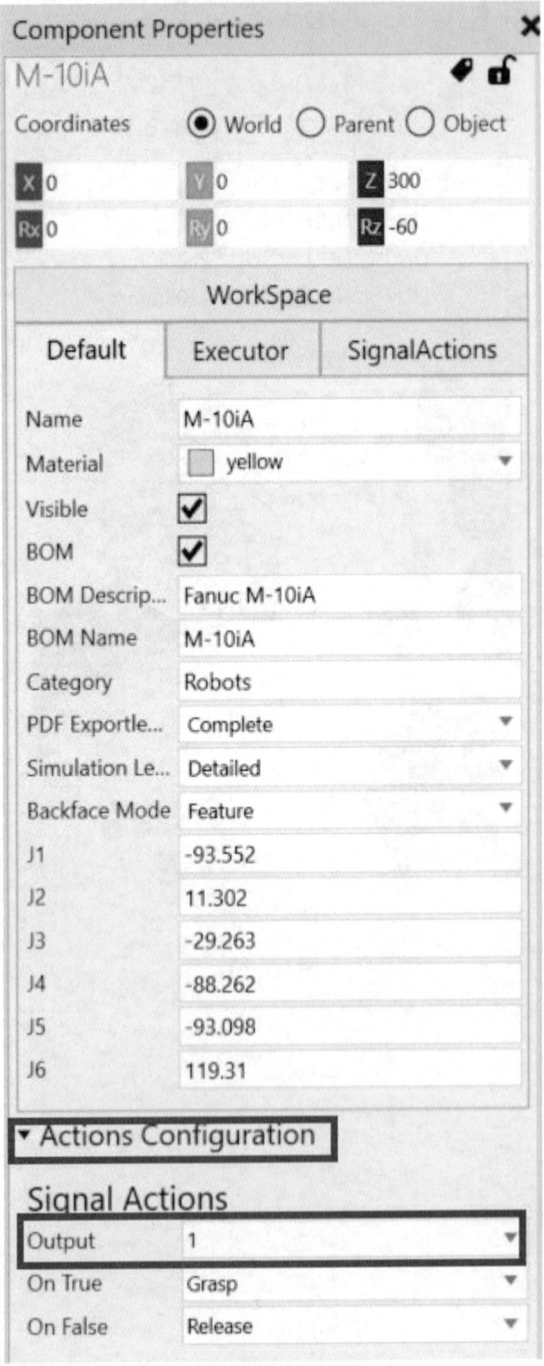

Component Properties

M-10iA

Coordinates ◉ World ○ Parent ○ Object

X 0	Y 0	Z 300
Rx 0	Ry 0	Rz -60

WorkSpace

Default | Executor | SignalActions

Name	M-10iA
Material	yellow
Visible	☑
BOM	☑
BOM Descrip...	Fanuc M-10iA
BOM Name	M-10iA
Category	Robots
PDF Exportle...	Complete
Simulation Le...	Detailed
Backface Mode	Feature
J1	-93.552
J2	11.302
J3	-29.263
J4	-88.262
J5	-93.098
J6	119.31

▾ Actions Configuration

Signal Actions

Output	1
On True	Grasp
On False	Release

圖13.32

STEP 11 故需在P1點後方新增**傳送訊號指令(Set Binary Output Statement)**，其中OutputPort為1(代表是使用Utool1來抓取工件)，將OutputValue勾選起來(取料:勾選代表是True的訊號值，放料:取消勾選則是False的訊號值)，如圖13.33。

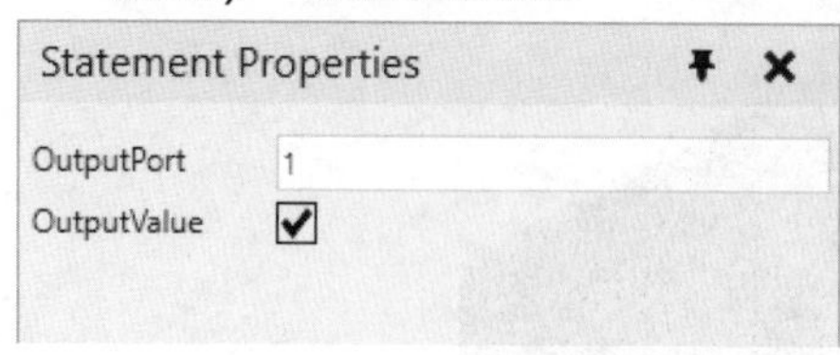

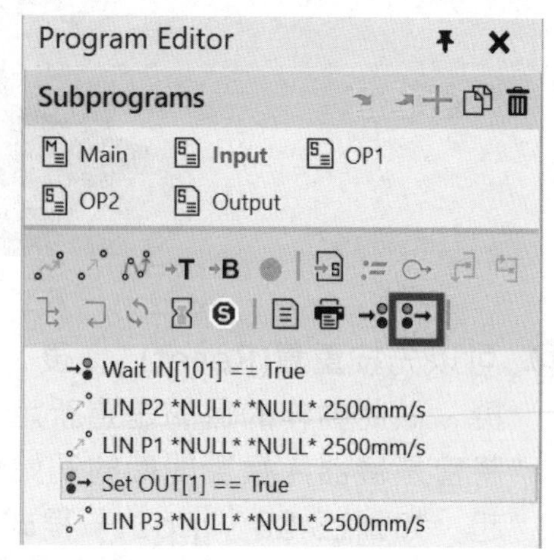

圖13.33

STEP 12 因為M-10iA是使用Utool1來抓取工件，所以需將M-10iA的Utool1移動到夾爪上(Tool的預設位置皆在機器人第六軸法蘭面上)，點選M-10iA的**工具(Tool)**選擇Utool1，接著點選Utool1右側的齒輪圖示，如圖13.34、圖13.35，將Utool1移動至夾爪上(可利用**原點對準(Snap)**功能中的三點定中心來移動)，如圖13.36。。

圖13.34

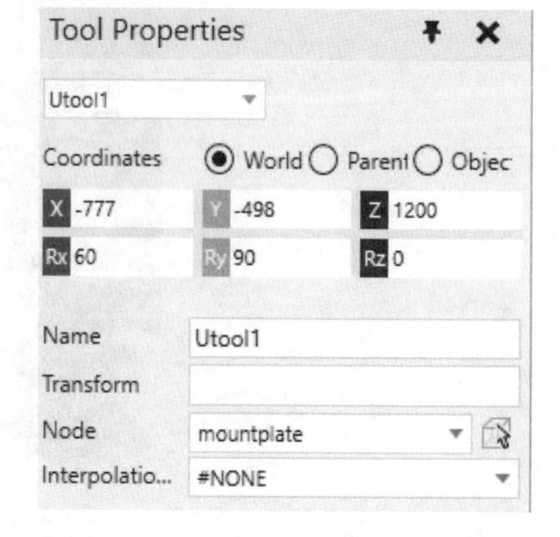

圖13.35

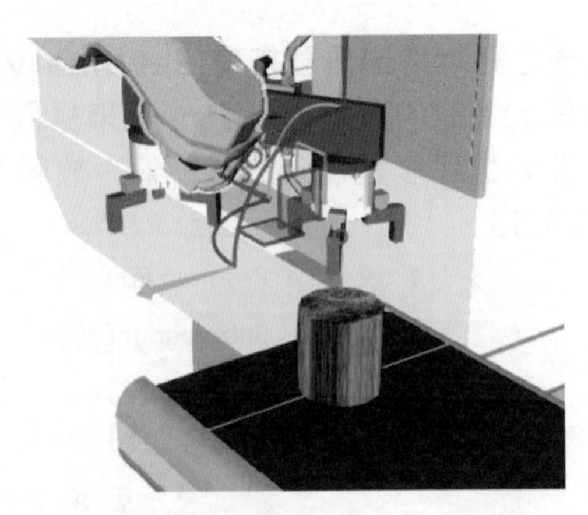

圖13.36

STEP ⓭ 可以先按**重置(Reset)** 後，將手臂移動到P2點再按**開始(Play)**執行模擬，做此動作的目的是重新定義模擬的初始狀態，以此案例而言P2點都將會是機器人模擬開始的初始位置，如圖13.37，M-10iA便會將工件抓起，如圖13.38，Input子程式的教導動作即完成。

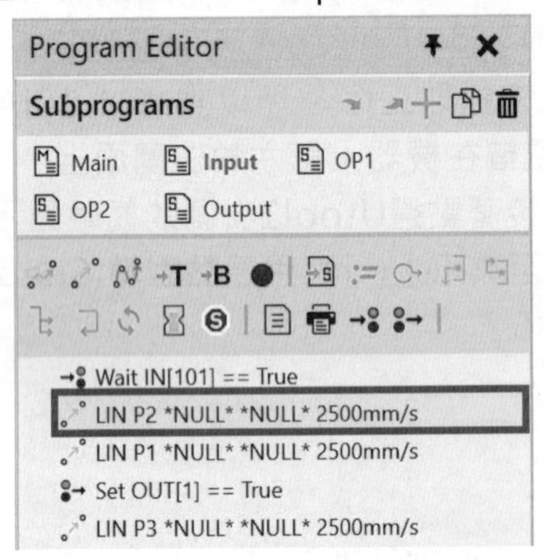

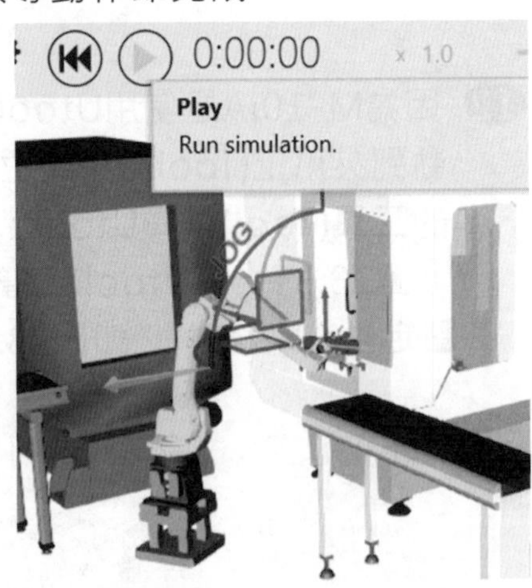

圖13.37

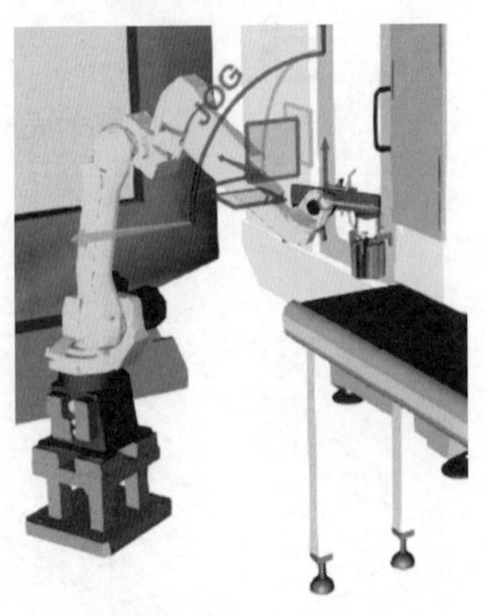

圖13.38

接著要開始教導Drill的加工動作，先切換至Drill的程式中，由於機台的動作相對機器人簡單，故不一定要教導在子程式中。點選**點對點運動指令(Point-to-Point Motion Statement)**，新增機台開門P1點，修改參數設定Joint1：570、Joint2：-320、CycleTime：2，如圖13.39。

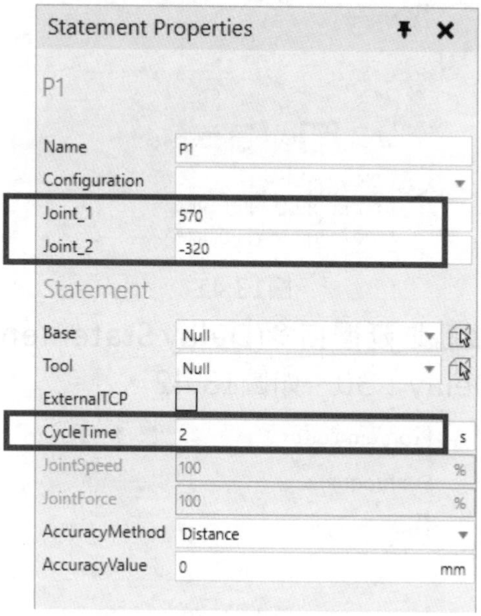

Statement Properties

P1

Name	P1
Configuration	
Joint_1	570
Joint_2	-320

Statement

Base	Null
Tool	Null
ExternalTCP	
CycleTime	2 s
JointSpeed	100 %
JointForce	100 %
AccuracyMethod	Distance
AccuracyValue	0 mm

圖13.39

STEP ⓮ 接著新增機台關門P2點，修改參數設定Joint1：0、Joint2：0、Cycle Time：2，如圖13.40。

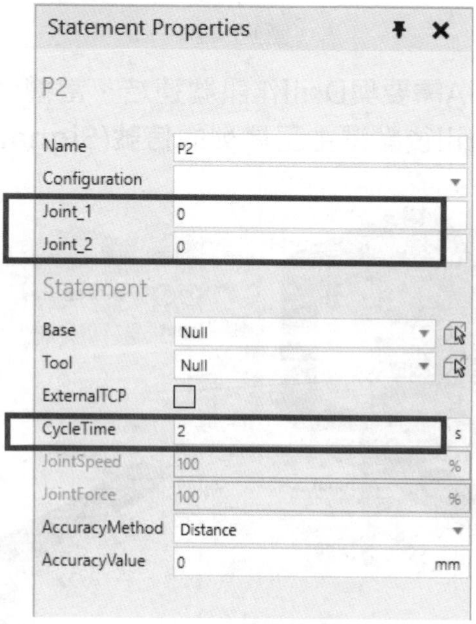

Statement Properties

P2

Name	P2
Configuration	
Joint_1	0
Joint_2	0

Statement

Base	Null
Tool	Null
ExternalTCP	
CycleTime	2 s
JointSpeed	100 %
JointForce	100 %
AccuracyMethod	Distance
AccuracyValue	0 mm

圖13.40

STEP ⓯ 接著在P1點前新增**延遲指令(Delay Statement)**作為機台加工時間，修改參數設定Delay：10，如圖13.41。

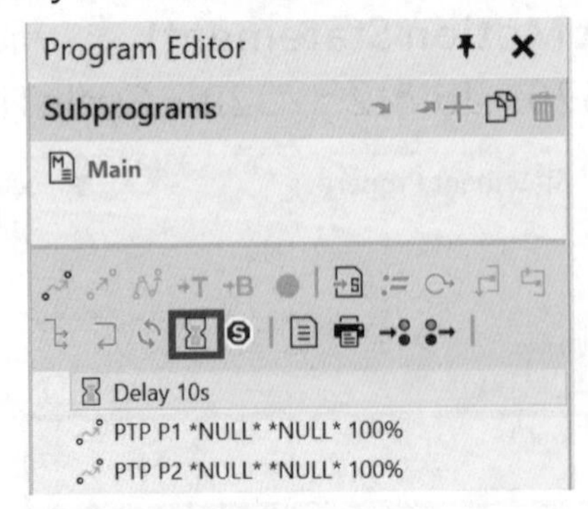

圖13.41

STEP ⓰ 接著在P2點後新增**延遲指令(Delay Statement)**作為機台加工時間，修改參數設定Delay：30，如圖13.42。

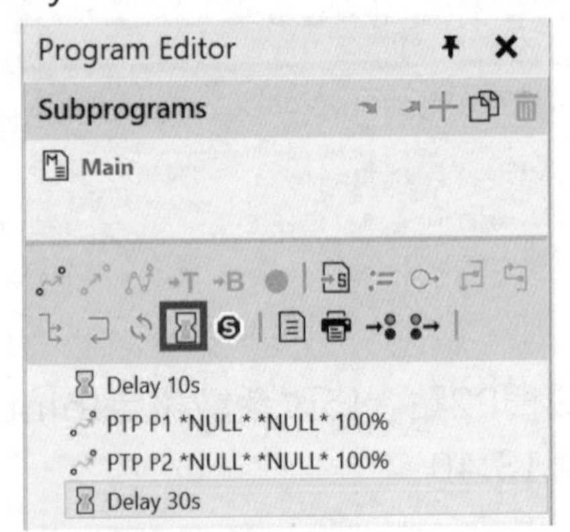

圖13.42

STEP ⓱ 接下來M-10iA需要與Drill作訊號連結，當機台加工完後通知M-10iA取放料，選取Drill後點選主工具列的**信號(Signals)**功能，會出現訊號視窗，如圖13.43。

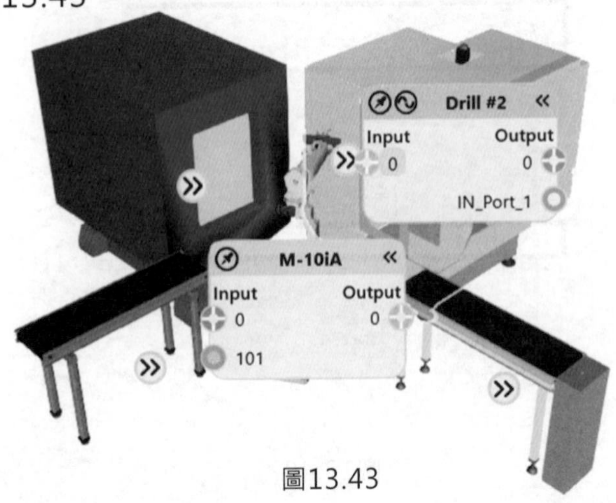

圖13.43

STEP ⓲ 滑鼠指標出現手指符號時點選後拖曳，將Drill的**輸入(Input)**接到M-10iA的**輸出(Output)**，Drill的**輸出(Output)**接到M-10iA的**輸入(Input)**，由於M-10iA的第101條訊號已與Sensor Conveyor連接，所以可使用第102條訊號來與Drill機台連接，連結後更改M-10iA的Input值為102、Output值為102，則Drill更改為Input值為1、Output值為1，如圖13.44。

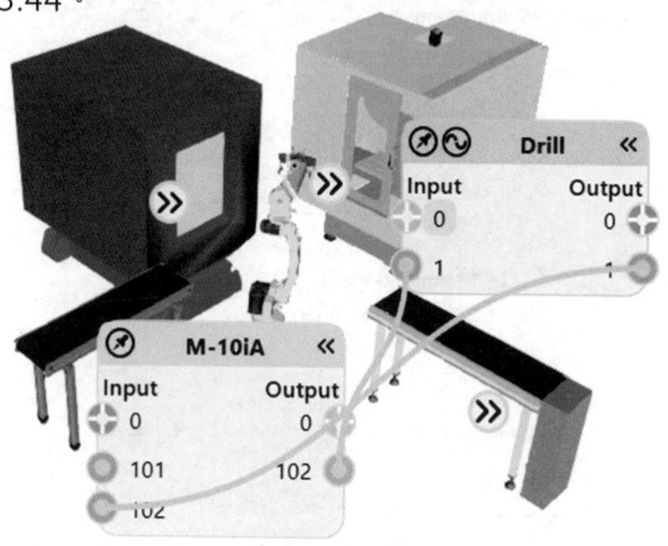

圖13.44

STEP ⓳ M-10iA與Drill的訊號接好後，機台開門後需通知Robot取料，因此切換至Drill的程式中，接著在Drill中寫入訊號，首先在P1點後方新增**傳送訊號指令 (Set Binary Output Statement)**，OutputPort輸入1，勾選OutputValue，如圖13.45。

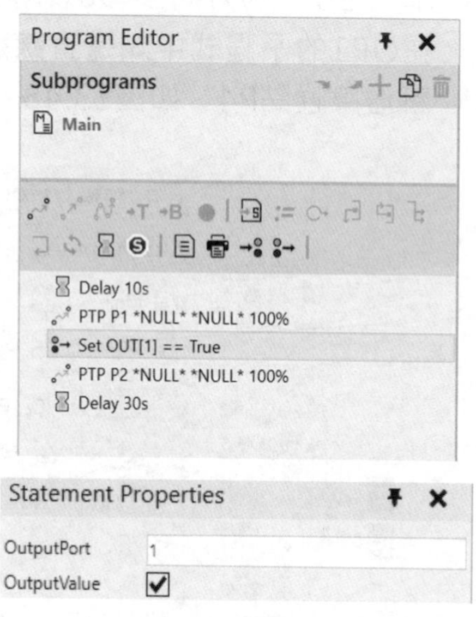

圖13.45

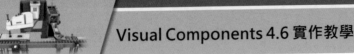

接著機台收到來自M-10iA的訊號後需關門開始加工，因此在P2點前方新增**等待訊號指令(Wait For Binary Input Statement)**，InputPort輸入1，勾選InputValue，勾選Wait Trigger (勾選代表為一次性短訊號，取消勾選則為常開訊號)，如圖13.46，Drill機台動作教導完成。

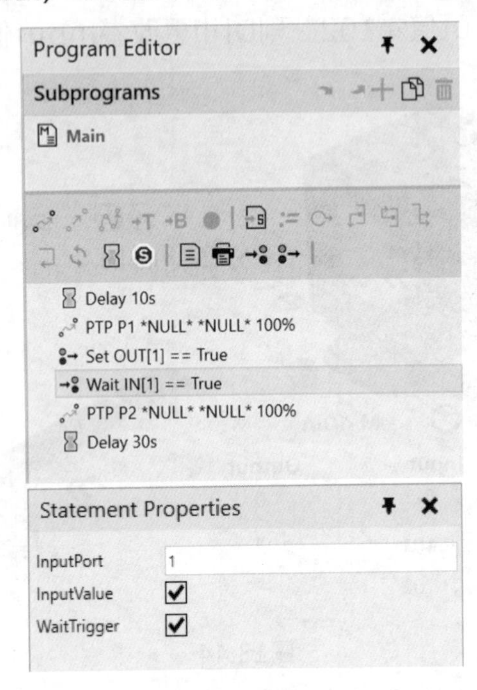

圖13.46

STEP 20 程式切回M-10iA，接著點選子程式OP1，先利用**互動(Jog)** 功能將M-10iA移動至Drill機台，移動至X方向：0、Y方向：-600及Z方向：1200；旋轉Rx方向：90、Ry方向：-90及Rz方向：0，如圖13.47。設定好參數後，在OP1的子程式中點選**直線運動指令(Linear Motion Statement)** 新增線性點P4，如圖13.48、圖13.49。

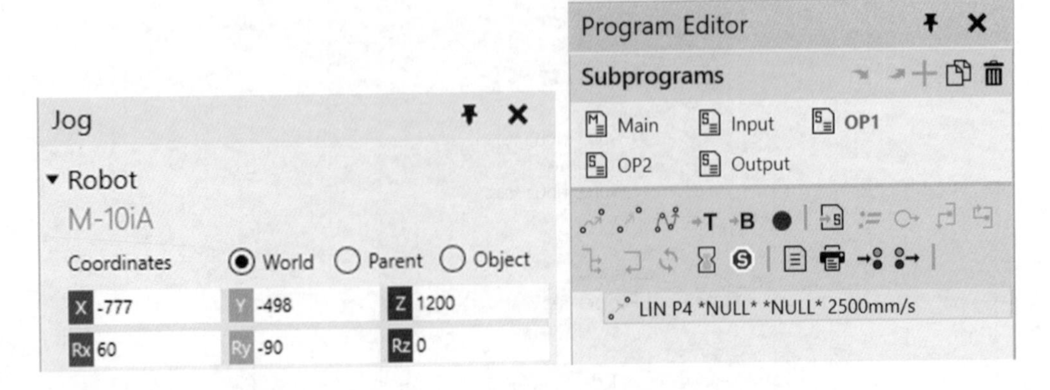

圖13.47

圖13.48

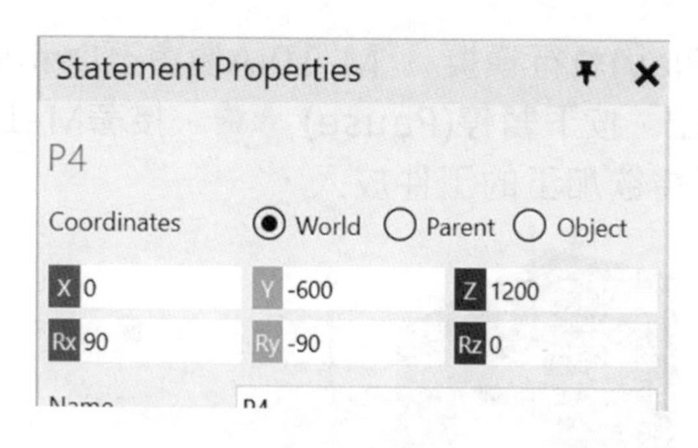

圖13.49

於M-10iA的Main主程式中呼叫子程式OP1，如圖13.50

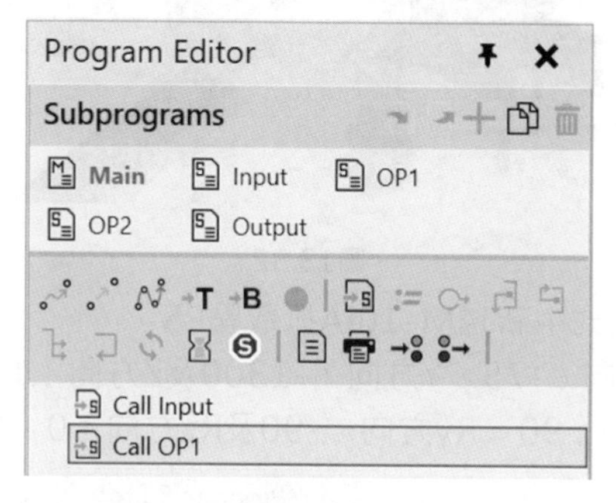

圖13.50

STEP ㉑ 當M-10iA移動至Drill機台前方時需先等待Drill機台訊號後再進行取放料動作，所以會在OP1子程式中新增**等待訊號指令(Wait For Binary Input Statement)**，將InputPort輸入102，以及勾選InputValue及Wait Trigger，如圖13.51。

圖13.51

STEP 22 點選**開始(Play)**執行模擬，M-10iA便會至Drill機台前方等待機台開門，如圖13.52，按下**暫停(Pause)** ，接著M-10iA須先將Drill機內的工件取出再將欲加工的工件放入。

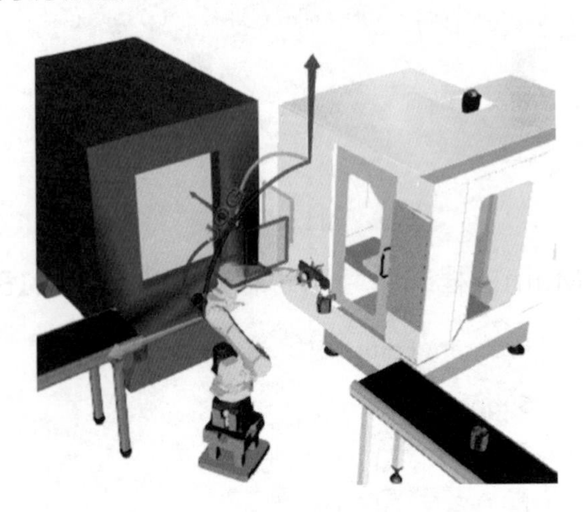

圖13.52

STEP 23 在OP1子程式中新增M-10iA抓取點P5，
移動至X方向：-75、Y方向：-1300及Z方向：1015；
旋轉Rx方向：90、Ry方向：-90及Rz方向：0，如圖13.53。

Statement Properties

P5

Coordinates ◉ World ○ Parent ○ Object

X -75	Y -1300	Z 1015
Rx 90	Ry 90	Rz 0

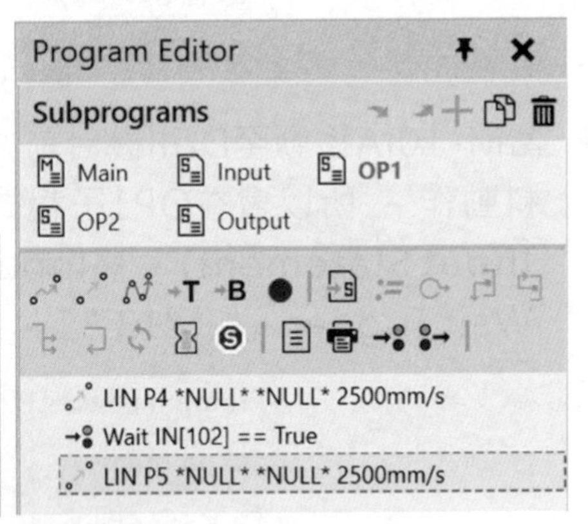

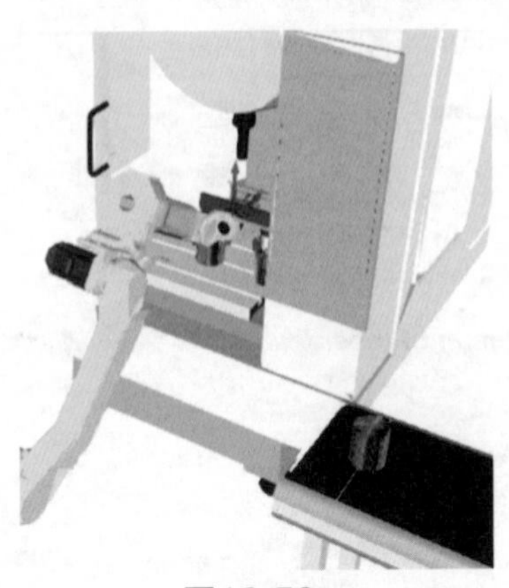

圖13.53

STEP 24 調整手臂姿態，並於抓取點P5前後新增預備點P6與P7，移動至X方向：-75、Y方向：-1300及Z方向：1200；旋轉Rx方向：90、Ry方向：-90及Rz方向：0，如圖13.54。

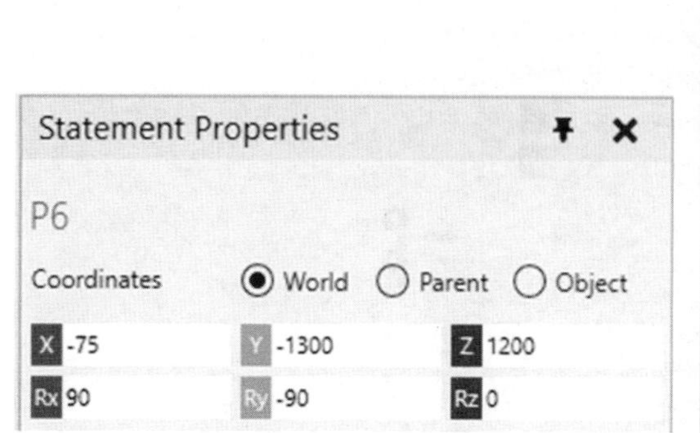

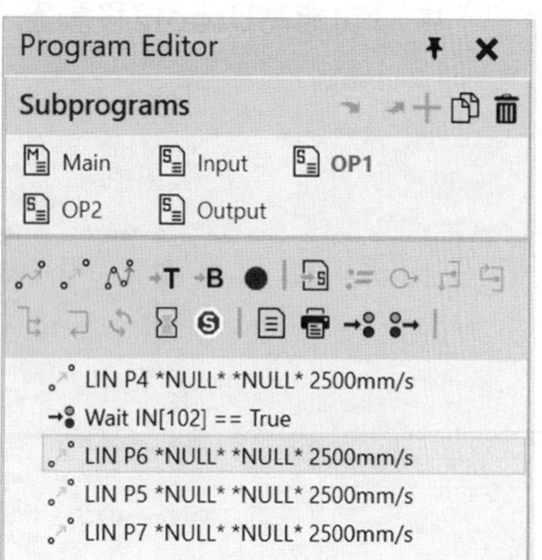

圖13.54

STEP 25 在抓取點的後方需通知M-10iA抓取工件，故需在P5點後方新增**傳送訊號指令(Set Binary Output Statement)**，其中OutputPort輸入2(代表是使用Utool2來抓取工件)，Output Value勾選為True，如圖13.55。

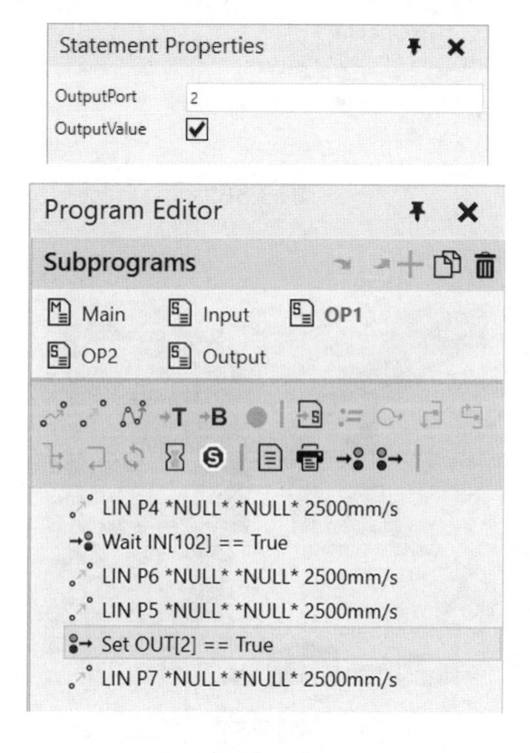

圖13.55

STEP 26 因為M-10iA是使用Utool2來抓取工件，所以需將M-10iA的Utool2移動到夾爪上，在M-10iA的**互動(Jog)** 中點選**工具(Tool)**選擇Utool2，接著點選右方的齒輪圖示，如圖13.56，利用**原點對準(Snap)**三點定中心功能將Utool2移動至夾爪中心，如圖13.57。

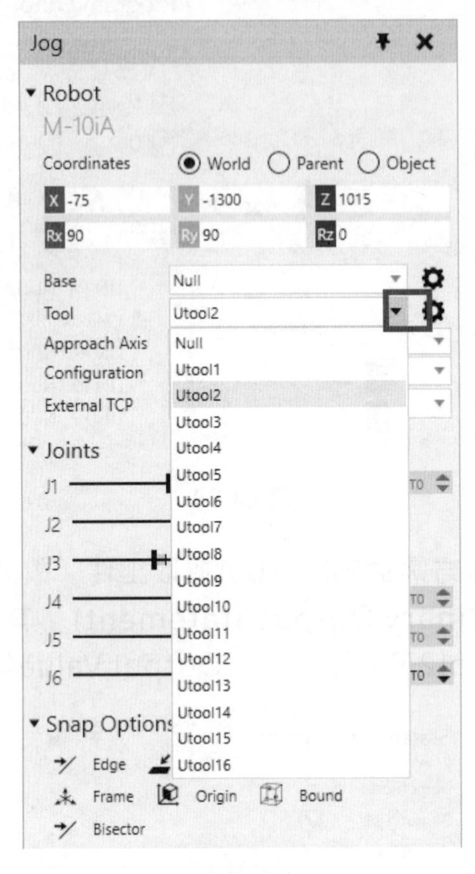

圖13.56

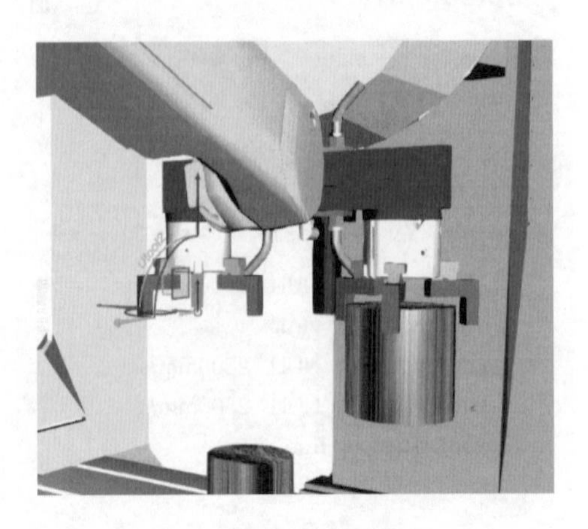

圖13.57

STEP 27 點選**開始(Play)**執行模擬，M-10iA便會將工件抓起，調整手臂姿態，將欲加工的工件放置於機台內，在OP1子程式中新增放置點P8，移動至X方向: 150、Y方向: -1300及Z方向: 1015；旋轉Rx方向：90、Ry方向：-90及Rz方向：0，如圖13.58。

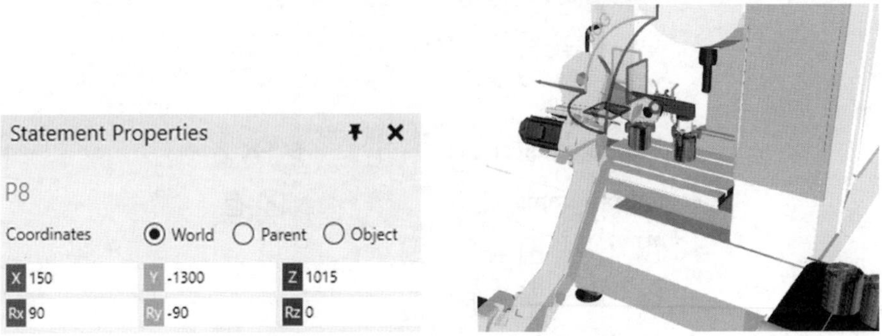

Statement Properties
P8
Coordinates World Parent Object
X 150 Y -1300 Z 1015
Rx 90 Ry -90 Rz 0

圖13.58

STEP 28 調整手臂姿態，並於放置點P8前後新增預備點P9與P10，移動至X方向: 150、Y方向: -1300及Z方向: 1200；旋轉Rx方向：90、Ry方向：-90及Rz方向：0，並將其中一個預備點移至抓取點前方，如圖13.59。

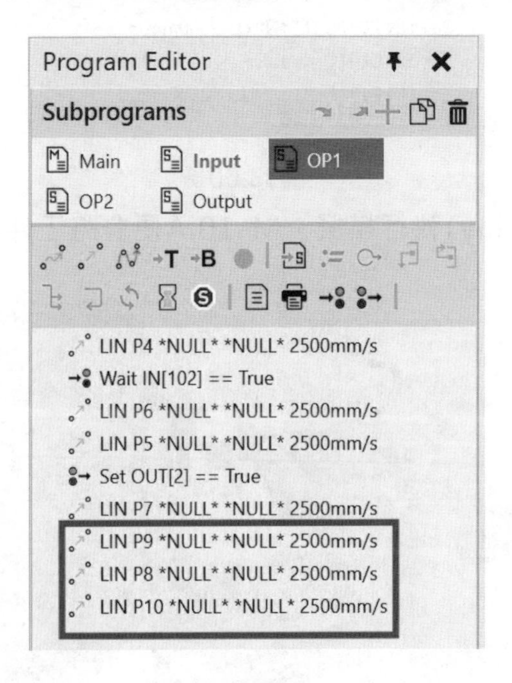
Program Editor
Subprograms
Main
Input
OP1
OP2
Output
T
B
LIN P4 *NULL* *NULL* 2500mm/s
Wait IN[102] == True
LIN P6 *NULL* *NULL* 2500mm/s
LIN P5 *NULL* *NULL* 2500mm/s
Set OUT[2] == True
LIN P7 *NULL* *NULL* 2500mm/s
LIN P9 *NULL* *NULL* 2500mm/s
LIN P8 *NULL* *NULL* 2500mm/s
LIN P10 *NULL* *NULL* 2500mm/s

圖13.59

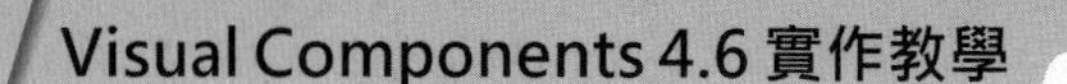

STEP 29 因為M-10iA是使用Utool1來放工件，所以需在放置點P8的後面新增**傳送訊號指令(Set Binary Output Statement)**，其中OutputPort輸入1，OutputValue不勾選(取料:勾選代表是True的訊號值，放料:取消勾選則是False的訊號值)，如圖13.60。

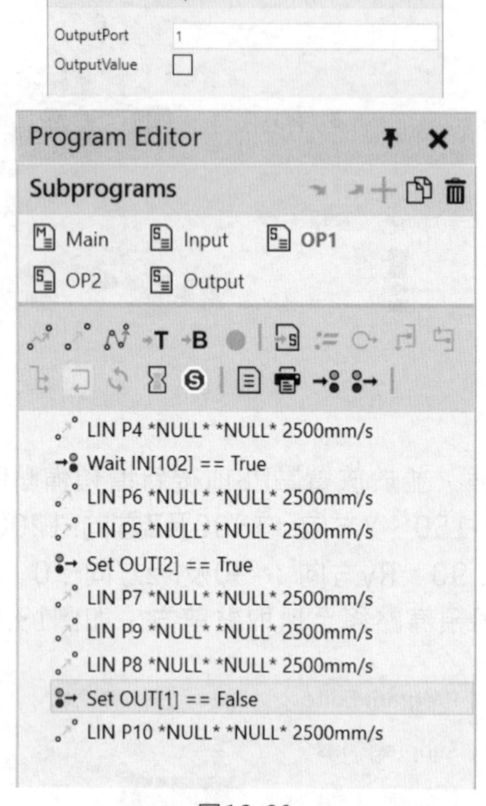
Statement Properties
OutputPort
1
OutputValue
Program Editor
Subprograms
Main
Input
OP1
OP2
Output
LIN P4 *NULL* *NULL* 2500mm/s
Wait IN[102] == True
LIN P6 *NULL* *NULL* 2500mm/s
LIN P5 *NULL* *NULL* 2500mm/s
Set OUT[2] == True
LIN P7 *NULL* *NULL* 2500mm/s
LIN P9 *NULL* *NULL* 2500mm/s
LIN P8 *NULL* *NULL* 2500mm/s
Set OUT[1] == False
LIN P10 *NULL* *NULL* 2500mm/s

圖13.60

STEP 30 點選**開始(Play)**執行模擬，M-10iA便會將工件放置於Drill機台中，如圖13.61。

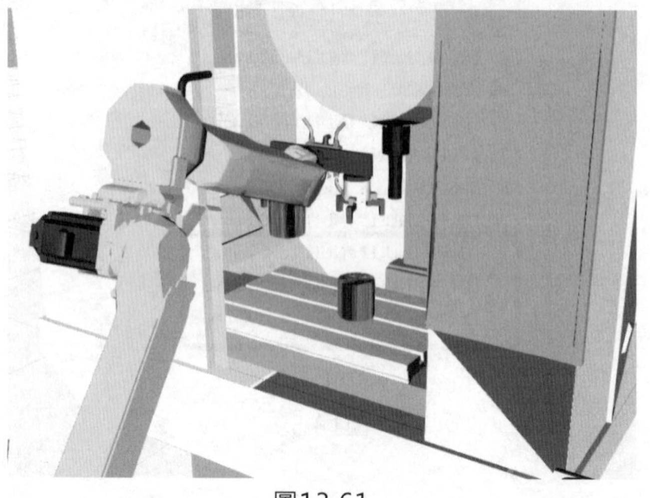

圖13.61

STEP ㉛ M-10iA完成投料動作後，調整手臂姿態，新增一點P11使M-10iA退至Drill機台外，
移動至X方向：0、Y方向：-600及Z方向：1200；
旋轉Rx方向：90、Ry方向：-90及Rz方向：0，如圖13.62。

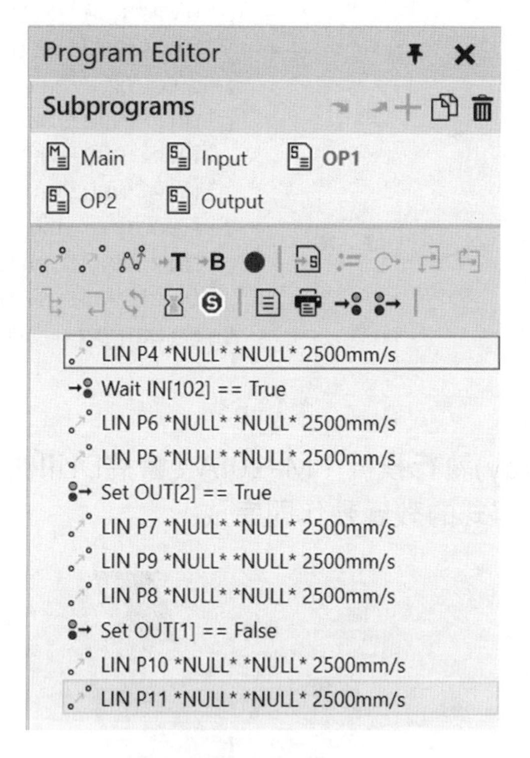

圖13.62

STEP ㉜ M -10iA退出Drill機台後，需在P11點後面新增**傳送訊號指令 (Set Binary Output Statement)**通知Drill機台進行加工，其中OutputPort輸入102，勾選OutputValue，如圖13.63。

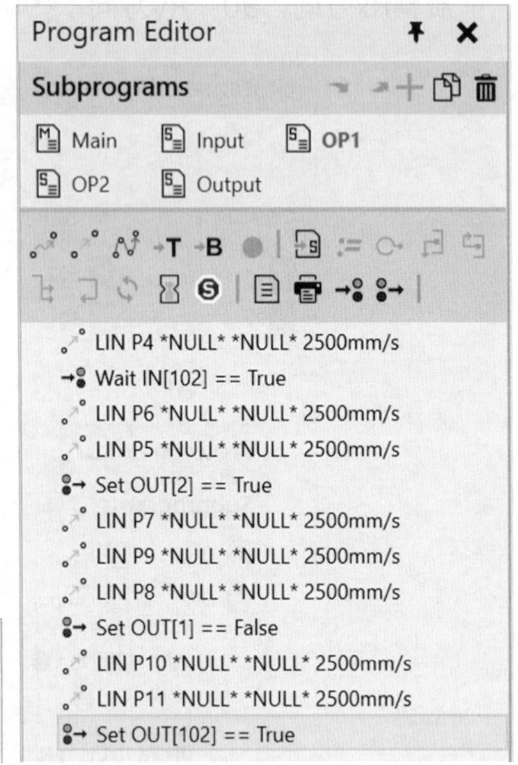

圖13.63

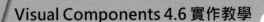

STEP ㉝ 點選**開始(Play)**執行模擬，M-10iA便會將Drill機台工件替換，如圖13.64，OP1子程式的教導動作即完成。

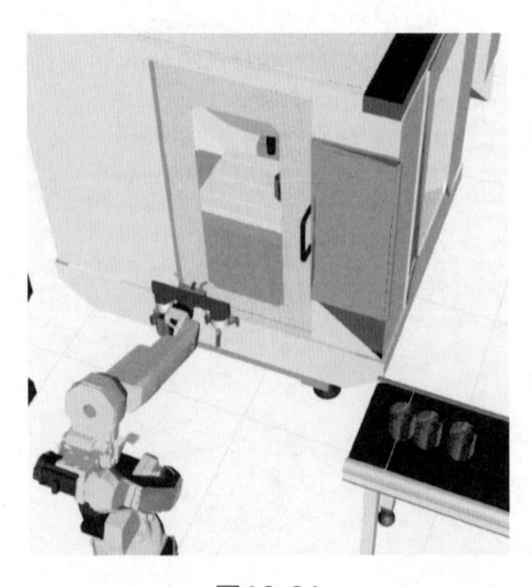

圖13.64

接著開始教導TC-S2A機台的加工動作，切換至TC-S2A程式，**點選點對點運動指令(Point-to-Point Motion Statement)** ，新增機台開門點P1，其參數如下：

Joint1：-325、CycleTime：2，如圖13.65。

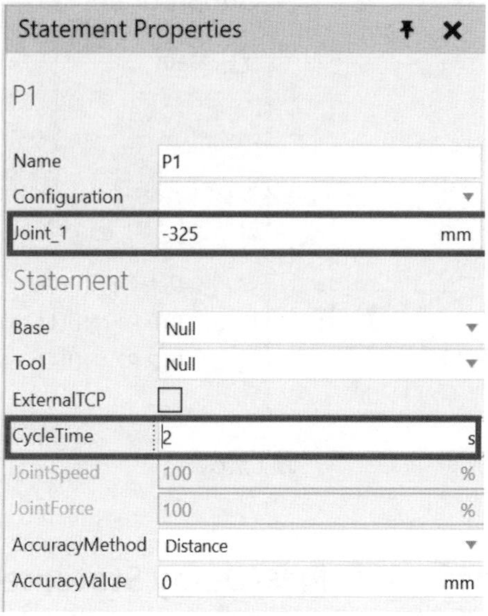

Statement Properties

P1

Name	P1	
Configuration		
Joint_1	-325	mm
Statement		
Base	Null	
Tool	Null	
ExternalTCP	☐	
CycleTime	2	s
JointSpeed	100	%
JointForce	100	%
AccuracyMethod	Distance	
AccuracyValue	0	mm

圖13.65

接著新增機台關門點P2，其參數如下：

Joint1：0、CycleTime：2，如圖13.66。

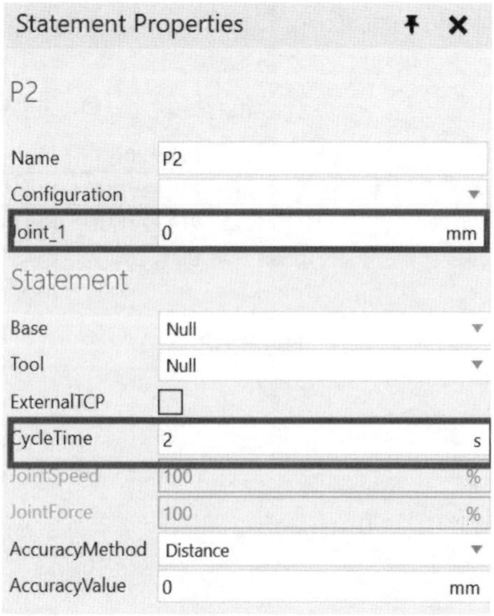

Statement Properties

P2

Name	P2	
Configuration		
Joint_1	0	mm
Statement		
Base	Null	
Tool	Null	
ExternalTCP	☐	
CycleTime	2	s
JointSpeed	100	%
JointForce	100	%
AccuracyMethod	Distance	
AccuracyValue	0	mm

圖13.66

STEP ㉞ 接著在P1點前新增**延遲指令(Delay Statement)**作為機台加工時間，修改參數設定Delay：20，如圖13.67。

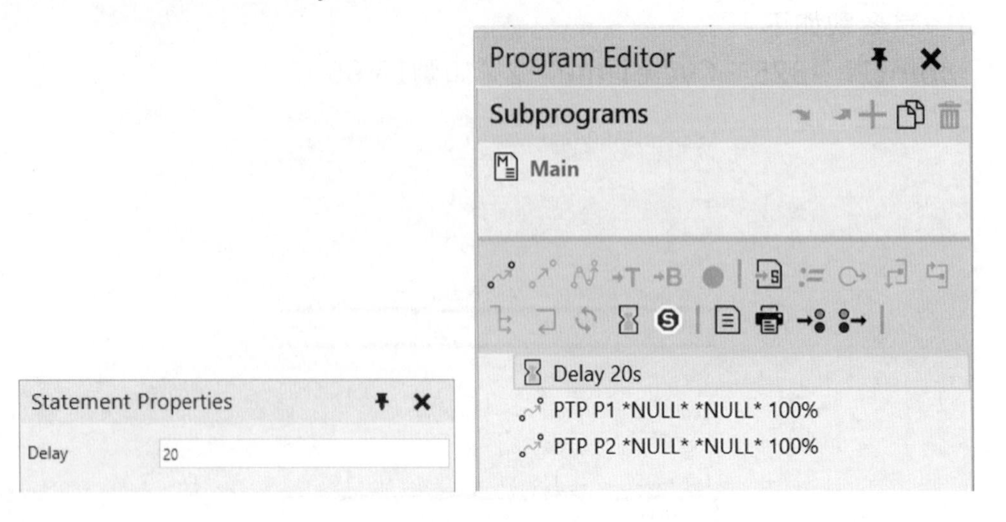

圖13.67

STEP ㉟ 接著在P2點後新增**延遲指令(Delay Statement)**作為機台加工時間，修改參數設定Delay：20，如圖13.68。

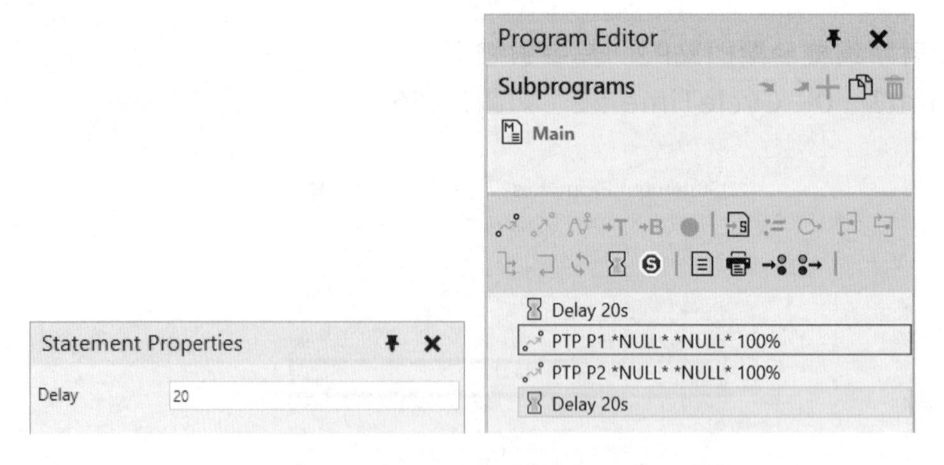

圖13.68

STEP 36 接下來M-10iA需要與TC-S2A機台作訊號連結，機台加工完後通知M-10iA進行取放料，連接訊號時可先點選M - 10iA後勾選主工具列**連接(Connect)**功能中的**訊號(Signals)**，會出現訊號視窗，如圖13.69。

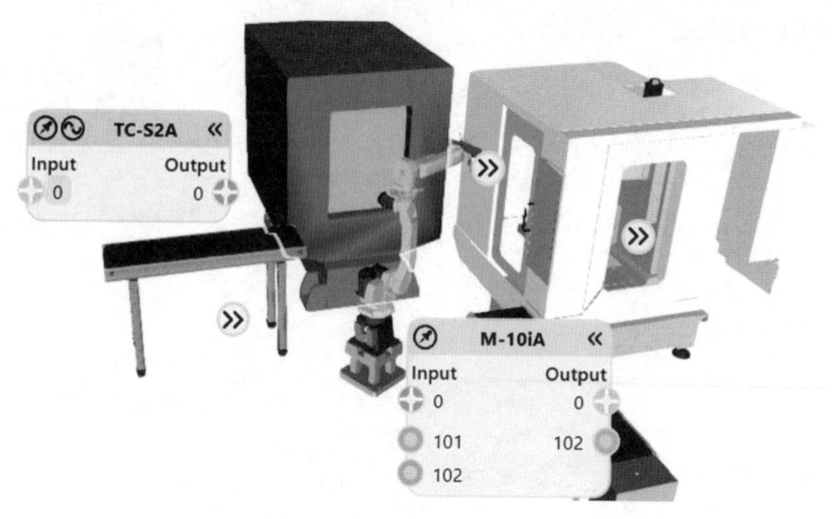

圖13.69

STEP 37 滑鼠指標出現手指符號時點選後拖曳，將TC-S2A的**輸入(Input)**連接到M-10iA的**輸出(Output)**，TC-S2A的**輸出(Output)** 連接到M-10iA的**輸入(Input)**，由於M-10iA的第101條及第102條訊號已使用，所以可使用第103條訊號來與TC-S2A機台連接，連結後更改M-10iA的Input值為103、Output值為103，則TC-S2A更改為Input值為1、Output值為1，如圖13.70。

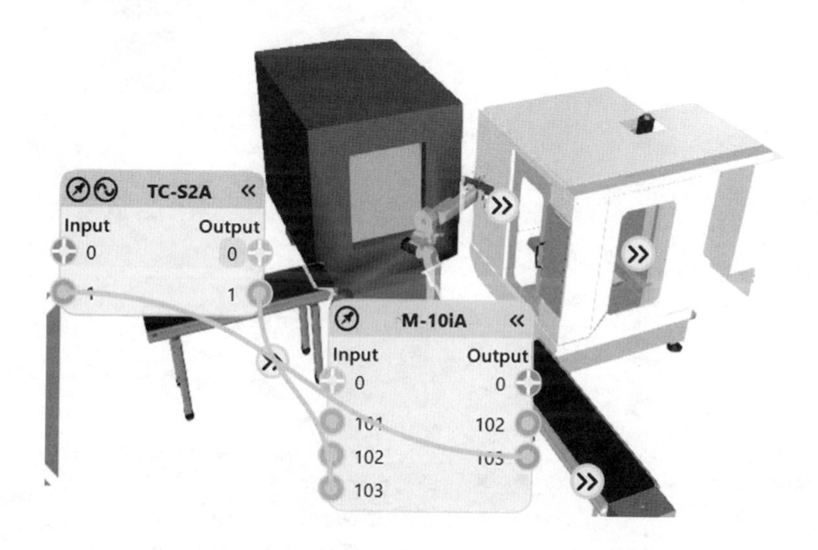

圖13.70

STEP 38 M-10iA與TC-S2A的訊號連接完成後，再切換至TC-S2A的程式中新增訊號，機台開門後需通知Robot取料，因此在P1點後方新增**傳送訊號指令(Set Binary Output Statement)**，其中OutputPort輸入1，勾選OutputValue，如圖13.71。

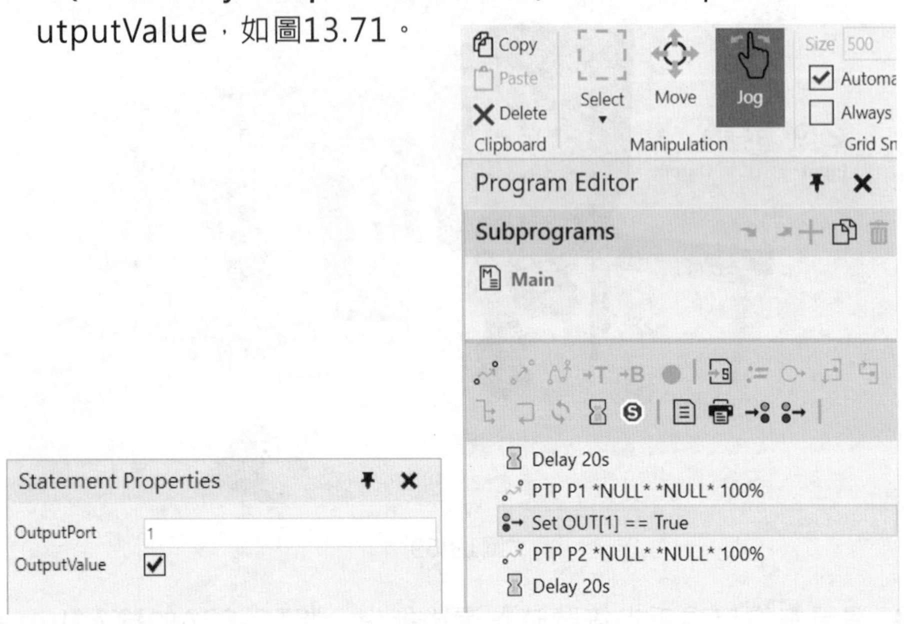

圖13.71

STEP 39 機台收到來自M-10iA的訊號後需關門開始加工，因此在P2點前方新增**等待訊號指令(Wait For Binary Input Statement)**，其中Input輸入1，勾選Input Value，勾選Wait Trigger，如圖13.72，TC-S2A機台動作教導完成。

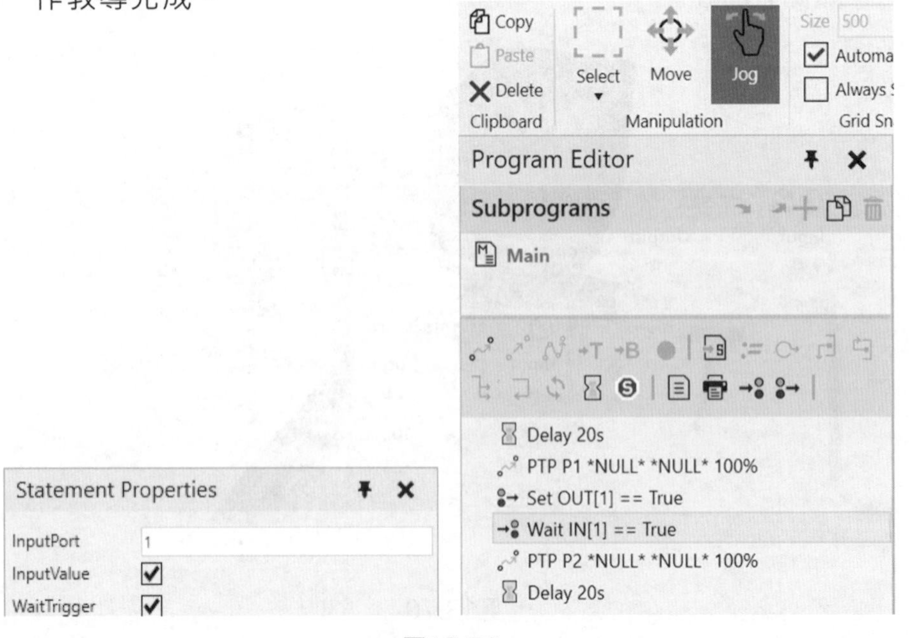

圖13.72

STEP 40 切回M-10iA程式中，接著點選子程式OP2，先利用**互動(Jog)** 將M-10A移動至TC-S2A機台前，
移動至X方向：600、Y方向：-220及Z方向：1200；
旋轉Rx方向：180、Ry方向：-90及Ry方向：0，如圖13.73。
設定好參數後，在OP1的子程式中點選**直線運動指令(Linear Motion Statement)** 新增線性點P12。

P12

Coordinates ◉ World ○ Parent ○ Object

X 600	Y -220	Z 1200
Rx 180	Ry -90	Rz 0

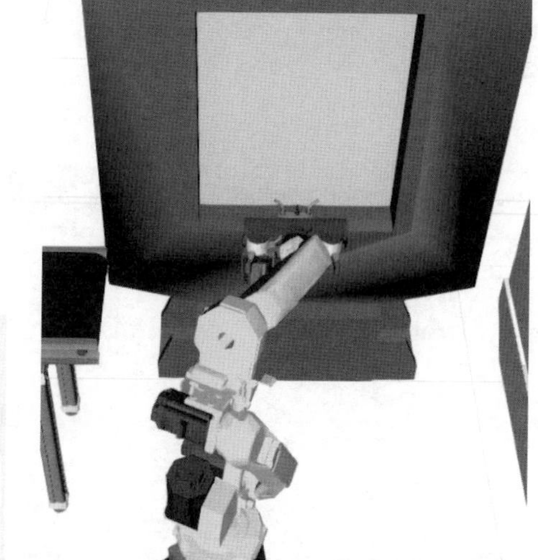

圖13.73

STEP 41 於M-10iA的主程式中呼叫子程式OP2，如圖13.74。

Program Editor

Subprograms

Main Input OP1
OP2 Output

T B

Call Input
Call OP1
Call OP2

圖13.74

STEP 42 當M-10iA移動至TC-S2A機台前方時，需先等待TC-S2A機台訊號後再進行取放料動作，所以會在OP2子程式中新增**等待訊號指令(Wait For Binary Input Statement)**，將InputPort輸入103，勾選InputValue，勾選Wait Trigger，如圖13.75。

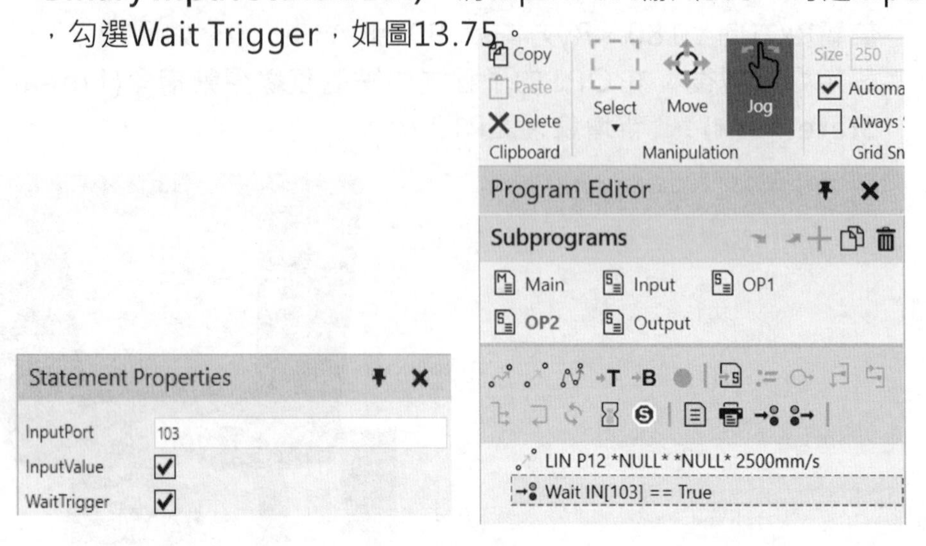

圖13.75

STEP 43 先按**重置(Reset)**，再點選**開始(Play)**執行模擬，M-10iA便會至TC-S2A機台前方等待機台開門，如圖13.76， 接著M-10iA須先將TC-S2A機內的工件取出再將欲加工的工件放入。

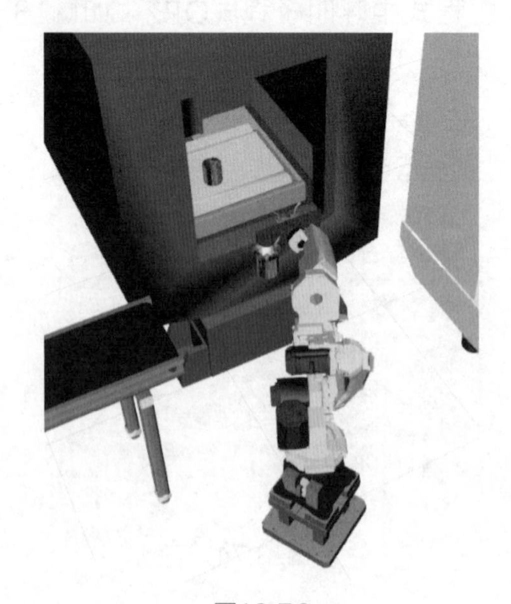

圖13.76

STEP 44 調整手臂姿態後，新增M-10iA抓取點P13，
移動至X方向：1400、Y方向：-75及Z方向：1095；
旋轉Rx方向：180、Ry方向：-90、Rz方向：0，如圖13.77。

P13

Coordinates ◉ World ○ Parent ○ Object

X 1400 Y -75 Z 1095

Rx 180 Ry -90 Rz 0

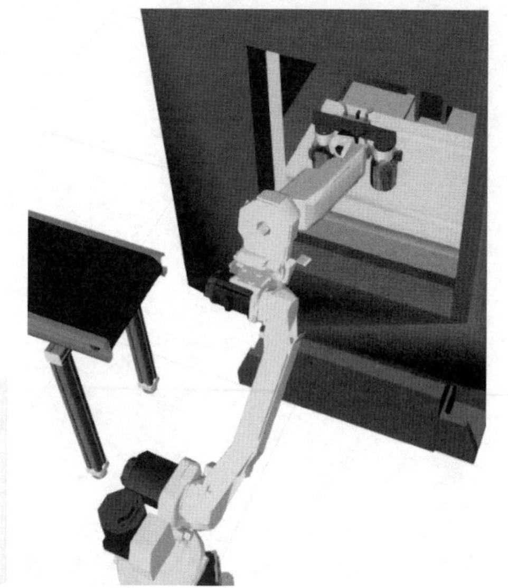

圖13.77

STEP 45 調整手臂姿態後，並於抓取點前後新增預備點P14與P15，
移動至X方向：1400、Y方向：-75及Z方向：1200；
旋轉Rx方向：180、Ry方向：-90、Rz方向：0，
並將其中一個預備點移至抓取點前方，如圖13.78。

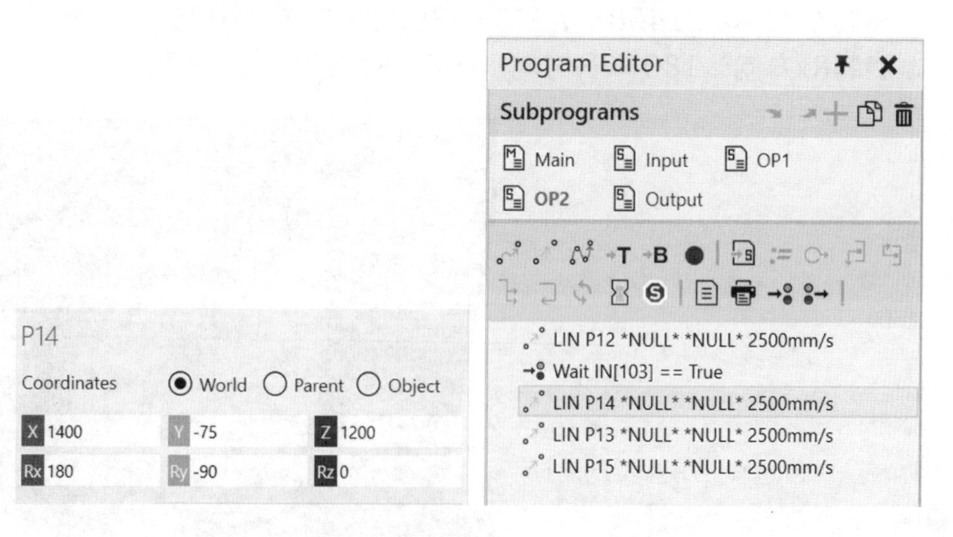

圖13.78

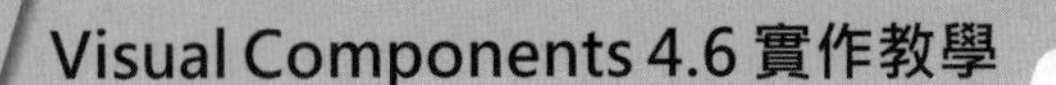

STEP 46 在抓取點的後方需通知M-10iA抓取工件，故需在P13點後方新增**傳送訊號指令(Set Binary Output Statement)**，其中OutputPort輸入1(代表是使用Utool1來抓取工件)，Output Value勾選為True，如圖13.79。

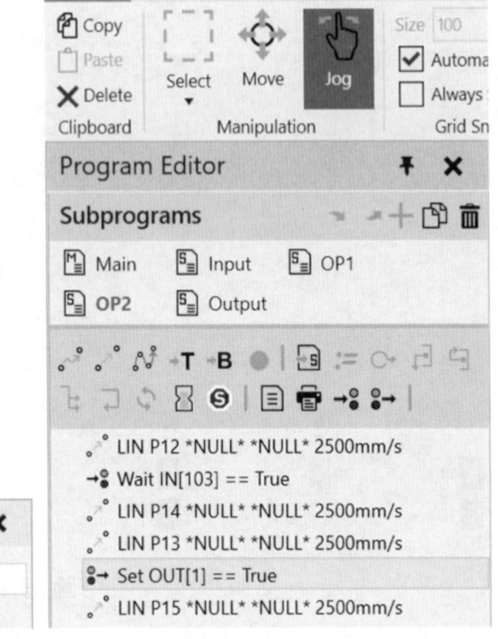

圖13.79

STEP 47 點選**開始(Play)**執行模擬，M-10iA便會將工件抓起，調整手臂姿態後，接著就可新增點P16，將欲加工的工件放置於放置點，
移動至X方向：1400、Y方向：-300及Z方向：1095；
旋轉Rx方向：180、Ry方向：-90、Rz方向：0，如圖13.80

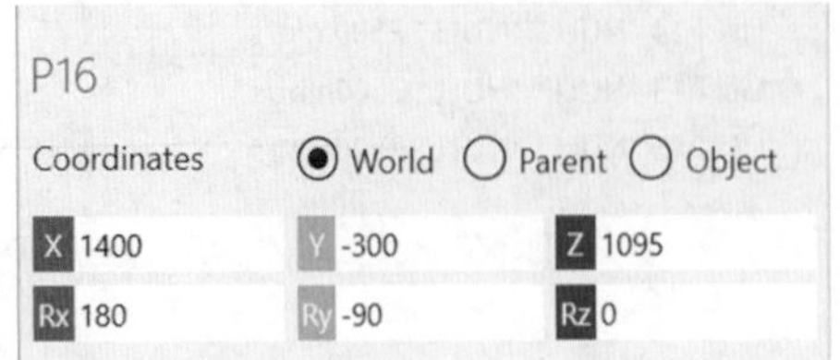

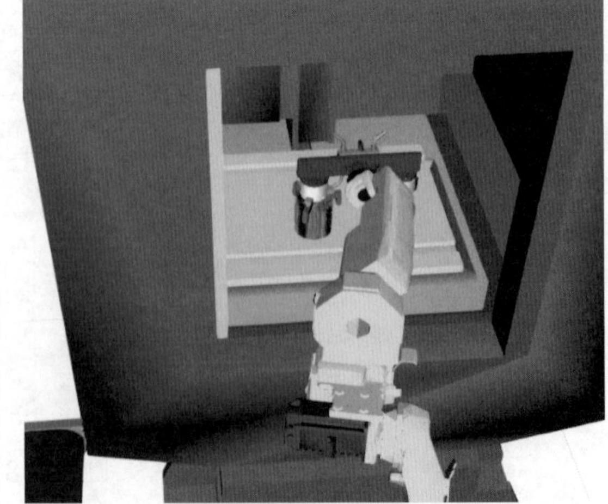

圖13.80

STEP 48 調整手臂姿態後，並於放置點前後新增預備點P17與P18，移動至X方向：1400、Y方向：-300及Z方向：1200；旋轉Rx方向：180、Ry方向：-90、Rz方向：0，並將其中一個預備點移至抓取點前方，如圖13.81。

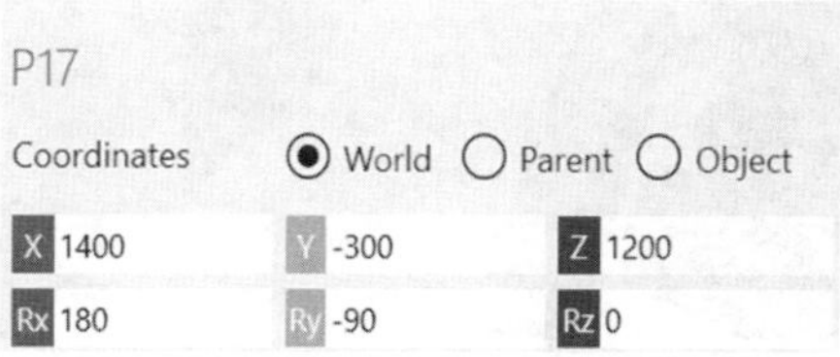

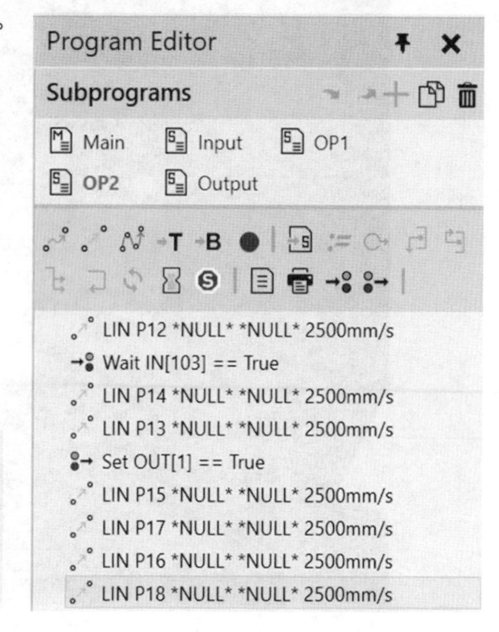

圖13.81

STEP 49 因為M-10iA是使用Utool2來放工件，所以需在放置點P16的後面新增**傳送訊號指令(Set Binary Output Statement)**，其中OutputPort輸入2，OutputValue不勾選(取料:勾選代表是True的訊號值，放料:取消勾選則是False的訊號值)，如圖13.82。

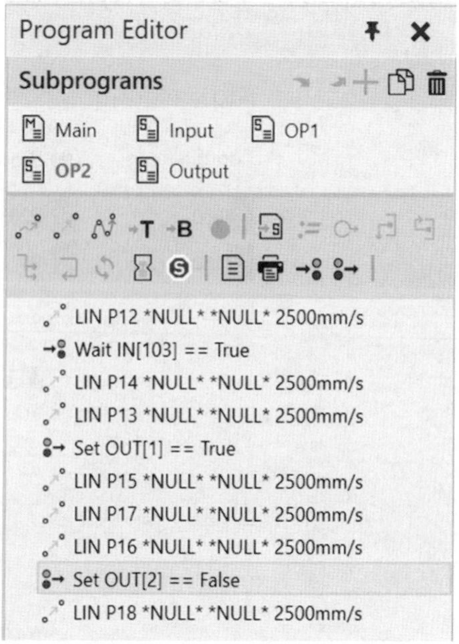

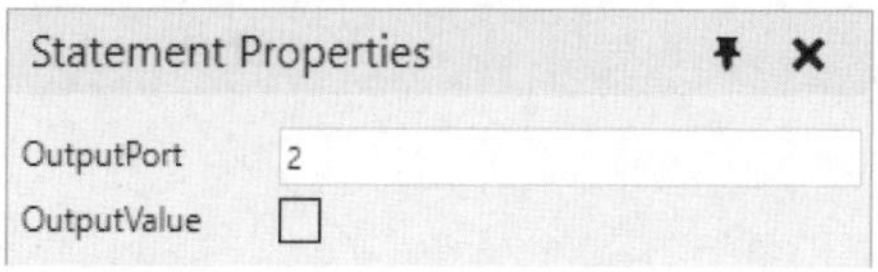

圖13.82

STEP 50 點選**開始(Play)**執行模擬，M-10iA便會將工件放置於TC-S2A機台中，如圖13.83。

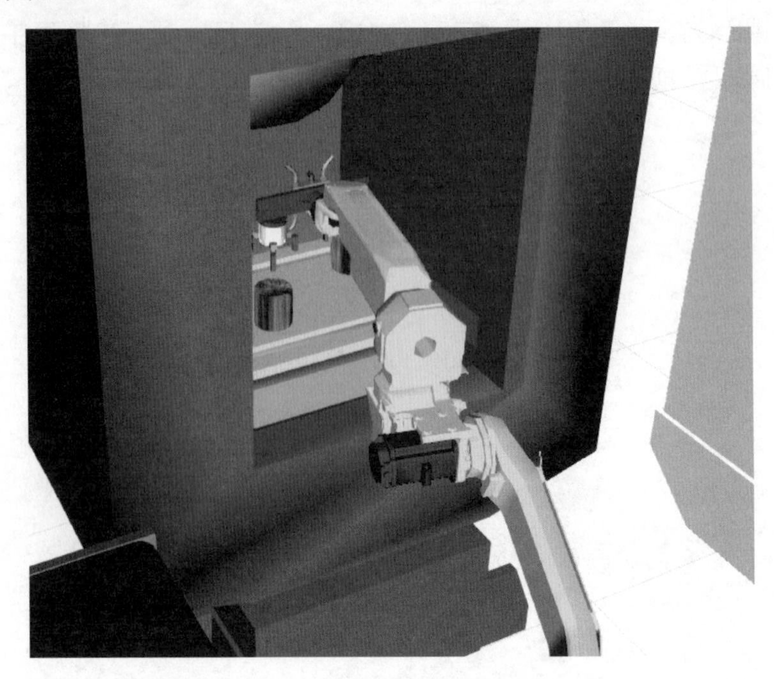

圖13.83

STEP 51 M-10iA完成投料動作後，調整手臂姿態，再新增一點P19使M-10iA退至TC-S2A機台外，
移動至X方向：600、Y方向：-220及Z方向：1200；
旋轉Rx方向：180、Ry方向：-90、Rz方向：0，如圖13.84。

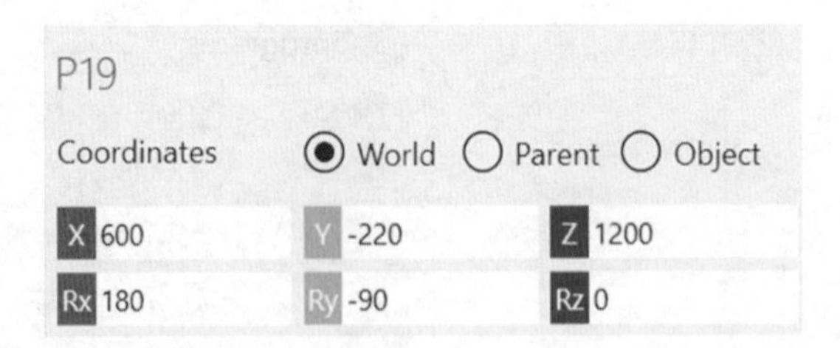

圖13.84

STEP ❺❷ M-10iA退出TC-S2A機台後， 需在P19點後面新增**傳送訊號指令 (Set Binary Output Statement)**通知TC-S2A機台進行加工，其中Output Port輸入103，勾選OutputValue，如圖13.85。

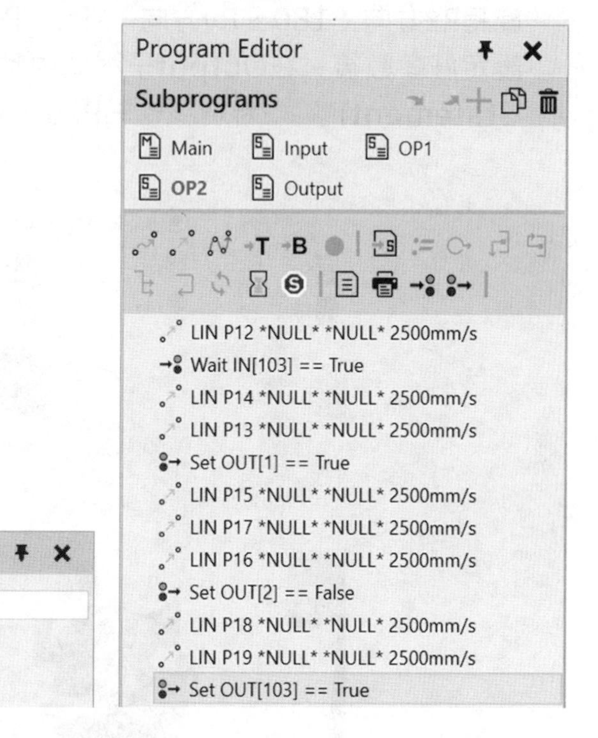
Program Editor
Subprograms
Main
Input
OP1
OP2
Output
LIN P12 *NULL* *NULL* 2500mm/s
Wait IN[103] == True
LIN P14 *NULL* *NULL* 2500mm/s
LIN P13 *NULL* *NULL* 2500mm/s
Set OUT[1] == True
LIN P15 *NULL* *NULL* 2500mm/s
LIN P17 *NULL* *NULL* 2500mm/s
LIN P16 *NULL* *NULL* 2500mm/s
Set OUT[2] == False
LIN P18 *NULL* *NULL* 2500mm/s
LIN P19 *NULL* *NULL* 2500mm/s
Set OUT[103] == True
Statement Properties
OutputPort
103
OutputValue

圖13.85

STEP ❺❸ 點選**開始(Play)**執行模擬，M-10iA便會將TC-S2A機台工件替換，如圖13.86，OP2子程式的教導動作即完成。

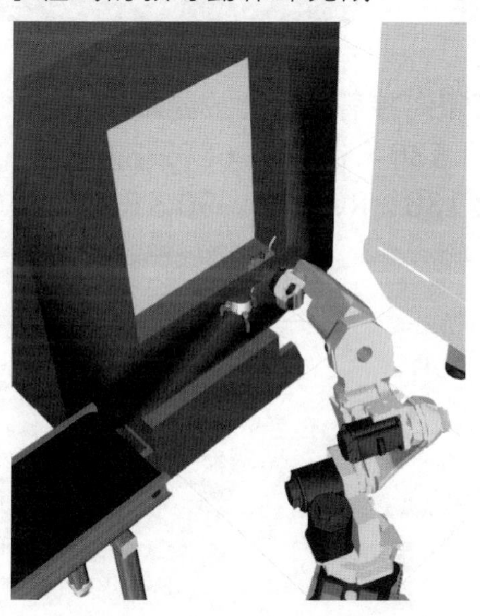

圖13.86

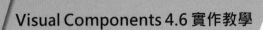

STEP 54 接著點選子程式Output，先利用**互動(Jog)**  將M-10iA移動至Conveyor前，
移動至X方向：580、Y方向：600及Z方向：1200；
旋轉Rx方向：180、Ry方向：-90、Rz方向：0，如圖13.87。
設定好參數後，在Output子程式中點選**直線運動指令(Linear Motion Statement)** 新增線性點P20。

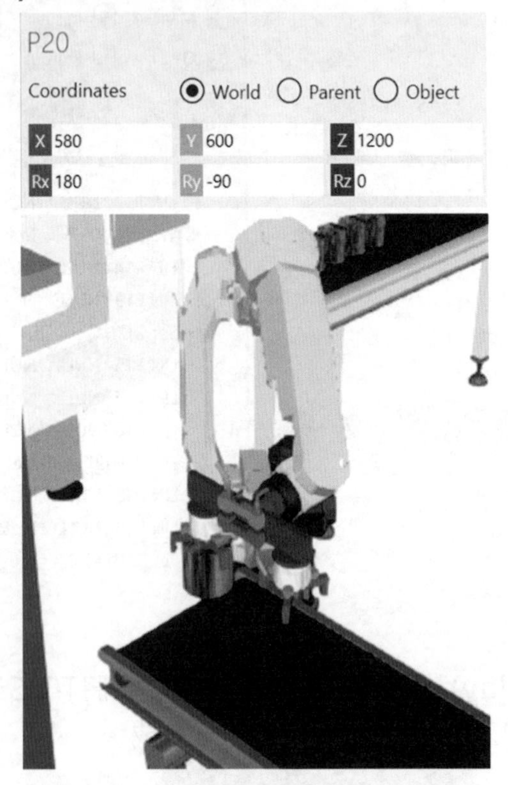

圖13.87

STEP 55 調整手臂姿態後，接著再新增放置點P21，
移動至X方向：580、Y方向：600及Z方向：1115；
旋轉Rx方向：180、Ry方向：-90、Rz方向：0，如圖13.88。

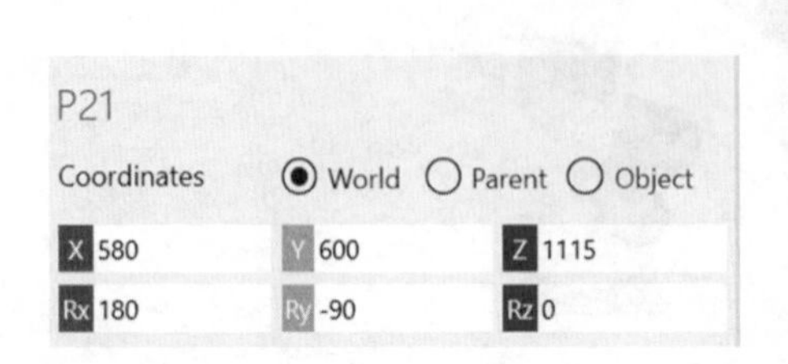

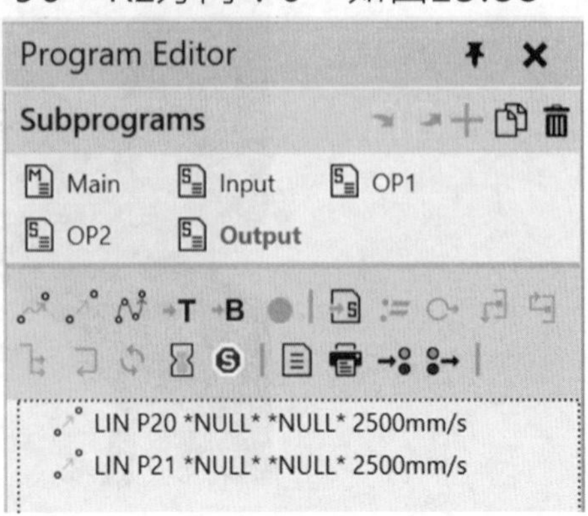

圖13.88

STEP 56 因為M-10iA是使用Utool1來放工件，所以需在放置點P21的後面新增**傳送訊號指令(Set Binary Output Statement)**，其中OutputPort輸入1，OutputValue不勾選(取料:勾選代表是True的訊號值，放料:取消勾選則是False的訊號值)，如圖13.89。

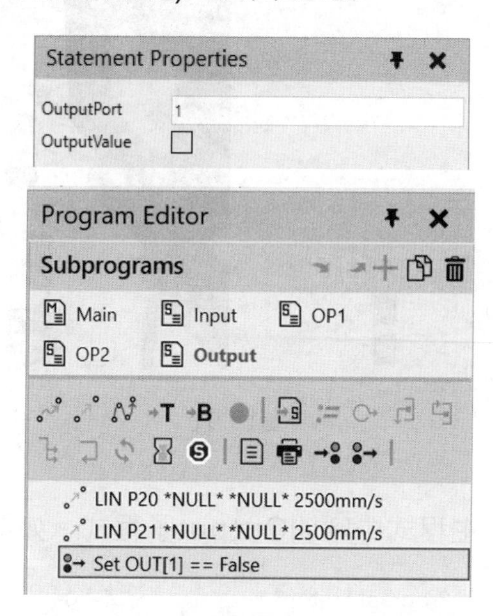

圖13.89

STEP 57 調整手臂姿態，並於放置點後新增預備點P22，
移動至X方向：580、Y方向：600及Z方向: 1200；
旋轉Rx方向：180、Ry方向：-90、Rz方向：0，如圖13.90。

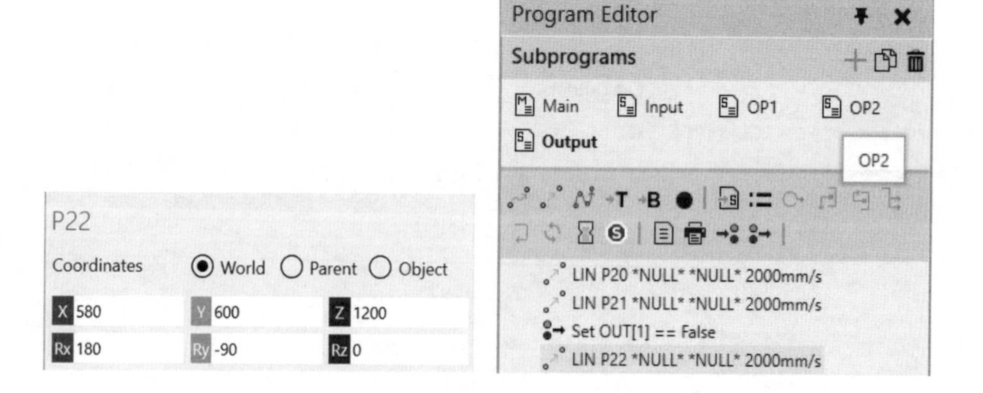

圖13.90

STEP 58 最後調整手臂姿態，再新增點P23，
移動至X方向：580、Y方向：650及Z方向: 1200；
旋轉Rx方向：180、Ry方向：-90、Rz方向：0，如圖13.91。

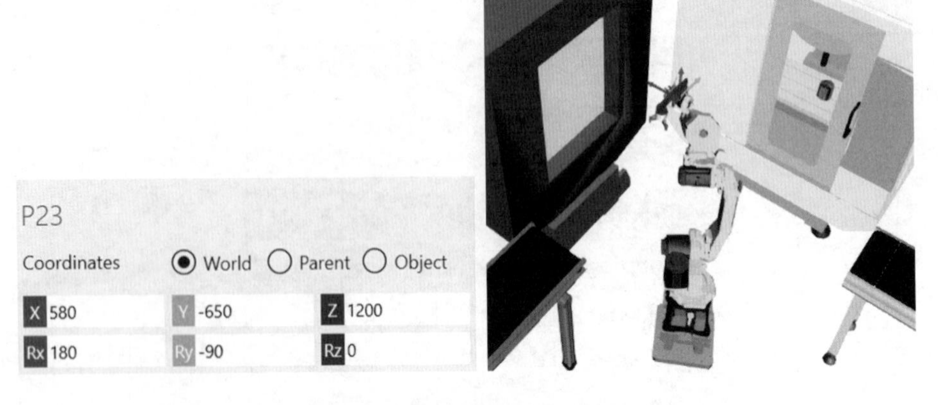

圖13.91

STEP 59 於M-10iA的主程式中呼叫Output子程式，如圖13.92。

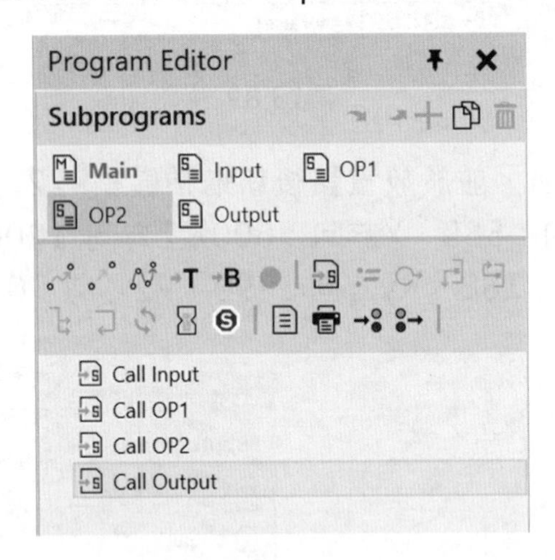

圖13.92

接著要開始教導2-Gripper_Handle的開合動作，點開2-Gripper_Handle的訊號視窗，分別連接以下之訊號，如圖13.93。

- 2-Gripper_Handle的Joint_1_ActionSignal連接M-10iA的Output 104
- 2-Gripper_Handle的Joint_2_ActionSignal連接M-10iA的Output 106
- 2-Gripper_Handle的Joint_1_ClosedState連接M-10iA的Input 104
- 2-Gripper_Handle的Joint_1_OpenState連接M-10iA的Input 105
- 2-Gripper_Handle的Joint_2_ClosedState連接M-10iA的Input 106
- 2-Gripper_Handle的Joint_2_OpenState連接M-10iA的Input 107

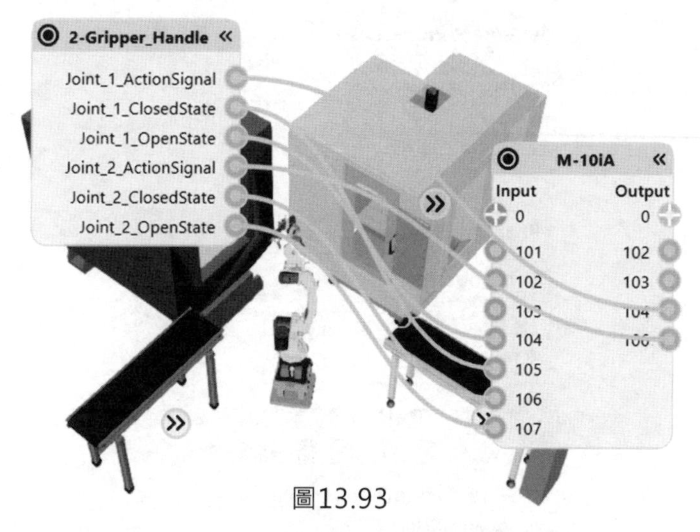

圖13.93

STEP 60 點選子程式Input，在P1點後新增**傳送訊號指令(Set Binary Output Statement)**，其中OutputPort輸入106，勾選OutputValue，接著再新增**等待訊號指令(Wait For Binary Input Statement)**，InputPort輸入106，勾選InputValue及WaitTrigger，如圖13.94。

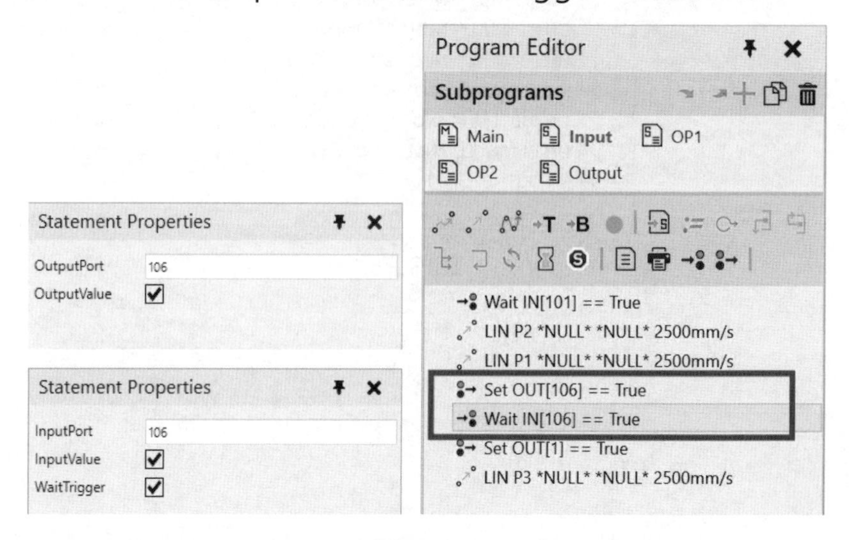

圖13.94

STEP 61 點選子程式OP1，在P5點後新增**傳送訊號指令(Set Binary Output Statement)**，其中OutputPort輸入104，勾選OutputValue，在Set Out[2]後面新增**等待訊號指令(Wait For Binary Input Statement)**，InputPort輸入104，勾選InputValue及WaitTrigger，如圖13.95。

Statement Properties
OutputPort 104
OutputValue ☑

Statement Properties
InputPort 104
InputValue ☑
WaitTrigger ☑

Program Editor
Subprograms
Main Input OP1
OP2 Output

LIN P4 *NULL* *NULL* 2500mm/s
Wait IN[102] == True
LIN P6 *NULL* *NULL* 2500mm/s
LIN P5 *NULL* *NULL* 2500mm/s
Set OUT[104] == True
Set OUT[2] == True
Wait IN[104] == True
LIN P7 *NULL* *NULL* 2500mm/s
LIN P9 *NULL* *NULL* 2500mm/s
LIN P8 *NULL* *NULL* 2500mm/s
Set OUT[1] == False
LIN P10 *NULL* *NULL* 2500mm/s
LIN P11 *NULL* *NULL* 2500mm/s
Set OUT[102] == True

圖13.95

STEP 62 在P8點後新增**傳送訊號指令 (Set Binary Output Statement)**，其中OutputPort輸入106，OutputValue不要勾選，在Set Out[1]後面**新增等待訊號指令(Wait For Binary Input Statement)**，InputPort輸入107，勾選InputValue及WaitTrigger，如圖13.96。

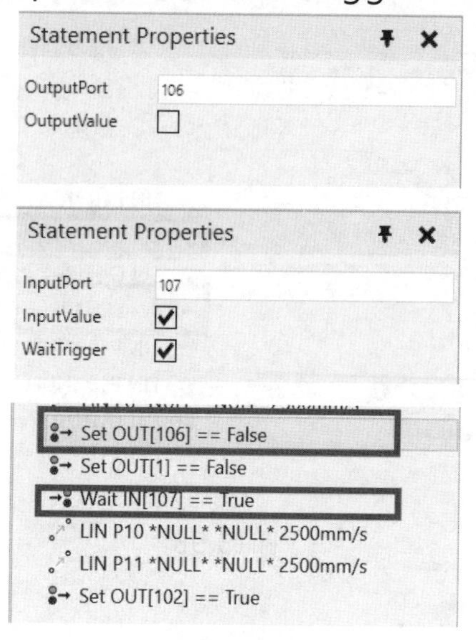

圖13.96

STEP 63 點選子程式OP2，在P13點後新增**傳送訊號指令(Set Binary Output Statement)**，其中OutputPort輸入106，勾選OutputValue，在Set Out[1]後面新增**等待訊號指令(Wait For Binary Input Statement)**，InputPort輸入106，勾選InputValue及WaitTrigger，如圖13.97。

Statement Properties
OutputPort 106
OutputValue

Statement Properties
InputPort 106
InputValue
WaitTrigger

LIN P12 *NULL* *NULL* 2500mm/s
Wait IN[103] == True
LIN P14 *NULL* *NULL* 2500mm/s
LIN P13 *NULL* *NULL* 2500mm/s
Set OUT[106] == True
Set OUT[1] == True
Wait IN[106] == True
LIN P15 *NULL* *NULL* 2500mm/s

圖13.97

STEP 64 在P16點後新增**傳送訊號指令(Set Binary Output Statement)**，其中OutputPort輸入104，OutputValue不要勾選 ，在Set Out[2]後面新增**等待訊號指令(Wait For Binary Input Statement)**，InputPort輸入105，勾選InputValue及WaitTrigger，如圖13.98。

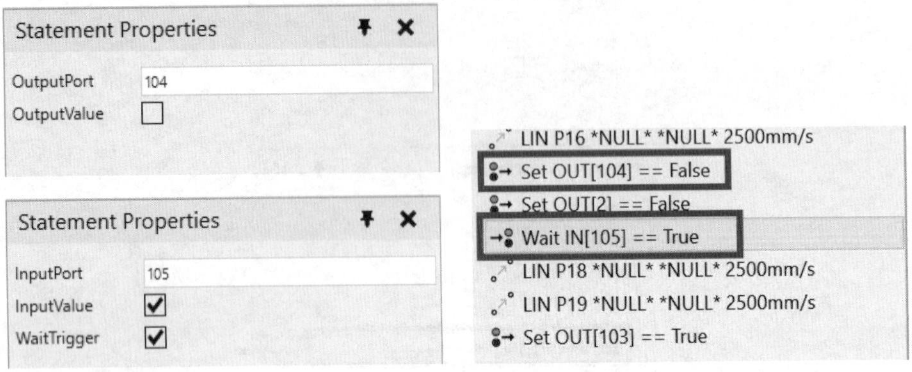

Statement Properties
OutputPort 104
OutputValue ☐

Statement Properties
InputPort 105
InputValue ☑
WaitTrigger ☑

LIN P16 *NULL* *NULL* 2500mm/s
Set OUT[104] == False
Set OUT[2] == False
Wait IN[105] == True
LIN P18 *NULL* *NULL* 2500mm/s
LIN P19 *NULL* *NULL* 2500mm/s
Set OUT[103] == True

圖13.98

STEP 65 點選子程式Output，在P21點後新增**傳送訊號指令(Set Binary Output Statement)**，其中OutputPort輸入106，OutputValue不要勾選，接著再新增**等待訊號指令 (Wait For Binary Input Statement)**， Input Port輸入107，勾選InputValue及WaitTrigger，如圖13.99。

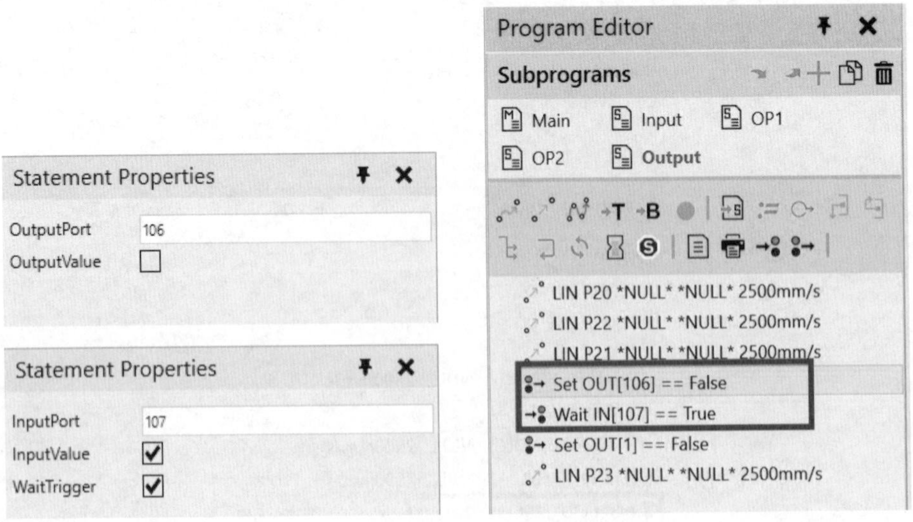

Statement Properties
OutputPort 106
OutputValue ☐

Statement Properties
InputPort 107
InputValue ☑
WaitTrigger ☑

Program Editor
Subprograms
Main Input OP1
OP2 Output
LIN P20 *NULL* *NULL* 2500mm/s
LIN P22 *NULL* *NULL* 2500mm/s
LIN P21 *NULL* *NULL* 2500mm/s
Set OUT[106] == False
Wait IN[107] == True
Set OUT[1] == False
LIN P23 *NULL* *NULL* 2500mm/s

圖13.99

STEP 66 欲使M-10iA的程式可重覆執行，則點選M-10iA後在右側**元件屬性(Component Properties)**中Executor頁籤勾選IsLooping功能，如圖13.100。

Component Properties
M-10iA
Coordinates
World
Parent
Object
X 0
Y 0
Z 300
Rx 0
Ry 0
Rz -60
WorkSpace
Default
Executor
SignalActions
IsLooping
IsEnabled
Actions Configuration

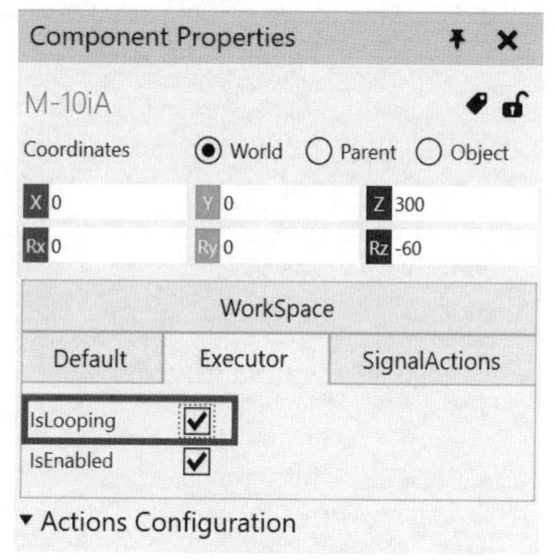

圖13.100

STEP 67 Drill機台與TC-S2A機台的程式也需可重覆執行，分別點選Drill及TC-S2A後在右側的**元件屬性(Component Properties)**中RSLProgramExcutor頁籤勾選IsLooping功能，如圖13.101。

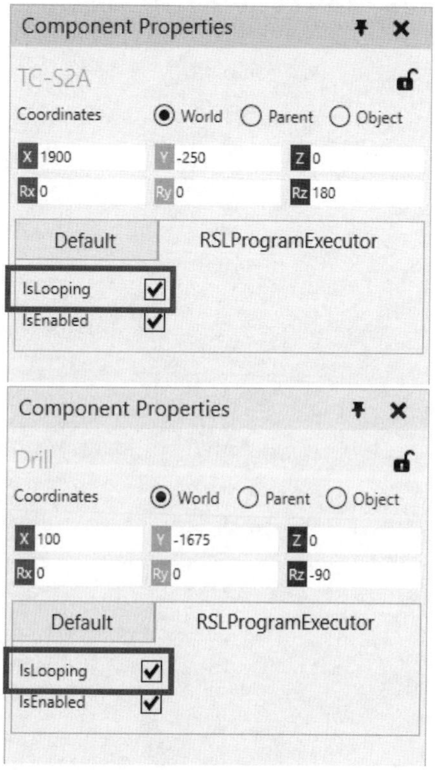

Component Properties
TC-S2A
Coordinates
World
Parent
Object
X 1900
Y -250
Z 0
Rx 0
Ry 0
Rz 180
Default
RSLProgramExecutor
IsLooping
IsEnabled
Component Properties
Drill
Coordinates
World
Parent
Object
X 100
Y -1675
Z 0
Rx 0
Ry 0
Rz -90
Default
RSLProgramExecutor
IsLooping
IsEnabled

圖13.101

STEP 68 案例完成後，進行存檔。

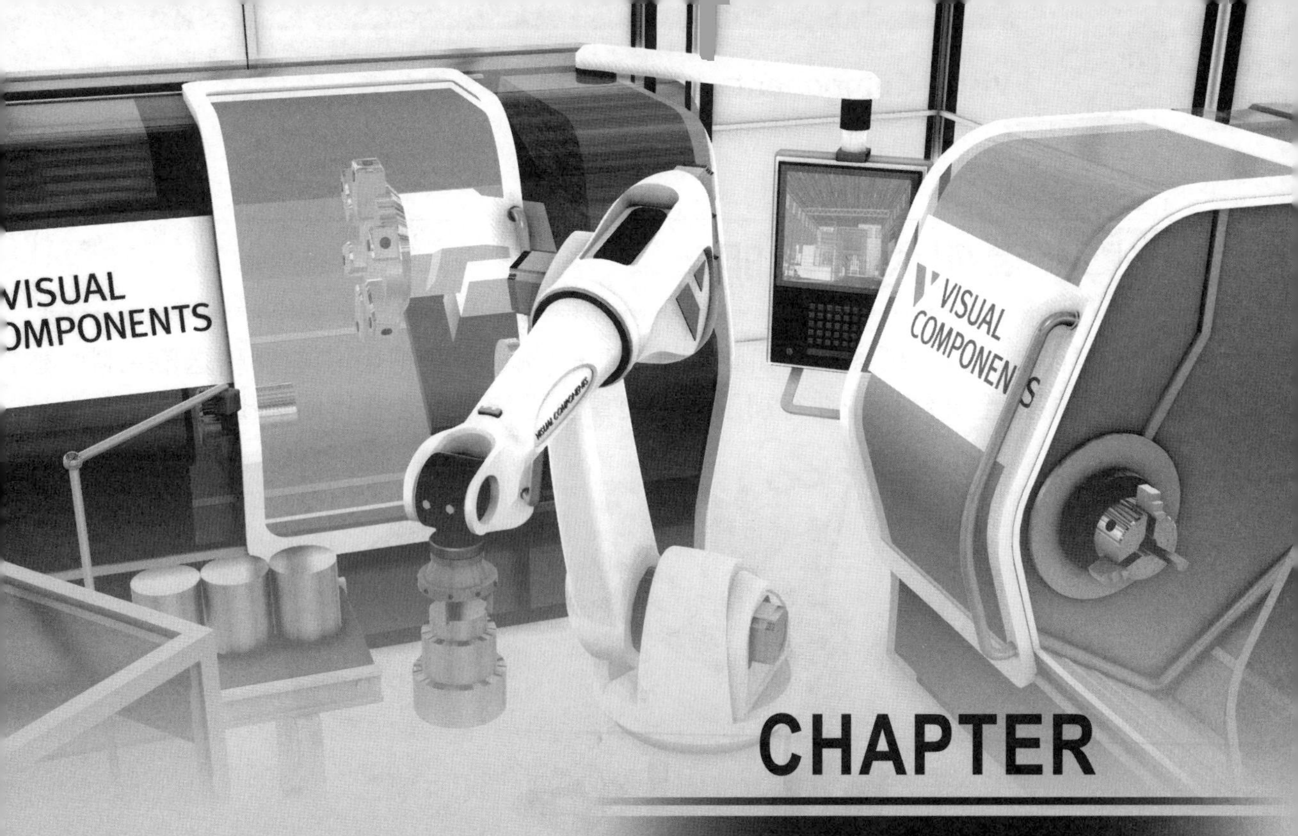

CHAPTER 14

Works智慧元件案例

14.1 案例內容說明

本章節為鐵鎚組裝案例，如圖14.1，產品(鐵鎚頭和把手)由左側輸送帶入料，透過機器人搬運至機台1和2進行加工，最後拿至工作平台上進行組裝出料。

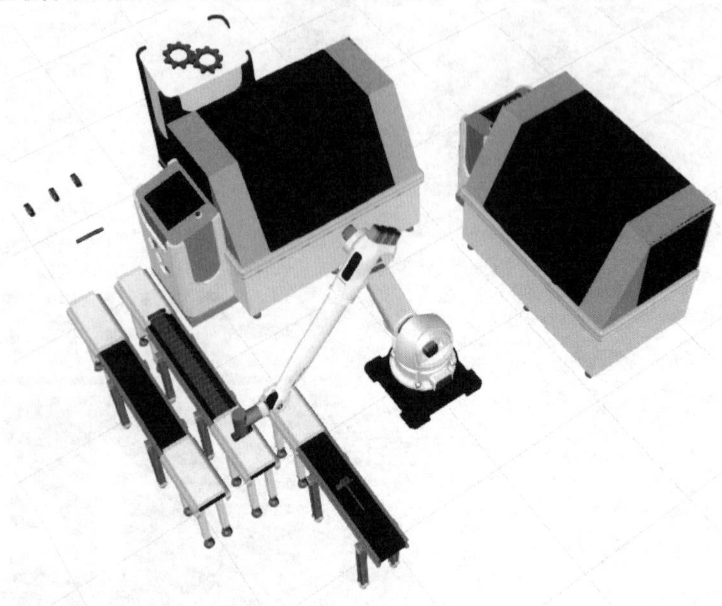

圖14.1

14.2 元件功能說明

本章節將介紹Works智慧元件案例所使用的元件特殊功能。

 Works_TaskControl

控制所有任務，只需將此元件放於佈局中即可，不需另外設定，如圖14.2。

圖14.2

Works_RobotController

用來設定機器人的任務，如圖14.3。

- ZTaskslist：輸入Feed/Need(適用於多進多出的取放料)的取放料任務名稱。
- SerialTasksList：輸入Pick/Place(適用於1進1出的取放料)的取放料任務名稱，若有兩個以上的任務則以逗號 " , "隔開。

圖14.3

 Works_Lathe

Works案例所使用的車床，如圖14.4。

圖14.4

四 Works_Process

設定需執行的任務，可執行多項任務，如圖14.5。

Failure

Presets | Advanced | ResourceLocation

Default | Task | UserVariables | Geometry

Property	Value
Name	Works Process
Material	blue_grey
Visible	☑
BOM	☐
BOM Descrip...	Visual Components Works Proces
BOM Name	Works Process
Category	Works Library
PDF Exportle...	Complete
Simulation Le...	Detailed
Backface Mode	On
InsertNewAft...	0:
	TaskCreation
Task	Create
ListOfProdID	
NewProdID	
	CreateTask
	DeleteTask
	ReplaceTask
	ClearAllTasks
	Dimensions
CLength	500 mm
CWidth	500 mm
CHeight	50 mm
HeightOffset	700 mm
ConveyorSpe...	200 mm/s
	TeachLocation
OnlyContaine...	☐
CurrentLocati...	
Selection	
	RemoveSelected
	RemoveAll
Sign	☐
Note	
ShowCompo...	☐
ProcessSteps	Process1, Process2

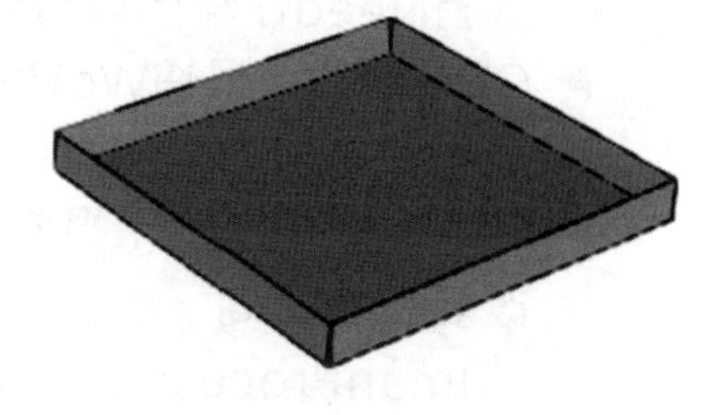

圖14.5

1. Default頁籤

- InsertNewAfterLine：顯示目前所有的任務。
- Task：下拉式選單可選擇欲新增的任務，設定的內容會依據任務而有所不同。
  - ▶ Assign：可以在Work Process增加或編輯變數。
  - ▶ ChangeID：改變元件的ProductID。
  - ▶ ChangeIDFromProcessSteps：元件具有ProcessSteps參數時，ProductID的數值會依據此欄位所輸入的內容而改變。
  - ▶ ChangePathDirection：更改Works Process組件的路徑。
  - ▶ ChangeProductMaterial：改變元件的材料。
  - ▶ ChangeProductProperty：改變元件的性質。
  - ▶ Create：創造元件。
  - ▶ CreateCustomPattern：以自訂義的陣列方式創造多個元件。
  - ▶ CreatePattern：以陣列方式創造多個元件。
  - ▶ Delay：加入延遲時間。
  - ▶ DummyProcess：加入產品冷卻或清洗的時間。
  - ▶ Exit：停止執行任務。
  - ▶ Feed：提供元件使人或機器手臂進行取料的任務(拿起的元件會被放到有Need任務的WorksProcess中)。
  - ▶ GlobalID：根據Works Task Control清單中建立的ProductID改變成相對應的ID。
  - ▶ GlobalProcess：根據Works Task Control清單中建立的ProductID改變作業時間。
  - ▶ HumanProcess：建立人的作業。
  - ▶ IF：根據給定的判斷式執行任務。
  - ▶ IFProdID：根據ProdID值執行一組有條件的任務。
  - ▶ Loop：重複執行一組有條件的任務。
  - ▶ MachineProcess：建立加工機的作業。
    Merge：將元件與其他元件組合在一起(建立父子關係)。
  - ▶ Need：從Feed任務中抓取的元件放到有Need任務的 WorksProcess中。
  - ▶ Need CustomPattern：以自訂義的陣列方式放置多個從Feed任務抓取的元件。
  - ▶ NeedPattem：以陣列方式放置多個從Feed任務抓取的元件。
  - ▶ Order：呼叫WaitForOrder中的任務。
  - ▶ Pick：進行人/機器手臂抓取任務。
  - ▶ Place:將Pick任務所抓取的元件放到有Place任務的WorksProcess中。

- ▶ PlacePattern：以陣列方式放置從Pick任務所抓取的元件。
- ▶ Print：在訊息欄上輸出訊息。
- ▶ Remove：移除元件。
- ▶ RobotProcess：當執行此任務時，機械手臂會執行Program裡的次程式。
- ▶ Split：將組合的元件解開(解除父子關係)。
- ▶ StoreProdID_NewFromProcessSteps：元件具有ProcessSteps參數時，可儲存上一次ProductID的數值。
- ▶ Sync：可將多個不同WorksProcess的任務同步執行。
- ▶ TransportIn：使元件流進WorksProcess。
- ▶ TransportOut：使WorksProcess中的元件流出。
- ▶ WaitForOrder：在一個或多個Workprocess放置工作訂單需求，等待Order呼叫任務。
- ▶ WaitProperty：等待元件的材質改變。
- ▶ WaitSignal：等待其他元件發出訊號。
- ▶ WarmUp：WarmUp之後的任務重複執行。
- ▶ WriteProperty：改變元件的材質。
- ▶ WriteSignal：發出訊號到指定元件。

- CreateTask：將任務建立於任務清單中。
- DeleteTask：刪除InsertNewAfterLine欄位中所顯示的任務。
- ReplaceTask：取代InsertNewAfterLine欄位中所顯示的任務。
- ClearAllTask：清除清單中的所有任務。
- CLength、CWidth、CHeight、HeightOffset、ConveyorSpeed：分別可設定元件的長、寬、高、作業高度及流速。
- TeachLocation：可記錄WorksProcess模擬過程中的元件位置(Create、Place、Need)。
- OnlyContainedComponents：若有勾選，只會記錄任務中使用到的元件；若取消勾選，則WorksProcess會依Process長寬高範圍記錄所有接觸到的元件。
- CurrentLocations：顯示被記錄位置的元件名稱。
- Selection：輸入TeachLocation中要移除的元件名稱。
- RemoveSelected：只移除在Selection中的元件。
- RemoveAll：清空CurrentLocations欄位。
- Sign：若有勾選，則WorkProcess無任務指派時將顯示驚嘆號。
- Note：當WorksProcess有事件產生時，會在此欄顯示訊息。
- ProcessSteps：在“UpdateProductProcessSteps”任務中使用。
- StampTAT：為產品添加時間標記。

2. Task頁籤

Task Note可觀看清單中所有任務並修改。如圖14.6。

Presets | Advanced | ResourceLocation | Failure
Default | Task | UserVariables | Geometry

TaskTimes::Note	Open In Editor
Task::Note	Open In Editor
PrintTaskTimes	☐
TaskTimesFormat	Seconds
RunTaskTimes	99999
Done	☐

圖14.6

3. Advanced頁籤

可設定機器手臂取放料的相關參數，如圖14.7。

- PickApproach/PlaceApproach：設定取放料預備點的距離。
- PickDirection/PlaceDirection：設定取放料的方向。
- PickDelay/PlaceDelay：設定取放料的延遲時間。
- PickRotation：旋轉取料的方向。

Default | Task | UserVariables | Geometry | Presets
Advanced | ResourceLocation | Failure

KeepProdOrientation	☑
EnablePathByDefault	☑
PlaceApproach	100 mm
PlaceDirection	Z
PlaceDelay	1.000 s
PlaceCycleTime	0.000 s
PickApproach	100
PickDirection	Z
PickDelay	1.000 s
PickCycleTime	0.000 s
PickRotation	0,0,-90

圖14.7

4. Geometry頁籤

可設定調整Work_Process的外觀設定，如圖14.8。

ResourceLocation	Failure
Task	Advanced
Default / Geometry / UserVariables	
ConveyorType	BeltConveyor
ShowBox	☑
Show_W	☐
ShowConveyor	☐
ShowWorkStation	☐
ShowTombStone	☐
RollRadius	40
RollDistance	100
StructureWeight	1
AmountOfFeet	2

圖14.8

5. ResourceLocation頁籤

可設定作業員對Work_Process作業時的相關參數，如圖14.9。

- OffsetFromCenter：設定作業員與Work_Process的距離。
- AngelLocation：設定作業員與Work_Process的方向。
- Rotation：設定作業員面向Work_Process的角度。
- ShowLocation：顯示作業員作業位置座標。

Default / Task / UserVariables / Geometry / Presets	
Advanced / ResourceLocation / Failure	
ResourceLocation	ResourceLocationFrame
OffsetFromCenter	600 mm
AngleLocation	-90 °
Rotation	0 °
HeightOffset	0 mm
ShowLocation	☐

圖14.9

14.3 Layout佈局

STEP ❶ 下載連結中的Ch14壓縮檔，網址https://spaces.hightail.com/space/6lTebQZQTk或掃描下方QR Code，如圖14.10。

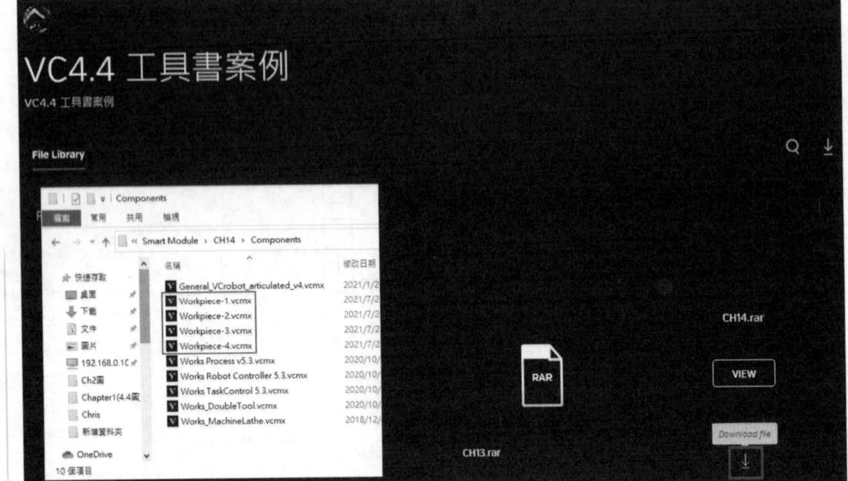

圖14.10

STEP ❷ 啟動軟體後，從電子目錄(eCatalog)中拖曳出所需的元件Works _ Task Control，再將Workpiece-1、Workpiece-2、Workpiece-3、Work piece-4元件拖曳至3D世界，如圖14.11。

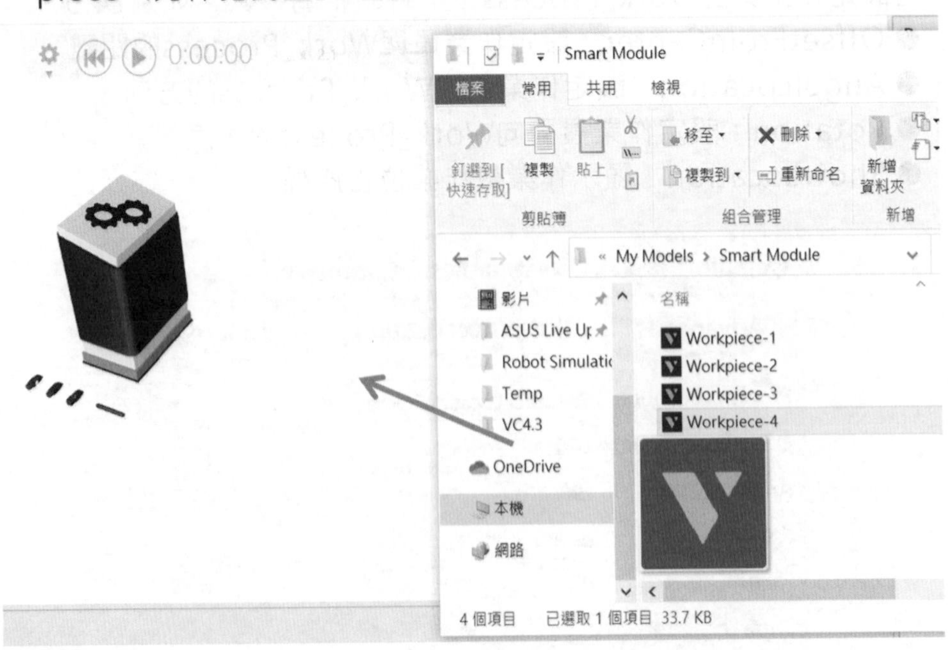

圖14.11

從**電子目錄(eCatalog)**的Works Resources資料夾中拖曳出Works_RobotController元件，接著移動至X方向：0、Y方向：0、Z方向：0，以及旋轉至Rx方向：0、Ry方向：0、Rz方向：0，如圖14.12。

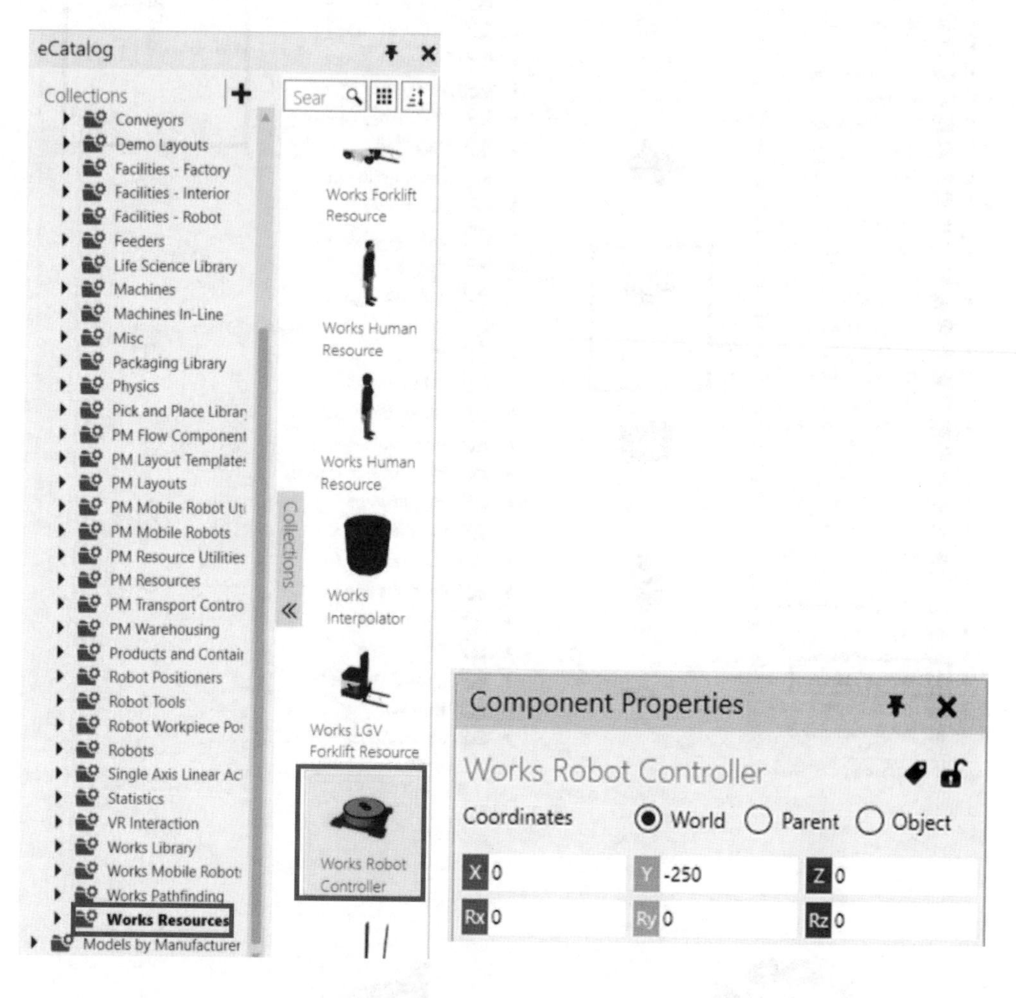

圖14.12

STEP ❸ 從**電子目錄(eCatalog)**的Works Library資料夾中拖曳出Works_DoubleTool元件，再從Robot資料夾中利用關鍵字搜尋Generic Articulated Robot V4，將Generic Articulated Robot V4 元件拖曳至3D世界，如圖14.13，使用**連接(PnP)**功能將機器人元件連接到Works_RobotController元件上面，而Works_DoubleTool 元件則連接到機器人的第六軸末端點，如圖14.14。

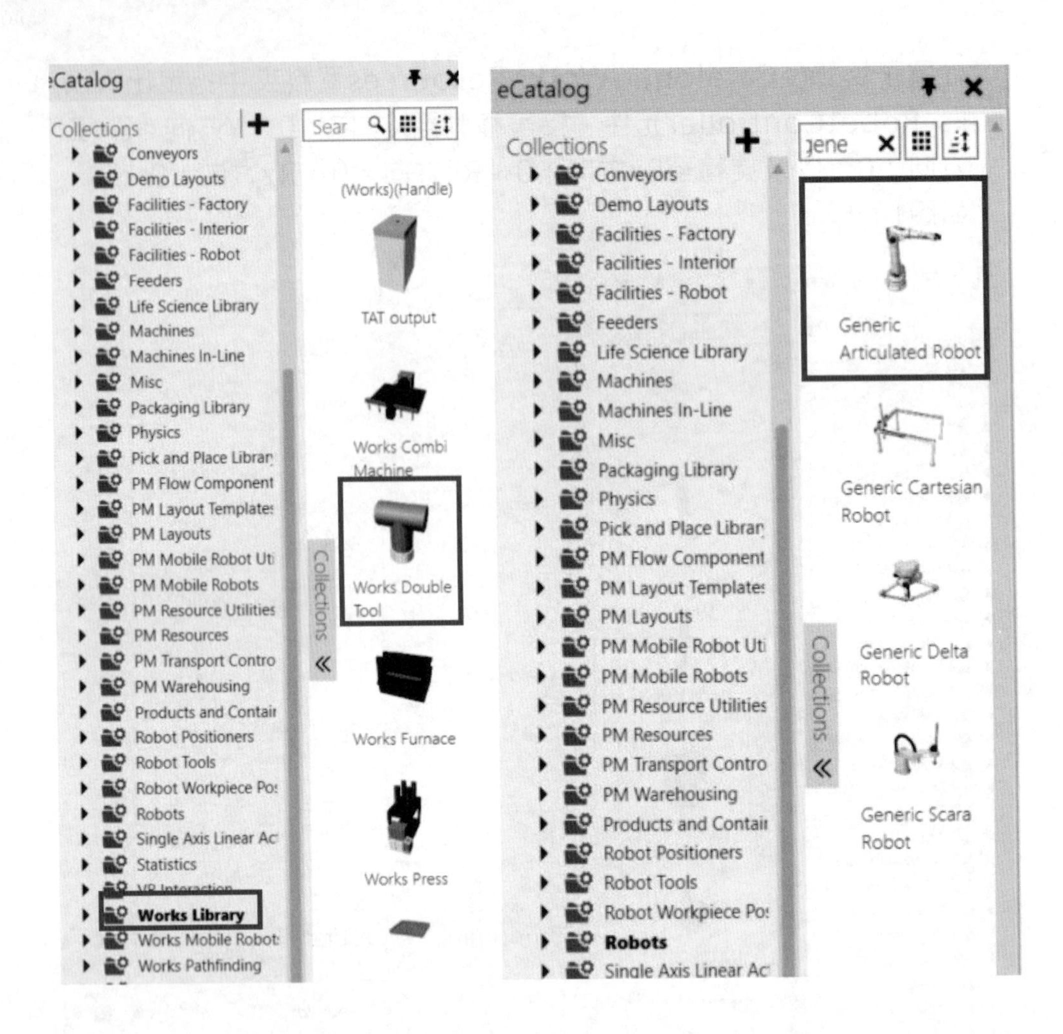
eCatalog
Collections
Sear
Conveyors
Demo Layouts
Facilities - Factory
Facilities - Interior
Facilities - Robot
Feeders
Life Science Library
Machines
Machines In-Line
Misc
Packaging Library
Physics
Pick and Place Librar
PM Flow Component
PM Layout Template
PM Layouts
PM Mobile Robot Uti
PM Mobile Robots
PM Resource Utilities
PM Resources
PM Transport Contro
PM Warehousing
Products and Contair
Robot Positioners
Robot Tools
Robot Workpiece Po
Robots
Single Axis Linear Ac
Statistics
Works Library
Works Mobile Robot
Works Pathfinding
(Works)(Handle)
TAT output
Works Combi Machine
Works Double Tool
Works Furnace
Works Press
eCatalog
Collections
gene
Conveyors
Demo Layouts
Facilities - Factory
Facilities - Interior
Facilities - Robot
Feeders
Life Science Library
Machines
Machines In-Line
Misc
Packaging Library
Physics
Pick and Place Librar
PM Flow Component
PM Layout Template
PM Layouts
PM Mobile Robot Uti
PM Mobile Robots
PM Resource Utilities
PM Resources
PM Transport Contro
PM Warehousing
Products and Contair
Robot Positioners
Robot Tools
Robot Workpiece Po
Robots
Single Axis Linear Ac
Generic Articulated Robot
Generic Cartesian Robot
Generic Delta Robot
Generic Scara Robot

圖14.13

圖14.14

STEP ❹ 從**電子目錄(eCatalog)**的Works Library資料夾中拖曳出Works_Process元件，選擇元件屬性頁籤並修改其參數如下:

- CLength：500、CWidth：200、CHeight：50。
- 移動至X方向：-1600、Y方向：1600、Z方向：0。
- 旋轉至Rx方向：0、Ry方向：0、Rz方向：180。

Works_Process切換至Geometry頁籤，將ShowConveyor的選項勾選，如圖14.15。

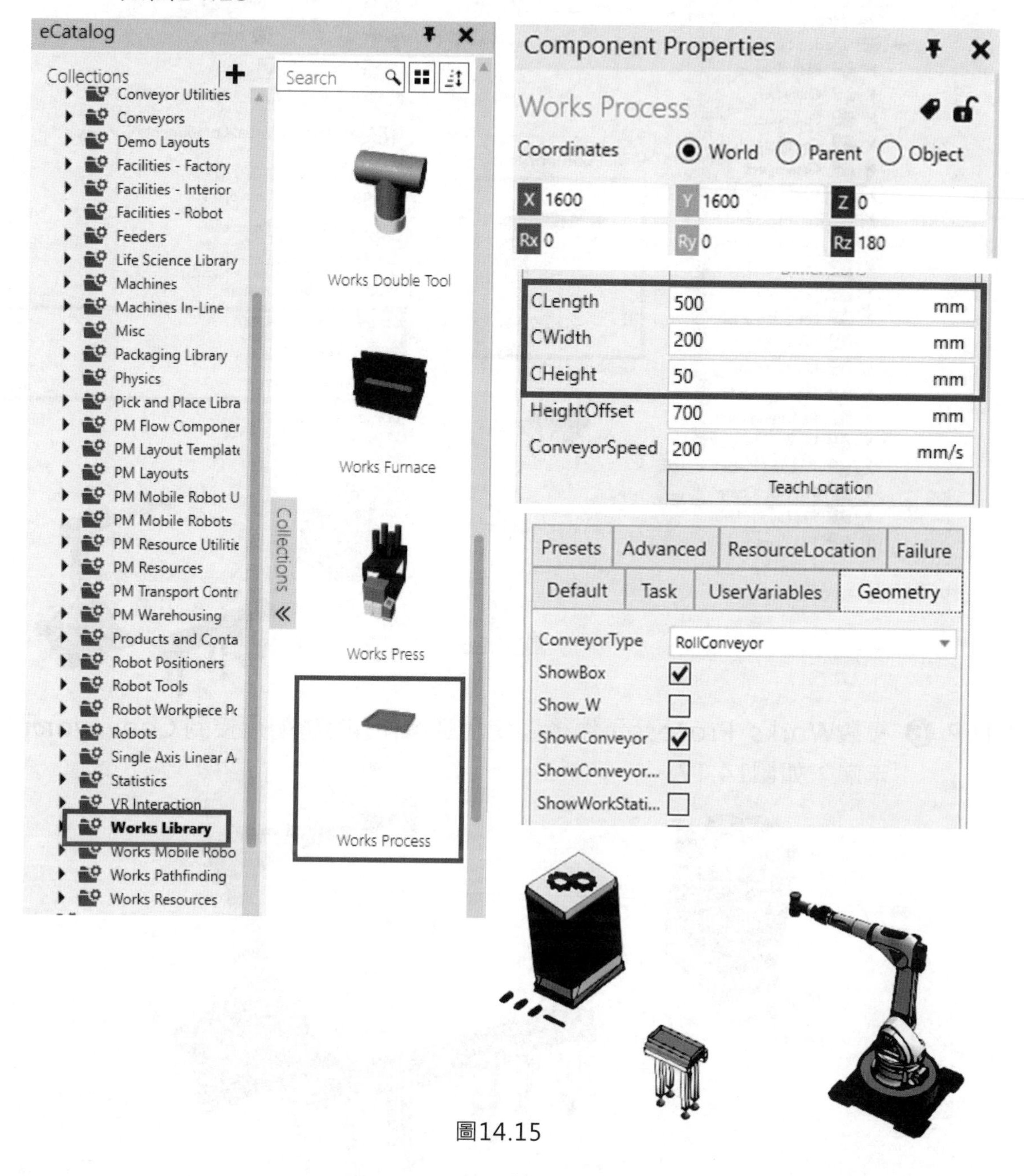

圖14.15

STEP ❺ 從**電子目錄(eCatalog)**的Conveyors資料夾中輸入Conveyor關鍵字搜尋，拖曳出Conveyor元件，選擇參數頁籤並修改其參數：ConveyorLength：1000、ConveyorWidth：200、ConveyorHeight：700，完成後點選使用**連接 (PnP)** 功能將Conveyor元件連接到Works_Process 元件末端，如圖14.16。

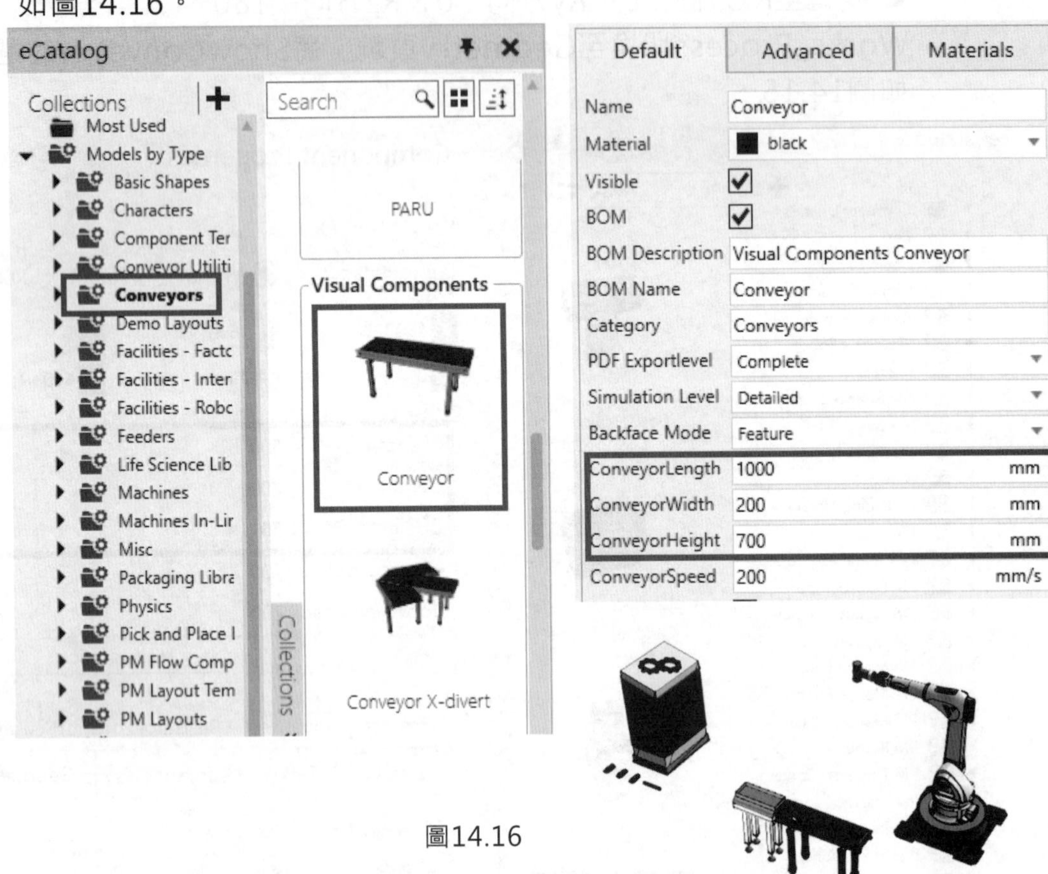

圖14.16

STEP ❻ 複製Works_Process元件後，使用**連接(PnP)**功能連接到 Conveyor元件末端，如圖14.17。

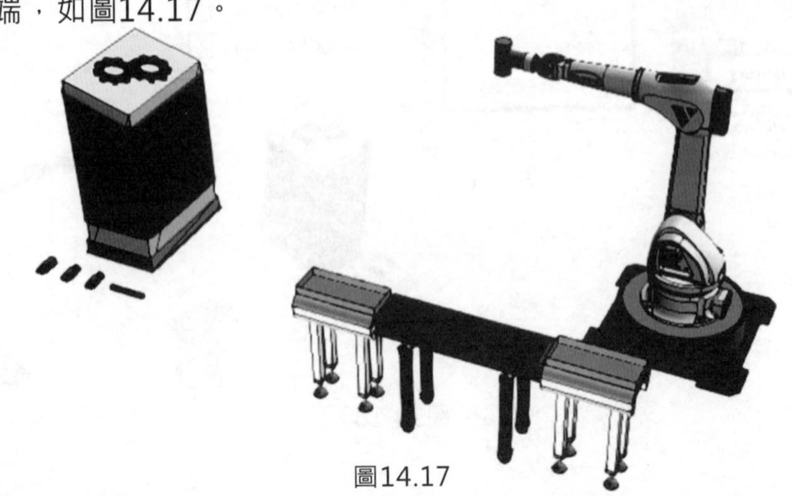

圖14.17

STEP ❼ 複選元件Works_Process、Conveyor 、Works_Process#2(可按住鍵盤Ctrl進行複選)並複製後，移動至X方向 ： 1600、Y方向：1200、Z：0、RZ：180(上述移動數字為Works_Process#3的位置)，如圖14.18。

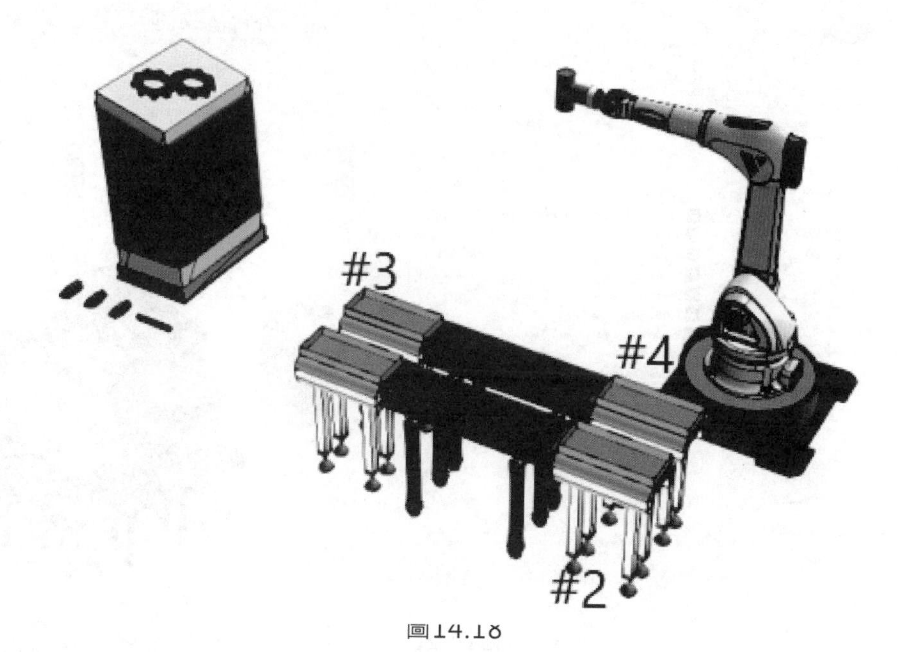

圖14.18

STEP ❽ 複選元件Works_Process、Conveyor(按住Ctrl進行複選)並複製後 ，移動至X方向 ： 98、Y方向 ： 800、Z方向：0、RZ：180(上述移動數字為Works Process #5的位置)，如圖14.19。

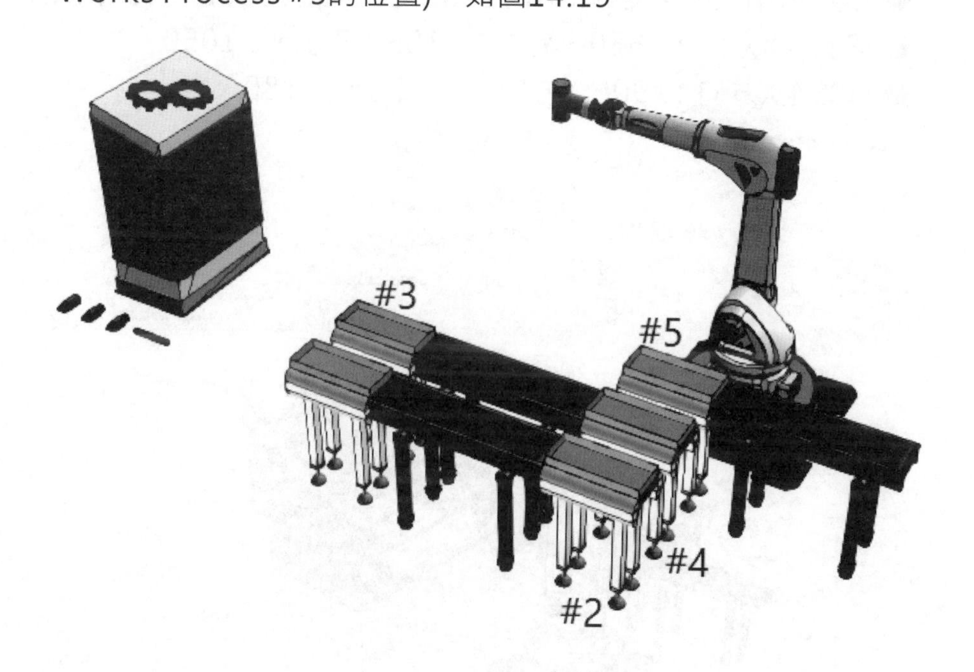

圖14.19

STEP ❾ 從CH14資料夾中Components中拖曳出Works_Lathe 元件，接著移動至X方向：1650、Y方向：-300、Z方向：0，以及旋轉至Rx方向：0、Ry方向：0、Rz方向：90，如圖14.20。

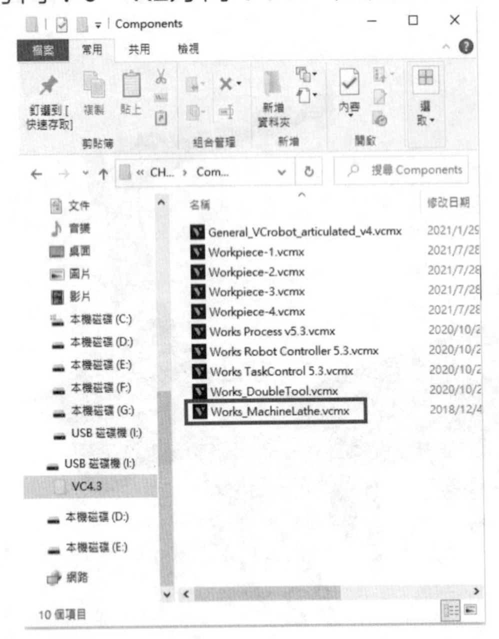

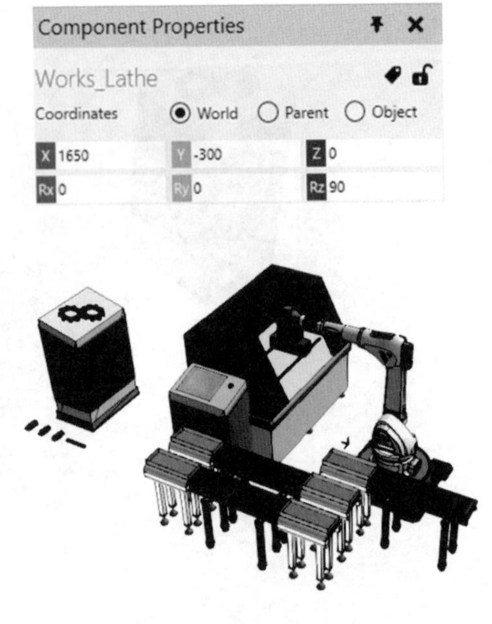

圖14.20

STEP ❿ 從電子目錄(eCatalog)的Works Library資料夾中拖曳出Works_Process元件，並修改其參數如下，如圖14.21：

- CLength：200、CWidth：200、CHeight：200、HeightOffset：0。
- 移動至X方向：1650、Y方向：105、Z方向：1050。
- 旋轉至X方向：-90、Y方向：0、Z方向：180。

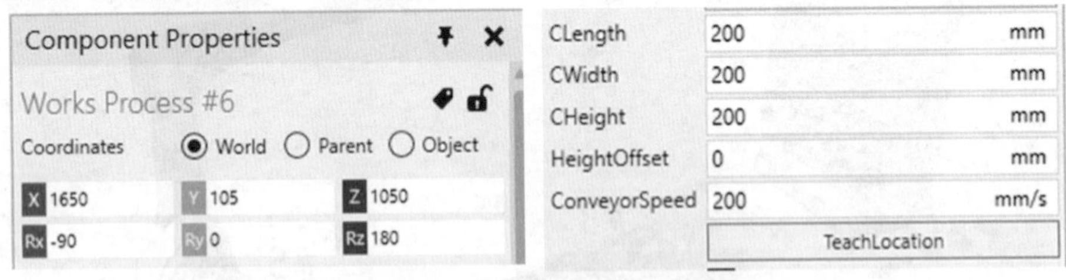

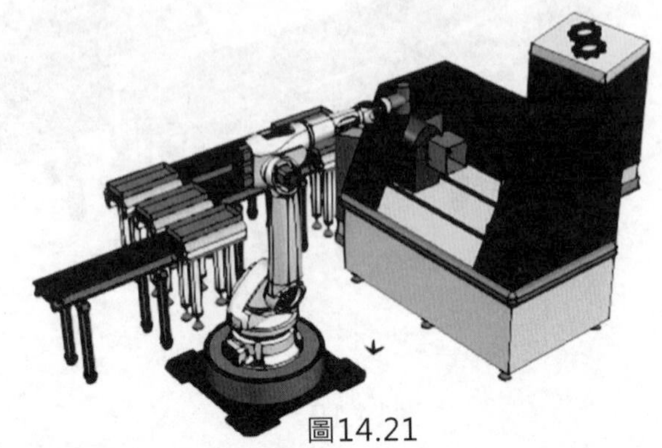

圖14.21

STEP ⓫ 選擇Works_Process#6，使用**階層(Hierarchy)**中的**跟隨(Attach)**功能再點選Works_Lathe的夾爪，利用父子關係功能將Works_Process #6連接到Works_Lathe夾爪上 如圖14.22。

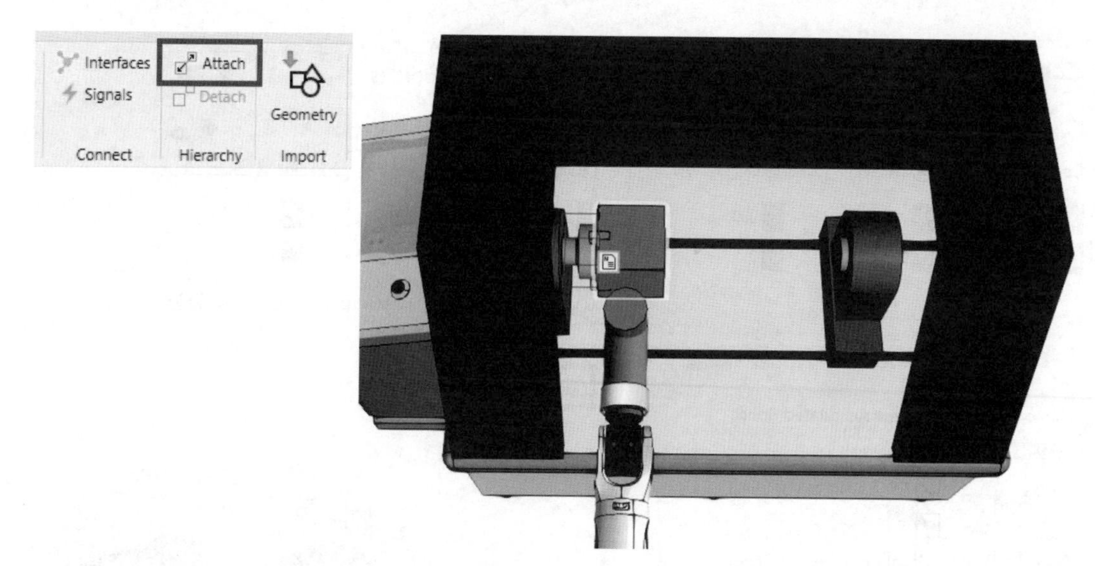

圖14.22

STEP ⓬ 複製元件Works_Lathe，並移動至X方向：140、Y方向：-1800、Z方向：0，旋轉至Rx方向：0、Ry方向：0、Rz方向：0，如圖14.23

Component Properties

Works_Lathe #2

Coordinates ◉ World ○ Parent ○ Object

X	Y	Z
140	-1800	0

Rx	Ry	Rz
0	0	0

圖14.23

STEP ⓭ 選擇Generic Articulated Robot，將Reach改為2m，增加Generic Articulated Robot的工作範圍，在WorkSpace頁籤中勾選Envelope可確認手臂作業範圍，如圖14.24。

Component Properties

Generic Articulated Robot

Coordinates ◉ World ○ Parent ○ Object

X 0	Y -250	Z 200
Rx 0	Ry 0	Rz 0

SignalActions

Default | Executor | WorkSpace

Name	Generic Articulated Robot
Material	white
Visible	☑
BOM	☑
BOM Descripti...	Visual Components Generic Articula
BOM Name	Generic Articulated Robot
Category	Robots
PDF Exportlevel	Complete
Simulation Level	Detailed
Backface Mode	Feature
J1	86.412
J2	39.769
J3	80.979
J4	-6.992
J5	-30.936
J6	6.005
DefineRobotSi...	ByReach
Reach	2 m
L2	961 mm
L3	961 mm
scale	1.2

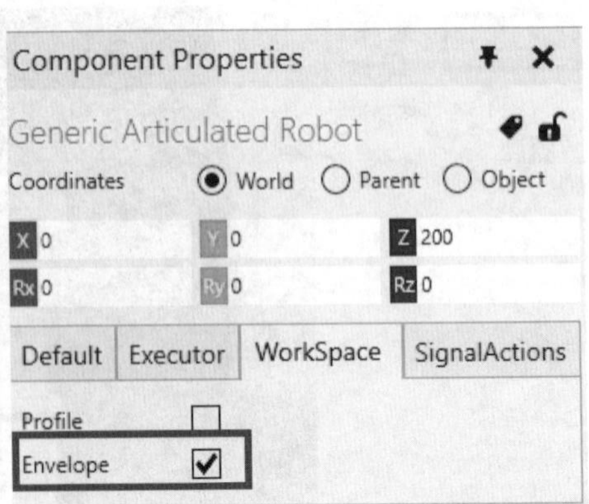

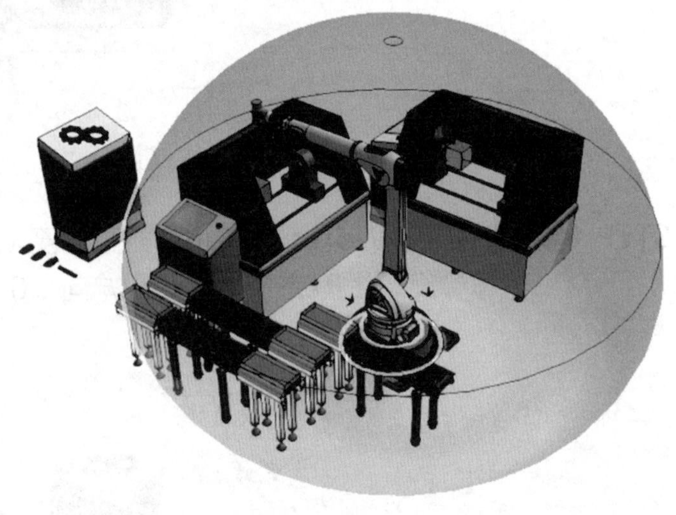

圖14.24

14.4 行為設定

STEP ❶ 選擇Works_Process元件至元件屬性頁籤中修改設定，Task選擇任務:Create，ListOfProdID輸入供料元件名稱:Workpiece-1，最後點選CreateTask新增供料任務，如圖14.25。

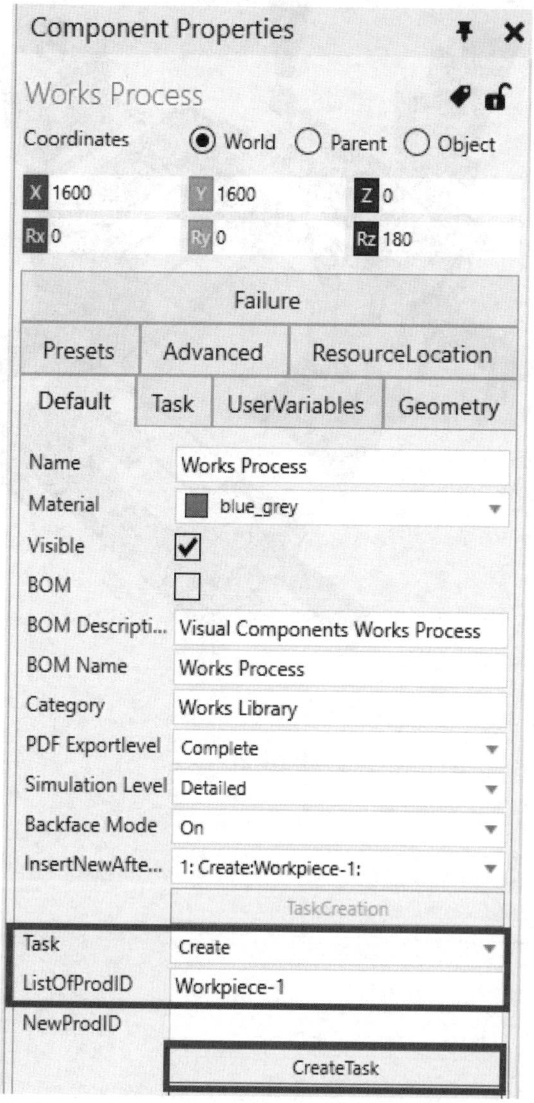

圖14.25

STEP❷ Task選擇任務:TransportOut，然後勾選Any使任一元件皆可傳送，若無勾選則需輸入ListOfProdID指定傳送的元件，點選CreateTask新增傳送任務，如圖14.26。

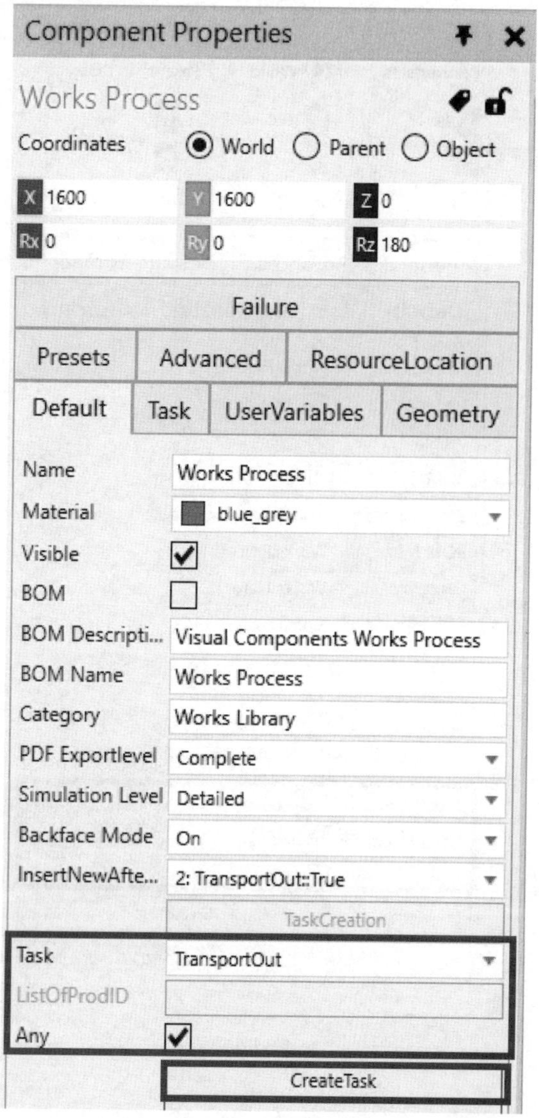

圖14.26

STEP ❸ 選擇Works_Process#2 至元件屬性頁籤中修改設定，Task選擇任務：TransportIn，然後勾選Any使任何元件皆可送入，若無勾選則需輸入ListProdID指定送入的元件，點選CreateTask新增輸入任務，如圖14.27。

Component Properties
Works Process #2
Coordinates World Parent Object
X 99 Y 1600 Z 0
Rx 0 Ry 0 Rz 180
Failure
Presets Advanced ResourceLocation
Default Task UserVariables Geometry
Name Works Process #2
Material blue_grey
Visible
BOM
BOM Descripti... Visual Components Works Process
BOM Name Works Process
Category Works Library
PDF Exportlevel Complete
Simulation Level Detailed
Backface Mode On
InsertNewAfte... 0:
TaskCreation
Task TransportIn
ListOfProdID
Any
CreateTask
DeleteTask

圖14.27

STEP ❹ 點選模擬撥放器的**開始(Play)**執行模擬，如果Work_Process模擬時出現驚嘆號表示尚未設定任務或任務設定錯誤，如圖14.28。

圖14.28

STEP ❺ 選擇Works_Process#2至元件屬性頁籤中修改設定，Task選擇任務:Pick；SingleProdID輸入元件名稱:Workpiece-1 ； TaskName輸入任務名稱:PickPart1；ToolName輸入夾爪名稱:Works Double Tool；TCPName輸入Tool名稱:TCP1 ， 點選CreateTask新增取料任務，如圖14.29。

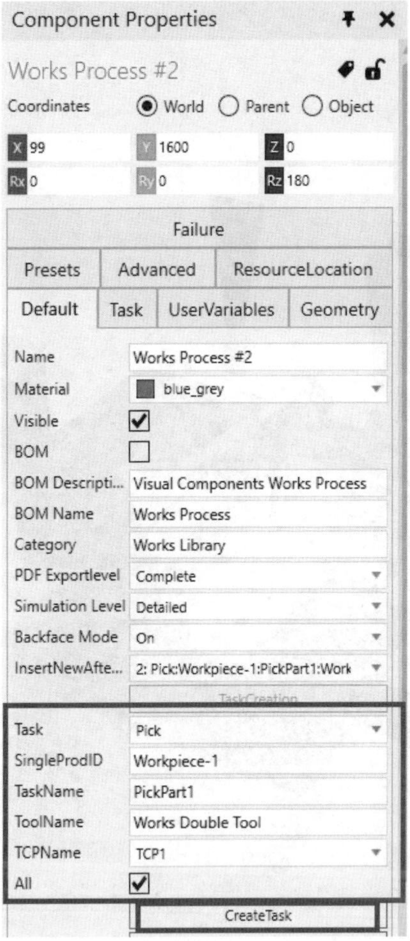

Component Properties

Works Process #2

Coordinates ◉ World ○ Parent ○ Object

X 99 | Y 1600 | Z 0
Rx 0 | Ry 0 | Rz 180

Failure
Presets | Advanced | ResourceLocation
Default | Task | UserVariables | Geometry

Name	Works Process #2
Material	blue_grey
Visible	☑
BOM	☐
BOM Descripti...	Visual Components Works Process
BOM Name	Works Process
Category	Works Library
PDF Exportlevel	Complete
Simulation Level	Detailed
Backface Mode	On
InsertNewAfte...	2: Pick:Workpiece-1:PickPart1:Work
Task	Pick
SingleProdID	Workpiece-1
TaskName	PickPart1
ToolName	Works Double Tool
TCPName	TCP1
All	☑

CreateTask

圖14.29

STEP ❻ 選擇 Works_Process#6 至元件屬性頁籤中修改設定 ， Task選擇任務 : Place；SingleProdID輸入元件名稱:Workpiece-1 ； TaskName輸入任務名稱 : PlacePart1 ；ToolName輸入夾爪名稱 : Works Double Tool ； TCP Name輸入Tool名稱:TCP1，點選CreateTask新增放料任務，如圖14.30。

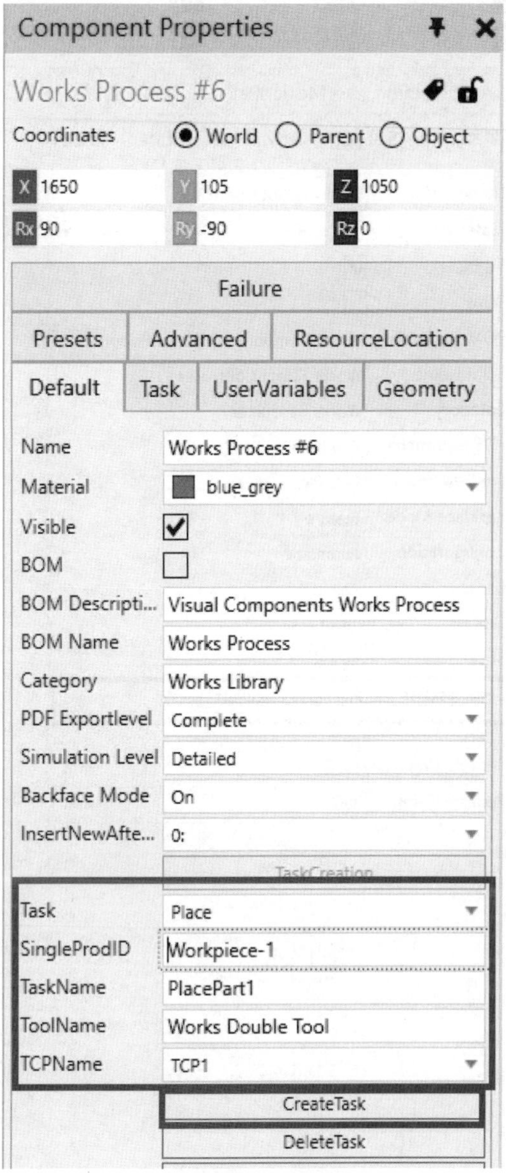

Component Properties

Works Process #6

Coordinates ◉ World ○ Parent ○ Object

X 1650 | Y 105 | Z 1050
Rx 90 | Ry -90 | Rz 0

Failure
Presets | Advanced | ResourceLocation
Default | Task | UserVariables | Geometry

Name	Works Process #6
Material	blue_grey
Visible	☑
BOM	☐
BOM Descripti...	Visual Components Works Process
BOM Name	Works Process
Category	Works Library
PDF Exportlevel	Complete
Simulation Level	Detailed
Backface Mode	On
InsertNewAfte...	0:
Task	Place
SingleProdID	Workpiece-1
TaskName	PlacePart1
ToolName	Works Double Tool
TCPName	TCP1

CreateTask

DeleteTask

圖14.30

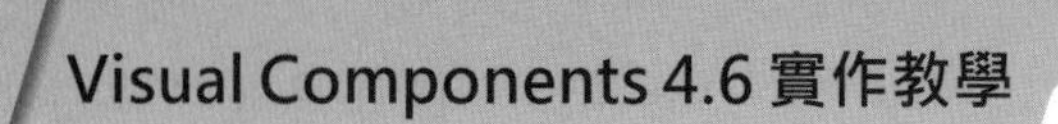

STEP ❼ 選擇Works_RobotController至元件屬性頁籤中修改設定，SerialTask List輸入任務:PickPart1,PlacePart1，若有兩個或兩個以上的任務，則需以逗號 " , " 隔開，如圖14.31。點選開始(Play) 執行模擬產線動作，如圖14.32。

Component Properties

Works Robot Controller

Coordinates ◉ World ○ Parent ○ Object

X 0 Y 0 Z 0

Rx 0 Ry 0 Rz 0

AutoHoming | MotionPath | Kinematics

Default | Speeds | Advanced | Stats | Track

Name	Works Robot Controller
Material	steel
Visible	☑
BOM	☐
BOM Description	Visual Components Works Robot Con
BOM Name	Works Robot Controller
Category	Works Resources
PDF Exportlevel	Complete
Simulation Level	Detailed
Backface Mode	Feature
Configuration	Automatic
Looks	Round
Tasklist	robot,assy
Busy	
SerialTaskList	PickPart1,PlacePart1
MultiPickTaskList	
PedestalDiame...	1000 mm
PedestalHeight	200 mm
RunningRoute	

圖14.31

圖14.32

STEP ❽ 選擇 Works_Process#6 至元件屬性頁籤中修改設定，Task選擇任務：Delay；DelayTime輸入延遲時間:1秒，點選CreateTask新增延遲任務，如圖14.33。

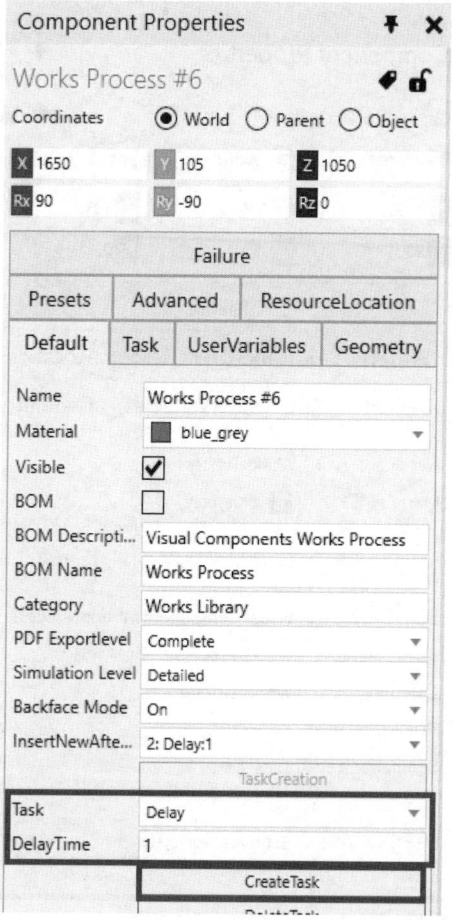

Component Properties
Works Process #6
Coordinates ◉ World ○ Parent ○ Object
X 1650 Y 105 Z 1050
Rx 90 Ry -90 Rz 0
Failure
Presets Advanced ResourceLocation
Default Task UserVariables Geometry
Name Works Process #6
Material blue_grey
Visible
BOM
BOM Descripti... Visual Components Works Process
BOM Name Works Process
Category Works Library
PDF Exportlevel Complete
Simulation Level Detailed
Backface Mode On
InsertNewAfte... 2: Delay:1
TaskCreation
Task Delay
DelayTime 1
CreateTask

圖14.33

STEP ❾ 選擇 Works_Process#6 至元件屬性頁籤中修改設定，Task選擇任務:MachineProcess；SingleCompNames輸入作業機台名稱：Works_Lathe；ProcessTime輸入作業時間:20秒，點選CreateTask新增加工機加工任務，如圖14.34。

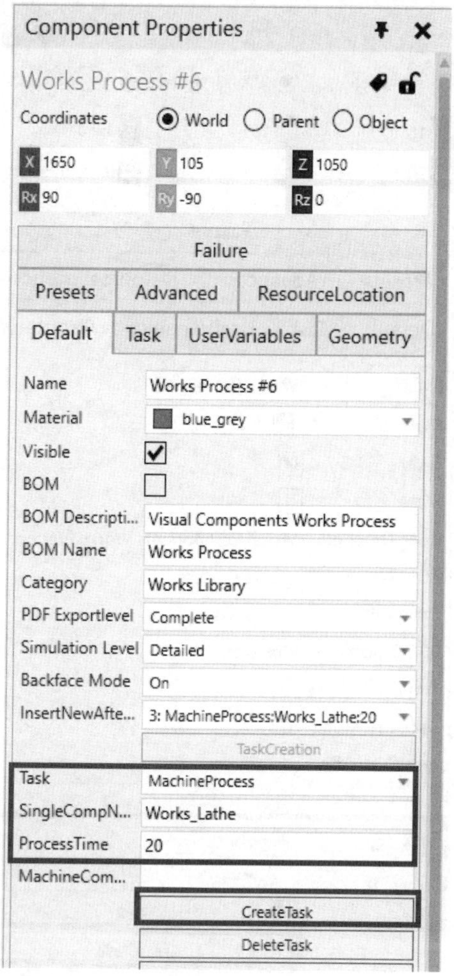

Component Properties
Works Process #6
Coordinates ◉ World ○ Parent ○ Object
X 1650 Y 105 Z 1050
Rx 90 Ry -90 Rz 0
Failure
Presets Advanced ResourceLocation
Default Task UserVariables Geometry
Name Works Process #6
Material blue_grey
Visible
BOM
BOM Descripti... Visual Components Works Process
BOM Name Works Process
Category Works Library
PDF Exportlevel Complete
Simulation Level Detailed
Backface Mode On
InsertNewAfte... 3: MachineProcess:Works_Lathe:20
TaskCreation
Task MachineProcess
SingleCompN... Works_Lathe
ProcessTime 20
MachineCom...
CreateTask
DeleteTask

圖14.34

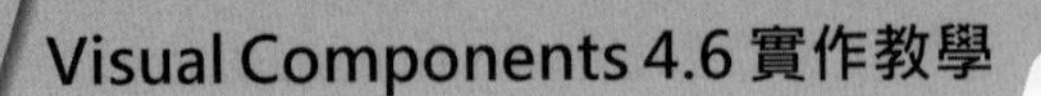

STEP ⑩ 選–擇Works_Process#6至元件屬性頁籤中修改設定，Task選擇任務Remove，勾選All移除所有元件，若取消勾選，則需輸入SingleProdID指定移除元件，點選CreateTask新增移除任務，如圖14.35。

STEP ⑪ ask選擇任務:Create；ListOfCompNames輸入供料元件名稱:Workpiece-2，點選CreateTask新增供料任務，如圖14.36。

Component Properties

Works Process #6

Coordinates ◉ World ○ Parent ○ Object

X 1650 Y 105 Z 1050

Rx 90 Ry -90 Rz 0

Failure

Presets | Advanced | ResourceLocation

Default | Task | UserVariables | Geometry

Name	Works Process #6
Material	blue_grey
Visible	☑
BOM	☐
BOM Descripti...	Visual Components Works Process
BOM Name	Works Process
Category	Works Library
PDF Exportlevel	Complete
Simulation Level	Detailed
Backface Mode	On
InsertNewAfte...	4: Remove::True
	TaskCreation
Task	Remove
ListOfProdID	
All	☑
	CreateTask
	DeleteTask

圖14.35

Component Properties

Works Process #6

Coordinates ◉ World ○ Parent ○ Object

X 1650 Y 105 Z 1050

Rx 90 Ry -90 Rz 0

Failure

Presets | Advanced | ResourceLocation

Default | Task | UserVariables | Geometry

Name	Works Process #6
Material	blue_grey
Visible	☑
BOM	☐
BOM Descripti...	Visual Components Works Process
BOM Name	Works Process
Category	Works Library
PDF Exportlevel	Complete
Simulation Level	Detailed
Backface Mode	On
InsertNewAfte...	5: Create:Workpiece-2:
	TaskCreation
Task	Create
ListOfProdID	Workpiece-2
NewProdID	
	CreateTask
	DeleteTask

圖14.36

STEP ⓬ Task選擇任務:Pick；SingleProdID輸入元件名稱:Workpiece-2；TaskNam e輸入任務名稱:PickPart2；ToolName輸入夾爪名稱：Works Double Tool；TCPName輸入Tool名稱:TCP2，點選CreateTask新增取料任務，如圖14.37。

Component Properties

Works Process #6

Coordinates ◉ World ○ Parent ○ Object

X 1650 Y 105 Z 1050

Rx 90 Ry -90 Rz 0

Failure

Presets Advanced ResourceLocation

Default Task UserVariables Geometry

Name	Works Process #6
Material	blue_grey
Visible	☑
BOM	☐
BOM Descripti...	Visual Components Works Process
BOM Name	Works Process
Category	Works Library
PDF Exportlevel	Complete
Simulation Level	Detailed
Backface Mode	On
InsertNewAfte...	6: Pick:Workpiece-2:PlacePart2:Wor
	TaskCreation
Task	Pick
SingleProdID	Workpiece-2
TaskName	PlacePart2
ToolName	Works Double Tool
TCPName	TCP2
All	☑

CreateTask

DeleteTask

圖14.37

STEP ⓭ 選擇 Works_Process#7 至元件屬性頁籤中修改設定，Task選擇任務:Place；SingleProdID輸入元件名稱:Workpiece-2；TaskName輸入任務名稱:PlacePart2；ToolName輸入夾爪名稱:Works Double Tool；TCPName輸入Tool名稱:TCP2，點選CreateTask新增放料任務，如圖14.38。

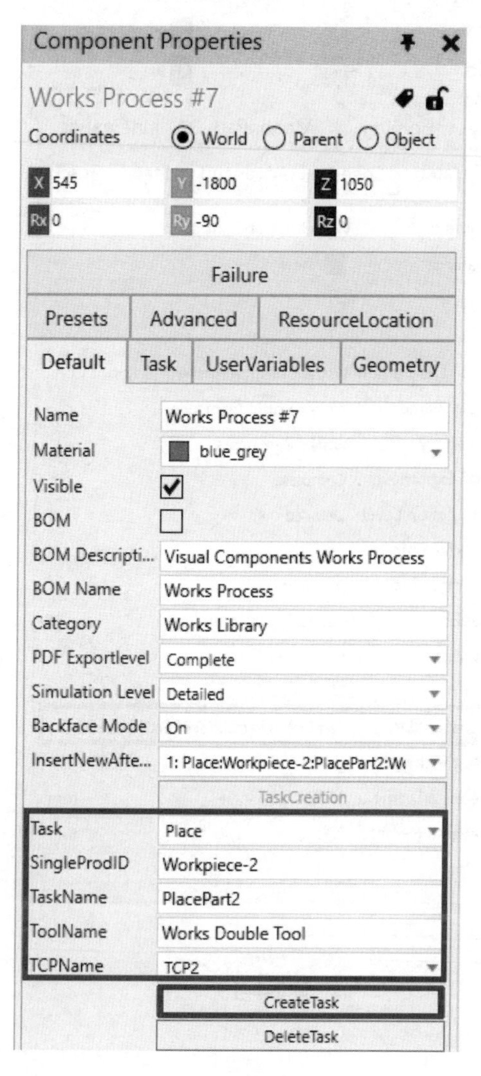

圖14.38

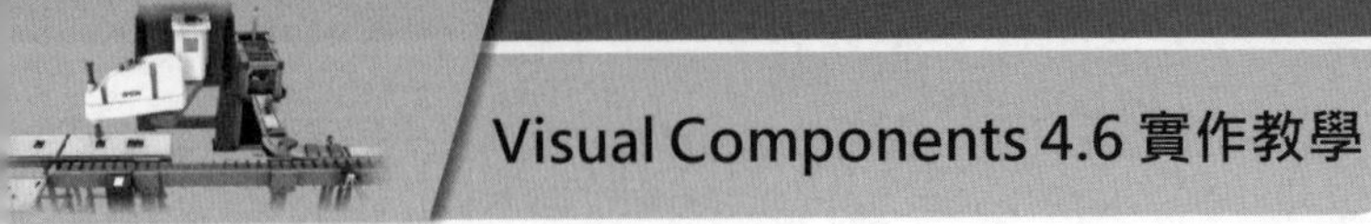

STEP 14 選擇Works_RobotController至元件屬性頁籤中修改設定，SerialTaskList輸入任務:PickPart1,PickPart2,PlacePart1,PlacePart2並模擬，如圖14.39及14.40，機器人會依序模擬SerialTaskList中的任務，若尚未觸發的任務則會跳過。

Component Properties

Works Robot Controller

Coordinates ◉ World ○ Parent ○ Object

X 0 Y 0 Z 0
Rx 0 Ry 0 Rz 0

AutoHoming | MotionPath | Kinematics
Default | Speeds | Advanced | Stats | Track

Property	Value
Name	Works Robot Controller
Material	steel
Visible	☑
BOM	☐
BOM Description	Visual Components Works Robot Con
BOM Name	Works Robot Controller
Category	Works Resources
PDF Exportlevel	Complete
Simulation Level	Detailed
Backface Mode	Feature
Configuration	Automatic
Looks	Round
Tasklist	robot,assy
Busy	☑
SerialTaskList	:Part1, PickPart2,PlacePart1,PlacePart2
MultiPickTaskList	
PedestalDiame...	1000 mm
PedestalHeight	200 mm
RunningRoute	

圖14.39

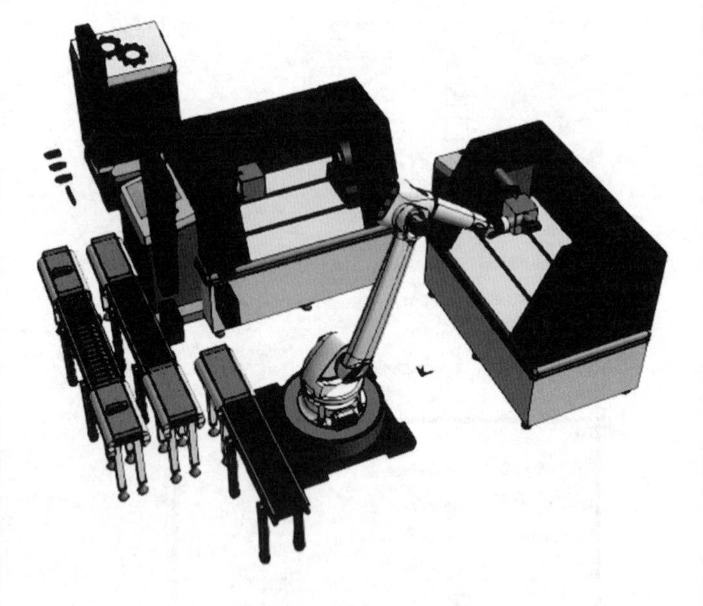

圖14.40

STEP 15 點選Works_Process#6的元件屬性Task頁籤，開啟任務清單Task:Note的Open In Editor，然後複製清單裡面所需的任務，如圖14.41。

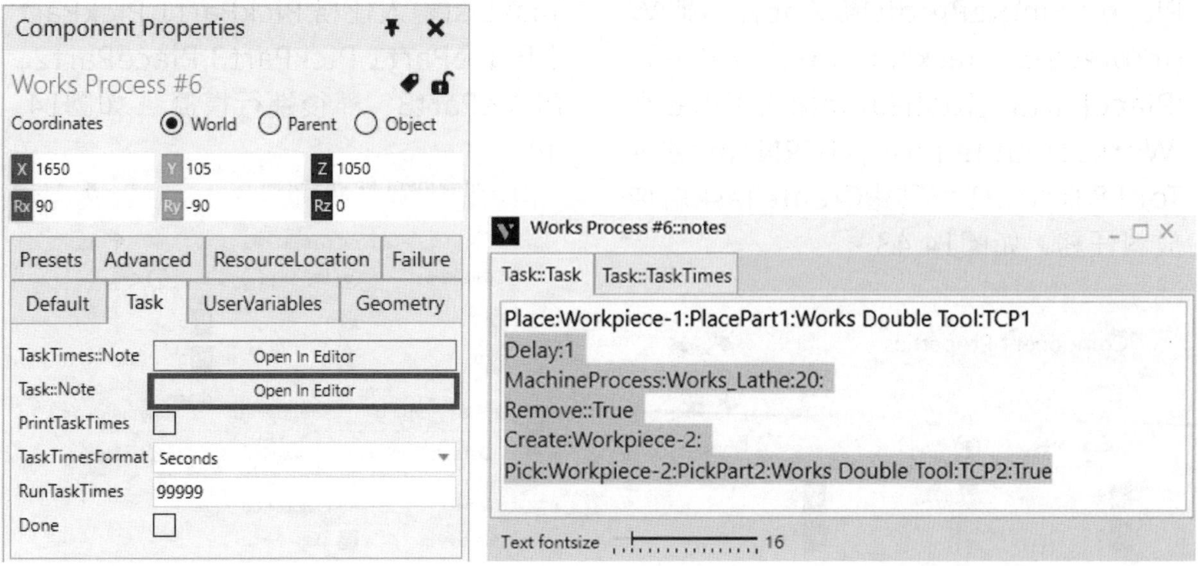

Component Properties
Works Process #6
Coordinates World Parent Object
X 1650 Y 105 Z 1050
Rx 90 Ry -90 Rz 0
Presets Advanced ResourceLocation Failure
Default Task UserVariables Geometry
TaskTimes::Note Open In Editor
Task::Note Open In Editor
PrintTaskTimes
TaskTimesFormat Seconds
RunTaskTimes 99999
Done

Works Process #6::notes
Task::Task Task::TaskTimes
Place:Workpiece-1:PlacePart1:Works Double Tool:TCP1
Delay:1
MachineProcess:Works_Lathe:20:
Remove::True
Create:Workpiece-2:
Pick:Workpiece-2:PickPart2:Works Double Tool:TCP2:True
Text fontsize 16

圖14.41

STEP 16 點選Works_Process# 7的元件屬性Task頁籤，開啟任務清單Task:Note的Open In Editor，貼上剛複製的任務並修改任務內容，更換作業的機台名稱:Work_Lathe→Work_Lathe# 2、更換元件名稱:Workpiece-2→Workpiece-3、更換任務名稱:PickPart2→PickPart3、更換Tool名稱:TCP2→TCP1，如圖14.42。

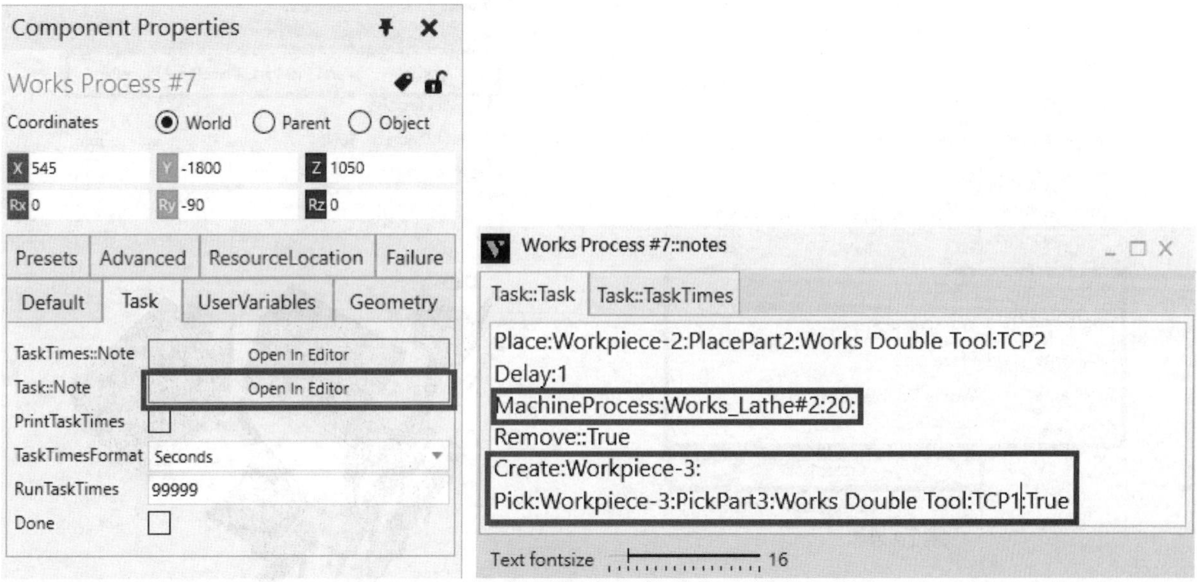

Component Properties
Works Process #7
Coordinates World Parent Object
X 545 Y -1800 Z 1050
Rx 0 Ry -90 Rz 0
Presets Advanced ResourceLocation Failure
Default Task UserVariables Geometry
TaskTimes::Note Open In Editor
Task::Note Open In Editor
PrintTaskTimes
TaskTimesFormat Seconds
RunTaskTimes 99999
Done

Works Process #7::notes
Task::Task Task::TaskTimes
Place:Workpiece-2:PlacePart2:Works Double Tool:TCP2
Delay:1
MachineProcess:Works_Lathe#2:20:
Remove::True
Create:Workpiece-3:
Pick:Workpiece-3:PickPart3:Works Double Tool:TCP1:True
Text fontsize 16

圖14.42

STEP 17 選擇Works_Process#5至元件屬性頁籤中修改設定，Task選擇任務:Place；SingleProdID輸入元件名稱:Workpiece-3；TaskName輸入任務名稱:PlacePart3；ToolName輸入夾爪名稱:Works Double Tool；TCPName輸入Tool名稱:TCP1，點選CreateTask新增放料任務，如圖14.43。

Component Properties
Works Process #5
Coordinates World Parent Object
X 98 Y 800 Z 0
Rx 0 Ry 0 Rz 180
Failure
Presets Advanced ResourceLocation
Default Task UserVariables Geometry
Name Works Process #5
Material blue_grey
Visible
BOM
BOM Descripti... Visual Components Works Process
BOM Name Works Process
Category Works Library
PDF Exportlevel Complete
Simulation Level Detailed
Backface Mode On
InsertNewAfte... 1: Place:Workpiece-3:PlacePart3:W
TaskCreation
Task Place
SingleProdID Workpiece-3
TaskName PlacePart3
ToolName Works Double Tool
TCPName TCP1
CreateTask
DeleteTask

圖14.43

STEP 18 選擇Works_RobotController至元件屬性頁籤中修改設定，SerialTaskList輸入任務:PickPart1,PickPart2,PlacePart1,PickPart3,PlacePart2,PlacePart3，然後進行模擬，如圖14.44。

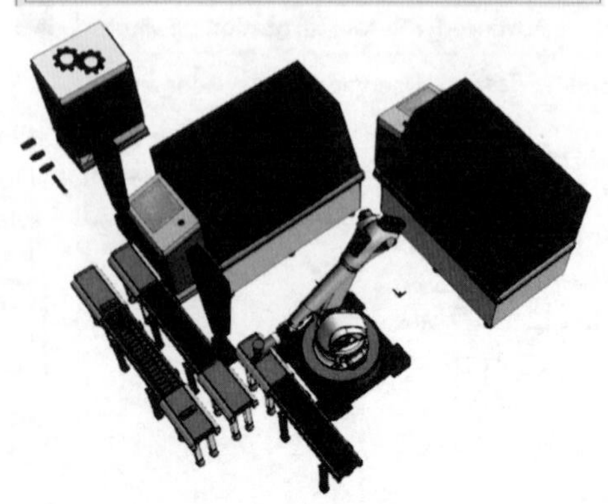

圖14.44

STEP ⓳ 選擇Works_Process#3至元件屬性頁籤中修改設定，Task選擇任務：Delay；DelayTime輸入延遲時間:65秒，點選CreateTask新增延遲任務，如圖14.45。

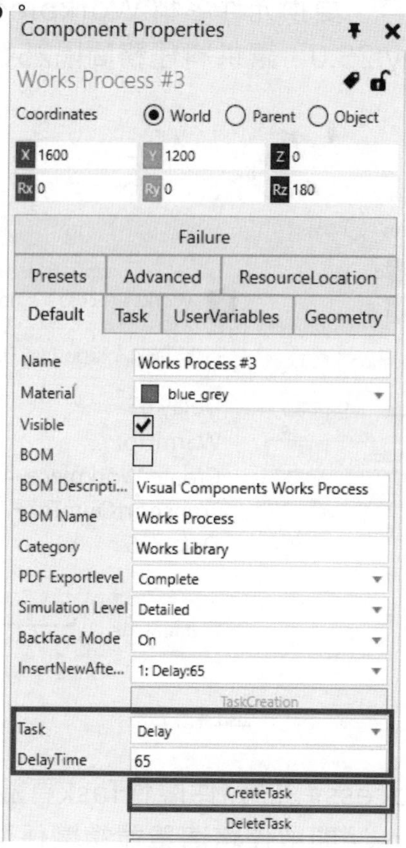

圖14.45

STEP ⓴ 點選Works_Process的元件屬性Task頁籤，開啟任務清單Task::Note的Open In Editor，然後複製清單裡面所需的任務，如圖14.46。

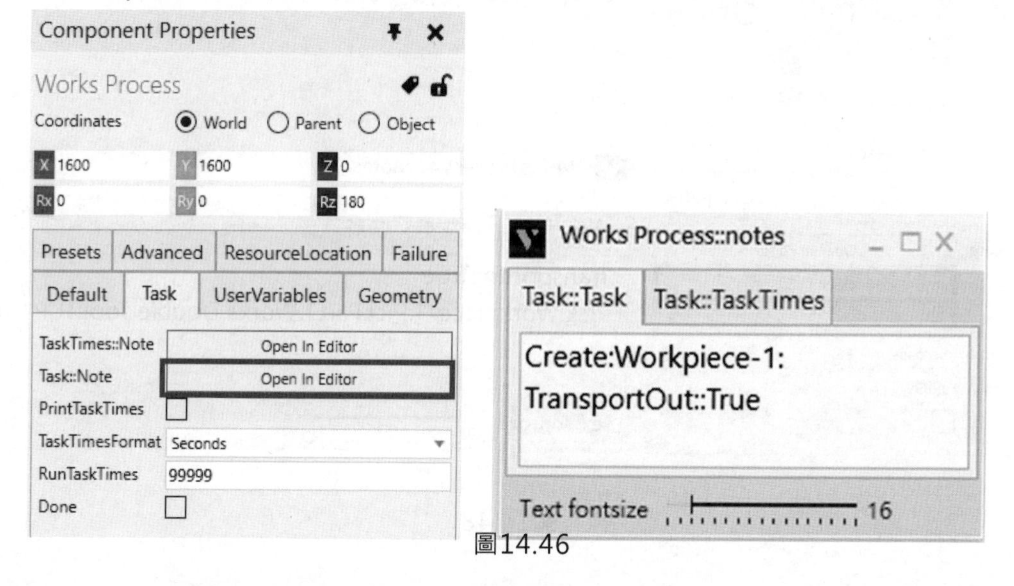

圖14.46

STEP 21 點選Works_Process#3的元件屬性Task頁籤，開啟任務清單Task:Note的Open In Editor，輸入WarmUP讓任務僅執行一次，貼上剛複製的任務並修改任務內容，更換元件名稱:Workpiece-1→Workpiece-4，輸入延遲時間Delay:25.0，讓供料任務間隔25秒循環一次，圖14.47。

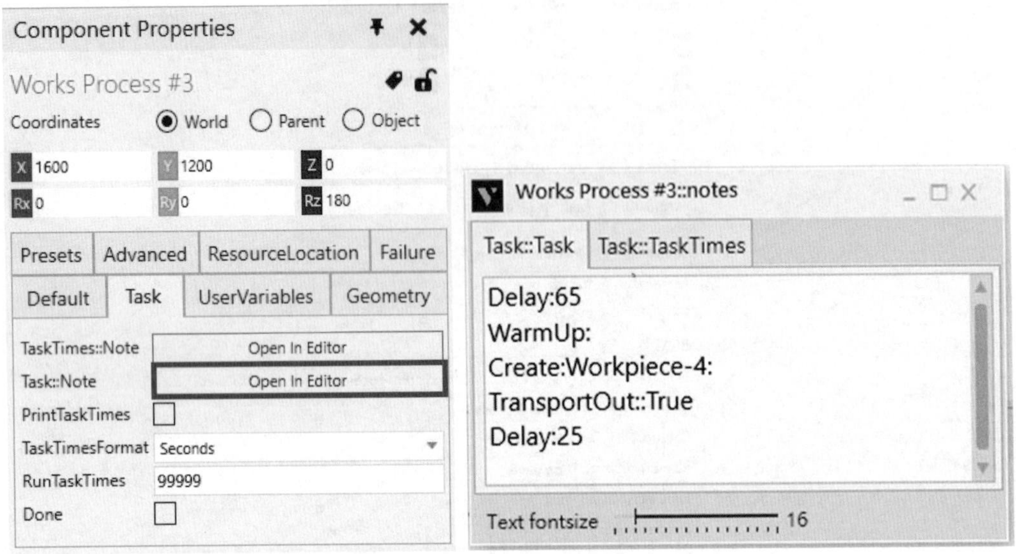

Component Properties
Works Process #3
Coordinates World Parent Object
X 1600 Y 1200 Z 0
Rx 0 Ry 0 Rz 180
Presets Advanced ResourceLocation Failure
Default Task UserVariables Geometry
TaskTimes::Note Open In Editor
Task::Note Open In Editor
PrintTaskTimes
TaskTimesFormat Seconds
RunTaskTimes 99999
Done

Works Process #3::notes
Task::Task Task::TaskTimes
Delay:65
WarmUp:
Create:Workpiece-4:
TransportOut::True
Delay:25
Text fontsize 16

圖14.47

STEP 22 點選Works_Process#2的元件屬性Task頁籤，開啟任務清單Task:Note的Open In Editor，開啟任務清單並複製任務，如圖14.48。

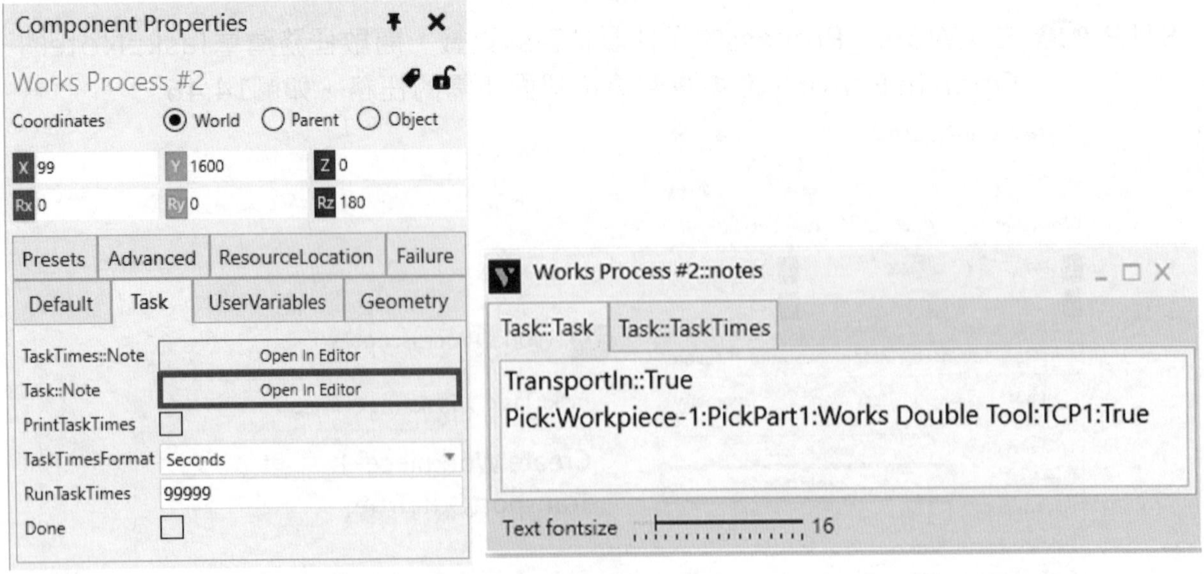

Component Properties
Works Process #2
Coordinates World Parent Object
X 99 Y 1600 Z 0
Rx 0 Ry 0 Rz 180
Presets Advanced ResourceLocation Failure
Default Task UserVariables Geometry
TaskTimes::Note Open In Editor
Task::Note Open In Editor
PrintTaskTimes
TaskTimesFormat Seconds
RunTaskTimes 99999
Done

Works Process #2::notes
Task::Task Task::TaskTimes
TransportIn::True
Pick:Workpiece-1:PickPart1:Works Double Tool:TCP1:True
Text fontsize 16

圖14.48

STEP ㉓ 選擇Works_Process#4的元件屬性Task頁籤，開啟任務清單Task:Note的Open In Editor，貼上剛複製的任務並修改任務內容，更換元件名稱：Workpiece-1→Workpiece-4、更換任務名稱:PickPart1→PickPart4、更換Tool名稱:TCP1→TCP2，修改訊號值:True→False，如圖14.49。

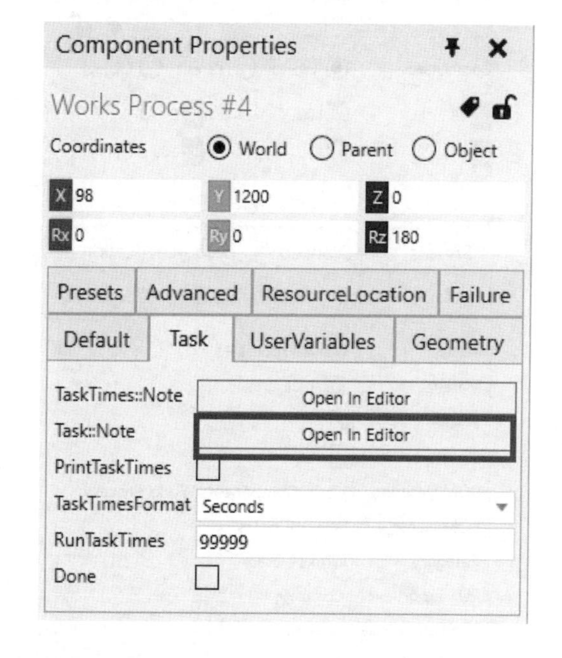

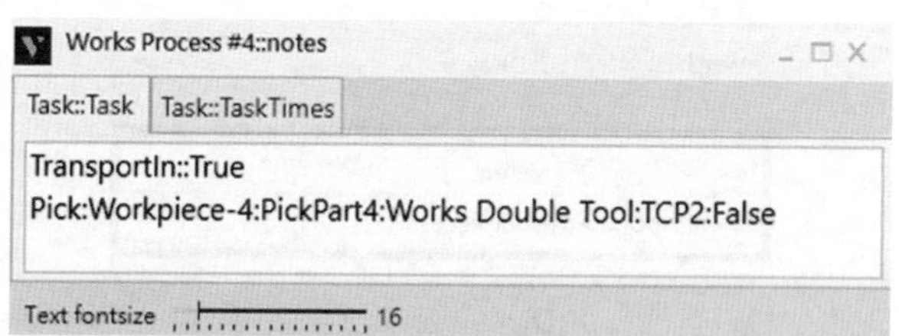

圖14.49

STEP ㉔ 選擇Works_Process#5至元件屬性Default頁籤中修改設定，Task選擇任務:Place；SingleProdID輸入元件名稱:Workpiece-4；TaskName輸入任務名稱:PlacePart4；ToolName輸入夾爪名稱:Works Double Tool；TCPName輸入Tool名稱:TCP2，點選CreateTask新增放料任務，如圖14.50。

Component Properties
Works Process #5
Coordinates World Parent Object
X 98 Y 800 Z 0
Rx 0 Ry 0 Rz 180
Failure
Presets Advanced ResourceLocation
Default Task UserVariables Geometry
Name Works Process #5
Material blue_grey
Visible
BOM
BOM Descripti... Visual Components Works Process
BOM Name Works Process
Category Works Library
PDF Exportlevel Complete
Simulation Level Detailed
Backface Mode On
InsertNewAfte... 2: Place:Workpiece-4:PlacePart4:W
TaskCreation
Task Place
SingleProdID Workpiece-4
TaskName PlacePart4
ToolName Works Double Tool
TCPName TCP2
CreateTask
DeleteTask

圖14.50

STEP ㉕ Task選擇任務:Delay；Delay Time輸入延遲時間:1秒，點選CreateTask新增延遲任務如圖14.51。

Component Properties
Works Process #5
Coordinates ◉ World ○ Parent ○ Object
X 98 | Y 800 | Z 0
Rx 0 | Ry 0 | Rz 180
Failure
Presets | Advanced | ResourceLocation
Default | Task | UserVariables | Geometry
Name: Works Process #5
Material: blue_grey
Visible: ☑
BOM: ☐
BOM Descripti...: Visual Components Works Process
BOM Name: Works Process
Category: Works Library
PDF Exportlevel: Complete
Simulation Level: Detailed
Backface Mode: On
InsertNewAfte...: 3: Delay:1
TaskCreation
Task: Delay
DelayTime: 1
CreateTask
DeleteTask

圖14.51

STEP ㉖ Task選擇任務:Merge，ParentProdID輸入:Workpiece-3，然後勾選All使所有元件皆會與Workpiece-3合併，若取消勾選則需輸入ListOfProdID 指定欲合併元件，點選CreateTask新增合併任務，如圖14.52。

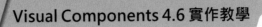

Component Properties
Works Process #5
Coordinates ◉ World ○ Parent ○ Object
X 98 | Y 800 | Z 0
Rx 0 | Ry 0 | Rz 180
Failure
Presets | Advanced | ResourceLocation
Default | Task | UserVariables | Geometry
Name: Works Process #5
Material: blue_grey
Visible: ☑
BOM: ☐
BOM Descripti...: Visual Components Works Process
BOM Name: Works Process
Category: Works Library
PDF Exportlevel: Complete
Simulation Level: Detailed
Backface Mode: On
InsertNewAfte...: 3: Delay:1
TaskCreation
Task: Merge
ParentProdID: Workpiece-3
ListOfProdID
All: ☑
CreateTask
DeleteTask

圖14.52

STEP ㉗ Task選擇任務:TransportOut，然後勾選All使所有元件皆會送出，若取消勾選則需輸入ListOfProdID指定送出的元件，點選CreateTask新增輸出任務，如圖14.53。

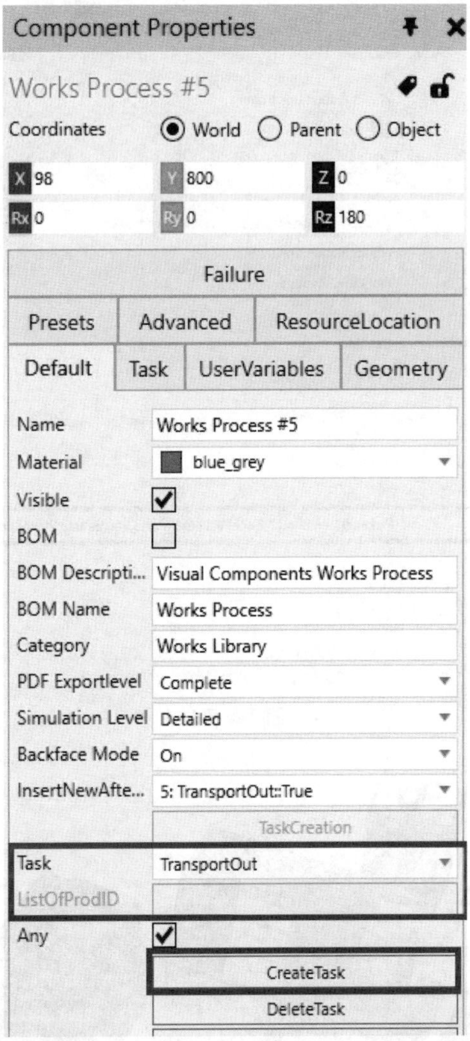

圖14.53

STEP ㉘ 選擇 Works_RobotController 至元件屬性 Default 頁籤中修改設定，SerialTaskList最後方增加任務名稱:,PickPart4,PlacePart4後，即可開始進行模擬，如圖14.54、圖14.55。

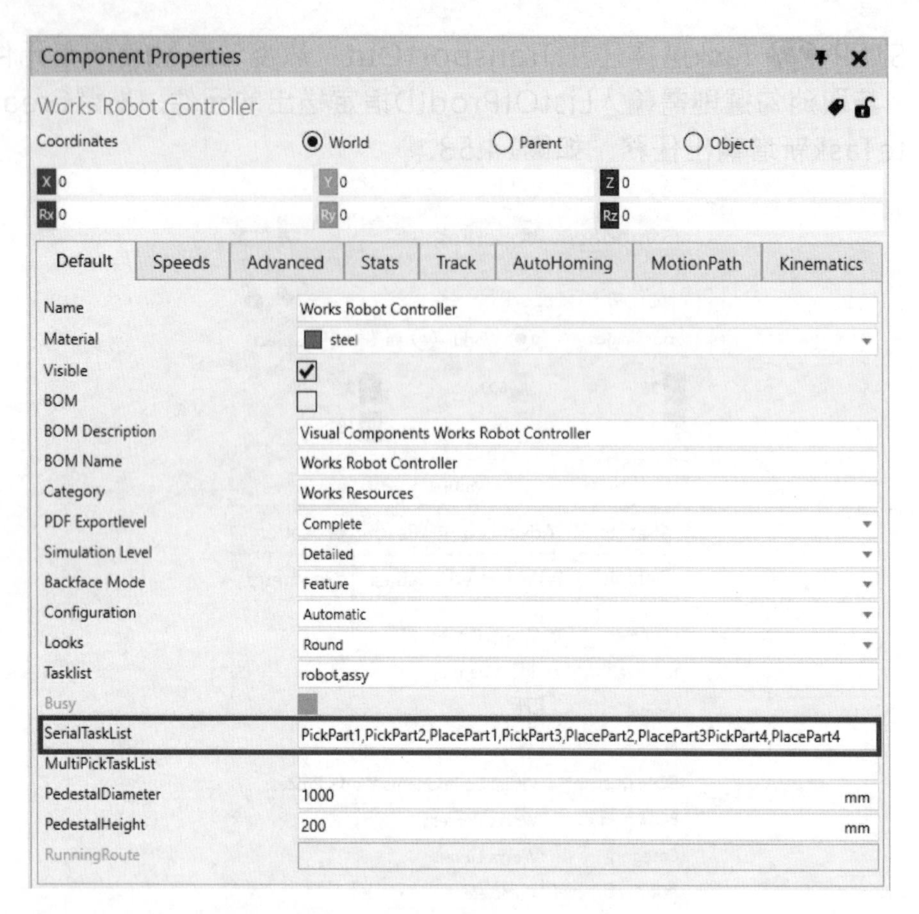

圖14.54

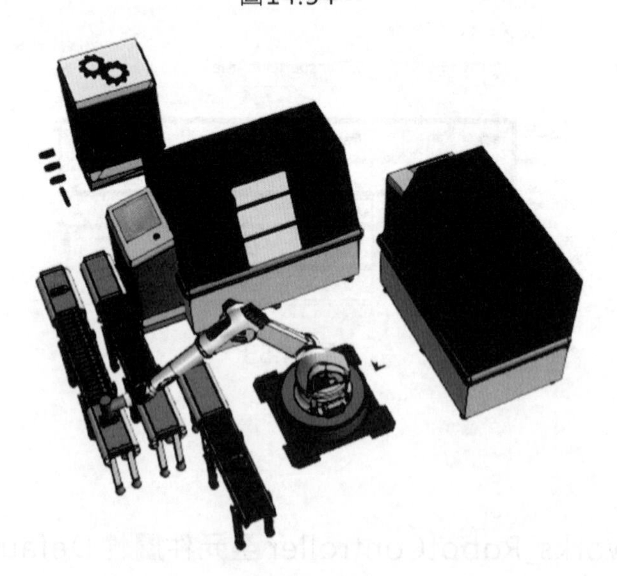

圖14.55

STEP ㉙ 完成案例，點選**檔案(File)**並選擇**另存新檔(Save As)**，將檔案進行存檔。

MEMO

MEMO

MEMO

國家圖書館出版品預行編目資料

Visual Components 4.6實作教學 / 陳昱均, 陳真蓉編著. -- 初版. -- 新北市：先構技術研發股份有限公司, 2023.01
面；　公分
ISBN 978-626-97044-0-8(平裝)
1.CST: 機械製造 2.CST: 電腦程式 3.CST: 電腦輔助設計

446.89　　111022420

Visual Components 4.6實作教學

作者 / 陳昱均、陳真蓉
出版發行者 / 先構技術研發股份有限公司
地址 / 24158新北市三重區光復路二段129巷6號3樓
電話 / (02)8978-1890
傳真 / (02)2999-3773
網址 / https://www.prefactortech.com/index.html
設計印刷者 / 紙的廣場有限公司
初版一刷 / 2023年1月
定價 / 新台幣750元
ISBN / 978-626-97044-0-8 (平裝)
若您對書籍內容、排版印刷有任何問題，歡迎來信指導 sale@prefactortech.com

總經銷 / 全華圖書股份有限公司
地址 / 23671新北市土城區忠義路21號
電話 / (02)2262-5666
傳真 / (02)6637-3696
郵政帳號 /0100836-1
全華圖書 http://www.chwa.com.tw
全華網路書店 https://www.opentech.com.tw